AERODINÁMICA

Vuelo, controles, sistemas, instrumentos, performance, navegación

ISBN: 9798862450033

Edición EMD

Tabla de contenidos

Estructura del Avión

Introducción

Una aeronave es toda máquina que puede sustentarse en la atmósfera por aquellas reacciones del aire que no sean las reacciones del mismo contra la superficie de la tierra, de acuerdo con las Regulaciones Argentinas de Aviación Civil (RAAC), Parte 1, Definiciones generales, abreviaturas y siglas. Las categorías de aeronaves para la habilitación de los pilotos incluyen avión, helicópteros, planeadores, aeróstato (globo libre), giroplano y ULM (Ultraliviano Motorizado). La RAAC Parte 1 también define como un avión al aerodino propulsado por motor, de ala fija, que se mantiene en vuelo por la reacción dinámica del aire sobre su superficie sustentadora. En este capítulo se ofrece una breve introducción a la estructura de los aviones y utiliza un avión para la mayoría de las ilustraciones.

Sustentación y Aerodinámica Básica

Con el fin de comprender el funcionamiento de los principales componentes y subcomponentes de una aeronave, es importante entender los conceptos básicos de aerodinámica. Este capítulo introduce a la aerodinámica. Una explicación más detallada se puede encontrar en el capítulo 4, Aerodinámica del vuelo.

Cuatro fuerzas actúan sobre una aeronave en vuelo recto y nivelado, no acelerado. Estas fuerzas son de empuje, sustentación, peso y resistencia. *[Figura 2-1]*

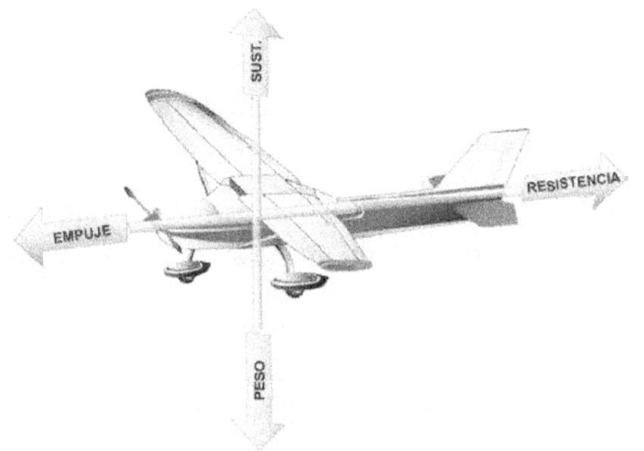

Figura 2-1. *Las cuatro fuerzas*

El empuje es la fuerza de avance producido por el grupo motor/hélice. Iguala o supera la fuerza de resistencia. Como regla general, se dice que actúa en paralelo al eje longitudinal. Esto no siempre es así como se explica más adelante.

Resistencia es una fuerza hacia atrás, que retarda, y es causada por la interrupción del flujo de aire por las alas, fuselaje, y otros objetos que sobresalgan. La resistencia se opone al empuje y actúa hacia atrás, paralela al viento relativo.

El peso es la suma de cargas del propio avión, la tripulación, el combustible y el equipaje. El peso tira del aeroplano hacia abajo debido a la fuerza de la gravedad. Se opone a la sustentación, y actúa verticalmente hacia abajo a través del centro de gravedad (CG) del avión.

La sustentación se opone a la fuerza del peso, se produce por el efecto dinámico del aire pasando sobre el ala, y actúa en forma perpendicular a la trayectoria de vuelo a través del centro de sustentación del ala.

Un avión se mueve en tres dimensiones y se controla moviéndolo de uno o más de sus ejes. El eje longitudinal o de alabeo se extiende desde la nariz hasta la cola, con la recta pasando por el centro de gravedad. El eje lateral o de cabeceo se extiende a través del avión en una línea desde las puntas de las alas, pasando otra vez por el CG. El eje vertical o de dirección, pasa a través de la aeronave verticalmente, por la intersección del CG. Todos los movimientos de control producen el movimiento de la aeronave en uno o más de estos ejes, y permite el control del avión en vuelo. *[Figura 2-2]*

Uno de los componentes más significativos en la construcción aeronáutica es el CG. Es el punto específico en el que la masa o peso de la aeronave se concentra, es decir, un punto alrededor del cual, si la aeronave puede ser suspendido o equilibrada, el avión se mantendría relativamente a nivel. La posición del CG de una aeronave determina la estabilidad de la aeronave en vuelo. A medida que el CG se mueve hacia atrás (hacia la cola) el avión se vuelve más y más dinámicamente inestable. En los aviones con tanques de combustible situados delante del CG, es importante que el centro de gravedad se determine con el tanque de combustible vacío. De lo contrario, al utilizar el combustible, el avión se vuelve inestable.

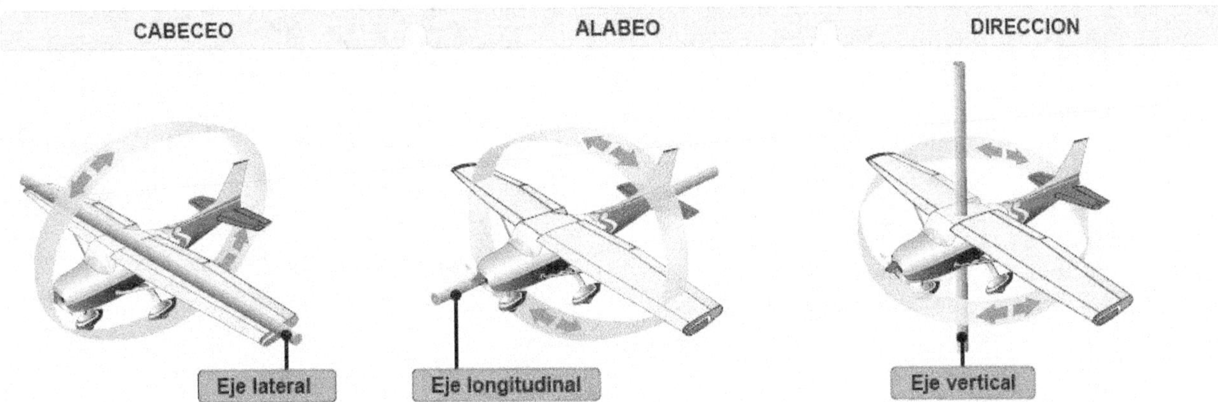

Figura 2-2. *Ilustración de movimientos de cabeceo, alabeo y dirección alrededor de los ejes del avión.*

[Figura 2-3] El CG se calcula durante el diseño inicial y la construcción, y se ve afectada por la instalación de equipos de a bordo, la carga de los aviones, y otros factores.

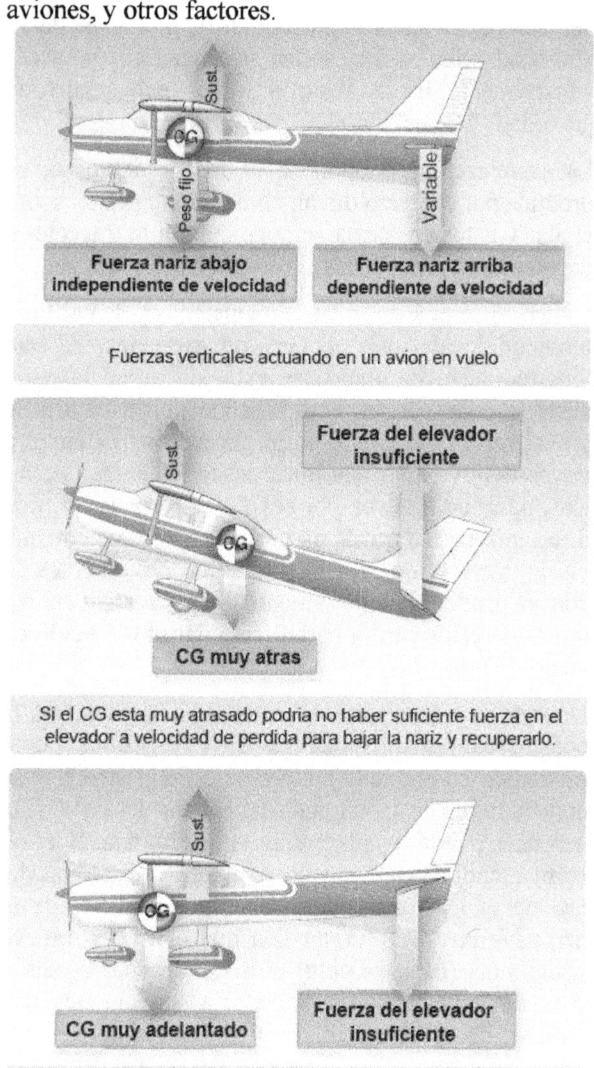

Figura 2-3. *Centro de gravedad (CG)*.

Componentes principales

Aunque los aviones están diseñados para una variedad de propósitos, la mayoría de los componentes principales son los mismos. *[Figura 2-4]* Las características generales son en gran parte determinadas por los objetivos del diseño original. Entre las estructuras de avión se incluyen fuselaje, alas, empenaje, tren de aterrizaje y grupo motopropulsor.

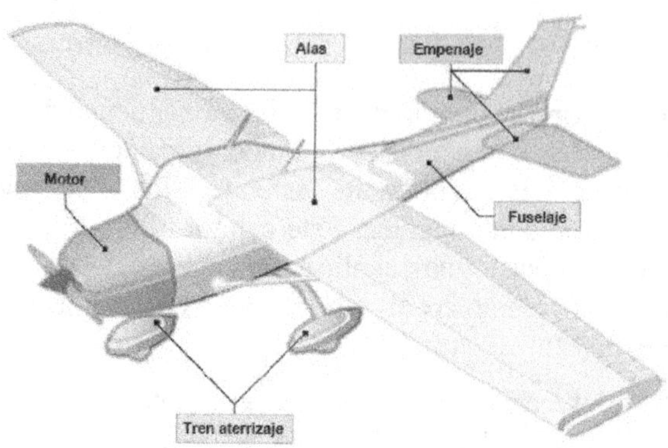

Figura 2-4. *Componentes del avión*.

Fuselaje

El fuselaje es el cuerpo central de un avión y está diseñado para dar cabida a la tripulación, pasajeros y carga. También proporciona la conexión estructural de las alas y el empenaje de cola. Los tipos de diseño más antiguos utilizan una estructura reticular (o tubular) construida de madera, acero o aluminio. *[Figura 2-5]* Los tipos de estructuras de fuselaje utilizado en los aviones de hoy son el monocasco y semimonocasco. Estos tipos de estructura se discuten en mayor detalle más adelante en este capítulo.

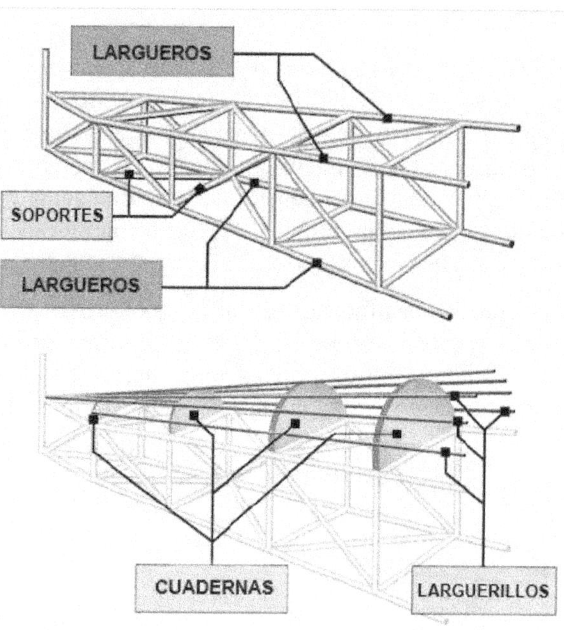

Figura 2-5. *Fuselaje de estructura reticular*.

Figura 2-6. *Monoplano (izquierda) y biplano (derecha).*

Alas

Las alas son perfiles aerodinámicos unidos a cada lado del fuselaje y son las principales superficies sustentadoras que mantienen al avión en vuelo. Existen numerosos diseños de alas, tamaños y formas utilizadas por los distintos fabricantes. Cada uno responde a una necesidad determinada por el desempeño esperado para un avión en particular. Cómo produce sustentación el ala se explica en el capítulo 4, aerodinámica del vuelo.

Las alas pueden estar unidas en la parte superior, media, o inferior del fuselaje. Estos diseños son conocidos como de ala alta, media, y baja, respectivamente. El número de las alas también puede variar. Aviones con un solo conjunto de alas se conocen como monoplanos, mientras que con dos conjuntos se llaman biplanos. *[Figura 2-6]*

Muchos aviones de ala alta tienen soportes externos, o montantes, que transmiten las cargas de vuelo y aterrizaje a través de los montantes a la estructura del fuselaje principal. Este tipo de estructura de las alas se llama arriostrada. Pocos aviones de ala alta y la mayoría de ala baja tienen un ala *cantiléver* diseñada para soportar las cargas sin soportes externos.

Las principales partes estructurales del ala son largueros, costillas y larguerillos. *[Figura 2-7]* Estos son reforzados por armazones, vigas en I, tubos u otros dispositivos, incluyendo el recubrimiento. Las costillas determinan la forma y el espesor del ala

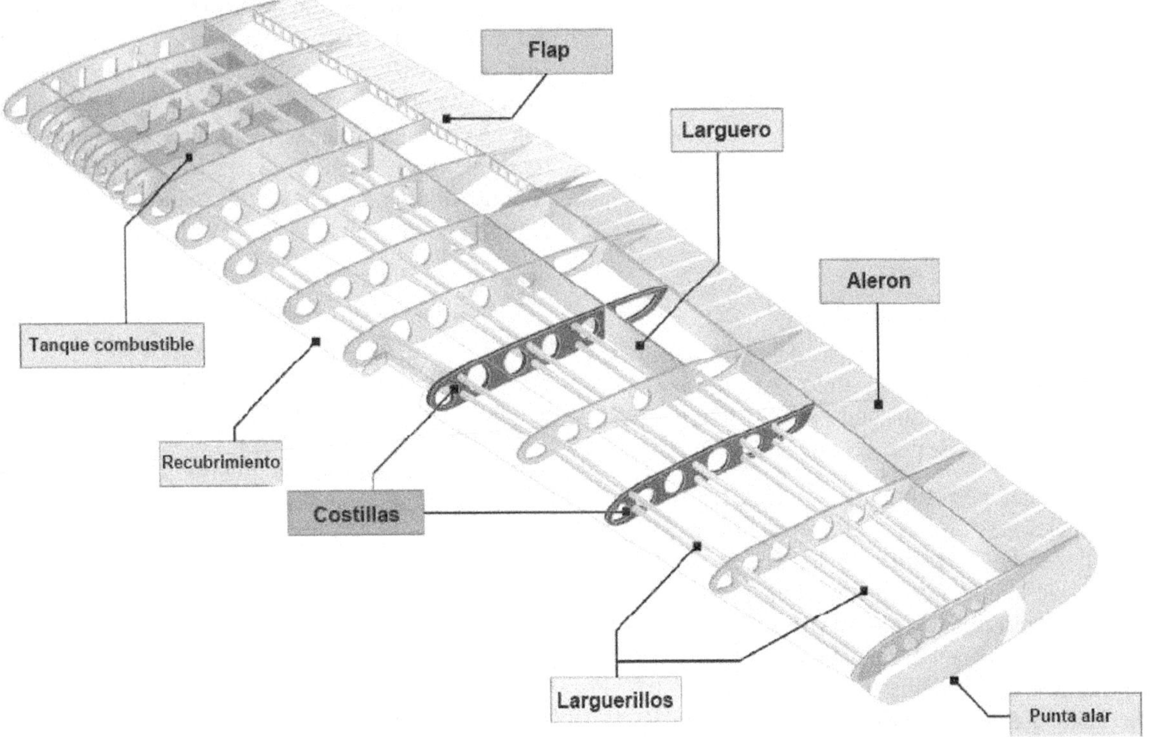

Figura 2-7. *Componentes del ala.*

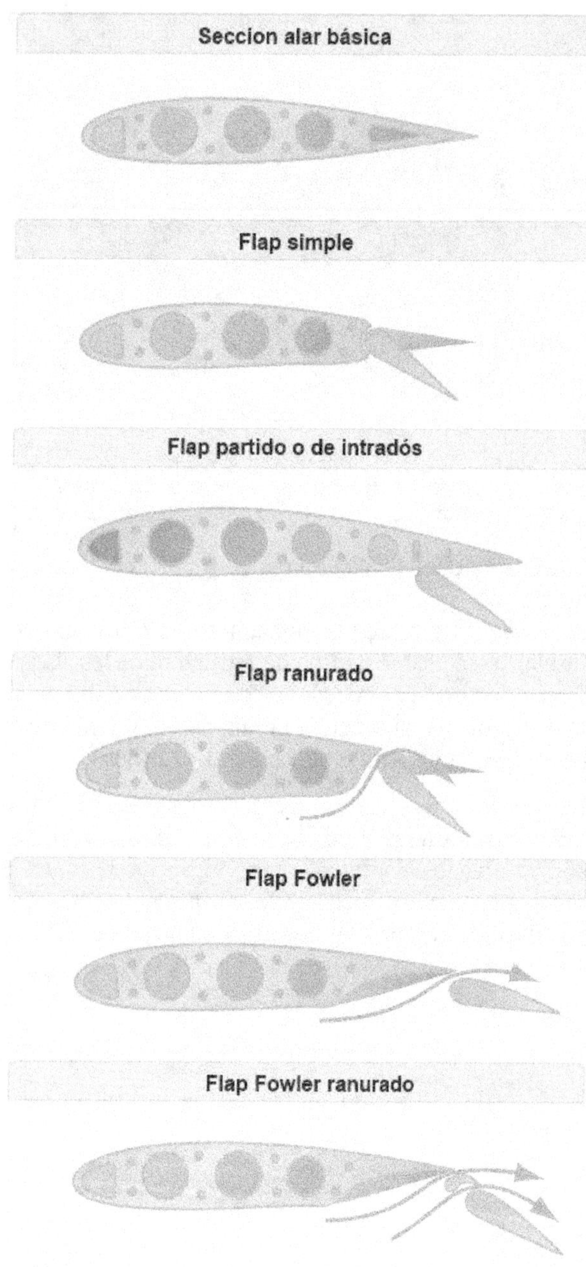

Figura 2-8. *Tipos de flaps*

(perfil aerodinámico). En la mayoría de los aviones modernos, los tanques de combustible son una parte integral de la estructura del ala, o consisten en depósitos flexibles montados en el interior del ala.

Unidos a los bordes posteriores de las alas hay dos tipos de superficies de control referidos como alerones y flaps. Los alerones se extienden desde aproximadamente la mitad de cada ala hacia la punta, y se mueven en direcciones opuestas para crear las fuerzas aerodinámicas que hacen alabear al avión. Los flaps se extienden desde el fuselaje hasta cerca de la mitad de cada ala. Los flaps van, normalmente, nivelados con la superficie de las alas durante el vuelo de crucero. Cuando se extienden, los flaps se mueven simultáneamente hacia abajo para aumentar la fuerza de sustentación del ala para despegues y aterrizajes. *[Figura 2-8]*

Empenaje

El empenaje incluye el grupo de cola entera y se compone de superficies fijas, como el estabilizador vertical o deriva, y el estabilizador horizontal. Las superficies móviles incluyen el timón de dirección, el elevador o timón de profundidad, y uno o más compensadores. *[Figura 2-9]*

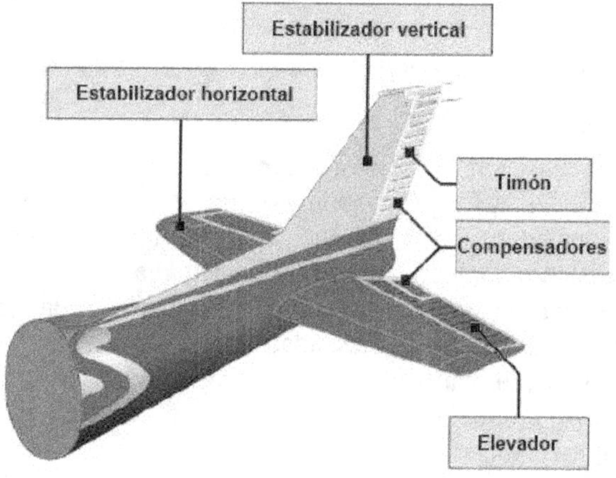

Figura 2-9. *Componentes del empenaje*

El timón se une a la parte posterior de la deriva. Durante el vuelo, se utiliza para mover la nariz del avión a la izquierda y la derecha. El timón de profundidad, que se une a la parte posterior del estabilizador horizontal, se utiliza para mover la nariz del avión hacia arriba y hacia abajo durante el vuelo. Los compensadores son pequeñas aletas, móviles del borde posterior de las superficies de control. Estos compensadores, que se controlan desde la cabina, reducen la presión en los controles. Los compensadores pueden ser instalados en los alerones, el timón, y/o el elevador.

Un segundo tipo de diseño de empenaje no requiere de timón de profundidad. En su lugar, incorpora un estabilizador horizontal de una sola pieza que gira desde un punto de central. Este tipo de diseño se llama *stabilator*, y se mueve con el mando, al igual que el timón de profundidad. Por ejemplo, cuando un piloto tira del mando, el stabilator pivota moviendo el borde de salida hacia arriba. Esto aumenta la carga aerodinámica en la cola y hace que la nariz del avión se desplace hacia arriba. El stabilator tiene una aleta antiservo extendida a lo largo de su borde posterior. *[Figura 2-10]*

La aleta antiservo se mueve en la misma dirección que el borde de salida del stabilator y ayuda a que éste sea menos sensible. Esta aleta también funciona como compensador para aliviar las presiones de control y ayuda a mantener el stabilator en la posición deseada.

Figura 2-10. *Componentes del stabilator.*

Tren de aterrizaje

El tren de aterrizaje es el principal apoyo del avión cuando está estacionado, en rodaje, despegando o aterrizando. El tipo más común de tren de aterrizaje se compone de ruedas, pero los aviones también pueden ser equipados con flotadores para las operaciones en el agua, o esquís para aterrizar en la nieve. *[Figura 2-11]*

El tren de aterrizaje se compone de tres ruedas, dos ruedas principales y una tercera rueda en posición delantera o trasera del avión. El tren de aterrizaje con una rueda trasera se llama el tren de aterrizaje convencional.

Los aviones con tren de aterrizaje convencional, a veces se refieren como aviones de rueda de cola. Cuando la tercera rueda se encuentra en la nariz al diseño se lo conoce como un tren triciclo. Una rueda de nariz o rueda de cola orientable permite controlar al avión a lo largo de todas las operaciones, mientras está en el suelo. La mayoría de los aviones son dirigidos moviendo los pedales, sea con rueda de nariz o rueda de cola. Además, algunos aviones son dirigidos por frenado diferencial.

El grupo motopropulsor

El grupo motopropulsor por lo general incluye el motor y la hélice. La función principal del motor es proporcionar la energía para hacer girar la hélice. También genera energía eléctrica, proporciona vacío para algunos instrumentos de vuelo, y en la mayoría de aviones monomotores, proporciona una fuente de calor para el piloto y los pasajeros. *[Figura 2-12]*

El motor está cubierto por un carenado o capot, que son dos tipos de cubiertas. El propósito de la cubierta es mejorar el flujo de aire alrededor del motor y así

ayudar a enfriar el motor conduciendo el aire alrededor de los cilindros.

Figura 2-11. *Tipos de tren de aterrizaje: flotadores (arriba), esquíes (medio) y ruedas (abajo).*

La hélice, montada en la parte delantera del motor, convierte la fuerza de rotación del motor en empuje, una fuerza de avance que ayuda a mover el avión. La hélice también puede ser montada en la parte trasera del motor. Una hélice es un perfil aerodinámico rotatorio que produce empuje por la acción aerodinámica. Un área de baja presión se forma en la parte posterior de la hélice, y la alta presión se produce en la cara delantera de la hélice, en forma similar a como se genera sustentación en un perfil

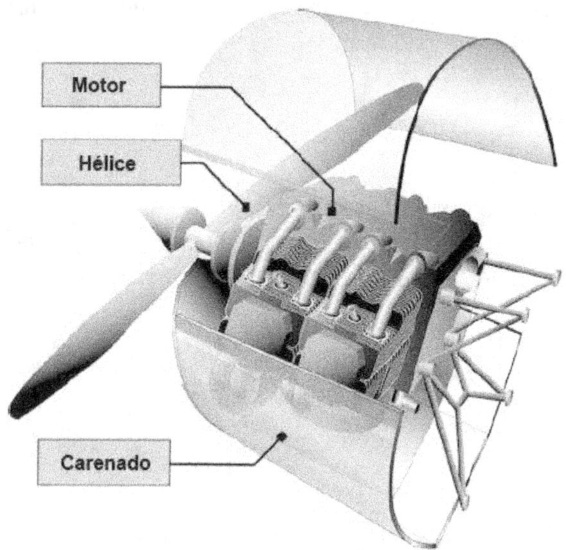

Figura 2-12. *Compartimiento del motor.*

aerodinámico o ala. Este diferencial de presión empuja el aire a través de la hélice, que a su vez tira del avión hacia adelante.

Hay dos factores importantes involucrados en el diseño de una hélice que afectan su eficacia. El ángulo de pala de la hélice, medida contra el cubo de la hélice, mantiene el ángulo de ataque relativamente constante a lo largo de la pala de la hélice, reduciendo o eliminando la posibilidad de pérdida. El paso se define como la distancia que una hélice viajaría en una vuelta si se moviera en un sólido. Estos dos factores se combinan para permitir una medición de la eficacia de la hélice. Las hélices son por lo general diseñadas para una combinación específica de aeronave/motor para lograr la mejor eficiencia en una configuración de potencia particular, y tiran o empujan, dependiendo de cómo está montado el motor.

Subcomponentes

Los subcomponentes de un avión comprenden la estructura, el sistema eléctrico, controles de vuelo, y los frenos.

La estructura básica de una aeronave está diseñada para soportar todas las fuerzas aerodinámicas, así como las tensiones impuestas por el peso del combustible, la tripulación y la carga útil.

La función principal del sistema eléctrico es la de generar, regular y distribuir la energía eléctrica en todo el avión. Hay varias fuentes de energía diferentes en las aeronaves para alimentar el sistema eléctrico. Estas fuentes de energía incluyen: generadores de corriente alterna (AC) accionados por el motor, unidades de potencia auxiliar (APU), y alimentación exterior. El sistema de energía eléctrica de la aeronave se utiliza para operar los instrumentos de vuelo, sistemas esenciales tales como anti-hielo, etc., y los servicios de pasajeros, tales como la iluminación de la cabina.

Los controles de vuelo son los dispositivos y sistemas que gobiernan la actitud de la aeronave y, en consecuencia, la trayectoria de vuelo seguida por la aeronave. En el caso de muchos aviones convencionales, los controles de vuelo primarios utilizan superficies abisagradas en los bordes de salida llamadas timones de profundidad para cabeceo, alerones para alabeos, y timón para la dirección. Estas superficies son operadas por el piloto desde la cabina o por un piloto automático.

Los frenos consisten en pastillas que hidráulicamente se aprietan contra un disco giratorio ubicado entre ellas. Las pastillas ejercen presión contra el disco que está girando con las ruedas. Como resultado de la fricción en el disco las ruedas se frenan y dejan de girar. Los discos y las pastillas de freno están hechos de acero, como los de un auto, o de un material de carbono que pesa menos y puede absorber más energía. Debido a que los frenos del avión se utilizan principalmente durante los aterrizajes y deben absorber enormes cantidades de energía, su vida es medida en aterrizajes en vez de kilómetros.

Tipos de Construcción de Aviones

La construcción de fuselajes evolucionó comenzando con estructuras reticulares de madera pasando por las estructuras monocasco a las estructuras semi-monocasco actuales.

Estructura Reticular

El principal inconveniente de la estructura reticular o tubular es la falta de una forma aerodinámica. En este método de construcción, largos tubos, llamados largueros, se sueldan en su lugar para formar un marco bien reforzado. Soportes verticales y horizontales están soldados a los largueros y dan a la estructura una forma cuadrada o rectangular. Soportes adicionales son necesarios para resistir las fuerzas que provienen de cualquier dirección. Larguerillos y cuadernas se añaden para darle la forma al fuselaje y unir el revestimiento.

Con el avance de la tecnología, los diseñadores de aviones comenzaron a cubrir la estructura para hacer más aerodinámico el avión y mejorar el rendimiento. Esto se logró inicialmente con tela, que eventualmente dio paso a metales ligeros como el aluminio. En algunos casos, la cubierta exterior puede soportar toda, o una parte importante, de las cargas de vuelo. Aviones más modernos utilizan una forma de esta estructura de cubrimiento conocida como monocasco o semimonocasco. *[Figura 2-13]*

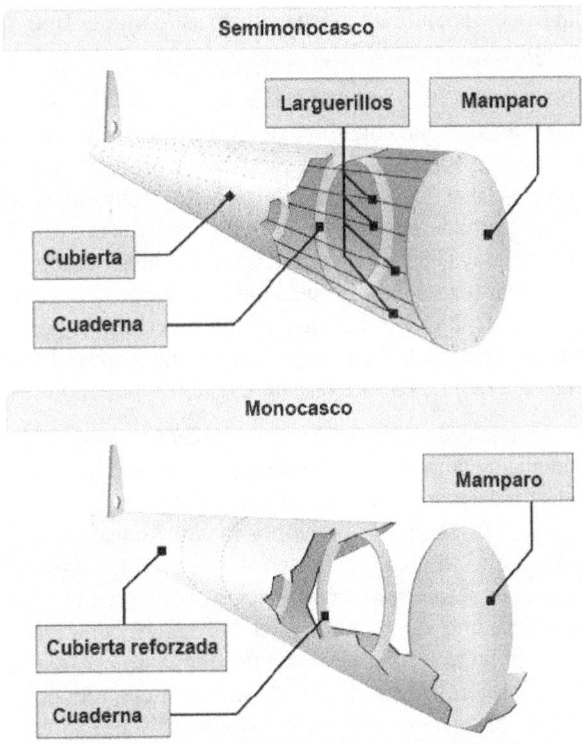

Figura 2-13. *Diseño de fuselaje semimonocasco y monocasco.*

Monocasco

La construcción monocasco utiliza un revestimiento reforzado para soportar casi todas las cargas, como una lata de bebidas de aluminio. Aunque es muy fuerte, la construcción monocasco no es muy tolerante a la deformación de la superficie. Por ejemplo, una lata de aluminio puede soportar fuerzas considerables en los extremos, pero si el lado de la lata se deforma ligeramente, mientras soporta una carga, colapsa fácilmente.

Como la mayoría de las fuerzas de torsión y flexión son soportados por el revestimiento en lugar de una estructura, los refuerzos internos fueron eliminados o reducidos, para ahorro de peso y maximizar el espacio. Uno de los métodos notables e innovadores en la construcción monocasco era empleado por Jack Northrop. En 1918, ideó una nueva manera de construir un fuselaje monocasco utilizado para el Lockheed S-1 Racer. La técnica utilizó dos medios moldes de madera contrachapada que se pegan alrededor de aros de madera o larguerillos. A pesar de ser empleado en los inicios de la aviación, la construcción monocasco no reaparece durante varias décadas debido a la complejidad del proceso. Ejemplos diarios de construcción monocasco se puede encontrar en la fabricación de automóviles, donde se considera el monocasco estándar en la industria manufacturera.

Semimonocasco

La construcción semimonocasco utiliza una estructura a la cual se une el revestimiento de la aeronave. Dicha estructura, que consta de mamparos y/o cuadernas de diversos tamaños y larguerillos, refuerza la cubierta tomando algunos de los esfuerzos de flexión del fuselaje. La sección principal del fuselaje también incluye los puntos de unión del ala y un cortafuegos. En aviones monomotores, el motor está por lo general unido a la parte delantera del fuselaje. Hay una mampara a prueba de fuego entre la parte trasera del motor y la cabina para proteger al piloto y los pasajeros de los incendios accidentales del motor. Esta mampara se llama cortafuegos y suele ser de material resistente al calor como el acero inoxidable. Sin embargo, un nuevo proceso de construcción es la integración de los materiales compuestos o de una aeronave hecha completamente de materiales compuestos.

Construcción en materiales compuestos (Composite)

Historia

El uso de materiales compuestos en la construcción de aviones data de la Segunda Guerra Mundial, cuando aislamientos de fibra de vidrio blando se utilizó en fuselajes de B-29. A fines de los '50, los fabricantes europeos de planeadores de alto rendimiento utilizaban fibra de vidrio para las estructuras primarias. En 1965, la FAA (Administración Federal de Aviación, EEUU) certificó el primer avión en la categoría normal hecho completamente de fibra de vidrio, un planeador suizo llamado Diamant VHB. Para el año 2005, más del 35 por ciento de los aviones nuevos fueron construidos en materiales compuestos.

Materiales compuestos es un término muy amplio y puede significar materiales como fibra de vidrio, fibra de carbono, Kevlar, y combinaciones de todo lo anterior. La construcción con compuestos ofrece dos ventajas: revestimientos extremadamente lisos y la capacidad de formar fácilmente estructuras curvas complejas o estructuras aerodinámicas *[Figura 2-14]*

Materiales compuestos en aviones

Los materiales compuestos son sistemas de matriz reforzados con fibra. La matriz es el "pegamento" que se utiliza para mantener las fibras entre sí y, una vez curada, le da forma a las partes, pero las fibras llevan la mayor parte del trabajo. Hay muchos tipos de fibras y sistemas de matriz.

En el avión, el más común es la matriz de resina epoxídica, que es un tipo de termo-plástico. En comparación con otras opciones como la resina de poliéster, la epoxi es más fuerte y tiene buenas propiedades a altas temperaturas. Hay muchos tipos diferentes de resinas epoxi, con una amplia gama de propiedades estructurales, tiempos de curado y temperaturas, y costos.

Figura 2-14. *Avión en materiales compuestos*.

Las fibras de refuerzo más comunes utilizados en la construcción de aviones son la fibra de vidrio y la fibra de carbono. La fibra de vidrio tiene buena resistencia a la tracción y a la compresión, buena resistencia al impacto, es fácil trabajar, y es relativamente barata y fácilmente disponible. Su principal desventaja es que es relativamente pesada, y es difícil hacer una estructura que soporte cargas más livianas que una estructura de aluminio equivalente.

La fibra de carbono es generalmente más fuerte en resistencia a la tracción y a la compresión que la fibra de vidrio, y tiene una rigidez mucho mayor a la flexión. También es considerablemente más ligera que la fibra de vidrio. Sin embargo, es relativamente débil la resistencia al impacto; las fibras son frágiles y tienden a romperse bajo fuerte impacto. Esto puede ser mejorado en gran medida con un sistema de resina epoxi reforzado, como el que se utiliza en el Boeing 787 en los estabilizadores horizontal y vertical. La fibra de carbono es más cara que la fibra de vidrio, pero el precio ha caído debido a las innovaciones impulsadas por el programa B-2 en los '80, y Boeing 777 en la década de '90. Estructuras de fibra de carbono bien diseñadas pueden ser mucho más livianas que una estructura de aluminio equivalente, a veces un 30 por ciento o más.

Ventajas de los materiales compuestos
La construcción en compuestos ofrece varias ventajas sobre el metal, madera o tela, siendo su menor peso lo más citado. El menor peso no siempre es automático. Hay que recordar que la construcción de una aeronave con compuestos no garantiza que será más liviana,

sino que depende de la estructura, así como el tipo de compuesto que se utiliza.

Una ventaja más importante es que una estructura de compuestos, aerodinámica, con curvas muy suaves reduce la resistencia. Esta es la razón principal por la que los diseñadores de planeadores cambiaron de metal y madera a los materiales compuestos en la década de 1960.Los compuestos también ayudan a enmascarar la señal de radar de los aviones "stealth", como el B-2 y el F-22. Hoy en día, los compuestos se pueden encontrar en aviones tan variados como los la mayoría de planeadores hasta los nuevos helicópteros.

La ausencia de corrosión es una tercera ventaja de los materiales compuestos. Boeing está diseñando el 787, con el fuselaje completo en compuestos, teniendo un mayor diferencial de presión y mayor humedad en la cabina que los aviones anteriores. Los ingenieros ya no están tan preocupados por la corrosión por condensación de humedad en las zonas ocultas del revestimiento del fuselaje, como detrás de las mantas de aislamiento. Esto debería conducir a una reducción de los costes de mantenimiento para las líneas aéreas.

Otra de las ventajas de los materiales compuestos es su buen rendimiento en un entorno de flexión, como en las palas del rotor del helicóptero. Los compuestos no sufren de fatiga del metal y formación de grietas al igual que los metales. Si bien necesita una ingeniería cuidadosa, las palas en material compuesto pueden tener considerablemente más vida de uso que las palas de metal, y la mayoría de los nuevos helicópteros grandes tienen todas las palas en compuestos, y en muchos casos, rotores en materiales compuestos.

Desventajas de los materiales compuestos
La construcción con composite viene con su propio conjunto de desventajas, la más importante de las cuales es la falta de una prueba visual de daños. Los compuestos responden al impacto de manera diferente a otros materiales estructurales, y muchas veces no hay signos obvios de daños. Por ejemplo, si un auto choca un fuselaje de aluminio, puede abollar el fuselaje. Si el fuselaje no está abollado, no hay ningún daño. Si el fuselaje está abollado, el daño es visible y se hacen las reparaciones.

En una estructura de material compuesto, un impacto de baja energía, tales como un golpe o una caída de herramientas, puede no dejar signo visible del impacto en la superficie. Por debajo del punto de impacto puede haber amplias delaminaciones, extendiéndose en un área en forma de cono desde el lugar del golpe. El daño en la parte posterior de la estructura puede ser importante y extenso, pero estar oculto a la vista. Cada vez que uno tiene razones para pensar que pudo haber un golpe, aunque sea menor, lo mejor es conseguir un inspector familiarizado con compuestos para examinar la estructura para determinar el daño subyacente. La aparición de áreas blanquecinas en una estructura de fibra de vidrio es un buen indicio de que se han producido delaminaciones de la fibra.

Un impacto de mediana energía resulta en un aplastamiento local de la superficie, lo que debe ser visible a la vista. El área dañada es mayor que el área aplastada visible, y tendrá que ser reparada. Un impacto de alta energía, tales como el impacto de aves o granizo durante el vuelo, resulta en una perforación y una estructura seriamente dañada. En impactos de media y alta energía, el daño es visible para el ojo, pero el impacto de baja energía es difícil de detectar. *[Figura 2-15]*

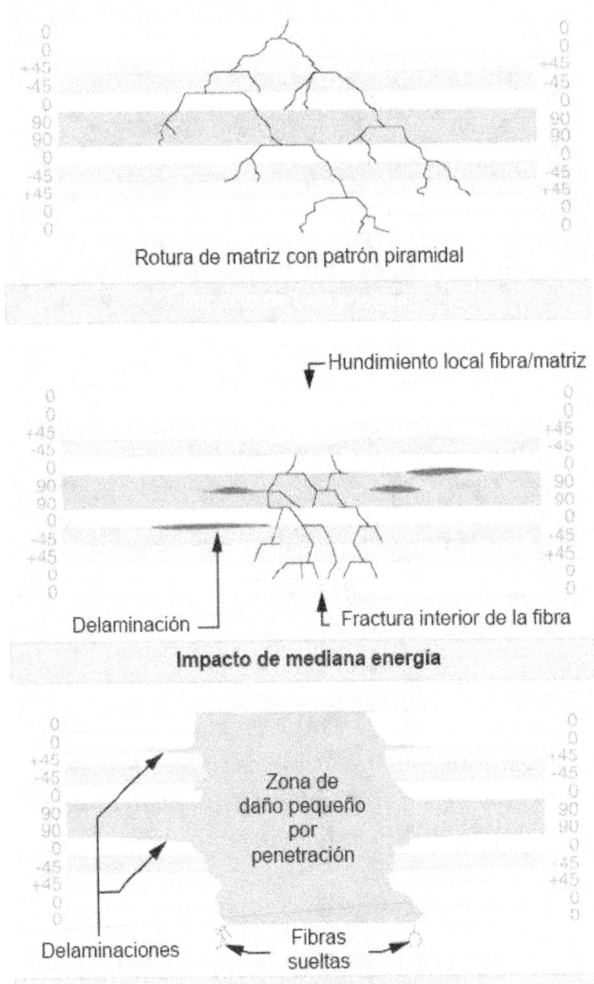

Figura 2-15. *La energía de impacto afecta la visibilidad, así como la severidad, del daño en estructuras de compuestos. Impactos de alta y media energía, aunque severos, son fáciles de detectar. Los de baja energía pueden ocultar el daño.*

Si un impacto resulta en delaminaciones, el aplastamiento de la superficie, o una perforación, entonces es obligatoria una reparación. Hasta tanto se repare, el área dañada debe ser cubierta y protegida de la lluvia. Muchas piezas de material compuesto se componen de finas láminas sobre un núcleo en nido de abejas, creando una estructura en "sándwich". Excelentes por razones de rigidez estructural, esta estructura es un blanco fácil para la entrada de agua, lo que lleva a problemas posteriores. Un trozo de cinta sobre la perforación es una buena manera de protegerlo del agua, pero no es una reparación estructural. El uso de un relleno en pasta para cubrir los daños, aunque aceptable para fines cosméticos, tampoco es una reparación estructural.

El potencial daño por calor a la resina es otra desventaja del uso de materiales compuestos. Mientras que "cuan caliente" depende del sistema de resina elegido, muchas resinas epoxi comienzan a debilitarse a más de 65 ° C. La pintura blanca en los compuestos se utiliza a menudo para minimizar este problema. Por ejemplo, la parte inferior de un ala que está pintada de negro frente a una plataforma de asfalto negro en un día caluroso y soleado, puede llegar a estar hasta 100 ° C. La misma estructura, pintada de blanco, rara vez supera los 60 ° C. Como resultado, los aviones con composites tienen a menudo recomendaciones específicas sobre los colores de pintura permitidos. Si el avión es repintado, estas recomendaciones deben ser seguidas. Daño por calor también puede ocurrir debido a un incendio. Incluso un pequeño fuego por los frenos, rápidamente extinguido, puede dañar la superficie inferior del ala, patas del tren de aterrizaje, o los carenados de la rueda.

Además, removedores químicos de pintura son muy perjudiciales para los compuestos, y no deben ser utilizados en ellos. Si la pintura tiene que ser removida de materiales compuestos, sólo se permiten métodos mecánicos, tales como arenado o lijado suave. Muchas piezas de composite caros han sido arruinados por el uso de removedor de pintura, y el daño es en general, no reparable.

Derrames de líquidos sobre composites

Algunos se preocupan por el derrame de combustible, aceite o líquido hidráulico en superficies de material compuesto. Estos generalmente no son un problema con los modernos compuestos de resina epoxi. Por lo general, si el derrame no ataca la pintura, no le hará daño el compuesto base. Algunos aviones utilizan tanques de combustible de fibra de vidrio, por ejemplo, en el que el combustible está directamente contra la superficie de la resina sin utilizar sellador. Si la estructura de fibra de vidrio se hace con algunos de los tipos más baratos de resina de poliéster, puede ser un problema cuando se utiliza combustible de autos con etanol en la mezcla. Los tipos más caros de resina de poliéster, así como la resina epoxi, se puede utilizar con combustible de automóviles, así como gas de aviación (AVGAS) de 100 octanos.

Protección contra rayos

La protección contra rayos es una consideración importante en el diseño de aeronaves. Cuando un avión es alcanzado por un rayo, se entrega una gran cantidad de energía a la estructura. Ya sea que vuele un avión ligero o un avión de aerolínea, el principio básico de protección contra rayos es el mismo. Para cualquier tamaño de avión, la energía del rayo debe ser extendido por un área de gran superficie para reducir los amperes por centímetro cuadrado a un nivel aceptable.

Si un rayo cae sobre un avión de aluminio, la energía eléctrica se conduce naturalmente a través de la estructura de aluminio. El desafío es mantener la energía alejada de la aviónica, los sistemas de combustible, etc., hasta que se pueda conducir sin peligro fuera del avión. El revestimiento exterior de la aeronave es el camino de menor resistencia.

En un avión hecho de compuestos, la fibra de vidrio es un excelente aislante eléctrico, mientras que la fibra de carbono conduce la electricidad, pero no tan fácilmente como el aluminio. Por lo tanto, conductividad eléctrica adicional se debe agregar a la capa exterior en compuestos. Esto se hace generalmente con finas mallas de metal pegadas a la superficie. Mallas de aluminio y de cobre son los dos tipos más comunes, con el aluminio utilizado en fibra de vidrio y el cobre en la fibra de carbono. Todas las reparaciones estructurales en las áreas protegidas contra rayos también debe incluir la malla, así como la estructura subyacente.

En aeronaves en compuesto con antenas de radio internas, en la zona de la antena debe haber "ventanas" en la malla contra rayo. Antenas de radio internas se pueden ubicar en los materiales compuestos de fibra de vidrio debido a que la fibra de vidrio es transparente a las frecuencias de radio, y la fibra de carbono no.

El futuro de los materiales compuestos

En las décadas posteriores a la Segunda Guerra Mundial, los materiales compuestos se han ganado un papel importante en el diseño de aeronaves. Su resistencia a la corrosión y flexibilidad, así como la relación resistencia-peso, indudablemente seguirá al frente de los diseños de los aviones más innovadores en el futuro. Desde el Cirrus SR-20 hasta el Boeing 787, es obvio que los compuestos han encontrado un

lugar en la construcción de aviones y están aquí para quedarse. *[Figura 2-16]*

Figura 2-16. *Materiales compuestos en las aeronaves tales como, Columbia 350 (arriba), Boeing 787 (medio), y HH-65 (abajo).*

Instrumentación: avanzando al futuro

Hasta hace poco, la mayoría de los aviones categoría general estaban equipados con instrumentos individuales utilizados en conjunto para operar con seguridad y maniobrar la aeronave. Con el lanzamiento de la pantalla electrónica de vuelo (EFD), los instrumentos convencionales se han sustituido por múltiples pantallas de cristal líquido (LCD). La pantalla principal se instala frente a la posición del piloto, a la izquierda, y se conoce como pantalla principal de vuelo (PFD). Una segunda pantalla, situada aproximadamente en el centro del panel de instrumentos, que se conoce como pantalla multifunción (MFD). Estas dos pantallas ordenan los paneles de instrumentos, aumentando la seguridad. Esto se ha logrado mediante la utilización de instrumentos de estado sólido que tienen una tasa de fallos mucho menores que la instrumentación analógica convencional. *[Figura 2-17]*

Figura 2-17. *Panel analógico (arriba) y panel digital (abajo) de un Cessna 172.*

Con las mejoras actuales en aviónica y la introducción de EFD, los pilotos con cualquier nivel de experiencia necesitan un conocimiento de los sistemas de control de vuelo, así como una comprensión de cómo la automatización se une con la toma de decisiones. Estos temas se tratan en detalle en el capítulo 17.

Ya sea que una aeronave cuenta con instrumentos analógicos o digitales, la instrumentación se divide en tres categorías diferentes: rendimiento o performance, control y navegación.

Instrumentos de performance

Los instrumentos de performance muestran el desempeño real de la aeronave. La performance se determina con referencia al altímetro, el velocímetro o anemómetro, el indicador de velocidad vertical (VSI) o variómetro, el indicador de rumbo, y el indicador de giros y viraje. Los instrumentos de performance reflejan directamente el desempeño que está logrando la aeronave. La velocidad de la aeronave se puede leer en el indicador de velocidad. La altitud se puede leer en el altímetro. El rendimiento en ascenso puede ser determinado por referencia al VSI. Otros instrumentos de performance disponibles son el indicador de rumbo, el indicador de ángulo de ataque, y el inclinómetro (indicador de resbale/derrape). *[Figura 2-18]*

Instrumentos de control

Los instrumentos de control *[Figura 2-19]* muestran en forma inmediata cambios de actitud y potencia, y están calibrados para permitir ajustes en incrementos precisos. El instrumento para la visualización de actitud es el horizonte artificial o indicador de actitud. Los instrumentos de control no indican la velocidad o la altitud del avión. Para determinar estas variables y otras, el piloto debe observar los instrumentos de performance.

Instrumentos de Navegación

Los instrumentos de navegación indican la posición de la aeronave en relación con una estación de navegación seleccionada. Este grupo de instrumentos incluye varios tipos de indicadores de curso, indicadores de distancia, indicadores de la senda de planeo, e indicadores de dirección. Las aeronaves más modernas, con instrumentos más avanzados tecnológicamente proporcionan información de posición más precisa.

Los instrumentos de navegación comprenden indicadores de GPS, radio omni-direccional de muy alta frecuencia (VOR), baliza no direccional (ADF), y sistema de aterrizaje por instrumentos (ILS). Los instrumentos indican la posición relativa a una estación de navegación seleccionada. También brinda información para que la aeronave puede maniobrar siguiendo una ruta predeterminada.

Sistema de navegación satelital (GPS)

El GPS es un sistema de navegación por satélite integrado por una red de satélites colocados en órbita por el Departamento de Defensa de los Estados Unidos. El GPS fue originalmente usado para aplicaciones militares, pero en la década de 1980s el gobierno autorizó el sistema para uso civil. El GPS funciona en todas las condiciones meteorológicas, en cualquier parte del mundo, las 24 horas del día. Un receptor GPS debe estar sincronizado con la señal de al menos tres satélites para calcular una posición bidimensional (latitud y longitud) y el movimiento. Con cuatro o más satélites a la vista, el receptor puede determinar la posición tridimensional (latitud, longitud y altitud).

Resumen del capítulo

En este capítulo se ofrece una visión general de las estructuras de las aeronaves. Un conocimiento más profundo de las estructuras de los aviones puede ser obtenido a través de programas interactivos en línea a través de organizaciones de aviación.

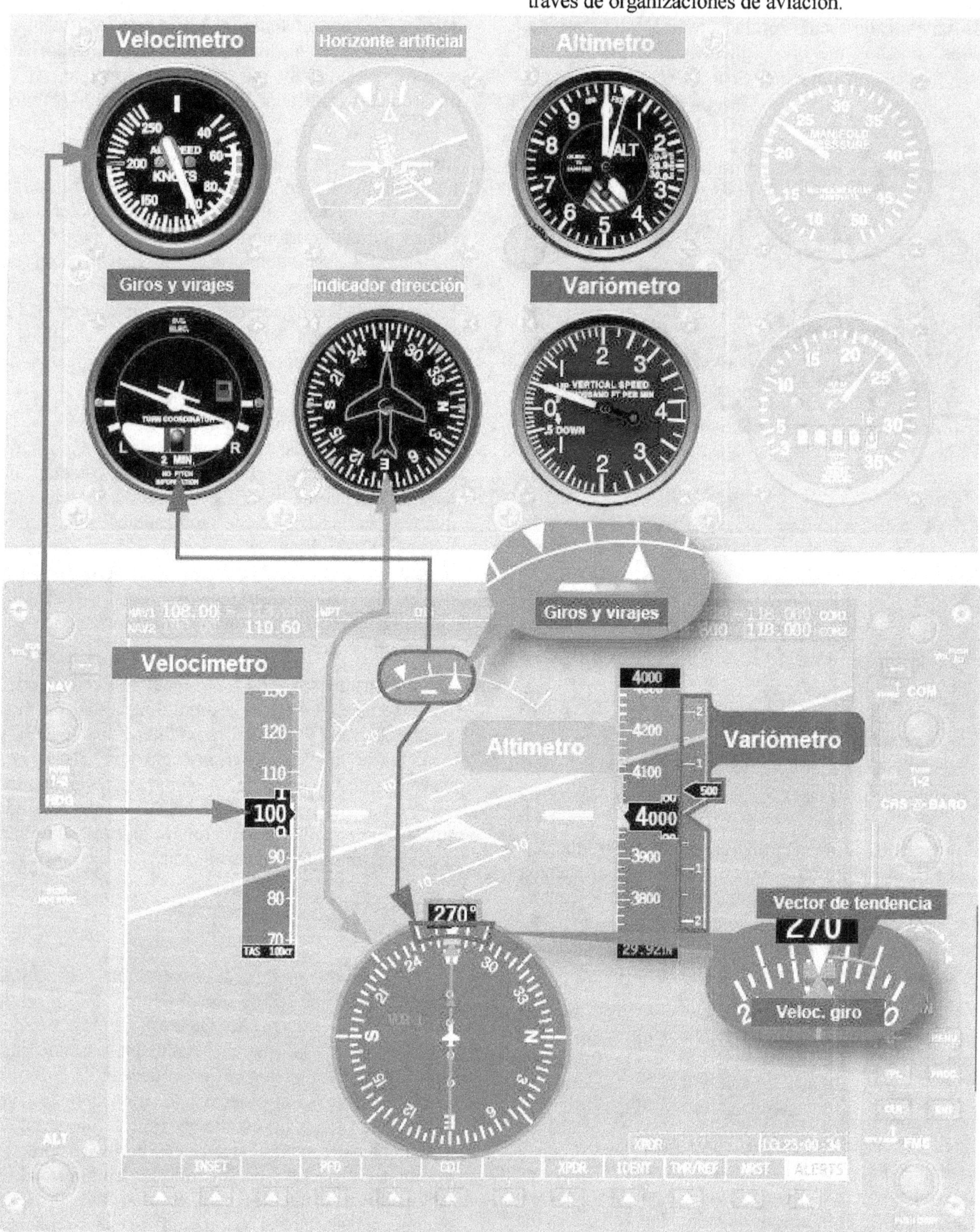

Figura 2-18. *Instrumentos de performance*.

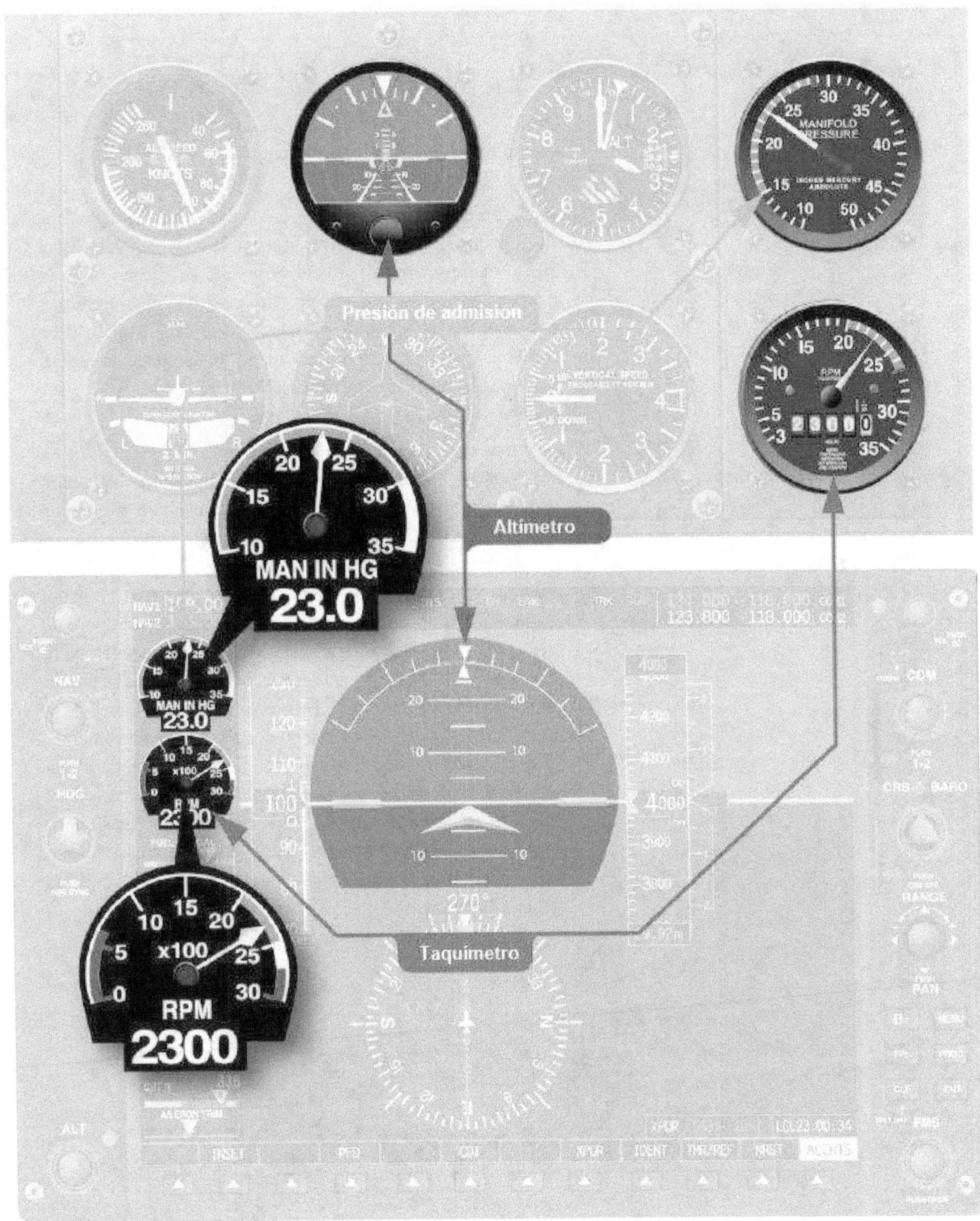

Figura 2-19. *Instrumentos de control*.

Principios del Vuelo

Introducción

Este capítulo examina las leyes físicas fundamentales que rigen las fuerzas que actúan sobre una aeronave en vuelo, y el efecto que estas leyes naturales y las fuerzas tienen sobre la performance de las aeronaves. Para controlar una aeronave, sea un avión, helicóptero, planeador, o globo, el piloto debe comprender los principios en juego y aprender a usar o contrarrestar estas fuerzas naturales.

Estructura de la atmósfera

La atmósfera es una capa de aire que rodea la Tierra y nace en su superficie. Es una parte de la Tierra como el mar o el suelo, pero el aire se diferencia de la tierra y el agua, en que es una mezcla de gases. Tiene masa, peso y forma indefinida.

La atmósfera está compuesta de 78 % de nitrógeno, 21% de oxígeno, y 1% de otros gases, como el argón o el helio. Algunos de estos elementos son más pesados que otros. Los elementos más pesados, como el oxígeno, se depositan en la superficie de la Tierra, mientras que los más livianos se elevan una región de mayor altitud. La mayor parte del oxígeno de la atmósfera se encuentra por debajo de 35.000 pies de altitud.

El aire, siendo un fluido, es capaz de fluir y cambiar de forma sometido a presiones, incluso pequeñas, ya que carece de cohesión molecular fuerte. Por ejemplo, un gas llena completamente cualquier recipiente en el que se coloca, expandiéndose o contrayéndose para ajustar su forma a los límites del contenedor.

Presión Atmosférica

Aunque hay distintos tipos de presión, los pilotos se ocupan principalmente de la presión atmosférica. Es uno de los factores básicos en los cambios de clima, ayuda a la sustentación de un avión, y acciona algunos de los instrumentos de vuelo importantes. Estos instrumentos son el altímetro, velocímetro, indicador de velocidad vertical, y medidor de presión del múltiple de admisión.

El aire es muy ligero, pero tiene masa y se ve afectada por la atracción de la gravedad. Por lo tanto, al igual que cualquier otra sustancia, tiene peso, y debido a su peso, tiene fuerza. Ya que es una sustancia fluida, esta fuerza se ejerce por igual en todas direcciones, y su efecto sobre los cuerpos en el aire se llama presión. En condiciones estándar a nivel del mar, la presión media ejercida por el peso de la atmósfera es de aproximadamente 1kg fuerza por centímetro cuadrado de la superficie, o 1.013,2 milibares (mb). Su espesor es limitado; por lo tanto, cuanto mayor sea la altitud, menos aire hay por encima. Por esta razón, el peso de la atmósfera a 18.000 pies es la mitad de lo que es en el nivel del mar.

La presión de la atmósfera varía con el tiempo y lugar. Debido a las cambiantes presiones atmosféricas, se desarrollo una referencia estándar. La atmósfera estándar a nivel del mar tiene una temperatura de 15°C y una presión en la superficie de 29,92 pulgadas de mercurio ("Hg), o 1.013,2 mb. *[Figura 3-1]*

Con una variación vertical (gradiente) de temperatura estándar, esta disminuye a razón de aproximadamente 2 ° C por cada mil pies hasta 36.000 pies, donde está aproximadamente a -55 ° C. Por encima de este punto, la temperatura se considera constante hasta 80.000 pies. Con un gradiente de presión estándar, esta disminuye a un ritmo de aproximadamente 1 "Hg o 30 mb por cada 1.000 pies que se gana de altitud hasta 10.000 pies. *[Figura 3-2]* La Organización Internacional de Aviación Civil Internacional (OACI) ha establecido esto como un estándar a nivel mundial, y se refiere a menudo como Atmósfera Estándar Internacional (ISA) o la atmósfera estándar de la OACI. Cualquier temperatura o presión que difiere de los gradientes estándar se considera temperatura o presión no estándar.

Atmósfera estándar			
Altitud (pies)	Presión (mb)	Temperatura	
		(°C)	(°F)
0	1013,2	15.0	59.0
1,000	977,3	13.0	55.4
2,000	942,1	11.0	51.9
3,000	908,2	9.1	48.3
4,000	875,0	7.1	44.7
5,000	842,9	5.1	41.2
6,000	812,1	3.1	37.6
7,000	781,9	1.1	34.0
8,000	752,5	-0.9	30.5
9,000	724,0	-2.8	26.9
10,000	696,6	-4.8	23.3
11,000	670,2	-6.8	19.8
12,000	644,1	-8.8	16.2
13,000	619,4	-10.8	12.6
14,000	595,0	-12.7	9.1
15,000	571,6	-14.7	5.5
16,000	548,9	-16.7	1.9
17,000	526,9	-18.7	-1.6
18,000	505,9	-20.7	-5.2
19,000	485,3	-22.6	-8.8
20,000	465,3	-24.6	-12.3

Figura 3-2. *Propiedades de atmósfera estándar*

Debido a que la performance de las aeronaves se comparan y evalúan con respecto a la atmósfera estándar, todos los instrumentos están calibrados para la atmósfera estándar. Con el fin de representar adecuadamente la atmósfera no estándar, ciertos términos relacionados deben ser definidos.

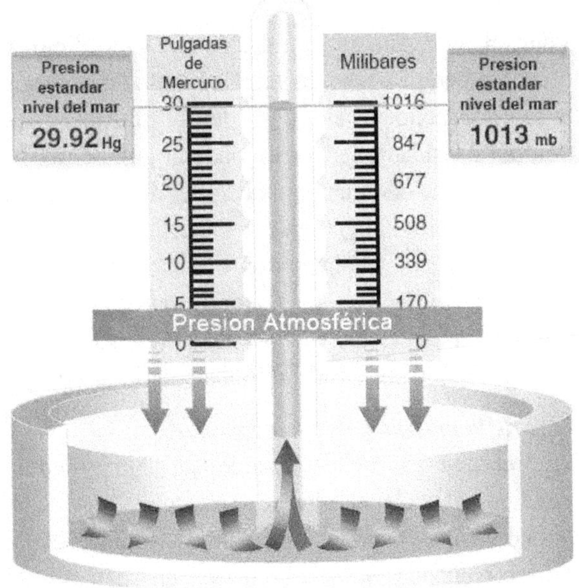

Figura 3-2. *Presión estándar a nivel del mar*

Altitud de presión

Altitud de presión es la altura sobre un plano de referencia estándar, que es un nivel teórico, donde el peso de la atmósfera es de 29,92 "Hg (1.013,2 mb), medido por el barómetro. Un altímetro es básicamente un barómetro sensible calibrado para indicar la altitud en la atmósfera estándar. Si el altímetro está ajustado para 1.013,2 mb, la altitud indicada es la altitud de presión. A medida que la presión atmosférica cambia, el nivel de referencia puede estar por debajo, en o sobre el nivel del mar. La altitud de presión es importante como base para determinar la performance del avión, así como para la asignación de niveles de vuelo a los aviones que operan por encima de un determinado nivel (nivel de transición).

La altitud de presión se puede determinar por cualquiera de dos métodos:

1. Ajustando la escala barométrica del altímetro a 1.013,2 y leyendo la altitud indicada.
2. Aplicando un factor de corrección a la altura indicada de acuerdo al ajuste del altímetro.

Altitud de densidad

El nivel de referencia estándar es una altitud de presión teórica, pero las aeronaves operan en una atmosfera no estándar (real) y la altitud de densidad se utiliza para relacionar el rendimiento aerodinámico en la atmósfera real. La altitud de densidad es la distancia vertical sobre el nivel del mar en la atmósfera estándar a la cual se encuentra una determinada densidad. La densidad del aire tiene efectos significativos en el rendimiento de la aeronave, ya que a medida que el aire se vuelve menos denso, se reduce:

- Potencia debido a que el motor toma menos aire.
- Empuje porque una hélice es menos eficiente en el aire menos denso.
- Sustentación debido a que el aire menos denso ejerce menos fuerza en las alas.

La altitud de densidad es la altitud de presión corregida por la temperatura real. A medida que la densidad del aire aumenta (menor altitud de densidad), aumenta la performance de las aeronaves y a la inversa, a medida que disminuye la densidad del aire (mayor altitud de densidad), disminuye el rendimiento de la aeronave. *Una disminución en la densidad del aire significa una mayor altitud de densidad; un aumento de la densidad del aire significa una altitud de densidad más baja.* La

altitud de densidad se utiliza en el cálculo del rendimiento de la aeronave, ya que bajo condiciones atmosféricas normales, el aire en todos los niveles en la atmósfera no sólo tiene una densidad específica, su altitud de presión y la altitud de densidad identifican al mismo nivel.

El cálculo de la altitud de densidad implica la consideración de la presión (altitud de presión) y la temperatura. Puesto que los datos de performance de las aeronaves en cualquier nivel se basan en la densidad del aire en condiciones estándar, estos datos se aplican a cada nivel de densidad del aire que puede no ser idéntica a la indicación del altímetro. En condiciones mayores o menores que el estándar, estos niveles no se pueden determinar directamente del altímetro.

La altitud de densidad se determina en primer lugar encontrando la altitud de presión, y luego corregir esta altitud con las variaciones de temperatura reales. Dado que la densidad varía directamente con la presión, e inversamente con la temperatura, una altitud de presión dada puede existir para un amplio rango de temperatura, si permitimos variar la densidad. Sin embargo, una densidad conocida ocurre para cualquier temperatura y altitud de presión. La densidad del aire tiene un efecto marcado en el rendimiento de los aviones y motores. Independientemente de la altitud real en que la aeronave está operando, el desempeño será como si volara a una altura igual a la altitud de densidad existente.

La densidad del aire se ve afectada por los cambios de altitud, temperatura y humedad. Una altitud de densidad alta se corresponde al aire poco denso, mientras que la altitud de densidad baja corresponde al aire denso. Las condiciones que dan lugar a una altitud de densidad alta son elevaciones altas, bajas presiones atmosféricas, altas temperaturas, alta humedad, o alguna combinación de estos factores. Las elevaciones más bajas, altas presiones atmosféricas, bajas temperaturas y baja humedad son indicativos de altitud de densidad baja.

Efecto de la presión sobre la densidad

Como el aire es un gas, puede ser comprimido o expandido. Cuando el aire se comprime, una mayor cantidad de aire ocupa un determinado volumen. Por el contrario, cuando la presión en un determinado volumen de aire disminuye, el aire se expande y ocupa un espacio mayor. A una presión más baja, la columna de aire original contiene una masa de aire menor. La densidad decrece porque la densidad es directamente proporcional a la presión. Si se duplica la presión, la densidad se duplica; si la presión baja, la densidad baja. Esto es cierto sólo a una temperatura constante.

Efecto de la temperatura sobre la densidad

Incrementando la temperatura de una sustancia disminuye su densidad. Por el contrario, disminuyendo la temperatura se incrementa la densidad. Por lo tanto, la densidad del aire varía inversamente con la temperatura. Esto es cierto sólo a presión constante.

En la atmósfera, la temperatura y la presión disminuyen con la altura, y tienen efectos contrarios de la densidad. Sin embargo, la caída más rápida de la presión con la altitud por lo general tiene efecto dominante. Por lo tanto, los pilotos pueden esperar una disminución de la densidad con la altitud.

Efecto de la humedad en la densidad

Los párrafos anteriores se refieren al aire perfectamente seco. En realidad, nunca está completamente seco. La pequeña cantidad de vapor de agua suspendida en la atmósfera puede ser casi insignificante en ciertas condiciones, pero en otras condiciones la humedad puede ser un factor importante en el rendimiento de un avión. El vapor de agua es más liviano que el aire y, en consecuencia, el aire húmedo es más liviano que el aire seco. Por lo tanto, a medida que el contenido de agua del aire aumenta, el aire se vuelve menos denso, incrementándose la altitud de densidad y disminuyendo de rendimiento. Es más liviano o menos denso cuando, en determinadas condiciones,   contiene la máxima cantidad de vapor de agua.

La humedad, también llamada humedad relativa, se refiere a la cantidad de vapor de agua contenido en la atmósfera, y se expresa como un porcentaje de la cantidad máxima de vapor de agua puede contener el aire. Esta cantidad varía con la temperatura. El aire cálido contiene más vapor de agua, mientras que el aire frío tiene menos. El aire perfectamente seco que no contiene vapor de agua tiene una humedad relativa del cero por ciento, mientras que el aire saturado, que no puede contener más vapor de agua, tiene una humedad relativa del 100 por ciento. La humedad por sí sola no es generalmente considerada un factor importante en el cálculo de la altitud de densidad y el rendimiento de la aeronave, pero contribuye.

A medida que aumenta la temperatura, el aire puede contener una mayor cantidad de vapor de agua. Al comparar dos masas de aire separadas, la primera cálida y húmedo (ambas cualidades que tienden a aligerar el aire) y la segunda fría y seca (ambas cualidades que lo hacen más denso), la primera debe ser menos densa que la segunda. La presión, temperatura, humedad y tienen una gran influencia en el rendimiento de la aeronave debido a su efecto sobre la densidad.

En cualquier caso, los efectos de la humedad en la altitud de densidad incluyen una disminución en el rendimiento general, en condiciones de humedad alta.

Teorías en la producción de Sustentación

Leyes del movimiento de Newton

La formación de sustentación ha sido históricamente la adaptación, en los siglos pasados, de leyes básicas de la física. Estas leyes, aunque aparentemente aplicables a todos los aspectos de la sustentación, no responden a cómo se forma la sustentación. De hecho, consideremos los perfiles aerodinámicos simétricos que producen una sustentación significante.

Las leyes físicas fundamentales que rigen las fuerzas que actúan sobre un avión en vuelo se adoptaron a partir de teorías postuladas desarrolladas antes que cualquier ser humano haya volado un avión con éxito. El uso de estas leyes físicas se inició con la revolución científica, que comenzó en Europa en el 1600. Impulsado por la creencia de que el universo funciona de una manera predecible abierto a la comprensión humana, muchos filósofos, matemáticos, científicos, e inventores pasaron toda su vida descubriendo los secretos del universo. Uno de los más conocidos fue Sir Isaac Newton, que no sólo formuló la ley de gravitación universal, sino también describió las tres leyes básicas del movimiento.

Primera Ley de Newton: "Cada objeto persiste en su estado de reposo o movimiento rectilíneo uniforme a menos que sea obligado a cambiar ese estado por fuerzas impuestas sobre él"

Esto significa que nada comienza o deja de moverse hasta que alguna fuerza externa lo obliga. Un avión estacionado en plataforma permanece en reposo a menos que se aplique una fuerza lo suficientemente fuerte como para vencer su inercia. Una vez que se mueve, su inercia lo mantiene en movimiento, sujeto a las distintas fuerzas que actúen sobre él. Estas fuerzas pueden acelerar su movimiento, hacerlo más lento, o cambiar su dirección.

Segunda Ley de Newton: "La fuerza es igual a la variación en la cantidad de movimiento en el tiempo. Para una masa constante, la fuerza es igual a la masa por la aceleración. "

Cuando un cuerpo se halla sometido a una fuerza constante, la aceleración resultante es inversamente proporcional a la masa del cuerpo y es directamente proporcional a la fuerza aplicada. Esto toma en cuenta los factores que intervienen para vencer la Primera Ley de Newton. Cubre tanto los cambios en dirección como velocidad, incluyendo el inicio del movimiento (aceleración positiva) hasta la detención (aceleración negativa o desaceleración).

Tercera Ley de Newton: "Para cada acción hay una reacción igual y opuesta."

En un avión, la hélice se mueve y empuja el aire hacia atrás y, en consecuencia, el aire empuja la hélice (y por lo tanto el avión) en la dirección opuesta, hacia adelante. En un jet el motor expulsa gases calientes hacia atrás, la fuerza de reacción igual y opuesta empuja el motor y fuerza al avión hacia adelante.

Efecto Magnus

En 1852, el físico y químico alemán Heinrich Gustav Magnus (1802-1870), hizo estudios experimentales de las fuerzas aerodinámicas en esferas y cilindros giratorios (El efecto ya había sido mencionado por Newton en 1672, al parecer en lo que respecta a las esferas o pelotas de tenis). Estos experimentos condujeron al descubrimiento del efecto Magnus, que ayuda a explicar la teoría de la sustentación.

Flujo de aire contra un cilindro estático

Si el aire fluye en contra de un cilindro que no está girando, el flujo de aire por encima y por debajo del cilindro es idéntico y las fuerzas son iguales. *[Figura 3-3A]*

Un cilindro rotatorio en un fluido inmóvil

En la *figura 3-3B*, el cilindro rota hacia la derecha y se observa desde el lado mientras se está inmerso en un fluido. La rotación del cilindro afecta el fluido que rodea el cilindro. El flujo alrededor del cilindro giratorio difiere del flujo alrededor de un cilindro

estacionario debido a la resistencia causada por dos factores: viscosidad y fricción.

Viscosidad

La viscosidad es la propiedad de un fluido o semifluido que resiste su flujo. Esta resistencia al flujo es medible debido a la tendencia molecular de los fluidos a adherirse entre sí hasta cierto punto. Los fluidos de alta viscosidad resisten el flujo, los de baja viscosidad fluyen fácilmente.

Cantidades similares de agua y aceite derramados por dos rampas idénticas muestran la diferencia en la viscosidad. El agua parece fluir libremente, mientras que el aceite fluye más lentamente.

Debido a la resistencia al movimiento molecular que conlleva la viscosidad, la grasa es muy viscosa debido a que sus moléculas se resisten al flujo. La lava caliente es otro ejemplo de un fluido viscoso. Todos los fluidos son viscosos y tienen una resistencia al flujo, ya sea que esta se observe o no. El aire es un ejemplo de un fluido cuya viscosidad no puede ser observada.

Como el aire tiene propiedades viscosas, se resiste al flujo hasta cierto punto. En el caso del cilindro que gira dentro de un fluido (aceite, agua o aire), el fluido (no importa lo que sea) se resiste a fluir sobre la superficie del cilindro.

Fricción

La fricción es el segundo factor actuando cuando un fluido fluye alrededor de un cilindro giratorio. La fricción es la resistencia que una superficie u objeto encuentra cuando se mueve sobre otro, y existe entre un fluido y la superficie sobre la cual fluye.

Si fluidos idénticos se vierten por la rampa, fluyen de la misma manera y con la misma velocidad. Si la superficie de una rampa está cubierta con pequeños gránulos, el flujo por las rampas difiere significativamente. La rampa de superficie rugosa impide el flujo del fluido debido a la resistencia de la superficie (por fricción). Es importante recordar que todas las superficies, no importa lo lisas que parecen, no son lisas e impiden el flujo de un fluido. Tanto la superficie de un ala y el cilindro giratorio tienen una cierta rugosidad, aunque a un nivel microscópico, provocando la resistencia de un fluido a fluir. Esta reducción en la velocidad del flujo de aire sobre una superficie es causada por la fricción de la superficie o resistencia.

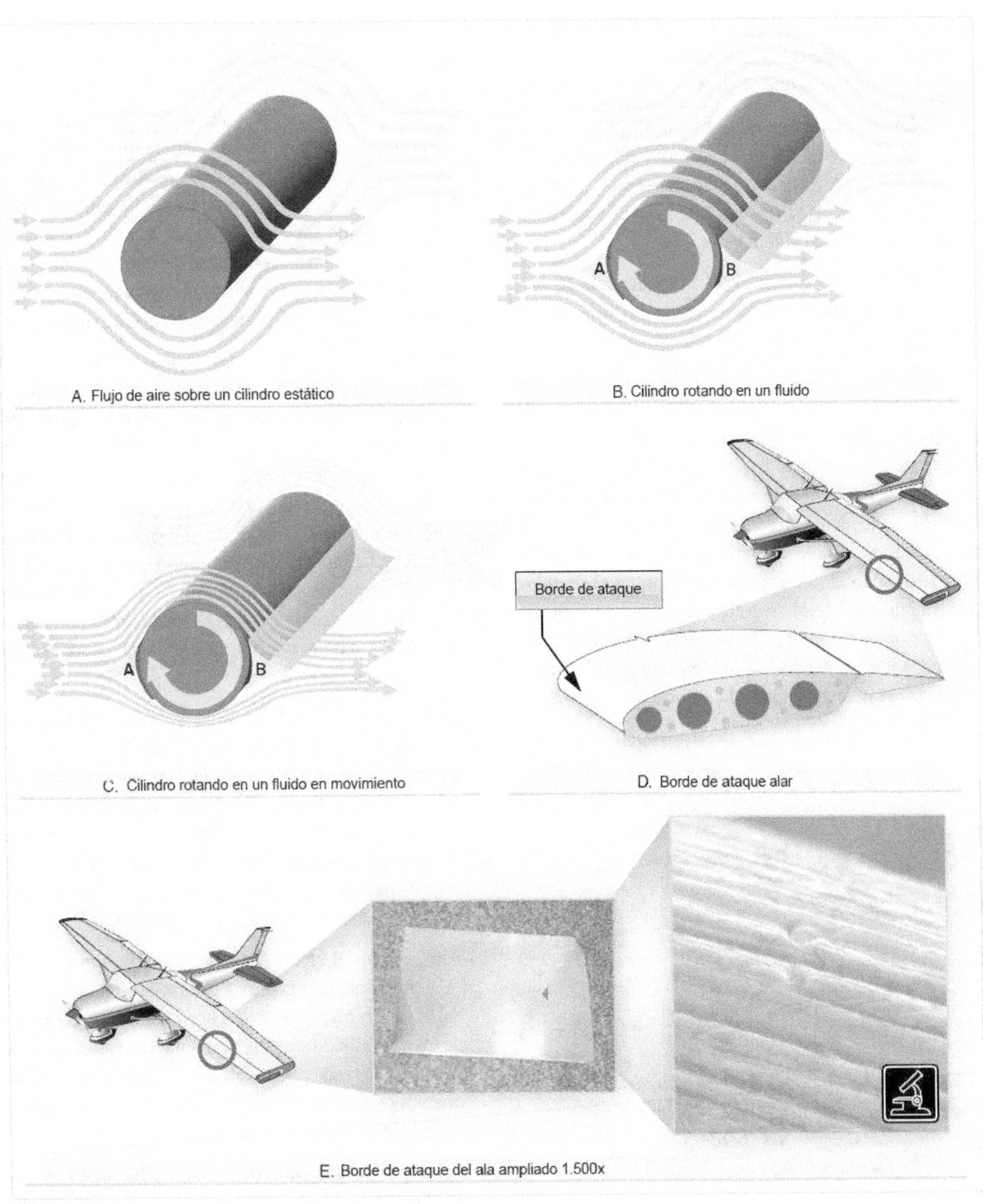

Figura 3-3. A *ilustra circulación uniforme.* **B** *ilustra el incremento de flujo por encima de un cilindro rotatorio. La velocidad del flujo es más incrementada aun cuando el cilindro rotatorio está en una corriente de aire en movimiento* (**C**). *Las moléculas de aire cerca de la superficie de un objeto son frenadas y hasta detenidas.* **D** *es un ejemplo del típico aluminio usado en construcción de aviones que incluye bordes de ataque de alas como se muestra en* **E** *(izquierda). Cuando se amplifica a 1.500x (**E** derecha) el aluminio pulido es visiblemente rugoso. Esto muestra como el flujo es afectado por irregularidades moleculares de la superficie.*

Al pasar sobre una superficie, las moléculas se pegan de hecho a la superficie, ilustrado por el cilindro rotatorio en un fluido que no se mueve. Por lo tanto,

1. En el caso del cilindro giratorio, las partículas del aire cerca de la superficie que resisten al movimiento tienen una velocidad relativa cercana a cero. La rugosidad de la superficie impide su movimiento.

2. Debido a la viscosidad del fluido, las moléculas en la superficie arrastran o tiran, el flujo sobre ellas en el sentido de rotación debido a la adherencia del fluido a sí mismo.

También hay una diferencia en el flujo alrededor del cilindro rotatorio y el flujo alrededor de un cilindro estático. Las moléculas en la superficie del cilindro giratorio no están en movimiento relativo al cilindro, giran hacia la derecha con el cilindro. Debido a la viscosidad, estas moléculas arrastran a otras encima de ellas resultando en un aumento del flujo en el sentido de las agujas del reloj. Sustituyendo el aire por otros fluidos resulta en una mayor velocidad de circulación de aire sobre el cilindro, simplemente porque más moléculas se mueven en sentido horario.

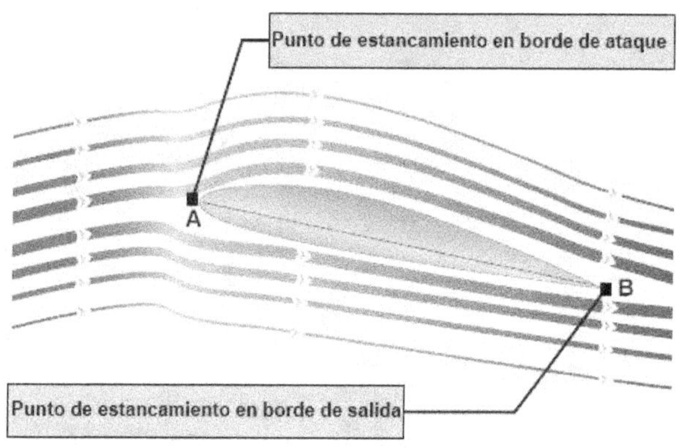

Figura 3-4. *La circulación de aire alrededor de un perfil ocurre cuando el punto de estancamiento frontal esta debajo del borde de ataque y el posterior está detrás del borde de salida.*

Cilindro rotatorio en un fluido en movimiento

Cuando el cilindro rota en un fluido que también se está moviendo, el resultado es un mayor flujo circulatorio en la dirección del cilindro giratorio. *[Figura 3-3C]* Agregando movimiento al fluido, la magnitud del flujo aumenta.

Las mayores diferencias de velocidad son a 90° desde el movimiento relativo entre el cilindro y el flujo de aire. Además, y como se muestra en la *Figura 3-4,* en el punto "A", existe un punto de estancamiento donde la corriente de aire impacta en la parte frontal del perfil, dividiéndose; parte del aire pasa por encima y parte por debajo. Otro punto de estancamiento existe en "B", donde las dos corrientes de aire y vuelven a juntarse y retoman velocidades idénticas. Cuando se ve desde un lado, se crea una corriente ascendente por delante del perfil y descendente en la parte trasera.

En el caso de la *figura 3.4,* la máxima velocidad se encuentra en la parte superior del perfil, con la menor velocidad en la parte inferior. Debido a que estas velocidades están asociados con un objeto (en este caso, un perfil aerodinámico) se les llama velocidades locales, ya que no existen fuera del sistema de sustentación que producen. Este concepto puede aplicarse fácilmente a un ala u otro tipo de superficie. Debido a que existe una diferencia de velocidad por encima y por debajo del ala, el resultado es una mayor presión en la parte inferior del ala y una menor presión en la parte superior del ala.

Esta área de baja presión produce una fuerza ascendente conocida como el Efecto Magnus, el fenómeno físico por el cual la rotación de un objeto afecta su trayectoria en un fluido, incluyendo el aire. Dos aerodinamicistas, Martin Kutta y Nicolai Joukowski, eventualmente midieron y calcularon las fuerzas para la ecuación de sustentación en un cilindro rotatorio (el teorema de Kutta-Joukowski).

Para resumir el efecto Magnus, un perfil con un AOA (ángulo de ataque) positivo desarrolla una circulación del aire sobre la superficie superior del ala. Su borde de salida afilado fuerza al punto de estancamiento posterior a estar por detrás del borde de salida, mientras que el punto de estancamiento frontal cae por debajo del borde de ataque. *[Figura 3-4]*

Principio de Bernoulli de presión diferencial

Medio siglo después de que Newton formuló sus leyes, Daniel Bernoulli, un matemático suizo, explicó cómo la presión de un fluido en movimiento (líquido o gas) varía con la velocidad del movimiento. El principio de Bernoulli establece que cuando la velocidad de un fluido en movimiento (líquido o gas) se incrementa, la presión dentro del líquido disminuye.

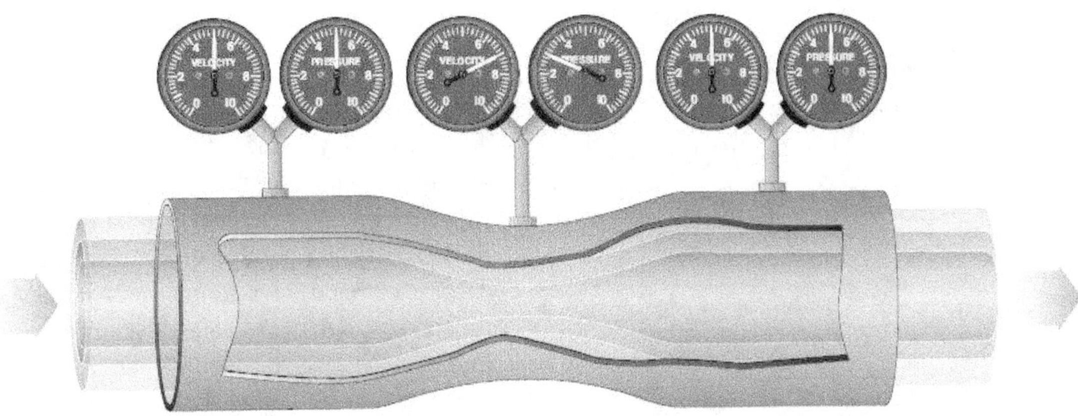

Figura 3-5. *La presión del aire disminuye en un tubo venturi.*

Este principio explica lo que sucede cuando el aire pasa por la parte superior curvada del ala de un avión.

Una aplicación práctica del Principio de Bernoulli es el tubo venturi. El tubo venturi tiene una entrada de aire que se reduce en una garganta (punto de constricción) y una sección de salida que aumenta el diámetro hacia la parte posterior. El diámetro de la salida es el mismo que el de entrada. En la garganta, el flujo de aire se acelera y disminuye la presión; a la salida, el flujo de aire disminuye y la presión aumenta. *[Figura 3-5]*

Como el aire es reconocido como un cuerpo y se acepta que se debe seguir las leyes mencionadas, se puede empezar a ver cómo y por qué el ala de un avión desarrolla sustentación. A medida que el ala se mueve por el aire, aumenta la velocidad del flujo de aire sobre la superficie curva superior creando un área de baja presión.

A pesar de que Newton, Magnus, Bernoulli, y cientos de otros científicos que estudiaron las leyes físicas del universo no tenían los laboratorios sofisticados disponibles hoy, iniciaron el camino a la visión contemporánea de cómo es creada la sustentación.

Diseño de un perfil aerodinámico

Un perfil aerodinámico es una estructura diseñada para obtener una reacción sobre su superficie a partir del aire a través del cual se mueve. El aire actúa de diversas formas cuando es sometido a diferentes presiones y velocidades. Al observar un perfil típico, tales como la sección transversal de un ala, se pueden ver algunas características obvias de diseño. *[Figura 3-6]* Tenga en cuenta que hay una diferencia en las curvaturas de las superficies superior e inferior del perfil. La curvatura de la superficie superior es más pronunciada que la de la superficie inferior, que normalmente es bastante plana.

NOTA: Los dos extremos del perfil aerodinámico también difieren en su apariencia. El extremo que mira hacia delante en vuelo, se llama borde de ataque, y es redondeado; el otro extremo, el borde de salida, es bastante estrecho y afilado.

Una línea de referencia de uso frecuente en la discusión de perfiles es la línea de la cuerda, una línea recta trazada a través del perfil de conectando los extremos de los bordes de ataque y salida. La distancia de esta línea de cuerda a las superficies superior e inferior del ala denota la magnitud de la curvatura superior e inferior. Otra línea de referencia, a partir del borde de ataque al de salida, es la línea de curvatura media. Esta línea media es equidistante en todos los puntos de las superficies superior e inferior.

Una perfil está construido de tal manera que su forma se aprovecha de la respuesta del aire a ciertas leyes físicas. Esto desarrolla dos acciones en la masa de aire: una presión positiva de la masa de aire actuando debajo del ala, y una acción de presión negativa actuando sobre el ala.

A medida que la corriente de aire golpea la superficie inferior relativamente plana de un ala o pala de rotor en un ángulo pequeño con la dirección del movimiento, el aire es forzado a rebotar hacia abajo, causando una reacción hacia arriba de sustentación positiva. Al mismo tiempo, la corriente de aire

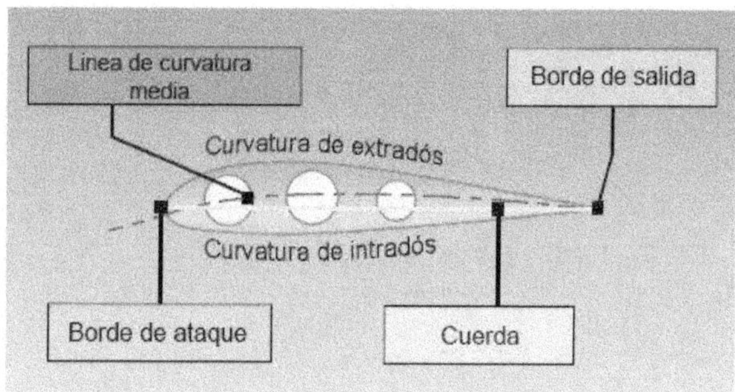

Figura 3-6. *Sección de un perfil alar típico.*

golpeando la parte superior curvada del borde de ataque se desvía hacia arriba. Un perfil está formado para provocar una acción del aire, y fuerza al aire hacia abajo, lo que provoca una reacción igual del aire, forzando al perfil hacia arriba. Si un ala se construye de tal forma que provoca una fuerza de sustentación mayor que el peso de la aeronave, el avión vuela.

Si toda la sustentación requerida se obtiene sólo a partir de la desviación de aire de la superficie inferior del ala, el avión sólo necesita un ala plana como un barrilete. Sin embargo, el balance de sustentación necesaria para soportar la aeronave viene del flujo de aire sobre el ala. Aquí está la clave para volar.

No es exacto ni útil asignar valores específicos para el porcentaje de sustentación generado por la superficie superior de un perfil en comparación con el generado por la superficie inferior. Estos valores no son constantes y varían, no sólo con las condiciones de vuelo, sino también con diferentes diseños de alas.

Diferentes perfiles tienen diferentes características de vuelo. Miles de perfiles han sido probados en túneles de viento y en vuelo real, pero no se ha encontrado un perfil que satisfaga todas las necesidades del vuelo. El peso, velocidad, y propósito de cada aeronave dictan la forma de su perfil. El perfil más eficiente para la producción de sustentación es el que tiene una superficie inferior cóncava. Como diseño fijo, este tipo de perfil sacrifica demasiada velocidad, mientras produce sustentación y no es adecuado para vuelos de alta velocidad. Los avances en ingeniería han hecho posible que hoy los jets de alta velocidad tomen ventaja de los perfiles cóncavos de alta sustentación. Los flaps de borde de ataque (Krueger) y flaps del borde de fuga (Fowler), cuando se extienden a partir de la estructura del ala, literalmente cambian el perfil a

la forma cóncava clásica, generando mucha mayor sustentación durante las condiciones del vuelo lento.

Por otro lado, un perfil que es perfectamente aerodinámico y ofrece poca resistencia al viento a veces no tiene suficiente fuerza de sustentación para levantar el avión del suelo. Por lo tanto, los aviones modernos tienen perfiles que están en medio de los diseños extremos. La forma varía de acuerdo a las necesidades del avión para el que fue diseñado. *La Figura 3-7* muestra algunos de los perfiles más comunes.

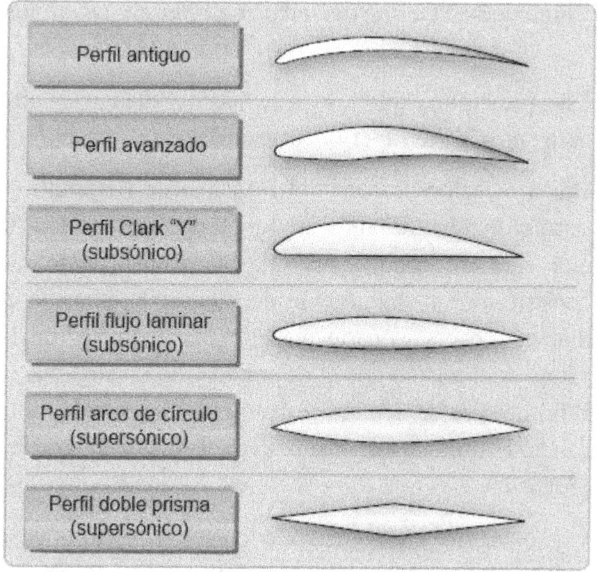

Figura 3-7. *Diseños de perfiles.*

Baja presión superior

En un túnel de viento o en vuelo, un perfil es simplemente un objeto aerodinámico dentro de una corriente de aire en movimiento. Si el perfil aerodinámico fuese de una forma de gota de agua, los cambios de velocidad y presión del aire que pasa sobre la parte superior e inferior sería el mismo en ambos lados. Pero si este perfil se cortara a la mitad longitudinalmente, daría lugar a una forma semejante a un perfil básico (ala). Si el perfil fuera inclinado de modo que el flujo de aire golpee en ángulo (ángulo de ataque, AOA), el aire moviéndose sobre el extradós se vería obligado a moverse más rápido que el aire que se mueve a lo largo de la parte inferior (intradós). Este aumento de velocidad reduce la presión sobre el perfil.

Aplicando el Principio de Bernoulli, el aumento de la velocidad del aire en la parte superior de un perfil produce una caída de presión. Esta baja presión es un componente de la sustentación total. La diferencia de presión entre las superficies superior e inferior de un ala por sí sola no produce la fuerza de sustentación total.

El flujo hacia abajo y atrás desde la superficie superior de un perfil aerodinámico crea una corriente descendente. Esta corriente se une con el flujo de la parte inferior del perfil en el borde de salida. Aplicando la tercera ley de Newton, la reacción de este flujo hacia atrás y abajo resulta en una fuerza hacia arriba y adelante en el perfil.

Alta presión inferior

Una cierta cantidad de sustentación es generada por las condiciones de presión debajo del perfil. Debido a la forma en que el aire fluye por debajo del perfil, se produce una presión positiva, sobre todo a mayores ángulos de ataque. Pero hay otro aspecto de este flujo de aire que debe ser considerado. En un punto cercano al borde de ataque, el flujo de aire prácticamente se detiene (punto de estancamiento) y luego aumenta gradualmente la velocidad. En un punto cerca del borde de salida, de nuevo se llega a una velocidad igual a la de la superficie superior. De conformidad con el principio de Bernoulli, donde se redujo el flujo de aire debajo del perfil, se crea una presión positivo hacia arriba, es decir, a medida que disminuye la velocidad de fluido, la presión debe aumentar. Dado que la diferencia de presión entre las superficies superior e inferior del perfil es mayor, aumenta el total de sustentación. Tanto el Principio de Bernoulli como las leyes de Newton están en funcionamiento cada vez que un perfil genera sustentación.

Distribución de la presión

Partiendo de experimentos realizados en modelos en túneles de viento y en aviones de tamaño completo, se ha determinado que a medida que el aire fluye a lo largo de la superficie de un ala en diferentes ángulos de ataque, hay regiones a lo largo de la superficie donde la presión es negativa o menor que la atmosférica, y regiones donde la presión es positiva, o mayor que la atmosférica. Esta presión negativa en la superficie superior crea una fuerza relativamente mayor en el ala que la causada por la presión positiva que resulta del aire que golpea la superficie inferior del ala. *La Figura 3-8* muestra la distribución de la presión a lo largo de un perfil a tres diferentes ángulos de ataque. El promedio de la variación de presión para

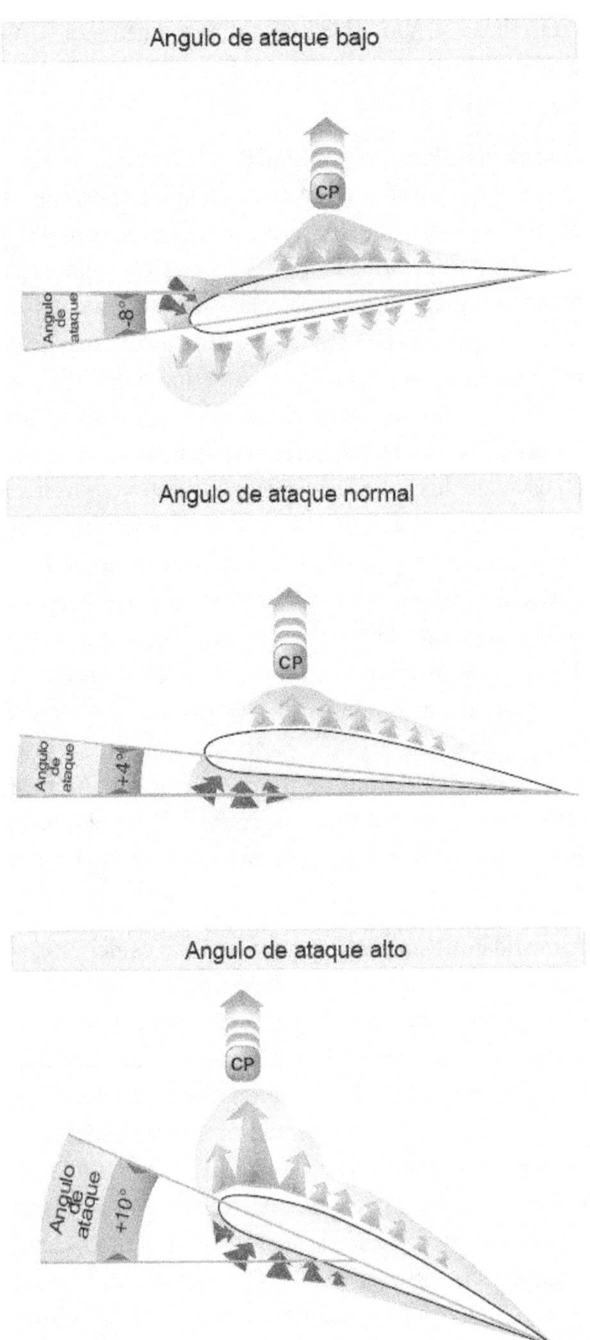

Figura 3-8. *Distribución de presión en un perfil alar y cambios en el CP a diferentes AOA.*

cualquier ángulo de ataque se conoce como el centro de presión (CP). La fuerza aerodinámica actúa en este CP. A altos ángulos de ataque, el CP se mueve hacia adelante, mientras que a bajos ángulos de ataque el CP se mueve hacia atrás. En el diseño de estructuras de alas, este desplazamiento del CP es muy importante, ya que afecta a la posición de las cargas del aire impuestas a la estructura del ala en condiciones de

AOA bajo y alto. El equilibrio aerodinámico de un avión y la capacidad de control se rigen por los cambios en el CP.

Comportamiento de un perfil

A pesar de que se pueden citar ejemplos concretos en el que cada uno de los principios puede predecir y contribuir a la formación de sustentación, ésta es un tema complejo. La producción de sustentación es mucho más compleja que una simple diferencia de presión entre las superficies superior e inferior del perfil. De hecho, muchos perfiles no tienen una superficie superior más larga que la inferior, como en el caso de los perfiles simétricos. Estos se ven en aeronaves de alta velocidad con alas simétricas, o en las palas de rotor simétricas de muchos helicópteros cuyas superficies superior e inferior son idénticas. En ambos ejemplos, la relación del perfil con la corriente de aire que se aproxima (ángulo) es lo único que es diferente. Un avión de papel, que es simplemente una placa plana, tiene una parte inferior y superior exactamente de la misma forma y longitud. Aún así, estos perfiles crean sustentación, y el flujo circulante es en parte (o totalmente) responsable de la creación de sustentación.

A medida que un perfil se mueve a través del aire, se inclina en contra de la corriente de aire, produciendo un flujo diferente causado por la relación del perfil con el aire que se acerca. Piense en una mano colocada fuera de la ventana de un auto a alta velocidad. Si la mano se inclina en una dirección u otra, la mano se mueva hacia arriba o hacia abajo. Esto es causado por deflexión, que a su vez hace que el aire gire alrededor del objeto dentro de la corriente de aire. Como resultado de este cambio, la velocidad del objeto cambia, tanto en magnitud como en dirección, resultando a su vez en una fuerza de velocidad y dirección medible.

Una tercera dimensión

Hasta este punto, la discusión se ha centrado en el flujo sobre las superficies superior e inferior de un perfil aerodinámico. Mientras que la mayoría de la sustentación se produce por estas dos dimensiones, una tercera dimensión, la punta del perfil también tiene un efecto aerodinámico. El área de alta presión en la parte inferior de un perfil aerodinámico empuja alrededor de la punta hacia el área de baja presión en la parte superior.*[Figura 3-9]* Esta acción crea un flujo

giratorio llamado vórtice de punta. El vórtice fluye detrás del perfil creando una corriente descendente que se extiende hasta el borde de salida del perfil. Esta corriente descendente resulta en una reducción general de la sustentación en la parte del perfil afectada.

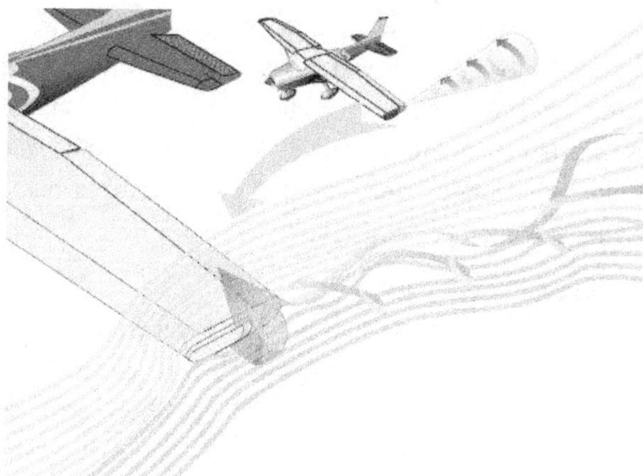

Figura 3-9. *Vórtice de punta alar.*

Los fabricantes han desarrollado diferentes métodos para contrarrestar esta acción. Winglets pueden ser agregados a la punta de un perfil aerodinámico para reducir este flujo. Estas aletas actúan previniendo la formación del vórtice. Los winglets pueden estar en la parte superior o inferior del perfil. Otro método para contrarrestar el flujo es afinar la punta del perfil, reduciendo la diferencia de presión y suavizando el flujo de aire alrededor de la punta.

Resumen del capítulo

Los aviones modernos de la aviación general tienen lo que se puede considerar como características de alto rendimiento. Por lo tanto, cada vez es más necesario que los pilotos vean y entiendan los principios en que se basa el arte de volar.

Aerodinámica del Vuelo

Fuerzas que actúan sobre un avión

Empuje, resistencia, sustentación, y peso son las fuerzas que actúan sobre todos las aeronaves en vuelo. Comprender cómo trabajan estas fuerzas y saber cómo controlarlas con el uso de potencia y los controles de vuelo es esencial para el vuelo. Este capítulo trata de la aerodinámica del vuelo, cómo el diseño, peso, factores de carga, y la gravedad afectan a una aeronave durante las maniobras de vuelo.

Las cuatro fuerzas que actúan sobre un avión en vuelo no acelerado, recto y nivelado son empuje, resistencia, sustentación, y peso. Ellas se definen como sigue:

• Empuje: la fuerza de avance producida por el motor/hélice o rotor. Se opone o supera la fuerza de resistencia. Como regla general, actúa en paralelo al eje longitudinal. Sin embargo, este no siempre es el caso, como se explica más adelante.

• Resistencia: fuerza de retardo hacia atrás causada por la irrupción del flujo de aire por el ala, el fuselaje, el rotor, y otros objetos que sobresalgan. La resistencia se opone al empuje, y actúa hacia atrás paralela al viento relativo.

• Peso: la carga combinada de la propia aeronave, la tripulación, el combustible y la carga o el equipaje. El peso tira del avión hacia abajo debido a la fuerza de la gravedad. Se opone a la sustentación, y actúa verticalmente hacia abajo a través del centro de gravedad (CG) de la aeronave.

• Sustentación: se opone a la fuerza hacia abajo del peso, se produce por el efecto dinámico del aire que actúa sobre el perfil aerodinámico, y actúa en forma perpendicular a la trayectoria de vuelo a través del centro de sustentación.

En vuelo estacionario, la suma de estas fuerzas opuestas es siempre cero. No puede haber un desequilibrio de fuerzas en vuelo estable y recto, basado en la Tercera Ley de Newton, que establece que para cada acción o fuerza hay una igual, pero contraria, reacción o fuerza. Esto es cierto en vuelo nivelado o cuando asciende o desciende.

Esto no significa que las cuatro fuerzas son iguales. Esto significa que las fuerzas opuestas son iguales, y por lo tanto cancelan los efectos de cada una. En *Figura 4-1* los vectores de fuerza de empuje, resistencia, sustentación, y peso parecen ser del mismo valor. La explicación usual dice (sin estipular que empuje y resistencia, no son iguales a peso y sustentación), que empuje es igual a resistencia y peso es igual a sustentación. Aunque básicamente es cierto, esta declaración puede ser engañosa. Se debe entender que,

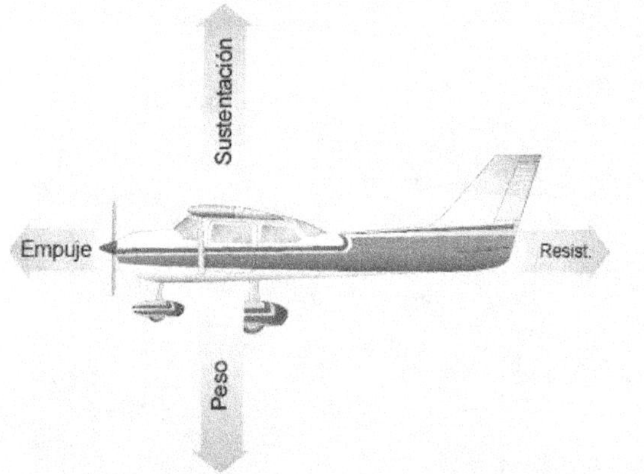

Figura 4-1. *Relación de fuerzas actuantes en un avión*

en vuelo no acelerado, recto y nivelado, es cierto que las fuerzas opuestas de sustentación/peso son iguales. También son mayores que las fuerzas opuestas de empuje/resistencia que sólo son iguales entre sí. Por lo tanto, en vuelo estable:

• La suma de todas las fuerzas hacia arriba (no sólo de sustentación) es igual a la suma de todas las fuerzas hacia abajo (no sólo el peso).

• La suma de todas las fuerzas hacia adelante (no sólo empuje) es igual a la suma de todas las fuerzas hacia atrás (no sólo la resistencia).

Este perfeccionamiento de la antigua fórmula "empuje es igual a resistencia, sustentación es igual a peso" explica que una parte del empuje se dirige hacia arriba en los ascensos y actúa como si se tratara de sustentación mientras una parte del peso se dirige hacia atrás y actúa como si se tratara de resistencia. *[Figura 4.2]*

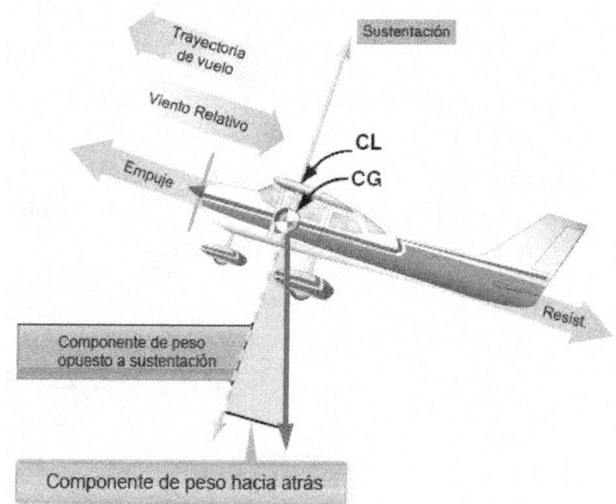

Figura 4-2. *Vectores de fuerzas durante un ascenso*

En planeo, una parte del vector de peso se dirige hacia delante, y, por tanto, actúa como empuje. En otras palabras, en cualquier momento que la trayectoria de vuelo de la aeronave no está en posición horizontal, los vectores de sustentación, peso, empuje y resistencia deben ser divididos en dos componentes cada uno.

Las discusiones de los conceptos anteriores se omiten frecuentemente en los textos de aeronáutica/manuales. La razón no es que son intrascendentes, sino porque las ideas principales con respecto a las fuerzas aerodinámicas que actúan sobre un avión en vuelo se puede presentar en sus elementos más esenciales, sin

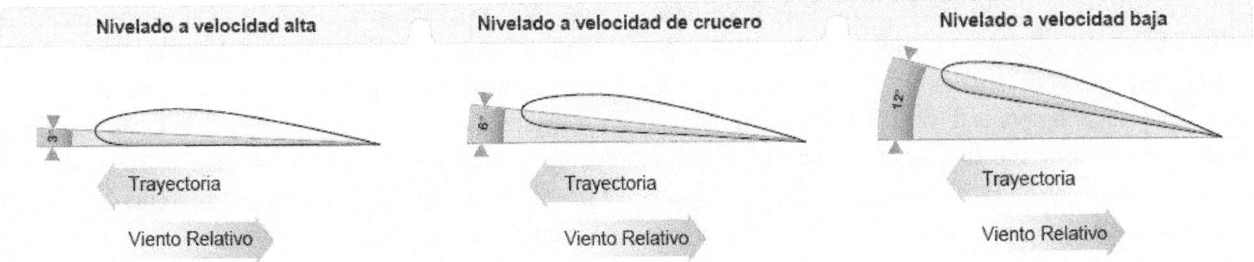

Figura 4-3. *Angulo de ataque a varias velocidades*

intervenir en los aspectos técnicos de la aerodinámica. En efecto, teniendo en cuenta solo el vuelo nivelado, y los ascensos y descensos estables, sigue siendo cierto que la sustentación provista por el ala o rotor es la principal fuerza hacia arriba, y el peso es la fuerza hacia abajo primaria.

Mediante el uso de las fuerzas aerodinámicas de empuje, resistencia, sustentación, y peso, los pilotos pueden volar de forma controlada y segura. Una discusión más detallada de estas fuerzas se da posteriormente.

Empuje

Para que un avión se mueva, se debe ejercer un empuje y ser mayor que la resistencia. El avión seguirá avanzando y ganando velocidad hasta que el empuje y la resistencia sean iguales. Con el fin de mantener una velocidad constante, empuje y resistencia deben permanecer iguales, así como sustentación y peso deben ser iguales para mantener una altitud constante. Si en vuelo nivelado, la potencia del motor se reduce, se reduce el empuje y el avión se desacelera. Mientras el empuje sea menor que la resistencia, el avión continúa desacelerándose hasta que su velocidad no es suficiente para mantenerlo en el aire.

Del mismo modo, si la potencia del motor se incrementa, el empuje es mayor que la resistencia y la velocidad aumenta. Mientras el empuje continúe siendo mayor que la resistencia, el avión sigue acelerando. Cuando la resistencia iguale al empuje, el avión volará a una velocidad constante.

El vuelo recto y nivelado puede ser sostenido en una amplia gama de velocidades. El piloto coordina el ángulo de ataque (AOA), el ángulo entre la línea de cuerda del perfil aerodinámico y la dirección del viento relativo, y el empuje en todos los regímenes de velocidad si la aeronave se debe mantener en vuelo nivelado. A grandes rasgos, estos regímenes pueden agruparse en tres categorías: baja velocidad de vuelo, vuelo de crucero, y el vuelo a alta velocidad.

Cuando la velocidad es baja, el AOA debe ser relativamente alto, si se quiere mantener el equilibrio entre sustentación y peso. *[Figura 4-3]* Si disminuye el empuje y la velocidad disminuye, la sustentación se hace menor que el peso y el avión comienza a descender. Para mantener vuelo nivelado, el piloto puede aumentar el AOA una cantidad que va a generar una fuerza de sustentación igual al peso de la aeronave. Mientras el avión vuela más despacio, todavía mantiene el vuelo nivelado si el piloto tiene debidamente coordinados empuje y AOA.

Figura 4-4. *Algunas aeronaves tienen la habilidad de cambiar la dirección del empuje*

El vuelo recto y nivelado a baja velocidad ofrece unas condiciones interesantes en relación con el equilibrio de fuerzas, ya que con el avión en una actitud de nariz arriba, hay una componente vertical del empuje que le ayuda a sustentarlo. Por un lado, la carga alar tiende a ser menos de lo esperado. La mayoría de los pilotos son conscientes de que un avión entrará en pérdida, en igualdad de condiciones, a una velocidad inferior con potencia que sin potencia. (El flujo de aire inducido por la hélice sobre las alas también contribuye a ello.) Sin embargo, si el análisis se limita a las cuatro fuerzas, como generalmente se hace en vuelo a baja velocidad el empuje es igual a la resistencia, y la sustentación es igual al peso.

Durante vuelo recto y nivelado, cuando el empuje es incrementado y aumenta la velocidad, el AOA se debe reducir. Es decir, si los cambios han sido coordinados, el avión permanecerá en vuelo nivelado, pero a una velocidad mayor cuando se establece la relación apropiada entre el empuje y el AOA.

Si el AOA no se coordina (disminuye) con el incremento de empuje, el avión ascenderá. Sin embargo, disminuyendo el AOA se modifica la sustentación, manteniéndose igual al peso, y el avión permanece en vuelo nivelado. El vuelo nivelado a AOA ligeramente negativo es posible a muy alta velocidad. Es evidente entonces, que el vuelo nivelado se puede realizar con cualquier AOA entre el ángulo de pérdida y los ángulos negativos relativamente pequeños que se encuentran a gran velocidad.

Algunos aviones tienen la capacidad de cambiar la dirección del empuje en lugar de cambiar el AOA. Esto se logra pivotando los motores o vectorizando los gases de escape. *[Figura 4-4]*

Resistencia

Resistencia es la fuerza que resiste el movimiento de una aeronave en el aire. Hay dos tipos básicos: la resistencia   parásita y la resistencia inducida. La primera se llama parásita, ya que de ninguna manera funciona en ayuda del vuelo, mientras que la segunda, la resistencia inducida, es el resultado de un perfil desarrollando sustentación.

Resistencia parásita

La resistencia parásita se compone de todas las fuerzas que trabajan para frenar el movimiento de un avión. Como el término parásita implica, es la resistencia que no está asociada con la producción de sustentación. Esto incluye el desplazamiento del aire por los aviones, la turbulencia generada en la corriente de aire, o una interferencia del aire que se mueve sobre la superficie de la aeronave y el perfil aerodinámico. Hay tres tipos de resistencia parásita: resistencia de forma, resistencia de interferencia, y fricción.

Resistencia de forma

Resistencia de forma es la parte de la resistencia parásita generada por la aeronave debido a su forma y el flujo de aire alrededor de ella. Los ejemplos incluyen las cubiertas de motores, antenas, y la forma aerodinámica de otros componentes. Cuando el aire tiene que separarse para moverse alrededor de un avión y sus componentes, eventualmente se unen después de pasar por el cuerpo. Qué tan rápido y sin problemas se reúne es representativo de la resistencia que crea y requiere de fuerza adicional para lograrlo. *[Figura 4-5]*

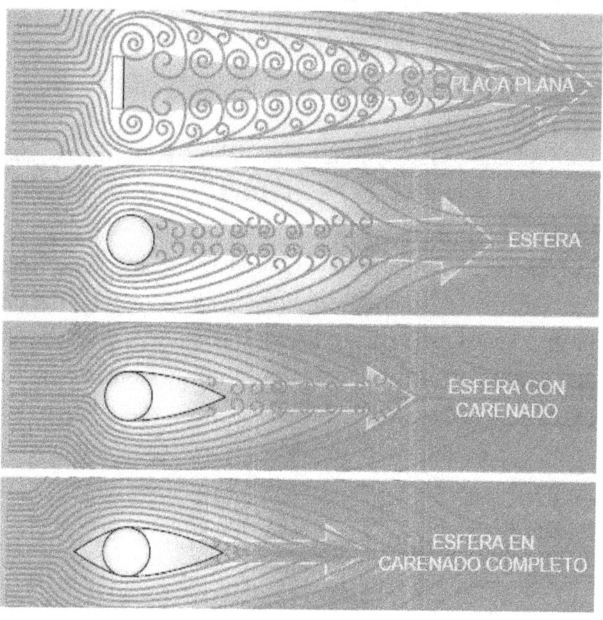

Figura 4-5. *Resistencia de forma*

Observe cómo la placa plana en la *Figura 4-5* hace que el aire se arremoline en torno a los bordes hasta que finalmente se reúne aguas abajo. La resistencia de forma es la más fácil de reducir cuando se diseña un avión. La solución es hacer aerodinámicas el mayor número de piezas posible.

Resistencia de interferencia

La resistencia de interferencia proviene de la intersección de corrientes de aire que crean torbellinos, turbulencia, o restringe el flujo suave de aire. Por ejemplo, la unión de las alas y el fuselaje en la raíz del ala genera una resistencia de interferencia significativa. El aire que fluye alrededor del fuselaje choca con el aire que fluye sobre el ala, se funden en una corriente de aire diferente a las dos corrientes originales. La mayor resistencia de interferencia se observa cuando dos superficies se encuentran en ángulos perpendiculares. Los carenados se utilizan para reducir esta tendencia. Si un avión de combate tiene dos tanques alares idénticos, la resistencia total es mayor que la suma de los tanques individuales, porque ambos crean y generan resistencia de interferencia. Los carenados y la distancia entre los perfiles alares y los elementos externos (tales como antenas de radar colgando de las alas) reducen la resistencia de interferencia. *[Figura 4-6]*

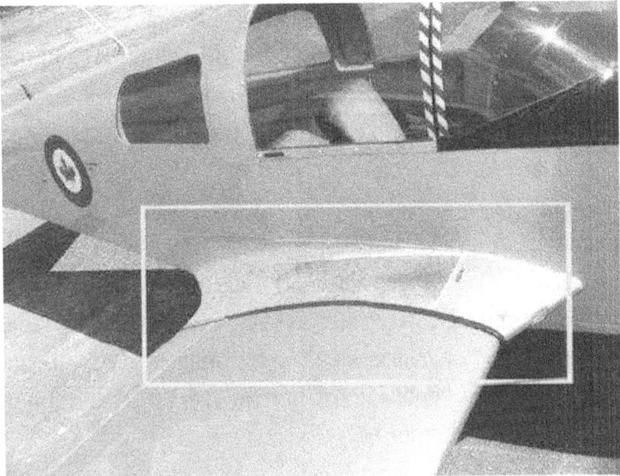

Figura 4-6. *La raíz alar puede causar resistencia de interferencia*

Resistencia por fricción

La resistencia por fricción es la resistencia aerodinámica debida al contacto de aire en movimiento con la superficie del avión. Todas las superficies, no importa lo aparentemente lisas, tienen una superficie áspera, irregular cuando se observan bajo un microscopio. Las moléculas de aire, que entran en contacto directo con la superficie del ala, están prácticamente inmóviles. Cada capa de moléculas sobre la superficie se mueve un poco más rápido hasta que las moléculas se mueven a la velocidad del aire alrededor de la aeronave. Esta velocidad se denomina velocidad de corriente de aire libre. El área entre el ala y el nivel de velocidad de corriente libre es casi tan gruesa como una carta y se llama capa límite. En la parte superior de la capa límite, las moléculas aumentan la velocidad y se mueven a la misma velocidad que las moléculas fuera de la capa límite. La velocidad real a la que se mueven las moléculas depende de la forma del ala, la viscosidad del aire a través del cual el ala o la superficie de sustentación se está moviendo, y su compresibilidad (cuánto se puede compactar).

El flujo de aire fuera de la capa límite reacciona a la forma del borde de la capa límite como lo haría a la superficie física de un objeto. La capa límite da a cualquier objeto una forma "efectiva" que suele ser ligeramente diferente de la forma física. La capa límite también puede separarse del cuerpo, creando así una forma efectiva muy diferente de la forma física del objeto. Este cambio en la forma física de la capa límite provoca una disminución dramática en la sustentación y un incremento en la resistencia. Cuando esto ocurre, la superficie de sustentación entra en pérdida.

Con el fin de reducir el efecto de la resistencia por fricción, los diseñadores de aviones utilizan remaches empotrados y eliminan cualquier irregularidad que pueda sobresalir por encima de la superficie del ala. Además, una terminación lisa y brillante ayuda en la transición del aire a través de la superficie del ala. Dado que la suciedad en un avión interrumpe el flujo libre de aire y aumenta la resistencia, mantenga las superficies de un avión limpias y enceradas.

Resistencia inducida

El segundo tipo básico de resistencia es la resistencia inducida. Es un hecho físico que no existe un sistema que funciona en sentido mecánico que pueda ser 100 por ciento eficiente. Esto significa que cualquiera que sea la naturaleza del sistema, el trabajo requerido se obtiene a expensas de ciertos trabajos adicionales que se disipan o se pierden en el sistema. Cuanto más eficiente sea el sistema, menor será la pérdida.

En vuelo nivelado las propiedades aerodinámicas de un ala o rotor producen una sustentación requerida, pero esto sólo puede obtenerse a expensas de una determinada penalidad. El nombre dado a esta penalidad es resistencia inducida. La resistencia inducida es inherente cada vez que un perfil aerodinámico genera sustentación y, de hecho, este tipo de resistencia es inseparable de la producción de sustentación. Consecuentemente, siempre está presente si se produce sustentación.

Una superficie de sustentación (ala o pala de rotor) produce la fuerza de sustentación haciendo uso de la energía de la corriente de aire libre. Cada vez que un perfil produce sustentación, la presión en la superficie inferior de la misma es mayor que en la superficie superior (Principio de Bernoulli).Como resultado, el aire tiende a fluir desde el área de alta presión debajo de la punta hacia arriba a la zona de baja presión en la superficie superior. En las inmediaciones de la punta, hay una tendencia a que estas presiones se igualen, lo que resulta en un flujo lateral hacia afuera desde la parte inferior hacia la superficie superior. Este flujo lateral da una velocidad de rotación al aire en la punta, creando vórtices, que se extienden detrás del perfil alar.

Cuando el avión es visto desde la cola, estos vórtices circulan en sentido antihorario sobre la punta derecha y horario sobre la punta izquierda. *[Figura 4-7]* Teniendo en cuenta el sentido de giro de estos vórtices, se puede observar que inducen un flujo de aire ascendente en la punta, y un flujo de aire descendente por detrás del borde de salida del ala. Esta corriente descendente inducida no tiene nada en común con la corriente descendente necesaria para producir sustentación. Es, de hecho, la fuente de la resistencia inducida. Cuanto mayor sea el tamaño y la fuerza de los vórtices y la consecuente componente de corriente descendente del flujo de aire sobre la superficie de sustentación, mayor será el efecto de la resistencia inducida. Este flujo descendente en la parte superior en la punta del perfil tiene el mismo efecto que inclinar el vector de sustentación hacia atrás; por lo tanto, la sustentación está un poco hacia atrás de la perpendicular al viento relativo, creando una componente de sustentación hacia atrás. Esta es la resistencia inducida.

Figura 4-7. *Vórtices de punta alar en un fumigador*

Con el fin de crear una presión negativa mayor en la parte superior de un perfil aerodinámico, la superficie de sustentación puede ser inclinada a un mayor AOA. Si el AOA de un perfil simétrico fuera cero, no habría diferencia de presión y, en consecuencia, ningún componente de corriente descendente ni resistencia inducida. En cualquier caso, a medida que aumenta el AOA, la resistencia inducida aumenta proporcionalmente. Para decirlo de otra manera, a menor velocidad mayor es el AOA necesario para producir sustentación igual al peso de la aeronave y, por lo tanto, mayor la resistencia inducida. La resistencia inducida varía inversamente con el cuadrado de la velocidad.

Por el contrario, la resistencia parásita aumenta con el cuadrado de la velocidad. Por lo tanto, mientras la velocidad disminuye a cerca de la velocidad de pérdida, la resistencia total es mayor, debido principalmente al fuerte aumento en la resistencia inducida. Del mismo modo, mientras la velocidad llega a la velocidad terminal de la aeronave, el total de resistencia se incrementa rápidamente de nuevo, debido al fuerte aumento de la resistencia parásita. Como se observa en la *Figura 4-8*, a una velocidad dada, la resistencia total se encuentra en su mínimo. Al calcular la máxima autonomía y alcance de las aeronaves, la potencia necesaria para vencer la resistencia está en su mínimo si la resistencia es mínima.

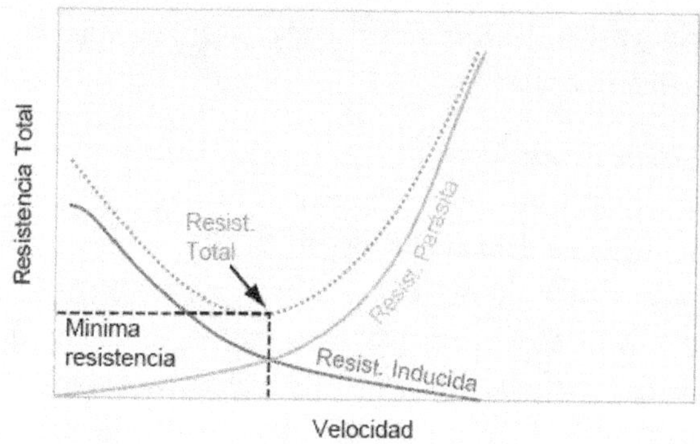

Figura 4-8. *Resistencia versus velocidad*

Relación Sustentación / Resistencia

La resistencia es el precio que se paga para obtener sustentación. La relación sustentación/resistencia (L/D, del inglés Lift/Drag) es la cantidad de sustentación generada por un ala o superficie aerodinámica en comparación a su resistencia. La relación L/D indica la eficiencia aerodinámica. Las aeronaves con mayor L/D son más eficientes que aquellos con menor relación

L/D. En vuelo no acelerado con sustentación y resistencia constante, las proporciones del C_L y el coeficiente de resistencia (C_D) se puede calcular para AOA específicos. *[Figura 4-9]*

La relación L/D se determina dividiendo C_L por C_D, que es lo mismo que dividir la ecuación de sustentación por la ecuación de resistencia. Todos los términos excepto los coeficientes se anulan.

L = sustentación en kilos

D = Arrastre

Donde L es la fuerza de sustentación en kilos, C_L es el coeficiente de sustentación, ρ es la densidad expresada en masa por metro cúbico, V es la velocidad en metros por segundo, q es la presión dinámica por metro cuadrado, y S es la superficie de las alas en metros cuadrados.

C_D = relación entre la presión de resistencia y presión dinámica. Por lo general a bajos ángulos de ataque, el coeficiente de resistencia es bajo y pequeños cambios en el ángulo de ataque crean sólo ligeros cambios en el coeficiente de resistencia. A altos ángulos de ataque, pequeños cambios en el ángulo de ataque causan cambios significativos en la resistencia.

$$L = \frac{C_L \cdot \rho \cdot V^2 \cdot S}{2}$$

$$D = \frac{C_D \cdot \rho \cdot V^2 \cdot S}{2}$$

Las fórmulas anteriores representan el coeficiente de sustentación (C_L) y el coeficiente de resistencia (C_D) respectivamente. La forma de un perfil y otros dispositivos productores de sustentación (es decir, los flaps) tienen efecto en la producción de sustentación y la alteran con los cambios en el AOA. La relación sustentación/resistencia se utiliza para expresar la relación entre sustentación y resistencia y se determina dividiendo el coeficiente de sustentación por el coeficiente de resistencia, C_L/C_D.

Observe en la *figura 4-9* que la curva de sustentación (roja) alcanza su máximo para esta sección del ala en particular a 20° AOA, y luego disminuye rápidamente. 20° AOA es por lo tanto, el ángulo de pérdida. La curva de resistencia (amarilla) se incrementa rápidamente a partir de 14 ° AOA y supera completamente la curva de sustentación a 21° AOA. La relación sustentación / resistencia (verde) alcanza su máximo en 6° AOA, lo que significa que en este ángulo, la mayor sustentación se obtiene con la menor cantidad de resistencia.

Note que la máxima relación de sustentación/resistencia (L/D_{MAX}) se produce a un específico C_L y AOA. Si la aeronave es operada en vuelo estable a L/D_{MAX}, la resistencia total es mínima. Cualquier AOA menor o mayor que ese a L/D_{MAX} reduce la L/D y por lo tanto aumenta la resistencia total para determinado sustentación. La *figura 4-8* muestra la L/D_{MAX} por la parte más baja de la línea de color azul con la etiqueta "resistencia total". La configuración de la aeronave tiene un gran efecto en la L/D.

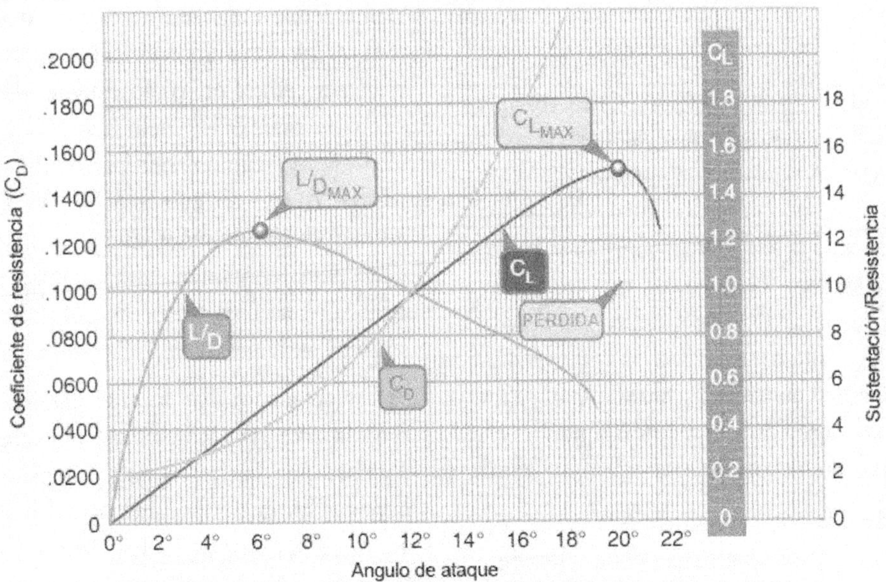

Figura 4-9. *Coeficiente de sustentación a varios ángulos de ataque*

Peso

La gravedad es la fuerza de tracción que tiende a atraer todos los cuerpos hacia el centro de la tierra. El CG puede ser considerado como un punto en la que todo el peso de la aeronave se concentra. Si la aeronave se apoya en su exacto CG, estaría en equilibrio en cualquier posición. Cabe señalar que el CG es de gran importancia en un avión, porque su posición tiene una gran importancia en la estabilidad.

La ubicación del CG es determinada por el diseño general de cada aeronave en particular. Los diseñadores determinan hasta qué punto se desplazará el centro de presión (CP). Luego fijan el CG por delante del centro de presión para la velocidad de vuelo correspondiente con el fin de proporcionar un momento adecuado para restaurar el equilibrio del vuelo.

El peso tiene una relación definida con la sustentación. Esta relación es simple, pero importante en la comprensión de la aerodinámica del vuelo. La sustentación es la fuerza hacia arriba en el ala perpendicular al viento relativo. La sustentación está obligada a contrarrestar el peso de la aeronave (que es causado por la fuerza de gravedad que actúa sobre la masa de la aeronave). Este fuerza de peso (gravedad) actúa hacia abajo a través del CG del avión. En vuelo estable y nivelado, cuando la fuerza de sustentación es igual a la fuerza del peso, el avión está en un estado de equilibrio y no gana ni pierde altura. Si la sustentación se hace menor que el peso, el avión pierde altura. Cuando la sustentación es mayor que el peso, el avión gana altura.

Sustentación

El piloto puede controlar la sustentación. Cada vez que la palanca o bastón de mando se mueve adelante o hacia atrás, el AOA cambia. A medida que aumenta el AOA, la sustentación se incrementa (siendo iguales todos los demás factores). Cuando la aeronave alcanza el máximo AOA, la sustentación comienza a disminuir rápidamente. Esta es el AOA de pérdida, conocido como AOA C_{L-MAX} crítico. Examine la *figura 4-9*, teniendo en cuenta cómo aumenta C_L hasta que el AOA crítico se alcanza, entonces disminuye rápidamente con cualquier nuevo aumento del AOA.

Antes de seguir adelante con el tema de la sustentación y la forma en que puede ser controlada, debe intervenir la velocidad. La forma de las alas o del rotor no puede

ser eficaz a menos que se mantenga continuamente "atacando" aire nuevo. Si una aeronave debe seguir volando, el perfil productor de sustentación debe mantenerse en movimiento. En un helicóptero o un giro plano esto se logra mediante la rotación de las palas del rotor. Para otros tipos de aeronaves tales como aviones, ultra livianos, o planeadores, el aire debe estar en movimiento a través de la superficie aerodinámica. Esto se logra mediante la velocidad de la aeronave. La sustentación es proporcional al cuadrado de la velocidad de la aeronave. Por ejemplo, un avión que viaja a 200 nudos tiene cuatro veces más sustentación que el mismo avión viajando a 100 nudos, si el AOA y otros factores se mantienen constantes.

En realidad, una aeronave no puede continuar viajando en vuelo nivelado a una altitud constante y mantener el mismo AOA si la velocidad aumenta. La sustentación se incrementaría y el avión subiría como consecuencia de la mayor fuerza de sustentación. Por lo tanto, para mantener las fuerzas de sustentación y peso en equilibrio, y mantener el avión recto y nivelado (sin acelerar hacia arriba) en un estado de equilibrio, cuando aumenta la velocidad, la sustentación debe disminuir. Esto se realiza normalmente con la reducción del AOA, bajando la nariz. Por el contrario, cuando el avión se frena, la disminución de velocidad requiere el aumento del AOA para tener la suficiente sustentación para mantener el vuelo. Hay, por supuesto, un límite hasta qué punto el AOA se puede aumentar, si quiere evitarse la pérdida.

Manteniendo constantes todos los demás factores, para cada AOA hay una velocidad que corresponde para mantener altitud en vuelo estable, desacelerado (cierto sólo si se mantiene "vuelo nivelado"). Debido a que un perfil aerodinámico siempre entra en pérdida a un mismo AOA, si aumenta el peso, la sustentación también debe aumentar. El único método de aumentar la sustentación es mediante el aumento de la velocidad si el AOA se mantiene constante justo antes del AOA "crítico", o de pérdida.

La sustentación y la resistencia también varían directamente con la densidad del aire. La densidad es afectada por varios factores: presión, temperatura y humedad. A una altitud de 18.000 pies, la densidad del aire tiene la mitad de la densidad que el aire a nivel del mar. Con el fin de mantener su sustentación a una altura mayor, una aeronave debe volar a una velocidad verdadera mayor para cualquier AOA dado.

El aire caliente es menos denso que el aire fresco y el aire húmedo es menos denso que el aire seco. Por lo tanto, en un día cálido y húmedo, un avión debe volar a una velocidad verdadera mayor para cualquier AOA dado que en un día fresco y seco.

Si el factor de densidad baja, y la sustentación total debe ser igual al peso total para permanecer en vuelo, se deduce que alguno de los otros factores debe aumentar. El factor que aumenta por lo general es la velocidad o el AOA, ya que estos son controlados directamente por el piloto.

La sustentación varía directamente con la superficie del ala, siempre que no haya cambio en la forma del ala. Si las alas tienen la misma proporción y secciones de perfil, un ala con un área de 20 metros cuadrados genera dos veces más sustentación al mismo AOA que un ala con una superficie de 10 metros cuadrados.

Dos factores aerodinámicos importantes desde la perspectiva del piloto son sustentación y velocidad ya que pueden ser controlados fácilmente y con precisión. Por supuesto, el piloto también puede controlar la densidad mediante el ajuste de la altitud y puede controlar la superficie de las alas si el avión tiene flaps del tipo que aumentan la superficie de las alas. Sin embargo, para la mayoría de los casos, el piloto controla la sustentación y la velocidad para maniobrar un avión. Por ejemplo, en vuelo recto y nivelado, en crucero a una altitud constante, la altitud se mantiene mediante el ajuste de la sustentación para que coincida con la velocidad del avión o velocidad crucero, mientras se mantiene un estado de equilibrio en el que la sustentación es igual al peso. En una aproximación para el aterrizaje, cuando el piloto quiere aterrizar tan lentamente como sea posible, es necesario aumentar la sustentación casi al máximo para mantener dicha sustentación igual al peso de la aeronave.

Vórtices de punta alar

Formación de vórtices

La acción del perfil que da al avión sustentación también produce resistencia inducida. Cuando un perfil se vuela a un AOA positivo, existe una diferencia de presión entre las superficies superior e inferior de dicho perfil. La presión sobre el ala es menor que la presión atmosférica y la presión debajo del ala es igual o mayor que la presión atmosférica. Dado que el aire siempre se mueve desde alta presión hacia baja presión, y el camino de menor resistencia es hacia la punta alar, hay un movimiento de aire en la parte inferior del ala hacia el exterior del fuselaje alrededor de las puntas. Este flujo de aire se traduce en un "derrame" sobre las puntas, creando un remolino de aire llamado "vórtice". *[Figura 4-10]*

Figura 4-10. *Vórtices de punta alar*

Al mismo tiempo, el aire en la superficie superior tiene una tendencia a fluir hacia el fuselaje y hacia el borde de fuga. Esta corriente de aire forma un vórtice similar en la parte interior del borde de salida del perfil, pero como el fuselaje limita el flujo hacia adentro, el vórtice es insignificante. En consecuencia, la desviación en la dirección del flujo es mayor en las puntas, donde el flujo lateral sin restricciones es más fuerte.

A medida que el aire se curva hacia arriba alrededor de la punta, se combina con el flujo formando al final un vórtice que gira rápido. Estos vórtices aumentan la resistencia debido a la energía gastada en la producción de la turbulencia. Cada vez que un perfil genera sustentación, se produce resistencia inducida, y se crean vórtices en el extremo del ala.

Así como aumenta la sustentación con un aumento del AOA, la resistencia inducida también se incrementa. Esto se debe a que al incrementar el AOA, hay una diferencia de presión mayor entre la parte superior e inferior de la superficie de sustentación, y un mayor flujo de aire lateral; en consecuencia, esto provoca que se creen vórtices más violentos, resultando en más turbulencia y más resistencia inducida.

En la *figura 4-10*, es fácil ver la formación de vórtices de punta alar. La intensidad o fuerza de los vórtices es directamente proporcional al peso de la aeronave e inversamente proporcional a la envergadura y la velocidad de la aeronave. Cuanto más pesada y más lenta es una aeronave, mayor será el AOA y más fuertes los vórtices de punta alar. Por lo tanto, un avión va a crear vórtices de punta alar con fuerza máxima durante el despegue, ascenso, y las fases de aterrizaje. Estos vórtices llevan un gran riesgo para el vuelo, la turbulencia de la estela.

Evitando la turbulencia de la estela

Los vórtices de punta alar son mayores cuando la aeronave que la está generando es "pesada, limpia y lenta". Esta condición se encuentra con más frecuencia durante las aproximaciones o despegues, dado que el AOA de un avión está al máximo para producir la sustentación necesaria para aterrizar o despegar. Para reducir al mínimo las posibilidades de volar a través de la turbulencia de estela de un avión:

• Evite volar en la trayectoria de vuelo de otro avión.

• Cuando despegue detrás de otro avión, rote antes del punto de rotación de la aeronave precedente.

• Evite seguir otra aeronave en una trayectoria de vuelo similar a una altitud dentro de los 1.000 pies. *[Figura 4-11]*

• Aproxime a la pista por encima de la senda de la aeronave precedente cuando aterriza detrás de otra aeronave, y aterrice después del punto en el que las ruedas del otro avión hicieron contacto con la pista de aterrizaje. *[Figura 4-12]*

Un helicóptero en vuelo estacionario genera un flujo descendente de su rotor(es) principal(es) similar a los vórtices de un avión. Los pilotos de aviones pequeños deben evitar un helicóptero en estacionario por lo menos tres diámetros del disco del rotor para evitar los efectos de este flujo. En vuelo hacia adelante esta energía se transforma en un par de fuertes vórtices de alta velocidad similares a los del extremo del ala de las grandes aeronaves de ala fija. Los vórtices de helicópteros deben evitarse ya que velocidades de vuelo de helicópteros hacia adelante son a menudo muy lentas y pueden generar turbulencia excepcionalmente fuerte.

El viento es un factor importante para evitar la turbulencia de estela, porque los vórtices alares derivan con el viento a la velocidad de éste. Por ejemplo, una velocidad del viento de 10 nudos hace que los vórtices deriven unos 300 metros en un minuto en la dirección del viento. Cuando sigue a otro avión, un piloto debe considerar la velocidad y dirección del viento cuando se elije el punto previsto de despegue o aterrizaje. Si un piloto no está seguro del punto de despegue o aterrizaje de la otra aeronave, aproximadamente 3 minutos proporcionan un margen de seguridad que permite la disipación de la turbulencia de estela.

Efecto suelo

Es posible volar un avión justo por encima de la tierra (o el agua) a una velocidad ligeramente inferior a la requerida para mantener un vuelo nivelado a mayor altitud. Este es el resultado de un fenómeno más conocido que entendido, incluso por algunos pilotos experimentados.

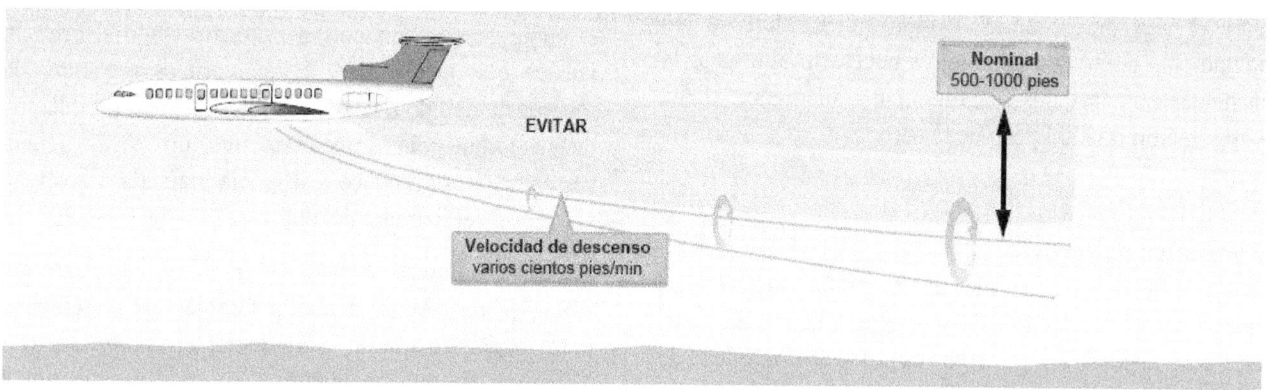

Figura 4-11. *Evite seguir otra aeronave a una altitud dentro de los 1.000 pies*

Figura 4-12. *Evite la turbulencia de otra aeronave*

Cuando una aeronave en vuelo está a pocos pies de la superficie, suelo o agua, se produce un cambio en el patrón de flujo tridimensional alrededor de la aeronave debido a que la componente vertical del flujo de aire alrededor del ala está restringida por la superficie. Esto altera el flujo superior e inferior del ala, y los vórtices de punta alar. *[Figura 4-13]* El efecto de suelo es, entonces, debido a la interferencia de la superficie de la tierra (o agua) a los patrones de flujo de aire alrededor de la aeronave en vuelo.

Figura 4-13. *El efecto suelo cambia el flujo de aire*

Mientras que las características aerodinámicas de las superficies de cola y el fuselaje se ven alterados por el efecto suelo, los principales efectos debido a la proximidad de la tierra son los cambios en las características aerodinámicas de las alas. A medida que el ala se encuentra con el efecto suelo y se mantiene a un coeficiente de sustentación constante, hay una consecuente reducción en los flujos superior, inferior, y vórtices de punta de ala.

La resistencia inducida es el resultado del trabajo de la superficie aerodinámica sustentando la aeronave, y un ala o rotor levanta el avión simplemente mediante la aceleración de una masa de aire hacia abajo. Es cierto que la presión reducida en la parte superior de un perfil aerodinámico es fundamental para crear sustentación, pero eso es sólo una de las cosas que contribuyen al efecto global de empujar una masa de aire hacia abajo. Cuanto mayor es el flujo inferior, más difícil para el ala empujar la masa de aire hacia abajo. A altos ángulos de ataque, la cantidad de resistencia inducida es alta; ya que esto corresponde a menores velocidades en vuelo, se puede decir que la resistencia inducida predomina a baja velocidad.

Sin embargo, la reducción de los vórtices de punta alar debido al efecto suelo altera la distribución de sustentación y reduce el AOA y la resistencia inducida. Por lo tanto, el ala requerirá un AOA inferior en efecto suelo para producir el mismo C_L. Si se mantiene un AOA constante, resulta en un aumento del C_L. *[Figura 4-14]*

El efecto suelo también altera la potencia requerida contra la velocidad. Dado que la resistencia inducida predomina a bajas velocidades, la reducción de la resistencia inducida por el efecto suelo hará que la reducción más significativa del empuje requerido (resistencia parásita más inducida) se dé a bajas velocidades.

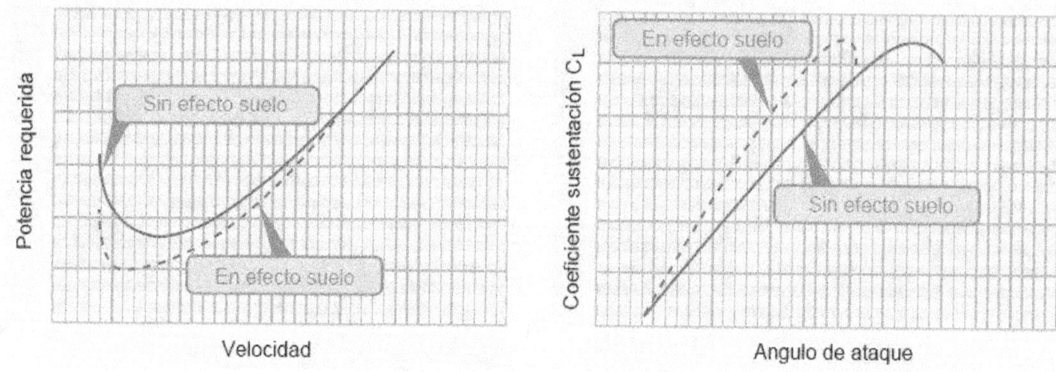

Figura 4-14. *El efecto suelo cambia la resistencia y la sustentación*

La disminución del flujo inducido por el efecto suelo provoca una reducción significativa en la resistencia inducida pero no causa ningún efecto directo sobre la resistencia parásita. Como resultado de la reducción de la resistencia inducida, la potencia requerida a baja velocidad se reducirá. Debido al cambio en el flujo superior, inferior, y vórtices del extremo alar, puede haber un cambio en el error de posición (instalación) del sistema de velocidad del aire, asociado con el efecto suelo. En la mayoría de los casos, el efecto suelo producirá un aumento de la presión local en la toma estática y producirá una indicación de la velocidad y altitud menores. Por lo tanto, un avión puede estar en el aire a una velocidad indicada menor de la que se requiere normalmente.

Para que el efecto suelo sea de una magnitud significante, el ala debe estar muy cerca de la tierra. Uno de los resultados directos del efecto suelo es la variación de la resistencia inducida con la altura del ala por encima del suelo a un constante C_L. Cuando el ala está a una altura igual a su envergadura, la reducción en la resistencia inducida es sólo un 1,4 por ciento. Sin embargo, cuando el ala está a una altura igual a un cuarto de su envergadura, la reducción en la resistencia inducida es de 23,5 por ciento y, cuando el ala está a una altura igual a una décima parte de su envergadura, la reducción en la resistencia inducida es de 47,6 por ciento. Por lo tanto, una gran reducción en la resistencia inducida se llevará a cabo sólo cuando el ala está muy cerca del suelo. Debido a esta variación, el efecto suelo es más reconocido durante el despegue o justo antes de tocar tierra en el aterrizaje.

Durante la fase de despegue, el efecto suelo produce algunas relaciones importantes. Un avión dejando el efecto suelo después de despegar se encuentra justo a la inversa de una aeronave que entra en efecto suelo durante el aterrizaje; es decir, las aeronaves que salen de efecto de suelo:

• Requieren un aumento del AOA para mantener el mismo C_L.

• Experimenta un aumento en la resistencia inducida y la potencia requerida.

• Experimenta una disminución de la estabilidad y un cambio de momento nariz arriba.

• Experimenta una reducción de la presión estática y un aumento de la velocidad indicada.

El efecto suelo debe ser considerado durante despegues y aterrizajes. Por ejemplo, si un piloto no logra comprender la relación entre la aeronave y el efecto suelo durante el despegue, es posible una situación de peligro porque no se puede lograr la velocidad de despegue recomendada. Debido a la resistencia reducida en el efecto suelo, el avión puede parecer capaz de despegar muy por debajo de la velocidad recomendada. Mientras el avión se eleva sin efecto suelo con una deficiencia de la velocidad, la mayor resistencia inducida puede resultar en un rendimiento marginal de ascenso inicial. En condiciones extremas, tales como alto peso bruto, altitud de densidad alta y temperatura alta, un déficit en velocidad durante el despegue puede permitir que el avión se vaya al aire, pero que sea incapaz de sostener el vuelo fuera del efecto suelo. En este caso, la aeronave puede ir al aire inicialmente con un déficit de la velocidad, y luego apoyarse de nuevo en la pista.

Un piloto no debe intentar forzar a una aeronave ir al aire con un déficit de velocidad. La velocidad de despegue recomendada por el fabricante es necesaria para proporcionar un desempeño adecuado de ascenso inicial. También es importante que un ascenso se establezca antes de que un piloto retraiga el tren de aterrizaje o los flaps. Nunca retraer el tren o flaps antes de establecer una tasa positiva de ascenso, y sólo después de alcanzar una altura segura.

Si, durante la fase de aterrizaje, la aeronave se pone en efecto suelo con un AOA constante, el avión experimenta un incremento de C_L y una reducción en la potencia requerida, y puede ocurrir que el avión flote. Debido a la resistencia reducida y la desaceleración sin potencia en efecto suelo, cualquier exceso de velocidad en el momento del flare puede incurrir en una considerable distancia de "flotación". Mientras el avión se acerca al punto de toma de contacto, el efecto suelo se produce en gran parte en altitudes inferiores a la envergadura. Durante las fases finales de la aproximación al acercase al suelo, una reducción de potencia es necesaria o la menor potencia requerida permitiría a la aeronave subir por encima de la trayectoria de planeo (GP) deseada.

Ejes de una aeronave

Los ejes de un avión son tres líneas imaginarias que pasan a través del CG de la aeronave. Los ejes pueden ser considerados como ejes imaginarios en torno al cual gira la aeronave. Los tres ejes pasan por el centro de gravedad en ángulos de 90 ° entre sí. El eje de la nariz hasta la cola es el eje longitudinal, el eje que pasa de una punta a la otra del ala es el eje lateral, y el eje que pasa verticalmente a través de la CG es el eje vertical. Cada vez que una aeronave cambia de actitud o posición de vuelo, gira alrededor de uno o más de los tres ejes. *[Figura 4-15]*

El movimiento del avión sobre su eje longitudinal se asemeja al rolido de un barco de lado a lado. De hecho, los nombres utilizados para describir el movimiento sobre los tres ejes de la aeronave fueron originalmente términos náuticos. Ellos se han adaptado a la terminología aeronáutica, debido a la similitud del movimiento de aeronaves y buques de navegación marítima. El movimiento en torno al eje longitudinal del avión es "alabeo", el movimiento alrededor de su eje lateral el "cabeceo", y el movimiento sobre su eje vertical es la "dirección o guiñada". La guiñada (o dirección) es el movimiento horizontal (izquierda y derecha) el de la nariz de la aeronave.

Los tres movimientos de los aviones convencionales (alabeo, cabeceo, y dirección) están controlados por tres superficies de control. El alabeo es controlado por los alerones; el cabeceo está controlado por los elevadores o timones de profundidad; la dirección está controlada por el timón de dirección. El uso de estos controles se explica en el Capítulo 5, Controles de Vuelo. Otros tipos de aeronaves pueden utilizar diferentes métodos de control de los movimientos de los distintos ejes.

Por ejemplo, los ultralivianos pendulares (trikes) controlan dos ejes, alabeo y cabeceo, con un marco en "A" suspendido del ala flexible unido a un carro de tres ruedas. Estos aviones son controlados moviendo una barra horizontal (llamada barra de control) más o menos de la misma manera que los pilotos de alas delta. *[Figura 4-16]* El piloto controla el avión trasladando el centro de gravedad. En el caso de los paracaídas con motor, el control se lleva a cabo mediante la alteración

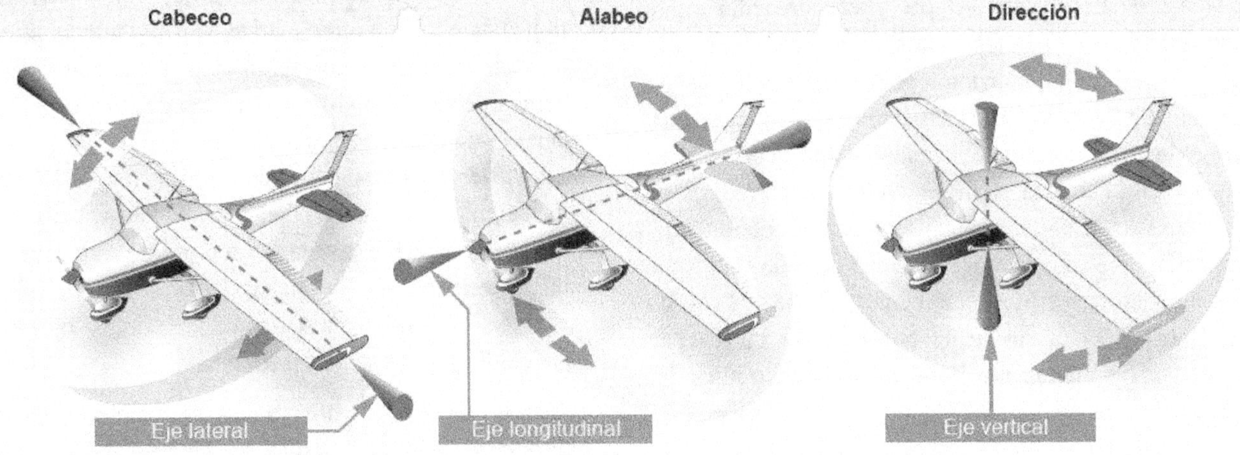

Figura 4-15. *Ejes de un avión*

del ala a través de líneas de dirección.

Figura 4-16. *Ultraliviano pendular*

El ala de un paracaídas impulsado es un paracaídas que tiene una superficie arqueada superior y una superficie plana inferior. Las dos superficies están separadas por costillas, que actúan como células, que se abren al flujo de aire en el borde de ataque y tiene puertas internas para permitir el flujo de aire lateral. El principio de funcionamiento sostiene que la presión de la celda es mayor que la presión exterior, formando un ala que mantiene su forma aerodinámica durante el vuelo. El piloto y el pasajero se sientan en tándem por delante del motor que se encuentra en la parte trasera del vehículo. La estructura está unida al paracaídas a través de dos puntos de anclaje y líneas. El control se lleva a cabo con por la potencia y el cambio del ala a través de las líneas de control. *[Figura 4-17]*

Momento y brazo del momento

Un estudio de la física demuestra que un cuerpo que puede girar libremente siempre girará alrededor de su CG. En términos aerodinámicos, la medida matemática de la tendencia de un avión a girar alrededor de su CG se llama "momento". Un momento se dice que es igual al producto de la fuerza aplicada y la distancia a la cual se aplica la fuerza. (Un brazo de momento es la distancia desde el datum [punto o línea de referencia] a la fuerza aplicada) Para los cálculos de peso y balance de las aeronaves, los "momentos" se expresan en términos de la distancia del brazo por el peso de la aeronave, o simplemente, libras por pulgada o kilos por metro.

Los diseñadores de aviones localizan la posición delantera y trasera del CG del avión lo más cerca

posible del 20 por ciento de la cuerda media aerodinámica (MAC). Si la línea de empuje está diseñada para pasar horizontalmente a través de la CG, no causará que la aeronave cabecee cuando cambie la potencia, y no habrá diferencia en el momento debido a la potencia en condición de vuelo con o sin potencia. Aunque los diseñadores tienen cierto control sobre la ubicación de las fuerzas de resistencia, no siempre son capaces de hacer que las fuerzas de resistencia total pasen por el centro de gravedad del avión. Sin embargo, el ítem sobre el que tienen el mayor control es el tamaño y la ubicación de la cola. El objetivo es hacer que los momentos (por empuje, resistencia y sustentación) sean tan pequeños como sea posible y, ubicando correctamente la cola, proporcionar los medios para equilibrar un avión longitudinalmente para cualquier condición de vuelo.

Figura 4-17. *Paracaídas impulsado por motor*

El piloto no tiene control directo sobre la ubicación de las fuerzas que actúan sobre la aeronave en vuelo, excepto el control del centro de sustentación al cambiar la AOA. Tal cambio, sin embargo, inmediatamente implica cambios en otras fuerzas. Por lo tanto, el piloto no puede cambiar la ubicación de una fuerza de forma independiente sin modificar el efecto de las demás. Por ejemplo, un cambio en la velocidad implica un cambio en la sustentación, así como un cambio en la resistencia y un cambio en la fuerza hacia arriba o hacia abajo en la cola. Mientras fuerzas tales como la turbulencia y ráfagas actúan para desplazar la aeronave, el piloto reacciona proporcionando fuerzas de control opuestas para contrarrestar este desplazamiento.

Algunos aviones están sujetos a cambios en la ubicación del CG con variaciones de carga. Dispositivos de compensación se utilizan para contrarrestar las fuerzas creadas por el consumo de combustible, y la carga o descarga de pasajeros o carga. Los compensadores y estabilizadores horizontales ajustables son los dispositivos más comunes provistos al piloto para el compensar las variaciones de carga. Sobre el amplio rango de balance durante el vuelo en aeronaves grandes, la fuerza que el piloto tiene que ejercer sobre los controles seria excesiva y cansadora si no se proporcionan los medios de compensación.

Características del diseño de aviones

Cada aeronave se maneja un poco diferente porque cada una resiste o responde a las presiones de control en su propia manera. Por ejemplo, un avión de entrenamiento es rápido para responder a las aplicaciones de control, mientras que un avión de transporte se siente pesado en los controles y responde a las presiones de control más lentamente. Estas características se pueden diseñar en un avión para facilitar el propósito particular de la aeronave, teniendo en cuenta los requerimientos de cierta estabilidad y maniobrabilidad. A continuación se resumen los aspectos más importantes de las cualidades de estabilidad, maniobrabilidad y capacidad de control de un avión, la forma en que se analizan, y su relación con diferentes condiciones de vuelo.

Estabilidad

La estabilidad es la cualidad inherente de una aeronave para corregir las condiciones que pueden alterar su equilibrio, y regresar o continuar en la trayectoria de vuelo original. Es principalmente una característica del diseño de aeronaves. Las actitudes a las que vuela un avión se ven limitadas por las características aerodinámicas de la aeronave, su sistema de propulsión, y su resistencia estructural. Estas limitaciones indican el máximo rendimiento y maniobrabilidad de la aeronave. Si la aeronave debe proporcionar la máxima utilidad, debe poderse controlar con seguridad en toda la extensión de estos límites, sin exceder la fuerza del piloto o requerir una habilidad excepcional de vuelo. Si una aeronave debe volar en línea recta y estable a lo largo de cualquier trayectoria de vuelo arbitraria, las fuerzas que actúan sobre ella deben estar en equilibrio estático. La reacción de un cuerpo cuando su equilibrio es alterado se conoce como estabilidad. Los dos tipos de estabilidad son estática y dinámica.

Estabilidad estática

La estabilidad estática se refiere a la tendencia inicial, o la dirección del movimiento, de vuelta al equilibrio. En la aviación, se refiere a la respuesta inicial de la aeronave cuando se cambia un AOA determinado, deslizamiento, o inclinación.

• Estabilidad estática positiva, tendencia inicial de la aeronave a regresar al estado original de equilibrio después de ser perturbado [Figura 4-18]

• Estabilidad estática neutra, tendencia inicial de la aeronave a permanecer en una nueva condición después de haber sido perturbado su equilibrio [Figura 4-18]

• Estabilidad estática negativa, tendencia inicial de la aeronave para continuar alejándose del estado original de equilibrio después de ser perturbado [Figura 4-18]

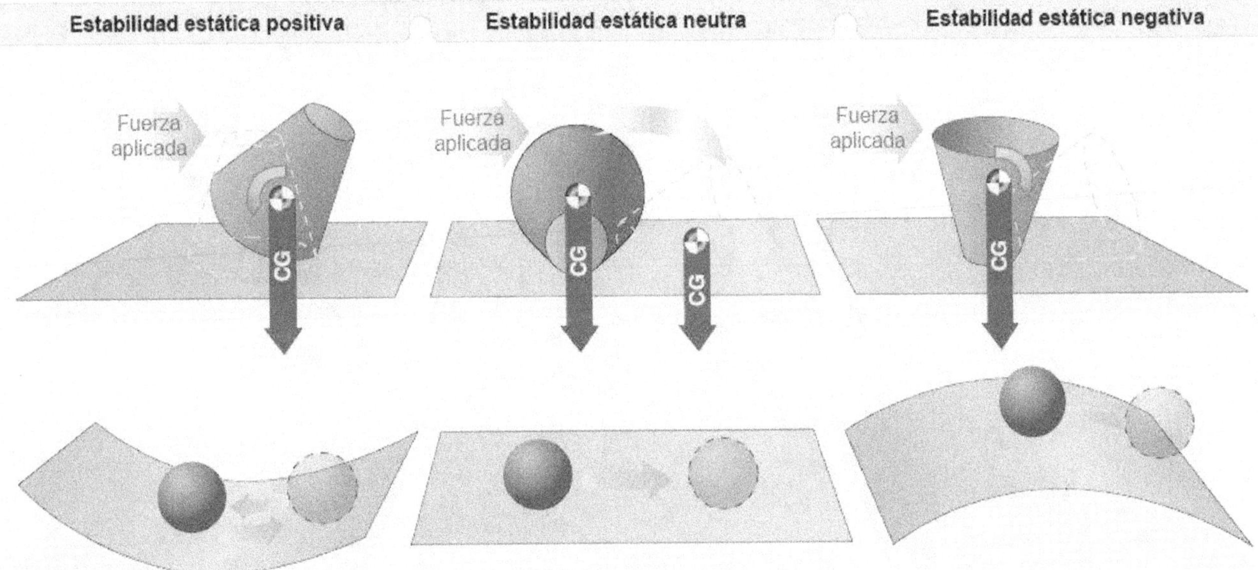

Figura 4-18. *Tipos de estabilidad estática*

49

Estabilidad Dinámica

La estabilidad estática ha sido definida como la tendencia inicial para volver al equilibrio que la aeronave muestra después de ser perturbada su condición. En ocasiones, la tendencia inicial es diferente o contraria a la tendencia general, por lo que hay que distinguir entre los dos. La estabilidad dinámica se refiere a la respuesta del avión en el tiempo cuando se les perturba de un AOA dado, deslizamiento, o inclinación. Este tipo de estabilidad también tiene tres subtipos: *[Figura 4-19]*

• Estabilidad dinámica positiva, en el tiempo, el movimiento de los objetos desplazados disminuye en amplitud y, debido a que es positivo, el objeto desplazado vuelve hacia el estado de equilibrio.

• Estabilidad dinámica neutral, una vez desplazado, el objeto desplazado ni disminuye ni aumenta en amplitud. Un amortiguador usado de auto muestra esta tendencia.

• Estabilidad dinámica negativa, en el tiempo, el movimiento de los objetos desplazados aumenta y se vuelve más divergente.

La estabilidad en un avión afecta de manera significativa a dos áreas:

• Maniobrabilidad: la cualidad de un avión que le permite maniobrar con facilidad y resistir a las condiciones impuestas por las maniobras. Se rige por el peso de la aeronave, la inercia, el tamaño y la ubicación de los controles de vuelo, resistencia estructural, y el motor. También es una característica de diseño de las aeronaves.

• Controlabilidad, la capacidad de una aeronave para responder al control del piloto, especialmente con respecto a la trayectoria de vuelo y la actitud. Es la cualidad de la respuesta de la aeronave a la aplicación de control del piloto al maniobrar la aeronave, independientemente de sus características de estabilidad.

Estabilidad longitudinal (cabeceo)

En el diseño de un avión, gran cantidad del esfuerzo se gasta en el desarrollo del grado deseado de estabilidad en torno a los tres ejes. Pero la estabilidad longitudinal sobre el eje lateral se considera que es la más afectada por ciertas variables en diferentes condiciones de vuelo.

La estabilidad longitudinal es la cualidad que hace que un avión sea estable alrededor de su eje lateral. Involucra el movimiento de cabeceo cuando la nariz del avión se mueve hacia arriba y hacia abajo durante el vuelo. Un avión longitudinalmente inestable tiene una tendencia a descender o ascender progresivamente en un descenso o ascenso muy pronunciado, o incluso una pérdida. Por lo tanto, un avión con inestabilidad longitudinal se hace difícil y a veces peligroso para volar.

La estabilidad o inestabilidad estática longitudinal en un avión depende de tres factores:

1. Ubicación del ala con respecto al CG

2. Ubicación de las superficies horizontales de cola con respecto al CG

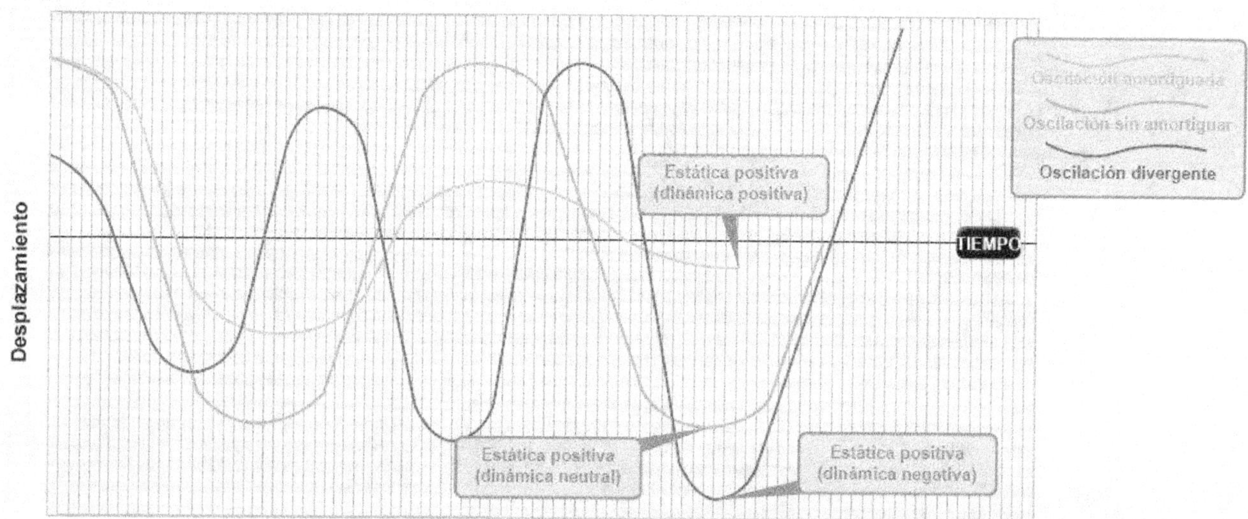

Figura 4-19. *Estabilidad amortiguada versus estabilidad sin amortiguar*

3. Área o tamaño de las superficies de cola

Analizando la estabilidad, hay que recordar que un cuerpo que gira libre siempre gira alrededor de su CG.

Para obtener estabilidad estática longitudinal, la relación de los momentos del ala y la cola deben ser tal que, si los momentos están inicialmente equilibrados y el avión de repente sube la nariz, los momentos de las alas y la cola cambian de modo que la suma de sus fuerzas proporciona un momento de restauración desbalanceado que, a su vez, baja la nariz. Del mismo modo, si la aeronave esta nariz hacia abajo, el cambio resultante en los momentos trae la nariz hacia arriba.

El CL (centro de sustentación) en la mayoría de los perfiles asimétricos tiene una tendencia a mover sus posiciones delanteras y traseras con un cambio en el AOA. El CL tiende a adelantarse con un aumento del AOA y se mueve hacia atrás con una disminución del AOA. Esto significa que cuando el AOA de un perfil aerodinámico se incrementa, el CL, por adelantarse, tiende a levantar el borde de ataque del ala aún más. Esta tendencia le da al ala una cualidad inherente de inestabilidad. (NOTA: CL también se conoce como el centro de presión CP.)

La figura 4-20 muestra una aeronave en vuelo recto y nivelado. La línea CG-CL-T representa el eje longitudinal del avión desde el CG a un punto T en el estabilizador horizontal.

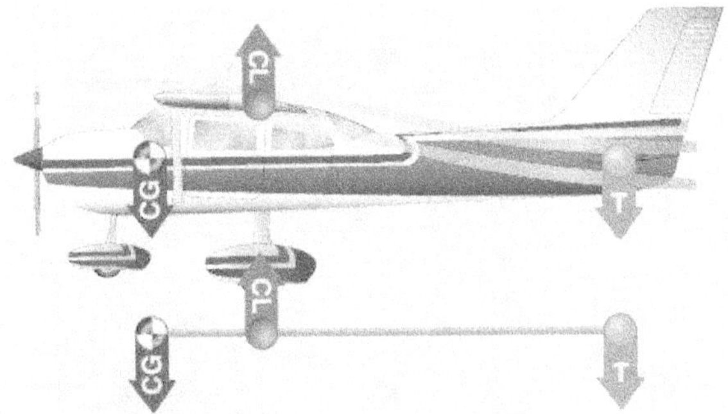

Figura 4-20. *Estabilidad longitudinal*

La mayoría de los aviones están diseñados para que el CL del ala esté por detrás del CG. Esto hace a la aeronave "pesada de nariz" y requiere que haya una ligera fuerza hacia abajo sobre el estabilizador horizontal a fin de equilibrar la aeronave y evitar que la nariz esté continuamente hacia abajo. La compensación para esto es proporcionada mediante el ajuste del estabilizador horizontal en un AOA ligeramente

negativo. La fuerza hacia abajo así producida mantiene la cola abajo, contrarrestando la nariz "pesada". Es como si la línea CG-CL-T fuera una palanca con una fuerza hacia arriba en CL y dos fuerzas hacia abajo equilibradas entre ellas, una gran fuerza en el CG y la otra, una fuerza mucho menor, en el punto T. Para visualizar mejor este principio de la física: Si una barra de hierro se suspendiera en CL, con un gran peso colgado de ella en CG, se necesitaría una presión descendente en el punto T para mantener la "palanca" en equilibrio.

A pesar de que el estabilizador horizontal puede estar nivelado cuando el avión está en vuelo nivelado, hay una corriente de aire descendente de las alas. Esta corriente descendente golpea la parte superior del estabilizador y produce una presión descendente, que a una cierta velocidad es suficiente para equilibrar la "palanca". Cuando más rápido está volando el avión, mayor es esta corriente descendente y mayor será la fuerza hacia abajo sobre el estabilizador horizontal (excepto las colas en T). *[Figura 4-21]* En aviones con estabilizador horizontal en posición fija, el fabricante establece el estabilizador en un ángulo que proporciona la mejor estabilidad (o equilibrio) durante el vuelo a la velocidad de cruccro y ajuste de potencia.

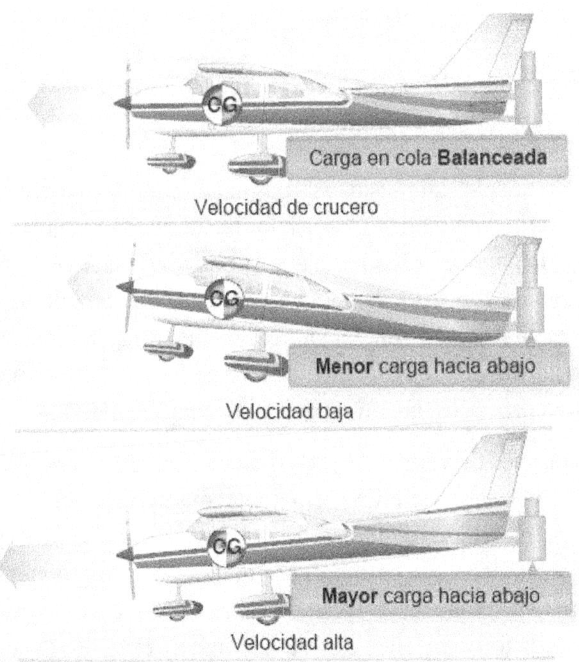

Figura 4-21. *Efecto de la velocidad en el flujo descendente*

Si la velocidad del avión disminuye, la velocidad del flujo de aire sobre el ala se reduce. Como resultado de esta disminución del flujo de aire sobre el ala, el flujo hacia atrás se reduce, causando una fuerza hacia abajo menor sobre el estabilizador horizontal. A su vez, se acentúa la característica de nariz abajo, causando que la nariz baje aún más. *[Figura 4-22]* Esto coloca el avión en actitud de nariz baja, disminuyendo el AOA del ala y la resistencia y permitiendo que la velocidad aumente. A medida que el avión continúa en la actitud de nariz abajo y su velocidad aumenta, la fuerza hacia abajo sobre el estabilizador horizontal, se incrementa una vez más. En consecuencia, la cola es empujada de nuevo hacia abajo y la nariz sube a una actitud de ascenso.

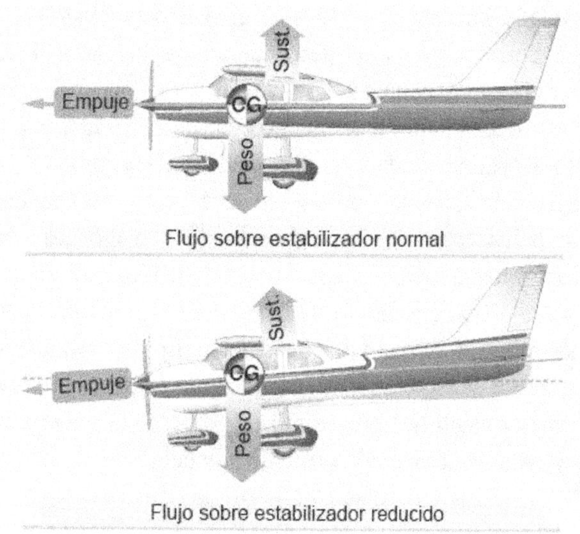

Figura 4-22. *La potencia reducida permite un cabeceo hacia abajo*

A medida que este ascenso continúa, la velocidad disminuye de nuevo, haciendo que la fuerza hacia abajo en la cola decrezca hasta que la nariz baja una vez más. Debido a que el avión es dinámicamente estable, esta vez la nariz no baja en la medida que lo hacía antes. El avión adquiere suficiente velocidad para empezar otro ascenso, pero no tan pronunciado como el anterior.

Después de varias de estas oscilaciones decrecientes, en las que la nariz alternativamente sube y baja, el avión finalmente se estabiliza a una velocidad a la que la fuerza hacia abajo en la cola contrarresta exactamente la tendencia de la aeronave para bajar. Cuando esta condición se alcanza, la aeronave está en vuelo equilibrado una vez más y continúa en vuelo estabilizado siempre y cuando esta actitud y la velocidad no cambien.

Un efecto similar se observa al reducir el acelerador. La corriente de las alas se reduce y la fuerza en T en la *figura 4-20* no es suficiente para mantener el estabilizador horizontal hacia abajo. Parece como si la fuerza en T en la palanca permitiera que la fuerza de gravedad tire de la nariz hacia abajo. Esta es una característica deseable porque el avión está de por sí tratando de recuperar la velocidad y restablecer el equilibrio adecuado.

La potencia o el empuje también pueden tener un efecto desestabilizador en el que un aumento de potencia tiende a hacer subir la nariz. El diseñador de aviones puede compensar esto mediante el establecimiento de una "línea de empuje de alta" en el que la línea de empuje pasa por encima del CG. *[Figuras 4-23 y 4-24]* En este caso, cuando la potencia o el empuje se incrementan se produce un momento para contrarrestar la carga en la cola. Por otro lado, una "línea de empuje baja" tiende a aumentar el efecto de nariz arriba de la superficie horizontal de la cola.

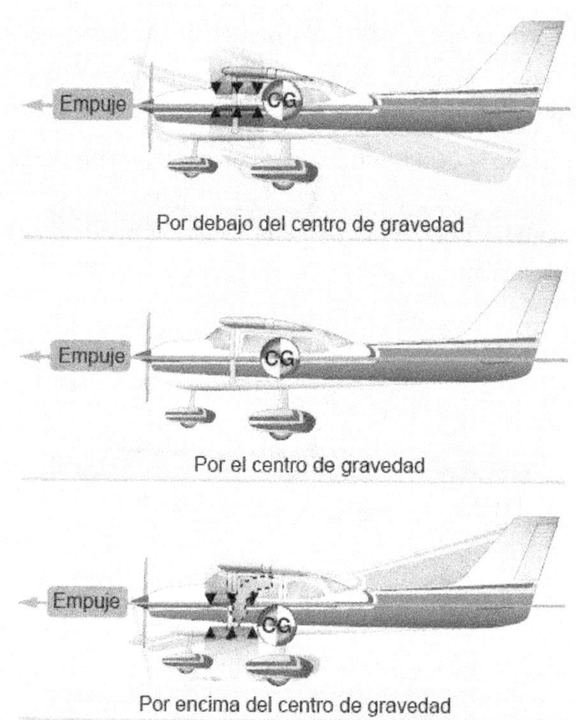

Figura 4-23. *La línea de empuje afecta la estabilidad longitudinal.*

Conclusión: con el CG delante del CL y con una fuerza aerodinámica de cola abajo, la aeronave por lo general trata de volver a una actitud de vuelo seguro.

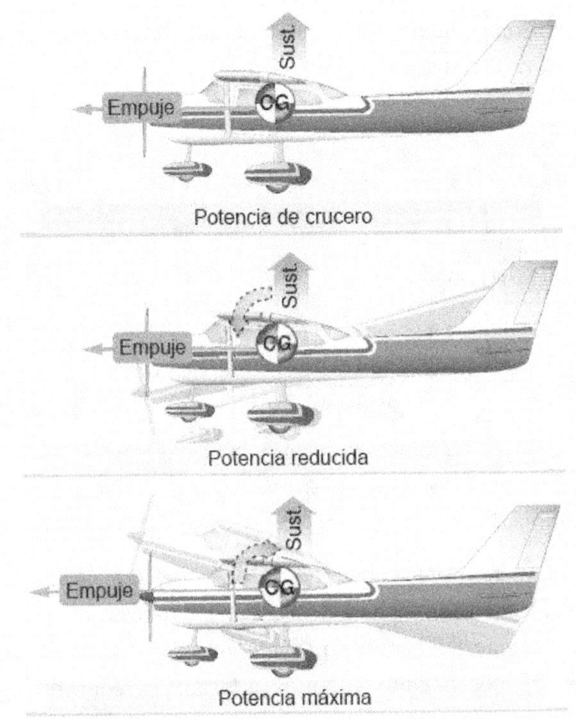

Figura 4-24. *Los cambios de potencia afectan la estabilidad longitudinal.*

La siguiente es una simple demostración de estabilidad longitudinal. Compense la aeronave para vuelo nivelado "sin manos" en el control. Entonces, por un momento de al control de un ligero empujón produciendo nariz abajo. Si, en un plazo breve, la nariz se eleva a la posición original y luego se detiene, el avión es estáticamente estable. Por lo general, la nariz pasa la posición original (de vuelo nivelado) y sigue una serie de oscilaciones lentas. Si las oscilaciones cesan gradualmente, el avión tiene una estabilidad positiva; si continúan de forma desigual, el avión tiene una estabilidad neutral; si aumentan, el avión es inestable.

Estabilidad lateral (Alabeo)

La estabilidad en torno al eje longitudinal del avión, que se extiende desde la nariz de la aeronave a su cola, se llama estabilidad lateral. Esto ayuda a estabilizar el efecto lateral o "alabeo" cuando una de las alas baja más que el ala en el lado opuesto de la aeronave. Hay cuatro factores principales de diseño que hacen un avión lateralmente estable: diedro, flecha, el efecto veleta, y la distribución del peso.

Diedro

El procedimiento más común para la producción de estabilidad lateral es construir las alas con un ángulo de uno a tres grados por sobre el eje longitudinal. Las alas a ambos lados de la aeronave se unen al fuselaje para formar una ligera V o un ángulo llamado "diedro". La cantidad de diedro se mide por el ángulo formado por cada ala por encima de una línea paralela al eje lateral.

El diedro implica un equilibrio de sustentación creado por el AOA las alas a cada lado del eje longitudinal del avión. Si una ráfaga de viento momentánea fuerza a una de las alas a subir y la otra a bajar, el avión alabea. Cuando el avión alabea sin girar, se produce una tendencia al deslizamiento lateral hacia el ala baja. *[Figura 4-25]* Como las alas tienen diedro, el aire golpea el ala inferior en un AOA mucho mayor que el ala superior. El aumento de AOA en el ala inferior crea más sustentación que el ala superior. El aumento de la sustentación causa que el ala más baja para comience a subir. Al acercarse el ala a la posición de nivel, el AOA en las dos alas, son iguales una vez más, con lo que la tendencia a alabear disminuye. El efecto del diedro es producir una tendencia de alabeo para retornar la aeronave a una condición de vuelo de equilibrio lateral cuando se produce un deslizamiento.

La fuerza de recuperación puede mover el ala baja muy arriba, de modo que el ala opuesta ahora va hacia abajo. Si es así, se repite el proceso, disminuyendo con cada oscilación lateral hasta que finalmente se alcanza un equilibrio para el vuelo con alas niveladas.

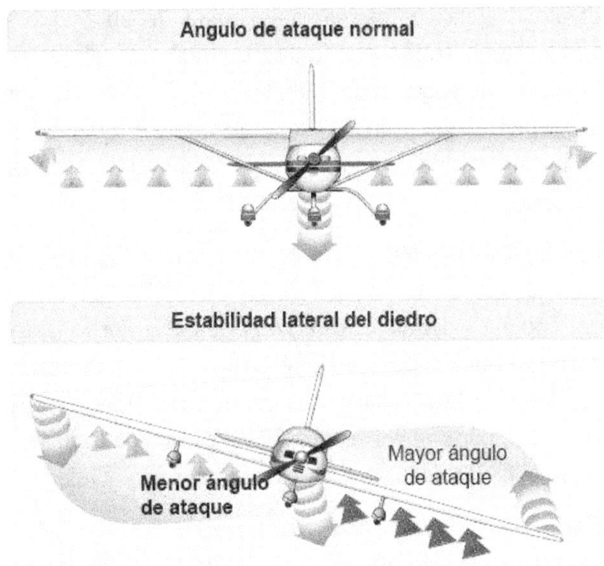

Figura 4-25. *Diedro para estabilidad lateral*

Por el contrario, excesivo diedro tiene un efecto adverso sobre las cualidades de maniobra lateral. La aeronave puede ser tan estable lateralmente que se resiste a un movimiento de alabeo intencional. Por esta razón, los aviones que requieren características de rápido rolido o alabeo por lo general tienen menos diedro que los diseñados con menos maniobrabilidad.

Flecha alar

La flecha es una adición al diedro que aumenta la sustentación creada cuando un ala cae de la posición horizontal. Un ala en flecha es aquella en la que el borde de ataque se inclina hacia atrás. Cuando una perturbación provoca un avión con flecha a deslizar o caer un ala, el ala baja presenta su borde de ataque en un ángulo que es perpendicular al flujo de aire relativo. Como resultado, el ala baja adquiere una mayor sustentación, sube, y el avión vuelve a su actitud de vuelo original.

La flecha también contribuye a la estabilidad direccional. Cuando la turbulencia o la aplicación de timón hace que el avión gire hacia un lado, el ala derecha presenta un borde de ataque más largo perpendicular al viento relativo. La velocidad del ala derecha aumenta y adquiere más resistencia que la otra ala. La resistencia adicional en el ala derecha tira hacia atrás, girando el avión de vuelta a su rumbo original.

Efecto del fuselaje y Distribución del peso

Un avión siempre tiene la tendencia a girar el eje longitudinal de la aeronave hacia el viento relativo. Este efecto "veleta" es similar a la quilla de un buque y ejerce una influencia estabilizadora en el avión lateralmente sobre el eje longitudinal. Cuando el avión se ve perturbado y un ala cae, el peso del fuselaje actúa como un péndulo retornando al avión a su actitud original.

Las aeronaves lateralmente estables son construidas de manera que la mayor parte de la zona del fuselaje está por encima y detrás del CG. *[Figura 4-26]* Por lo tanto, cuando el avión desliza hacia un lado, la combinación del peso de la aeronave y la presión del flujo de aire contra la parte superior del fuselaje (ambos actuando sobre el CG) tiende a volver el avión a vuelo nivelado.

Estabilidad vertical (dirección o giro)

La estabilidad en torno al eje vertical (el momento lateral) se llama dirección o estabilidad direccional. La estabilidad direccional es la estabilidad que se logra más fácilmente en el diseño de aeronaves. El área de la deriva y los lados del fuselaje detrás del CG son los primeros en contribuir para hacer actuar a los aviones

como una veleta o una flecha, apuntando su nariz hacia el viento relativo.

Figura 4-26. *Área del fuselaje para estabilidad lateral*

Examinando una veleta, se puede ver que si la misma cantidad exacta de superficie fuera expuesta al viento por delante del punto de pivote como detrás de él, las fuerzas por delante y detrás estarían en equilibrio y resultaría en poco o nada de movimiento direccional. En consecuencia, es necesario contar con una superficie mayor por detrás del punto de giro que delante del mismo.

Del mismo modo, el diseñador debe garantizar estabilidad direccional positiva haciendo la superficie lateral detrás del CG mayor que la anterior *[Figura 4-27]* Para ofrecer mayor estabilidad positiva a la proporcionada por el fuselaje, se añade una aleta vertical. La aleta actúa en forma similar a las plumas de una flecha fin manteniendo el vuelo recto. Al igual que una veleta y una flecha, cuanto más atrás está la aleta y más grande es su tamaño, mayor es la estabilidad direccional de la aeronave.

Si un avión vuela en línea recta, y una ráfaga de aire lateral le da a la aeronave una ligera rotación sobre su eje vertical (por ejemplo, a la derecha), el movimiento se retarda y se detiene por la aleta ya que mientras el avión está girando a la derecha, el aire golpea el lado izquierdo de la aleta en un ángulo. Esto provoca una presión en el lado izquierdo de la aleta, que se opone al movimiento de giro y reduce la velocidad de giro del avión. De este modo, actúa un poco como la veleta girando el avión hacia el viento relativo. El cambio inicial en la dirección de la trayectoria de vuelo del avión está generalmente un poco por detrás de su cambio de rumbo. Por lo tanto, después de un ligero giro de la aeronave a la derecha, hay un breve momento cuando la aeronave está en movimiento a lo largo de su trayectoria original, pero su eje longitudinal está apuntando ligeramente hacia la derecha.

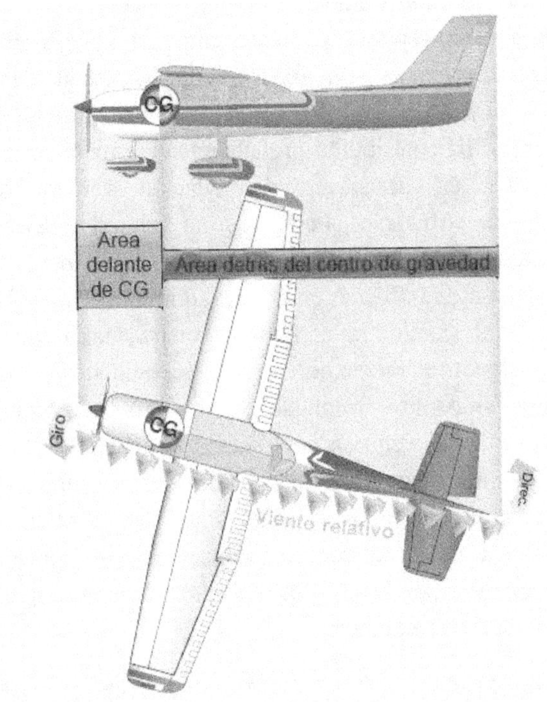

Figura 4-27. *Fuselaje y aleta para la estabilidad vertical*

El avión está momentáneamente derrapando hacia los lados, y durante ese momento (ya que se supone que, si bien el movimiento de giro se ha detenido, el exceso de presión en el lado izquierdo de la aleta aún persiste) hay necesariamente una tendencia a que la aeronave se gire parcialmente de vuelta a la izquierda. Es decir, hay una tendencia de restauración momentánea causada por la aleta.

Esta tendencia de restauración se desarrolla lentamente y cesa cuando la aeronave deje de derrapar. Cuando cesa, la aeronave está volando en una dirección ligeramente diferente de la dirección original. En otras palabras, no va a volver por si misma al rumbo original; el piloto debe volver a establecer el rumbo inicial.

Una pequeña mejora de la estabilidad direccional se puede obtener a través de la flecha. La flecha se incorpora en el diseño del ala primeramente para retrasar la aparición de la compresión a alta velocidad de vuelo. En los aviones más livianos y lentos, la flecha ayuda en la localización del centro de presión en la relación correcta con el CG. Un avión estable longitudinalmente se construye con el centro de presión detrás del CG.

Debido a razones estructurales, los diseñadores de aviones a veces no pueden unir las alas con el fuselaje en el punto exacto que desean. Si tienen que montar las alas demasiado hacia delante, y en ángulo recto con el fuselaje, el centro de presión no estaría lo suficientemente atrasado para dar lugar a la cantidad deseada de estabilidad longitudinal. Mediante la incorporación de flecha en las alas, sin embargo, los diseñadores pueden mover el centro de presión hacia la parte posterior. La cantidad de la flecha y la posición de las alas colocan el centro de presión en el lugar correcto.

La contribución de las alas a la estabilidad direccional estática es generalmente pequeña. El ala en flecha proporciona una contribución estable dependiendo de la cantidad de la flecha, pero la contribución es relativamente pequeña en comparación con otros componentes.

Oscilaciones direccionales libres (Balanceo del holandés)

El balanceo del holandés es una oscilación acoplada lateral / direccional que es usualmente dinámicamente estable pero no es seguro en un avión debido a la naturaleza oscilatoria. La amortiguación del modo de oscilación puede ser fuerte o débil dependiendo de las propiedades de la aeronave en particular.

Si el avión tiene el ala derecha hacia abajo, el ángulo de deslizamiento lateral positivo corrige el ala lateralmente antes que la nariz se vuelve a alinear con el viento relativo. Cuando el ala corrige la posición, una oscilación direccional lateral puede ocurrir resultando en que la nariz de la aeronave efectúa un ocho en el horizonte como consecuencia de dos oscilaciones (balanceo y giro), que, aunque de la misma magnitud, están fuera de fase uno con el otro.

En la mayoría de los aviones modernos, con la excepción de diseños de ala en flecha de alta velocidad, estas oscilaciones direccionales libres por lo general mueren de forma automática en muy pocos ciclos a menos que el aire sigua siendo racheado o turbulento. Los aviones con tendencias de balanceo del holandés continuas suelen estar equipados con amortiguadores de giro giro-estabilizados. Los fabricantes tratan de llegar a un punto medio entre mucha y poca estabilidad direccional. Debido a que es más conveniente para la aeronave tener "inestabilidad en espiral" que tendencias al balanceo del holandés, la mayoría de los aviones están diseñados con esa característica.

Inestabilidad en espiral

La inestabilidad en espiral existe cuando la estabilidad estática direccional de la aeronave es muy fuerte en comparación con el efecto del diedro en el mantenimiento del equilibrio lateral. Cuando el equilibrio lateral de la aeronave se ve perturbado por una ráfaga de aire y se produce un deslizamiento lateral, la fuerte estabilidad direccional tiende a girar la nariz hacia el viento relativo resultante, mientras que el diedro relativamente débil se atrasa en la restauración del equilibrio lateral. Debido a este giro, el ala en la parte exterior del momento de giro se desplaza hacia adelante más rápido que el ala interior y, en consecuencia, su sustentación se hace mayor. Esto produce una tendencia a alabear más que, si no se corrige por el piloto, resulta en un ángulo de alabeo cada vez más pronunciado. Al mismo tiempo, la fuerte estabilidad direccional que el gira el avión en el viento relativo esta en realidad forzando la nariz a una actitud de cabeceo más baja. Comienza una espiral descendente lenta que, si no se contrarresta por el piloto, se incrementa gradualmente en una barrena pronunciada. Por lo general, la tasa de divergencia en el movimiento en espiral es tan gradual que el piloto puede controlar la tendencia sin ninguna dificultad.

Todos los aviones se ven afectados en alguna medida por esta característica, aunque pueden ser inherentemente estables en todos los otros parámetros normales. Esta tendencia explica por qué un avión no puede ser volado "sin manos" de forma indefinida.

Muchas investigaciones se han realizado en el desarrollo de dispositivos de control (nivelación de alas) para corregir o eliminar esta inestabilidad. El piloto debe tener cuidado en la aplicación de controles de recuperación durante las etapas avanzadas de esta condición en espiral o se pueden imponer a la estructura cargas excesivas. La recuperación indebida de la inestabilidad en espiral que lleva a fallas estructurales en vuelo ha contribuido probablemente a más víctimas mortales en aeronaves de aviación general que cualquier otro factor. Puesto que la velocidad del aire en la condición de espiral aumenta rápidamente, la aplicación de la fuerza en el elevador para reducir esta velocidad y subir la nariz sólo "cierra más el giro", aumentando el factor de carga. Los resultados de una espiral sin control prolongada son el fallo estructural en vuelo o estrellarse contra el suelo, o ambas cosas. Las causas más comunes por la que los pilotos se encuentran en esta situación son: la pérdida de referencia del horizonte, la incapacidad para controlar la aeronave por referencia a los instrumentos, o una combinación de ambos.

Fuerzas aerodinámicas en maniobras de vuelo

Fuerzas en virajes

Si una aeronave fuera vista en vuelo recto y nivelado desde el frente *[Figura 4-28]*, y si las fuerzas que actúan sobre la aeronave se pudieran ver, la sustentación y el peso serían evidentes: dos fuerzas. Si la aeronave se encontrara inclinada sería evidente que la sustentación no actúa directamente en oposición al peso, sino que actúa en la dirección del alabeo. Una realidad básica acerca de los virajes: cuando las aeronaves alabean, la sustentación actúa hacia dentro del viraje, así como hacia arriba.

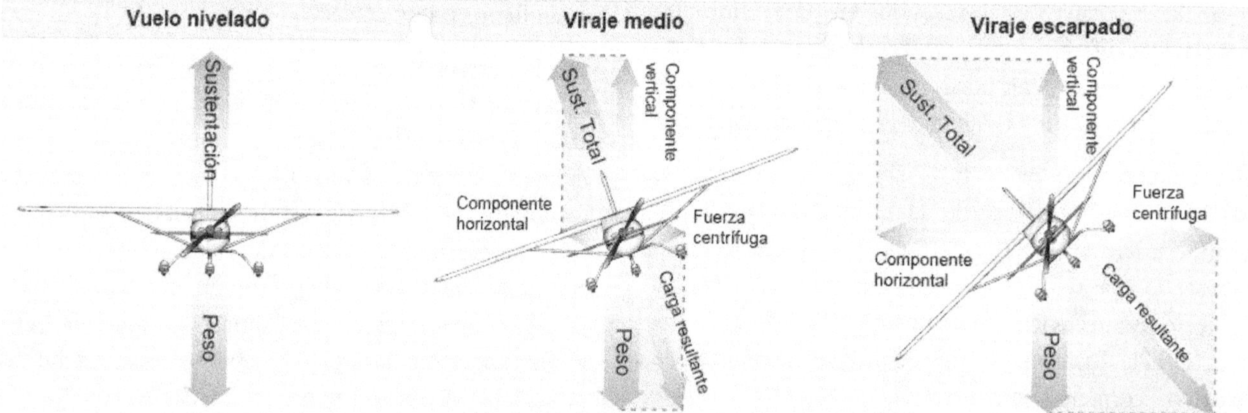

Figura 4-28. *Fuerzas durante un viraje coordinado normal*

La primera Ley de Newton del movimiento, la Ley de la Inercia, establece que un objeto en reposo o moviéndose en línea recta permanece en reposo o continúa moviéndose en línea recta hasta que actúa sobre el alguna otra fuerza. Un avión, como cualquier objeto en movimiento, requiere de una fuerza hacia los lados para hacerla virar. En un viraje normal, esta fuerza es suministrada alabeando la aeronave a fin de que la sustentación se ejerza hacia adentro, así como hacia arriba. La fuerza de sustentación en un viraje se divide en dos componentes perpendiculares entre sí. Una de las componentes, que actúa verticalmente y opuesto al peso (gravedad), se denomina "componente vertical de la sustentación". La otra, que actúa horizontalmente hacia el centro del viraje, se llama "componente horizontal de la sustentación" o fuerza centrípeta. La componente horizontal de la sustentación es la fuerza que tira de la aeronave en vuelo recto para hacerla virar. La fuerza centrífuga es la "reacción igual y opuesta" de la aeronave por el cambio de dirección y actúa igual y opuesta a la componente horizontal de la sustentación. Esto explica por qué, en un viraje correctamente ejecutado, la fuerza que gira el avión no es suministrada por el timón. El timón se utiliza para corregir cualquier desviación de la senda de la nariz y la cola de la aeronave. Un buen viraje es aquel en que la nariz y la cola de la aeronave siguen el mismo camino. Si no se utiliza el timón en un viraje, la nariz del avión gira hacia el exterior del viraje. El timón se utiliza para traer la nariz de nuevo en línea con el viento relativo.

Un avión no se controla como un barco o un automóvil. Para que un avión vire, debe ser alabeado. Si no se inclina, no hay fuerza disponible para hacer que se desvíe del vuelo recto. Por el contrario, cuando un avión se alabea, gira, siempre que no se deslice hacia interior del viraje.

Un buen control de la dirección se basa en el hecho de que el avión intenta virar cada vez que se inclina. Los pilotos deben tener en cuenta este hecho cuando intentan mantener el avión en vuelo recto y nivelado.

Solamente alabeando la aeronave en un viraje no produce ningún cambio en la cantidad total de sustentación desarrollada. Dado que la sustentación en viraje se divide en sus componentes vertical y horizontal, la cantidad de sustentación que se opone a la gravedad y soporta el peso del avión se reduce. En consecuencia, el avión pierde altura a menos que se cree sustentación adicional. Esto se hace mediante el aumento del AOA hasta que la componente vertical de la sustentación es nuevamente igual al peso. Dado que la componente vertical de la sustentación disminuye a medida que aumenta ángulo de inclinación lateral, el AOA debe ser incrementado progresivamente para producir sustentación vertical suficiente para soportar el peso de la aeronave. Un hecho importante para que recuerden los pilotos cuando hacen virajes con altitud constante es que la componente vertical de la sustentación debe ser igual al peso para mantener la altitud.

A una velocidad dada, la velocidad a la que vira un avión depende de la magnitud de la componente horizontal de la sustentación. Se ha encontrado que la componente horizontal de la sustentación es proporcional al ángulo de alabeo, es decir, aumenta o disminuye, respectivamente, cuando el ángulo de alabeo aumenta o disminuciones. A medida que el ángulo de inclinación aumenta, la componente horizontal de sustentación aumenta, aumentando entonces la ROT (velocidad de viraje, Rate Of Turn). En consecuencia, a una velocidad dada, la ROT se puede controlar mediante el ajuste del ángulo de alabeo.

Para proporcionar una componente vertical de la sustentación suficiente para mantener la altitud en un viraje nivelado, es necesario un aumento del AOA. Dado que la resistencia de la superficie de sustentación es directamente proporcional a su AOA, la resistencia inducida aumenta cuando la sustentación se incrementa. Esto, a su vez, provoca una pérdida de velocidad en proporción con el ángulo de alabeo. Un pequeño ángulo de alabeo resulta en una pequeña disminución en la velocidad, mientras que un gran ángulo de alabeo resulta en una gran reducción en la velocidad. Se debe aplicar un empuje adicional (potencia) para evitar una reducción en la velocidad en los virajes nivelados. La cantidad necesaria de potencia adicional es proporcional al ángulo de alabeo.

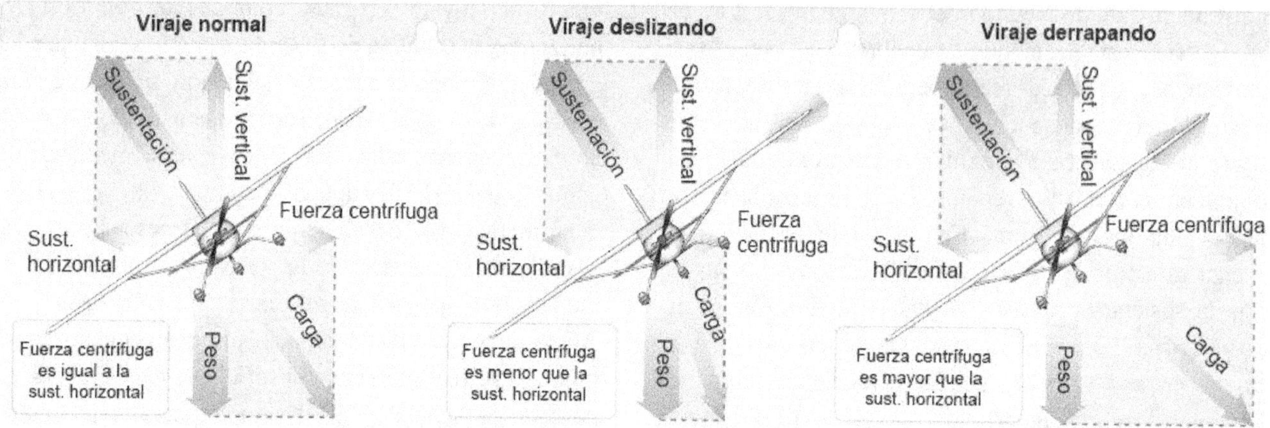

Figura 4-29. *Viraje normal, deslizando y derrapando*

Para compensar la sustentación adicional, que resultaría si la velocidad se incrementa durante un viraje, el AOA debe ser disminuido, o aumentar el ángulo de inclinación, si se debe mantener una altitud constante. Si el ángulo de alabeo se mantiene constante y se disminuye el AOA, la ROT se reduce. A fin de mantener una ROT constante cuando se incrementa la velocidad, el AOA debe ser mantenido constante y aumentar del ángulo de inclinación.

Un aumento de velocidad resulta en el aumento del radio de giro, y la fuerza centrífuga es directamente proporcional al radio del giro. En un viraje ejecutado correctamente, la componente horizontal de la sustentación debe ser exactamente igual y opuesta a la fuerza centrífuga. A medida que la velocidad se incrementa en un viraje nivelado a ROT constante, el radio del viraje aumenta. Este aumento en el radio de giro provoca un aumento de la fuerza centrífuga, que debe ser compensada por un aumento en la componente horizontal de la sustentación, la cual sólo se puede incrementar aumentando el ángulo de alabeo.

En un viraje deslizando, la aeronave no está virando a la velocidad adecuada para el alabeo utilizado, ya que la aeronave está orientada hacia el exterior de la trayectoria de vuelo. El avión está inclinado demasiado para la ROT (velocidad de giro), por lo que la componente horizontal de sustentación es mayor que la fuerza centrífuga. *[Figura 4-29]* El equilibrio entre la componente horizontal de sustentación y la fuerza centrífuga se restablece, ya sea disminuyendo el ángulo de inclinación, aumentando la ROT, o una combinación de los dos cambios.

Un viraje derrapando resulta de un exceso de la fuerza centrífuga sobre la componente horizontal de sustentación, tirando de la aeronave hacia el exterior del viraje. La ROT es demasiado grande para el ángulo de inclinación. La corrección de un viraje derrapando por lo tanto implica una reducción en la ROT, un aumento en el alabeo, o una combinación de los dos cambios.

Para mantener una ROT dada, el ángulo de alabeo debe ser variado con la velocidad. Esto resulta especialmente importante en aeronaves de alta velocidad. Por ejemplo, a 350 nudos, una aeronave debe ser alabeada aproximadamente 44° para ejecutar un giro a velocidad estándar (3° por segundo). Con este ángulo de alabeo, sólo alrededor del 79 por ciento de la sustentación de la aeronave comprende la componente vertical. Esto provoca una pérdida de altura a menos que el AOA se incremente lo suficiente como para compensar la pérdida de sustentación vertical.

Fuerzas en ascensos

A fines prácticos, la sustentación del ala en un ascenso constante normal es la misma que se encuentra en un vuelo nivelado a la misma velocidad. Aunque la trayectoria de vuelo del avión cambie cuando fue establecido el ascenso, el AOA del ala con respecto a la trayectoria de vuelo inclinado vuelve prácticamente a los mismos valores, lo mismo que la sustentación. Hay un cambio momentáneo inicial como se muestra en la *figura 4-30*. Durante la transición de vuelo recto y nivelado a un ascenso, se produce un cambio en la sustentación cuando se aplica presión sobre el elevador por primera vez. Elevando el morro del avión incrementa el AOA y aumenta momentáneamente la sustentación. La sustentación en este momento es mayor que el peso y comienza el ascenso del avión. Después que la trayectoria de vuelo se estabiliza en la pendiente de ascenso, el AOA y la sustentación vuelven de nuevo a los valores de vuelo nivelado.

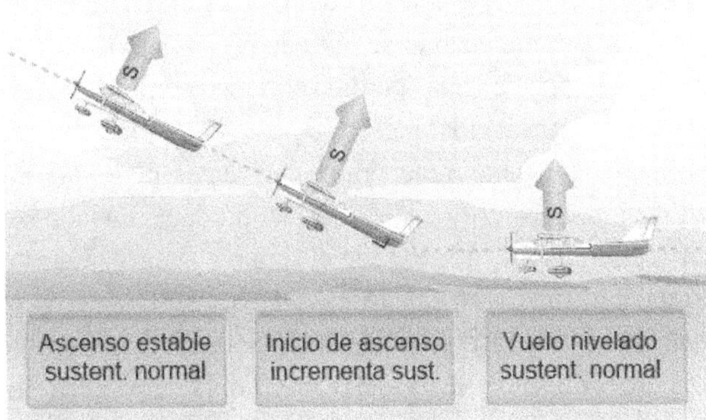

Figura 4-30. *Cambio en la sustentación durante la entrada al ascenso*

Si se inicia el ascenso sin cambios en la potencia, la velocidad disminuye gradualmente debido a que el empuje necesario para mantener una velocidad determinada en vuelo nivelado es insuficiente para mantener la misma velocidad en un ascenso. Cuando la trayectoria de vuelo se inclina hacia arriba, una componente de peso de la aeronave actúa en la misma dirección, y paralelamente a la resistencia total de la aeronave, lo que aumenta la resistencia efectiva total. En consecuencia, la resistencia total es mayor que la potencia, y disminuye la velocidad. La reducción de velocidad resulta gradualmente en una disminución correspondiente en la resistencia hasta que la resistencia total (incluyendo la componente de peso que actúa en la misma dirección) es igual al empuje. *[Figura 4-31]* Debido al momento del avión, el cambio de velocidad es gradual, variando considerablemente con diferencias en el tamaño de la aeronave, el peso, resistencia total, y otros factores. En consecuencia, la resistencia total es mayor que el empuje, y disminuye la velocidad.

En general, las fuerzas de empuje y resistencia, y sustentación y peso, se equilibran otra vez cuando la velocidad se estabiliza, pero a un valor inferior que en vuelo recto y nivelado a la misma potencia. Dado que el peso de la aeronave está actuando no sólo hacia abajo sino hacia atrás como resistencia mientras asciende, se requiere potencia adicional para mantener la velocidad igual que en vuelo nivelado. La cantidad de potencia depende del ángulo de ascenso. Cuando el ascenso se

establece tan empinado que no se dispone de suficiente potencia, resulta en una velocidad menor.

El empuje necesario para un ascenso estable es igual a la resistencia más un porcentaje del peso en función del ángulo de ascenso. Por ejemplo, un ascenso de 10° requiere un empuje necesario para igualar la resistencia más un 17 por ciento del peso. Para subir directo hacia arriba sería necesario empuje para igualar todo el peso y la resistencia. Por lo tanto, el ángulo de ascenso para un ascenso óptimo depende del exceso de potencia disponible para superar una parte del peso. Tenga en cuenta que los aviones son capaces de sostener un ascenso debido al exceso de empuje. Cuando el exceso de empuje desaparece, la aeronave ya no es capaz de ascender. En este punto, la aeronave ha alcanzado el "techo absoluto".

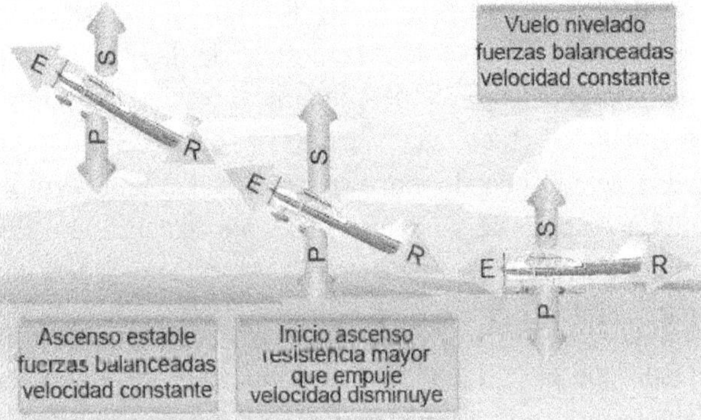

Figura 4-31. *Cambios en la velocidad durante el ascenso*

Fuerzas en descensos

Al igual que en los ascensos, las fuerzas que actúan sobre el avión pasan por cambios definidos cuando entra en descenso desde vuelo recto y nivelado. Para el siguiente ejemplo, el avión está descendiendo con la misma potencia que utiliza en vuelo recto y nivelado.

Mientras se aplica presión hacia adelante a la palanca de mando para iniciar el descenso, el AOA se reduce momentáneamente. Inicialmente, el momento de la aeronave hace que el avión continúe brevemente a lo largo de la misma trayectoria de vuelo. En ese instante, el AOA disminuye causando la disminución de la sustentación total. Con el peso siendo ahora mayor que la sustentación, el avión comienza a descender. Al mismo tiempo, la trayectoria de vuelo pasa de nivelado a una trayectoria de vuelo descendente. No hay que confundir una reducción de la sustentación con la incapacidad de generar suficiente sustentación para mantener un vuelo nivelado. La trayectoria de vuelo está siendo manipulada con el empuje disponible y con el elevador.

Para descender a la misma velocidad que la utilizada en vuelo recto y nivelado, la potencia debe reducirse cuando se inicia el descenso. La componente de peso que actúa hacia adelante a lo largo de la trayectoria de vuelo aumenta a medida que el ángulo de descenso aumenta y, por el contrario, disminuye a medida que el ángulo de descenso disminuye.

Pérdidas

La pérdida en una aeronave resulta de una rápida disminución en la sustentación causada por la separación del flujo de aire de la superficie superior del ala provocada por exceder el AOA crítico. Una pérdida puede ocurrir a cualquier actitud de cabeceo o velocidad. Las pérdidas son una de las áreas más incomprendidas de la aerodinámica, porque los pilotos a menudo creen que un perfil deja de producir sustentación cuando entra en pérdida. En una pérdida, el ala no dejó de producir totalmente sustentación. Por el contrario, no puede generar la sustentación adecuada para mantener el vuelo nivelado.

Dado que el C_L aumenta con el aumento del AOA, en algún momento C_L es máximo y luego comienza a disminuir. Este pico se llama $C_{L\text{-}MAX}$. La cantidad de sustentación que produce el ala disminuye dramáticamente después de haber sobrepasado el $C_{L\text{-}MAX}$ o AOA crítico, pero como se ha dicho, no se detiene completamente la producción de sustentación.

En la mayoría de las aeronaves de ala recta, el ala está diseñada para entrar en pérdida primero en la raíz del ala. La raíz del ala alcanza su AOA crítico primero haciendo progresar la pérdida hacia afuera, hacia la punta del ala. Al entrar en pérdida la raíz del ala en primer lugar, la eficacia del alerón se mantiene en la punta de las alas, manteniendo la controlabilidad de la aeronave. Varios métodos de diseño se utilizan para lograr la pérdida de la raíz del ala primero. En un diseño, el ala es "retorcida" a un AOA superior en la raíz del ala. La instalación de franjas de pérdidas en los primeros 20-25 por ciento de borde de ataque del ala es otro método para producir una pérdida antes de tiempo.

El ala nunca deja de producir sustentación por completo en una condición de pérdida. Si así fuera, el avión

caería a la Tierra. La mayoría de los aviones de entrenamiento están diseñados para que la nariz de la aeronave caiga en una pérdida, reduciendo el AOA y así salir de la pérdida. La tendencia "nariz abajo" se debe a que el CL está detrás del CG. El rango de CG es muy importante cuando se trata de las características de recuperación de una pérdida. Si se permite a una aeronave operar fuera del CG, el piloto puede tener dificultades para recuperarse de una pérdida. La violación más crítica del CG se produce cuando se opera con un CG que excede el límite posterior. En esta situación, un piloto puede no ser capaz de generar la suficiente fuerza con el elevador para contrarrestar el exceso de peso detrás del CG. Sin la capacidad de disminuir el AOA, la aeronave continúa en un estado de pérdida hasta que llegue al suelo.

La velocidad de pérdida de una aeronave en particular no es un valor fijo para todas las situaciones de vuelo, pero una aeronave siempre entra en pérdida al mismo AOA, independientemente de la velocidad, peso, factor de carga, o altitud de densidad. Cada avión tiene un AOA particular en el que el flujo de aire se separa de la superficie superior del ala y se produce la pérdida. Este AOA crítico varía de 16° a 20° dependiendo del diseño de la aeronave. Pero cada avión tiene un solo AOA específicos en el que se produce la pérdida.

Hay tres situaciones de vuelo en las que se puede superar el AOA crítico: baja velocidad, alta velocidad y giros.

Figura 4-32. *Fuerzas ejercidas al salir de una picada*

La aeronave puede entrar en pérdida en vuelo recto y

nivelado por volar muy despacio. A medida que la velocidad disminuye, el AOA se debe aumentar para mantener la sustentación necesaria para mantener la altitud. Cuanto menor sea la velocidad, tanto más se debe aumentar el AOA. Eventualmente, se alcanza un AOA que resulta en que el ala no produce suficiente sustentación para soportar la aeronave la cual se hunde. Si la velocidad se reduce aún más, la aeronave entra en pérdida, ya que el AOA ha superado el ángulo crítico y el flujo de aire sobre el ala se ve interrumpido.

No es necesario baja velocidad para producir una pérdida de sustentación. El ala puede ser llevada a un AOA excesivo a cualquier velocidad. Por ejemplo, una aeronave se encuentra en un picado con una velocidad de 100 nudos, cuando el piloto tira considerablemente del control del elevador. *[Figura 4-32]* La gravedad y la fuerza centrífuga previenen una alteración inmediata de la trayectoria de vuelo, pero el AOA de la aeronave cambia abruptamente de muy bajo a muy alto. Dado que la trayectoria de vuelo de la aeronave en relación con el aire que se aproxima determina la dirección del viento relativo, el AOA aumenta repentinamente, y el avión llegaría al ángulo de pérdida a una velocidad mucho mayor que la velocidad de pérdida normal.

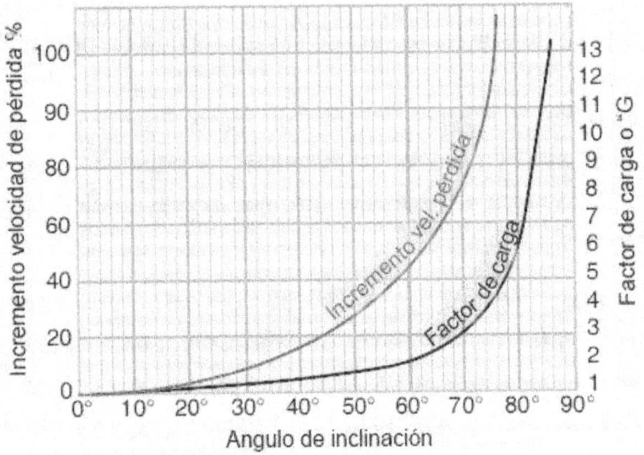

Figura 4-33. *Aumento de la velocidad de pérdida y factor de carga*

La velocidad de pérdida de un avión es también más alta en un giro nivelado que en vuelo recto y nivelado. *[Figura 4-33]* La fuerza centrífuga se añade al peso de la aeronave y el ala debe producir suficiente sustentación adicional para compensar la carga impuesta por la combinación de la fuerza centrífuga y el peso. En un giro, la sustentación adicional necesaria se obtiene mediante la aplicación de presión sobre el control del elevador. Esto aumenta el AOA del ala, y resulta en mayor sustentación. El AOA debe aumentar al aumentar el ángulo de inclinación para contrarrestar el aumento de la carga causada por la fuerza centrífuga. Si en algún momento durante el giro ele AOA se hace excesivo, la aeronave entra en pérdida.

En este momento, la acción de la aeronave durante una pérdida debe ser examinada. Para equilibrar un avión aerodinámicamente, el CL normalmente se encuentra detrás del CG. Aunque esto hace que el avión sea pesado de nariz, la corriente descendente en el estabilizador horizontal contrarresta esta condición. En la pérdida, cuando la fuerza hacia arriba de la sustentación del ala y la fuerza de la cola hacia abajo cesan, existe una condición de desequilibrio. Esto permite a la aeronave picar bruscamente, girando alrededor de su CG. Durante esta actitud de nariz abajo, el AOA se reduce y la velocidad aumenta de nuevo. El flujo suave de aire sobre el ala comienza de nuevo, vuelve la sustentación, y el avión está volando de nuevo. Una altura considerable se puede perder antes de que este ciclo se complete.

La forma del perfil aerodinámico y la degradación de esa forma también se deben considerar en un análisis de pérdidas. Por ejemplo, si el hielo, la nieve y las heladas se acumulan en la superficie de un avión, el flujo de aire suave sobre el ala se ve interrumpido. Esto hace que la capa límite se separe a un AOA inferior al del ángulo crítico. La sustentación se reduce considerablemente, alterando la performance esperada del avión. Si se deja que se forme hielo en el avión durante el vuelo *[Figura 4-34]*, el peso de la aeronave se incrementa mientras que la capacidad para generar sustentación es menor. Tan sólo 0,8 milímetros de hielo en la superficie superior del ala aumenta la resistencia y reduce la sustentación en un 25 por ciento.

Figura 4-34. *Engelamiento en vuelo*

Los pilotos pueden encontrar engelamiento en cualquier época del año, en cualquier parte del país, en altitudes de hasta 18.000 pies y a veces más. Los aviones pequeños, incluyendo los aviones de pasajeros regionales, son más vulnerables porque vuelan a altitudes más bajas, donde el hielo es más frecuente. También carecen de mecanismos comunes en los aviones jet que impiden la acumulación de hielo por calentamiento de los bordes de ataque de las alas.

El engelamiento puede ocurrir en las nubes cuando la temperatura cae por debajo de la de congelación y gotas superfrias se acumulan en un avión y se congelan. (Gotas super-frias siguen siendo líquidas a pesar de que la temperatura está por debajo de 32° Fahrenheit (F), o 0° Celsius (C)).

Principios básicos de las hélices

La hélice de un avión consta de dos o más palas y un cubo central al cual se unen las palas. Cada pala de la hélice es esencialmente un ala rotatoria. Como resultado de su construcción, las palas son perfiles aerodinámicos y produce las fuerzas que crean el empuje para tirar, o empujar, el avión en el aire. El motor suministra la potencia necesaria para hacer girar las palas de la hélice a través del aire a altas velocidades, y la hélice transforma la energía de rotación del motor en el empuje hacia adelante.

Una sección transversal típica de una pala de hélice se muestra en la *Figura 4-35*. Esta sección o elemento de pala es un perfil comparable a una sección transversal de un ala de avión. Una superficie de la pala es convexo o curva, similar al extradós de un ala de avión, mientras que la otra superficie es plana como el intradós del ala. La línea de la cuerda es una línea imaginaria trazada a través de la hoja desde su borde de ataque a su borde fuga. Al igual que en un ala, el borde de ataque es el borde grueso de la hoja que se encuentra con el aire cuando rota la hélice.

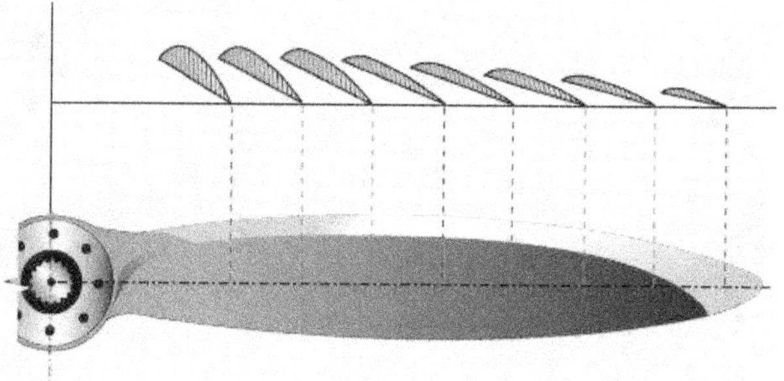

Figura 4-35. *Secciones del perfil de una pala*

El ángulo de pala, generalmente medido en grados, es el ángulo entre la cuerda de la pala y el plano de rotación y se mide en un punto específico a lo largo de la longitud de la pala. *[Figura 4-36]* Debido a que la mayoría de las hélices tienen una "cara" plana, la línea de la cuerda se suele dibujar a lo largo de dicha cara de la pala. El paso no es el ángulo de la pala, pero debido a que el paso es determinado en gran medida por el ángulo de la pala, los dos términos se usan indistintamente. Un aumento o disminución en uno se asocia generalmente con un aumento o disminución en el otro.

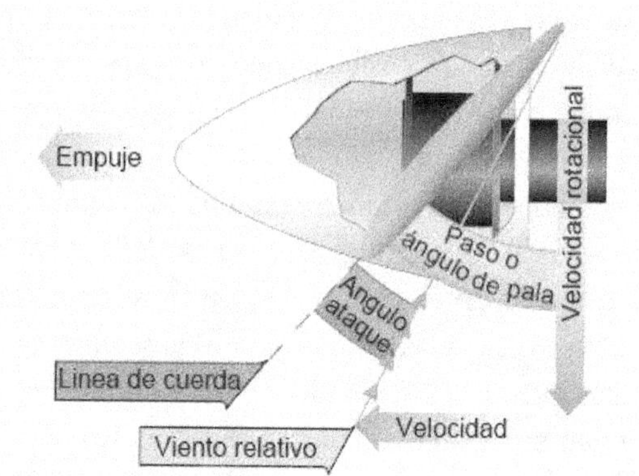

Figura 4-36. *Ángulo de pala de la hélice*

El paso de una hélice puede ser designado en pulgadas. Una hélice designada como "74-48" sería de 74 pulgadas de largo y tiene un paso efectivo de 48 pulgadas. El paso es la distancia en pulgadas, que la hélice avanza a través del aire en una revolución si no hay deslizamiento.

Cuando se especifica una hélice de paso fijo para un nuevo tipo de aeronave, el fabricante por lo general selecciona uno con un paso que funciona de manera eficiente a la velocidad de crucero prevista de la aeronave. Cada hélice de paso fijo debe ser un compromiso porque sólo puede ser eficiente en una determinada combinación de velocidad y revoluciones por minuto (rpm). Los pilotos no pueden cambiar esta combinación en vuelo.

Cuando el avión está en reposo en el suelo con el motor funcionando, o moviéndose lentamente en el comienzo del despegue, la eficacia de la hélice es muy baja debido a que a la hélice se le impide avanzar con la velocidad suficiente para permitir a sus palas de paso fijo llegar a su completa eficacia. En esta situación, cada pala de la hélice está girando en el aire a un AOA que produce relativamente poco empuje para la cantidad de energía necesaria para hacerla girar.

Para entender la acción de una hélice, considere en primer lugar su movimiento, que es de rotación y hacia delante. Como se muestra por los vectores de las fuerzas de la hélice en la *figura 4-36*, cada sección de una pala de la hélice se mueve hacia abajo y hacia adelante. El ángulo en el que el aire (viento relativo) golpea la pala de la hélice es el AOA. La desviación del aire producida por este ángulo hace que la presión dinámica en el lado del motor de la pala de la hélice sea mayor que la presión atmosférica, creando así el empuje.

La forma de la pala también crea empuje debido a que es convexa como la forma aerodinámica de un ala. A medida que el aire fluye a través de la hélice, la presión en un lado es menor que en el otro. Al igual que en un ala, se produce una fuerza de reacción en la dirección de la menor presión. El flujo de aire sobre el ala tiene menos presión y la fuerza (sustentación) está hacia arriba. En el caso de la hélice, la cual está montada en posición vertical en lugar de un plano horizontal, el área de menor presión está en el frente de la hélice, y la fuerza (empuje) es en dirección hacia adelante. Aerodinámicamente, el empuje es el resultado de la forma de la hélice y el AOA de la pala.

El empuje puede ser considerado también en términos de la masa de aire manejada por la hélice. En estos términos, el empuje es igual a la masa de aire manejada multiplicada por la velocidad de la estela menos la velocidad de la aeronave. La potencia gastada en la producción de empuje depende de la masa de aire en movimiento. En promedio, el empuje constituye aproximadamente el 80 por ciento del par motor o torque (potencia total absorbida por la hélice). El otro 20 por ciento se pierde en fricción y deslizamiento. Para cualquier velocidad de rotación, la potencia absorbida por la hélice balancea la potencia entregada por el motor. Para cada revolución de la hélice, la cantidad de aire movido depende del ángulo de la pala, lo que determina el tamaño de la "mordida" de aire que la hélice realiza. Por lo tanto, el ángulo de la pala es un excelente medio de ajustar la carga de la hélice para controlar las rpm del motor.

El ángulo de la pala también es un excelente método de ajuste del AOA de la hélice. En hélices de velocidad constante, el ángulo de la pala debe ser ajustado para proporcionar el AOA más eficiente en todas las velocidades del motor y del avión. Las curvas de sustentación versus resistencia, que dibujadas para las hélices, así como las alas, indican que el AOA más eficiente es pequeño, variando de +2° a +4°. El ángulo de pala necesario para mantener este pequeño AOA varía con la velocidad de avance de la aeronave.

Las hélices de paso fijo y ajustable en tierra son diseñadas para la mejor eficiencia a una velocidad de giro y una velocidad de avance. Están diseñadas para una dada combinación de aeronave y motor. Una hélice se puede utilizar proporcionando la máxima eficacia para el despegue, ascenso, crucero, o el vuelo de alta velocidad. Cualquier cambio de estas condiciones resulta en la reducción de la eficacia tanto de la hélice como del motor. Dado que la eficacia de un motor es la relación entre la potencia útil y la potencia real, la eficacia de la hélice es la relación de la potencia de empuje y la potencia al freno. La eficacia de una hélice varía de 50 a 87 por ciento, dependiendo de cuanto "resbale" la hélice.

El deslizamiento de la hélice es la diferencia entre el paso geométrico de la hélice y su paso efectivo. *[Figura 4-37]* El paso geométrico es la distancia teórica que una hélice debe avanzar en una revolución; el paso efectivo es la distancia que avanza en realidad. De este modo, el paso geométrico o teórico se basa en ningún resbale, pero el paso real o efectivo incluye el resbale de la hélice en el aire.

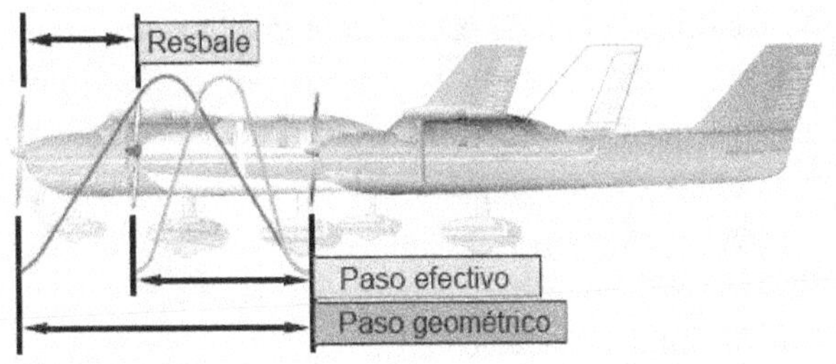

Figura 4-37. *Resbale de la hélice*

La razón por la que una hélice es "retorcida" es que las partes exteriores de las palas de la hélice, como todas las cosas que giran alrededor de un punto central, viajan más rápido que las porciones cerca del cubo. *[Figura 4-38]* Si las palas tienen el mismo paso geométrico a lo largo de su longitud, las porciones cerca del centro podrían tener AOAs negativos, mientras que las puntas de la hélice estarían en pérdida a la velocidad de crucero. La torsión o variaciones del paso geométrico de las palas permite a la hélice operar con un AOA relativamente constante a lo largo de su longitud durante un vuelo de crucero. Las palas de la hélice se retuercen para cambiar el ángulo de la pala en proporción a las diferencias en la velocidad de rotación a lo largo de la hélice, manteniendo el empuje más igualado en todo el largo.

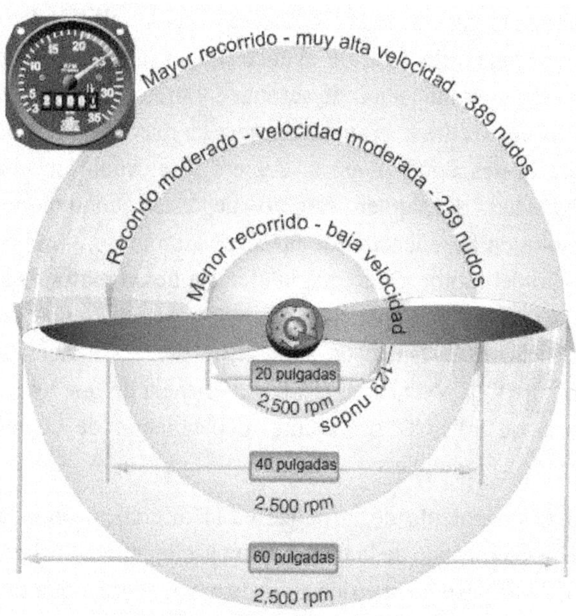

Figura 4-38. *Las puntas de la hélice viajan más rápido que el centro*

Por lo general, 1° a 4° ofrece una relación sustentación/resistencia más eficiente, pero en vuelo el AOA de una hélice de paso fijo, normalmente varía de 0° a 15°. Esta variación es causada por cambios en la corriente del viento relativo, que a su vez es resultado de cambios en la velocidad del avión. Por lo tanto, el AOA de la hélice es el producto de dos movimientos: la rotación de la hélice alrededor de su eje y su movimiento hacia adelante.

Una hélice de velocidad constante mantiene ajustado el ángulo de pala automáticamente para máxima eficiencia en la mayoría de las condiciones encontradas en vuelo. Durante el despegue, cuando son necesarios la máxima potencia y empuje, la hélice de velocidad constante se encuentra en un ángulo de pala o paso bajo. El bajo ángulo de pala mantiene el AOA pequeño y eficiente con respecto al viento relativo. Al mismo tiempo, permite que la hélice maneje una pequeña masa de aire por cada revolución. Esta pequeña carga permite que el motor gire a altas revoluciones y convertir la máxima cantidad de combustible en energía térmica en un momento dado. Las altas rpm también crean un empuje máximo porque, aunque la masa de aire manejada por revolución es pequeña, el número de revoluciones y la velocidad de la estela son altos, y con la baja velocidad de la aeronave, hay un empuje máximo.

Después del despegue, a medida que aumenta la velocidad del avión, la hélice de velocidad constante cambia automáticamente a un ángulo (o paso) más alto. Una vez más, el mayor ángulo de pala mantiene pequeño el AOA y eficiente con respecto al viento relativo. El ángulo de pala mayor aumenta la masa de aire manejada por revolución. Esto disminuye las rpm del motor, reduciendo el consumo de combustible y el desgaste del motor, y mantiene el empuje al máximo.

Después que se ha establecido el ascenso en una aeronave con hélice de paso variable, el piloto reduce la potencia del motor a potencia de ascenso, disminuyendo en primer lugar la presión en el colector y luego aumentando el ángulo de pala para reducir las revoluciones.

A altitud de crucero, cuando el avión está en vuelo nivelado y se requiere menos potencia que la utilizada en el despegue o el ascenso, el piloto de nuevo reduce la potencia del motor reduciendo la presión en el colector y luego aumentando el ángulo de pala para reducir las revoluciones. Una vez más, esto proporciona un par que iguale la potencia reducida del motor. Aunque la masa de aire manejada por revolución es mayor, está más que compensado por una disminución en la velocidad de estela y un aumento en la velocidad. El AOA es todavía pequeño debido a que el ángulo de pala se ha incrementado con el aumento de la velocidad.

Par (torque) y Factor P

Para el piloto, el "torque" (la tendencia de giro del avión a la izquierda) se compone de cuatro elementos que causan o producen una torsión o rotación alrededor de al menos uno de los tres ejes del avión. Estos cuatro elementos son:

1. Reacción del par del motor y la hélice,

2. Efecto tirabuzón de la estela,

3. Efecto giroscópico de la hélice, y

4. Carga asimétrica de la hélice (Factor P).

Reacción del Torque

La reacción del torque involucra la Tercera Ley de Newton de la física, para cada acción hay una reacción igual y opuesta. Aplicada a la aeronave, significa que como las partes internas del motor y la hélice están girando en una dirección, una fuerza igual está tratando de hacer girar el avión en la dirección opuesta. *[Figura 4-39]*

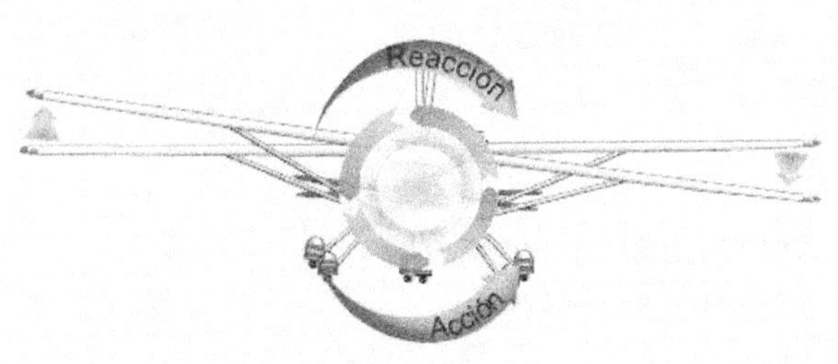

Figura 4-39. *Reacción del torque*

Cuando la aeronave está en vuelo, esta fuerza actúa sobre el eje longitudinal, tendiendo a alabear al avión. Para compensar la tendencia a rolar, algunos aviones viejos son construidos de una manera de crear una mayor sustentación en el ala que está siendo forzado a bajar. Los aviones más modernos están diseñados con compensación del motor para contrarrestar este efecto de torque.

NOTA: La mayoría de los motores de avión construidos en Estados Unidos giran la hélice hacia la derecha, visto desde el asiento del piloto. La discusión aquí es con referencia a esos motores.

En general, los factores de compensación son establecidos de forma permanente para que compense esta fuerza a velocidad de crucero, ya que la mayoría de la sustentación de operación de la aeronave es a esa velocidad. Sin embargo, los compensadores de alerón permiten un ajuste a otras velocidades.

Cuando las ruedas de la aeronave están en el suelo durante el despegue, se induce por el torque un par motor adicional alrededor del eje vertical. A medida que el lado izquierdo de la aeronave es forzado hacia abajo por la reacción de torque, más peso se coloca en el tren de aterrizaje principal izquierdo. Esto resulta en más fricción del suelo, o resistencia, en la rueda izquierda que la derecha, provocando un momento de

giro más a la izquierda. La magnitud de este momento depende de muchas variables. Algunas de estas variables son:

1. Tamaño y potencia del motor,

2. Tamaño de la hélice y las rpm,

3. Tamaño de la aeronave, y

4. Condición de la superficie del suelo.

Este momento de giro en la carrera de despegue es corregido por el piloto mediante el uso adecuado del timón de dirección o compensadores del timón.

Efecto tirabuzón

La alta velocidad de rotación de la hélice de un avión da a la estela una rotación en tirabuzón o espiral. A alta velocidad de la hélice y baja velocidad hacia adelante (como en los despegues y aproximaciones a la pérdida sin potencia), esta rotación en espiral es muy compacta y ejerce una fuerte fuerza lateral en la superficie vertical de la cola de la aeronave. *[Figura 4-40]*

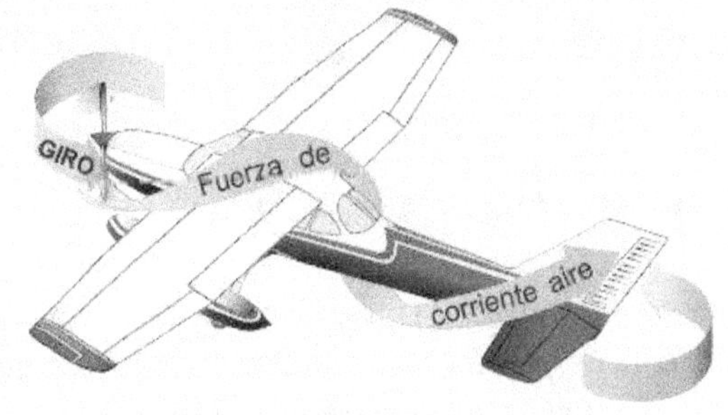

Figura 4-40. *Estela de hélice en tirabuzón*

Cuando esta estela en espiral golpea la deriva se produce un momento de giro en torno al eje vertical de la aeronave. Cuanto más compacta la espiral, más importante es esta fuerza. A medida que aumenta la velocidad de avance, sin embargo, la espiral se alarga y se vuelve menos eficaz. El flujo en tirabuzón de la estela también produce un momento de giro sobre el eje longitudinal.

Note que este momento de giro causado por el flujo espiral de la estela es a la derecha, mientras que el momento de giro causado por la reacción del par es a la izquierda, en efecto uno puede contrarrestar al otro. Sin embargo, estas fuerzas varían mucho y es responsabilidad del piloto aplicar la acción correctiva adecuada usando los controles de vuelo en todo momento. Estas fuerzas deben ser contrarrestadas con independencia de cuál es la más importante al momento.

Efecto giroscópico

Antes de que los efectos giroscópicos de la hélice se puedan entender, es necesario entender el principio básico de un giroscopio. Todas las aplicaciones prácticas del giroscopio se basan en dos propiedades fundamentales de la acción giroscópica: rigidez en el espacio y la precesión. La que nos interesa para esta discusión es la precesión.

La precesión es la acción resultante, o deflexión, de un rotor que gira cuando se aplica a su borde una fuerza desviadora. Como se puede observar en la *Figura 4-41*, cuando una fuerza es aplicada, la fuerza resultante produce efecto 90 ° por delante y en el sentido de giro.

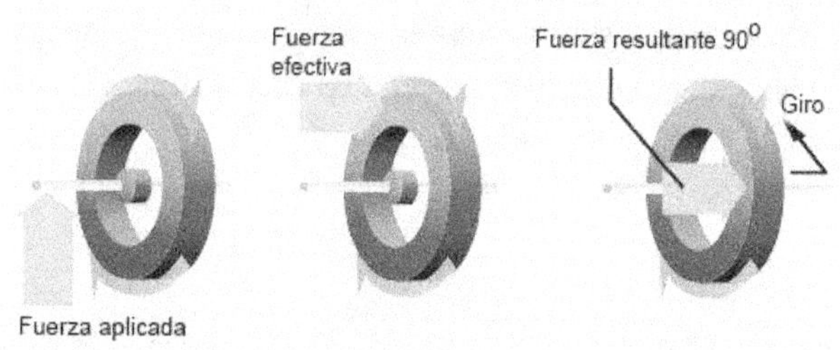

Figura 4-41. *Precesión giroscópica*

La hélice de un avión es un giroscopio muy bueno y por lo tanto tiene propiedades similares. Cada vez que se aplica una fuerza para desviar la hélice fuera de su plano de rotación, la fuerza resultante está 90° por delante y en el sentido de giro y en la dirección de aplicación, provocando un momento de cabeceo, un momento de giro, o una combinación de los dos dependiendo del punto en el que se aplica la fuerza.

Este elemento del par motor siempre se ha asociado y se considera más importante en aviones con rueda de cola, y ocurre con mayor frecuencia cuando la cola se levanta durante el despegue. *[Figura 4-42]* Este cambio de actitud en cabeceo tiene el mismo efecto que aplicar una fuerza en la parte superior del plano de rotación de la hélice. La fuerza resultante que actúa 90° por delante produce un momento de giro a la izquierda alrededor del eje vertical. La magnitud de este momento depende de varias variables, una de las cuales es la brusquedad con que se levanta la cola (cantidad de fuerza aplicada). Sin embargo, la precesión, o efecto giroscópico, ocurre cuando se aplica una fuerza en cualquier punto del

borde del plano de rotación de la hélice; la fuerza resultante seguirá estando a 90° del punto de aplicación en el sentido de giro. Dependiendo del lugar donde se aplica la fuerza, el avión es forzado a girar hacia la izquierda o la derecha, a cabecear hacia arriba o hacia abajo, o una combinación de cabeceo y giro.

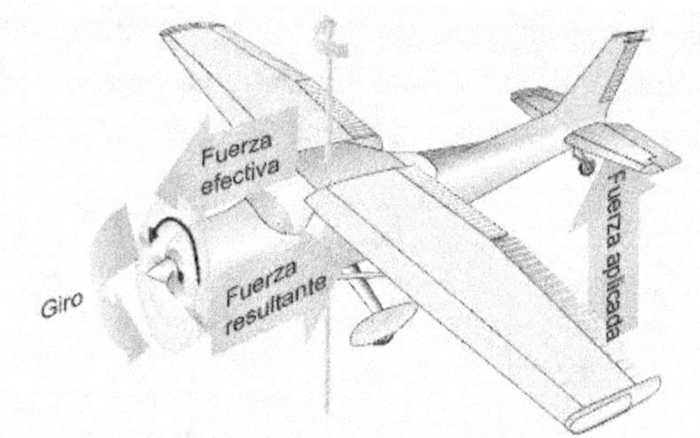

Figura 4-42. Al *levantar la cola se produce precesión giroscópica*

Se puede decir que, como resultado de la acción giroscópica, cualquier giro alrededor del eje vertical resulta en un momento de cabeceo, y cualquier cabeceo en torno al eje lateral resulta en un momento de giro. Para corregir el efecto de la acción giroscópica, es necesario que el piloto utilice correctamente el elevador y timón de dirección para evitar giros y cabeceos no deseados.

Carga asimétrica (Factor P)

Cuando un avión está volando con alto AOA, la "mordida" de la pala que se mueve hacia abajo es mayor que la "mordida" de la pala que se mueve hacia arriba. Esto desplaza el centro de empuje a la derecha del área del disco de la hélice, provocando un momento de giro hacia la izquierda alrededor del eje vertical. La prueba de esta explicación es compleja, ya que sería necesario trabajar con problemas del vector viento en cada pala, mientras se tiene en cuenta tanto el AOA de la aeronave y el AOA de cada pala.

Esta carga asimétrica es causada por la velocidad resultante, que se genera por la combinación de la velocidad de la pala de la hélice en su plano de rotación y la velocidad del aire que pasa horizontalmente a través del disco de la hélice. Con la aeronave volando en AOA positivo, la pala derecha (visto desde atrás) o descendente, está pasando por un área de velocidad resultante que es mayor que la que afecta a la pala izquierda o ascendente. Dado que la pala de la hélice es un perfil aerodinámico, el aumento de velocidad significa mayor sustentación. La pala descendente tiene más sustentación y tiende a tirar (girar) la nariz de la aeronave a la izquierda.

Cuando el avión está volando a un alto AOA, la pala descendente tiene una mayor velocidad resultante, creando más sustentación que la pala ascendente. *[Figura 4-43]* Esto puede ser más fácil de visualizar si el eje de la hélice se monta perpendicular al suelo (como un helicóptero).Si no hubiera movimiento de aire alguno, excepto el generado por la propia hélice, secciones idénticas de cada pala tendrían la misma velocidad del aire. Con el aire moviéndose horizontalmente a través de esta hélice montada verticalmente, la pala moviéndose hacia adelante en el flujo de aire tiene una velocidad superior a la pala que se retira del flujo de aire. Por lo tanto, la pala que avanza hacia el flujo de aire horizontal crea mayor sustentación, o empuje, moviendo el centro de empuje hacia esa pala. Visualice girando el eje de la hélice montada verticalmente a ángulos más bajos en relación con el aire en movimiento (como en un avión). Este empuje desbalanceado se hace proporcionalmente menor y continúa haciéndose más pequeño hasta llegar al valor cero cuando el eje de la hélice está exactamente horizontal en relación con el aire en movimiento.

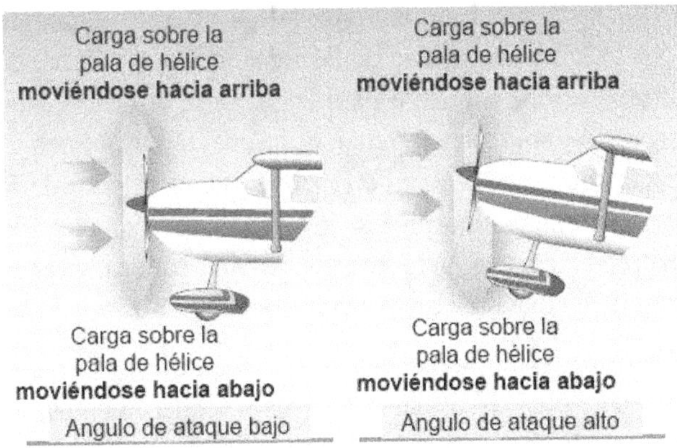

Figura 4-43. *Carga asimétrica de la hélice (Factor P)*

Los efectos de cada uno de estos cuatro elementos del torque varían en valor con los cambios en las situaciones de vuelo. En una fase de vuelo, uno de estos elementos puede ser más importante que otro. En otra fase del vuelo, otro elemento puede ser más importante. La relación de estos valores con los demás varía con diferentes aviones, dependiendo de la estructura, combinaciones de motor, y hélices, así como otras características de diseño. Para mantener el control positivo de la aeronave en todas las condiciones de vuelo, el piloto debe aplicar los controles de vuelo como sea necesario para compensar estos valores.

Factores de carga

En aerodinámica, el factor de carga es la relación de la máxima carga que un avión puede soportar y el peso bruto de la aeronave. El factor de carga se mide en Gs (aceleración de la gravedad), una unidad de fuerza igual a la fuerza ejercida por la gravedad sobre un cuerpo en reposo e indica la fuerza a la que se somete un cuerpo cuando se acelera. Cualquier fuerza aplicada a una aeronave para desviar el vuelo de una línea recta produce una tensión en su estructura, y la cantidad de esta fuerza es el factor de carga. Mientras que un curso de aerodinámica no es un requisito previo para la obtención de una licencia de piloto, un piloto competente debe tener una sólida comprensión de las fuerzas que actúan sobre la aeronave, el uso ventajoso de estas fuerzas, y las limitaciones operativas de la aeronave.

Por ejemplo, un factor de carga de 3 significa que la carga total sobre la estructura de un avión es de tres veces su peso bruto. Dado que los factores de carga se expresan en términos de G, un factor de carga de 3 se puede decir como 3 Gs, o un factor de carga de 4 como 4 Gs.

Si un avión sale de un picado, sometiendo al piloto a 3 Gs, él o ella será presionado hacia abajo en el asiento con una fuerza igual a tres veces su peso. Dado que los aviones modernos funcionan a velocidades más altas que los aviones más antiguos, incrementando la magnitud del factor de carga, este efecto se ha convertido en una consideración primordial en el diseño de la estructura de todas las aeronaves.

Con el diseño estructural de la aeronave previsto para soportar sólo una cierta cantidad de sobrecarga, el conocimiento de los factores de carga se ha convertido en esencial para todos los pilotos. Los factores de carga son importantes por dos razones:

1. Es posible que un piloto imponga una peligrosa sobrecarga en las estructuras de las aeronaves.

2. Un aumento del factor de carga aumenta la velocidad de pérdida y hace posible la pérdida a velocidades de vuelo aparentemente seguras.

Factores de carga en el diseño de aeronaves

La respuesta a la pregunta "¿Qué tan fuerte debe ser un avión?"está determinada en gran parte por el uso a que está sometida la aeronave. Este es un problema difícil porque las máximas cargas posibles son demasiado altas para usar en un diseño eficiente. Es cierto que cualquier piloto puede hacer un aterrizaje muy duro o una muy fuerte salida de un picado, lo que daría lugar a cargas anormales. Sin embargo, tal carga anormal extrema debe ser desestimada un poco si las aeronaves están construidas para despegar rápidamente, aterrizar lento, y llevar cargas útiles que valgan la pena.

El problema de los factores de carga en el diseño de aeronaves está en cómo determinar los factores de carga más altos que se pueden esperar en condiciones normales en las diferentes situaciones operativas. Estos factores de carga se denominan "factores de carga límite." Por razones de seguridad, se requiere que la aeronave esté diseñada para soportar estos factores de carga sin ningún tipo de daño estructural. Aunque las Regulaciones requieren que la estructura de la aeronave sea capaz de soportar una vez y media estos factores de carga límite sin fallos, se acepta que partes de la aeronave se pueda doblar o torcer bajo estas cargas y que algunos daños estructurales puede ocurrir.

Este factor de carga límite de 1,5 se llama "factor de seguridad" y es prevista, en cierta medida, para cargas superiores a las esperadas en operaciones normales y razonables. Esta reserva de resistencia no es algo que los pilotos deban abusar deliberadamente, sino que está allí para protección cuando se enfrentan a situaciones inesperadas.

Las consideraciones anteriores se aplican a todas las condiciones de carga, ya sean debidas a ráfagas, maniobras, o aterrizajes. Los requisitos de factor de carga por ráfaga actualmente en vigor son básicamente los mismos que los que han existido por años. Cientos de miles de horas de funcionamiento han demostrado que son adecuados para la seguridad. Dado que el piloto tiene poco control sobre los factores de carga por ráfaga (excepto reducir la velocidad de la aeronave cuando se encuentra aire turbulento), los requerimientos de carga por ráfaga son esencialmente los mismos para las aeronaves de aviación general, independientemente de su uso operativo. En general, los factores de carga por ráfaga controlan el diseño de las aeronaves que están destinados a uso estrictamente no acrobático.

Una situación totalmente diferente existe en el diseño de aeronaves con los factores de carga por maniobras. Es necesario discutir este asunto por separado con respecto a: (1) aviones diseñados de acuerdo con el sistema de categorías (es decir, normal, utilitario, acrobáticos); y (2) diseños antiguos construidos de acuerdo a requisitos no contemplados en las categorías operacionales.

Los aviones diseñados bajo el sistema de categorías son fácilmente identificados por una placa en la cabina de vuelo, que establece la categoría operacional (o categorías) en la que está certificada la aeronave. Los factores de carga máximos de seguridad (factores de carga límites) que se especifican para las aeronaves en las distintas categorías son:

CATEGORIA	FACTOR DE CARGA LIMITE
Normal[1]	3,8 a -1,52
Utilitario	4,4 a -1,76
(acrobacias suaves, incluyendo spins)	
Acrobáticos	6.0 a -3,00

[1] Para las aeronaves con peso bruto mayor a 4.000 libras, el factor de carga límite se reduce. A las cargas límites dadas anteriormente, se añade un factor de seguridad de 50 por ciento.

Hay una graduación incremental en el factor de carga con la mayor severidad de las maniobras. El sistema de clasificación se provee para la máxima utilidad de un avión. Si solo tiene intención de operación normal, el factor de carga requerido (y por lo tanto el peso de la aeronave) es menor que si el avión se va a emplear en entrenamiento o para maniobras acrobáticas ya que resulta en mayores cargas de maniobra.

Las aeronaves que no tienen el cartel de categoría son diseños que se construyeron con requerimientos de ingeniería antiguos en los que no se daban a los pilotos restricciones operativas específicas. Para aeronaves de este tipo (hasta el peso de 4.000 libras), la resistencia necesaria es comparable a la actual categoría de aeronaves utilitaria, y son permitidos los mismos tipos de operación. Para las aeronaves de este tipo con más de 4.000 libras, los factores de carga disminuyen con el peso. Estos aviones deben ser considerados como comparables a las aeronaves de categoría normal, y deben ser operados en consecuencia.

Factores de carga en virajes escarpados

En un viraje coordinado a altitud constante, en un avión, el factor de carga es el resultado de dos fuerzas: la fuerza centrífuga y la gravedad. *[Figura 4-44]* Para cualquier ángulo de inclinación dado, la ROT (velocidad del viraje o giro) varía con la velocidad, cuanto mayor es la velocidad, más lenta será la ROT. Esto compensa el aumento de la fuerza centrífuga, permitiendo al factor de carga seguir siendo el mismo.

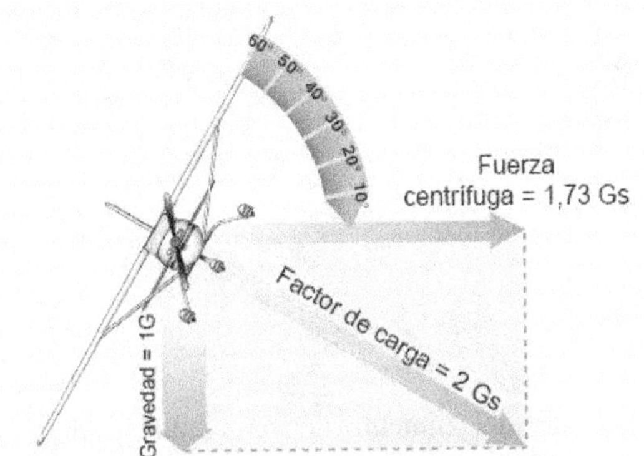

Figura 4-44. *Dos fuerzas producen el factor de carga en un viraje*

La Figura 4-45 revela un hecho importante sobre los virajes, el factor de carga aumenta a un ritmo increíble después de que la inclinación ha llegado a 45° o 50°. El factor de carga para cualquier avión nivelado en giro coordinado de 60° es de 2 Gs. El factor de carga en un viraje a 80° banco es de 5,76 Gs. El ala debe producir sustentación igual a los factores de carga si la altitud debe ser mantenida.

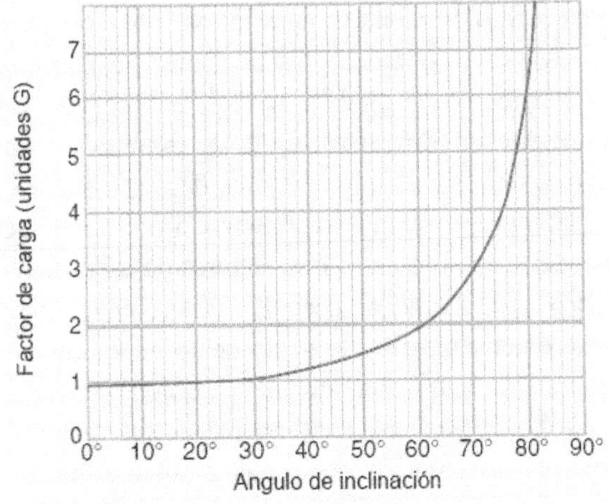

Figura 4-45. *El ángulo de inclinación varía el factor de carga*

Note la rapidez con que la línea que indica de factor de carga aumenta a medida que se acerca a 90° de inclinación, al que nunca se llega, porque un viraje con 90° de inclinación y altitud constante, no es matemáticamente posible. Una aeronave puede ser inclinada a 90°, pero no en un viraje coordinado. Una aeronave que se mantenga en un giro deslizando a 90° es capaz hacer un vuelo de "filo de cuchillo". A poco más de 80°, el factor de carga excede el límite de 6 Gs, el factor de carga límite de un avión acrobático.

Para un viraje coordinado a altitud constante, la inclinación máxima aproximada para la aviación general en promedio es de 60°. Este ángulo y la configuración de potencia resultante necesaria alcanzan el límite en este tipo de aeronaves. Un inclinación adicional de 10° aumenta el factor de carga en 1 G aproximadamente, quedando cerca del punto de rendimiento establecido para estos aviones. *[Figura 4-46]*

Factores de carga y velocidades de pérdida

Cualquier aeronave, dentro de los límites de su estructura, puede entrar en pérdida a cualquier velocidad. Cuando un AOA suficientemente alto se impone, el flujo de aire suave sobre una superficie de sustentación se rompe y separa, produciendo un cambio abrupto de las características de vuelo y una súbita pérdida de sustentación, lo que se traduce en una pérdida.

Un estudio de este efecto ha revelado que la velocidad de pérdida del avión se incrementa proporcionalmente a la raíz cuadrada del factor de carga. Esto significa que un avión con una velocidad normal sin aceleración de pérdida de 50 nudos puede entrar en pérdida a 100 nudos induciendo de un factor de carga de 4 Gs. Si fuera posible que este avión soporte un factor de carga de nueve, podría entrar en pérdida a una velocidad de 150 nudos. Un piloto debe tener en cuenta:

• El peligro de inadvertidamente entrar en pérdida mediante el aumento del factor de carga, como en un viraje escarpado o en espiral;

• Cuando entra en pérdida intencionalmente por encima de la velocidad de maniobra de diseño del avión, se impone un factor de carga tremendo.

Las Figuras 4-45 y *4-46* muestran que inclinando un avión más de 72° en un viraje escarpado produce un factor de carga de 3, y la velocidad de pérdida se

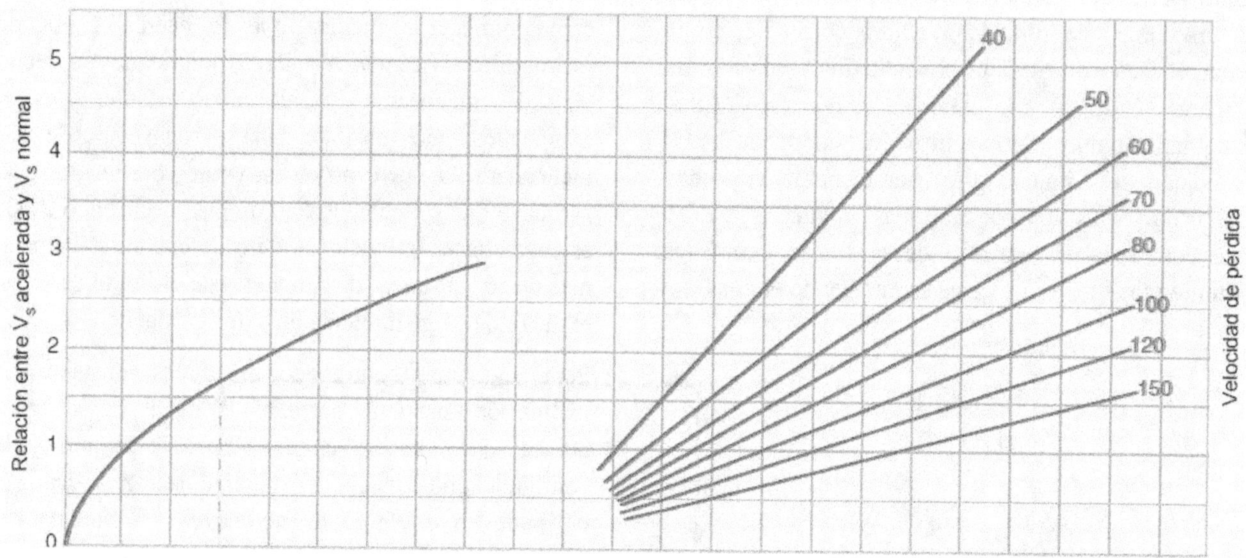

Figura 4-46. *El factor de carga cambia la velocidad de pérdida*

incrementa significativamente. Si este viraje se realiza en una aeronave con una velocidad de pérdida normal sin acelerar de 45 nudos, la velocidad del aire debe mantenerse en más de 75 nudos para evitar la inducción de la pérdida. Un efecto similar se vive en un tirón rápido para arriba, o cualquier otra maniobra que produce factores de carga superiores a 1 G. Esta pérdida de control repentina e inesperada, especialmente en un viraje escarpado o la aplicación abrupta del control del elevador cerca del suelo, ha provocado muchos accidentes.

Dado que el factor de carga se eleva al cuadrado cuando la velocidad de pérdida se duplica, enormes cargas se pueden imponer en las estructuras entrando en pérdida una aeronave a velocidades relativamente altas.

La velocidad máxima a la que puede entrar en pérdida un avión con seguridad está determinada ahora por los nuevos diseños. Esta velocidad se denomina "velocidad de maniobra" (V_A) y se debe introducir en el Manual de vuelo del Avión aprobado/Manual de operación del piloto (AFM/POH) de todas las aeronaves diseñado recientemente. Para aeronaves de aviación general más viejas, esta velocidad es de aproximadamente 1,7 veces la velocidad normal de pérdida. Por lo tanto, un avión más viejo que normalmente entra en pérdida a 60 nudos no debe ser puesto en pérdida a más de 102 nudos (60 nudos x 1.7 = 102 nudos). Un avión con una velocidad normal de pérdida de 60 nudos que entra en pérdida a 102 nudos se somete a un factor de carga igual al cuadrado del aumento de velocidad, o 2,89 Gs (1,7 x 1,7=2,89 Gs). (Las cifras anteriores son aproximaciones para ser consideradas como guía, y no son las respuestas exactas a cualquier conjunto de problemas. La velocidad de maniobra de diseño debe determinarse a partir de los límites operacionales del avión particular proporcionado por el fabricante). Operando a o debajo de la velocidad de maniobra no provee protección estructural contra múltiples movimientos máximos del control en un eje o máximo movimientos del control en más de un eje al mismo tiempo.

Dado que el sistema de control varía con los diferentes aviones (algunos tipos emplean superficies de control "balanceadas", mientras que otros no), la presión ejercida por el piloto en los controles no pueden ser aceptada como un índice de los factores de carga producidos en diferentes tipos de aeronaves. En la mayoría de los casos, los factores de carga pueden ser juzgados por el piloto experimentado por la sensación de presión en el asiento. Los factores de carga también pueden ser medidos por un instrumento llamado "acelerómetro", pero este instrumento no es común en aviones de entrenamiento de aviación general. El desarrollo de la capacidad de juzgar los factores de carga por la sensación de su efecto sobre el cuerpo es importante. El conocimiento de estos principios es esencial para el desarrollo de la capacidad para estimar los factores de carga.

Un conocimiento profundo de los factores de carga inducidos por diferentes grados de inclinación y la V_A ayuda en la prevención de dos de los tipos de accidentes más graves:

1. Pérdidas por virajes escarpados o maniobras excesivas cerca del suelo

2. Fallas estructurales en acrobacias u otras maniobras violentas resultantes de la pérdida de control

Factores de carga y maniobras de vuelo

Factores de carga críticos se aplican a todas las maniobras de vuelo, excepto vuelo recto no acelerado donde siempre está presente un factor de carga de 1 G. Ciertas maniobras consideradas en esta sección se sabe que involucran factores de carga relativamente altos. La aplicación de la máxima deflexión de los controles de cabeceo, alabeo o dirección debe estar limitada a velocidades inferiores a la velocidad de maniobra. Evite los cambios rápidos y alternativos de los controles, especialmente en combinación con grandes cambios en cabeceo, alabeo o dirección (por ejemplo, grandes ángulos de deslizamiento) ya que pueden resultar en fallas estructurales a cualquier velocidad, incluso por debajo de V_A.

Virajes

Factores de carga aumentados son una característica de todos los virajes. Como se señaló en la sección sobre los factores de carga en los virajes escarpados, los factores de carga son significativos para el rendimiento de vuelo y la carga en la estructura del ala cuando la inclinación aumenta más allá de unos 45°.

El factor de rendimiento de un avión liviano promedio se alcanza en un ángulo de aproximadamente 70° a 75°, y la velocidad de pérdida se incrementa en cerca de un medio con un ángulo de aproximadamente 63°.

Pérdidas

La pérdida normal entrando desde un vuelo recto y nivelado, o un ascenso recto no acelerado, no produce la adición de factores de carga más allá del 1 G del vuelo recto y nivelado. Cuando ocurre la pérdida, sin embargo, este factor de carga se puede reducir a cero, el factor en el cual nada parece tener peso. El piloto experimenta una sensación de "flotar en el espacio." Si la recuperación se lleva a cabo empujando el control del elevador, se pueden producir factores de carga negativos (o las que imponen una carga baja en las alas y levantan el piloto del asiento).

Durante el ascenso después de la recuperación de la pérdida, a veces se inducen importantes factores de carga. Estos pueden aumentar aún más sin darse cuenta durante el picado excesivo (y por lo tanto de alta velocidad) y abruptos tirones para nivelar el vuelo. Por lo general uno lleva a lo otro, lo que aumenta el factor de carga. Abruptos tirones a altas velocidades de picado pueden imponer cargas críticas en las estructuras de la aeronave y pueden producir pérdidas secundarias o recurrentes mediante el aumento del AOA de la pérdida.

Como regla general, una recuperación de una pérdida picando sólo hasta la velocidad de maniobra de diseño o crucero, con una gradual elevación de nariz tan pronto como la velocidad del aire es segura por encima de la de pérdida, se puede efectuar con un factor de carga no superior a 2 o 2,5 Gs. Un factor de carga superior no debería ser necesario a menos que la recuperación se haya efectuado con la nariz de la aeronave cerca o más allá de la vertical, o en altitudes extremadamente bajas para evitar pegar en el suelo.

Spin (Tirabuzón o barrena)

Un spin estabilizado no es diferente de una pérdida más que en la rotación y las mismas consideraciones sobre factores de carga se aplican a la recuperación de un spin como las que se aplican a la recuperación de pérdidas. Dado que la recuperación del tirabuzón se realiza habitualmente con la nariz mucho más baja que en la recuperación de pérdida, son de esperar por lo tanto mayores velocidades y mayores factores de carga. El factor de carga en una recuperación de spin apropiada por lo general se encuentra en unos 2,5 Gs.

El factor de carga durante un tirabuzón varía con las características de cada aeronave, pero se encuentra generalmente que está un poco por encima de 1 G de vuelo nivelado. Hay dos razones para esto:

1. La velocidad del aire en un spin es muy baja, por lo general dentro de los 2 nudos de la velocidad de pérdida sin aceleración.

2. Los aviones pivotan, en vez de girar, mientras se encuentra en un spin.

Pérdidas a alta velocidad

El avión ligero promedio no está construido para soportar la aplicación repetida de factores de carga común a pérdidas de alta velocidad. El factor de carga necesario para estas maniobras produce una tensión en las alas y la estructura de la cola, que no deja un margen razonable de seguridad en los aviones más ligeros.

La única manera que esta pérdida pueda ser inducida a una velocidad por encima de la pérdida normal implica la imposición de un factor de carga adicional, que puede ser logrado por un tirón fuerte en el control del elevador. Una velocidad de 1,7 veces la velocidad de pérdida (alrededor de 102 nudos en un avión ligero con una velocidad de pérdida de 60 nudos) produce un factor de carga de 3 Gs. Sólo un escaso margen para el error se puede permitir en acrobacias con aviones livianos. Para ilustrar la rapidez con que aumenta el factor de carga con la velocidad, una pérdida de alta velocidad a 112 nudos en el mismo avión produce un factor de carga de 4 Gs.

Chandelles y Ocho perezosos

Un chandelle es un viraje ascendente de máximo rendimiento a partir de vuelo aproximadamente recto y nivelado, y terminando al completar un preciso viraje de 180° con actitud de nariz arriba y alas niveladas, a la velocidad mínima controlable. En esta maniobra de vuelo, la aeronave está en un viraje ascendente escarpado y casi en pérdida para ganar altura mientras cambia de dirección. El nombre ocho perezoso deriva de la forma en la cual el eje longitudinal de la aeronave traza un patrón de vuelo en forma de una figura "8" acostada. Sería difícil hacer una sentencia definitiva sobre los factores de carga en estas maniobras ya que envuelven picados y ascensos suaves. Los factores de carga dependerán directamente de la velocidad de los picados y la brusquedad de los ascensos durante estas maniobras.

Generalmente, cuanto mejor se realiza la maniobra, el factor de carga inducido es menos extremo. El ocho perezoso o chandelle en la que el ascenso produce un factor de carga de más de 2 Gs no se traducirá en un aumento tan grande de altitud, y en aviones de baja potencia puede resultar en una pérdida neta de altitud.

El tirón para ascenso más suave que sea posible, con un factor de carga moderada, ofrece la mayor ganancia de altitud en un chandelle y resulta en un mejor rendimiento general tanto en chandelles como ochos perezosos. La velocidad de entrada recomendada para estas maniobras está generalmente cerca de la velocidad de maniobra de diseño del fabricante que permite el máximo desarrollo de los factores de carga sin exceder los límites de carga.

Aire turbulento

Todos los aviones certificados estándar están diseñados para soportar las cargas impuestas por las ráfagas de intensidad considerable. Los factores de carga por ráfagas aumenta al incrementarse la velocidad cada, y la fuerza utilizada para fines de diseño por lo general corresponde a la velocidad más alta con vuelo nivelado. En aire extremadamente turbulento, como en las tormentas o condiciones de frentes, es aconsejable reducir la velocidad a la velocidad de maniobra. Independientemente de la velocidad mantenida, puede haber rachas que producen cargas que excedan los límites de carga.

Cada aeronave específica está diseñado con una carga G específica que puede ser impuesta a la aeronave sin causar daños estructurales. Hay dos tipos de factores de carga a tener en cuenta en el diseño de aeronaves, carga límite y carga de rotura. La carga límite es una fuerza aplicada a una aeronave que provoca una flexión de la estructura del avión que no regresa a su forma original. La carga de rotura es el factor de carga aplicada a la aeronave más allá de la carga límite y al punto tal que el material de los aviones experimenta un fallo estructural (rotura). Los factores de carga más bajos que la carga límite pueden ser mantenidos sin comprometer la integridad de la estructura del avión.

Las velocidades hasta, pero sin exceder, la velocidad de maniobra permite a un avión entrar en pérdida antes de experimentar un aumento en el factor de carga que exceda la carga límite de la aeronave.

La mayoría de los manuales de vuelo de los aviones ahora incluyen información sobre la penetración en aire turbulento, que ayuda a los pilotos a volar de manera segura aviones capaces de un amplio rango de velocidades y altitudes. Es importante para el piloto recordar que el cartel de velocidad máxima de "nunca exceder" en picadas está determinada solamente para que aire suave. Picadas de alta velocidad o acrobacias que implican una velocidad por encima de la velocidad de maniobra conocida nunca se deben practicar en aire turbulento.

Diagrama Vg

La fuerza operativa de vuelo de una aeronave se presenta en un gráfico cuya escala vertical se basa en el

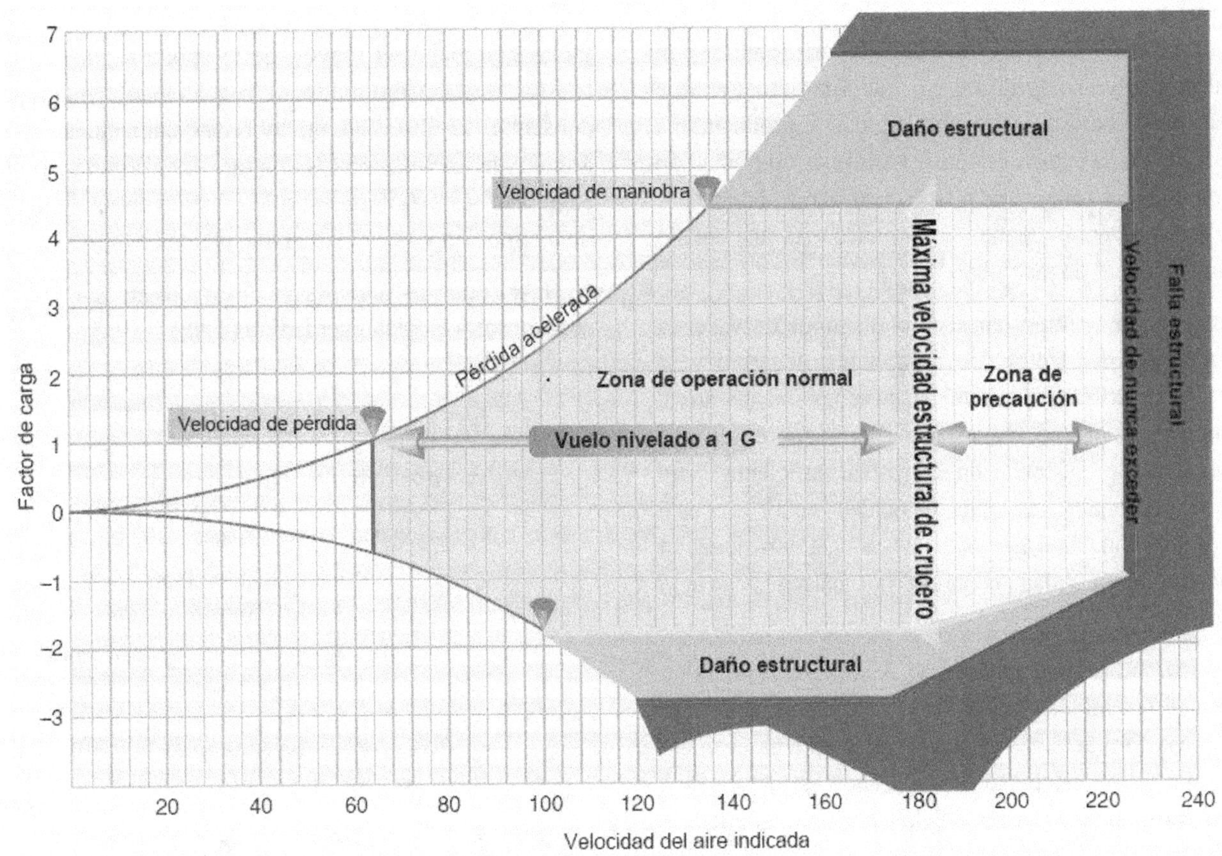

Figura 4-47. *Diagrama Vg típico*

factor de carga. *[Figura 4-47]* El diagrama se denomina diagrama Vg, de velocidad versus cargas G o factor de carga. Cada avión tiene su propio diagrama Vg que es válido para un determinado peso y altura.

Las líneas de máxima capacidad de sustentación (líneas curvas) son los primeros elementos de importancia en el diagrama Vg. La aeronave en la *figura 4-47* es capaz de desarrollar no más de 1 G a 62 nudos, la velocidad de pérdida con alas niveladas. Como el factor de carga máxima varía con el cuadrado de la velocidad, la capacidad máxima de sustentación positiva de este avión es de 2 g a 92 nudos, 3 G a 112 nudos, 4,4 G a 137 nudos, y así sucesivamente. Cualquier factor de carga por encima de esta línea no está disponible aerodinámicamente (es decir, los aviones no pueden volar por encima de la línea de capacidad máxima de sustentación, ya que entra en pérdida). La misma situación existe para el vuelo con sustentación negativa con la excepción de que la velocidad necesaria para producir un determinado factor de carga negativo es mayor que la necesaria para producir el mismo factor de carga positivo.

Si el avión vuela con un factor de carga positivo mayor que el factor de carga positiva límite de 4.4, es posible un daño estructural. Cuando la aeronave se opera en esta región, puede tener lugar una deformación permanente inaceptable de la estructura principal y se incurre en un daño por fatiga rápidamente. Debe ser evitada la operación normal por encima del factor de carga límite.

Hay otros dos puntos de importancia en el diagrama Vg. Un punto es la intersección del factor de carga positivo límite y la línea de capacidad máxima de sustentación positiva. La velocidad en este punto es la velocidad mínima a la cual la carga límite puede ser desarrollada aerodinámicamente. Cualquier velocidad mayor que esta proporciona una capacidad de sustentación positiva suficiente para dañar la aeronave. Por el contrario, cualquier velocidad menor que esta no proporciona la capacidad de sustentación positiva suficiente para causar daños por cargas de vuelo excesivas. El término usual que se da a esta velocidad es "velocidad de maniobra", ya que la consideración de la aerodinámica subsónica podría predecir un radio de giro mínimo usable o maniobrabilidad que se produzca en esta condición. La velocidad de maniobra es un punto de referencia valioso, ya que una aeronave que opere por debajo de este punto no puede producir una carga de vuelo positiva dañina. Cualquier combinación de maniobra y ráfagas no puede crear daños debido por el exceso de carga cuando la aeronave está por debajo de la velocidad de maniobra.

El otro punto de importancia en el diagrama de Vg es la intersección del factor de carga límite negativo y la línea de máxima capacidad de sustentación negativa. Cualquier velocidad mayor que esta proporciona una capacidad de sustentación negativa suficiente para dañar la aeronave; cualquier velocidad menor que esta no proporciona la capacidad de sustentación negativa suficiente para dañar el avión por cargas de vuelo excesivas.

La velocidad límite (o velocidad de la línea roja) es un punto de referencia para el diseño de la aeronave, este avión está limitado a 225 nudos. Si se intenta el vuelo más allá de la velocidad límite, daños estructurales o fallas estructurales pueden resultar por una variedad de fenómenos.

La aeronave en vuelo está limitada a un régimen de velocidades y Gs que no exceda la velocidad límite (o línea roja), no exceda el factor de carga límite, y no puede exceder la capacidad máxima de sustentación. La aeronave debe ser operada dentro de esta "envolvente" para evitar daños estructurales y asegurar se obtenga la sustentación de servicio prevista para la aeronave. El piloto debe apreciar el diagrama Vg como una descripción de la combinación permitida de velocidades y factores de carga para una operación segura. Cualquier maniobra, ráfaga, o ráfagas más maniobras fuera de la envolvente estructural puede causar daños estructurales y efectivamente acortar la vida útil de la aeronave.

Velocidad de giro

La velocidad de giro (ROT – del inglés Rate Of Turn) es el número de grados (expresado en grados por segundo) del cambio de dirección que hace que un avión. La ROT se puede determinar mediante la adopción de la constante de 1,091 multiplicada por la tangente de cualquier ángulo de inclinación y dividiendo el producto por una velocidad dada en nudos como se ilustra en la *Figura 4-48*. Si se aumenta la

velocidad y la ROT deseada es constante, el ángulo de inclinación debe ser mayor, de lo contrario, disminuye la ROT. Del mismo modo, si la velocidad se mantiene constante, la ROT de un avión se incrementa si el ángulo de inclinación es mayor. La fórmula en las *Figuras 4-48* a *4-50* muestra la relación entre el ángulo de inclinación y la velocidad que afectan a la ROT.

NOTA: Todas las velocidades discutidas en esta sección son velocidad verdadera (TAS).

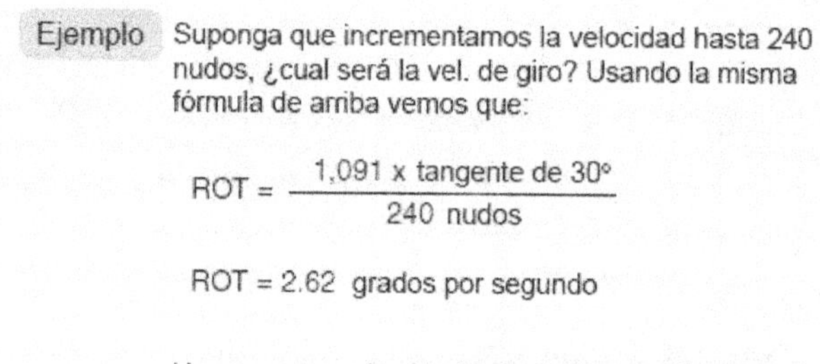

Figura 4-48. *Velocidad de giro para una velocidad (nudos, TAS) y ángulo de inclinación dados*

Figura 4-49. *Velocidad de giro al aumentar la velocidad*

La velocidad afecta de manera significativa la ROT de un avión. Si velocidad aumenta, la ROT se reduce si se utiliza el mismo ángulo de inclinación usado a velocidad más baja. Por lo tanto, si se aumenta la velocidad, como se ilustra en la *Figura 4-49*, se puede inferir que el ángulo de inclinación debe ser aumentado a fin de lograr la misma ROT alcanzada en la *Figura 4-50*.

¿Qué significa esto en forma práctica? Si una velocidad y ángulo de inclinación dados producen una ROT

Ejemplo Suponga que queremos saber que ángulo de ladeo nos dará una velocidad de giro de 5,25° por segundo a 240 nudos. Un reajuste de la fórmula nos indicará que necesitaremos 49° de ángulo de inclinación para obtener el mismo ROT usado a una velocidad inferior de 120 nudos.

$$\text{ROT (5.25)} = \frac{1{,}091 \text{ x tangente de X}}{240 \text{ nudos}}$$

$$240 \text{ x } 5.25 = 1{,}091 \text{ x tangente de X}$$

$$\frac{240 \text{ x } 5.25}{1{,}091} = \text{tangente de X}$$

$$1.1549 = \text{tangente de X}$$

$$49° = \text{X}$$

Figura 4-50. *Para lograr la misma velocidad de giro de un avión que viaja a 120 nudos, se requiere un aumento del ángulo de inclinación*

específica, se pueden hacer conclusiones adicionales. Conociendo la ROT a un número dado de grados por segundo, el número de segundos que tarda en virar 360° (círculo) se puede determinar por simple división. Por ejemplo, si se mueve a 120 nudos con un ángulo de inclinación de 30°, la ROT es de 5,25° por segundo y tarda 68,6 segundos (360° dividido por 5,25=68.6 segundos) para hacer un círculo completo. Del mismo modo, si vuela a 240 nudos TAS y usa un ángulo de 30°, la ROT es de sólo 2,63° por segundo y se tarda unos 137 segundos para completar un círculo de 360°. Mirando la fórmula, cualquier aumento en la velocidad es directamente proporcional al tiempo que el avión tarda en viajar un arco.

¿Por qué es importante entender esto? Una vez que la ROT se entiende, un piloto puede determinar la distancia necesaria para hacer un giro particular que se explica en radio de giro.

Radio de giro

El radio de giro está directamente relacionado con la ROT, que explicada anteriormente es una función del ángulo de inclinación y la velocidad. Si el ángulo de inclinación se mantiene constante y la velocidad se incrementa, el radio de giro cambia (aumenta). Una velocidad más alta hace que el avión viaje a través de un arco mayor debido a una mayor velocidad. Un avión que viaja a 120 nudos es capaz de girar un círculo de 360° en un radio más estrecho que un avión que viaja a 240 nudos. Con el fin de compensar el aumento en la velocidad, el ángulo de inclinación tendría que ser mayor.

El radio de giro (R) se puede calcular mediante una fórmula simple. El radio de giro es igual al cuadrado de la velocidad (V^2) dividido por 36.94 por la tangente del ángulo de inclinación.

$$R = \frac{V^2}{36{,}94 \text{ x tangente áng. inclinación}}$$

Usando los ejemplos en las *Figuras 4-48* a *4-50,* se pueden calcular el radio de giro de cada una de las dos velocidades. Note que si la velocidad se duplica, el radio es al cuadrado. *[Figuras 4-51* y *4-52]*

120

$$R = \frac{V^2}{36{,}94 \text{ x tangente áng. inclinación}}$$

$$R = \frac{120^2}{36{,}94 \text{ x tangente } 30°}$$

$$R = \frac{14{,}400}{36{,}94 \text{ x } 0.5773}$$

$$R = 675 \text{ metros}$$

El radio de giro requerido por una aeronave que viaja a 120 nudos y usa un ángulo de ladeo de 30° es de 675 metros.

Figura 4-51. *Radio a 120 nudos con ángulo de 30°*

240 nudos

$$R = \frac{V^2}{36{,}94 \text{ x tangente áng. inclinación}}$$

$$R = \frac{240^2}{36{,}94 \text{ x tangente } 30°}$$

$$R = \frac{57{,}600}{36{,}94 \text{ x } 0.57735}$$

$$R = 2.700 \text{ metros}$$

(cuatro veces del radio a 120 nudos)

El radio de giro requerido por una aeronave que viaja a 240 nudos usando el mismo ángulo de ladeo que en la figura 4-51 es de 2.700 metros. La velocidad es un factor muy importante en un giro.

Figura 4-52. *Radio a 240 nudos*

Otra manera de determinar el radio de giro es con la velocidad en pies por segundo (fps), π (3,1415) y la ROT. Utilizando el ejemplo de esta página en la columna izquierda, se determinó que un avión con una ROT de 5,25° por segundo requiere 68,6 segundos para hacer un círculo completo. La velocidad de un avión (en nudos) se puede convertir en mps, multiplicando por una constante de 0,515. Por lo tanto, un avión que viaja a 120 nudos (TAS) se desplaza a 61,8 mps.

Conociendo la velocidad en mps (61,8), multiplicado por el tiempo que un avión tarda en completar un círculo (68,6 segundos) se puede determinar el tamaño del círculo; 61,8 por 68,6 es igual a 4.239,48 metros. Dividiendo por π se obtiene un diámetro de 1.349,5 metros, que cuando se divide por 2 es igual a un radio de 674,7 metros *[Figura 4-53]*, un pie dentro de eso determinado mediante el uso de la fórmula de la *Figura 4-51*.

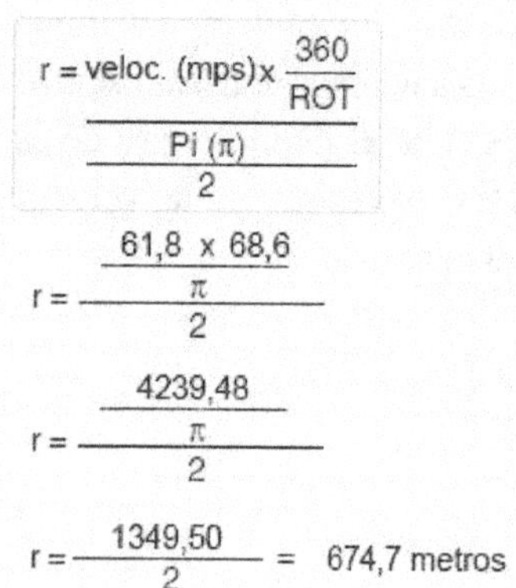

Figura 4-53. *Otra fórmula que se puede usar para radio*

En la *Figura 4-54*, el piloto entra en un cañón y decide girar 180° para salir. El piloto utiliza un ángulo de 30° en su giro.

Peso y Balance

Los datos de peso y balance de la aeronave es una información importante para el piloto que debe ser reevaluada frecuentemente. Aunque el avión fue pesado durante el proceso de certificación, estos datos no son válidos por tiempo indefinido. Cambios en el equipo o modificaciones afectan los datos de peso y balance. A menudo, los pilotos reducen el peso y balance de la aeronave a una "regla de oro", tal como: "Si tengo tres pasajeros, sólo puedo cargar 100 litros de combustible; cuatro pasajeros, 60 litros".

Los cálculos de peso y balance deben ser parte de cada chequeo de prevuelo. Nunca asuma que tres pasajeros son siempre de igual peso. En su lugar, haga el cálculo completo de todos los elementos a ser cargados en la aeronave, incluyendo el equipaje, así como piloto y pasajero. Se recomienda que todos los bolsos se pesen para hacer un cálculo preciso de cómo está posicionado el centro de gravedad del avión.

La importancia del CG se hizo hincapié en la discusión de estabilidad, controlabilidad y rendimiento. La distribución de carga desigual causa accidentes. Un piloto competente comprende y respeta los efectos del CG en una aeronave.

El peso y balance son componentes críticos en la utilización de una aeronave a su máximo potencial. El piloto debe conocer la cantidad de combustible que puede ser cargada en la aeronave sin violar los límites de CG, así como los límites de peso para llevar a cabo vuelos largos o cortos, con o sin cantidad de pasajeros máxima permitida. Por ejemplo, un avión tiene cuatro plazas y puede transportar 220 litros de combustible. ¿Cuántos pasajeros pueden llevar la aeronave de manera segura? ¿Pueden todos los asientos ser ocupados en todo momento con las diferentes cargas de combustible? Cuatro personas que pesan cada una 75 kilos conduce a un cálculo de peso y balance diferente que cuatro personas que pesan cada una 100 kilos. El segundo escenario carga 100 kilos adicionales en el avión y es igual a cerca de 140 litros de combustible.

El peso adicional puede o no colocar el CG fuera de la envolvente del CG, pero el peso bruto máximo podría superarse. El exceso de peso puede generar tensiones en los aviones y disminuir el rendimiento.

Los aviones están certificados para peso y balance por dos razones principales:

1. El efecto del peso sobre la estructura principal de la aeronave y sus características de rendimiento

2. El efecto de la ubicación de este peso en las características de vuelo, especialmente en pérdidas y recuperación de spins y la estabilidad

Las aeronaves, tales como globos y ultralivianos pendulares, no requieren cálculos de peso y balance porque la carga está suspendida por debajo del mecanismo de sustentación. El rango de CG en este tipo de aeronaves es tal que es difícil superar los límites de carga. Por ejemplo, la posición del asiento trasero y el combustible de un ultraliviano pendular están lo más cerca posible del punto de suspensión con la aeronave en una actitud de vuelo. Por lo tanto, las variaciones de carga tienen poco efecto en el CG. Esto también es válido para la canasta o góndola de un globo. Aunque es difícil superar los límites de CG en estos aviones, los pilotos nunca deben sobrecargar un avión debido a que esta sobrecarga provoca fallas y daños estructurales.

Figura 4-54. *Dos aeronaves entraron en un cañón por error. El cañón tiene 1.500 metros de ancho y tiene acantilados en ambos lados. El piloto en la imagen superior viaja a 120 nudos. Al reconocer el error vira usando un ángulo de 30° para regresar. Este avión requiere 1.350 metros para girar 180°, y logra salir del cañón a salvo. El piloto en la imagen inferior vuela a 140 nudos y también usa 30° para regresar. Aunque la aeronave vuela solo 20 nudos más rápido que la anterior, requiere más de 1.800 metros para regresar. Desafortunadamente el cañón solo tiene 1.500 metros y el avión va a chocar contra las paredes. La velocidad es el factor con más influencia que determina la distancia para girar. Muchos pilotos han caído en el error de incrementar el ángulo de inclinación cuando una simple reducción de velocidad sería más apropiado.*

Los cálculos de peso y balance no son requeridos, pero los pilotos deben calcular el peso y mantenerse dentro del límite establecido por el fabricante.

Efecto del peso en el rendimiento de vuelo

La performance en despegue/ascenso y el aterrizaje de una aeronave se determinan sobre la base de sus pesos máximos admisibles de despegue y aterrizaje. Un alto peso bruto resulta en una carrera de despegue más larga y ascenso suave, y una velocidad de aterrizaje mayor y carrera de aterrizaje más larga. Incluso una mínima sobrecarga puede hacer imposible a la aeronave pasar un obstáculo que normalmente no sería un problema durante el despegue en condiciones más favorables.

Los efectos perjudiciales de la sobrecarga en el rendimiento no se limitan a los riesgos inmediatos relacionados con despegues y aterrizajes. La sobrecarga tiene un efecto negativo en los ascensos y el rendimiento de crucero que lleva a un calentamiento excesivo durante el ascenso, aumenta el desgaste en las piezas del motor, mayor consumo de combustible, menor velocidad de crucero, y reducción del alcance.

Los fabricantes de aviones modernos proporcionan los datos de peso y balance con cada aeronave producida. Generalmente, esta información se puede encontrar en el manual de vuelo aprobado y ahora se proporcionan gráficos fáciles de leer para determinar datos de peso y balance. Un mayor rendimiento y capacidad de carga de estos aviones requieren un estricto cumplimiento de las limitaciones operativas prescriptas por el fabricante. Las desviaciones de las recomendaciones pueden provocar daños estructurales o un fallo completo de la estructura de la aeronave. Incluso si un avión está cargado dentro de los límites de peso máximo, es imperativo que la distribución del peso esté dentro de los límites de la ubicación del CG. El breve estudio precedente de aerodinámica y factores de carga señalan las razones de esta precaución. La siguiente discusión es la base de algunas de las razones por las cuales las condiciones de peso y balance son importantes para la seguridad de vuelo de un avión.

En algunos aviones, no es posible llenar todos los asientos, compartimientos de equipaje, y tanques de combustible, y aún permanecer dentro de los límites de peso y balance aprobado. Por ejemplo, en varios aviones populares de cuatro plazas, los tanques de combustible no se pueden llenar completos cuando se llevan cuatro ocupantes y su equipaje. En ciertos aviones de dos plazas, no se puede llevar equipaje en el compartimiento trasero cuando se practica tirabuzón. Es importante para el piloto ser consciente de las limitaciones de peso y balance de la aeronave y las razones de estas limitaciones.

Efecto del peso sobre la estructura de las aeronaves

El efecto de peso adicional en la estructura del ala de un avión no es evidente. Requisitos de aeronavegabilidad establecen que la estructura de un avión certificado en categoría normal (en la que la acrobacia está prohibida) debe ser lo suficientemente fuerte como para resistir un factor de carga de 3,8 G para absorber las cargas dinámicas provocadas por las maniobras y las ráfagas. Esto significa que la estructura principal de la aeronave puede soportar una carga de 3,8 veces el peso bruto aprobado de la aeronave sin que se produzcan fallas estructurales. Si esto es aceptado como indicativo de los factores de carga que se pueden imponer durante las operaciones a que se destine la aeronave, una sobrecarga de 100 kilogramos impone una sobrecarga estructural potencial de 380 kilos. La misma consideración es aún más impresionante en el caso de aeronaves de categoría acrobática o utilitaria, que tienen requerimientos de factores de carga de 6,0 y 4,4 respectivamente.

Las fallas estructurales que se derivan de la sobrecarga pueden ser dramáticas y catastróficas, pero es más frecuente que afecten a los componentes estructurales de forma progresiva de manera que es difícil de detectar y costoso de reparar. La sobrecarga habitual tiende a causar estrés y daño acumulado que pueden no ser detectados durante las inspecciones prevuelo y resultar en una falla estructural después, durante las operaciones completamente normales. El estrés adicional por sobrecarga localizado en partes estructurales se cree que acelera la aparición de fallas por fatiga metálica.

El conocimiento de los factores de carga impuestos por las maniobras de vuelo y las ráfagas hace hincapié en las consecuencias de un incremento en el peso bruto de un avión. La estructura de un avión a punto de someterse a un factor de carga de 3 Gs, como en la recuperación de un picado, debe estar preparada para soportar una carga adicional de 300 kilogramos por cada aumento de 100 kilos de peso. Cabe señalar que esto sería impuesto por la adición de alrededor de 70 litros de combustible que no sean necesarios en un avión particular. Las aeronaves civiles certificadas han sido analizadas estructuralmente y probadas en vuelo con el peso bruto máximo autorizado y dentro de las velocidades publicadas para el tipo de vuelo a realizar. Los vuelos con pesos por encima de esta cantidad son posibles y, a menudo se encuentran dentro de las capacidades de rendimiento de un avión. Este hecho no debe inducir a error al piloto, ya que el piloto podría no darse cuenta que las cargas para las que la aeronave no fue diseñada están siendo impuestas a parte o la totalidad de la estructura.

Al cargar un avión con pasajeros o carga, la estructura debe ser considerada. Los asientos, compartimientos de equipaje, y pisos de la cabina están diseñados para una determinada carga o concentración de carga y nada más. Por ejemplo, un compartimento de equipaje de un avión liviano puede estar señalizado para 10 kilos debido a la poca dureza de su estructura de apoyo a pesar de que el avión puede no estar sobrecargado o fuera de los límites del CG con más peso en ese lugar.

Efecto del peso sobre la estabilidad y controlabilidad
La sobrecarga también afecta la estabilidad. Un avión que es estable y controlable cuando se carga normalmente puede tener características de vuelo muy diferentes cuando se sobrecarga. Aunque la distribución del peso tiene el efecto más directo sobre esto, de un aumento en el peso bruto del avión se puede esperar que tenga un efecto adverso en la estabilidad, independientemente de la ubicación de CG. La estabilidad de muchas aeronaves certificadas es completamente insatisfactoria si se excede el peso bruto.

Efecto de la distribución de carga
El efecto de la posición del CG en la carga impuesta sobre el ala de un avión en vuelo es importante para el rendimiento en ascenso y crucero. Un avión con carga adelantada es más "pesado" y por lo tanto, más lento que el mismo avión con el CG más atrasado.

La Figura 4-55 ilustra por qué esto es cierto. Con la carga adelantada, se requiere compensación "nariz arriba" en la mayoría de los aviones para mantener vuelo de crucero nivelado. La compensación nariz arriba implica establecer las superficies de cola para producir una mayor fuerza hacia abajo en la parte trasera del fuselaje, que se suma a la carga alar y la sustentación total requerida al ala si se quiere mantener

la altura. Esto requiere un mayor AOA del ala, lo que resulta en más resistencia y, a su vez, produce una mayor velocidad de pérdida.

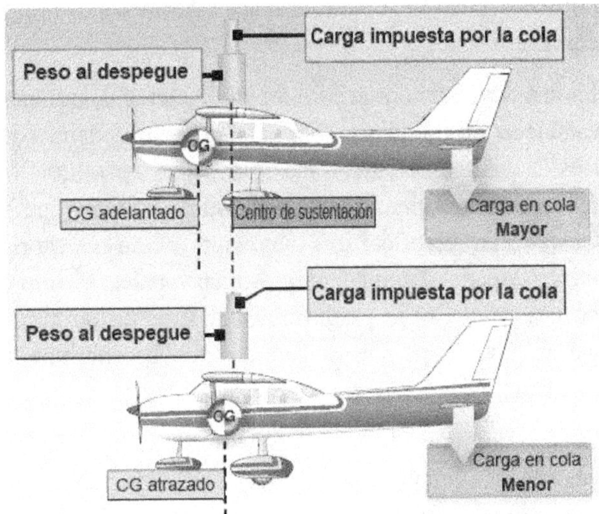

Figura 4-55. *Efecto de la distribución de carga en el balance*

Con la carga atrasada y compensación "nariz abajo", las superficies de cola ejercen menos carga, aliviando al ala de esa gran carga alar y sustentación para mantener la altitud. El AOA del ala requerido es menor, por lo que la resistencia es menor, permitiendo una velocidad de crucero más rápida. Teóricamente, una carga neutra en la superficie de la cola en vuelo de crucero produciría el rendimiento general más eficiente y velocidad de crucero más rápida, pero también daría lugar a inestabilidad. Los aviones modernos están diseñados para requerir una carga hacia abajo en la cola para estabilidad y controlabilidad.

Una indicación cero en el compensador no es necesariamente lo mismo que "compensación neutral", debido a la fuerza ejercida por el flujo descendente de las alas y el fuselaje sobre las superficies de la cola.

Los efectos de la distribución de la carga útil del avión tienen una influencia significativa sobre las características de vuelo, incluso cuando la carga está dentro de los límites del CG y el peso bruto máximo permitido. Lo importante entre estos efectos son los cambios en controlabilidad, estabilidad y la carga real impuesta al ala.

Por lo general, un avión se hace en menos controlable, especialmente a velocidades de vuelo bajas, a medida que el centro de gravedad se desplaza más hacia atrás.

Una aeronave que se recupera limpiamente de un spin prolongado con el CG en una posición puede fallar por completo en su respuesta a los intentos de recuperación normales cuando el CG se mueve hacia atrás 3 o 5 centímetros.

Es una práctica común para los diseñadores de aviones establecer un límite posterior del CG que está dentro de tres centímetros del máximo que permite la recuperación normal de un solo giro de barrena (spin). Cuando se certifica una aeronave en la categoría utilitaria para permitir barrenas intencionales, el límite posterior del CG se establece usualmente en un punto varios centímetros por adelante de aquel que permite la certificación en categoría normal.

Otro factor que afecta la controlabilidad, que se ha vuelto más importante en los diseños actuales de aeronaves de gran tamaño, es el efecto de los brazos de momento largos de las posiciones de equipos pesados y de la carga. El mismo avión se puede cargar con el peso bruto máximo dentro de sus límites de CG concentrando el combustible, pasajeros y carga cerca del CG diseñado, o mediante la dispersión del combustible y la carga en tanques de punta alar y contenedores de carga por delante y detrás de la cabina.

Con el mismo peso total y CG, maniobrar la aeronave o mantener vuelo nivelado en aire turbulento requiere la aplicación de mayores fuerzas de control cuando la carga se encuentra dispersa. Los brazos de momento más largos de las posiciones del combustible y la carga deben ser superadas por la acción de las superficies de control. Un avión con los tanques alares o tanques de punta alar tiende a ser lento en alabeo cuando las situaciones de control son marginales, mientras que uno con contenedores de carga delanteros y traseros tiende a ser menos sensible a los controles del elevador.

El límite posterior del CG está determinado en gran medida por consideraciones de estabilidad. Los requisitos de aeronavegabilidad originales para un tipo certificado especifican que una aeronave en vuelo a una cierta velocidad amortigüe el desplazamiento vertical de la nariz dentro de un cierto número de oscilaciones. Un avión con la carga demasiado hacia atrás no puede hacer esto. En cambio, cuando la nariz se eleva momentáneamente, puede alternativamente subir y bajar siendo cada vez más pronunciado con cada oscilación. Esta inestabilidad no sólo es incómoda para los ocupantes, sino que incluso puede resultar peligroso haciendo al avión ingobernable bajo ciertas condiciones.

La recuperación de una pérdida en un avión se vuelve progresivamente más difícil cuando su CG se mueve hacia atrás. Esto es particularmente importante en la recuperación de barrenas, ya que hay un punto en la carga posterior de un avión en el que se desarrolla una barrena "plana". Una barrena plana es aquella en la que la fuerza centrífuga, actuando un CG situado bien atrás, tira la cola del avión alejándola del eje de la rotación de la barrena, haciendo imposible bajar la nariz y recuperarse.

Un avión cargado en el límite posterior de su rango permisible de CG reacciona de manera diferente en los giros y las maniobras de pérdida y tiene diferentes características de aterrizaje que cuando se carga cerca del límite delantero.

El límite delantero del CG está determinado por una serie de consideraciones. Como medida de seguridad, se requiere que el dispositivo compensador sea capaz de mantener la aeronave en un planeo normal sin potencia. Un avión convencional debe ser capaz de un aterrizaje sin potencia a fin de garantizar la velocidad mínima de aterrizaje en emergencias. Un avión con rueda de cola cargado excesivamente de nariz es difícil de rodar, sobre todo con fuertes vientos. Puede capotar fácilmente por el uso de los frenos, y es difícil de aterrizar sin rebotar, ya que tiende a bajar la nariz sobre las ruedas, a medida que desacelera y nivela para el aterrizaje. Pueden ocurrir dificultades de dirección en el suelo con aeronaves con tren triciclo, en particular durante la carrera de aterrizaje y despegue. Para resumir los efectos de la distribución de la carga:

- La posición del CG influye en la sustentación y el AOA del ala, la cantidad y dirección de la fuerza en la cola, y el grado de deflexión necesario de los estabilizadores para suministrar la fuerza de la cola correcta para el equilibrio. Esto último es muy importante debido a su relación con la fuerza de control del elevador.

- El avión entra en pérdida a una velocidad más alta con una ubicación adelantada del CG. Esto se debe a que el AOA de pérdida es alcanzado a una velocidad mayor debido a la mayor carga alar.

- Mayores fuerzas de control de elevador existen normalmente con un CG adelantado, debido a la mayor deflexión de estabilizador necesaria para balancear el avión.

- El avión tiene una velocidad de crucero mayor con una ubicación del CG posterior al reducir la resistencia aerodinámica. La resistencia se reduce debido a un AOA más pequeños y se requiere menos deflexión hacia abajo del estabilizador para soportar el avión y neutralizar la tendencia de nariz abajo.

- La aeronave se vuelve menos estable cuando el CG se mueve hacia atrás. Esto es porque cuando el CG se mueve hacia atrás provoca un aumento en el AOA. Por lo tanto, la contribución del ala a la estabilidad del avión es ahora menor, mientras que la contribución de la cola sigue siendo la estabilización. Cuando se llega al punto de que se balancea la contribución del ala y la cola, entonces existe estabilidad neutral. Cualquier movimiento del CG aún más atrás resulta en un avión inestable.

- Una ubicación adelantada del CG aumenta la necesidad de una mayor presión de elevador. El elevador puede no ser capaz de oponerse a cualquier aumento de cabeceo nariz abajo. Un control de elevador adecuado es necesario para controlar la aeronave en todo el rango de velocidades hasta la pérdida.

Una discusión detallada e información adicional relacionada con peso y balance se puede encontrar en el Capítulo 9, Peso y Balance.

Vuelo a alta velocidad

Flujo Subsónico versus Supersónico

En aerodinámica subsónica, la teoría de la sustentación se basa en las fuerzas generadas en un cuerpo y un gas en movimiento (aire) en el que está inmerso. A velocidades de unos 260 nudos, el aire se puede considerar incompresible en el que, a una altura fija, su densidad permanece casi constante, mientras que su presión varía. Bajo este supuesto, el aire actúa igual que el agua y es clasificado como un fluido. La teoría aerodinámica subsónica también asume que los efectos de la viscosidad (la propiedad de un fluido que tiende a evitar el movimiento de una parte del fluido con respecto a otro) son insignificantes, y clasifica al aire como un fluido ideal, conforme a los principios de la aerodinámica de fluido ideal tales como continuidad, el principio de Bernoulli y la circulación.

En realidad, el aire es compresible y viscoso. Si bien los efectos de estas propiedades son despreciables a bajas velocidades, los efectos de la compresibilidad, en particular, se hacen cada vez más importantes a medida que aumenta la velocidad. La compresibilidad (y en menor medida la viscosidad) es de suma importancia a velocidades cercanas a la velocidad del sonido. En estos rangos de velocidad, la compresibilidad provoca un cambio en la densidad del aire alrededor de un avión.

Durante el vuelo, un ala produce sustentación acelerando el flujo de aire sobre la superficie superior. Este aire acelerado puede alcanzar velocidades sónicas a pesar de que el propio avión vuele subsónico. En AOAs extremos, en algunos aviones, la velocidad del aire sobre la superficie superior del ala puede ser el doble de velocidad de la aeronave. Por tanto, es muy posible tener tanto flujo de aire supersónico como subsónico en un avión, al mismo tiempo. Cuando la velocidad de flujo alcanza una velocidad sónica en algún lugar en un avión (por ejemplo, la zona de máxima curvatura de las alas), una mayor aceleración resulta en la aparición de los efectos de compresibilidad como la formación de ondas de choque, aumento de la fricción, bataneo (buffeting), estabilidad, y dificultades de control. Los principios de flujo subsónico no son válidos en todas las velocidades por encima de este punto. *[Figura 4-56]*

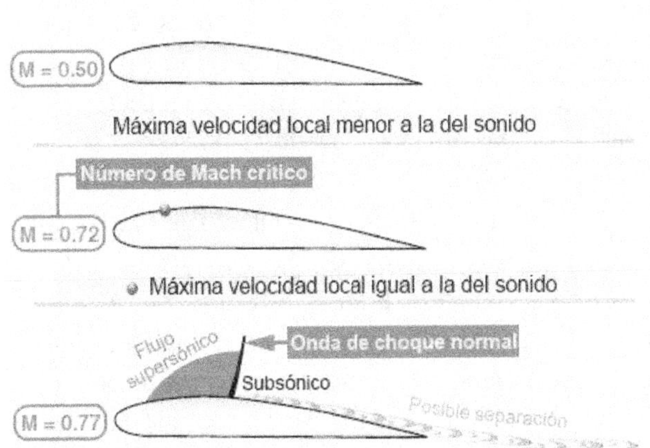

Figura 4-56. *Flujo alar*

Rangos de velocidad

La velocidad del sonido varía con la temperatura. En condiciones estándar de temperatura de 15° C, la velocidad del sonido al nivel del mar es 661 nudos. A 40.000 pies, donde la temperatura es -55° C, la velocidad del sonido disminuye a 574 nudos. En vuelo de alta velocidad y/o de gran altitud de vuelo, la medida de la velocidad se expresa en términos de un "número Mach", la relación de la velocidad verdadera del avión con la velocidad del sonido en las mismas condiciones atmosféricas. Un avión viajando a la velocidad del sonido viaja a Mach 1,0. Los regímenes de velocidad de las aeronaves se definen aproximadamente como sigue:

Subsónicos: Números de Mach por debajo de 0,75

Transónicos: Números de Mach de 0,75 a 1,20

Supersónicos: Números de Mach de 1,20 a 5,00

Hipersónicos: Números de Mach por encima de 5,00

Mientras que los vuelos en los rangos transónicos y supersónicos son habituales para aviones militares, los aviones civiles normalmente operan en un rango de velocidad de crucero de Mach 0,70 a Mach 0,90.

La velocidad de un avión en el cual el flujo de aire sobre cualquier parte del avión o estructura bajo consideración llega primero (pero no supera) Mach 1,0 se llama "número de Mach crítico". Por lo tanto, el número de Mach crítico es el límite entre el vuelo subsónico y el transónico y depende en gran medida del diseño del ala y el perfil. El número de Mach crítico es un punto importante en el vuelo transónico. Cuando se forman ondas de choque en la aeronave, puede ocurrir separación del flujo seguida de bataneo y dificultades de control de la aeronave. Las ondas de choque, bataneo, y separación del flujo tienen lugar por encima de número de Mach crítico. Un avión de reacción por lo general es más eficiente cuando vuela en crucero en o cerca de su número de Mach crítico. A velocidades de 5-10 por ciento por encima del número de Mach crítico, comienzan los efectos de la compresibilidad. La resistencia comienza a subir bruscamente. Asociados con el "aumento de resistencia" son el bataneo, cambios en compensación y estabilidad, y una disminución en la efectividad de las superficies de control. Este es el punto de "divergencia de la resistencia". *[Figura 4-57]*

V_{MO}/M_{MO} se define como la velocidad máxima operativa. V_{MO} se expresa en nudos velocidad calibrada (KCAS), mientras que M_{MO} se expresa en número de Mach. El límite V_{MO} se asocia normalmente con operaciones a bajas altitudes y debe lidiar con cargas estructurales y bataneo. El límite M_{MO} se asocia con operaciones a mayor altitud y por lo general más enfocado en los efectos de compresibilidad y bataneo. En altitudes más bajas, las cargas estructurales y el bataneo son motivo de preocupación; en altitudes más altas, son motivo de preocupación los efectos de la compresibilidad y el bataneo.

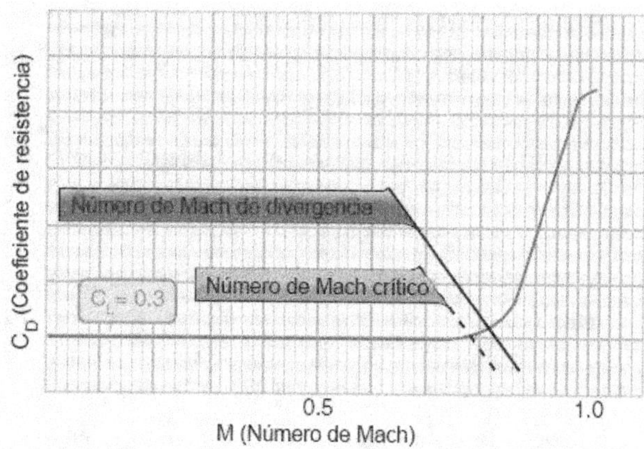

Figura 4-57. *Mach crítico*

La adhesión a estas velocidades previene problemas estructurales debido a la presión dinámica o el bataneo, la disminución de respuesta de control de la aeronave debido a los efectos de compresibilidad (por ejemplo la inversión de alerón, o zumbido), y la separación del flujo de aire debido a las ondas de choque resultando en pérdida de sustentación o vibración y bataneo. Cualquiera de estos fenómenos puede impedir que el piloto sea capaz de controlar adecuadamente la aeronave.

Por ejemplo, los primeros aviones jet civiles tenían un límite V_{MO} de 306 KCAS hasta aproximadamente FL 310 (en un día estándar). A esta altitud (FL 310), un M_{MO} de 0,82 era aproximadamente igual a 306 KCAS. Por encima de esta altitud, un M_{MO} de 0,82 siempre equivalía a un KCAS menor de 306 KCAS y, por tanto, se convirtió en el límite operativo, ya que no podría alcanzar el V_{MO} límite sin alcanzar primero el M_{MO} límite. Por ejemplo, en FL 380, un M_{MO} de 0,82 es igual a 261 KCAS.

Número de Mach versus velocidad

Es importante entender cómo varía la velocidad con el número de Mach. Como ejemplo, considere cómo la velocidad de pérdida de un avión de transporte varía con el aumento de la altitud. El aumento de altitud resulta en una correspondiente disminución de la densidad del aire y temperatura exterior. Supongamos que este transporte a reacción está con configuración limpia (tren y flaps arriba) y un peso de 550.000 libras. El avión podría entrar en pérdida aproximadamente a 152 KCAS a nivel del mar. Esto es igual a (en un día estándar) una velocidad verdadera de 152 KTAS y un número de Mach de 0,23. A FL 380, el avión todavía entrará en pérdida aproximadamente a 152 KCAS pero la velocidad verdadera es de unos 287 KTAS con un número de Mach de 0,50.

Aunque la velocidad de pérdida se ha mantenido igual para nuestros propósitos, tanto el número de Mach como TAS se han incrementado. Al aumentar la altitud, la densidad del aire disminuye; esto requiere una velocidad verdadera mayor con el fin de tener la misma presión detectada por el tubo Pitot para la misma KCAS o KIAS (para nuestros propósitos, KCAS y KIAS están relativamente cerca una de otra).La presión dinámica que experimenta el ala a FL 380 a 287 KTAS es la misma que a nivel del mar a 152 KTAS. Sin embargo, está volando a mayor número de Mach.

Otro factor a considerar es la velocidad del sonido. Una disminución de la temperatura en un gas resulta en una disminución en la velocidad del sonido. Por lo tanto, cuando el avión asciende con la temperatura exterior bajando, la velocidad del sonido disminuye. A nivel del mar, la velocidad del sonido es de aproximadamente 661 KCAS, mientras que a FL 380 es 574 KCAS. Por lo tanto, para nuestro avión de transporte, la velocidad de pérdida (en KTAS) ha pasado de 152 a nivel del mar a 287 a FL 380. Simultáneamente, la velocidad del sonido (en KCAS) ha disminuido desde 661 hasta 574 y el número de Mach se incrementó de 0,23 (152 KTAS dividido por 661 KTAS) a 0,50 (287 KTAS dividido por 574 KTAS). Mientras tanto la KCAS de pérdida se ha mantenido constante en 152. Esto describe lo que sucede cuando la aeronave se encuentra en una KCAS constante al aumentar la altitud, pero ¿qué pasa cuando el piloto mantiene Mach constante durante el ascenso? En las operaciones de vuelo normales de jets, el ascenso es a 250 KIAS (o superior (por ejemplo, pesados)) hasta 10.000 pies y luego a una determinada velocidad de ascenso en ruta (como unos 330 si es un DC-10) hasta alcanzar una altura en la "mitad de los veinte", donde el piloto asciende a un número de Mach constante hasta la altitud de crucero.

Suponiendo para fines ilustrativos que el piloto sube a un M_{MO} de 0,82 desde el nivel del mar hasta FL 380. KCAS va desde 543 a 261. Las KIAS a cada altura siguen el mismo comportamiento y sólo difieren en unos pocos nudos. Recuerde de la discusión anterior que la velocidad del sonido disminuye con el descenso de la temperatura cuando el avión asciende. El número de Mach es simplemente la relación de la velocidad verdadera con la velocidad del sonido en condiciones de vuelo. La importancia de esto es que en un ascenso con número de Mach constante, la KCAS (y KTAS o KIAS también) está cayendo.

Si el avión ascendió lo suficientemente alto a esta M_{MO} constante con KIAS, KCAS y KTAS disminuyendo, comenzará a acercarse a su velocidad de pérdida. En algún momento la velocidad de pérdida de la aeronave en número de Mach puede ser igual a la M_{MO} de la aeronave, y el piloto no podría desacelerar (sin pérdida), ni acelerar (sin exceder la máxima velocidad operativa de la aeronave).

Capa Límite

La naturaleza viscosa del flujo de aire reduce la velocidad local en una superficie y es responsable de la fricción. Como se mencionó anteriormente en este capítulo, la capa de aire sobre la superficie del ala que es desacelerada o detenida por la viscosidad, es la capa límite. Hay dos tipos diferentes de flujo de capa límite: laminar y turbulento.

Capa límite de flujo laminar

La capa límite laminar es un flujo muy suave, mientras que la capa límite turbulenta contiene remolinos o "giros". El flujo laminar crea menos resistencia por fricción que el flujo turbulento, pero es menos estable. El flujo de la capa límite sobre una superficie alar comienza como un flujo laminar suave. A medida que el flujo continúa hacia atrás desde el borde de ataque, la capa límite laminar aumenta de espesor.

Capa límite de flujo turbulento

A cierta distancia del borde de ataque, el flujo laminar suave se rompe y se produce una transición a flujo turbulento. Desde el punto de vista de la resistencia, es recomendable tener la transición de flujo laminar a turbulento tan atrasada en el ala como sea posible, o tener una gran cantidad de la superficie del ala dentro de la porción laminar de la capa límite. El flujo laminar de baja energía, sin embargo, tiende a romperse más rápidamente que la capa turbulenta.

Separación de la capa límite

Otro fenómeno asociado con el flujo viscoso es la separación. La separación se produce cuando el flujo de aire se separa del perfil. La progresión natural es de capa límite laminar a capa límite turbulenta y después a la separación del flujo de aire. La separación del flujo de aire produce mucha resistencia y en última instancia destruye la sustentación. El punto de separación de la capa límite se mueve hacia adelante en el ala cuando se incrementa el AOA. *[Figura 4-58]*

Los generadores de vórtices se usan para retrasar o prevenir la separación de la capa límite inducida por onda de choque encontrada en vuelo transónico. Son pequeños perfiles de baja relación de aspecto colocados a unos 12° a 15° de AOA con la corriente de aire. Por lo general, separados unos cuantos centímetros de distancia a lo largo del ala delante de los alerones u otras superficies de control, los generadores de vórtice crean un vórtice que mezcla el flujo de aire límite con el flujo de aire de alta energía encima de la superficie. Esto produce mayor velocidad de la superficie y aumenta la energía de la capa límite. Por lo tanto, se necesita una onda de choque más fuerte para producir la separación del flujo de aire.

Ondas de choque

Cuando un avión vuela a velocidades subsónicas, el aire por delante es "advertido" de la llegada del avión por un cambio de presión transmitida por delante del avión a la velocidad del sonido. Debido a esta advertencia, el aire comienza a moverse a un costado antes de que el avión llegue y se prepara a dejarlo pasar fácilmente. Cuando la velocidad del avión alcanza la velocidad del sonido, el cambio de presión ya no puede advertir el aire por delante porque el avión está a la velocidad de sus propias ondas de presión. Por el contrario, las partículas de aire se acumulan en la parte delantera del avión provocando una fuerte disminución en la velocidad del flujo directamente en frente del avión con el correspondiente aumento en la presión y la densidad.

A medida que aumenta la velocidad del avión más allá de la velocidad del sonido, aumenta la presión y la densidad del aire comprimido por delante, la zona de compresión se extiende a cierta distancia por delante del avión. En algún punto de la corriente de aire, las partículas de aire están completamente sin perturbar, no habiendo tenido aviso por adelantado del avance del avión, y en el siguiente instante las mismas partículas de aire se ven obligadas a someterse a cambios repentinos y drásticos en temperatura, presión, densidad y velocidad. El límite entre el aire sin perturbar y la región de aire comprimido se llama onda de choque o de "compresión". Este mismo tipo de onda se forma cuando una corriente de aire supersónico se desacelera a subsónica sin un cambio de dirección, por ejemplo, cuando la corriente de aire se acelera a la velocidad del sonido en la parte convexa de un ala, y luego se desacelera a velocidad subsónica a medida que se pasa el área de máxima curvatura. Una onda de choque se forma como límite entre las zonas supersónicas y subsónicas.

Cada vez que se forma una onda de choque perpendicular al flujo de aire, se le califica como onda de choque "normal", y el flujo inmediatamente detrás de la onda es subsónico. Una corriente de aire supersónica que pasa a través de una onda de choque normal experimenta estos cambios:

- La corriente de aire es frenada a subsónica.

- El flujo de aire inmediatamente detrás de la onda de choque no cambia de dirección.

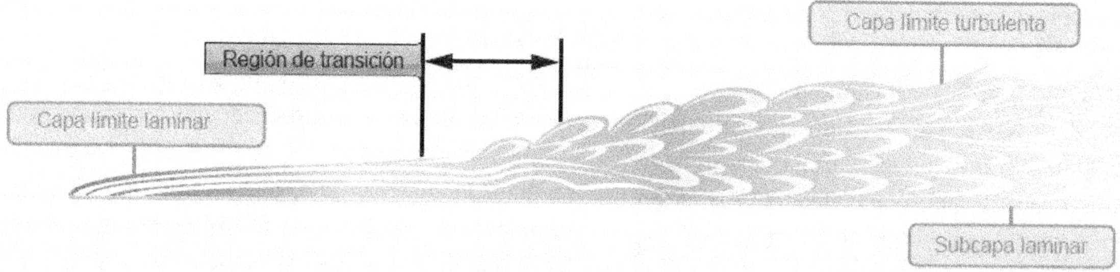

Figura 4-58. *Capa límite*

• La presión estática y la densidad de la corriente de aire detrás de la onda es mucho mayor.

• La energía de la corriente de aire (indicado por la presión total, dinámica más estática) se reduce grandemente.

La formación de ondas de choque causa un incremento en la resistencia. Uno de los principales efectos de una onda de choque es la formación de una densa región de alta presión inmediatamente detrás de la onda. La inestabilidad de la región de alta presión, y el hecho de que parte de la energía de la velocidad de la corriente de aire se convierte en calor a medida que fluye a través de la onda es un factor que contribuye en el aumento de la resistencia, pero la resistencia resultante de la separación del flujo es mucho mayor. Si la onda de choque es fuerte, la capa límite puede no tener suficiente energía cinética para soportar la separación del flujo. La resistencia sufrida en la región transónica debido a la formación de ondas de choque y la separación del flujo se conoce como " resistencia de onda". Cuando la velocidad excede el número de Mach crítico en un 10 por ciento, la resistencia de onda aumenta rápidamente. Un aumento considerable de empuje (potencia) es necesario para aumentar la velocidad de vuelo más allá de este punto en el rango supersónico donde, dependiendo de la forma del perfil y el ángulo de ataque, la capa límite puede volverse a unir.

Ondas de choque normal se forman en la superficie superior del ala y forma un área adicional de flujo supersónico y una onda de choque normal en la superficie inferior. Cuando la velocidad de vuelo se aproxima a la velocidad del sonido, las áreas de flujo supersónico se agrandan y las ondas de choque se mueven más cerca del borde de fuga. *[Figura 4-59]*

Asociado con "el aumento de resistencia" están el bataneo (conocido como bataneo de Mach), cambios en la estabilidad y compensación, y una disminución en la eficacia de la fuerza de control. La pérdida de sustentación debida a la separación del flujo de aire resulta en una pérdida de la corriente descendente, y un cambio en la posición del centro de presión en el ala. La separación del flujo produce una estela turbulenta detrás del ala, lo que causa el bataneo (vibración) de la superficie de cola. El control de cabeceo provisto por el estabilizador horizontal depende de la corriente

descendente detrás del ala. Por lo tanto, un aumento de la corriente descendente disminuye la eficacia de control del estabilizador horizontal, ya que aumenta efectivamente el ángulo de ataque que está viendo la superficie de cola. El movimiento del CP del ala afecta el momento de cabeceo del ala. Si el CP se mueve hacia atrás, se produce un momento de picado, y si se mueve hacia adelante, se produce un momento de nariz arriba. Esta es la razón principal para el desarrollo de la configuración de la cola en T en muchas aeronaves propulsadas por turbina, lo que coloca al estabilizador horizontal tan lejos como sea práctico de la turbulencia de las alas.

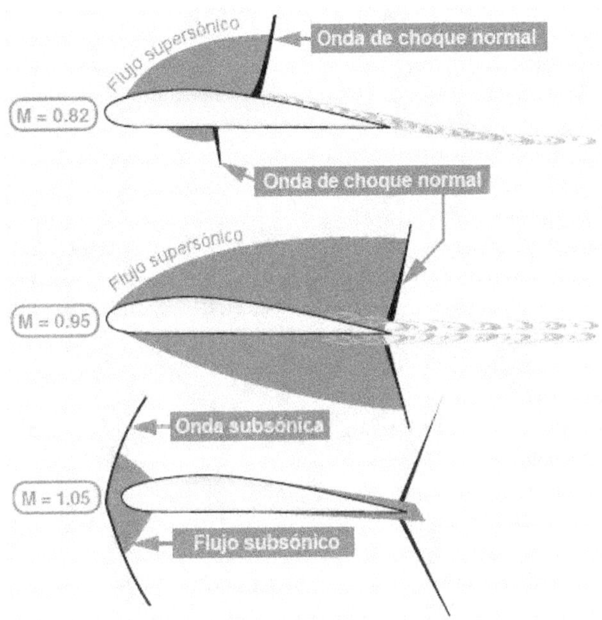

Figura 4-59. *Ondas de choque*

Flecha

La mayoría de las dificultades del vuelo transónico están asociadas con la separación del flujo inducida por las ondas de choque. Por lo tanto, cualquier medio de retrasar o aliviar la separación inducida por el choque mejora el rendimiento aerodinámico. Un método es la flecha del ala. La teoría de la flecha se basa en el concepto de que sólo el componente del flujo perpendicular al borde de ataque del ala afecta la distribución de presión y la formación de ondas de choque. *[Figura 4-60]*

En una aeronave de ala recta, el flujo de aire golpea el borde de ataque del ala a 90°, y su impacto produce presión y sustentación. Un ala en flecha es golpeada por el mismo flujo de aire en un ángulo inferior a 90°. Este flujo sobre el ala en flecha tiene el efecto de hacerle creer al ala que está volando más lento de lo que es realmente; por lo que se retrasa la formación de ondas de choque. Las ventajas de la flecha del ala incluyen un aumento de número de Mach crítico, número de Mach de divergencia, y el número de Mach en el que hace un pico el aumento de resistencia. En otras palabras, la flecha retrasa la aparición de los efectos de la compresibilidad.

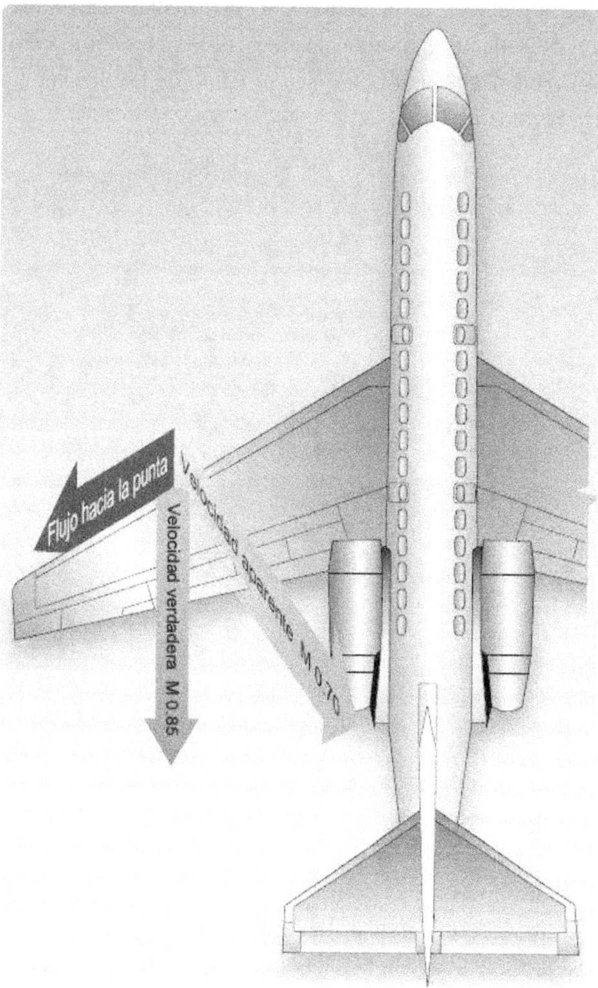

Figura 4-60. *Efecto de la flecha*

El número de Mach, que produce un cambio brusco en el coeficiente de resistencia, se denomina número de Mach de "divergencia" y, para la mayoría de los perfiles, por lo general supera el número de Mach crítico en un 5 a 10 por ciento. A esta velocidad, la separación del flujo inducida por la formación de ondas de choque puede crear variaciones significativas en los coeficientes de resistencia, sustentación, o momento de cabeceo. Además de la demora en la aparición de los efectos de compresibilidad, la flecha reduce la magnitud de los cambios de los coeficientes de resistencia, sustentación o de los momentos. En otras palabras, el uso de la flecha "suaviza" la divergencia.

Una desventaja de alas en flecha es que tienden a la pérdida de sustentación en los extremos y no en las raíces de las alas. *[Figura 4-61]* Esto se debe a que la capa límite tiende a fluir hacia las puntas y separarse cerca de los bordes de ataque. Debido a que las puntas de un ala en flecha se encuentran atrasadas en las alas (detrás del CL), una pérdida de punta alar hace que el CL se mueva hacia adelante en el ala, forzando la nariz a subir aún más. La tendencia a la pérdida de punta es mayor cuando se combinan la flecha del ala y el estrechamiento en planta.

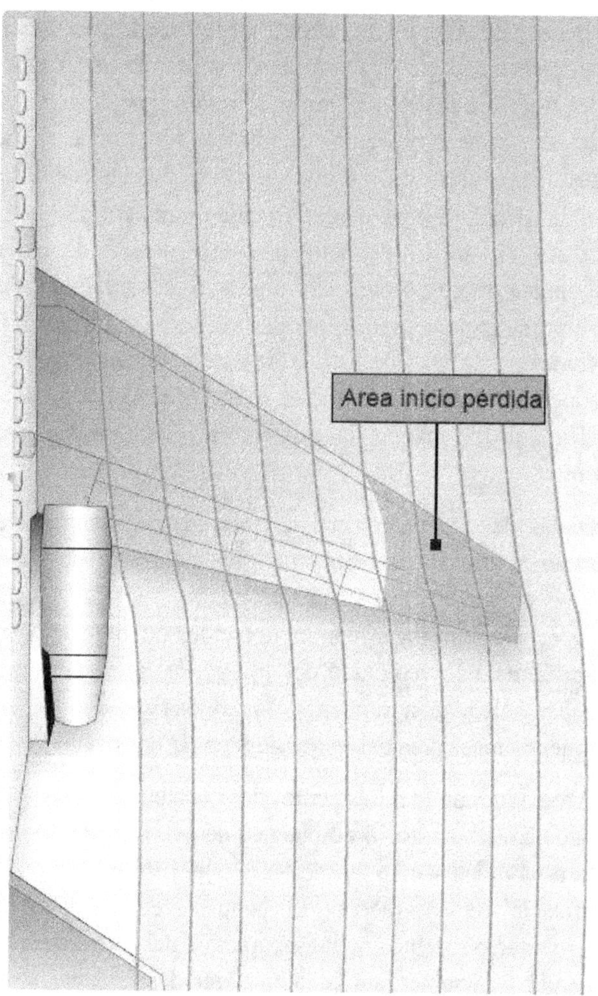

Figura 4-61. *Pérdida en punta alar*

La situación de pérdida puede ser agravada por una configuración de cola en T, que ofrece poca o ninguna advertencia antes de la pérdida en forma de vibración de la superficie de control de cola. *[Figura 4-62]* La cola en T, al estar por encima de la estela del ala permanece efectiva incluso después de que el ala ha entrado en pérdida, permitiendo al piloto a conducir sin darse cuenta a una pérdida mayor a un AOA mucho mayor. Si las superficies de cola horizontales luego se sumergen en la estela del ala, el elevador puede perder toda eficacia, haciendo imposible reducir el cabeceo y salir de la pérdida. En los regímenes de pre-pérdida e inmediata post-pérdida, las cualidades de elevación/ resistencia de un avión de ala en flecha (en concreto, el enorme aumento en la resistencia a baja velocidad) puede causar una trayectoria de vuelo cada vez más descendente sin ningún cambio en la actitud de cabeceo, aumentando aún más el AOA. En esta situación, sin información fiable de AOA, una actitud de cabeceo abajo con una velocidad cada vez mayor no garantiza que se haya efectuado la recuperación, y el movimiento del elevador hacia arriba en esta etapa puede mantener el avión en pérdida.

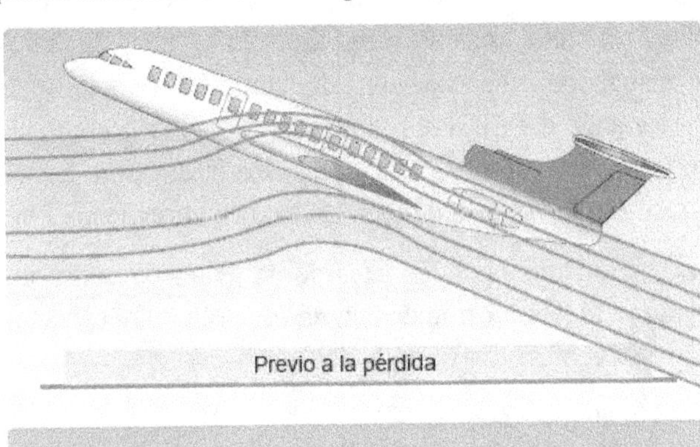

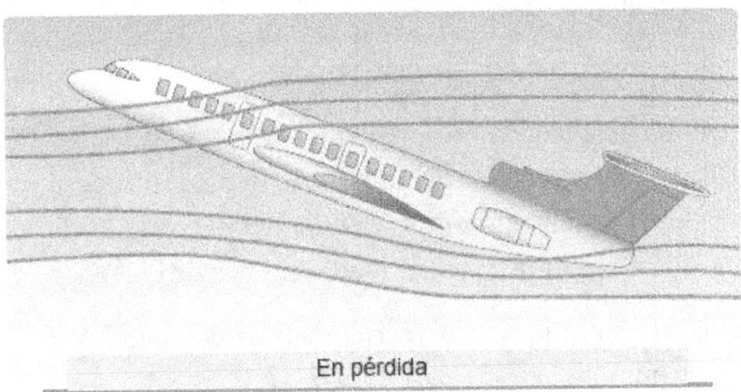

Figura 4-62. *Pérdida con cola en T*

Es una característica de los aviones con cola en T de cabecear hacia arriba sin control, cuando se entra en pérdida en actitudes extremas de nariz arriba, haciendo la recuperación difícil o violenta. El empujador de bastón de mando inhibe este tipo de pérdida. A aproximadamente un nudo por encima de la velocidad de pérdida, fuerzas de bastón pre-programadas mueven automáticamente el bastón hacia delante, previniendo el desarrollo de la pérdida. Un limitador de G también se puede incorporar en el sistema para evitar que el cabeceo hacia abajo generado por el empujador imponga una carga excesiva en la aeronave. Un "stick shaker" (vibrador de bastón), por otro lado proporciona aviso de pérdida cuando la velocidad es de cinco a siete por ciento por encima de la velocidad de pérdida.

Límites de bataneo de Mach

El bataneo de Mach es una función de la velocidad del flujo del aire sobre el ala, no necesariamente la velocidad de la aeronave. Cada vez que se realiza una excesiva demanda de sustentación en el ala, ya sea por una velocidad demasiado alta o un AOA muy alto cerca del M_{MO}, se produce el bataneo de "alta velocidad". También hay ocasiones en las que el bataneo se puede experimentar a una velocidad mucho más baja conocida como "bataneo de baja velocidad de Mach".

Un avión que vuela a una velocidad demasiado lenta para su peso y altitud necesitando un alto AOA es la situación más probable que cause un bataneo de baja velocidad de Mach. Este AOA muy alto tiene el efecto de aumentar la velocidad del flujo sobre el extradós del ala hasta que ocurran los mismos efectos de ondas de choque y bataneo como en la situación de bataneo de alta velocidad. El AOA de las alas tiene el mayor efecto en la inducción del bataneo de Mach, ya sea en los límites de alta o de baja velocidad de la aeronave. Las condiciones que aumentan el AOA, la velocidad del flujo sobre el ala, y las posibilidades de bataneo de Mach son:

- Grandes altitudes, cuanto más alto vuela un avión, más fino es el aire y mayor será al AOA requerido para producir la sustentación necesaria para mantener el nivel de vuelo.

- Grandes pesos, cuanto más pesada la aeronave, mayor será la sustentación requerida al ala, y siendo todo lo demás constante, mayor será el AOA.

- Carga G, un aumento en la carga G en el avión tiene el mismo efecto que el aumento del peso de la aeronave. Ya sea que el aumento de las fuerzas G es causada por giros, uso duro del control, o turbulencia, el efecto de aumentar el AOA del ala es el mismo.

Controles de vuelo de alta velocidad

En aviones de alta velocidad, los controles de vuelo se dividen en controles de vuelo primarios y controles de vuelo secundarios o auxiliares. Los controles de vuelo primarios maniobran la aeronave sobre los ejes de cabeceo, alabeo y dirección (o guiñada). Se incluyen los alerones, elevadores y timón. Los controles de vuelo secundarios o auxiliares incluyen compensadores, flaps de borde de ataque, flaps de borde de fuga, spoilers, y slats.

Los spoilers se utilizan en el extradós alar para deteriorar o reducir la sustentación. Las aeronaves de alta velocidad, debido a su diseño limpio de baja resistencia utilizan spoilers como frenos de velocidad para reducir la velocidad. Los spoilers se extienden inmediatamente después de aterrizar para eliminar sustentación y así transferir el peso de la aeronave desde las alas a las ruedas para un mejor rendimiento de frenado. *[Figura 4-63]*

Los aviones a reacción de transporte tienen alerones pequeños. El espacio para los alerones es limitado debido a la necesidad de la mayor cantidad de borde de fuga como sea posible para los flaps. Además, un alerón de tamaño convencional haría torcer el ala a gran velocidad. Por esa razón, los spoilers se utilizan al unísono con los alerones para proporcionar un control adicional de alabeo.

Algunos transportes a reacción tienen dos juegos de alerones, un par de alerones externos de baja velocidad y un par de alerones internos de alta velocidad. Cuando los flaps están totalmente retraídos después del despegue, los alerones exteriores se bloquean automáticamente en posición carenada.

Cuando se usa para controlar el alabeo, el spoiler en el lado del alerón que sube se extiende y reduce la sustentación de ese lado, provocando que el ala caiga. Si los spoilers se extienden como frenos de velocidad, todavía se pueden utilizar para controlar el alabeo. Si son del tipo diferencial, se extienden aun más sobre un lado y se retraen en el otro. Si son del tipo no diferencial, se extienden aún más en un lado pero no se retraen en el otro. Cuando están totalmente extendidos, como frenos de velocidad, los spoilers no diferenciales siguen extendidos y no complementan los alerones.

Para obtener una pérdida suave y un mayor AOA sin separación del flujo, el borde de ataque del ala debe tener una forma bien redondeada casi roma a la que el flujo de aire se pueda adherir al mayor AOA. Con esta forma, la separación del flujo empieza en el borde de fuga y progresa gradualmente hacia adelante a medida que se incrementa el AOA.

El borde de ataque señalado necesario para vuelo de alta velocidad resulta en una pérdida abrupta y restringe el uso de flaps del borde de salida porque el flujo de aire no puede seguir la curva cerrada alrededor del borde de ataque del ala. El flujo tiende a desprenderse más bien bruscamente del extradós a un AOA moderado. Para utilizar flaps del borde de fuga, y así aumentar el $C_{L\text{-}MAX}$, el ala debe ir a un AOA superior sin separación del flujo. Por lo tanto, ranuras (slots), slats, y flaps de borde de ataque se usan para mejorar las características de baja velocidad durante el despegue, el ascenso, y el aterrizaje. Aunque estos dispositivos no son tan poderosos como los flaps de borde de fuga, son efectivos cuando se utilizan en toda la envergadura en combinación con flaps del borde de fuga la alta sustentación. Con la ayuda de estos sofisticados dispositivos de hipersustentación, la separación del flujo se retrasa y el $C_{L\text{-}MAX}$ se incrementa considerablemente. De hecho, una reducción de 50 nudos en la velocidad de pérdida no es infrecuente.

Los requisitos operacionales de un avión de transporte grande requieren grandes cambios en la compensación de cabeceo. Algunos requisitos son:

• Un amplio rango de CG

• Un amplio rango de velocidades

• La capacidad de realizar grandes cambios de compensación debidos a dispositivos de hipersustentación de borde de ataque y de borde de fuga, sin limitar la cantidad restantes de elevador

• Mantenimiento de resistencia de compensación al mínimo

Estos requisitos se cumplen por el uso de un estabilizador horizontal de incidencia variable. Grandes cambios de compensación en un avión de cola fija requieren grandes deflexiones de elevador. Con estas grandes deflexiones, queda poco movimiento del elevador en la misma dirección. Un estabilizador horizontal de incidencia variable está diseñado para llevar a cabo los cambios de compensación. El estabilizador es más grande que el elevador, y por lo

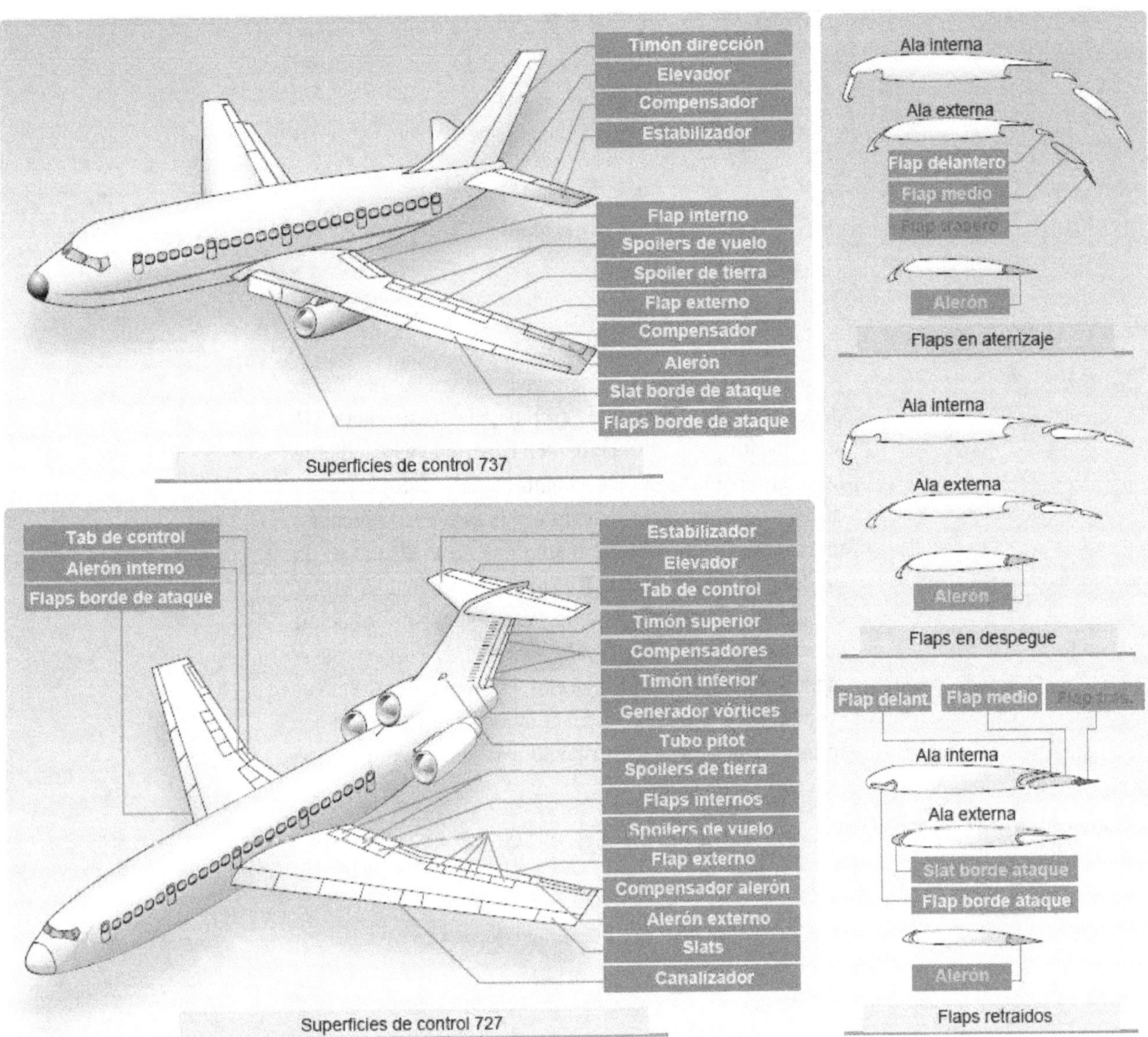

Figura 4-63. *Superficies de control*

tanto no es necesario que se mueva en ángulos tan grandes. Esto deja al elevador en línea con el plano de cola con el rango de movimiento completo hacia arriba y hacia abajo. El estabilizador horizontal de incidencia variable se puede establecer para manejar la mayor parte de la demanda de control de cabeceo, con el elevador manejando el resto. En los aviones equipados con un estabilizador horizontal de incidencia variable, el elevador es más pequeño y menos eficaz en solitario de lo que es en un avión de cola fija. En comparación con otros controles de vuelo, el estabilizador horizontal de incidencia variable es enormemente poderoso en sus efectos.

Debido al tamaño y altas velocidades de los aviones de transporte, las fuerzas requeridas para mover las superficies de control pueden estar más allá de la fuerza del piloto. En consecuencia, las superficies de control son accionadas por unidades de potencia hidráulica o eléctrica. Mover los controles en la cabina de mando indica el ángulo de control requerido, y la unidad de potencia posiciona la superficie de control real. En el caso de falla total de la unidad de potencia, el movimiento de las superficies de control puede ser efectuado por control manual de los compensadores (tabs). Moviendo los tabs de control altera el equilibrio aerodinámico lo que hace que la superficie de control se mueva.

Resumen del capítulo

A fin de mantener una aeronave en vuelo, un piloto debe entender como el empuje, la resistencia, la sustentación, y el peso actúan en la aeronave. Mediante la comprensión de la aerodinámica del vuelo, como el diseño, peso, factores de carga, y la gravedad afectan a una aeronave durante las maniobras de vuelo desde la pérdida a la alta velocidad, el piloto aprende a controlar el balance entre estas fuerzas. Para obtener información sobre velocidades de pérdida, factores de carga y otros datos importantes de aviones, siempre consulte al AFM/POH (manual del avión) para obtener información específica respecto a la aeronave que esté volando.

Controles de vuelo

Introducción

Este capítulo se centra en los sistemas de control de vuelo que un piloto utiliza para controlar las fuerzas de vuelo, y la dirección y actitud de la aeronave. Cabe señalar que los sistemas de control de vuelo y las características pueden variar mucho dependiendo del tipo de aeronave volada. Los diseños más básicos del sistema de control de vuelo son mecánicos y se remontan a los primeros aviones. Operan con una colección de partes mecánicas, tales como barras, cables, poleas, y a veces cadenas para transmitir las fuerzas de los controles de vuelo de la cabina a las superficies de control. Los sistemas mecánicos de control de vuelo se siguen utilizando hoy en aeronaves pequeñas de categoría general y categoría deportivas donde las fuerzas aerodinámicas no son excesivas. *[Figura 5-1]*

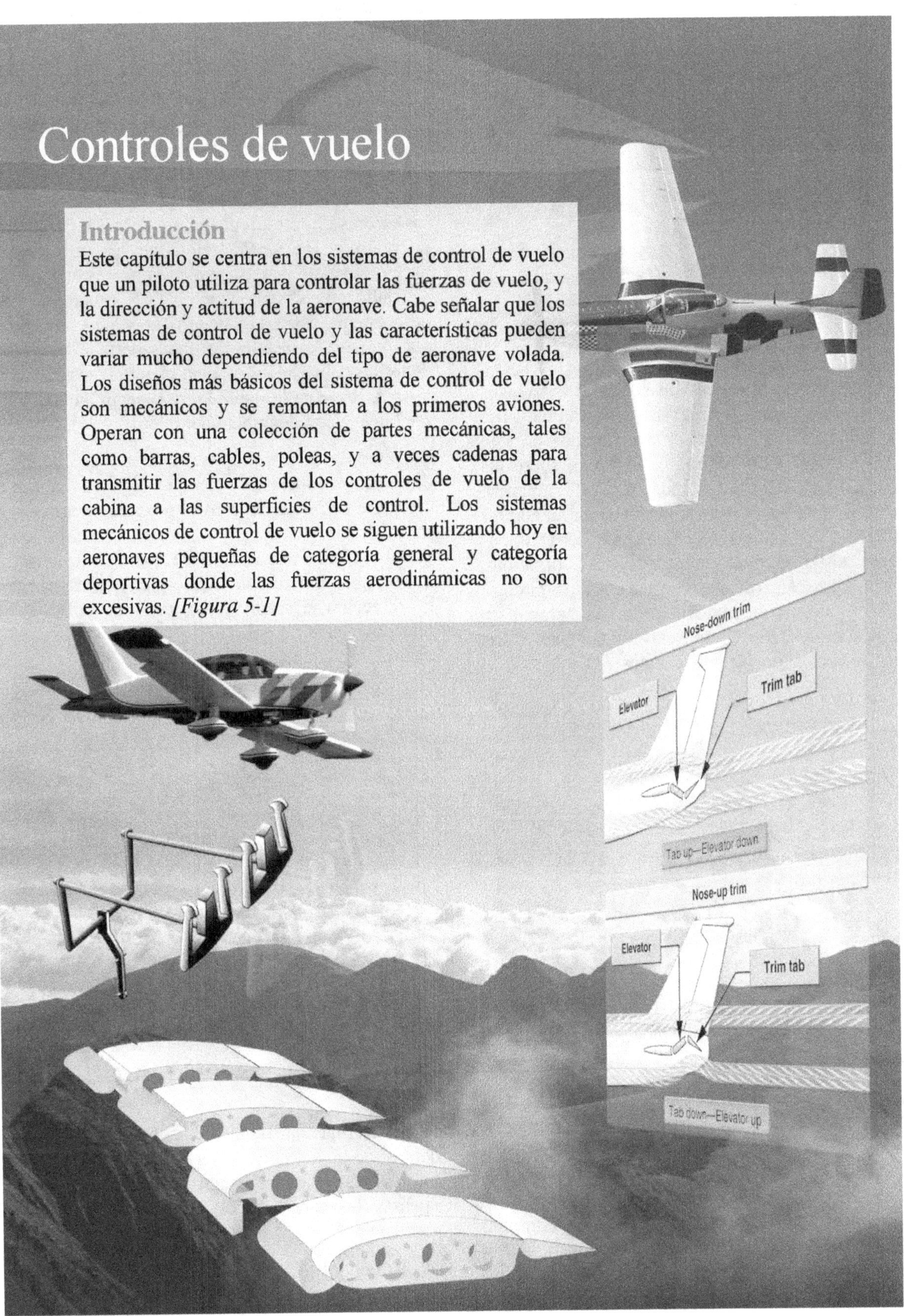

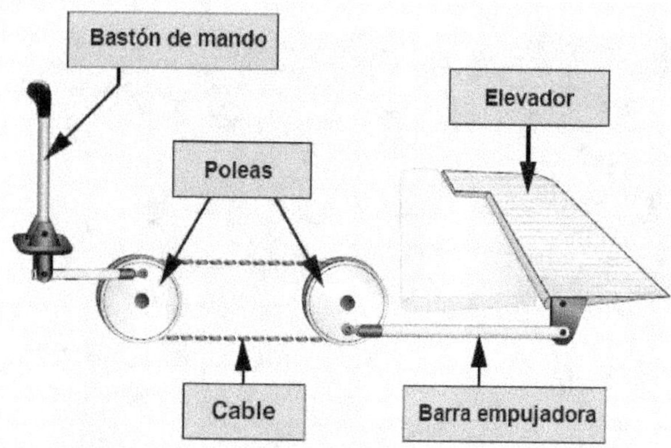

Figura 5-1. *Sistema de control de vuelo mecánico.*

Al madurar la aviación y los diseñadores de aviones aprendieron más acerca de la aerodinámica, la industria produjo aviones más grandes y más rápidos. Por lo tanto, las fuerzas aerodinámicas que actúan sobre las superficies de control aumentaron de manera exponencial. Para hacer manejable la fuerza de control requerida por los pilotos, los ingenieros aeronáuticos diseñaron sistemas más complejos. Al principio, diseños hidromecánicos, que consisten en un circuito mecánico y un circuito hidráulico, se utilizaron para reducir la complejidad, el peso, y las limitaciones de los sistemas de control de vuelo mecánicos. *[Figura 5-2]*

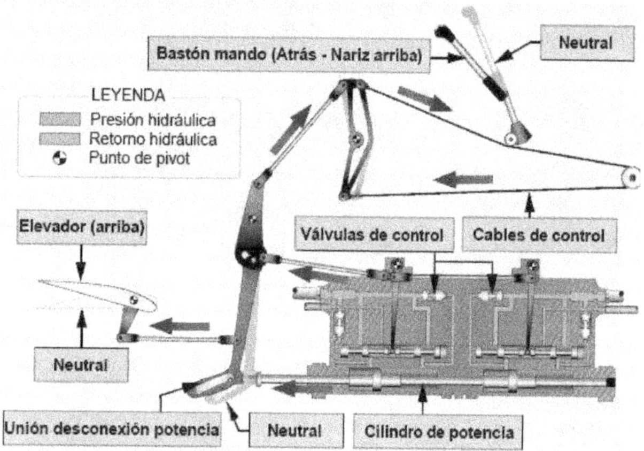

Figura 5-2. *Sistema de control de vuelo hidromecánico.*

Cuando los aviones se hacen más sofisticados, las superficies de control se accionan por motores eléctricos, computadoras digitales, o cables de fibra óptica. Llamado "fly-by-wire", este sistema de control de vuelo sustituye la conexión física entre los controles del piloto y las superficies de control de vuelo con una interfaz eléctrica. Además, en algunos aviones grandes y rápidos, los controles son potenciados por sistemas accionados hidráulica o eléctricamente. Tanto el vuelo por cable y los controles potenciados, la sensación de la reacción del control se retroalimenta al piloto por medios simulados.

Investigaciones actuales en el Dryden Flight Research Center de la Administración Nacional de Aeronáutica y del Espacio (NASA) incluye sistemas inteligentes de control de vuelo (IFCS). El objetivo de este proyecto es desarrollar un sistema de control de vuelo basado en una red neuronal adaptativa. Aplicada directamente a los errores de retroalimentación del sistema de control de vuelo, el IFCS proporciona ajustes para mejorar la performance de la aeronave en vuelo normal, así como con fallos del sistema. Con el IFCS, un piloto es capaz de mantener el control y aterrizar segura una aeronave que ha sufrido la falla de una superficie de control o daños en el fuselaje. También mejora la capacidad de la misión, aumenta la fiabilidad y la seguridad de vuelo, y facilita la carga de trabajo del piloto.

Los aviones de hoy emplean una variedad de sistemas de control de vuelo. Por ejemplo, algunos aviones en la categoría de piloto deportivo se basan en el control por transferencia de peso para volar, mientras que los globos utilizan una técnica de quemado estándar. Los helicópteros utilizan un cíclico para inclinar el rotor en la dirección deseada junto con un colectivo para manipular el paso del rotor y pedales anti-torque para controlar la guiñada o giro. *[Figura 5-3]*

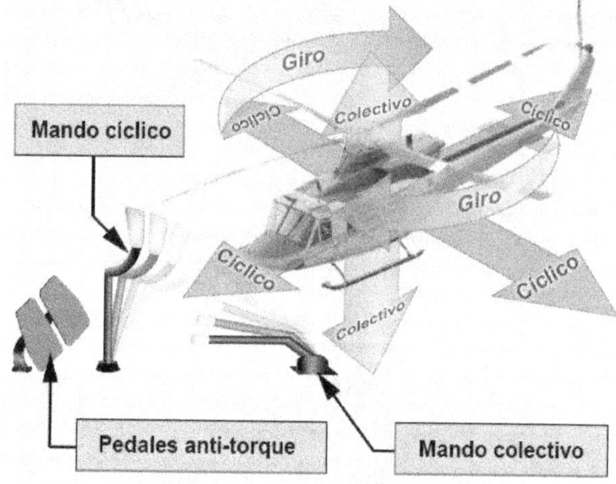

Figura 5-3. *Sistema de control de vuelo de helicóptero.*

Para información adicional sobre los sistemas de control de vuelo, consulte el manual apropiado para la información relacionada con los sistemas de control de vuelo y las características de determinados tipos de aeronaves.

Sistemas de Control de Vuelo

Controles de vuelo

Los sistemas de control de vuelo de las aeronaves consisten en sistemas primarios y secundarios. Los alerones, el elevador o timón de profundidad (o stabilator), y el timón de dirección constituyen el sistema de control primario y están obligados a controlar un avión con seguridad durante el vuelo. Los flaps, los dispositivos de borde de ataque, spoilers, y sistemas compensadores constituyen el sistema de control de secundario y mejoran las características de rendimiento del avión o alivian al piloto de las fuerzas de control excesivas.

Controles de vuelo primarios

Los sistemas de control de vuelo se diseñan cuidadosamente para proporcionar una respuesta adecuada para controlar la energía mientras permite una sensación natural. A bajas velocidades, los controles por lo general se sienten suaves y lentos, y la aeronave responde lentamente a los controles. A velocidades más altas, los controles se hacen cada vez más firmes y la respuesta del avión es más rápida.

El movimiento de cualquiera de las tres superficies principales de control de vuelo (alerones, timón de profundidad o stabilator, o timón de dirección), cambia la distribución del flujo de aire y de la presión sobre y alrededor de la superficie de sustentación (perfil aerodinámico). Estos cambios afectan a la sustentación y resistencia producida por la combinación perfil/control, y permite al piloto controlar la aeronave sobre sus tres ejes de rotación.

Superficies de control primario	Movimiento del avión	Ejes de rotación	Tipo de estabilidad
Alerón	Alabeo	Longitudinal	Lateral
Elevador/ Stabilator	Cabeceo	Lateral	Longitudinal
Timón de dirección	Giro/dirección	Vertical	Direccional

Figura 5-4. *Controles, movimientos, ejes de rotación y tipos de estabilidad del avión.*

Las características de diseño limitan la cantidad de deflexión de las superficies de control de vuelo. Por ejemplo, mecanismos de control de detención se pueden incorporar en las uniones del control de vuelo, o limitar el movimiento de la palanca de control y/o pedales del timón. El propósito de estos límites de diseño es para evitar que el piloto inadvertidamente controle en exceso y sobrecargue el avión durante maniobras normales.

Un avión bien diseñado es estable y fácil de controlar durante las maniobras normales. Las superficies de control provocan el movimiento sobre los tres ejes de rotación. Los tipos de estabilidad que presenta un avión también se refieren a los tres ejes de rotación. [*Figura 5-4*]

Alerones

Los alerones controlan el alabeo alrededor del eje longitudinal. Los alerones están unidos al exterior del borde de salida de cada ala y se mueven en la dirección opuesta el uno del otro. Alerones están conectados por cables, codos, poleas y/o varillas empujadoras a un volante o palanca de control.

Moviendo el volante o palanca de control hacia la derecha hace que el alerón derecho se mueva hacia arriba y el alerón izquierdo se mueva hacia abajo. La deflexión hacia arriba del alerón derecho disminuye la curvatura resultando en una disminución de la sustentación en el ala derecha. La deflexión correspondiente hacia abajo del alerón izquierdo aumenta la curvatura que resulta en aumento de la sustentación en el ala izquierda. Por lo tanto, la mayor sustentación en el ala izquierda y la menor sustentación en el ala derecha hacen que el avión gire a la derecha.

Guiñada adversa

Dado que el alerón desviado hacia abajo produce más sustentación como se evidencia por la elevación del ala, también produce más resistencia. Esta resistencia añadida hace desacelerar ligeramente al ala. Esto resulta en la guiñada (giro) del avión hacia el ala que experimenta un aumento en la sustentación (y resistencia). Desde la perspectiva del piloto, el giro es opuesto a la dirección del alabeo. La guiñada adversa es resultado de la resistencia diferencial y la ligera diferencia en la velocidad de las alas izquierda y derecha. [*Figura 5-5*]

La guiñada adversa se hace más pronunciada a bajas velocidades. A estas velocidades más bajas la presión aerodinámica en las superficies de control es baja y son requeridos grandes movimientos del control para maniobrar con eficacia el avión. Como resultado, el aumento de la deflexión del alerón provoca un aumento de la guiñada adversa. La guiñada es especialmente evidente en los aviones con gran envergadura.

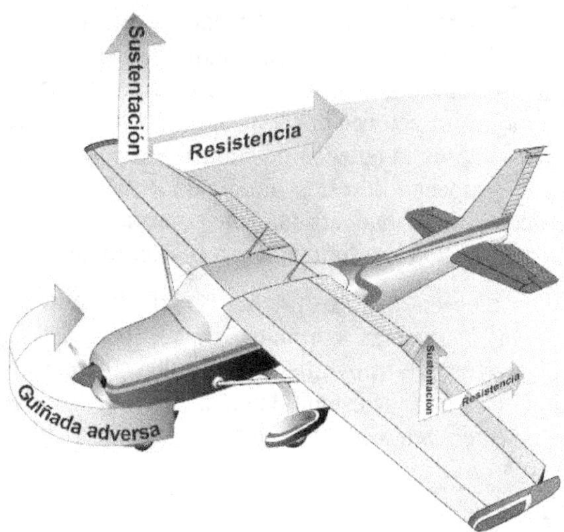

Figura 5-5. *La guiñada adversa es causada por la mayor resistencia en el ala exterior, que produce mayor sustentación.*

La aplicación de timón de dirección se utiliza para contrarrestar la guiñada adversa. La cantidad de control del timón requerida es mayor a bajas velocidades, altos ángulos de ataque, y con grandes deflexiones de alerón. Al igual que todas las superficies de control a bajas velocidades, el estabilizador vertical/timón de dirección se vuelve menos efectivo, y magnifica los problemas de control asociados con la guiñada adversa.

Todos los giros son coordinados por el uso de los alerones, timón, y elevador. La aplicación de presión en el alerón es necesaria para colocar el avión en el ángulo deseado de alabeo, mientras que la aplicación simultánea de presión en el timón es necesaria para contrarrestar la guiñada adversa resultante. Además, dado que se requiere más sustentación durante un giro que en vuelo recto y nivelado, el ángulo de ataque (AOA) debe ser aumentado mediante la aplicación de presión hacia atrás en el elevador. Cuanto más escarpado sea el giro, se necesita más presión en el timón de profundidad.

A medida que el ángulo de alabeo deseado se establece, la presión sobre los alerones y el timón debe ser relajada. Esto detiene el aumento del ángulo de alabeo, porque las superficies de control del alerón y del timón de dirección están en una posición neutral y alineadas. La presión sobre timón de profundidad debe mantenerse constante para mantener la altitud. La salida del giro es similar a la entrada, excepto que los controles de vuelo se aplican en la dirección opuesta. Los alerones y el timón se aplican en la dirección de salida o hacia el ala alta. A medida que el ángulo de inclinación disminuye, la presión sobre el elevador debe ser relajada para mantener la altitud.

En un intento para reducir los efectos de la guiñada adversa, los fabricantes han diseñado cuatro sistemas: alerones diferenciales, alerones tipo frise, alerones y timón acoplados, y flaperones.

Alerones diferenciales

Con alerones diferenciales, un alerón se eleva una distancia mayor que lo que se baja el otro alerón para un movimiento dado de la palanca de control. Esto produce un incremento en la resistencia en el ala descendente. La mayor resistencia resulta de desviar el alerón hacia arriba en el ala descendente a un ángulo mayor que el alerón hacia abajo en el ala que sube. A pesar que la guiñada adversa se reduce, no se elimina completamente. *[Figura 5-6]*

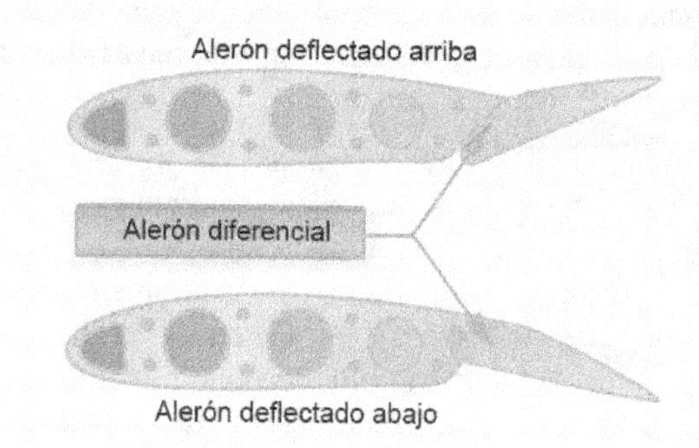

Figura 5-6. *Alerón diferencial.*

Alerones Tipo Frise

Con un alerón tipo frise, cuando se aplica presión a la palanca de control, el alerón que se eleva pivota sobre una bisagra descentrada. Esto proyecta el borde de ataque del alerón en el flujo de aire y crea resistencia. Esto ayuda a equilibrar la resistencia creada por el alerón bajado en el ala opuesta y reduce la guiñada adversa. *[Figura 5-7]*

El alerón tipo frise también forma una ranura para que el aire fluya suavemente sobre el alerón bajado, haciéndolo más efectivo a altos ángulos de ataque. Los alerones tipo frise también pueden estar diseñados para funcionar diferencialmente. Al igual que el alerón diferencial, el alerón tipo frise no elimina la guiñada adversa por completo. La aplicación coordinada del timón sigue siendo necesaria siempre que se usen los alerones.

Alerones y timón acoplados

Los alerones y el timón acoplados son controles interconectados. Esto se logra con resortes de interconexión alerones-timón, que ayudan a corregir la resistencia del alerón automáticamente moviendo el timón al mismo tiempo que los alerones son desviados. Por ejemplo, cuando el comando se mueve para producir un alabeo a la izquierda, el cable y el resorte de interconexión tira hacia adelante el pedal izquierdo lo suficiente para impedir que la nariz de la aeronave gire hacia la derecha. La fuerza aplicada al timón por los resortes puede ser anulada si es necesario deslizar la aeronave. *[Figura 5-8]*

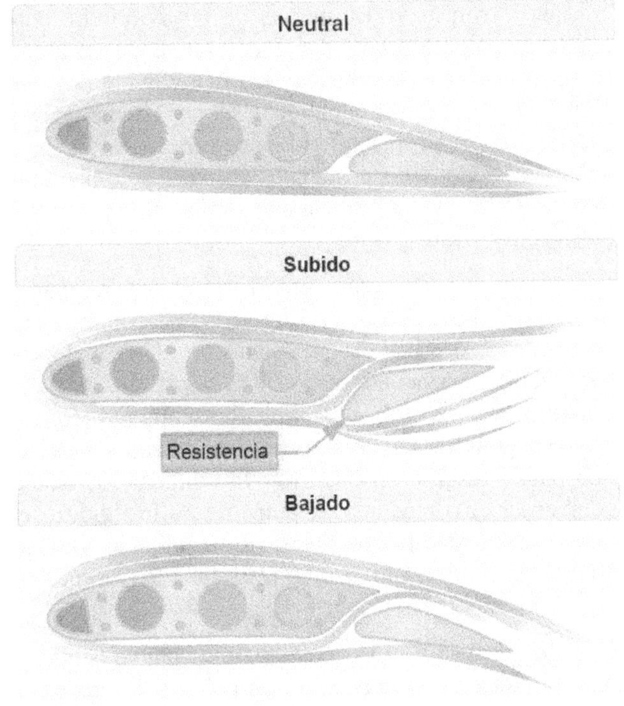

Figura 5-7. *Alerones tipo Frise.*

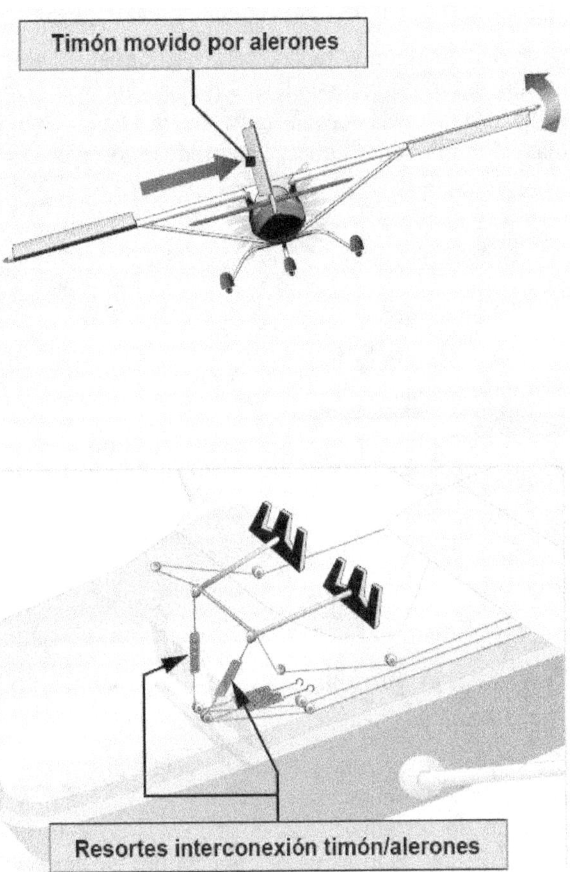

Figura 5-8. *Alerones y timón acoplados*

Flaperones

Los flaperones combinan ambos aspectos de flaps y alerones. Además de controlar el ángulo de inclinación lateral de una aeronave como los alerones convencionales, los flaperones se pueden bajar juntos para funcionar como si fuesen flaps dedicados. El piloto mantiene controles separados para alerones y flaps. Para combinar los requerimientos separados del piloto en este conjunto único de superficie de control llamado flaperón se utiliza un mezclador. Muchos diseños que incorporan flaperones montan las superficies de control separados de las alas para proporcionar un flujo de aire suave a altos ángulos de ataque y/o bajas velocidades. *[Figura 5-9]*

Timón de profundidad o Elevador

El timón de profundidad o elevador controla el cabeceo sobre el eje lateral. Al igual que los alerones en pequeños aviones, el elevador está conectado a la columna de control en la cabina de mando por una serie de conexiones mecánicas. El movimiento hacia atrás del mando mueve el borde de salida del elevador hacia arriba. Esto generalmente se conoce como "timón arriba". *[Figura 5-10]*

Figura 5-9. *Flaperones en un Skystar Kitfox.*

La posición timón arriba disminuye la curvatura del elevador y crea una fuerza aerodinámica descendente, que es mayor que la fuerza normal de cola hacia abajo que existe en vuelo recto y nivelado. El efecto global hace que la cola del avión se desplace hacia abajo y la nariz cabecear hacia arriba. El momento de cabeceo se produce alrededor del centro de gravedad (CG). La fuerza del momento de cabeceo está determinada por la distancia entre el CG y la superficie horizontal de cola, así como por la eficacia aerodinámica de la superficie horizontal de cola. Mover la palanca de mando hacia adelante tiene el efecto contrario. En este caso, la curvatura del elevador aumenta, creando más sustentación (menos fuerza cola hacia abajo) sobre el estabilizador horizontal/elevador. Esto mueve la cola hacia arriba y cabecea la nariz hacia abajo. Una vez más, el momento de cabeceo se produce sobre el CG.

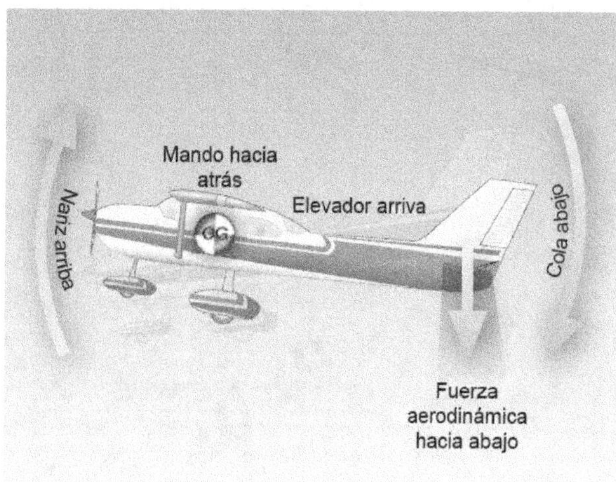

Figura 5-10. *El elevador es el control primario para cambiar el cabeceo de una aeronave.*

Como se mencionó anteriormente al tratar la estabilidad, la potencia, la línea de empuje, y la posición de las superficies horizontales de cola en el empenaje son factores en la eficacia del elevador para controlar el cabeceo. Por ejemplo, las superficies de cola horizontales pueden estar unidas cerca de la parte inferior del estabilizador vertical, en un punto medio, o en posición más alta, como en el diseño de cola en T.

Cola en T

En una configuración de cola en T, el elevador está por encima de la mayoría de los efectos de la corriente descendente de la hélice así como el flujo de aire alrededor del fuselaje y/o alas durante las condiciones normales de vuelo. La operación de los elevadores en este aire tranquilo permite movimientos de control que son consistentes a lo largo de la mayoría de los regímenes de vuelo. El diseño de cola en T se ha hecho en muy popular en muchas aeronaves ligeras y de gran tamaño, especialmente los que tienen montados los motores en la popa del fuselaje porque la configuración de la cola en T aleja la cola de los gases de escape de los motores. Los hidroaviones y aviones anfibios tienen a menudo colas en T con el fin de mantener las superficies horizontales tan lejos del agua como sea posible. Un beneficio adicional es la reducción de la vibración y el ruido en el interior de la aeronave.

A bajas velocidades, el elevador en un avión con cola en T debe ser movido un mayor número de grados para elevar la nariz una cantidad dada que un avión con cola convencional. Esto es debido a que el avión con cola convencional tiene la corriente descendente de la hélice

empujando hacia abajo la cola para ayudar a elevar la nariz.

Dado que los controles en los aviones están armados para que sea necesario un aumento de las fuerzas de control para un mayor desplazamiento del control, las fuerzas necesarias para levantar la nariz de un avión con cola en T son mayores que las de un avión con cola convencional. La estabilidad longitudinal de un avión compensado es la misma para ambos tipos de configuración, pero el piloto debe ser consciente que las fuerzas de control requeridas son mayores a baja velocidad durante los despegues, aterrizajes, o pérdidas que las de los aviones de tamaño similar equipados con colas convencionales.

Los aviones con cola en T también requieren consideraciones de diseño adicionales para contrarrestar el problema del bataneo. Puesto que el peso de las superficies horizontales está en la parte superior del estabilizador vertical, el brazo de momento creado provoca grandes cargas sobre el estabilizador vertical que puede resultar en bataneo. Los ingenieros deben compensar esto mediante el aumento de la rigidez del diseño del estabilizador vertical, resultando por lo general en un aumento de peso respecto a los diseños de cola convencionales.

Cuando se vuela a AOA muy alto con baja velocidad y un CG atrasado, la aeronave con cola en T puede ser susceptible a una pérdida grave. En una pérdida, el flujo de aire sobre el estabilizador horizontal está cubierto por el flujo de aire perturbado de las alas y el fuselaje. En estas circunstancias, el control del elevador o stabilator podría reducirse, haciendo difícil la recuperación de la pérdida. Cabe señalar que un CG atrasado es a menudo un factor que contribuye a estos incidentes, ya que problemas similares de recuperación también se encuentran con los aviones de cola convencional con un CG atrasado. *[Figura 5-11]*

Figura 5-11. *Avión con diseño de cola en T en un AOA alto y CG atrasado*

Dado que el vuelo a AOA alto con una baja velocidad y una posición de CG atrasado puede ser peligroso, muchos aviones tienen sistemas para compensar esta situación. Los sistemas van desde topes de control hasta resortes de elevador abajo. Un resorte de elevador hacia abajo ayuda a bajar la nariz de la aeronave para evitar una pérdida causada por la posición del CG atrasado. La pérdida se produce porque el avión correctamente compensado está volando con el borde de salida del elevador en posición abajo, forzando la cola hacia arriba y la nariz abajo. En esta condición inestable, si el avión encuentra turbulencias y se hace aún más lento, la aleta compensadora ya no coloca el elevador en la posición de nariz abajo. El elevador a continuación se alinea, y la nariz de la aeronave sube, resultando en una posible pérdida.

El resorte de elevador abajo produce una carga mecánica en el elevador, provocando que se mueva a posición de nariz hacia abajo, si no se equilibra de otra manera. La aleta de compensación balancea el resorte para compensar el elevador. Cuando el compensador se vuelve ineficaz, el resorte lleva al elevador a una posición de nariz abajo. La nariz del avión baja, la velocidad aumenta, y se previene una pérdida. *[Figura 5-12]*

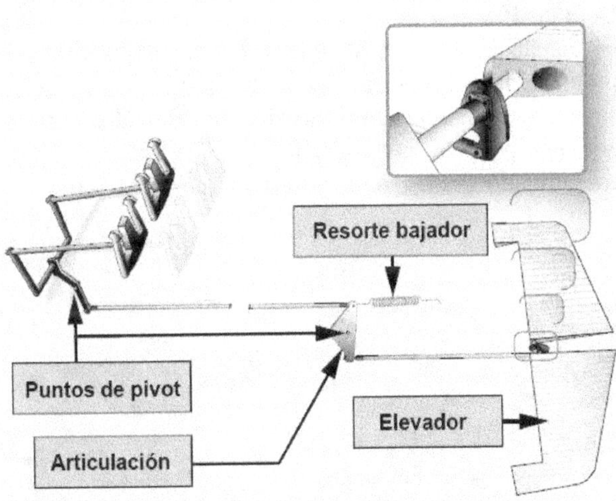

Figura 5-12. *Cuando la eficacia aerodinámica de la superficie horizontal de cola es inadecuada debido a un CG atrasado el resorte bajador de elevador puede usarse para proveer una carga mecánica que baje la nariz.*

El elevador también debe tener la autoridad suficiente para mantener arriba la nariz de la aeronave durante la recogida en el aterrizaje. En este caso, un CG adelantado puede causar un problema. Durante el aterrizaje, la potencia esta por lo general reducida, lo que disminuye el flujo de aire sobre el empenaje. Esto,

junto con la velocidad de aterrizaje reducida, hace al elevador menos eficaz.

Como demuestra esta discusión, los pilotos deben comprender y seguir los procedimientos adecuados de carga, particularmente con respecto a la posición del CG. Más información sobre la carga de la aeronave, así como peso y balance, se incluye en el capítulo Peso y Balance.

Stabilator

Como se ha mencionado en el Capítulo Estructura de las Aeronaves, un stabilator es esencialmente un estabilizador horizontal de una pieza que pivota desde una bisagra en un punto central. Cuando la columna de control se lleva hacia atrás, eleva el borde de salida del stabilator, elevando la nariz del avión. Empujando la columna de control hacia adelante baja el borde de salida del stabilator y baja la nariz del avión.

Debido a que el stabilator pivota alrededor de una bisagra central, son extremadamente sensibles a los movimientos de control y las cargas aerodinámicas. Las aletas antiservo se incorporan en el borde de salida para disminuir la sensibilidad. Se mueven en la misma dirección que el stabilator. Esto resulta en un aumento de la fuerza requerida para mover el stabilator, lo que lo hace menos propenso a un movimiento de control excesivo. Además, un contrapeso se incorpora normalmente delante del larguero principal. El contrapeso puede proyectarse en el empenaje o se puede incorporar en la parte delantera de las puntas del stabilator. *[Figura 5-13]*

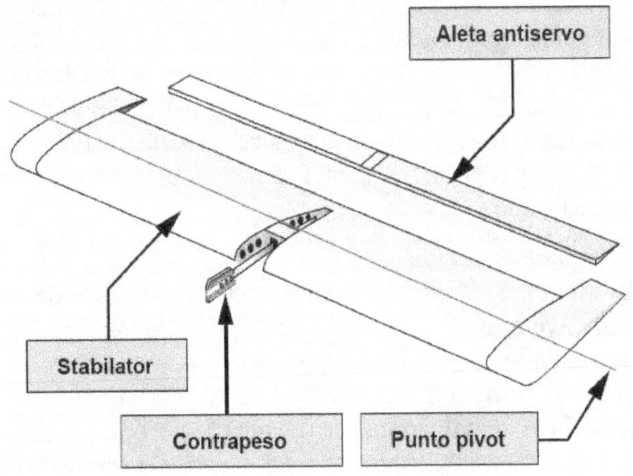

Figura 5-13. *El stabilator es una superficie de cola horizontal de una pieza que pivota de un punto central.*

Canard

El diseño canard utiliza el concepto de dos superficies de sustentación, funcionando el canard como un estabilizador horizontal situado por delante de las alas principales. En efecto, el canard es un perfil aerodinámico similar a la superficie horizontal de un diseño con cola posterior convencional. La diferencia es que el canard crea sustentación y mantiene la nariz arriba, en oposición al diseño de cola posterior que ejerce fuerza hacia abajo en la cola para evitar que la nariz cabecee hacia abajo. *[Figura 5-14]*

Figura 5-14. *El Piaggio P180 incluye un diseño canard de flecha variable, que provee estabilidad longitudinal sobre el eje lateral.*

El diseño canard se remonta a la época de los pioneros de la aviación, especialmente utilizado en el Wright Flyer. Recientemente, la configuración canard ha recuperado popularidad y está apareciendo en los nuevos aviones. El diseño canard incluye dos tipos: uno con una superficie horizontal de aproximadamente el mismo tamaño que un diseño de cola posterior normal, y el otro con una superficie del mismo tamaño aproximado y perfil aerodinámico del ala trasera conocido como una configuración de ala en tándem. Teóricamente, el canard es considerado más eficiente porque el uso de la superficie horizontal para ayudar a sustentar el peso de la aeronave debería resultar en menos resistencia para una cantidad determinada de sustentación.

Timón de dirección

El timón de dirección controla el movimiento de la aeronave alrededor de su eje vertical. Este movimiento se llama giro. Al igual que las otras superficies de control primarias, el timón de dirección es una superficie móvil articulado en una superficie fija, en este caso al estabilizador vertical, o deriva. Moviendo el pedal izquierdo o derecho se controla el timón de dirección.

Cuando el timón se desvía en el flujo de aire, una fuerza horizontal se ejerce en la dirección opuesta. *[Figura 5-15]* Al presionar el pedal izquierdo, el timón se mueve a la izquierda. Esto altera el flujo de aire alrededor del estabilizador vertical/timón, y crea una sustentación lateral que mueve la cola hacia la derecha y gira la nariz del avión hacia la izquierda. La eficacia del timón

aumenta con la velocidad; por lo tanto, grandes deflexiones a bajas velocidades y deflexiones pequeñas a altas velocidades pueden ser requeridas para proporcionar la reacción deseada. En aviones a hélice, cualquier estela sobre el timón aumenta su eficacia.

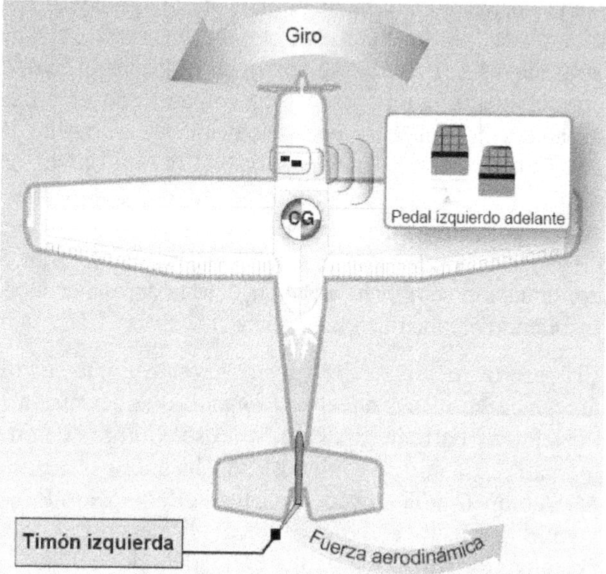

Figura 5-15. *Efecto de la presión sobre el pedal izquierdo.*

Cola en V

El diseño de cola en V utiliza dos superficies de cola inclinadas para realizar las mismas funciones que las superficies de una configuración de elevador y timón convencional. Las superficies fijas actúan como estabilizadores horizontal y vertical. *[Figura 5-16]*

Figura 5-16. *Beechcraft Bonanza V35.*

Las superficies móviles, que suelen ser llamados timones-elevadores, se conectan a través de una vinculación especial que permite a los mandos mover ambas superficies al mismo tiempo. Por otro lado, el desplazamiento de los pedales del timón mueve las superficies diferencialmente, proporcionando de este modo control direccional.

Cuando ambos controles de timón y elevador son movidos por el piloto, un mecanismo de mezcla de control mueve cada superficie la cantidad apropiada. El sistema de control para la cola en V es más complejo que el requerido para una cola convencional. Además, el diseño de cola en V es más susceptible de tender al balanceo del holandés que una cola convencional, y la reducción de resistencia total es mínima.

Controles de Vuelo Secundarios

Los sistemas de control de vuelo secundarios pueden consistir en flaps, dispositivos de borde de ataque, spoilers, y sistemas de compensación.

Flaps

Los flaps son los dispositivos hipersustentadores más comunes utilizados en los aviones. Estas superficies, que están unidas al borde de salida del ala, incrementan tanto la sustentación como la resistencia inducida para cualquier AOA determinado. Los flaps permiten un compromiso entre la alta velocidad de crucero y la baja velocidad de aterrizaje, porque pueden ser extendidos cuando sea necesario, y retraídos en la estructura del ala cuando no se necesita. Hay cuatro tipos comunes de flaps: simples, divididos, ranurados y flaps Fowler. *[Figura 5-17]*

El flap simple es el más sencillo de los cuatro tipos. Incrementa la curvatura del perfil alar, resultando en un aumento significativo en el coeficiente de sustentación (C_L) a un dado AOA. Al mismo tiempo, aumenta considerablemente la resistencia y mueve el centro de presión (CP) del perfil hacia atrás, resultando en un momento de cabeceo hacia abajo.

El flap dividido o de intradós es desplegado desde la superficie inferior del perfil (intradós) y produce un aumento ligeramente mayor en la sustentación que el flap simple. Se crea más resistencia debido al patrón de aire turbulento producido detrás del perfil alar. Cuando están totalmente extendidos, tanto el flap simple como el partido producen mucha resistencia con poca sustentación adicional.

El flap más popular en los aviones hoy es el flap ranurado. Variaciones de este diseño se utilizan para aeronaves pequeñas, así como para las grandes. Los flaps ranurados aumentan el coeficiente de sustentación significativamente más que los flaps simples o divididos. En aviones pequeños, la bisagra se encuentra debajo de la superficie inferior del flap, y cuando el flap se baja, se forma un conducto entre el ala y el borde de ataque del flap. Cuando el flap ranurado se baja, aire de alta energía de la superficie inferior es conducido a la superficie superior del flap. El aire de alta energía de la ranura acelera la capa límite de la superficie superior y retrasa la separación del flujo de aire, proporcionando un mayor C_L. Por lo tanto, el flap ranurado produce un

mayor incremento en el coeficiente de sustentación máximo (C_{L-MAX}) que el flap simple o dividido. Si bien existen muchos tipos de flaps ranurados, las aeronaves de gran tamaño suelen tener flaps ranurados dobles y hasta triples. Esto permite el máximo incremento en la resistencia sin que el flujo de aire sobre los flaps se separe y destruya la sustentación que producen.

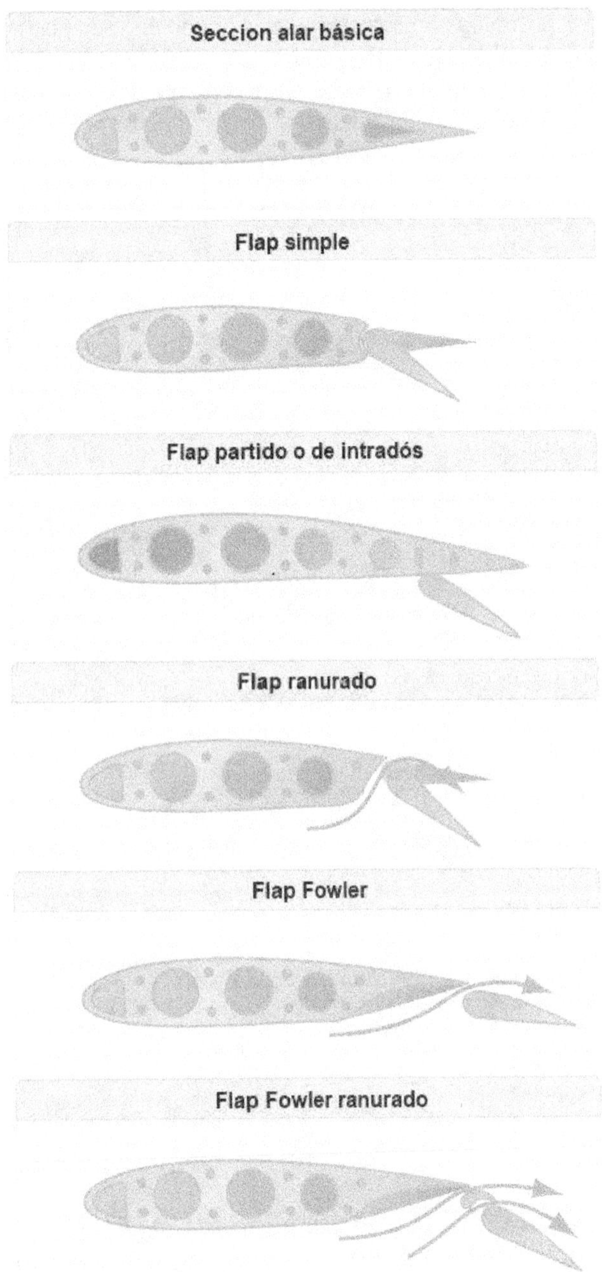

Figura 5-17. *Cinco tipos comunes de flaps.*

Los flaps Fowler son un tipo de flap ranurado. Este diseño de flap no sólo cambia la curvatura del ala, sino que también incrementa la superficie de las alas. En lugar de girar hacia abajo en una bisagra, se desliza hacia atrás por carriles. En la primera parte de su extensión, aumenta la resistencia muy poco, pero aumenta la sustentación una gran cantidad ya que incrementa tanto el área como la curvatura. A medida que la extensión continúa, el flap se mueve hacia abajo. Durante la última parte de su recorrido, el flap aumenta la resistencia con un pequeño aumento adicional de la sustentación.

Dispositivos de borde de ataque

Dispositivos hipersustentadores también se pueden aplicar al borde de ataque del perfil alar. Los tipos más comunes son las ranuras fijas o slots, slats móviles, flaps de borde de ataque, y *cuffs* (extensiones en el borde de ataque). *[Figura 5-18]*

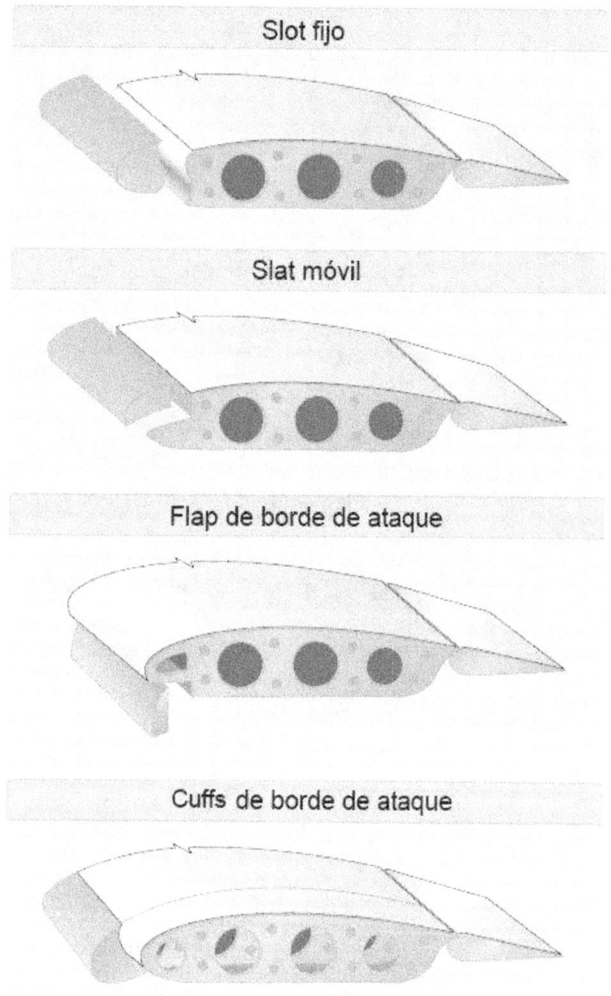

Figura 5-18. *Dispositivos hipersustentadores de borde de ataque.*

Los slots dirigen el flujo de aire a la superficie superior del ala y retrasa la separación del flujo a altos ángulos de ataque. El slot no aumenta la curvatura del ala, pero permite un C_L máximo más alto, porque la pérdida se retrasa hasta que el ala alcanza a un AOA mayor.

Los slats móviles consisten en segmentos del borde de ataque, que se mueven en carriles. A bajos ángulos de ataque, cada slat se mantiene al ras contra el borde de ataque del ala por la alta presión que se forma en el borde de ataque del ala. Al aumentar el AOA, la zona de alta presión se mueve hacia atrás por debajo de la superficie inferior del ala, permitiendo que los slats avancen. Algunos slats, sin embargo, son operados por el piloto y puede ser desplegado a cualquier AOA. Desplegar un slat permite que el aire debajo del ala fluya sobre la superficie superior del ala, retrasando la separación del flujo de aire.

Los flaps del borde de ataque, como los flaps de borde de salida, se utilizan para aumentar tanto la $C_{L\text{-}MAX}$ como la curvatura de las alas. Este tipo de dispositivo de borde de ataque se utiliza con frecuencia en combinación con flaps de borde de salida y pueden reducir el cabeceo nariz hacia abajo producido por estos últimos. Como sucede con los flaps de borde de salida, un pequeño incremento de los flaps de borde de ataque aumenta la sustentación en un grado mucho mayor que la resistencia. Cuando se extiende una mayor cantidad de flaps, la resistencia aumenta a un ritmo mayor que la sustentación.

Los cuffs son extensiones del borde de ataque, y como los flaps de borde de ataque y de salida, se utilizan para aumentar tanto $C_{L\text{-}MAX}$ como la curvatura de las alas. A diferencia de los flaps de borde de ataque y de salida, son dispositivos aerodinámicos fijos. En la mayoría de los casos las mangas de borde de ataque extienden el borde de ataque hacia abajo y adelante. Esto hace que el flujo de aire se adhiera mejor al extradós alar a mayores ángulos de ataque, lo que disminuye la velocidad pérdida de un avión. La naturaleza fija de los puños de borde de ataque conlleva una penalización en la velocidad de crucero máxima, pero avances recientes en el diseño y la tecnología han reducido esa penalización.

Spoilers

Encontrados en muchos planeadores y algunos aviones, los dispositivos de alta resistencia llamados spoilers se despliegan desde las alas para eliminar el flujo de aire suave, reduciendo la sustentación y aumentando la resistencia. En planeadores, los spoilers son mayormente usados para controlar la velocidad de descenso para aterrizajes precisos. En otras aeronaves, los spoilers se utilizan a menudo para el control del alabeo, con la ventaja de la eliminación de la guiñada adversa. Para girar a la derecha, por ejemplo, se levanta el spoiler en el ala derecha, destruyendo parte de la sustentación y creando más resistencia en la derecha. El ala derecha cae, y el avión alabea y gira a la derecha. Desplegando los spoilers en ambas alas al mismo tiempo permite a la aeronave descender sin ganar velocidad. Los spoilers también se despliegan para ayudar a reducir la carrera en tierra tras el aterrizaje. Al destruir sustentación, transfieren el peso a las ruedas, mejorando la eficacia del frenado. *[Figura 5-19]*

Figura 5-19. *Los spoilers reducen la sustentación y aumentan la resistencia durante el descenso y el aterrizaje.*

Sistemas de compensación

Aunque un avión puede ser operado a lo largo de una amplia gama de actitudes, velocidades y ajustes de potencia, sólo puede ser diseñado para volar sin manos dentro de una combinación muy limitada de estas variables. Los sistemas compensadores se usan para aliviar el piloto de la necesidad de mantener una presión constante sobre los controles de vuelo, y generalmente consisten de controles en cabina y pequeños dispositivos articulados unidos al borde de salida de una o más de las superficies de control de vuelo primarias. Diseñado para ayudar a minimizar la carga de trabajo de un piloto, los sistemas de compensación asisten aerodinámicamente el movimiento y la posición de la superficie de control de vuelo a la que están unidos. Los tipos más comunes de sistemas de compensación incluyen aletas (tabs) de compensación, aletas de balance, aletas antiservo, aletas ajustables en tierra, y un estabilizador ajustable.

Aletas (tabs) de compensación

La instalación más común en aeronaves pequeñas es una sola aleta de compensación unida al borde de salida del elevador. La mayoría de los tabs de compensación se accionan manualmente mediante una pequeña rueda de control montada verticalmente. Sin embargo, una manivela de compensación se puede encontrar en algunos aviones. El control de la cabina de vuelo incluye un indicador de posición. Colocando el control de compensación en posición de toda nariz hacia abajo mueve la aleta de compensación a su posición más alta. Con la aleta hacia arriba y en la corriente de aire, el flujo de aire sobre la superficie horizontal de cola tiende a forzar el borde de salida del elevador hacia abajo. Esto hace que la cola del avión se mueva hacia arriba, y la nariz hacia abajo. *[Figura 5-20]*

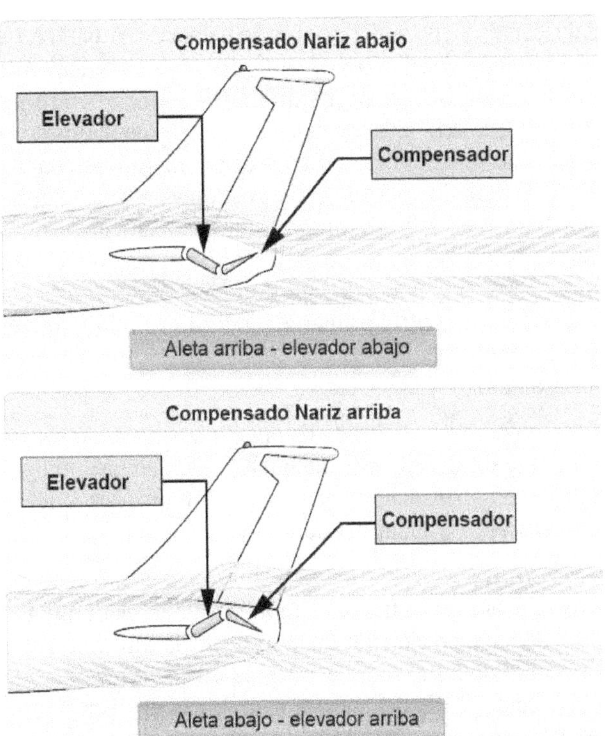

Figura 5-20. *El movimiento del elevador es opuesto a la dirección de movimiento del tab del elevador.*

Si la aleta de compensación se ajusta al máximo nariz arriba, el tab se mueve a su máxima posición abajo. En este caso, el aire fluyendo bajo la superficie de cola horizontal golpea el tab y fuerza al borde de salida del elevador hacia arriba, reduciendo el AOA del elevador. Esto hace que la cola del avión se mueva hacia abajo, y la nariz se mueva hacia arriba.

A pesar del movimiento direccional opuesto del tab y el elevador, el control de compensación es natural para un piloto. Si el piloto necesita ejercer presión constante hacia atrás sobre el mando, está indicada la necesidad de compensación nariz arriba. El procedimiento normal de compensación es que continúe compensando hasta que la aeronave está equilibrada y la condición de picado ya no es aparente. Los pilotos suelen establecer la potencia deseada, la actitud de cabeceo, y la configuración primero, y luego compensan el avión para aliviar las presiones sobre el control que puedan existir para esa condición de vuelo. Cada vez que se cambia la configuración, la potencia, o la actitud de cabeceo, se espera que sea necesario compensar otra vez para aliviar las presiones de control para la nueva condición de vuelo.

Tabs de Balance

Las fuerzas de control pueden ser excesivamente altas en algunos aviones, y, con el fin de disminuirlas, el fabricante puede utilizar tabs de balance. Se parecen a aletas compensadoras y se articulan aproximadamente en los mismos lugares. La diferencia esencial entre las dos es que los tabs de balance están acoplados a la varilla de la superficie de control de modo que cuando la superficie de control primaria se mueve en cualquier dirección, el tab se mueve automáticamente en la dirección opuesta. El flujo de aire golpeando el tab compensa un poco la presión del aire contra la superficie de control primaria, y permite al piloto mover y mantener más fácilmente la superficie de control en su posición.

Si la unión entre el tab de balance y la superficie fija es ajustable desde la cabina de vuelo, el tab actúa como un tab de compensación y balance combinados que se puede ajustar a cualquier deflexión deseada.

Tabs Antiservo

Los tabs antiservo trabajan en la misma manera que los tabs de balance excepto que, en lugar de moverse en la dirección opuesta, se mueven en la misma dirección que el borde de salida del stabilator. Además de disminuir la sensibilidad del stabilator, un tab antiservo también funciona como un dispositivo compensador para aliviar la presión de control y mantener el stabilator en la posición deseada. El extremo fijo de la unión está en el lado opuesto de la superficie; cuando el borde de salida del stabilator se mueve hacia arriba, la unión fuerza al borde de salida del tab hacia arriba. Cuando el stabilator se mueve hacia abajo, el tab también se mueve hacia abajo. Por el contrario, los tabs de compensación en elevadores se mueven en sentido contrario a la superficie de control. *[Figura 5-21]*

Tabs ajustables en tierra

Muchos aviones pequeños tienen una aleta compensadora metálica no movible en el timón. Esta aleta se dobla en un sentido o en el otro mientras está en tierra para aplicar una fuerza de compensación al timón. El desplazamiento correcto se determina por ensayo y error. Por lo general, son necesarios pequeños ajustes hasta que el avión no derrapa más a izquierda o derecha durante el vuelo normal de crucero. *[Figura 5-22]*

Estabilizador ajustable

En lugar de utilizar un tab móvil en el borde de salida del elevador, algunos aviones tienen un estabilizador ajustable. Con esta disposición, las uniones pivotan el estabilizador horizontal sobre su larguero posterior. Esto se logra mediante el uso de un tornillo sinfín montado en el borde de ataque del estabilizador. *[Figura 5-23]*

En aviones pequeños, el tornillo es operado por cable con una rueda o manija de ajuste. En los aviones más grandes, es accionado por motor. El efecto de compensación y las indicaciones en cabina de un

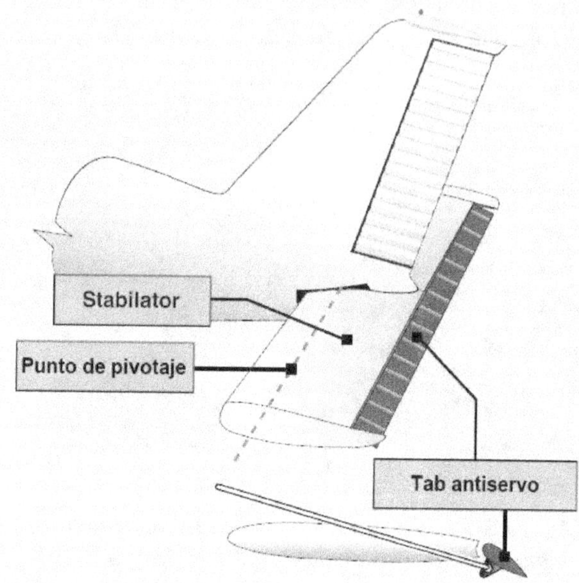

Figura 5-21. *Un tab antiservo intenta alinear la superficie de control y se usa para hacer el stabilator menos sensible oponiéndose a la fuerza ejercida por el piloto.*

Figura 5-22. *Un tab ajustable se usa en el timón de muchos aviones pequeños para corregir la tendencia a volar con el fuselaje ligeramente desalineado al viento relativo.*

estabilizador ajustable son similares a los de un tab de compensación.

Piloto automático

El piloto automático es un sistema de control de vuelo automático que mantiene un avión en vuelo nivelado o en un curso establecido. Puede ser dirigido por el piloto, o puede ser acoplado a una señal de navegación por radio. El piloto automático reduce las exigencias físicas y mentales de un piloto y aumenta la seguridad. Las características comunes disponibles en un piloto

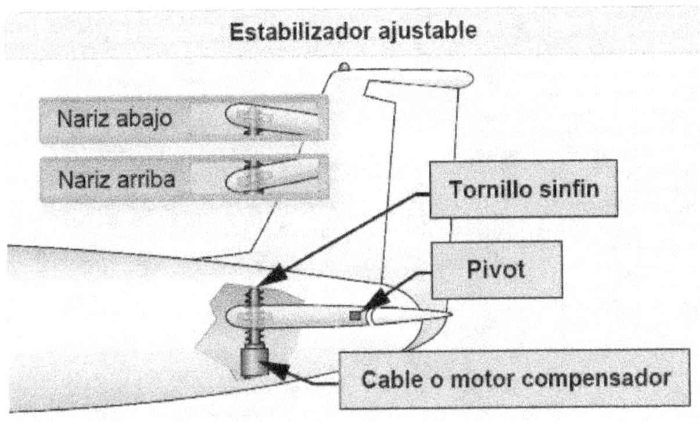

Figura 5-23. *Algunos aviones, incluidos los de transporte, usan un estabilizador ajustable para proporcionar las fuerzas de compensación requeridas.*

Figura 5-24. *Sistema de piloto automático básico integrado al sistema de control de vuelo.*

automático son el mantenimiento de la altitud y el rumbo.

Los sistemas más simples utilizan indicadores de actitud giroscópicos y compás magnéticos para controlar los servos conectados al sistema de control de vuelo. *[Figura 5-24]* El número y localización de estos servos depende de la complejidad del sistema. Por ejemplo, un piloto automático de un solo eje controla la aeronave con respecto al eje longitudinal y un servo acciona los alerones. Un piloto automático de tres ejes controla la aeronave alrededor de los ejes longitudinal, lateral y vertical. Tres servos diferentes accionan los alerones, elevador y timón de dirección. Los sistemas más avanzados incluyen a menudo un modo para mantener una velocidad vertical y/o velocidad indicada. Sistemas de piloto automático avanzados se acoplan a las ayudas a la navegación a través de un director de vuelo.

El sistema de piloto automático también incorpora una característica de seguridad para desconectar el sistema de forma automática o manualmente. Estos pilotos automáticos trabajan con sistemas de navegación inercial, sistemas de posicionamiento global (GPS) y computadoras de vuelo para controlar la aeronave. En los sistemas fly-by-wire, el piloto automático es un componente integrado.

Adicionalmente, los pilotos automáticos pueden ser desconectados manualmente. Dado que los sistemas de piloto automático son muy diferentes en su funcionamiento, consulte las instrucciones de uso del piloto automático en el Manual de Vuelo del Avión (AFM) o Manual de Operaciones del Piloto (POH).

Resumen del capítulo

Dado que los sistemas de control de vuelo y las características aerodinámicas varían mucho entre las aeronaves, es esencial que un piloto se familiarice con los sistemas de control de vuelo primarios y secundarios de la aeronave volada. La principal fuente de información es el AFM o el POH. Varios fabricantes y sitios web de grupos propietarios también pueden ser una valiosa fuente de información adicional.

Sistemas de aeronaves

Introducción

Este capítulo cubre los sistemas primarios que se encuentran en la mayoría de las aeronaves. Estos incluyen motor, hélice, inducción (admisión, carburación), encendido, así como combustible, lubricación, refrigeración, eléctrico, tren de aterrizaje, y sistemas de control ambiental.

Grupo motopropulsor

Un motor de aeronave, o grupo motopropulsor, produce empuje para propulsar una aeronave. Los motores alternativos y los motores turbohélice trabajan en combinación con una hélice para producir empuje. Los turborreactores y los turboventiladores producen empuje incrementando la velocidad del aire que fluye a través del motor. Todos estos motores también impulsan a los diversos sistemas que apoyan la operación de una aeronave.

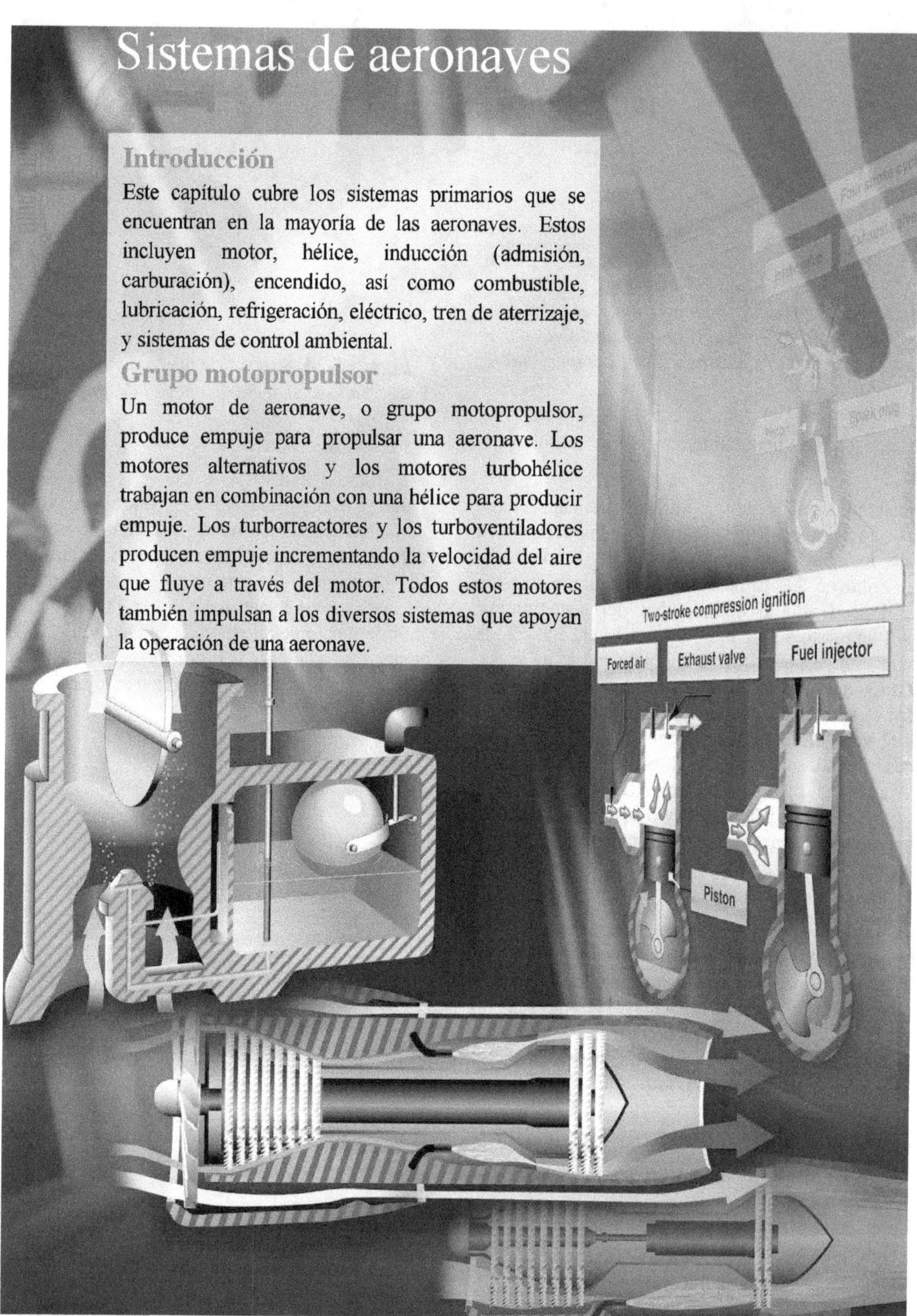

Motores alternativos

La mayoría de los aviones pequeños están diseñados con motores alternativos (o explosión interna). El nombre se deriva del movimiento de los pistones hacia adelante-atrás, o alternativo, que producen la energía mecánica necesaria para llevar a cabo el trabajo.

Impulsado por una revitalización de la industria de la aviación general (GA) y avances tanto en materiales como diseño del motor, la tecnología del motor de alternativo ha mejorado dramáticamente en las últimas dos décadas. La integración de sistemas computarizados de gestión del motor ha mejorado la eficiencia del combustible, disminución de las emisiones, y carga de trabajo del piloto reducida.

Los motores alternativos funcionan según el principio básico de convertir la energía química (combustible) en energía mecánica. Esta conversión se produce dentro de los cilindros del motor a través del proceso de combustión. Los dos diseños principales de motores de pistón son los de encendido por chispa y encendido por compresión. El motor de pistón de encendido por chispa ha servido como el motor de elección por muchos años. En un esfuerzo por reducir los costes operativos, simplificar el diseño, y mejorar la fiabilidad, varios fabricantes de motores están recurriendo a los de encendido por compresión como una alternativa viable. A menudo referidos como motores de pistón de combustible jet, los motores de encendido por compresión tienen la ventaja añadida de la utilización de gasoil o combustible jet A de menor costo y fácilmente disponibles.

Los principales componentes mecánicos del motor de ignición por chispa y de encendido por compresión son esencialmente los mismos. Ambos usan cámaras de combustión y pistones que recorren la longitud de los cilindros para convertir el movimiento lineal en movimiento de rotación del cigüeñal. La principal diferencia entre encendido por chispa y encendido por compresión es el proceso de ignición del combustible. Los motores de encendido por chispa utilizar una bujía para encender una mezcla de combustible/aire (la mezcla combustible/aire es la relación entre el "peso" de combustible y el "peso" de aire a ser quemados). Un motor de encendido por compresión primero comprime el aire en el cilindro, elevando su temperatura hasta el grado necesario para el encendido automático cuando el combustible es inyectado en el cilindro.

Estos dos diseños de motores pueden ser clasificados como:

1. Disposición de los cilindros con respecto al cigüeñal: radial, en línea, en V, u opuestos.

2. Tiempos del ciclo de funcionamiento: dos o cuatro.

3. Método de enfriamiento: líquido o aire.

Los motores radiales se utilizaron ampliamente durante la Segunda Guerra Mundial y muchos todavía están en servicio actualmente. Con estos motores, una fila o filas de cilindros están dispuestas en un patrón circular alrededor del cárter. La ventaja principal de un motor radial es la relación potencia-peso. *[Figura 6-1]*

Figura 6-1. *Motor radial.*

Los motores en línea tienen comparativamente un área frontal pequeña, pero su relación potencia-peso es relativamente baja. Además, los cilindros traseros de un motor en línea refrigerado por aire, reciben muy poco aire de refrigeración, por lo que estos motores se limitan normalmente a cuatro o seis cilindros. Los motores en V proveen más potencia que los motores en línea y todavía tienen un área frontal pequeña.

Las mejoras continuas en el diseño de motores condujeron al desarrollo del motor horizontalmente opuesto, que siguen siendo los motores alternativos más populares utilizados en aviones livianos. Estos motores siempre tienen un número par de cilindros, dado que un cilindro en un lado del cárter "se opone a" un cilindro en el otro lado. *[Figura 6-2]* La mayoría de estos motores son refrigerados por aire y por lo general se montan en posición horizontal cuando se instalan en aviones de ala fija. Este tipo motores tienen una alta relación potencia-peso porque tienen un cárter relativamente más pequeño y liviano. Además, la disposición de cilindros compacta reduce el área frontal del motor y permite una instalación optimizada que minimiza la resistencia aerodinámica.

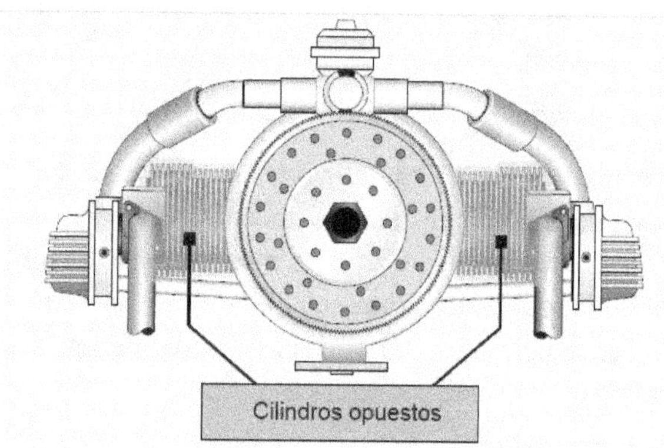

Figura 6-2. *Motor opuesto horizontal.*

Dependiendo del fabricante del motor, todas estas disposiciones se pueden diseñar para utilizar encendido por chispa o por compresión, y operar en un ciclo de dos o cuatro tiempos.

En un motor de dos tiempos, la conversión de energía química en energía mecánica se produce en un ciclo de funcionamiento de dos tiempos. Los procesos de admisión, compresión, explosión y escape se producen en sólo dos carreras (tiempos) del pistón en lugar de los más comunes de cuatro tiempos. Debido a que un motor de dos tiempos tiene un tiempo de potencia en cada vuelta del cigüeñal, por lo general tienen una mayor relación potencia-peso que un motor de cuatro tiempos. Debido a la inherente ineficiencia y las emisiones desproporcionadas de los primeros diseños, el uso del motor de dos tiempos se ha visto limitado en la aviación.

Los avances recientes en material y diseño de motores han reducido muchas de las características negativas asociadas con motores de dos tiempos. Los modernos motores de dos tiempos a menudo utilizan depósitos de aceite convencionales, bombas de aceite y sistemas de lubricación alimentados a presión. El uso de inyección directa de combustible y aire a presión, característica de avanzados motores de encendido por compresión, hace que motores de dos tiempos de encendido por compresión sean una alternativa viable a los diseños más comunes de cuatro tiempos de encendido por chispa. *[Figura 6-3]*

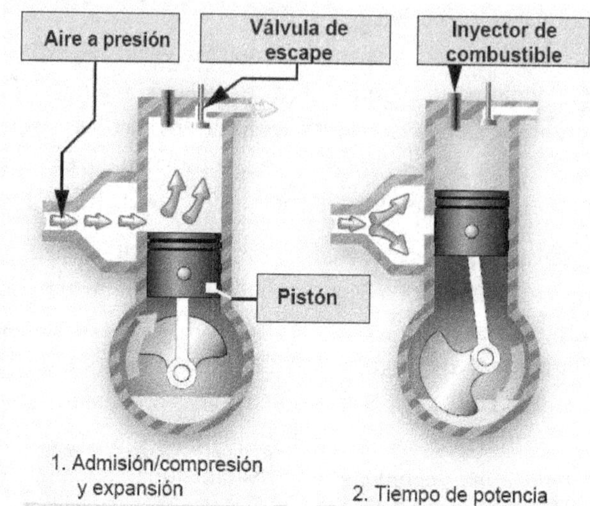

Figura 6-3. *Encendido por compresión de dos tiempos.*

Los motores de cuatro tiempos con encendido por chispa siguen siendo el diseño más común usado en la aviación general en la actualidad. *[Figura 6-4]* Las partes principales de un motor alternativo de encendido por chispa incluyen los cilindros, el cárter y la caja de accesorios. Las válvulas de admisión/escape, bujías, y pistones se encuentran en los cilindros. El cigüeñal y las bielas se encuentran en el cárter. Los magnetos se encuentran normalmente en la caja de accesorios.

En un motor de cuatro tiempos la conversión de la energía química en energía mecánica se produce durante un ciclo de funcionamiento de cuatro tiempos. Los procesos de admisión, compresión, explosión, y escape se producen en cuatro tiempos separados del pistón.

1. El tiempo de admisión comienza cuando el pistón inicia su recorrido hacia abajo. Cuando esto sucede, la válvula de admisión se abre y la mezcla de combustible /aire se introduce en el cilindro.

2. El tiempo de compresión comienza cuando la válvula de admisión se cierra y el pistón comienza a moverse de nuevo hacia la parte superior del cilindro. Esta fase del ciclo se utiliza para obtener una potencia mucho mayor de la mezcla de combustible/aire una vez que se enciende.

3. El tiempo de explosión comienza cuando la mezcla de combustible/aire es encendida. Esto provoca un tremendo aumento de la presión en el

cilindro, y obliga al pistón ir hacia abajo lejos de la cabeza del cilindro, creando la potencia que gira el cigüeñal.

4. El tiempo de escape se utiliza para purgar el cilindro de los gases quemados. Se inicia cuando la válvula de escape se abre y el pistón comienza a moverse hacia la cabeza del cilindro, una vez más.

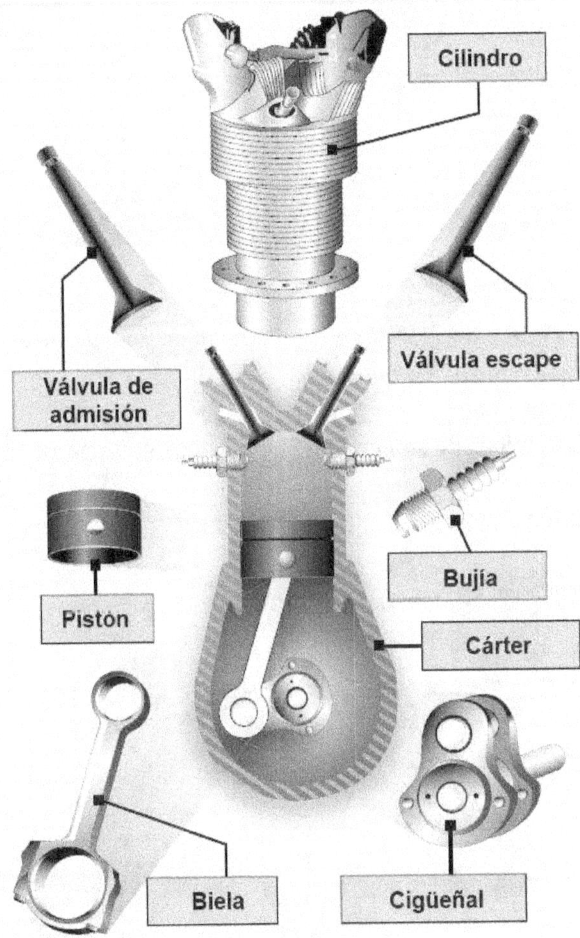

Figura 6-4. *Componentes principales de un motor alternativo de encendido por chispa.*

Incluso cuando el motor funciona a una velocidad relativamente baja, el ciclo de cuatro tiempos se lleva a cabo varios cientos de veces cada minuto. *[Figura 6-5]* En un motor de cuatro cilindros, cada cilindro funciona en un tiempo diferente. La continua rotación del cigüeñal se mantiene por el momento preciso de los tiempos de explosión en cada cilindro. El funcionamiento continuo del motor depende del funcionamiento simultáneo de los sistemas auxiliares, incluyendo la inducción (admisión aire/combustible),

encendido, combustible, aceite, refrigeración y sistemas de escape.

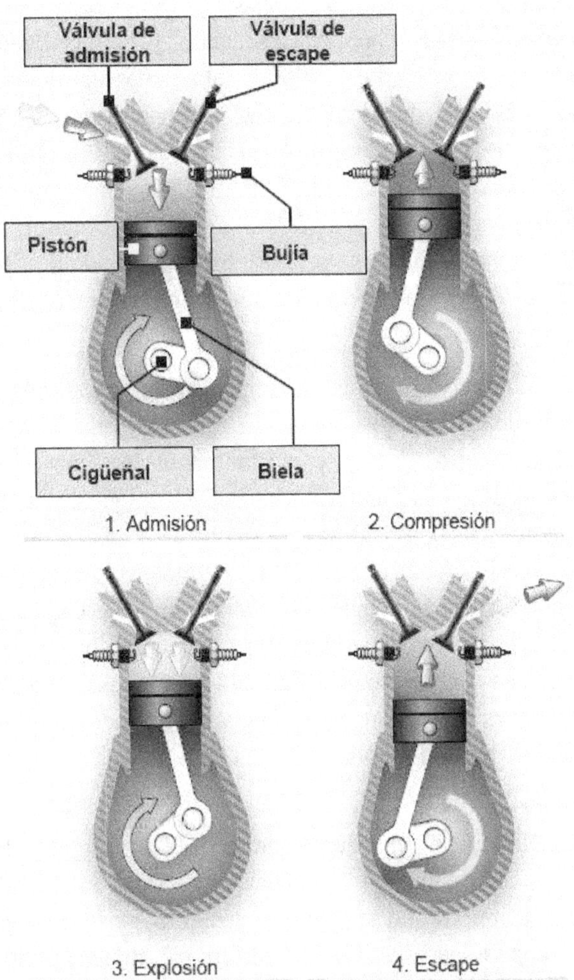

Figura 6-5. *La flecha en esta ilustración indica la dirección de movimiento del cigüeñal y pistón durante el ciclo de cuatro tiempos.*

El último avance en los motores de pistón de aeronaves fue iniciado a mediados de la década de 1960 por Frank Thielert, quien buscó respuestas en la industria automotriz sobre cómo integrar la tecnología diesel en un motor de avión. La ventaja de un motor alternativo diesel radica en la similitud física del diesel y el queroseno. Las aeronaves equipadas con un motor de pistones diesel funcionan con queroseno estándar de aviación que proporciona una mayor independencia, mayor confiabilidad, menor consumo y ahorro de costos operacionales.

En 1999, Thielert formó la Thielert Aircraft Engines (TAE) para diseñar, desarrollar, certificar, y fabricar de un motor diesel totalmente nuevo que quema Jet-A para la industria de la aviación general. En marzo de 2001, el primer prototipo de motor se convirtió en el primer motor diesel certificado desde la Segunda Guerra Mundial. TAE continúa diseñando y desarrollando motores de ciclo diesel y otros fabricantes de motores como Société de Motorisations Aéronautiques (SMA) también ofrecen ahora motores de pistón alimentados con Jet-A. Los motores de TAE se pueden encontrar en el Diamond DA40 y el DA42 Twin Star bimotor, el primer motor diesel en ser parte del certificado de tipo de un fabricante de equipos nuevos originales (OEM) de aeronaves.

Estos motores también han ganado un lugar en el mercado de remotorización con un certificado de tipo suplementario (STC) para motorizar los modelos Cessna 172 y la familia Piper PA-28. La tecnología de motores de pistón alimentados por Jet-A ha seguido progresando y un control digital de motor (FADEC, se discute con más detalle más adelante en este capítulo) es estándar en dicha aeronave lo que minimiza la complicación de control del motor. En 2007, varias aeronaves de pistón Jet-A habían registrado más de 600.000 horas de servicio.

Hélice

La hélice es un perfil aerodinámico rotatorio, sujeto a la resistencia inducida, pérdidas, y otros principios aerodinámicos que se aplican a cualquier perfil. Provee el empuje necesario para tirar, o en algunos casos empujar, el avión en el aire. La potencia del motor se utiliza para girar la hélice, que a su vez genera empuje en una manera muy similar a como un ala produce sustentación. La cantidad de empuje producida depende de la forma del perfil, el ángulo de ataque de la pala de la hélice, y las revoluciones por minuto (rpm) del motor. La hélice se retuerce por lo que el ángulo de pala cambia desde el cubo hasta la punta. El mayor ángulo de incidencia, o el paso más alto, está en el cubo mientras que el menor ángulo de incidencia o menor paso está en la punta. *[Figura 6-6]*

La razón de la torsión es para producir sustentación uniforme desde el cubo hasta la punta. A medida que la pala gira, hay una diferencia en la velocidad real en las diversas porciones de la pala. La punta de la pala se desplaza más rápidamente que la parte próxima al cubo, porque la punta se desplaza una distancia mayor que el cubo en el mismo período de tiempo. *[Figura 6-7]* Cambiando el ángulo de incidencia (paso) del cubo a la

punta para que se corresponda con la velocidad produce sustentación uniforme en toda la longitud de la pala. Una pala de la hélice diseñada con el mismo ángulo de incidencia en toda su longitud sería ineficiente porque a medida que aumenta la velocidad aerodinámica en vuelo, la porción cerca del cubo tendría un ángulo de ataque negativo, mientras que la punta de la pala estaría en pérdida.

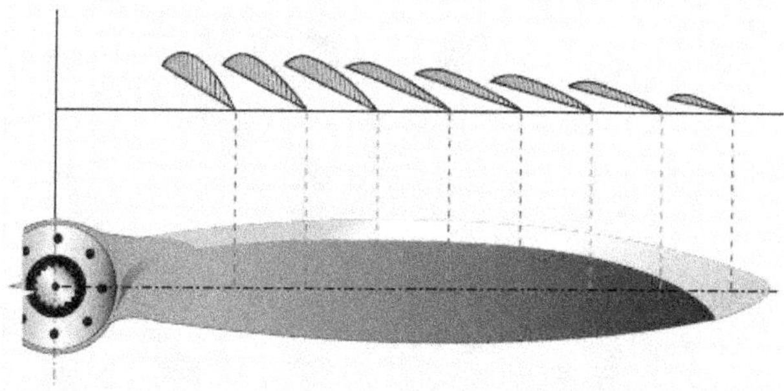

Figura 6-6. *Cambios en el ángulo de pala desde el cubo hasta la punta.*

Los aviones pequeños están equipados con uno de dos tipos de hélices. Uno es el de paso fijo, y el otro es de paso variable.

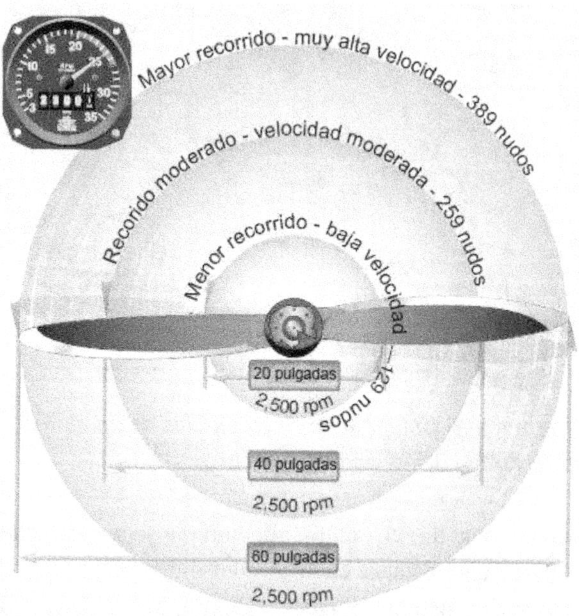

Figura 6-7. *Relación entre distancia recorrida y velocidad de varias porciones de la pala.*

Hélice de paso fijo

Una hélice con ángulos de pala fijos es una hélice de paso fijo. El paso de esta hélice es establecido por el fabricante y no se puede cambiar. Dado que una hélice de paso fijo alcanza el mejor rendimiento sólo en una determinada combinación de velocidad y rpm, el ajuste del paso no es el ideal ni para crucero, ni para ascenso. Así, la aeronave sufre un poco en cada categoría de rendimiento. La hélice de paso fijo se utiliza cuando son necesarios bajo peso, simplicidad y bajo costo.

Hay dos tipos de hélices de paso fijo: ascenso y crucero. Que el avión tenga instalada una hélice de ascenso o de crucero depende del uso previsto. La hélice de ascenso tiene un paso más bajo, por lo tanto menos resistencia. Menos resistencia resulta en altas rpm y una mayor capacidad de potencia, lo que aumenta el rendimiento durante los despegues y ascensos, pero disminuye el rendimiento durante el vuelo de crucero.

La hélice de crucero tiene un paso más alto, por lo tanto más resistencia. Más resistencia resulta en bajas rpm y menos capacidad de potencia, lo que disminuye el rendimiento durante los despegues y ascensos, pero aumenta la eficiencia en vuelo de crucero.

La hélice está generalmente montada sobre un eje, que puede ser una extensión del cigüeñal del motor. En este caso, las rpm de la hélice serían las mismas que las rpm del cigüeñal. En algunos motores, la hélice está montada sobre un eje engranado al cigüeñal del motor. En este tipo, las rpm de la hélice son diferentes que las del motor.

En una hélice de paso fijo, el tacómetro es el indicador de potencia del motor. *[Figura 6-8]* Un tacómetro está calibrado en cientos de rpm y da una indicación directa de las rpm del motor y de la hélice. El instrumento está codificado en color, con un arco verde que denota el régimen máximo de funcionamiento continuo. Algunos tacómetros tienen marcas adicionales para reflejar limitaciones del motor y/o hélice. Las recomendaciones del fabricante deben ser utilizadas como una referencia para aclarar cualquier malentendido de las marcas del tacómetro.

Las rpm están reguladas por el acelerador, que controla el flujo de combustible/aire al motor. En una altitud dada, cuanto mayor es la lectura del tacómetro, mayor es la potencia de salida del motor.

Cuando la altitud operativa aumenta, el tacómetro no puede mostrar la potencia correcta del motor. Por ejemplo, 2.300 rpm a 5.000 pies produce menos potencia que 2.300 rpm a nivel del mar debido a que la potencia depende de la densidad del aire. La densidad

Figura 6-8. *Las rpm del motor se indican en el tacómetro.*

del aire disminuye a medida que aumenta la altitud y una disminución en la densidad del aire (mayor altitud de densidad) disminuye la potencia del motor. Cuando cambia la altitud, la posición del acelerador se debe cambiar para mantener las mismas rpm. Cuando se incrementa la altitud, el acelerador debe abrirse más para indicar las mismas rpm que a menor altitud.

Hélice de paso ajustable

La hélice de paso ajustable fue el precursor de la hélice de velocidad constante. Es una hélice con palas cuyo paso se puede ajustar en tierra con el motor detenido, pero que no se puede ajustar en vuelo. También se conoce como una hélice ajustable en tierra. En la década de 1930, los inventores pioneros de la aviación sentaban las bases para los mecanismos de cambio automático de paso, por lo que el término a veces se refiere a las modernas hélices de velocidad constante que son ajustables en vuelo.

Los primeros sistemas de hélice de paso ajustable proporcionan sólo dos ajustes de paso: bajo y alto. Hoy en día, la mayoría de los sistemas de paso ajustable son capaces de una amplia gama de ajustes de paso.

Una hélice de velocidad constante es una hélice de paso variable cuyo paso es variado automáticamente en vuelo por un *governor* que mantiene las rpm constantes a pesar de las cargas de aire variables. Es el tipo más común de hélice de paso ajustable. La principal ventaja de una hélice de velocidad constante es que convierte un alto porcentaje de potencia al freno (BHP) en caballos de fuerza de empuje (THP) sobre un amplio rango de combinaciones de rpm y velocidades. Una hélice de velocidad constante es más eficiente que otras hélices, ya que permite la selección de las rpm del motor más eficiente para las condiciones dadas.

Una aeronave con hélice de velocidad constante tiene dos controles: el acelerador y el control de la hélice. El acelerador controla la potencia y el control de la hélice regula las rpm del motor. Esto a su vez regula las rpm de la hélice que son registradas en el tacómetro.

Una vez que se selecciona un determinado número de rpm, un governor ajusta automáticamente el ángulo de pala de la hélice según sea necesario para mantener las rpm seleccionadas. Por ejemplo, después de establecer las rpm deseadas durante el vuelo de crucero, un aumento de la velocidad o disminución de la carga de la hélice hará que el ángulo de pala de la hélice aumente lo necesario para mantener las rpm seleccionadas. Una reducción en la velocidad o aumento de la carga de la hélice hará que el ángulo de pala disminuya.

El rango de velocidad constante de la hélice, definido por los limitadores (stops) de paso alto y bajo, es el rango de ángulos de pala posibles para una hélice de velocidad constante. Mientras el ángulo de las palas esté dentro del intervalo de velocidad constante y no contra cualquiera de los stops de paso, se mantienen unas rpm de motor constantes. Si las palas de la hélice hacen contacto con un stop de paso, las rpm del motor aumentarán o disminuirán según el caso, con cambios en la velocidad y la carga de la hélice. Por ejemplo, una vez que han sido seleccionadas unas determinadas rpm, si la velocidad del avión disminuye lo suficiente para hacer girar las palas hasta que entran en contacto con el stop de paso bajo, cualquier disminución adicional de la velocidad hará que las rpm del motor disminuyan de la misma manera que si se instalara una hélice de paso fijo. Lo mismo ocurre cuando una aeronave equipada con una hélice de velocidad constante se acelera a una velocidad más rápida. A medida que la aeronave acelera, el ángulo de pala aumenta para mantener las rpm seleccionadas hasta que se alcanza el stop de paso alto. Una vez que ocurre esto, el ángulo de pala no puede aumentar y se incrementan las rpm del motor.

En un avión equipado con hélice de velocidad constante, la potencia es controlada por el acelerador y se indica por un medidor de presión del múltiple de admisión. El instrumento mide la presión absoluta de la mezcla combustible/aire dentro del múltiple y es más correcto una medida de presión absoluta de múltiple

(MAP; Manifold Absolute Pressure). A unas rpm y altitud constantes, la cantidad de potencia producida está directamente relacionada con el flujo de combustible/aire entregado a la cámara de combustión. Al incrementar la posición del acelerador, fluye más combustible y aire al motor y la MAP aumenta. Cuando el motor no está funcionando, el indicador de presión del múltiple indica la presión del aire ambiente, es decir, 29.92 pulgadas de mercurio (29.92 "Hg). Cuando se arranca el motor, la indicación de presión del múltiple disminuirá a un valor menor que la presión ambiente (es decir, en ralentí a 12 "Hg). Un fallo de motor o pérdida de potencia está indicada en el medidor como un aumento de la presión del múltiple a un valor correspondiente a la presión ambiente a la altitud donde se produjo el fallo. *[Figura 6-9]*

Figura 6-9. *La potencia del motor se indica en el medidor de presión del múltiple de admisión.*

El medidor de presión en múltiple está codificado con color para indicar el rango de funcionamiento del motor. La esfera del instrumento tiene un arco verde para mostrar el rango de operación normal, y una línea roja radial para indicar el límite superior de presión del múltiple.

Para cualquier rpm dada, hay una presión del colector que no debe superarse. Si la presión del múltiple de admisión es excesiva para una rpm dada, la presión dentro de los cilindros puede ser excedida, poniendo tensión indebida en los cilindros. Si se repite con frecuencia, esta tensión puede debilitar los componentes del cilindro y, eventualmente, causar falla del motor. Como regla general, la presión del múltiple (en pulgadas) debe ser menor que las rpm.

Un piloto puede evitar las condiciones que sobreexigen los cilindros estando constantemente al tanto de las rpm, sobre todo cuando aumenta la presión del múltiple. Siga las recomendaciones del fabricante para la configuración de potencia de un motor en particular para mantener la relación adecuada entre la presión del múltiple y las rpm.

Cuando necesita cambiar tanto la presión de admisión como las rpm, evite sobreexigir el motor haciendo los ajustes de potencia en el orden correcto:

- Cuando reduce la potencia, reduzca la presión de admisión antes de reducir las rpm. Si las rpm se reducen antes que la presión, esta última aumentará de forma automática, posiblemente superando las tolerancias del fabricante.

- Cuando incrementa la potencia, invierta el orden, primero aumente las rpm, y luego la presión de admisión.

- Para evitar daños a los motores radiales, minimice el tiempo de operación a máximas rpm y presión de admisión, y evite el funcionamiento a máximas rpm y baja presión de admisión.

Las recomendaciones del fabricante del motor y/o del fuselaje se deben seguir para evitar el desgaste severo, la fatiga, y daños a motores alternativos de alto rendimiento.

Sistemas de inducción (admisión)

El sistema de inducción introduce aire desde el exterior, lo mezcla con el combustible, y suministra la mezcla de combustible/aire a los cilindros donde se produce la combustión. El aire exterior entra en el sistema de admisión a través de un orificio de admisión en la parte frontal de la cubierta del motor. Esta entrada normalmente contiene un filtro de aire que inhibe la entrada de polvo u otros objetos extraños. Dado que el filtro puede ocasionalmente llegar a obstruirse, debe estar disponible una fuente alternativa de aire. Por lo general, el aire alternativo proviene del interior de la cubierta del motor, donde evita pasar por el filtro de aire. Algunas fuentes alternativas de aire funcionan automáticamente, mientras que otras funcionan de forma manual.

Dos tipos de sistemas de inducción se utilizan comúnmente en motores de aviones pequeños:

1. El sistema de carburador, que mezcla el combustible y aire en el carburador antes de que esta mezcla entre en el múltiple de admisión

2. El sistema de inyección de combustible, que mezcla el combustible y el aire inmediatamente antes de la entrada en cada cilindro o inyecta el combustible directamente en cada cilindro

Sistemas de carburador

Los carburadores se clasifican como de flotador o de presión. El carburador de tipo de flotador, completo con sistemas de ralentí, aceleración, control de la mezcla, corte, y enriquecimiento es probablemente el más común de todos los tipos de carburador. Los carburadores de presión no se encuentran generalmente en pequeños aviones. La diferencia básica entre el tipo de flotador y un carburador del tipo de presión es el suministro de combustible. El carburador del tipo de presión suministra combustible a presión con una bomba de combustible.

En la operación del sistema de carburador de tipo flotador, el aire exterior primero fluye a través de un filtro de aire, generalmente ubicado en una entrada de aire en la parte frontal del carenado del motor. Este aire filtrado fluye en el carburador a través de un tubo Venturi, una garganta estrecha en el carburador. Cuando el aire fluye a través del venturi, se crea un área de baja presión, lo que obliga a que el combustible fluya a través de un surtidor de combustible principal situado en la garganta. El combustible pasa entonces a la corriente de aire, donde se mezcla con el aire que fluye. *[Figura 6-10]*

La mezcla combustible/aire es entonces llevada a través del colector de admisión a las cámaras de combustión donde se encienden. El carburador de tipo de flotador adquiere su nombre de un flotador, que flota en el combustible dentro de la cuba. Una aguja unida al flotador abre y cierra una abertura en la parte inferior de la cuba del carburador. Esto mide la cantidad correcta de combustible en el carburador, dependiendo de la posición del flotador, que es controlada por el nivel de combustible en la cuba. Cuando el nivel del combustible obliga al flotador a subir, la válvula de aguja cierra la abertura de combustible y cierra el flujo de combustible al carburador. La válvula de aguja se abre de nuevo cuando el motor requiere combustible adicional. El flujo de la mezcla de combustible/aire a

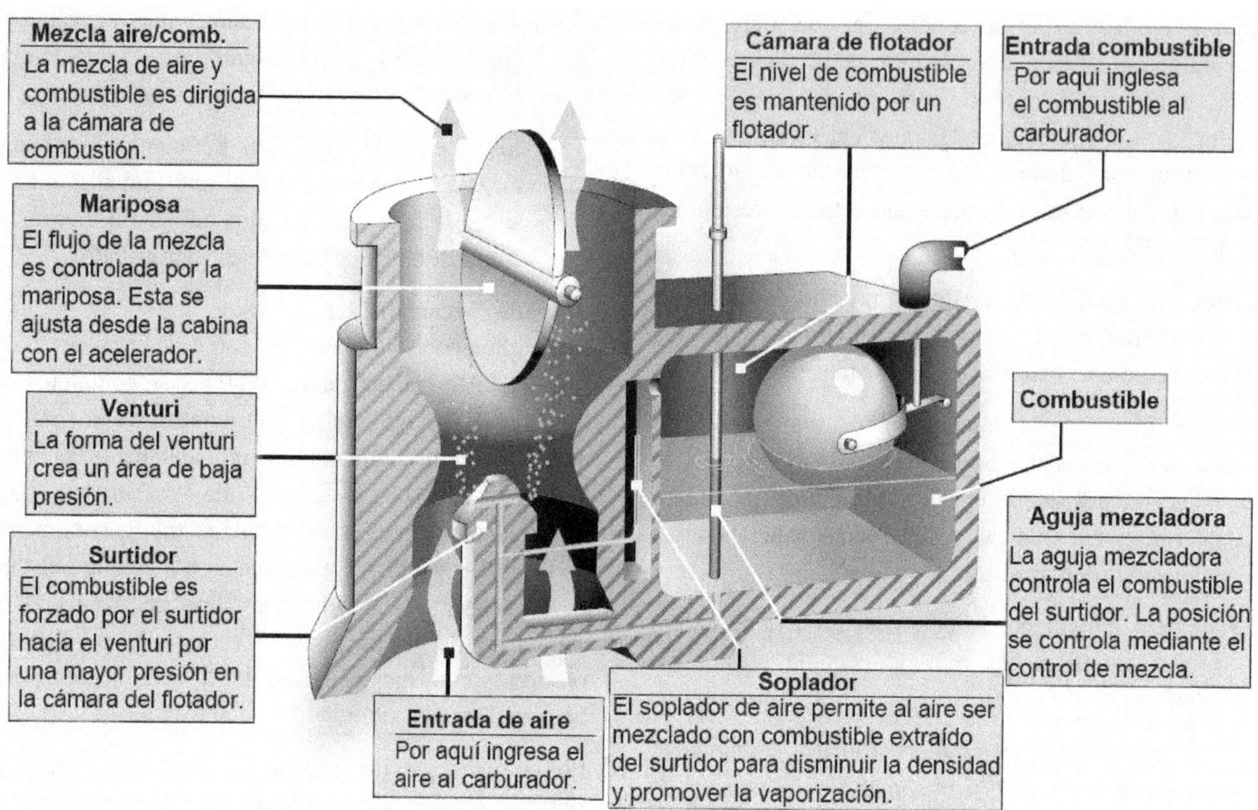

Figura 6-10. *Carburador de tipo de flotador.*

las cámaras de combustión está regulado por la válvula de mariposa, que es controlada por el acelerador en la cabina.

El carburador de flotador tiene distintas desventajas. En primer lugar, imagine el efecto que tienen maniobras bruscas en la acción del flotador. En segundo lugar, el hecho de que su combustible debe ser descargado a baja presión conduce a una vaporización incompleta y dificulta la descarga de combustible en algunos tipos de sistemas sobrealimentados. La principal desventaja del carburador de flotador, sin embargo, es su tendencia a la formación de hielo. Dado que el carburador de flotador debe descargar combustible a baja presión, el surtidor debe estar situado en la garganta del venturi, y la válvula de mariposa debe estar en el lado del motor del surtidor. Esto significa que el descenso de temperatura debido a la vaporización del combustible tiene lugar en el venturi. Como resultado, se forma hielo fácilmente en el venturi y en la mariposa.

Un carburador de presión descarga combustible en la corriente de aire a una presión muy por encima de la atmosférica. Esto resulta en una mejor vaporización y permite la descarga de combustible en la corriente de aire en el lado del motor de la mariposa. Con la boquilla de descarga situada en este punto, la caída de temperatura debido a la vaporización del combustible tiene lugar después de que el aire ha pasado la mariposa y en un punto donde el calor del motor tiende a compensar. Así, el peligro de engelamiento por vaporización de combustible es prácticamente eliminado. Los efectos de las maniobras rápidas y aire turbulento en los carburadores de presión son despreciables ya que sus cámaras se mantienen llenas de combustible en todas las condiciones.

Control de la mezcla

Los carburadores son calibrados normalmente a la presión del nivel del mar, donde se establece la proporción correcta de la mezcla de combustible-aire con el control de mezcla en la posición MAXIMA RICA. Sin embargo, al aumentar la altitud, la densidad del aire que entra al carburador disminuye, mientras que la densidad del combustible sigue siendo la misma. Esto crea una mezcla progresivamente más rica, lo cual puede resultar en funcionamiento áspero del motor y una pérdida apreciable de potencia. La aspereza se debe normalmente al empastarse las bujías por la acumulación de carbono en exceso. La acumulación de carbono se produce porque la mezcla rica disminuye la temperatura en el interior del cilindro, inhibiendo la combustión completa del combustible. Esta condición puede producirse durante el período previo antes del despegue en los aeropuertos de gran altitud y durante ascensos o vuelo de crucero a grandes alturas. Para mantener la correcta mezcla aire/combustible, la mezcla debe ser empobrecida usando el control de mezcla. Empobrecer la mezcla disminuye el flujo de combustible, lo que compensa la disminución de la densidad del aire a gran altura.

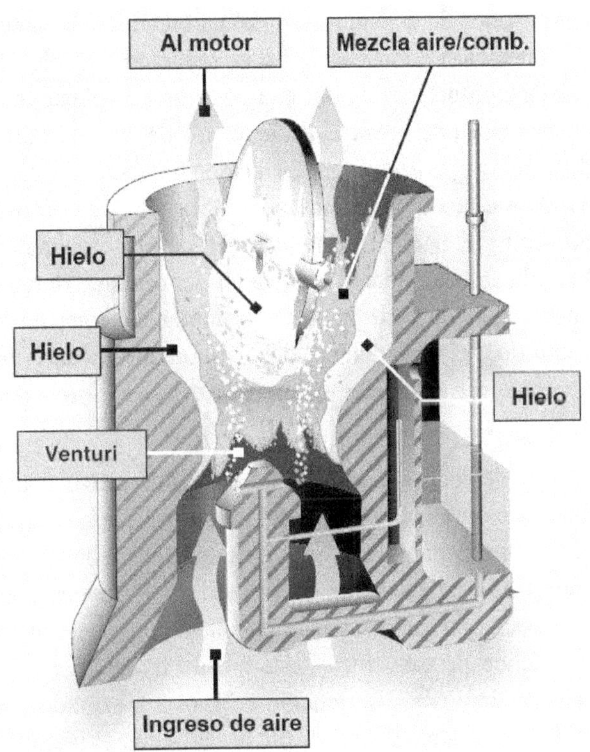

Figura 6-11. *El engelamiento puede reducir o bloquear el flujo de aire/combustible al motor.*

Durante un descenso desde gran altitud, la mezcla debe ser enriquecida, o puede llegar a ser muy pobre. Una mezcla demasiado pobre causa detonación, lo que puede resultar en funcionamiento áspero del motor, sobrecalentamiento y pérdida de potencia. La mejor manera de mantener la mezcla adecuada es vigilar la temperatura del motor y enriquecer la mezcla según sea necesario. El control adecuado de la mezcla y mejor economía de combustible para motores de inyección se puede lograr mediante el uso del medidor de la temperatura de los gases de escape (EGT Exhaust Gas Temperature). Debido a que el proceso de ajuste de la mezcla varía de un avión a otro, es importante verificar al manual de vuelo del avión (AFM) o el manual de operación del piloto (POH) para determinar los procedimientos específicos para una aeronave.

Engelamiento del carburador

Como se mencionó anteriormente, una desventaja del carburador tipo flotador es su tendencia a la formación de hielo. El engelamiento se produce debido al efecto de vaporización del combustible y la disminución de la presión de aire en el venturi, lo que provoca una caída brusca de temperatura en el carburador. Si el vapor de agua en el aire se condensa cuando la temperatura del carburador está en o por debajo del congelamiento, se pueden formar hielo en las superficies internas del carburador, incluyendo la mariposa. *[Figura 6-11]*

La presión de aire reducida, así como la vaporización del combustible, contribuye al descenso de la temperatura en el carburador. El hielo se forma generalmente en las proximidades de la mariposa y en la garganta del venturi. Esto restringe el flujo de la mezcla de combustible/aire y reduce la potencia. Si se acumula suficiente hielo, el motor se puede detener. El hielo en carburador es probable que ocurra cuando las temperaturas están por debajo de 70 grados Fahrenheit (°F) o 21 grados Celsius (°C) y la humedad relativa sea superior al 80 por ciento. Debido al enfriamiento súbito que tiene lugar en el carburador, el engelamiento puede ocurrir incluso con temperaturas tan altas como 100 °F (38 °C) y humedad tan baja como 50 por ciento. Esta

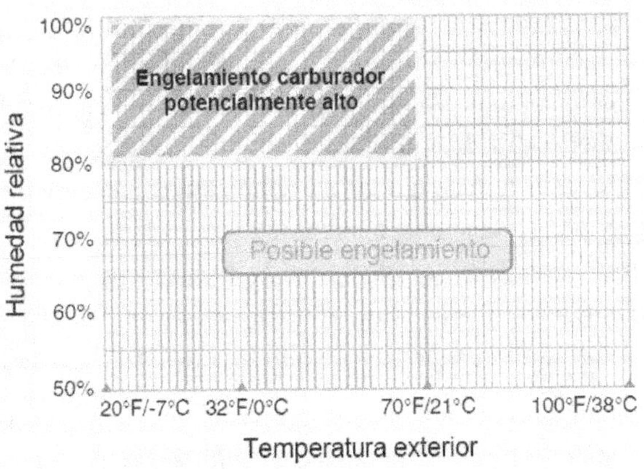

Figura 6-12. *A pesar de que el engelamiento es propicio a formarse cuando la temperatura y humedad están en el rango indicado por el cuadro, el engelamiento es posible en otras circunstancias.*

caída de temperatura puede ser tanta como 60 a 70 °F (15 a 21 °C).Por lo tanto, a una temperatura del aire exterior de 37 °C, una caída de temperatura de 21 °C da como resultado una temperatura del aire en el carburador de -1 °C. *[Figura 6-12]*

La primera indicación de engelamiento del carburador en una aeronave con hélice de paso fijo es una disminución de las revoluciones del motor, que puede ser seguido por aspereza del motor. En una aeronave con hélice de velocidad constante, el engelamiento de carburador es indicado generalmente por una disminución en la presión de admisión, pero sin reducción en rpm. El paso de la hélice se ajusta automáticamente para compensar la pérdida de potencia. Así, se mantienen constantes las rpm. A pesar que el engelamiento del carburador puede ocurrir durante cualquier fase del vuelo, es particularmente peligroso cuando se reduce potencia durante el descenso. Bajo ciertas condiciones, el engelamiento puede pasar desapercibido hasta que se añade potencia. Para combatir los efectos del engelamiento, los motores con carburadores de flotador emplean un sistema de calefacción del carburador.

Calefacción del carburador

La calefacción del carburador es un sistema anti-hielo que precalienta el aire antes de que llegue el carburador, y está destinado a mantener la mezcla de combustible/ aire por encima de la temperatura de congelación para evitar la formación de hielo en el carburador. La calefacción del carburador se puede utilizar para derretir el hielo que se haya formado en el carburador si la acumulación no es demasiado grande, pero utilizar la calefacción del carburador como medida preventiva es la mejor opción. Además, la calefacción del carburador se puede utilizar como una fuente de aire alternativa si el filtro de aire se tapona en condiciones inesperadas o repentinas de engelamiento. La calefacción del carburador debe ser comprobada durante el período de calentamiento del motor. Cuando utiliza la calefacción del carburador, siga las recomendaciones del fabricante.

Cuando las condiciones son propicias para la formación de hielo en el carburador durante el vuelo, deben hacerse controles periódicos para detectar su presencia. Si se detecta, se debe aplicar inmediatamente máxima calefacción del carburador, y debe dejarse en la posición ON hasta que el piloto tiene la certeza que se ha eliminado todo el hielo. Si el hielo está presente, la aplicación parcial de calor o dejando de calor ON durante un tiempo insuficiente podría agravar la situación. En casos extremos de engelamiento de carburador, incluso después de que el hielo se ha eliminado, se debe utilizar máxima calefacción para prevenir la formación de hielo adicional. Si está instalado, un indicador de temperatura del carburador es útil para determinar cuándo se debe utilizar la calefacción del carburador.

Cuando el acelerador está cerrado durante el vuelo, el motor se enfría con rapidez y la vaporización del combustible es menos completa que si el motor está caliente. Además, en esta condición, el motor es más susceptible al engelamiento. Si se sospecha de condiciones de engelamiento del carburador y se prevé la operación con acelerador reducido, ajuste la calefacción del carburador a la posición completamente abierta antes de cerrar el acelerador y déjelo encendido durante la operación con acelerador reducido. El calor ayudará a la vaporización del combustible y ayudará a prevenir el engelamiento del carburador. Periódicamente, abra el acelerador suavemente durante unos segundos para mantener el motor caliente; de lo contrario, el calentador del carburador podría no proporcionar suficiente calor para evitar la formación de hielo.

El uso de la calefacción del carburador provoca una disminución en la potencia del motor, a veces hasta 15 por ciento, debido a que el aire caliente es menos denso que el aire exterior que ha entrado en el motor. Esto enriquece la mezcla. Cuando hay hielo en una aeronave con hélice de paso fijo y está siendo utilizado el aire caliente, hay una disminución en las rpm, seguido por un aumento gradual en las rpm al derretirse el hielo. El motor también debe funcionar más suavemente después de que el hielo se ha eliminado. Si no hay hielo presente, las rpm se reducirán y luego se mantendrán constantes. Cuando el aire caliente del carburador se utiliza en una aeronave con una hélice de velocidad constante y hay hielo presente, se notará una disminución en la presión del múltiple, seguido por un aumento gradual. Si no hay hielo en el carburador, el aumento gradual de la presión del múltiple no será evidente hasta que el aire caliente del carburador esté apagado.

Es imprescindible para un piloto reconocer cuando se forma hielo en el carburador durante el vuelo debido a que se producirá una pérdida de potencia, altitud y/o velocidad del aire. Estos síntomas a veces pueden estar acompañados por vibración o motor funcionando áspero. Una vez que se nota una pérdida de potencia, se debe tomar acción inmediata para eliminar el hielo formado en el carburador, y para prevenir la formación de hielo adicional. Esto se logra mediante la aplicación de calefacción de carburador máxima, lo que provocará una reducción adicional de potencia, y posiblemente aspereza del motor mientras el hielo derretido pasa por el motor. Estos síntomas pueden durar desde 30 segundos a varios minutos, dependiendo de la severidad del engelamiento. Durante este período, el piloto debe resistir la tentación de reducir el uso de la calefacción del carburador. El aire caliente del carburador debe permanecer en la posición de máximo caliente hasta que se recupere la potencia normal.

Dado que el uso de la calefacción del carburador tiende a reducir la potencia de salida del motor y aumentar la temperatura de funcionamiento, el aire caliente de carburador no debe utilizarse cuando se requiere plena potencia (como durante el despegue) o durante el funcionamiento normal del motor, excepto para comprobar la presencia o para quitar el hielo del carburador.

Medidor de temperatura del aire del carburador

Algunos aviones están equipados con un medidor de temperatura del aire del carburador, que es útil para detectar condiciones potenciales de formación de hielo. Por lo general, el medidor está calibrado en grados Celsius, con un arco de color amarillo que indica la temperatura del aire del carburador a la que puede ocurrir engelamiento. Este arco amarillo normalmente oscila entre -15°C y +5°C. Si la temperatura del aire y el contenido de humedad del aire son tales que la formación de hielo en carburador es improbable, el motor puede funcionar con el indicador en la zona amarilla sin efectos adversos. Si las condiciones atmosféricas son propicias para engelamiento del carburador, el indicador debe mantenerse fuera del arco amarillo aplicando la calefacción del carburador.

Algunos indicadores de temperatura de aire del carburador tienen una línea roja, que indica la máxima temperatura del aire de entrada al carburador permitida, recomendada por el fabricante del motor. Si está presente, un arco verde indica el rango de operación normal.

Medidor de temperatura del aire exterior

La mayoría de las aeronaves están equipadas con un medidor de temperatura del aire exterior (OAT) calibrado en grados Celsius y Fahrenheit. Proporciona la temperatura del aire exterior o ambiente para el cálculo de la velocidad verdadera, y también es útil para detectar condiciones potenciales de engelamiento.

Sistemas de inyección de combustible

En un sistema de inyección de combustible, el combustible se inyecta directamente en los cilindros, o justo por delante de la válvula de admisión. La toma de aire para el sistema de inyección de combustible es similar a la utilizada en un sistema de carburador, con una fuente de aire alternativa situada dentro de la cubierta del motor. Esta fuente se utiliza si la fuente de aire exterior está obstruida. La fuente de aire alternativa suele funcionar automáticamente, con un sistema de respaldo manual que se puede utilizar si la función automática falla.

Un sistema de inyección de combustible normalmente incorpora seis componentes básicos: una bomba de combustible accionada por el motor, una unidad de control de combustible/aire, el múltiple de combustible (distribuidor de combustible), las boquillas de descarga, una bomba de combustible auxiliar, y los indicadores de presión de combustible/flujo. *[Figura 6-13]*

La bomba de combustible auxiliar proporciona combustible a presión a la unidad de control de combustible/aire para el arranque del motor y/o uso de emergencia. Después del arranque, la bomba de combustible accionada por el motor proporciona combustible a presión desde el tanque de combustible a la unidad de control de combustible/aire.

Esta unidad de control, que esencialmente reemplaza al carburador, mide el combustible basada en el ajuste de control de mezcla, y lo envía a la válvula distribuidora de combustible en una cantidad controlada por el acelerador. Después de alcanzar la válvula de distribución, el combustible se distribuye a las boquillas de descarga individuales. Las boquillas de descarga, que están situadas en cada cabeza de cilindro, inyectan la mezcla de combustible/aire directamente en cada cilindro.

Un sistema de inyección de combustible se considera que es menos susceptible al engelamiento que el sistema de carburador, pero la formación de hielo de

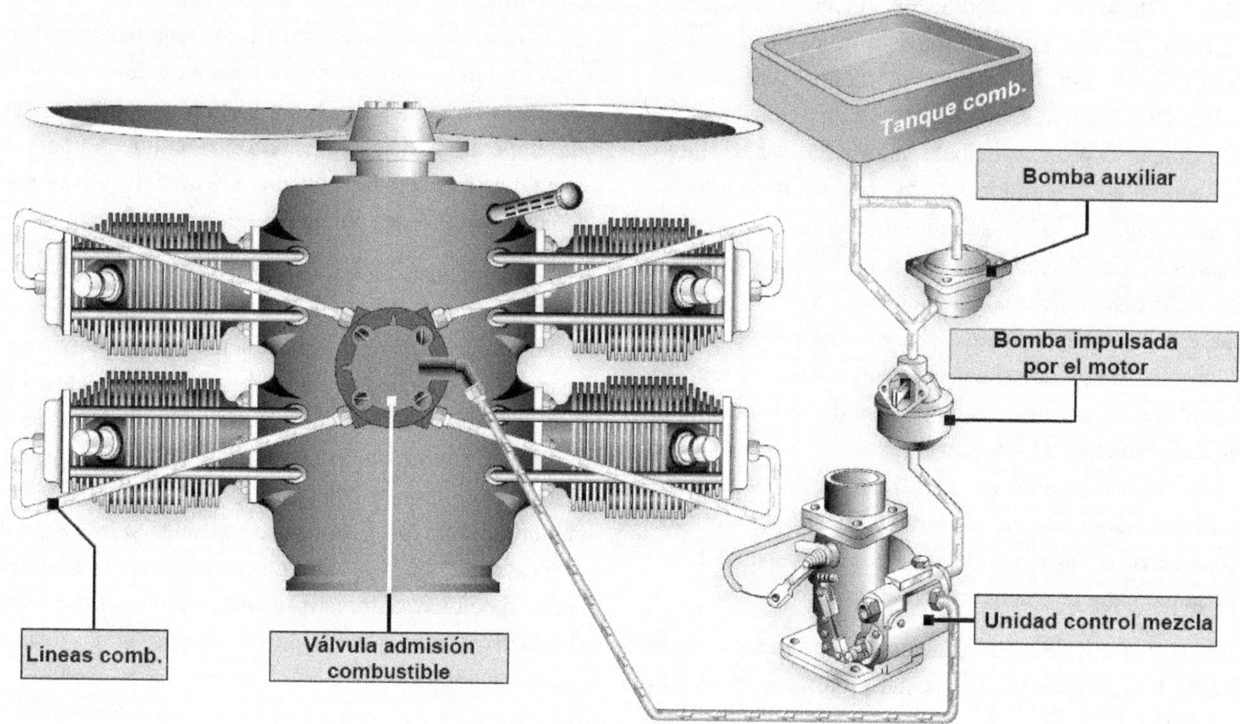

Figura 6-13. *Sistema de inyección de combustible.*

impacto en la entrada de aire es una posibilidad en cualquiera de los sistemas. El hielo de impacto ocurre cuando se forma hielo en el exterior de la aeronave, y bloquea las entradas tales como la toma de aire para el sistema de inyección.

Ventajas de la inyección de combustible:

- Reducción de la formación de hielo por evaporación

- Mejor flujo de combustible

- Respuesta más rápida del acelerador

- Preciso control de la mezcla

- Mejor distribución de combustible

- Arranques más fácil en clima frío

Desventajas:

- Dificultad en el arranque de un motor caliente

- Bloqueo de vapor durante las operaciones de tierra en los días calurosos

- Problemas relacionados con el reinicio de un motor que se detiene sin combustible

Sobrealimentadores y turboalimentadores

Para aumentar la potencia de un motor, los fabricantes han desarrollado sistemas de inducción forzada llamados sistemas sobrealimentadores y turbo-alimentadores. Ambos comprimen el aire de admisión para aumentar su densidad. La diferencia clave está en la fuente de poder. Un sobrealimentador se basa en una bomba de aire impulsada por el motor o compresor, mientras que un turboalimentador obtiene su energía de la corriente de los gases de escape que pasa a través de una turbina, que a su vez hace girar el compresor. Las aeronaves con estos sistemas tienen un medidor de presión de admisión, que muestra MAP dentro del múltiple de admisión del motor.

En un día estándar a nivel del mar con el motor apagado, el indicador de presión de admisión indica la presión absoluta del aire ambiente de 29.92" de Hg. Debido a que la presión atmosférica disminuye aproximadamente 1" de Hg por cada 1.000 pies de aumento de la altura, el medidor de presión indicará aproximadamente 24,92" de Hg en un aeropuerto que está a 5.000 pies sobre el nivel del mar con las condiciones de un día estándar.

Cuando un avión normalmente aspirado asciende, eventualmente alcanza una altitud donde la MAP no es suficiente para un ascenso normal. Esa altitud límite es el techo de servicio de la aeronave, y está directamente afectado por la capacidad del motor para producir potencia. Si el aire que entra al motor es presurizado, o impulsado, ya sea por un sobrealimentador o un turboalimentador, el techo de servicio de la aeronave puede ser aumentado. Con estos sistemas, un avión puede volar a mayores altitudes, con la ventaja de mayores velocidades verdaderas y mayor capacidad de circunnavegar el mal tiempo.

Sobrealimentadores

Un sobrealimentador es una bomba de aire impulsada por el motor o compresor que suministra aire comprimido al motor para proporcionar una presión adicional al aire de admisión de modo que el motor puede producir potencia adicional. Aumenta la presión en el colector y fuerza la mezcla de combustible/aire en los cilindros. A mayor presión de admisión, más densa es la mezcla de combustible/aire, y mayor es la potencia que puede producir un motor. Con un motor normalmente aspirado, no es posible tener una presión de admisión superior a la presión atmosférica existente. Un sobrealimentador es capaz de aumentar la presión de admisión por encima de 30" de Hg.

Por ejemplo, a 8.000 pies un motor típico puede ser capaz de producir 75 por ciento de la potencia que podría producir a nivel del mar (MSL) porque el aire es menos denso a mayor altura. El sobrealimentador comprime el aire a una mayor densidad permitiendo a un motor sobrealimentado producir la misma presión de admisión a mayores altitudes, como podría producir a nivel del mar. Así, un motor a 8.000 pies MSL podría producir 25" Hg de presión de admisión donde sin sobrealimentador podría producir sólo 22" de Hg. Los sobrealimentadores son especialmente valiosos a gran altura (por ejemplo, 18.000 pies), donde la densidad del aire es del 50 por ciento de la de nivel del mar. El uso de un compresor en muchos casos suministrará aire al motor a la misma densidad que lo hizo a nivel del mar. Con un motor normalmente aspirado, no es posible tener la presión de admisión superior a la presión atmosférica existente. Un compresor es capaz de aumentar la presión de admisión por encima de 30" de Hg.

Los componentes de un sistema de inducción sobrealimentado son similares a los de un sistema normalmente aspirado, con la adición de un sobrealimentador entre el dispositivo de medición del combustible y el múltiple de admisión. El sobrealimentador es impulsado por el motor a través de un tren de engranajes a una velocidad, a dos velocidades o a velocidades variables. Además, los sobrealimentadores pueden tener una o más etapas. Cada etapa proporciona un aumento de la presión y los sobrealimentadores pueden clasificarse como de una sola etapa, de dos etapas, o multi etapas, en función del número de veces que ocurre una compresión.

Una versión inicial de un sobrealimentador de una sola etapa, y de una sola velocidad puede ser denominada como un sobrealimentador de nivel del mar. Un motor equipado con este tipo de compresor se llama un motor de nivel del mar. Con este tipo de sobrealimentador, un impulsor de un solo engranaje se utiliza para aumentar la potencia producida por un motor a todas las altitudes. El inconveniente con este tipo de compresor es una disminución en la potencia del motor con un aumento de la altitud.

Los compresores de una etapa y una sola velocidad se encuentran en muchos motores radiales de gran potencia y utilizan una toma de aire que se enfrenta hacia adelante para que el sistema de inducción pueda aprovechar al máximo el aire a velocidad. El aire de admisión pasa a través de conductos a un carburador, donde el combustible se mide en proporción al flujo de aire. La carga de combustible/aire luego se conduce al sobrealimentador, o un impulsor soplador, que acelera la mezcla de combustible/aire. Una vez acelerada, la mezcla de combustible/aire pasa a través de un difusor, donde se convierte la velocidad del aire en energía de presión. Después de la compresión, la mezcla combustible/aire a alta presión se dirige a los cilindros.

Algunos de los grandes motores radiales desarrollados durante la Segunda Guerra Mundial tienen un sobrealimentador de una sola etapa y dos velocidades. Con este tipo de compresor, un solo impulsor puede ser operado a dos velocidades. La velocidad baja del impulsor se refiere a menudo como ajuste de soplador bajo, mientras que la velocidad del impulsor alta se llama ajuste alto del soplador. En los motores equipados con un sobrealimentador de dos velocidades, una palanca o interruptor en la cabina activa un embrague de accionamiento por aceite que cambia de una velocidad a la otra.

Bajo operaciones normales, el despegue se realiza con el sobrealimentador en la posición baja del soplador. En este modo, el motor funciona como un motor de auto, y la potencia de salida disminuye a medida que la altitud aumenta. Sin embargo, una vez que el avión alcanza una altura especificada, se reduce la potencia, y el control del sobrealimentador se conmuta a la posición alta. El acelerador se establece a la presión de admisión deseada. Un motor equipado con este tipo de sobrealimentador se llama motor de altitud. *[Figura 6-14]*

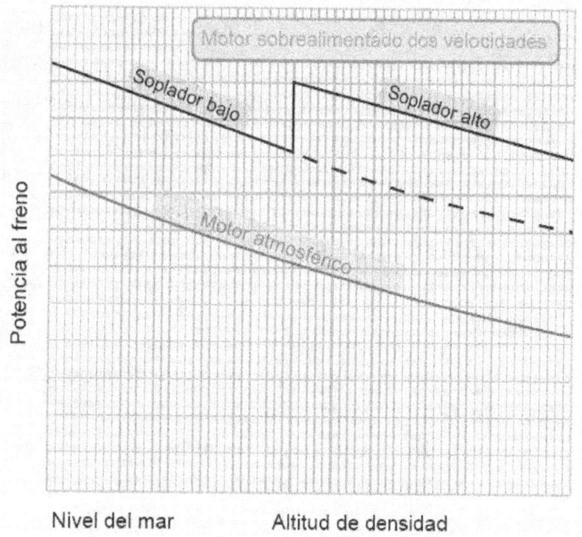

Figura 6-14. *Potencia de salida de un motor normalmente aspirado comparado con un motor sobrealimentado de una etapa y dos velocidades.*

Turboalimentadores

El método más eficiente de incrementar la potencia en un motor es mediante el uso de un turboalimentador o turbocompresor. Instalado en un motor, este impulsor utiliza los gases de escape del motor para accionar un compresor de aire para aumentar la presión del aire que entra en el motor a través del carburador o del sistema de inyección de combustible para aumentar la potencia a mayor altura.

La mayor desventaja de un sobrealimentador impulsado por el motor (el uso de gran cantidad de potencia del motor para la cantidad de aumento de potencia producida) se evita con un turboalimentador, porque los turbocompresores son accionados por los gases de

escape de un motor. Esto significa un turbocompresor recupera energía de los gases de escape calientes que de otro modo se perderían.

Una segunda ventaja de los turboalimentadores sobre los sobrealimentadores es la capacidad de mantener el control sobre la potencia nominal de un motor desde el nivel del mar hasta la altitud crítica del motor. La altitud crítica es la altitud máxima a la que un motor turboalimentado puede producir su potencia nominal. Por encima de la altitud crítica, la producción de potencia comienza a disminuir al igual que lo hace un motor normalmente aspirado.

Los turboalimentadores aumentan la presión del aire de entrada del motor, lo que permite que el motor desarrolle la potencia del nivel del mar o mayor aún a mayores altitudes. Un turbocompresor se compone de dos elementos principales: una turbina y un compresor. La sección del compresor aloja un impulsor que gira a una alta velocidad. Cuando aire de inducción pasa a través de los álabes del impulsor, éste acelera el aire, lo que permite que un gran volumen de aire sea arrastrado al alojamiento del compresor. La acción del impulsor posteriormente produce aire a alta presión y alta densidad, que es suministrado al motor. Para girar el impulsor, se utilizan los gases de escape del motor para accionar una turbina que está montada en el extremo opuesto del eje de accionamiento del impulsor. Dirigiendo diferentes cantidades de gases de escape sobre la turbina, se puede extraer más energía, haciendo que el impulsor suministre más aire comprimido al motor. La válvula de desagüe, esencialmente una válvula mariposa ajustable instalada en el sistema de escape, se utiliza para variar la masa de los gases de escape que fluyen por la turbina. Cuando está cerrada, la mayoría de los gases de escape del motor se ven forzados a fluir a través de la turbina. Cuando está abierta, a los gases de escape se les permite evitar la turbina haciéndolos fluir directamente a través del escape del motor. *[Figura 6-15]*

Puesto que la temperatura de un gas se eleva cuando se comprime, el turbocompresor hace aumentar la temperatura del aire de admisión. Para reducir esta temperatura y disminuir el riesgo de detonación, muchos motores turboalimentados utilizan un intercambiador de calor (intercooler). Este intercambiador de calor utiliza el aire exterior para

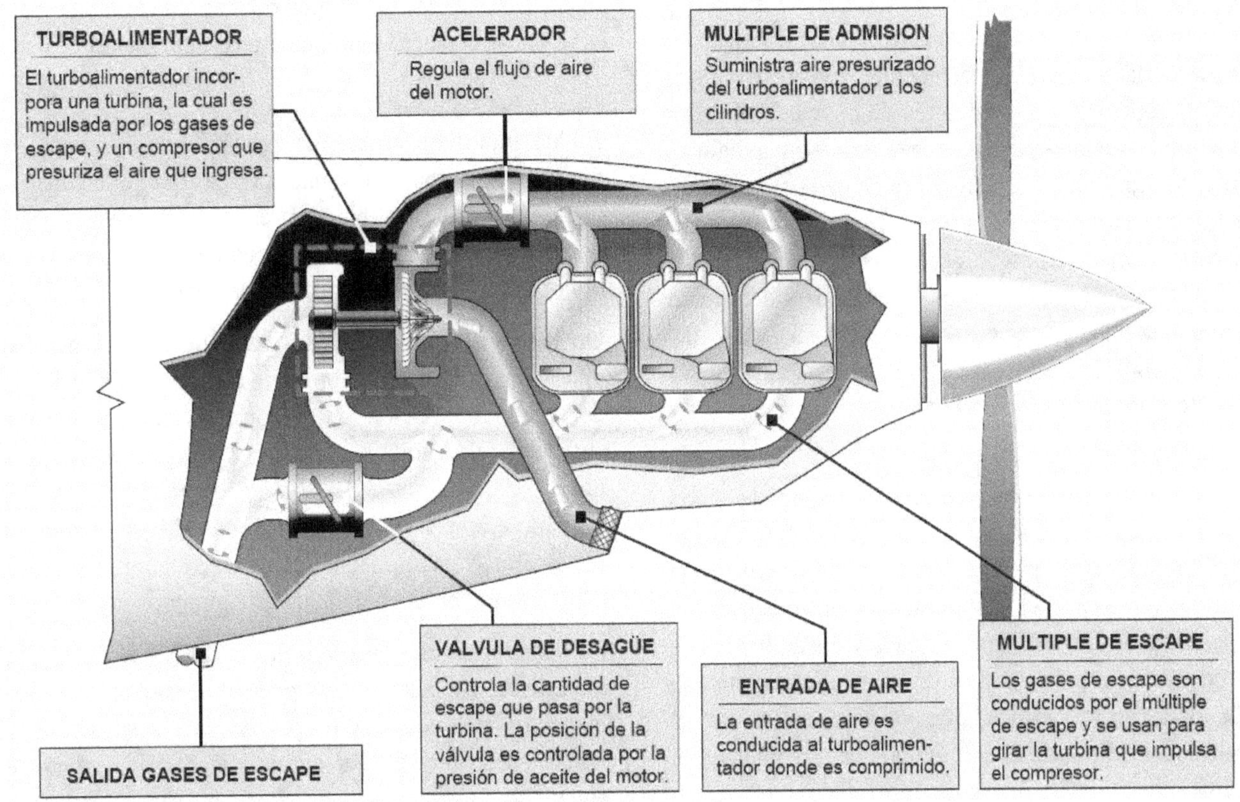

Figura 6-15. *Componentes de un turboalimentador.*

enfriar el aire comprimido caliente antes de entrar en el dispositivo de medición de combustible.

Funcionamiento del sistema

En los motores turboalimentados modernos, la posición de la válvula de desagüe está regulada por un mecanismo de control medidor presión acoplado a un actuador. El aceite del motor dirigido hacia o desde este actuador mueve la posición de la válvula. En estos sistemas, el actuador se posiciona automáticamente para producir la MAP deseada, simplemente cambiando la posición del acelerador.

Otros diseños de sistemas de turbocompresión utilizan un control manual separado para posicionar la válvula de descarga. Con el control manual, el indicador de presión de admisión debe ser monitoreado de cerca para determinar cuándo se ha logrado la MAP deseada. Los sistemas manuales se encuentran a menudo en los aviones que han sido modificados con sistemas turboalimentadores instalados posterior a la venta. Estos sistemas requieren consideraciones de operación especiales. Por ejemplo, si la válvula queda cerrada luego de descender de gran altura, es posible producir

una presión de admisión que supere las limitaciones del motor. Esta condición, de presión excesiva, puede producir detonación severa debido al efecto de empobrecimiento de la mezcla, resultante del aumento de la densidad del aire durante el descenso.

A pesar que un sistema automático de válvula de descarga es menos propenso a experimentar una condición de sobrepresión, todavía puede ocurrir. Si la potencia de despegue se aplica mientras la temperatura del aceite del motor está por debajo de su rango de operación normal, el aceite frío podría no fluir fuera del actuador de la válvula con la suficiente rapidez para evitar una sobrepresión. Para ayudar a prevenir esto, avance el acelerador con cuidado para evitar exceder los límites máximos de presión de admisión.

Un piloto volando un avión con un turboalimentador debe ser consciente de las limitaciones del sistema. Por ejemplo, la turbina y el compresor del turboalimentador pueden operar a velocidades de rotación que exceden las 80.000 rpm a temperaturas extremadamente altas. Para lograr una alta velocidad de rotación, los cojinetes del sistema deben ser alimentados constantemente con aceite de motor para reducir las fuerzas de fricción y altas temperaturas. Para obtener una lubricación adecuada, la temperatura del aceite debe estar en el rango de operación normal antes de aplicar acelerador al máximo. Además, permita que el turboalimentador se enfríe y la turbina desacelere antes de detener el motor. De lo contrario, aceite remanente en el alojamiento del cojinete hervirá, formando depósitos de carbón en los cojinetes y el eje. Estos depósitos deterioran rápidamente la eficiencia y la vida de útil del turboalimentador. Para ver limitaciones adicionales consulte el manual de vuelo/POH.

Rendimiento a grandes altitudes

A medida que una aeronave equipada con turboalimentador asciende, la válvula de descarga se cierra gradualmente para mantener la máxima presión de admisión permitida. En algún momento, la válvula de descarga estará totalmente cerrada y los aumentos de altitud harán que la presión de admisión disminuya. Esta es la altitud crítica, que es establecida por el fabricante de la aeronave o del motor. Al evaluar el desempeño del sistema turboalimentador, tenga en cuenta que si la presión de admisión comienza a disminuir antes de la altitud crítica especificada, el motor y el sistema de sobrealimentación debe ser

inspeccionado por un técnico de aviones calificado para verificar el correcto funcionamiento del sistema.

Sistema de encendido

En un motor de encendido por chispa el sistema de encendido proporciona una chispa que enciende la mezcla de combustible/aire en los cilindros y está compuesto de magnetos, bujías, cables de alta tensión, y el interruptor de encendido. *[Figura 6-16]*

Un magneto utiliza un imán permanente para generar una corriente eléctrica completamente independiente del sistema eléctrico del avión. El magneto genera suficiente alto voltaje para hacer saltar una chispa a través de la abertura de la bujía en cada cilindro. El sistema empieza a encenderse cuando se activa el arrancador y el cigüeñal comienza a girar. Continúa operando mientras el cigüeñal esté girando.

La mayoría de aeronaves certificadas estándar incorporan un sistema de encendido doble con dos magnetos individuales, juegos de cables separados y bujías para aumentar la confiabilidad del sistema de encendido. Cada magneto opera independientemente para disparar una de las dos bujías en cada cilindro. El disparo de dos bujías mejora la combustión de la mezcla de combustible/aire y da como resultado una

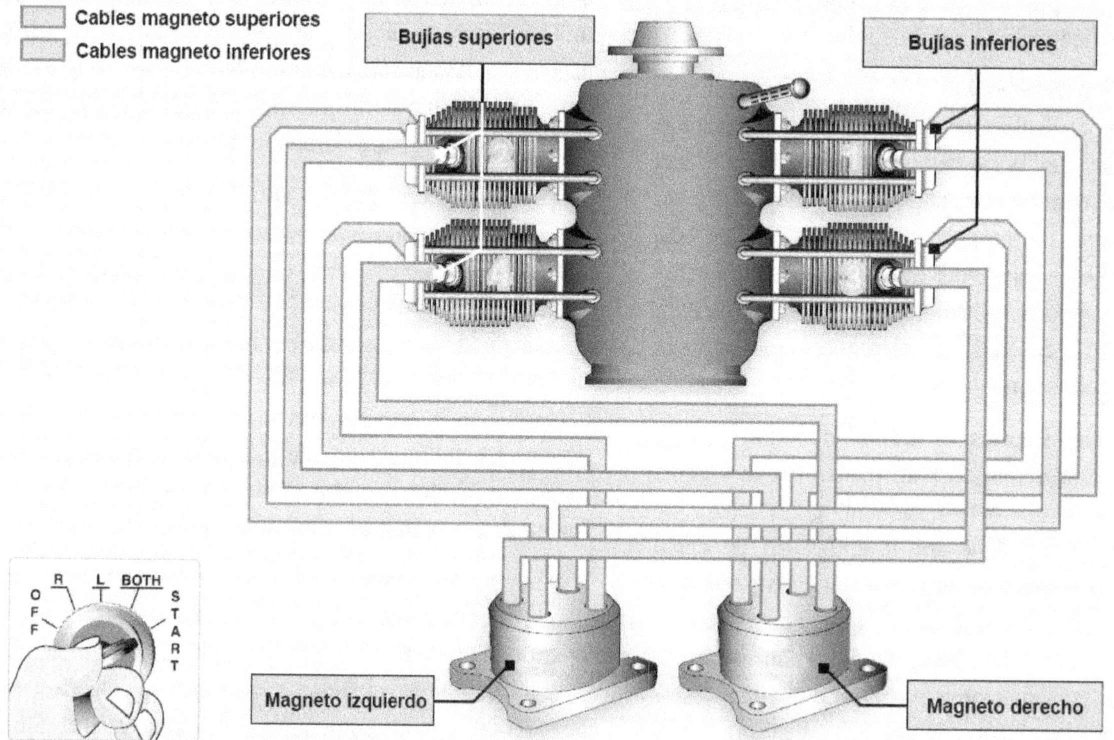

Figura 6-16. *Componentes del sistema de encendido.*

potencia ligeramente superior. Si uno de los magnetos falla, el otro no se ve afectado. El motor continuará funcionando normalmente, aunque se puede esperar una ligera disminución en la potencia del motor. Lo mismo sucede si falla una de las bujías en un cilindro.

El funcionamiento del magneto es controlado en la cabina por la llave de encendido. El interruptor tiene cinco posiciones:

1. OFF

2. R (derecho)

3. L (izquierdo)

4. BOTH (ambos)

5. START (arranque)

Con DERECHO o IZQUIERDO seleccionado, sólo se activa el magneto asociado. El sistema funciona en ambos magnetos con BOTH seleccionado.

Un mal funcionamiento del sistema de encendido puede ser identificado durante la comprobación previa al despegue observando la disminución de rpm que se produce cuando el interruptor de encendido se mueve primero desde BOTH a R, y luego de BOTH a L. Una pequeña disminución en las rpm del motor es normal durante esta comprobación. El descenso permitido está listado en el manual del avión. Si el motor deja de funcionar cuando se cambia a un magneto o si la caída de rpm supera el límite permitido, no vuele el avión hasta solucionar el problema. La causa podría ser bujías sucias, cables rotos o en cortocircuito entre el magneto y las bujías, o encendido de las bujías a destiempo. Cabe señalar que si no caen las rpm no es normal, y en ese caso, la aeronave no debe ser volada.

Después de apagar el motor, gire la llave de encendido a la posición OFF. Incluso con los interruptores de batería en OFF, el motor se puede encender y girar si la llave de encendido queda en ON y la hélice se mueve debido a que el magneto no requiere fuente externa de energía eléctrica. Sea consciente de la posibilidad de lesiones graves en esta situación.

Incluso con la llave de encendido en la posición OFF, si el cable de tierra entre el magneto y la llave de encendido se desconecta o se rompe, el motor podría arrancar accidentalmente con el combustible residual en el cilindro si la hélice se mueve. Si esto ocurre, la única manera de parar el motor es mover el mando de mezcla a la posición de corte, luego haga revisar el sistema por un técnico de mantenimiento de aviación calificado.

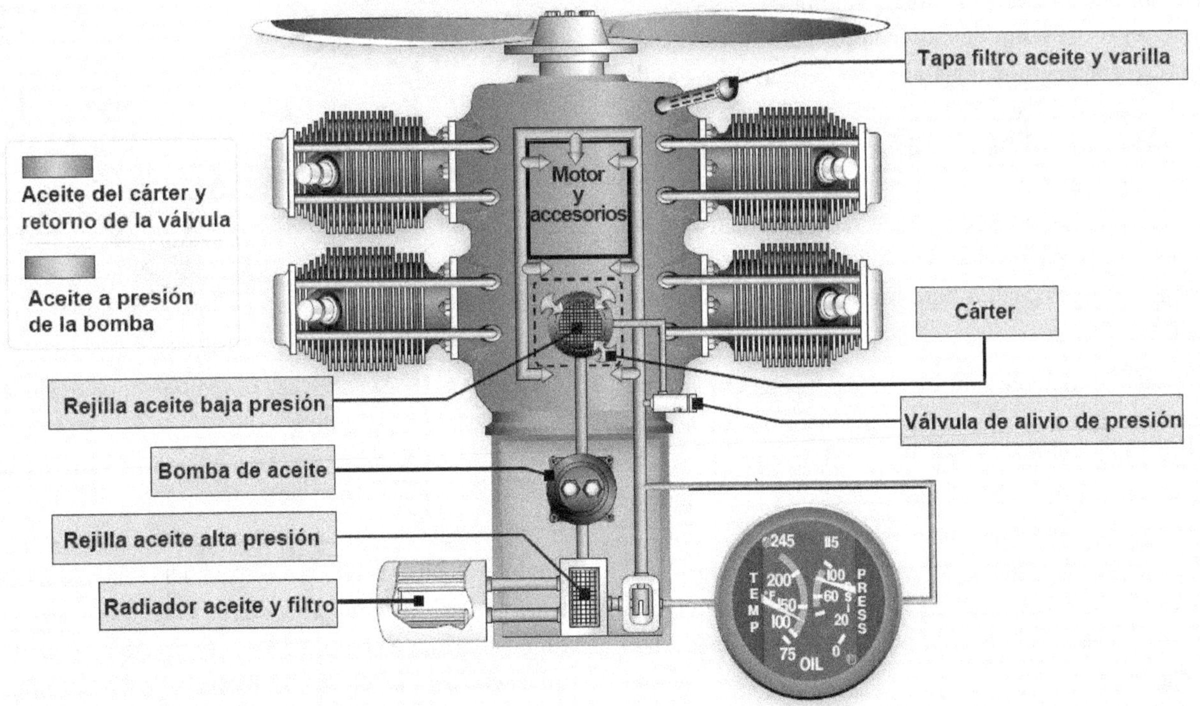

Figura 6-17. *Sistema de aceite de cárter húmedo.*

El sistema de aceite del motor realiza varias funciones importantes:

- Lubricación de las piezas móviles del motor

- Enfriamiento del motor al reducir la fricción

- Extracción del calor de los cilindros

- Proporcionar un cierre hermético entre las paredes de los cilindros y pistones

- Remoción de contaminantes

Los motores alternativos utilizan un cárter húmedo, o un sistema de aceite de cárter seco. En un sistema de cárter húmedo, el aceite se encuentra en un depósito que es parte integral del motor. En un sistema de cárter seco, el aceite está contenido en un depósito separado, y circula a través del motor por medio de bombas. *[Figura 6-17]*

El componente principal de un sistema de cárter húmedo es la bomba de aceite, que extrae aceite del cárter y la envía al motor. Después que el aceite pasa a través del motor, vuelve al cárter. En algunos motores, se suministra lubricación adicional con el giro del cigüeñal, que salpica aceite sobre partes del motor.

Una bomba de aceite también suministra presión de aceite en un sistema de cárter seco, pero la fuente de aceite se encuentra externa al motor, en un depósito de aceite separado. Después de que el aceite pasa a través del motor, se bombea desde diversos lugares en el motor de vuelta al depósito de aceite por medio de bombas. Los sistemas de cárter seco permiten que se suministre un mayor volumen de aceite al motor, lo que los hace más adecuados para motores alternativos muy grandes.

El medidor de presión de aceite proporciona una indicación directa de la operación del sistema de aceite. Muestra la presión en libras por pulgada cuadrada (psi) del aceite suministrado al motor. El color verde indica el rango de operación normal, mientras que el rojo indica la presión mínima y máxima. Debería haber una indicación de presión de aceite durante el arranque del motor. Consulte el manual de vuelo/POH para las limitaciones.

El medidor de temperatura de aceite tiene una zona verde que muestra el rango de operación normal y una línea roja que indica la temperatura máxima admisible.

A diferencia de la presión de aceite, los cambios en la temperatura del aceite ocurren más lentamente. Esto es particularmente notable después de arrancar el motor, cuando puede llevar varios minutos para que el instrumento muestre un aumento de la temperatura del aceite.

Controle la temperatura del aceite periódicamente durante el vuelo, especialmente cuando opera en temperatura ambiente alta o baja. Temperaturas de aceite altas pueden ser señal de una línea de aceite tapada, baja cantidad de aceite, un radiador de aceite bloqueado, o un indicador de temperatura defectuoso. Bajas temperaturas de aceite puede ser señal de una viscosidad de aceite inadecuada durante las operaciones en clima frío.

El tapón de llenado de aceite y la varilla (para medir la cantidad de aceite) son generalmente accesibles a través de un panel en la cubierta del motor. Si la cantidad no cumple con los niveles de operación recomendados por el fabricante debe agregarse aceite. El AFM/POH o leyendas cerca del panel de acceso proporcionan información sobre el tipo correcto de aceite, así como la cantidad de aceite mínima y máxima. *[Figura 6-18]*

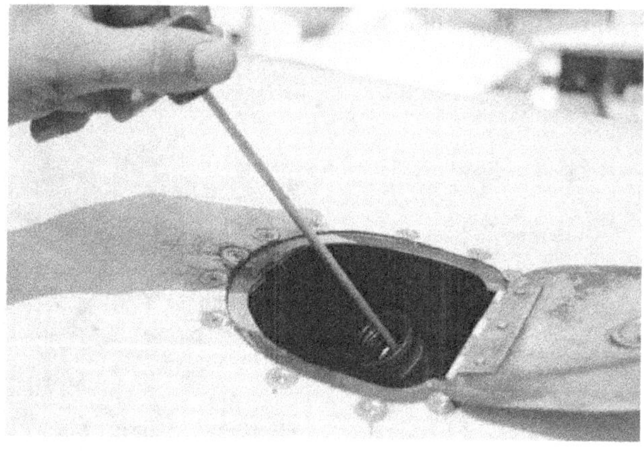

Figura 6-18. *Siempre controle el nivel de aceite en la inspección pre vuelo.*

El combustible que se quema dentro de los cilindros produce intenso calor, la mayoría del cual es expulsado a través del sistema de escape. Gran parte del calor remanente, sin embargo, debe ser eliminado, o al menos disipado, para evitar que el motor se sobrecaliente. De lo contrario, las extremadamente altas temperaturas del motor pueden conducir a la pérdida de potencia, consumo excesivo de aceite, detonación y daños graves en el motor.

Mientras que el sistema de aceite es vital para el enfriamiento interno del motor, es necesario un método de enfriamiento adicional para la superficie externa del motor. La mayoría de los aviones pequeños son refrigerados por aire, aunque algunos son refrigerados por líquido.

La refrigeración por aire se realiza por el aire que fluye en el compartimiento del motor a través de aberturas en el frente de la cubierta del motor. Unos tabiques llevan este aire sobre unas aletas en los cilindros y otras partes del motor, donde el aire absorbe el calor del motor. La expulsión del aire caliente se lleva a cabo a través de una o más aberturas en la porción inferior trasera de la cubierta del motor. *[Figura 6-19]*

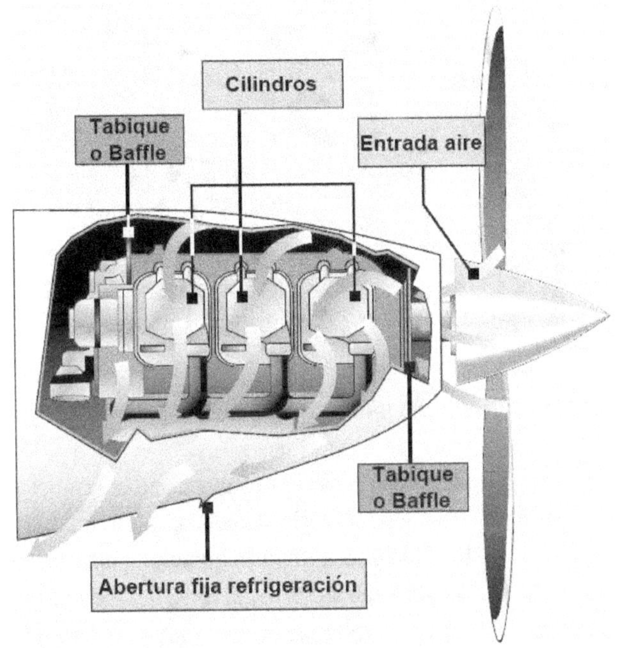

Figura 6-19. *El aire exterior ayuda a la refrigeración del motor.*

El aire entra en el compartimiento del motor a través de una entrada detrás del cubo de la hélice. Tabiques lo dirigen hacia las partes más calientes del motor, sobre todo los cilindros, que tienen aletas que aumentan el área expuesta al flujo de aire.

El sistema de refrigeración por aire es menos eficaz durante las operaciones en tierra, despegues, aproximación frustrada, y otros períodos de operación de alta potencia y baja velocidad. Por el contrario, los descensos a alta velocidad proporcionan aire en exceso

y puede enfriar rápidamente el motor, sometiéndolo a fluctuaciones de temperatura bruscas.

Operar el motor a temperatura más alta que la especificada puede provocar pérdida de potencia, consumo excesivo de aceite, y detonación. También da lugar a daños permanentes graves, como el rayado de las paredes del cilindro, dañar los pistones y aros, y quemado y deformación de las válvulas. La observación de los instrumentos de temperatura del motor ayudará a evitar la operación a alta temperatura.

Bajo condiciones de operación normal en aviones que no están equipados con aletas de refrigeración en el carenado, la temperatura del motor se puede controlar cambiando la velocidad o la potencia del motor. Las altas temperaturas pueden ser reducidas al incrementar la velocidad y/o reduciendo la potencia.

El indicador de temperatura de aceite da una indicación indirecta y retardada del aumento de la temperatura del motor, pero se puede utilizar para determinar la temperatura del motor si éste es el único medio disponible.

La mayoría de los aviones están equipados con un indicador de temperatura de la tapa de cilindros que indica un cambio de temperatura directo e inmediato. Este instrumento está calibrado en grados centígrados o Fahrenheit, y por lo general tiene un arco de color verde para indicar el rango de operación normal. Una línea roja en el instrumento indica la temperatura máxima permisible de la tapa de cilindros.

Para evitar excesivas temperaturas en la tapa, aumente la velocidad, enriquezca la mezcla, y/o reduzca la potencia. Cualquiera de estos procedimientos ayuda a reducir la temperatura del motor. En una aeronave equipada con aletas de refrigeración, utilice las posiciones de estas para controlar la temperatura. Estas aletas son tapas articuladas que encajan y cubren las aberturas a través de las cuales se expulsa el aire caliente. Si la temperatura del motor es baja, las aletas de refrigeración pueden ser cerradas, restringiendo así el flujo de aire caliente expulsado y aumentando la temperatura del motor. Si la temperatura del motor es alta, las aletas se pueden abrir para permitir un mayor flujo de aire a través del sistema, disminuyendo la temperatura del motor.

Sistemas de escape

Los sistemas de escape del motor expulsan los gases de combustión, suministran calor a la cabina, y descongelan el parabrisas. Un sistema de escape tiene tubos de escape conectados a los cilindros, así como un silenciador. Los gases de escape son expulsados del cilindro a través de la válvula de escape y luego a través del sistema de escape a la atmósfera.

Para calentar la cabina, el aire exterior pasa por la entrada de aire y se canaliza a través de una cubierta alrededor del silenciador. El silenciador es calentado por los gases de escape y, a su vez, calienta el aire alrededor del silenciador. Este aire caliente luego se conduce a la cabina para dar calor y aplicaciones de descongelado. La calefacción y el descongelamiento se controlan en la cabina de vuelo, y puede ser ajustado al nivel deseado.

Los gases de escape contienen grandes cantidades de monóxido de carbono, que es inodoro e incoloro. El monóxido de carbono es mortal, y su presencia es prácticamente imposible de detectar. El sistema de escape debe estar en buenas condiciones y libre de grietas.

Algunos sistemas de escape tienen una sonda EGT. Esta sonda transmite la EGT (exhaust gas temperature) a un instrumento en la cabina. El EGT mide la temperatura de los gases en el múltiple de escape. Esta temperatura varía con la relación de combustible/aire que entra en los cilindros y se puede utilizar como una base para regular la mezcla de combustible/aire. El medidor de EGT es muy preciso en el ajuste de mezcla correcta. Cuando se utiliza el EGT para empobrecer la mezcla de combustible/aire, se puede reducir el consumo de combustible. Para conocer procedimientos específicos, consulte las recomendaciones del fabricante para empobrecer la mezcla.

Sistema de arranque

La mayoría de los aviones pequeños usan un sistema de arranque eléctrico directo. Este sistema consiste en una fuente de electricidad, cableado, interruptores y relay para operar el arranque y el motor de arranque. La mayoría de los aviones tienen arranques que se acoplan y desacoplan automáticamente cuando se operan, pero algunas aeronaves más viejas tienen arrancadores que se activan mecánicamente por una palanca accionada por el piloto. El motor de arranque se acopla al volante,

girando el motor a una velocidad que le permite arrancar y mantenerse operando.

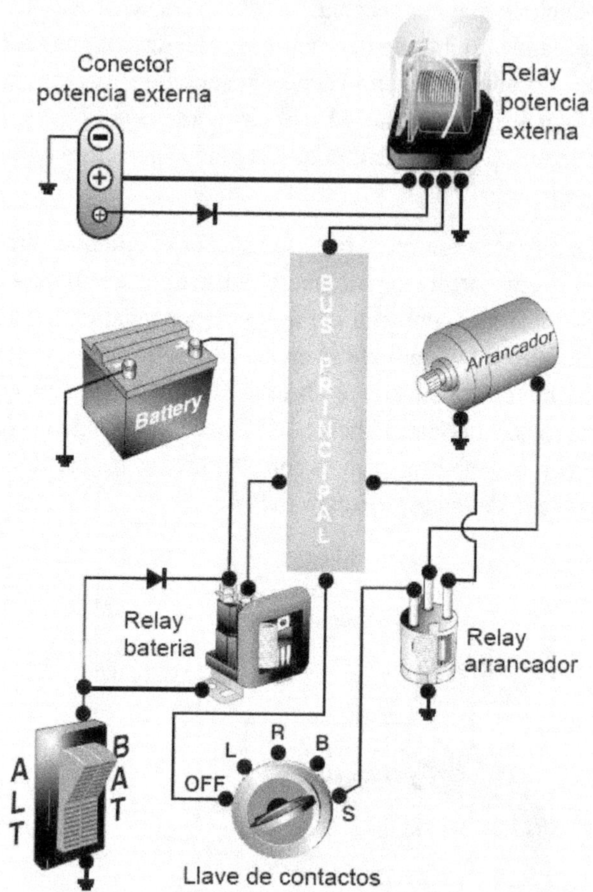

Figura 6-20. *Circuito de arranque típico.*

La energía eléctrica para el arranque se suministra normalmente por una batería a bordo, pero también puede ser suministrada por alimentación externa a través de un receptáculo de energía externa. Cuando el interruptor de la batería está activado, la energía eléctrica es suministrada a la barra de alimentación del bus principal a través del relay de la batería. Tanto el motor de arranque como el interruptor de arranque, toman la corriente de la barra de bus principal, pero el motor no funcionará hasta que el relay de arranque sea energizado por el arranque cuando se gira a la posición "START". Cuando el interruptor se libera de la posición "START", el relay le quita la energía al motor de arranque. El motor de arranque está protegido de ser arrastrado por el motor a través de un embrague en la unidad de motor de arranque que permite que el motor funcione más rápido que el motor de arranque. *[Figura 6-20]*

Al arrancar un motor, las normas de seguridad y cortesía deben ser observadas estrictamente. Una de las más importantes es asegurarse de que no hay nadie cerca de la hélice. Además, las ruedas deben ser calzadas y puestos los frenos, para evitar los riesgos provocados por un movimiento involuntario. Para evitar daños en la hélice y en la propiedad, el avión debe estar en un área en la que la hélice no levante piedras ni polvo.

Combustión

Durante la combustión normal, la mezcla combustible /aire se quema de una manera controlada y predecible. En un motor de encendido por chispa el proceso se produce en una fracción de un segundo. La mezcla comienza a quemarse en el punto en que es encendida por las bujías, y luego se quema desde las bujías hasta que se consume toda. Este tipo de combustión provoca un aumento suave de la temperatura y presión y asegura que los gases en expansión entregan la máxima fuerza al pistón en el momento exacto en la carrera de trabajo. *[Figura 6-21]*

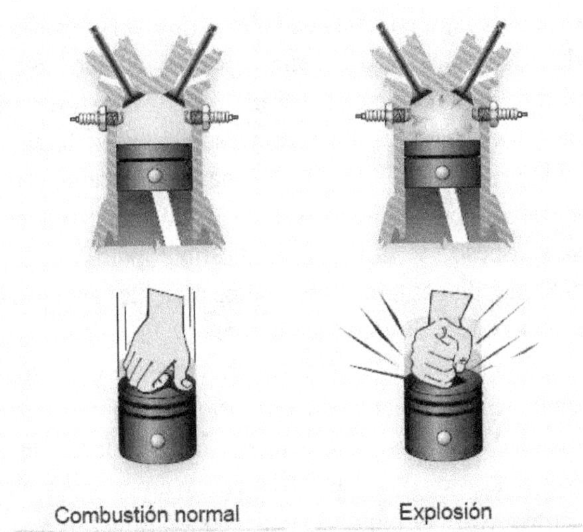

Figura 6-21. *Combustión normal y explosión*

La detonación es una ignición explosiva descontrolada de la mezcla combustible/aire dentro de la cámara de combustión del cilindro. Produce temperaturas y presiones excesivas que, si no se corrigen, pueden conducir rápidamente a fallas del pistón, el cilindro, o las válvulas. En los casos menos graves, la detonación causa un sobrecalentamiento del motor, aspereza, o pérdida de potencia.

La detonación se caracteriza por altas temperaturas de la tapa de cilindros y es probable que ocurra cuando se opera a altas potencias. Las causas operativas comunes de la detonación son:

- Uso de un combustible de grado menor al especificado por el fabricante de la aeronave.

- Operación del motor con presiones del múltiple extremadamente altas junto con bajas rpm.

- Operación del motor con altas potencias con una mezcla excesivamente pobre.

- Operaciones en tierra extensas o grandes ascensos en las que el enfriamiento de los cilindros esta reducido.

La detonación se puede evitar siguiendo estas pautas básicas durante las distintas fases de operación en el suelo y en vuelo:

- Asegúrese que usa el grado de combustible apropiado.

- Mantenga las aletas de refrigeración (si están disponible) en posición totalmente abiertas, mientras está en el suelo para proporcionar el máximo flujo de aire.

- Use una mezcla de combustible enriquecida, así como un ángulo de ascenso pequeño para aumentar la refrigeración de los cilindros durante el despegue y ascenso inicial.

- Evite ascensos empinados extensos y con alta potencia.

- Desarrolle el hábito de controlar los instrumentos del motor para verificar el funcionamiento adecuado de acuerdo a los procedimientos establecidos por el fabricante.

El pre encendido (autoencendido) se produce cuando la mezcla de combustible/aire se enciende antes del evento de encendido normal. La combustión prematura generalmente es causada por un punto caliente en la cámara de combustión, usualmente creado por un pequeño depósito de carbón sobre una bujía, un aislador de bujía quebrado, u otros daños en el cilindro que hacen que una parte se caliente lo suficiente para encender la carga de combustible/aire. El pre encendido causa la pérdida de potencia del motor, y produce altas temperaturas de operación. Al igual que la detonación, el autoencendido también puede causar graves daños al motor, debido a que los gases en expansión ejercen excesiva presión sobre el pistón, mientras todavía está en tiempo de compresión.

La detonación y el pre encendido a menudo se producen simultáneamente y uno puede causar el otro. Dado que cualquiera de estas condiciones causa alta temperatura del motor acompañada por una disminución en el rendimiento, a menudo es difícil distinguir entre los dos. Usando el grado de combustible recomendado y operando del motor dentro de su rango adecuado de temperatura, presión, y rpm se reduce la posibilidad de detonación o pre encendido.

Control digital del motor de mando total (FADEC)

El FADEC (Full Authority Digital Engine Control) es un sistema que consta de una computadora digital y componentes auxiliares que controlan el motor y la hélice de un avión. Utilizado primeramente en motores de turbina de aeronaves, y conocido como control electrónico digital de mando total, estos sofisticados sistemas de control son cada vez más utilizados en aviones con motores de pistón.

En un motor alternativo de encendido por chispa el FADEC utiliza sensores de velocidad, temperatura y presión para controlar el estado de cada cilindro. Una computadora digital calcula el pulso ideal para cada inyector y ajusta el tiempo de encendido según sea necesario para lograr un rendimiento óptimo. En un motor de encendido por compresión el FADEC opera de manera similar y realiza las mismas funciones, excepto los específicamente relacionados con el proceso de encendido por chispa.

Los sistemas FADEC eliminan la necesidad de magnetos, calefacción del carburador, controles de mezcla, y cebado del motor. Una sola palanca de acelerador es característica de una aeronave equipada con un sistema FADEC. El piloto simplemente coloca la palanca del acelerador en una posición deseada, tal como arranque, ralentí, potencia de crucero, o potencia máxima, y el sistema FADEC ajusta el motor y la hélice de forma automática para el modo seleccionado. No hay necesidad de que el piloto para vigile o controle la relación de mezcla aire/combustible.

Durante el arranque de la aeronave, el FADEC ceba los cilindros, ajusta la mezcla, y posiciona el acelerador basado en la temperatura del motor y presión ambiente. Durante el vuelo de crucero, el FADEC controla constantemente el motor y ajusta el flujo de combustible, y el tiempo de encendido individualmente en cada cilindro. Este preciso control del proceso de combustión resulta en menor consumo de combustible y aumento de potencia.

Los sistemas FADEC se consideran una parte esencial del control del motor y la hélice, y puede ser alimentado por el sistema eléctrico principal de la aeronave. En muchos aviones el FADEC usa energía de un generador separado conectado al motor. En cualquier caso, debe haber una fuente eléctrica de seguridad disponible porque el fallo del sistema FADEC podría resultar en una completa pérdida de la potencia del motor. Para evitar la pérdida de empuje, dos canales digitales separados e idénticos se incorporan para redundancia, siendo cada canal capaz de proporcionar todas las funciones de motor y hélice sin limitaciones.

Motores de turbina

Un motor de turbina de avión consta de una toma de aire, compresor, cámaras de combustión, una sección de turbina, y escape. El empuje es producido por el aumento de la velocidad del aire que fluye a través del motor. Los motores de turbina son plantas de poder altamente deseables en las aeronaves. Se caracterizan por un funcionamiento suave y una alta relación potencia-peso, y utilizan combustible para reactores fácilmente disponible. Antes de los recientes avances en los materiales, diseños de motores, y los procesos de fabricación, el uso de motores de reacción en aviones pequeños/livianos eran de un costo prohibitivo. En la actualidad, varios fabricantes de aviones están produciendo o planean producir aviones pequeños/ livianos con turbina. Estos pequeños aviones de reacción por lo general tienen capacidad de tres a siete pasajeros y se les conoce como jets muy livianos (VLJ-Very Light Jet) o microjet. *[Figura 6-22]*

Tipos de motores de turbina

Los motores de turbina se clasifican según el tipo de compresores que utilizan. Hay tres tipos de compresores: de flujo centrífugo, de flujo axial, y de flujo centrífugo-axial. La compresión del aire de entrada se consigue en un motor de flujo centrífugo, acelerando el aire hacia el exterior perpendicular al eje longitudinal del motor. El motor de flujo axial comprime el aire por una serie de álabes rotatorios y estacionarios moviendo el aire paralelo al eje longitudinal. El diseño de flujo centrífugo-axial utiliza ambos tipos de compresores para lograr la compresión deseada.

Figura 6-22. *Eclipse 500.*

El camino que toma el aire a través del motor y cómo se produce la potencia determina el tipo de motor. Hay cuatro tipos de motores de turbina: turborreactor, turbohélice, turboventilador, y turboeje.

Turborreactor

El turborreactor consta de cuatro secciones: compresor, cámara de combustión, sección de la turbina, y el escape. La sección del compresor pasa aire de entrada a una velocidad alta hacia la cámara de combustión. La cámara de combustión contiene la entrada de combustible y el encendido para la combustión. El aire se expande moviendo una turbina, que está conectada por un eje al compresor, manteniendo el motor en funcionamiento. Los gases de escape acelerados por el motor proporcionan empuje. Esta es básicamente una acción de comprimir aire, encender la mezcla aire-combustible, produciendo potencia para auto-sostener el funcionamiento del motor, y expulsar gases para la propulsión. *[Figura 6-23]*

Los turborreactores están limitados en alcance y autonomía. También son lentos para responder al acelerador a bajas velocidades de compresor.

Turbohélice

Un motor turbohélice es un motor de turbina que impulsa una hélice a través de un engranaje de reducción. Los gases de escape accionan una turbina de potencia conectada por un eje que acciona el conjunto de engranajes de reducción. Los engranajes de reducción son necesarios en los turbohélices, porque el rendimiento óptimo de la hélice se logra a velocidades mucho más lentas que las rpm de funcionamiento del motor. Los turbohélices son un compromiso entre turborreactores y motores de pistón. Los turbohélices son más eficientes a velocidades de entre 250 y 400 nudos y altitudes entre 18.000 y 30.000 pies. También funcionan bien a las bajas velocidades necesarias para el despegue y aterrizaje, y son eficientes con el combustible. El consumo mínimo específico de combustible del turbohélice está normalmente disponible en altitudes entre 25.000 pies y la tropopausa. *[Figura 6-24]*

Turbofan

Los turbofan o turboventiladores se desarrollaron para combinar algunas de las mejores características de los turborreactores y turbohélices. El turboventilador está diseñado para crear empuje adicional al desviar un flujo de aire secundario alrededor de la cámara de combustión. El aire derivado (bypass) del turbofan genera mayor empuje, enfría el motor, y ayuda en la supresión del ruido de escape. Esto proporciona velocidades de crucero como los turborreactores y un menor consumo de combustible.

El aire de entrada que pasa a través de un turbofan se divide en dos corrientes separadas de aire. Una corriente pasa a través del núcleo del motor, mientras que una segunda corriente no pasa por el núcleo. Es este aire derivado el que es responsable por el término "motor de derivación". La relación de derivación del turboventilador se refiere a la relación de la masa de aire que pasa a través del fan, dividido por la masa de aire que pasa a través del núcleo. *[Figura 6-25]*

Turboeje

El cuarto tipo común de motor a reacción es el turboeje. *[Figura 6-26]* Entrega potencia a un eje que impulsa algo que no sea una hélice. La mayor diferencia entre un turborreactor y un turboeje es que en un turboeje, la mayor parte de la energía producida por los gases en expansión se utiliza para girar una turbina en lugar de producir empuje. Muchos helicópteros utilizan un motor de turbina de gas o turboeje. Además, los motores turboeje son ampliamente utilizados como unidades de energía auxiliares en aeronaves de gran tamaño.

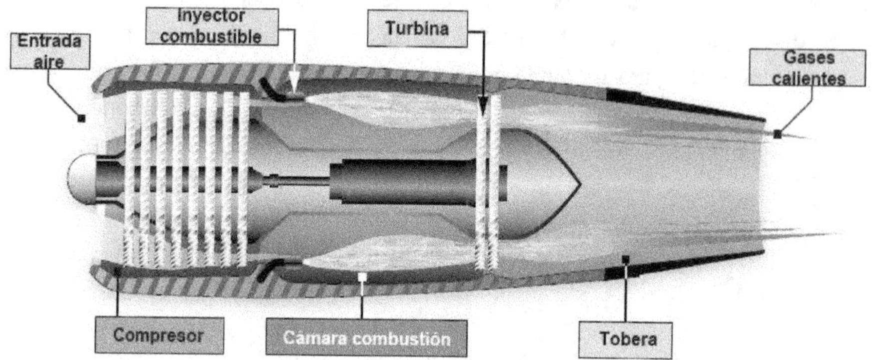

Figura 6-23. *Turborreactor.*

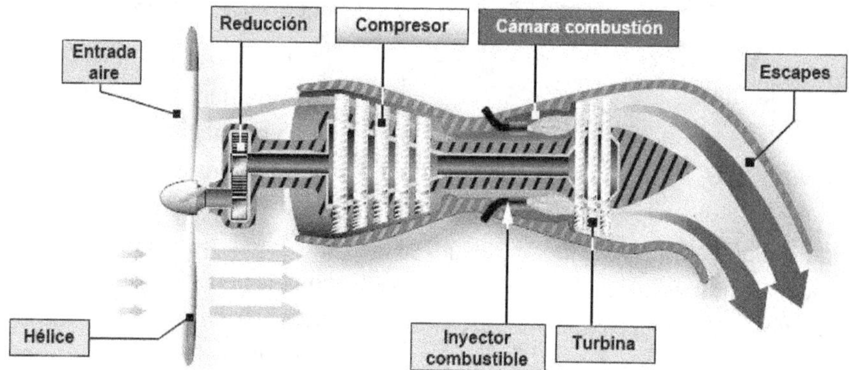

Figura 6-24. *Turbohélice.*

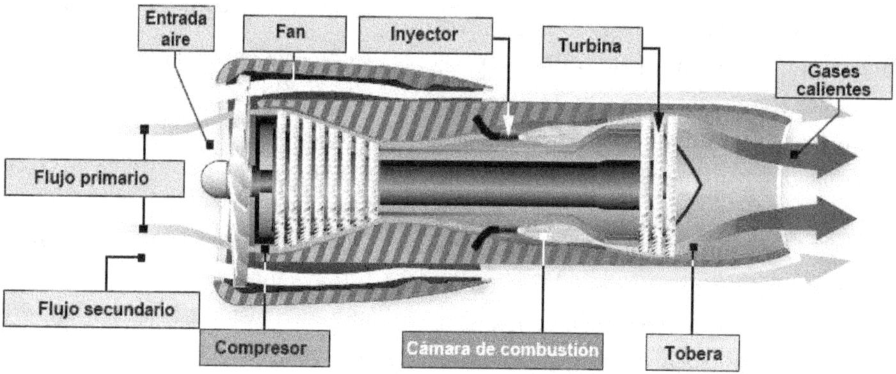

Figura 6-25. *Turbofan o turboventilador.*

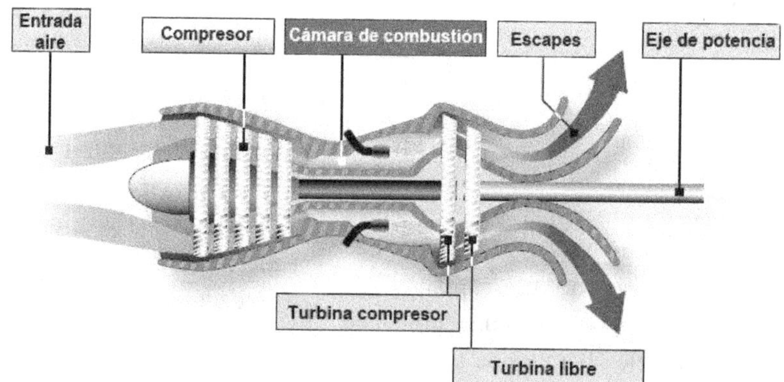

Figura 6-26. *Turboeje.*

Instrumentos de motores de turbina

Los instrumentos del motor que indican la presión de
aceite, temperatura de aceite, velocidad del motor,
temperatura de los gases de escape, y flujo de
combustible son comunes a los motores de turbina y de
pistón. Sin embargo, hay algunos instrumentos que son
únicos para motores de turbina. Estos instrumentos
proporcionan indicaciones de la relación de presión del
motor, presión de descarga de la turbina, y el torque.
Además, la mayoría de los motores de turbina de gas
tienen múltiples instrumentos sensores de temperatura,
llamados termocuplas, que proporcionan a los pilotos
lecturas de temperatura en y cerca de la sección de la
turbina.

Relación de presión del motor (EPR)

El medidor de relación de presión del motor (EPR –
Engine Pressure Ratio) se utiliza para indicar la
potencia de salida en un motor turborreactor/turbofan.
EPR es la relación de presión de los gases entre la
salida de la turbina y la de entrada del compresor. Las
mediciones de son registrados por sondas instaladas en
la entrada y en el escape del motor. Una vez recogidos,
los datos se envían a un transductor de presión
diferencial, que se indica en cabina por el medidor EPR.

El diseño del sistema EPR compensa automáticamente
los efectos de la velocidad y la altitud. Los cambios en
la temperatura ambiente requieren que se aplique una
corrección a las indicaciones del EPR para proporcionar
ajustes precisos en la potencia del motor.

Temperatura de los gases de escape (EGT)

Un factor limitante en una turbina de gas es la
temperatura de la sección de turbina. La temperatura de
la sección de turbina debe controlarse de cerca para
evitar el sobrecalentamiento de los álabes de la turbina
y otros componentes de la sección de escape. Una
forma común de controlar la temperatura de la sección
de turbina es con un medidor EGT (Exhaust Gas
Temperature). EGT es un límite de operación del motor
usado para vigilar las condiciones generales operativas
del motor.

Las variantes en los sistemas de EGT tienen nombres
diferentes en función de la ubicación de los sensores de
temperatura. Los sensores de temperatura comunes en
la turbina incluyen el medidor de temperatura de
entrada de la turbina (TIT), medidor de temperatura de
salida de la turbina (CDC), medidor de temperatura

entre etapas de la turbina (ITT), y el medidor de
temperatura de la turbina de gas (TGT).

Torquímetro

La potencia de salida de un turbohélice/turboeje se
mide con el torquímetro. El torque (o par) es una fuerza
de torsión aplicada a un eje. El torquímetro mide la
potencia aplicada al eje. Los turbohélices y turboejes
están diseñados para producir torque para la girar una
hélice. Los torquímetros se calibran en unidades
porcentuales, libras/pie, o psi (libras por pulgada
cuadrada).

Indicador N_1

N_1 representa la velocidad de rotación del compresor de
baja presión y se presenta en el indicador como un
porcentaje de las rpm de diseño. Después de arrancar la
velocidad del compresor de baja presión es girado por
la turbina N_1. La turbina N_1 está conectada al compresor
de baja presión a través de un eje concéntrico.

Indicador N_2

N_2 representa la velocidad de rotación del compresor de
alta presión y se presenta en el indicador como un
porcentaje de las rpm de diseño. El compresor de alta
presión es girado por la turbina N_2. La turbina N_2 está
conectada al compresor de alta presión a través de un
eje concéntrico. *[Figura 6-27]*

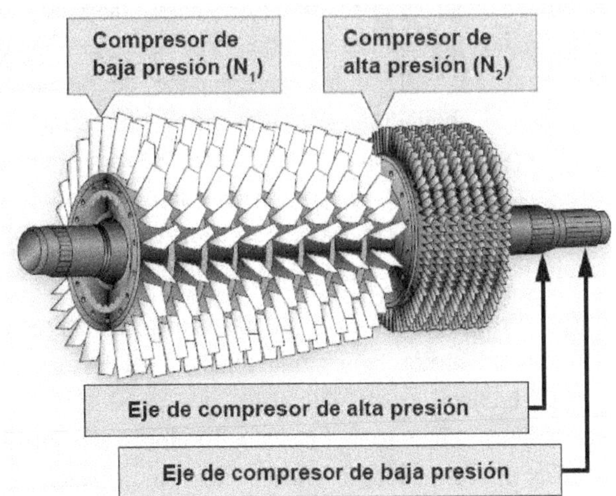

Figura 6-27. *Compresor de flujo axial de dos
etapas.*

Consideraciones operativas en motores de turbina

La gran variedad de motores de turbina hace imposible
cubrir los procedimientos operativos específicos, pero
hay ciertas consideraciones operacionales comunes a
todos los motores de turbina. Estos son límites de

temperatura, daños por objetos extraños, arranque calientes, pérdida de compresor, y apagado.

Limitaciones de temperatura del motor

La temperatura más alta en cualquier motor de turbina se produce en la entrada de la turbina. La temperatura en la entrada de la turbina es por lo tanto, el factor limitante en la operación del motor de turbina.

Variaciones de empuje

El empuje de un motor de turbina varía directamente con la densidad del aire. Cuando la densidad del aire disminuye, también lo hace de empuje. Además, debido a que la densidad del aire disminuye con el aumento de la temperatura, un aumento de temperatura se traducirá en una disminución de empuje. Mientras que tanto los motores de turbina como los alternativos se ven afectados en alguna medida por humedad relativa alta, los motores de turbina experimentarán una mínima pérdida de empuje, mientras que los motores alternativos tendrán una pérdida de potencia al freno significativa.

Daños por objetos extraños (FOD)

Debido al diseño y función de la entrada de aire de un motor de turbina, siempre existe la posibilidad de la ingestión de desechos. Esto causa un daño significativo, particularmente a las secciones del compresor y la turbina. Cuando se produce la ingestión de desechos, se llama daños por objetos extraños (FOD-Foreign Object Damage). El FOD típico se compone de pequeñas muescas y abolladuras causadas por la ingestión de objetos pequeños en plataforma, calle de rodaje, o pista de aterrizaje, pero también se produce FOD causado por choques con aves o ingestión de hielo. A veces el FOD resulta en la destrucción total de un motor.

La prevención del FOD es de alta prioridad. Algunas entradas de motor tienen una tendencia a formar un vórtice entre el suelo y la toma de aire durante las operaciones en tierra. En estos motores se puede instalar un disipador de vórtice. También pueden ser utilizados otros dispositivos, tales como pantallas y/o deflectores. Las comprobaciones de pre vuelo incluyen una inspección visual para detectar cualquier signo de FOD.

Arranque del motor de turbina caliente/colgado

Cuando la EGT excede el límite de seguridad de una aeronave, experimenta un "arranque en caliente". Es causado por la entrada en exceso de combustible a la cámara de combustión, o rpm de turbina insuficientes. Cada vez que un motor tiene un arranque en caliente, consulte el manual de vuelo o un manual de mantenimiento adecuado para inspección.

Si el motor no acelera a la velocidad adecuada después de la ignición o no acelera a las rpm de ralentí, se ha producido un arranque colgado o falso. Un arranque colgado puede ser causado por una fuente de potencia de arranque insuficiente o el mal funcionamiento del control de combustible.

Pérdida de compresor

Los álabes del compresor son pequeños perfiles aerodinámicos y están sujetos a los mismos principios aerodinámicos que se aplican a cualquier perfil. Un álabe de compresor tiene un ángulo de ataque que es resultado de la velocidad de entrada de aire y la velocidad de rotación del compresor. Estas dos fuerzas se combinan para formar un vector, que define el ángulo de ataque real del perfil con el aire que ingresa.

Una pérdida de compresor es un desequilibrio entre las dos magnitudes vectoriales, la velocidad de entrada y la velocidad rotacional del compresor. Las pérdidas de compresor se producen cuando el ángulo de ataque de los álabes excede el ángulo de ataque crítico. En este punto, el flujo suave de aire se interrumpe y se crea turbulencia con fluctuaciones de la presión. La pérdida de compresor, provoca que el aire en el compresor reduzca la velocidad y se estanque, a veces invirtiendo la dirección. *[Figura 6-28]*

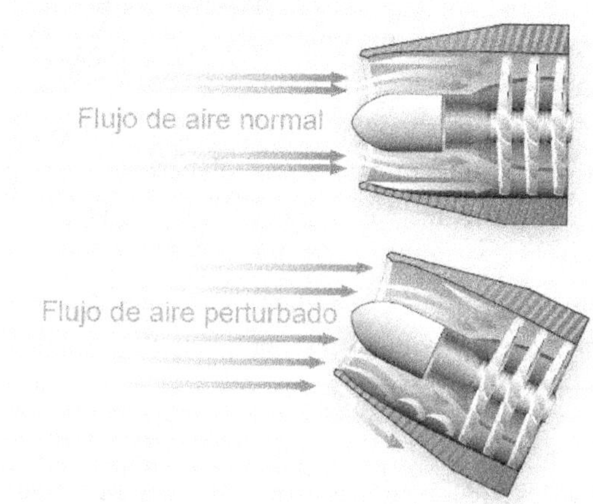

Figura 6-28. *Comparación del flujo de aire normal y distorsionado en el compresor.*

La pérdida del compresor puede ser transitoria e intermitente o constante y severa. Las indicaciones de una pérdida temporal/intermitente son generalmente un "bang" intermitente como contra explosión y se lleva a cabo una inversión de flujo. Si la pérdida se desarrolla y se mantiene estable, puede desarrollarse una vibración y un ruido fuertes a partir de la continua inversión de flujo. A menudo, los instrumentos de cabina no muestran una pérdida leve o transitoria, pero sí indican una pérdida establecida. Las indicaciones típicas de los instrumentos incluyen fluctuaciones en rpm y aumento de la temperatura de los gases de escape. La mayoría de las pérdidas transitorias no son perjudiciales para el motor y, a menudo se corrigen después de una o dos pulsaciones. La posibilidad de daños graves al motor causados por un estado de pérdida estable es inmediata. La recuperación debe llevarse a cabo mediante la rápida reducción de la potencia, disminuyendo el ángulo de ataque de la aeronave, y el aumento de la velocidad.

Aunque todos los motores de turbina están sujetos a pérdidas de compresor, la mayoría de los modelos tienen sistemas que las inhiben. Un sistema utiliza unas álabes guía de entrada variables (VIGV, variable inlet guide vane) y álabes variables de estator, que dirigen el aire entrante en los álabes del rotor en el ángulo apropiado. Para evitar pérdidas de presión de aire, opere el avión dentro de los parámetros establecidos por el fabricante. Si se desarrolla una pérdida de compresor, siga los procedimientos recomendados en el manual de vuelo.

Extinción de llama o Flameout

El flameout se produce al operar una turbina de gas en la cual la llama en el motor se apaga involuntariamente. Si el límite de riqueza de la relación combustible/aire se excede en la cámara de combustión, la llama se extingue. Por lo general, resulta de la aceleración muy rápida del motor, en la que una mezcla excesivamente rica hace que la temperatura del combustible caiga por debajo de la temperatura de combustión. También puede ser causada por insuficiente flujo de aire para mantener la combustión.

Un flameout más común es debido a baja presión de combustible y bajas velocidades del motor, que normalmente están asociados con el vuelo a gran altitud. Esta situación también puede ocurrir al desacelerar el motor durante un descenso, que puede producir la condición de extinción por mezcla pobre. Una mezcla pobre puede causar fácilmente la extinción de llama, incluso con un flujo de aire normal a través del motor.

Cualquier interrupción del suministro de combustible puede resultar en un flameout. Esto puede ser debido a actitudes inusuales prolongadas, un fallo del sistema de control de combustible, turbulencia, engelamiento, o quedarse sin combustible.

Los síntomas de un flameout normalmente son los mismos que los de un fallo del motor. Si el flameout es debido a una condición transitoria, tal como un desbalance entre el flujo de combustible y la velocidad del motor, se puede intentar un arranque una vez que la condición se corrige. En cualquier caso, los pilotos deben seguir los procedimientos de emergencia aplicables señalados en el AFM/POH. En general, estos procedimientos incluyen recomendaciones relativas a la altitud y la velocidad a la cual el arranque es más probable que tenga éxito.

Comparación de rendimiento

Es posible comparar la performance de un motor alternativo y diferentes tipos de motores de turbina. Para que la comparación sea precisa, debe ser utilizada la potencia de empuje (potencia útil) para el motor alternativo en lugar de potencia al freno y empuje neto debe ser utilizado para los motores de turbina. Además, la configuración del diseño del avión y el tamaño deben ser aproximadamente los mismos. Al comparar el rendimiento, las siguientes definiciones son útiles:

Potencia al freno (BHP): potencia efectiva entregada al eje de salida. La potencia al freno es la potencia útil real.

Empuje neto: empuje producido por un turborreactor o turbohélice.

Potencia de empuje (THP): potencia equivalente al empuje producido por un turborreactor o turbofan.

Potencia al eje equivalente (ESHP): relativo a turbohélices, la suma de la potencia al eje (SHP) entregada a la hélice y THP producida por los gases de escape.

La figura 6-29 muestra cómo se compara el empuje neto de cuatro tipos de motores, al incrementar la velocidad del aire. Esta figura es con fines explicativos solamente y no para modelos específicos de motores. Los cuatro tipos de motores son los siguientes:

- Motor alternativo

- Turbina, combinado con hélice (turbohélice)

- Turbina incorporando un ventilador (turbofan)

- Turborreactor (chorro puro)

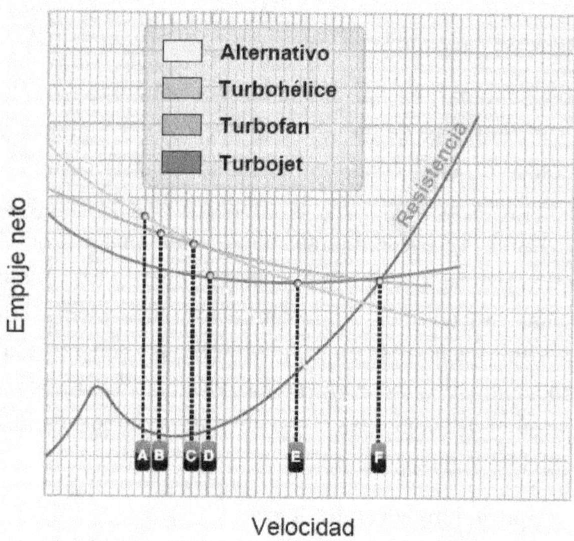

Figura 6-29. *Empuje neto versus velocidad y resistencia. Los puntos de* **A** *a* **F** *se explican en el texto.*

Al trazar la curva de rendimiento para cada motor, se puede hacer una comparación de la variación de la velocidad máxima de la aeronave con el tipo de motor utilizado. Dado que el gráfico es sólo un medio de comparación, los valores numéricos de empuje neto, velocidad del avión, y resistencia no están incluidos.

La comparación de los cuatro motores basado en el empuje neto hace evidente ciertas capacidades de rendimiento. En la gama de velocidades a la izquierda de la línea A, el motor alternativo supera los otros tres tipos. El turbohélice supera al turbofan en el rango a la izquierda de la línea C. El turbofan supera al turborreactor en el rango a la izquierda de la línea F. El turboventilador supera al alternativo a la derecha de la línea B y el turbohélice a la derecha de la línea C. El turborreactor supera al motor alternativo a la derecha de la línea D, el turbohélice a la derecha de la línea E, y el turbofan a la derecha de la línea F.

Los puntos donde la curva de resistencia intercepta las curvas de empuje neto son las velocidades máximas del avión. Las líneas verticales de cada uno de los puntos a la línea de base del gráfico indican que la aeronave con

turborreactor puede alcanzar una velocidad máxima superior que las aeronaves equipadas con los otros tipos de motores. Las aeronaves equipadas con turbofan alcanzan una velocidad máxima superior a las aeronaves equipadas con turbohélice, o alternativo.

Sistemas en el fuselaje

Los sistemas en el fuselaje se componen de sistemas de combustible, eléctrico, hidráulico y de oxígeno.

Sistema de combustible.

El sistema de combustible está diseñado para proporcionar un flujo ininterrumpido de combustible desde los depósitos al motor. El combustible debe estar disponible para el motor en cualquier condición de potencia del motor, altitud, actitud y durante todas las maniobras de vuelo aprobadas. Comúnmente se aplican dos clasificaciones a los sistemas de combustible en aeronaves pequeñas: sistemas de alimentación por gravedad y con bombeo de combustible.

Sistema de alimentación por gravedad

El sistema de alimentación por gravedad utiliza la fuerza de la gravedad para transferir el combustible desde los tanques al motor. Por ejemplo, en aviones de ala alta, los tanques de combustible están instalados en las alas. Esto coloca los depósitos de combustible por encima del carburador, y el combustible es alimentado por gravedad a través del sistema al carburador. Si el diseño de la aeronave es tal que la gravedad no se puede utilizar para transferir combustible, se instalan bombas de combustible. Por ejemplo, en aviones de ala baja, los depósitos en las alas se encuentran por debajo del carburador. *[Figura 6-30]*

Sistema de bombeo de combustible

Las aeronaves con sistemas de bombeo de combustible disponen de dos bombas de combustible. El sistema de bomba principal es accionado por el motor con una bomba eléctrica auxiliar provista para su uso en el arranque del motor y en caso de fallo de la bomba de motor. La bomba auxiliar, también conocida como boost, proporciona mayor fiabilidad al sistema de combustible. La bomba eléctrica auxiliar está controlada por un interruptor en la cabina de vuelo.

Primer (cebado)

Ambos sistemas de alimentación por gravedad y bombeo de combustible pueden incorporar un cebador en el sistema de combustible. El cebador (o primer) se

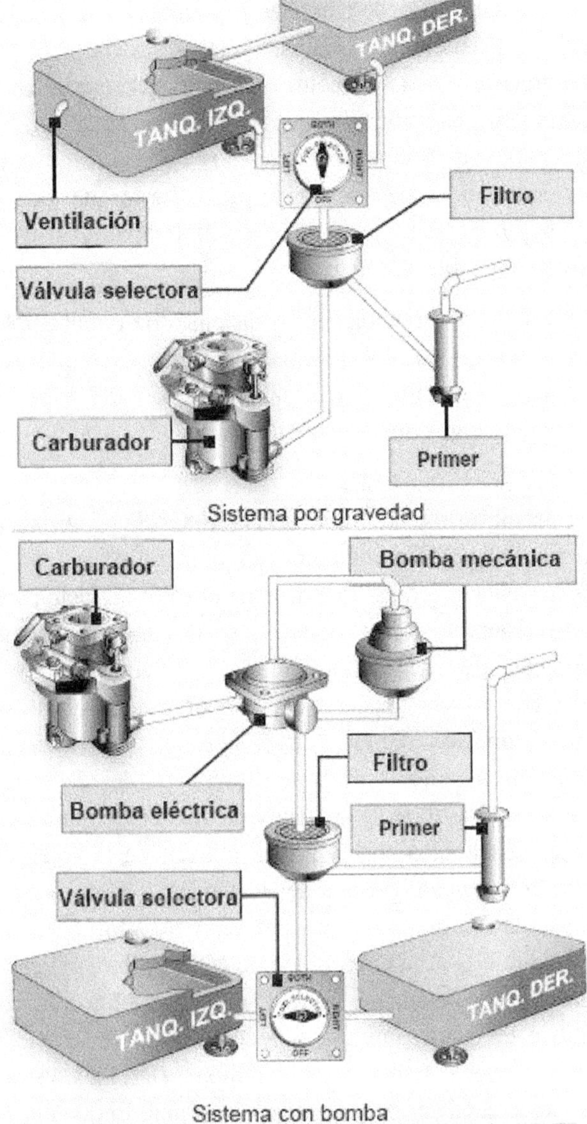

Figura 6-30. *Sistemas de alimentación por gravedad y por bombeo de combustible.*

utiliza para extraer combustible de los tanques para vaporizarlo directamente en los cilindros antes del arranque del motor. Durante tiempo frío, cuando los motores son difíciles de arrancar, el primer ayuda porque no hay suficiente calor disponible para vaporizar el combustible en el carburador. Es importante bloquear el cebador en su lugar cuando no está en uso. Si el mando es libre de moverse, puede salir durante el vuelo y puede causar una mezcla excesivamente rica. Para evitar el sobre cebado, lea las instrucciones de cebado de la aeronave.

Tanque de combustible

Los tanques de combustible, normalmente situados dentro de las alas de un avión, tienen una abertura de llenado en la parte superior del ala a través de la cual pueden ser llenados. Un tapón cubre esta abertura. Los tanques se ventilan al exterior para mantener la presión atmosférica dentro del tanque. Pueden ser ventilados a través de la tapa o a través de un tubo que se extiende a través de la superficie del ala. Los tanques de combustible también incluyen un drenaje que puede ser independiente o estar colocado con la ventilación del tanque de combustible. Esto permite que el combustible se expanda con los aumentos de temperatura sin daños en el propio depósito. Si los tanques han sido llenados en un día caluroso, no es raro ver combustible saliendo del drenaje.

Indicadores de combustible

Los medidores de cantidad de combustible indican la cantidad de combustible medida por un sensor en cada tanque y se muestra en galones o libras. Las normas de certificación de aeronaves requieren precisión en los indicadores de combustible sólo cuando se lee "vacío". Cualquier otra lectura distinta a "vacío" debe ser verificada. No dependa únicamente de la exactitud de los medidores de cantidad de combustible. Siempre verifique visualmente el nivel de combustible en cada tanque durante la inspección de prevuelo, y luego compárelo con la indicación de cantidad de combustible correspondiente.

Si una bomba de combustible está instalada en el sistema de combustible, también se incluye un medidor de presión de combustible. Este medidor indica la presión en las líneas de combustible. La presión de operación normal se puede encontrar en el AFM/POH o en el indicador codificado por color.

Selectores de combustible

La válvula selectora de combustible permite la selección de combustible desde diferentes tanques. Un tipo común de válvula selectora tiene cuatro posiciones: IZQUIERDA, DERECHA, AMBOS, y CERRADA. Seleccionando la posición IZQUIERDA o DERECHA permite que el combustible sea alimentado solo de ese tanque, mientras que la selección de la posición BOTH el combustible se alimenta de ambos tanques. La posición IZQUIERDA o DERECHA se pueden utilizar para equilibrar la cantidad de combustible que queda en cada tanque de ala. *[Figura 6-31]*

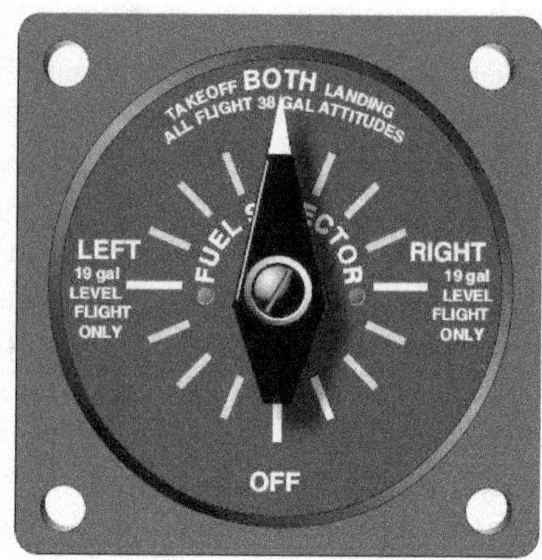

Figura 6-31. *Selector de combustible.*

Carteles de combustible muestran limitaciones en el uso del tanque de combustible, tales como "solo en vuelo nivelado" y/o "ambos" para los aterrizajes y despegues.

Independientemente del tipo de selector de combustible en uso, el consumo de combustible se debe controlar cuidadosamente para asegurarse que un tanque no se queda sin combustible completamente. Vaciando un tanque de combustible no sólo hará que el motor se detenga, sino que funcionando durante períodos prolongados con un tanque provoca un desequilibrio de cargas entre los tanques. Vaciando completamente un tanque puede permitir que entre aire en el sistema de combustible y causar un bloqueo por vapor, lo que hace difícil arrancar el motor. En motores de inyección, el combustible se vuelve tan caliente que se evapora en la línea de combustible, no permitiendo que el combustible llegue a los cilindros.

Filtros de combustible, sumideros y drenajes

Después de salir del tanque y antes de entrar en el carburador, el combustible pasa a través de un filtro que elimina humedad y otros sedimentos en el sistema. Puesto que estos contaminantes son más pesados que el combustible de aviación, se asientan en un sumidero en la parte inferior del sistema de filtro. Un sumidero es un punto bajo en un sistema y/o tanque de combustible. El sistema de combustible puede contener sumidero, filtro de combustible, y drenajes en el tanque de combustible.

El filtro de combustible debe ser drenado antes de cada vuelo. Muestras de combustible deben ser drenadas y controladas visualmente por agua y contaminantes.

El agua en el sumidero es peligrosa porque cuando hace frío el agua se puede congelar y bloquear los conductos de combustible. En climas cálidos, puede fluir al carburador y parar el motor. Si hay agua presente en el sumidero, es probable que haya más agua en los tanques y que deben ser drenados hasta que no haya evidencia de agua. Nunca despegue hasta que toda el agua y los contaminantes se han eliminado del sistema de combustible del motor.

Debido a la variación en los sistemas de combustible, familiarícese con los sistemas de la aeronave que está volando. Consulte el manual de vuelo/POH para los procedimientos operativos específicos.

Tipos de combustibles

El combustible de aviación (AVGAS – Aviation Gasoline) se identifica por un número de octano o performance (grado), que designa el valor antidetonante o resistencia a la detonación de la mezcla de combustible en el cilindro del motor. Cuanto mayor sea el grado, mayor presión puede soportar el combustible sin detonación. Grados de combustible inferiores se utilizan en motores de baja compresión debido a que estos combustibles se encienden a una temperatura más baja. Los grados superiores se utilizan en motores de alta compresión, porque se encienden a temperaturas más altas, pero no prematuramente. Si no está disponible el grado apropiado de combustible, utilice el grado inmediatamente superior como sustituto. Nunca utilice un grado inferior al recomendado. Esto puede causar que la temperatura del motor (CHT) y la del aceite excedan el rango operativo normal, lo que puede dar lugar a la detonación.

Varios grados de AVGAS están disponibles. Se debe tener cuidado para asegurarse que se usa el grado correcto para el tipo específico de motor. El grado de combustible adecuado se indica en el AFM/POH, en carteles en la cabina, y al lado de las tapas de llenado. El combustible de automóviles NUNCA debe ser usado en motores de avión a menos que la aeronave haya sido modificada con un Certificado de Tipo Suplementario (STC) emitido por organismo correspondiente.

El método actual identifica AVGAS para aviones con motores alternativos por el número de octano y de performance, junto con la abreviatura AVGAS. Estas aeronaves utilizan AVGAS 80, 100, y 100LL. Aunque AVGAS 100LL se desempeña como el de grado 100,

"LL" indica que tiene un bajo contenido de plomo. El combustible para los aviones con motores de turbina se clasifica como JET A, JET A-1, y JET B. Este combustible es, básicamente, kerosene y tiene el olor característico a kerosene. Puesto que el uso del combustible correcto es crítico, se añaden colorantes para ayudar a identificar el tipo y grado de combustible. *[Figura 6-32]*

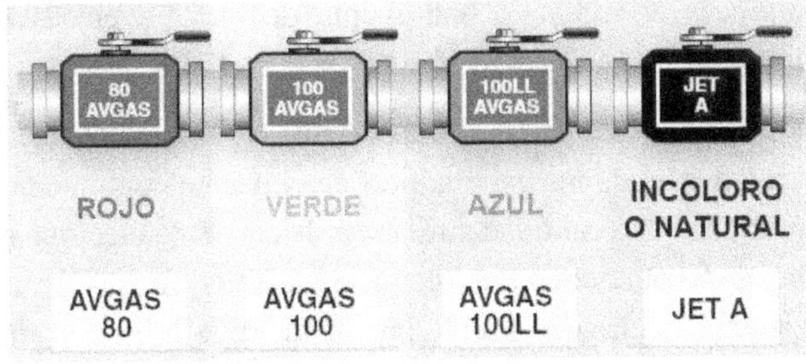

Figura 6-32. *Sistema de codificación del combustible por color.*

Además del color propio del combustible, el sistema de codificación por color se extiende a las calcomanías y diversos equipos de manipulación del combustible en aeropuertos. Por ejemplo, todos los AVGAS se identifican por su nombre, con letras blancas sobre un fondo rojo. Por el contrario, los combustibles de turbina se identifican por letras blancas sobre un fondo negro.

Contaminación del combustible

Los accidentes atribuidos a fallas del motor por combustible contaminado han sido relacionados con:

- Chequeo pre vuelo inadecuado por parte del piloto.

- Servicio de aeronaves con combustible mal filtrado de pequeños tanques o tambores.

- Almacenamiento de aviones con tanques de combustible parcialmente llenos.

- Falta de mantenimiento apropiado

El combustible debe ser drenado del filtro de combustible y de cada tanque de combustible en un recipiente transparente, y después chequeado por suciedad y agua. Cuando el filtro de combustible está siendo drenado, el agua en el tanque puede no aparecer hasta que ha sido drenado todo el combustible de las líneas que conducen al depósito. Esto indica que el agua permanece en el tanque, y no está forzando el combustible fuera de las líneas de combustible que conducen al filtro. Por lo tanto, drene suficiente combustible del filtro de combustible para estar seguro

de que el combustible está siendo drenado del tanque. La cantidad dependerá de la longitud de la línea de combustible desde el tanque hasta el drenaje. Si agua u otros contaminantes se encuentran en la primera muestra, drene más muestras hasta que no aparezcan rastros.

El agua también puede permanecer en los tanques después de que el drenaje del filtro ha dejado de mostrar rastros de agua. Esta agua residual puede ser removida solamente por drenaje del tanque de combustible.

El agua es el principal contaminante del combustible. Gotas de agua suspendidas en el combustible pueden ser identificadas por una apariencia turbia del combustible, o por la clara separación de agua del combustible coloreado, que se produce después de que el agua se ha depositado en el fondo del tanque. Como medida de seguridad, el combustible debe ser drenado antes de cada vuelo durante la inspección pre vuelo.

Los tanques de combustible deben llenarse después de cada vuelo o después del último vuelo del día para evitar la condensación de humedad dentro del tanque. Para evitar la contaminación del combustible, evite la recarga de combustible de latas y tambores.

En zonas remotas o situaciones de emergencia, puede que no haya alternativa a la recarga de combustible de fuentes con insuficientes sistemas anti-contaminación. Mientras que una piel de gamuza y un embudo puede ser el único medio posible de filtrar el combustible, su uso es peligroso. Recuerde, el uso de una gamuza no siempre garantiza un combustible descontaminado. Una gamuza desgastada no filtrará el agua; tampoco lo hará una gamuza nueva, limpia, que ya esté mojada o húmeda. La mayoría de pieles de imitación gamuza no filtran el agua.

Procedimientos de reabastecimiento de combustible

La electricidad estática se forma por la fricción de aire que pasa sobre las superficies de una aeronave en vuelo y por el flujo de combustible a través de la manguera y la boca durante la carga. La ropa de nylon, dacrón, o de lana es especialmente propensa a acumular y descargar electricidad estática de la persona al embudo o boca. Para protegerse contra la posibilidad de que vapores de combustible se enciendan por la electricidad estática, debe ser conectado un cable a tierra desde la aeronave antes de retirar la tapa de combustible del tanque. Debido a que tanto la aeronave como la manguera tienen diferentes cargas estáticas, la unión de ambos componentes entre sí es crítica. Uniendo ambos componentes entre sí, la carga estática diferencial se iguala. La manguera de recarga de combustible debe ser unida a la aeronave antes de que comience el reabastecimiento y debe permanecer unida durante todo el proceso de reabastecimiento de combustible. Cuando se utiliza un camión de combustible, debe ser conectado a tierra antes de que la manguera de combustible entre en contacto con la aeronave.

Si es necesaria la carga desde tambores o latas, es importante la unión y toma a tierra. Los tambores deben ser colocados cerca de la puesta a tierra y seguir la siguiente secuencia de las conexiones:

1. Tambor a tierra

2. Aeronave a tierra

3. Unir el tambor a la aeronave o boca de la aeronave antes de que la tapa de combustible sea retirada

Al desconectar, invierta el orden.

El paso de combustible a través de una gamuza aumenta la carga de electricidad estática y el peligro de chispas. La aeronave debe estar debidamente conectada a tierra y la boca, el filtro de gamuza, y el embudo unidos a la aeronave. Si se utiliza una lata, debe ser conectada a la puesta a tierra o al embudo. Bajo ninguna circunstancia debe usarse un balde de plástico o recipientes no conductivos similares en esta operación.

Sistema eléctrico

La mayoría de los aviones están equipados con un sistema de corriente eléctrica continua de 14 o 28 voltios. Un sistema eléctrico básico de aeronaves se compone de los siguientes componentes:

- Alternador/generador

- Batería

- Interruptor maestro/batería

- Interruptor alternador/generador

- Barra de bus, fusibles y disyuntores

- Regulador de voltaje

- Amperímetro

- Cableado eléctrico asociado

Los alternadores o generadores movidos por el motor suministran corriente eléctrica al sistema eléctrico. También mantienen una suficiente carga eléctrica en la batería. La energía eléctrica almacenada en una batería proporciona una fuente de energía eléctrica para arrancar el motor y una fuente de energía eléctrica limitada para su uso en el caso de que el alternador o el generador fallen.

La mayoría de los generadores de corriente continua no producen una cantidad suficiente de corriente eléctrica a bajas revoluciones del motor para hacer funcionar el sistema eléctrico. Durante las operaciones a bajas rpm, las necesidades eléctricas deben ser extraídas de la batería, la que puede ser rápidamente agotada.

Los alternadores tienen varias ventajas sobre los generadores. Los alternadores producen corriente suficiente para hacer funcionar todo el sistema eléctrico, incluso a velocidades de motor más lentas, mediante la producción de corriente alterna, que se convierte en corriente continua. La salida eléctrica de un alternador es más constante a lo largo de una amplia gama de velocidades del motor.

Algunos aviones tienen conectores a los que pueden ser conectados una unidad de potencia externa de tierra (GPU – Ground Power Unit) para proporcionar energía eléctrica para el arranque. Estas son muy útiles, sobre todo durante el tiempo de arranque en frío. Siga las recomendaciones del fabricante para arrancar el motor con una GPU.

El sistema eléctrico se enciende o apaga con un interruptor principal (master). Colocando el master en la posición ON proporciona energía eléctrica a todos los circuitos de equipos eléctricos, excepto el sistema de encendido. Los equipos que comúnmente utilizan el sistema eléctrico como fuente de energía incluyen:

- Luces de posición

- Luces anticolisión

- Luces de aterrizaje

- Luces de rodaje

- Luces interiores de cabina

- Luces de instrumentos

- Equipos de radio

- Indicador de giro

- Indicadores de combustible

- Bomba eléctrica de combustible

- Sistema de alerta de pérdida

- Calentador del Pitot

- Motor de arranque

Muchos aviones están equipados con un interruptor de batería que controla la potencia eléctrica de la aeronave en una manera similar al master. Además, está instalado un interruptor de alternador que permite al piloto excluir el alternador del sistema eléctrico en caso de fallo del alternador. *[Figura 6-33]*

Figura 6-33. *En este master, la mitad izquierda es para el alternador y la mitad derecha para la batería.*

Con el medio interruptor del alternador en la posición OFF, toda la carga eléctrica la tiene la batería. Todos los equipos eléctricos no esenciales deben estar apagados para conservar la carga de la batería.

Una barra de bus se utiliza como terminal en el sistema eléctrico de la aeronave para conectar el sistema eléctrico principal al equipamiento que utiliza la electricidad como fuente de energía. Esto simplifica el sistema de cableado y proporciona un punto común de donde la tensión puede ser distribuida por todo el sistema. *[Figura 6-34]*

Los fusibles o los interruptores térmicos (circuit breaker) se utilizan en el sistema eléctrico para proteger los circuitos y equipos de una sobrecarga eléctrica. Fusibles de repuesto con límite de amperaje adecuado deben ser transportados en la aeronave para reemplazar los fusibles defectuosos o fundidos. Los circuits breakers tienen la misma función que un fusible, pero se pueden restablecer manualmente, en lugar de cambiarlos, si se produce una condición de sobrecarga en el sistema eléctrico. Carteles en el panel de fusibles o circuits breakers identifican el circuito por su nombre y muestran el límite de amperaje.

Un amperímetro se utiliza para supervisar el funcionamiento del sistema eléctrico de la aeronave. El amperímetro muestra si el alternador/generador está produciendo un suministro adecuado de energía eléctrica. También indica si la batería está recibiendo una carga eléctrica o no.

Los amperímetros están diseñados con el punto cero en el centro del instrumento y una indicación positiva o negativa en cada lado. *[Figura 6-35]* Cuando la aguja del amperímetro está en el lado positivo, muestra la velocidad de carga de la batería. Una indicación negativa significa que se está sacando más energía de la batería que la que está siendo reemplazada. Una deflexión negativa total indica un mal funcionamiento del alternador/generador. Una desviación positiva total indica un mal funcionamiento del regulador. En cualquier caso, consulte con el AFM o POH para tomar la acción apropiada.

No todos los aviones están equipados con un amperímetro. Algunos tienen una luz de advertencia que, cuando está iluminada, indica una descarga en el sistema como un mal funcionamiento del generador/alternador. Consulte el AFM o POH para tomar la acción apropiada.

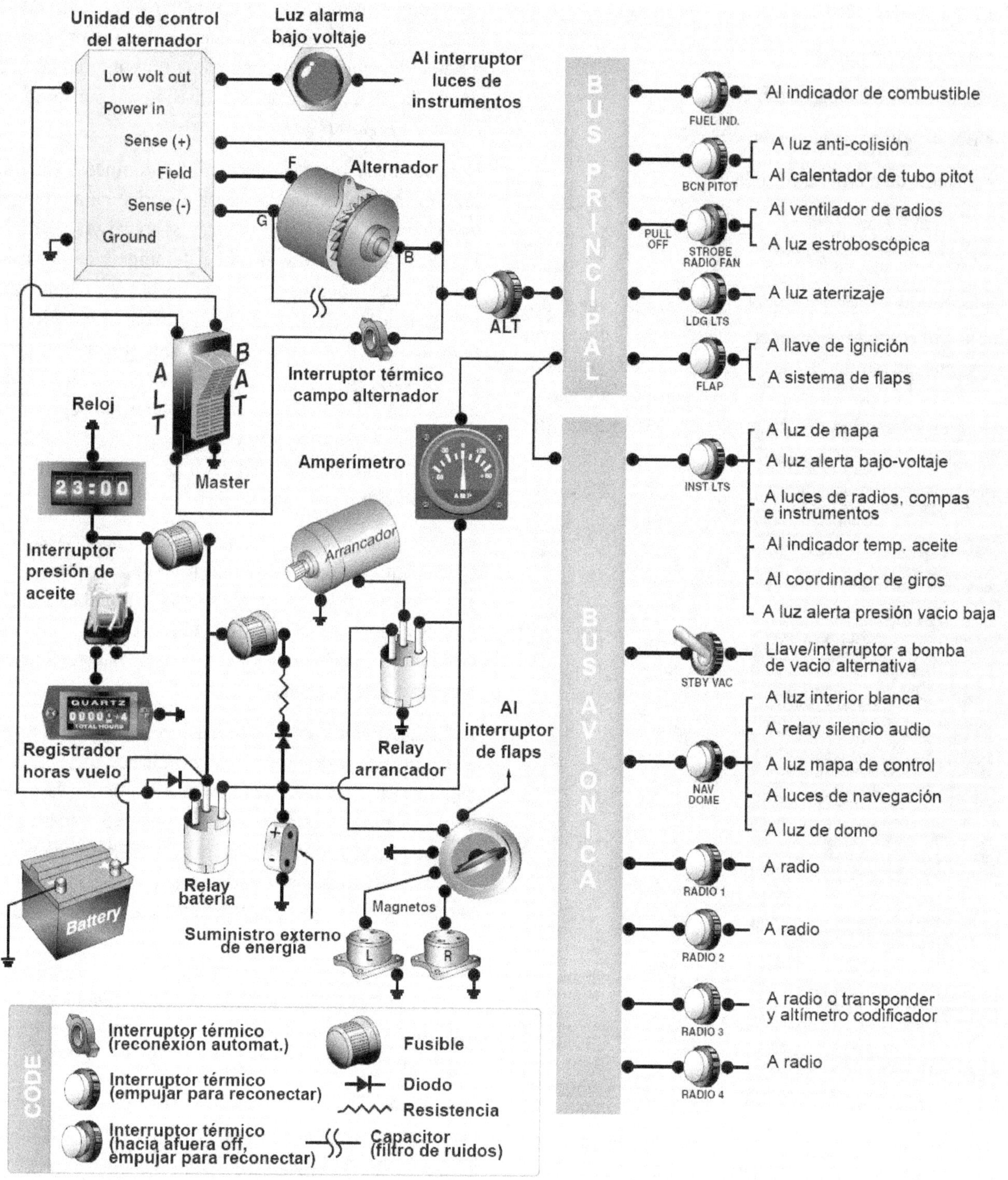

Figura 6-34. *Esquema del sistema eléctrico.*

Otro indicador de control eléctrico es un indicador de carga o loadmeter. Este tipo de medidor tiene una escala que comienza con cero y muestra la carga colocada en el alternador/ generador. *[Figura 6-35]* El loadmeter refleja el porcentaje total de carga colocada en la capacidad de generación del sistema eléctrico por los accesorios eléctricos y la batería. Cuando todos los componentes eléctricos se apagan, sólo refleja la cantidad de corriente de carga exigida por la batería.

Un regulador de voltaje controla la velocidad de carga de la batería estabilizando la salida eléctrica del generador o del alternador. El voltaje de salida del generador/alternador debe ser mayor que el voltaje de la batería. Por ejemplo, una batería de 12 voltios se alimenta por un sistema generador/alternador de aproximadamente 14 voltios. La diferencia de voltaje mantiene la batería cargada.

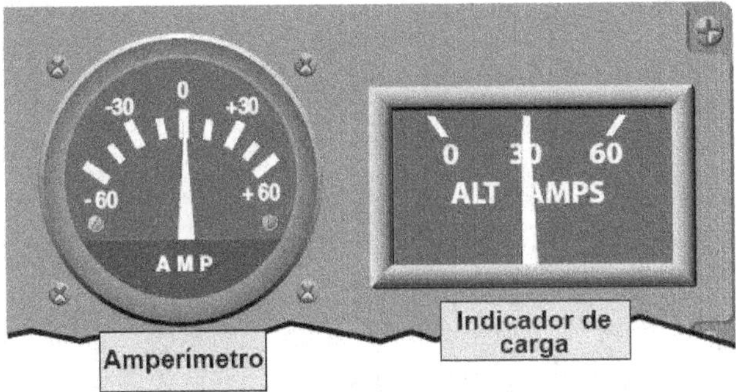

Figura 6-35. *Amperímetro y loadmeter.*

Sistemas hidráulicos

Hay varias aplicaciones para uso hidráulico en las aeronaves, dependiendo de la complejidad de esta. Por ejemplo, el sistema hidráulico se utiliza con frecuencia en aviones pequeños para accionar los frenos de las ruedas, tren de aterrizaje retráctil, y algunas hélices de velocidad constante. En aviones grandes, el sistema hidráulico se utiliza para las superficies de control de vuelo, flaps, spoilers y otros sistemas.

Un sistema hidráulico básico consiste en un depósito, bomba (ya sea impulsada a mano, eléctrica, o por el motor), un filtro para mantener el fluido limpio, válvula selectora para controlar la dirección del flujo, válvula de alivio para aliviar el exceso de presión, y un actuador. *[Figura 6-36]*

El fluido hidráulico se bombea a través del sistema a un actuador o servo. Un servo es un cilindro con un pistón en el interior que transforma la energía del fluido en trabajo y crea la potencia necesaria para mover un sistema de la aeronave o de control de vuelo. Los servos pueden ser de simple o doble acción, basado en las necesidades del sistema. Esto significa que el fluido se puede aplicar en uno o ambos lados del servo, dependiendo del tipo de servo. Un servo de simple acción proporciona potencia en una dirección. La válvula selectora permite controlar la dirección del

fluido. Esto es necesario para operaciones tales como la extensión y retracción del tren de aterrizaje durante las cuales el fluido debe trabajar en dos direcciones diferentes. La válvula de alivio proporciona un escape para el sistema en caso de excesiva presión del fluido en el sistema. Cada sistema incorpora diferentes componentes para satisfacer las necesidades individuales de los diferentes tipos de aeronaves.

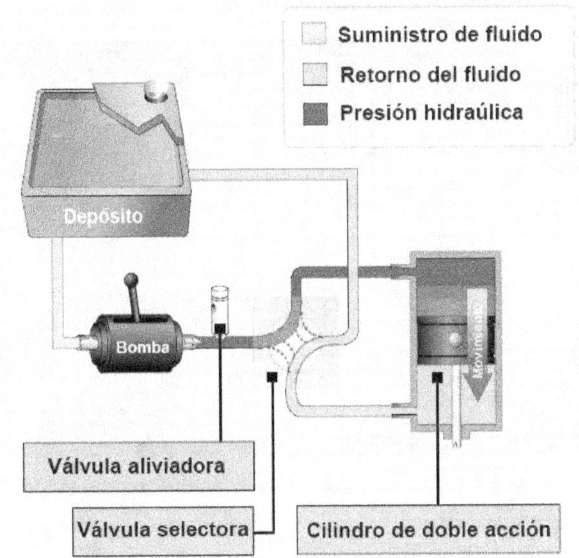

Figura 6-36. *Sistema hidráulico básico.*

Un fluido hidráulico mineral es el tipo más utilizado para aviones pequeños. Este tipo de fluido hidráulico, un producto del petróleo, tiene buenas propiedades lubricantes, así como aditivos para inhibir la formación de espuma y prevenir la formación de corrosión. Es químicamente estable, tiene muy poco cambio de viscosidad con la temperatura, y se tiñe para su identificación. Puesto que se utilizan corrientemente varios tipos de fluidos hidráulicos, una aeronave debe utilizar el tipo especificado por el fabricante. Consulte el manual de vuelo/POH o el manual de mantenimiento.

Tren de aterrizaje

El tren de aterrizaje constituye el soporte principal de una aeronave en tierra. El tipo más común de tren de aterrizaje se compone de ruedas, pero las aeronaves también se pueden equipar con flotadores para las operaciones en el agua o esquís para aterrizar en la nieve. *[Figura 6-37]*

El tren de aterrizaje en aviones pequeños consta de tres ruedas: dos ruedas principales (una a cada lado del fuselaje) y una tercera rueda ubicada adelante o atrás del avión. El tren de aterrizaje que emplea una rueda trasera se llama tren de aterrizaje convencional. Aviones con tren de aterrizaje convencional se los llama a menudo como aviones rueda de cola o tailwheel. Cuando la tercera rueda se encuentra en la nariz, se llama de rueda delantera, y el diseño es referido como triciclo. Una rueda delantera o trasera dirigible permite controlar el avión en todas las operaciones, mientras está en el suelo.

Figura 6-37. *El tren de aterrizaje soporta al avión durante la carrera de despegue, aterrizaje, rodaje y estacionamiento.*

Aviones con tren de aterrizaje triciclo

Un avión de tren triciclo tiene tres ventajas:

1. Permite una aplicación más enérgica de los frenos durante los aterrizajes a gran velocidad sin que la aeronave tienda a capotar.

2. Permite mejor visibilidad hacia adelante al piloto durante el despegue, aterrizaje y rodaje.

3. Tiende a evitar trompos, al proporcionar una mayor estabilidad direccional durante la operación en tierra dado que el centro de gravedad (CG) de la aeronave está por delante de las ruedas principales. El CG adelantado mantiene el avión moviéndose hacia adelante en línea recta en lugar de hacer un trompo.

Los triciclos pueden ser dirigibles o libres. Los triciclos dirigibles están unidos a los timones por cables o varillas, mientras que los otros son libres de girar. En ambos casos, el avión es dirigido mediante los pedales del timón. Las aeronaves con rueda de nariz libre requieren que el piloto combine el uso de los pedales del timón con el uso independiente de los frenos.

Aviones con rueda de cola

Las aeronaves con tren convencional tienen dos ruedas principales unidos al fuselaje del avión delante del CG que soporta la mayor parte del peso de la estructura. Una rueda en la parte posterior del fuselaje proporciona un tercer punto de apoyo. Esta disposición permite una adecuada distancia al suelo para una hélice más grande y es más deseable para las operaciones en pistas no preparadas. *[Figura 6-38]*

Figura 6-38. *Tren de aterrizaje convencional.*

Con el CG situado detrás del tren principal, el control direccional de este tipo de aeronave se vuelve más difícil mientras está en el suelo. Esta es la principal desventaja del tren con rueda de cola. Por ejemplo, si el piloto permite al avión desviarse, mientras está rodando a baja velocidad, puede no tener suficiente control de timón y el CG tratará de pasar delante del tren principal, lo que puede causar que el avión haga un trompo.

La falta de buena visibilidad hacia adelante cuando el avión se encuentra en o cerca del suelo es una segunda desventaja del tren con rueda de cola. Estos problemas inherentes significan que se requiere una formación específica en el avión con rueda de cola.

Tren de aterrizaje fijo y retráctil

El tren de aterrizaje también puede ser clasificado como fijo o retráctil. Un tren fijo siempre permanece extendido y tiene la ventaja de la simplicidad combinada con un bajo mantenimiento. Un tren de aterrizaje retráctil está diseñado para optimizar el avión al permitir que el tren de aterrizaje sea guardado dentro de la estructura durante el vuelo de crucero. *[Figura 6-39]*

Figura 6-39. *Aviones con tren de aterrizaje fijo (izquierda) y retráctil (derecha).*

Frenos

Los frenos del avión están situados en las ruedas principales y se aplican con un control manual o con pedales (con puntera o talón). Los pedales operan independientemente y permiten un frenado diferencial. Durante las operaciones en tierra, el frenado diferencial puede complementa la dirección de la rueda de la nariz o la cola.

Aeronave presurizada

Los aviones vuelan a gran altura por dos razones. Primero, un avión volando a gran altura consume menos combustible para una velocidad dada que a una altitud más baja a la misma velocidad porque el avión es más eficiente a una altitud elevada. En segundo lugar, el mal tiempo y la turbulencia se puede evitar al volar en el aire relativamente tranquilo por encima de las tormentas. Muchos aviones modernos se diseñan para operar a gran altura, sacando ventaja de ese medio ambiente. Para volar a mayor altura, la aeronave debe estar presurizada. Es importante que los pilotos que vuelan estos aviones se familiaricen con los principios básicos de funcionamiento.

En un típico sistema de presurización, la cabina, el compartimiento de vuelo, y los compartimentos para equipaje se incorporan en una unidad sellada capaz de contener el aire bajo una presión mayor que la presión atmosférica exterior. En los aviones de turbina, para presurizar la cabina se utiliza aire sangrado de la sección del compresor del motor. En modelos más viejos de aviones de turbina se pueden usar sobre-alimentadores para bombear aire en el fuselaje sellado. Aviones con motor de pistones pueden utilizar aire suministrado por cada turbocompresor del motor a través de un venturi (limitador de flujo). El aire es liberado del fuselaje por un dispositivo llamado válvula de salida. Mediante la regulación de la salida de aire, la válvula de salida permite un flujo de aire constante a la zona presurizada. *[Figura 6-40]*

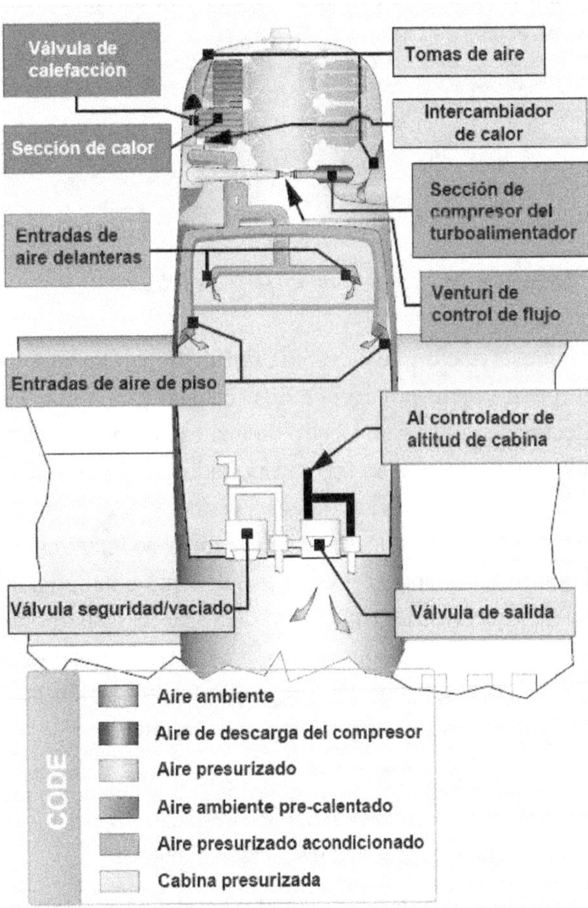

Figura 6-40. *Sistema de presurización de alta performance.*

Un sistema de presurización por lo general mantiene una altitud de presión en la cabina de aproximadamente 8.000 pies a la máxima altitud de crucero de diseño de un avión. Esto previene rápidos cambios de altitud de cabina que pueden ser incómodos o causar lesiones a los pasajeros y tripulación. Además, el sistema de presurización permite un intercambio razonablemente rápido de aire desde el interior hacia el exterior de la cabina. Esto es necesario para eliminar olores y extraer el aire viciado. *[Figura 6-41]*

Presión atmosférica	
Altitud (pies)	Presión (libras por pulgada²)
Nivel del mar	14.7
2,000	13.7
4,000	12.7
6,000	11.8
8,000	10.9
10,000	10.1
12,000	9.4
14,000	8.6
16,000	8.0
18,000	7.3
20,000	6.8
22,000	6.2
24,000	5.7
26,000	5.2
28,000	4.8
30,000	4.4

Figura 6-41. *Presión atmosférica estándar.*

La presurización de la cabina del avión es un método aceptado para proteger a los ocupantes contra los efectos de la hipoxia. Dentro de una cabina presurizada, los ocupantes pueden ser transportados con comodidad y seguridad durante largos períodos de tiempo, particularmente si la altitud de cabina se mantiene a 8.000 pies o menos, donde el uso de equipo de oxígeno no es requerido. La tripulación de vuelo en este tipo de aeronave debe ser consciente del peligro de la pérdida accidental de presión de cabina y estar preparada para hacer frente esta emergencia cuando ocurra.

Los siguientes términos ayudan a entender los principios de funcionamiento de los sistemas de acondicionamiento y de presurización del aire:

- Altitud: altura real sobre el nivel del mar, a la cual está volando la aeronave

- Temperatura ambiente: la temperatura en el área inmediata que rodea el avión

- Presión ambiente: la presión en el área inmediata que rodea el avión

- Altitud de cabina: presión en la cabina en términos de altitud equivalente sobre el nivel del mar

- Presión diferencial: la diferencia de presión entre la presión que actúa sobre un lado de la pared y la presión que actúa sobre el otro lado de la pared. En aeronaves con sistemas de aire acondicionado y presurización, es la diferencia entre la presión de cabina y la presión atmosférica.

El sistema de control de la presión de cabina provee regulación de la presión de cabina, alivio de presión, alivio de vacío, y los medios para seleccionar la altitud de cabina deseada en el intervalo isobárico y diferencial. Además, la descarga de la presión de cabina es función del sistema de control de presión. Un regulador de presión de cabina, una válvula de salida, y una válvula de seguridad se utilizan para llevar a cabo estas funciones.

El regulador de presión controla la presión de cabina a un valor seleccionado en el intervalo isobárico y limita la presión de cabina a un valor diferencial preestablecido en el rango diferencial. Cuando un avión alcanza la altitud a la cual la diferencia entre la presión dentro y fuera de la cabina es igual al máximo diferencial de presión para el que se diseñó la estructura del fuselaje, un aumento adicional de la altitud de la aeronave se corresponderá con un incremento en la altitud de cabina. El control diferencial se usa para prevenir que se exceda la máxima presión diferencial, para la cual fue diseñado el fuselaje. Esta presión diferencial se determina por la resistencia estructural de la cabina y, a menudo por la relación del tamaño de la cabina con las zonas probables de ruptura, como las zonas de ventanas y puertas.

La válvula de seguridad de presión del aire de cabina es una combinación de alivio de presión, alivio de vacío y válvula de descarga. La válvula de alivio de presión evita que la presión de cabina exceda una presión diferencial predeterminada por encima de la presión ambiente. El alivio de vacío evita que la presión ambiente exceda la presión de la cabina permitiendo que el aire exterior entre en la cabina cuando la presión ambiente sea superior a la presión de la cabina. El interruptor en el cockpit acciona la válvula de descarga. Cuando este interruptor está en posición ram (forzar), se abre un relay, haciendo que la válvula descargue aire de la cabina a la atmósfera.

El grado de presurización y la altitud operativa de la aeronave están limitados por varios factores de diseño críticos. En primer lugar, el fuselaje está diseñado para soportar una máxima presión diferencial de cabina determinada.

Varios instrumentos se utilizan en conjunto con el controlador de presurización. El indicador de presión diferencial muestra la diferencia entre la presión interior y exterior. Este medidor debe ser controlado para asegurar que la cabina no supere la máxima presión diferencial permisible. Se provee también un altímetro de cabina para verificar en el rendimiento del sistema. En algunos casos, estos dos instrumentos son combinan en uno. Un tercer instrumento indica la velocidad de ascenso o descenso de la cabina. Un instrumento de velocidad de ascenso de cabina y un altímetro de cabina se muestran en la *Figura 6-42*.

La descompresión se define como la incapacidad del sistema de presurización de la aeronave para mantener su presión diferencial de diseño. Esto puede ser causado por una avería en el sistema de presurización o daño estructural en la aeronave.

Fisiológicamente, las descompresiones se dividen en dos categorías:

- Descompresión explosiva: un cambio en la presión de la cabina más rápido de lo que se pueden descomprimir los pulmones, posiblemente causando daño pulmonar. Normalmente, el tiempo necesario para liberar el aire de los pulmones sin restricciones, tales como máscaras, es de 0,2 segundos. La mayoría de las autoridades consideran que cualquier descompresión que se produce en menos de 0,5 segundos es explosiva y potencialmente peligrosa.

- Descompresión rápida: cambio en la presión de cabina en la cual los pulmones se descomprimen más rápido que la cabina, no existiendo riesgo de daño a los pulmones.

Durante una descompresión explosiva, puede haber ruido, y uno puede sentirse aturdido por un momento. El aire de la cabina se llena de niebla, polvo o escombros. La niebla se produce debido a la rápida caída de la temperatura y el cambio de humedad relativa. Normalmente los oídos se destapan automáticamente. El aire escapa rápidamente por la boca y la nariz debido a la salida de aire de los pulmones, y puede ser notado por algunas personas.

La descompresión rápida disminuye el período de la conciencia útil porque el oxígeno en los pulmones es exhalado rápidamente, reduciendo la presión en el cuerpo. Esto disminuye la presión parcial de oxígeno en la sangre y reduce el tiempo efectivo de rendimiento del piloto de un tercio a un cuarto del tiempo normal. Por esta razón, una máscara de oxígeno debe ser usado cuando se vuela a gran altitud (35.000 pies o más).Se recomienda que los miembros de la tripulación seleccionen el 100 por ciento de oxígeno en el regulador de oxígeno a gran altitud si la aeronave está equipada con un sistema de demanda por presión o demanda de oxígeno.

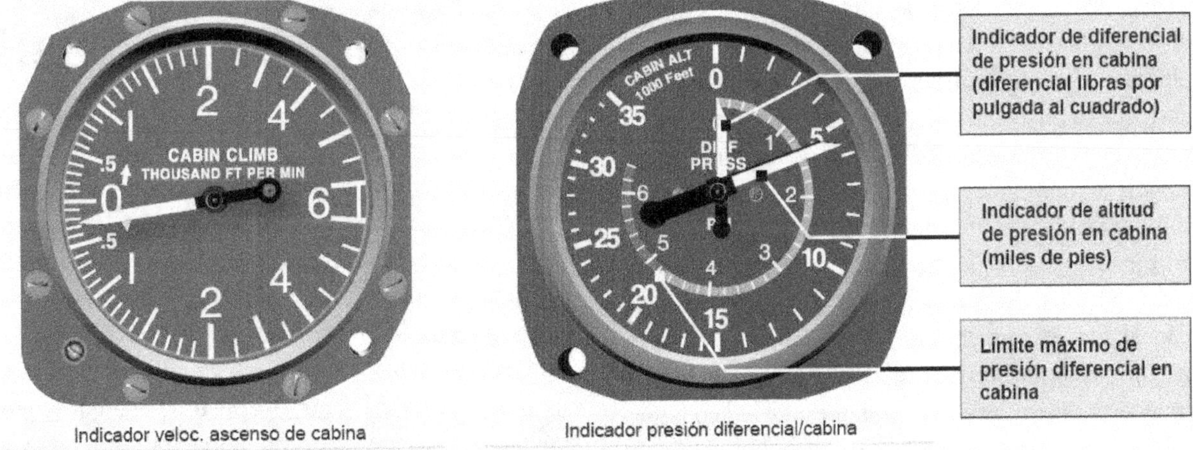

Figura 6-42. *Instrumentos de presurización de cabina.*

El principal peligro de la descompresión es la hipoxia. La utilización rápida y adecuada del equipo de oxígeno es necesaria para evitar la pérdida del conocimiento. Otro peligro potencial que enfrentan los pilotos, tripulación y pasajeros en descompresiones de gran altitud es malestar por descompresión de gas. Esto ocurre cuando la presión en el cuerpo desciende lo suficiente, el nitrógeno sale de la disolución, y forma burbujas que pueden tener efectos adversos sobre algunos tejidos del cuerpo.

La descompresión causada por daños estructurales a la aeronave presenta otro tipo de peligro para los pilotos, tripulantes y pasajeros, la de ser lanzados o expulsados de la aeronave si se encuentran cerca de las aberturas. Las personas cerca de las aberturas deben usar cinturones o arneses de seguridad en todo momento cuando el avión está presurizado y están sentados. Los daños estructurales también tiene el potencial de exponerlos a ráfagas de viento y temperaturas extremadamente frías.

Un rápido descenso de altitud es necesario si se quieren minimizar estos problemas. Sistemas automáticos de alerta visual y auditiva se incluyen en el equipamiento de todas las aeronaves con cabina presurizada.

Sistemas de oxígeno

La mayoría de las aeronaves de gran altitud cuentan con algún tipo de instalación fija de oxígeno. Si la aeronave no tiene una instalación fija, un equipo de oxígeno portátil debe ser fácilmente accesible durante el vuelo. El equipo portátil consiste generalmente de un contenedor, regulador, máscara, y un medidor de presión. El oxígeno de los aviones generalmente se almacena en contenedores de alta presión de 1.800-2.200 psi. Cuando la temperatura ambiente que rodea un cilindro de oxígeno disminuye, la presión dentro del cilindro disminuye debido a que la presión varía directamente con la temperatura si el volumen del gas se mantiene constante. Si se nota una caída en la presión indicada de un cilindro de oxígeno, no hay razón para sospechar del agotamiento de la fuente de oxígeno, el cual simplemente ha sido compactado debido al almacenamiento de los recipientes en una zona no calefaccionada de la aeronave. Los contenedores de oxígeno de alta presión deben estar marcados con la tolerancia psi (es decir, 1.800 psi) antes de llenar el recipiente hasta esa presión. Los contenedores deben ser provistos con oxígeno de

aviación solamente, que es 100 por ciento de oxígeno puro. El oxígeno industrial no está destinado para la respiración y puede contener impurezas, y el oxígeno médico contiene vapor de agua que se puede congelar en el regulador cuando se expone a bajas temperaturas. Para garantizar la seguridad, se debe realizar una inspección periódica y mantenimiento del sistema de oxígeno.

Un sistema de oxígeno consta de una máscara o cánula y un regulador que suministra un flujo de oxígeno dependiendo de la altitud de cabina. Las cánulas no están aprobadas para vuelos por encima de 18.000 pies. Los reguladores aprobados para su uso hasta 40.000 pies están diseñados para proporcionar cero por ciento de oxígeno del cilindro y 100 por ciento de aire de cabina, a altitudes de cabina de 8,000 pies o menos, con la relación cambiando a 100 por ciento de oxígeno y cero por ciento de aire de cabina, a unos 34.000 pies de altitud en cabina. *[Figura 6-43]* Los reguladores aprobados hasta 45.000 pies están diseñados para proporcionar 40 por ciento de oxígeno del cilindro y 60 por ciento de aire de la cabina a altitudes menores, con la relación cambiando a 100 por ciento a mayor altitud. Los pilotos deben evitar volar por encima de 10.000 pies sin oxígeno durante el día y por encima de 8.000 pies por la noche.

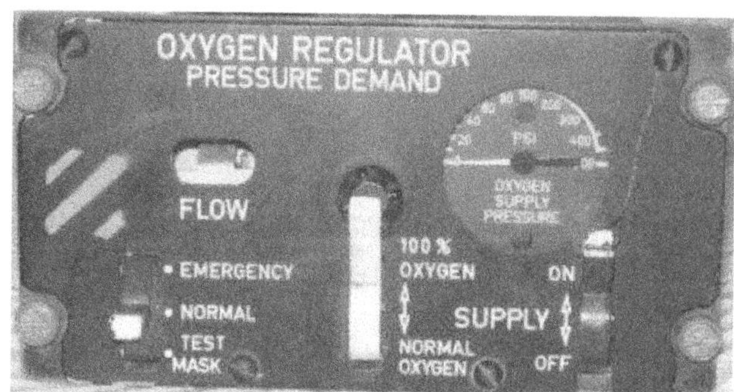

Figura 6-43. *Regulador del sistema de oxígeno.*

Los pilotos deben ser conscientes del riesgo de incendio cuando se utiliza oxígeno. Los materiales que son casi a prueba de fuego en aire normal pueden ser susceptibles de combustión en oxígeno. Los aceites y grasas pueden encenderse si se exponen al oxígeno, y no pueden ser usados para sellar las válvulas y accesorios del equipo de oxígeno. Fumar durante el uso de cualquier tipo de equipo de oxígeno está prohibido. Antes de cada vuelo, el piloto debe inspeccionar y probar todos los equipos de oxígeno. La inspección debe incluir un examen completo de los equipos de oxígeno de la aeronave, incluyendo el suministro disponible, una prueba de operación del sistema, y asegurarse que el oxígeno suplementario es de fácil acceso. La inspección debe llevarse a cabo con las manos limpias y debe incluir una inspección visual de la mascarilla y el tubo por roturas, grietas o deterioro; el regulador por el estado y posición de la válvula y la palancas; la cantidad de oxígeno; y la ubicación y funcionamiento de los medidores de presión de oxígeno, indicadores de flujo y conexiones. La máscara debe ser colocada y el sistema debe ser probado. Después de cualquier uso de oxígeno, compruebe que todos los componentes y válvulas están cerrados.

Mascaras de oxigeno.

Existen numerosos tipos y diseños de máscaras de oxígeno en uso. El factor más importante en el uso de máscaras de oxígeno es asegurarse que las máscaras y el sistema de oxígeno son compatibles. Las máscaras de la tripulación se acomodan en la cara del usuario con un mínimo de fuga y generalmente tienen un micrófono. La mayoría de las máscaras son el tipo oronasal, que sólo cubren la boca y la nariz.

Una máscara de pasajeros puede ser un simple molde de goma en forma de copa suficientemente flexible como simplificar el ajuste individual. Puede tener una simple correa elástica para la cabeza o el pasajero puede mantenerlo a su cara.

Todas las máscaras de oxígeno deben mantenerse limpias para reducir el peligro de infección y prolongar la vida de la máscara. Para limpiar la mascarilla, lávese con un jabón suave y agua y enjuague con agua limpia. Si tiene instalado un micrófono, use un hisopo limpio, en lugar de un chorro de agua, para limpiar la solución jabonosa. La máscara también debe ser desinfectada. Una gasa empapada en solución acuosa de merthiolate puede ser utilizada para frotar la máscara. Esta solución debe contener un quinto cucharadita de Merthiolate por litro de agua. Limpie la mascarilla con un paño limpio y aire seco.

Cánula

Una cánula es un pedazo ergonómico de tubo plástico que se coloca bajo la nariz y se utiliza a menudo para administrar oxígeno en aeronaves no presurizadas. *[Figura 6-44]* Las cánulas suelen ser más cómodas, que las máscaras y se pueden utilizar hasta 18.000 pies.

Altitudes superiores a los 18.000 pies requieren el uso de una máscara de oxígeno. Muchas cánulas tienen un medidor de flujo en la línea. Si está equipado con este, un control periódico del detector de flujo de color verde debe ser parte del chequeo regular de un piloto.

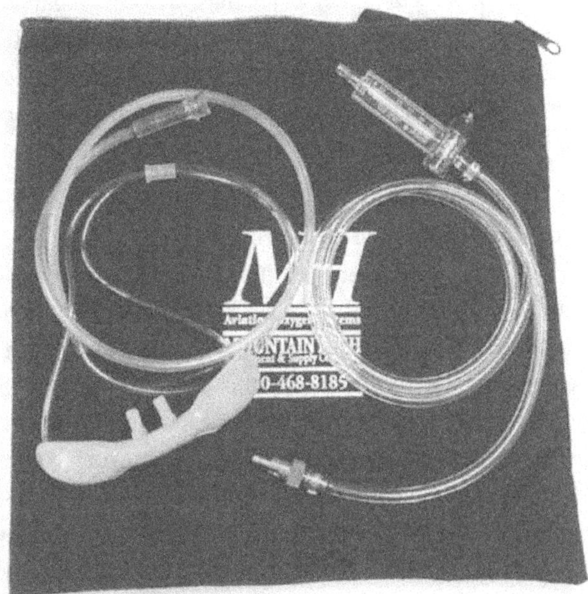

Figura 6-44. *Cánula con detector de flujo verde.*

Sistemas de oxígeno de dilución-demanda

Los sistemas de oxígeno de dilución-demanda suministran oxígeno sólo cuando el usuario inhala a través de la máscara. Una palanca de mezcla automática permite a los reguladores mezclar automáticamente el aire de la cabina y el oxígeno o suministrar oxígeno al 100 por ciento, dependiendo de la altitud. La máscara por demanda proporciona un sello hermético sobre la cara para evitar la dilución con el aire exterior y se puede utilizar de forma segura hasta 40.000 pies. Un piloto que tiene barba o bigote debe asegurarse que se la recorta de una manera que no interfiera con el sellado de la máscara de oxígeno. El ajuste de la mascarilla alrededor de la barba o el bigote se debe comprobar en tierra para un correcto sellado.

Sistemas de oxígeno de presión-demanda

Los sistemas de oxígeno de presión-demanda son similares a los equipos de oxígeno dilución-demanda, excepto que el oxígeno se suministra a la máscara a presión a altitudes de cabina por encima de 34.000 pies. Los reguladores presión-demanda crean sellos herméticos de aire y oxígeno, pero también proporcionan presión positiva de oxígeno a la máscara que permite que los pulmones del usuario sean presurizados con oxígeno. Esta característica hace a estos reguladores seguros a altitudes superiores a 40.000 pies. Algunos sistemas pueden tener una máscara de presión-demanda con el regulador conectado directamente a la máscara, en lugar de montarse en el panel de instrumentos o en otra área dentro del cockpit. El regulador montado en la máscara elimina el problema de una manguera larga que debe ser purgada de aire antes de que 100 por ciento de oxígeno comience a fluir por la máscara.

Sistema de oxígeno de flujo continuo

Los sistemas de oxígeno de flujo continuo son provistos para los pasajeros. La máscara de pasajeros tiene típicamente una bolsa de reserva, que recoge oxígeno del sistema de oxígeno de flujo continuo durante el tiempo que el usuario de la máscara exhala. El oxígeno recogido en la bolsa permite un mayor caudal aspiratorio durante el ciclo de inhalación, que reduce la cantidad de dilución del aire. Aire ambiente se añade al oxígeno suministrado durante la inhalación después de que el suministro de oxígeno de la bolsa de reserva se agota. El aire exhalado se libera a la cabina. *[Figura 6-45]*

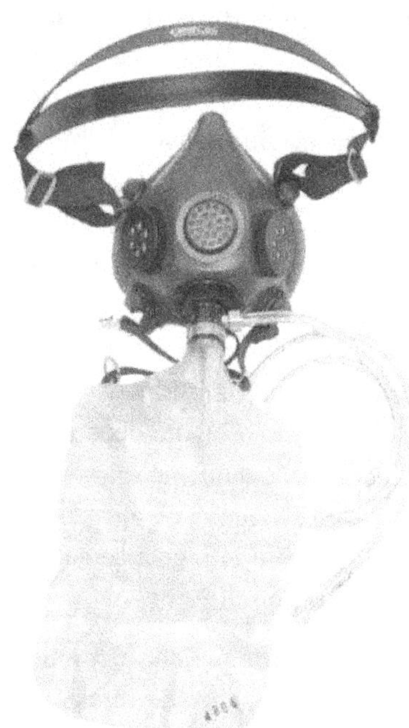

Figura 6-45. *Mascara de flujo continuo y bolsa de reserva.*

Sistema de oxígeno eléctrico de pulso-demanda

Los sistemas de oxígeno eléctricos portátiles pulso-demanda suministran oxígeno detectando el esfuerzo de inhalación individual y provee un flujo de oxígeno durante la porción inicial de la inhalación. Los sistemas de pulso-demanda no gastan oxígeno durante el ciclo de respiración, porque el oxígeno sólo se entrega durante la inhalación. En comparación con los sistemas de flujo continuo, el método de pulso-demanda de suministro de oxígeno puede reducir la cantidad de oxígeno necesaria en un 50-85 por ciento. La mayoría de los sistemas de oxígeno de demanda por pulso también incorporan un barómetro interno que compensa automáticamente los cambios en altitud aumentando la cantidad de oxígeno suministrado a cada pulso a medida que se incrementa la altitud. *[Figura 6-46]*

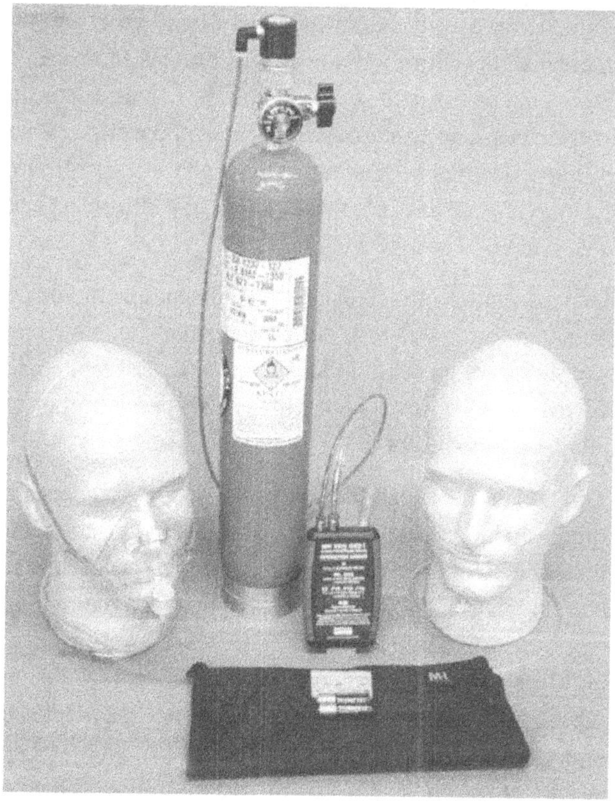

Figura 6-46. *Sistema portátil de oxígeno de demanda por pulso EDS-011.*

Oxímetro por pulso

Un oxímetro de pulso es un dispositivo que mide la cantidad de oxígeno en la sangre de una persona, además de la frecuencia cardíaca. Este dispositivo no invasivo mide los cambios de color de los glóbulos rojos al ser saturados con oxígeno. Al transmitir un haz de luz especial a través de la punta de los dedos para evaluar el color de los glóbulos rojos, un oxímetro de pulso puede calcular el grado de saturación de oxígeno dentro del uno por ciento de la medición directa de oxígeno en sangre. Debido a su portabilidad y velocidad, los oxímetros por pulso son muy útiles para los pilotos que operan en aviones no presurizados por encima de 12.500 pies, donde se requiere oxígeno suplementario. Este oxímetro permite a los tripulantes y pasajeros de un avión evaluar sus necesidades reales de oxígeno suplementario. *[Figura 6-47]*

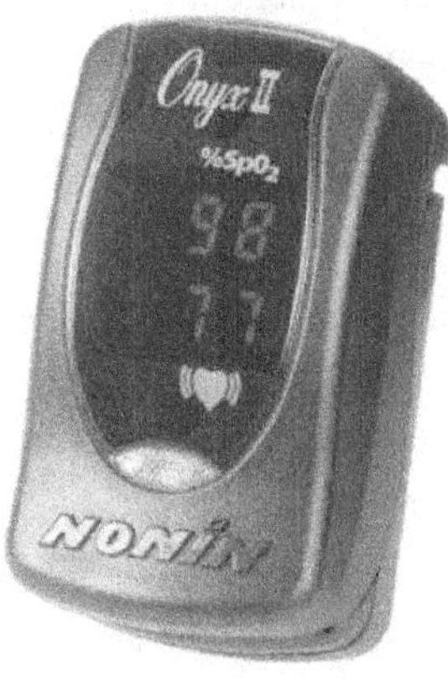

Figura 6-47. *Oxímetro por pulso Onix.*

Mantenimiento de sistemas de oxígeno

Antes de dar servicio a cualquier avión con oxígeno, consulte el manual de servicio específico del avión para determinar el tipo de equipo requerido y los procedimientos a seguir. Ciertas precauciones deben observarse cada vez que los sistemas de oxígeno deben ser mantenidos. El mantenimiento de los sistemas de oxígeno debe llevarse a cabo sólo cuando la aeronave se encuentra fuera de los hangares. La higiene personal y un buen mantenimiento son imprescindibles cuando se trabaja con oxígeno. El oxígeno bajo presión y productos del petróleo producen resultados espontáneos cuando se ponen en contacto unos con otros. El personal de servicio debe limpiar el polvo, aceite y grasa (incluyendo bálsamos de labios y el aceite de pelo) de las manos antes de manipular el equipo de oxígeno. También es esencial que la ropa y las herramientas estén libres de aceite, grasa y suciedad. Las aeronaves con tanques de oxígeno instalados de forma permanente por lo general requieren dos personas para llevar a cabo el mantenimiento del sistema. Uno debe controlar las válvulas del equipo de servicio, y el otro debe ubicarse donde puede observar los indicadores de presión del sistema. El mantenimiento

del sistema de oxígeno no se recomienda durante las operaciones de carga de combustible o mientras se realiza otro trabajo que podría proporcionar una fuente de ignición. No se recomienda el mantenimiento del sistema de oxígeno mientras los pasajeros estén a bordo de la aeronave.

Sistemas de deshielo y anti-hielo

El equipo anti-hielo está diseñado para evitar la formación de hielo, mientras que el equipo de deshielo está diseñado para eliminar el hielo una vez que se ha formado. Estos sistemas protegen el borde de ataque de las superficies de las alas y la cola, tubo Pitot y tomas estáticas, respiraderos del tanque de combustible, dispositivos de advertencia de pérdida, parabrisas, y las palas de la hélice. Luces de detección de hielo también se pueden instalar en algunos aviones para determinar el grado de formación de hielo estructural durante los vuelos nocturnos.

La mayoría de los aviones livianos sólo tienen calefactor de tubo Pitot, y no están certificados para volar en condiciones de engelamiento. Estos aviones ligeros tienen capacidad limitada en los climas fríos durante finales del otoño, invierno y principios de primavera. Los aviones no certificados deben salir de las condiciones de hielo inmediatamente. Consulte el manual de vuelo/POH para más detalles.

Anti-hielo y deshielo de perfiles alares

Las botas neumáticas de deshielo consisten en una lámina de caucho unido al borde de ataque del perfil. Cuando el hielo se acumula en el borde de ataque, una bomba neumática accionada por el motor infla las botas de goma. Muchos aviones turbohélice desvían aire del motor hacia el ala para inflar las botas de goma. Después del inflado, el hielo se rompe y se desprende del borde de ataque del ala. Las botas de deshielo se controlan desde la cabina con un interruptor y puede ser operado en un solo ciclo o permitir ciclos automáticos, a intervalos temporizados. *[Figura 6-48]*

Tiempo atrás se creía que si las botas se activaban demasiado pronto después de encontrar hielo, la capa de hielo se podría ampliar en lugar de quebrar, resultando en una condición conocida como "puente" de hielo. En consecuencia, los ciclos posteriores de deshielo serían ineficaces en la eliminación del hielo. Aunque un poco de hielo residual puede quedar después de un ciclo de de las botas, el "puente" no se produce con las botas modernas. Los pilotos pueden iniciar el ciclo de las botas tan pronto se observa una acumulación de hielo. Consulte el manual de vuelo/POH para información sobre el funcionamiento de las botas de deshielo.

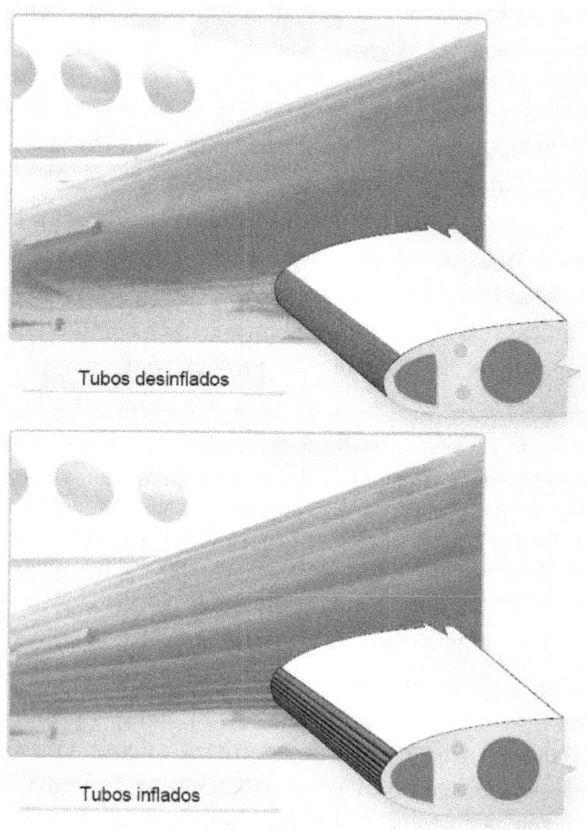

Figura 6-48. *Botas de deshielo en borde de ataque de las alas.*

Muchos de sistemas de botas de deshielo utilizan el medidor de succión del sistema de instrumentos y un medidor de presión neumática para indicar la operación adecuada de las botas. Estos medidores tienen marcas que indican los límites de funcionamiento para la operación de las botas. Algunos sistemas también incorporan una luz anunciadora que indica la operación adecuada de las botas.

Es importante el mantenimiento adecuado y el cuidado de las botas de deshielo para la operación continua de este sistema. Deben ser cuidadosamente inspeccionados antes del vuelo.

Otro tipo de protección de borde de ataque es el sistema anti-hielo térmico. El calor proporciona uno de los métodos más eficaces para evitar la acumulación de hielo en un perfil. Los aviones de turbina de alta performance dirigen aire caliente desde la sección del compresor del motor al borde de ataque. Este aire calienta las superficies del borde de ataque lo suficiente como para evitar la formación de hielo. Un tipo más reciente de sistema térmico anti-hielo denominado "thermawing" utiliza una capa de grafito laminado calentado eléctricamente aplicado al borde de ataque del ala y del estabilizador horizontal. Los sistemas thermawing tienen típicamente dos zonas de aplicación del calor. Una zona en el borde de ataque recibe calor en forma continua; la segunda zona más atrás recibe calor en ciclos para sacar el hielo permitiendo que las fuerzas aerodinámicas lo eliminen. Los sistemas térmicos anti-hielo deben ser activados antes de entrar en condiciones de hielo.

Un tipo alternativo de protección de borde de ataque que no es tan común como el térmico anti-hielo y las botas de deshielo se conoce como "weeping wing". Este diseño utiliza pequeños orificios situados en el borde de ataque del ala para evitar la formación y acumulación de hielo. Una solución anticongelante es bombeada al borde de ataque y sale a través de los agujeros. Además, es capaz de descongelar un avión. Cuando el hielo se ha acumulado en los bordes de ataque, la aplicación de la solución anticongelante químicamente rompe el enlace entre el hielo y la estructura, permitiendo que las fuerzas aerodinámicas eliminen el hielo. *[Figura 6-49]*

Figura 6-49. *Sistema de deshielo/anti-hielo de ala TKS.*

Anti-hielo de parabrisas

Hay dos tipos principales de sistemas anti-hielo de parabrisas. El primer sistema dirige una corriente de alcohol al parabrisas. Si se utiliza con suficiente antelación, el alcohol evitará que el hielo se acumule en el parabrisas. La tasa de flujo de alcohol puede ser controlada por un selector en la cabina de acuerdo con los procedimientos recomendados por el fabricante de la aeronave.

Otro método efectivo de equipo anti-hielo es el método de calentamiento eléctrico. Pequeños cables u otro material conductor se incrustan en el parabrisas. El calentador puede ser activado por un interruptor en la cabina, produciendo el paso de corriente eléctrica por el parabrisas a través de los cables para proporcionar calor suficiente para evitar la formación de hielo. El calentador de parabrisas sólo se debe utilizar durante el vuelo. No lo deje encendido durante las operaciones en tierra, dado que puede recalentarse y causar daños en el parabrisas. Advertencia: la corriente eléctrica puede causar errores desviando el compás tanto como 40°.

Anti-hielo de hélice

Las hélices están protegidas del engelamiento por el uso de alcohol o elementos calentados eléctricamente. Algunas hélices están equipadas con una boquilla de descarga que se apunta hacia la raíz de la pala. El alcohol se descarga de las boquillas, y la fuerza centrífuga lleva el alcohol hacia el borde de ataque de la pala. Las botas también están ranuradas para ayudar a dirigir el flujo de alcohol. Esto impide la formación de hielo en el borde de ataque de la hélice. Las hélices también pueden estar equipadas con botas anti-hielo. Estas botas están divididas en dos secciones: una interior y otra exterior. Las botas están integradas con cables eléctricos que llevan corriente para calentar la hélice. El sistema anti-hielo de hélice se puede supervisar por correcto funcionamiento mediante el control de un amperímetro. Durante la inspección pre vuelo, compruebe que las botas de la hélice funcionen correctamente. Si una bota falla en calentar una pala, puede resultar en una carga desigual en las palas, y causar severa vibración en la hélice. *[Figura 6-50]*

Otros sistemas anti-hielo y descongelamiento

Las tomas Pitot y estática, conductos de ventilación de combustible, sensores de aviso de pérdida, y otros equipos opcionales pueden ser calentados por elementos eléctricos. Verificaciones operacionales de los sistemas de calefacción eléctrica se realizarán de acuerdo con el AFM/POH.

El funcionamiento de los sistemas anti-hielo y deshielo deben comprobarse antes de encontrar condiciones de engelamiento. Al encontrar hielo estructural se requiere acción inmediata. Los equipos anti-hielo y deshielo no están hechos para mantener un vuelo a largo plazo en condiciones de hielo.

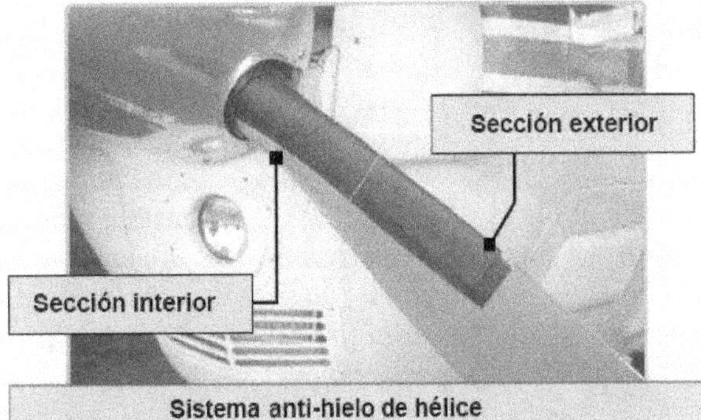

Figura 6-50. *Botas anti-hielo y amperímetro de hélice.*

Resumen del capítulo

Todos los aviones tienen requerimientos de sistemas esenciales, tales como el motor, hélice, sistemas de inducción, sistemas de encendido, así como combustible, lubricación, refrigeración, equipos eléctricos, de aterrizaje y de control ambiental para mantener el vuelo. La comprensión de los sistemas de la aeronave que está volando es fundamental para su operación segura y mantenimiento adecuado. Consulte el manual de vuelo/POH para obtener información específica relacionada con la aeronave siendo volada. Varios sitios web de fabricantes y grupos de propietarios también pueden ser una valiosa fuente de información adicional.

Instrumentos de Vuelo

Introducción

Para volar con seguridad cualquier aeronave, un piloto debe entender cómo interpretar y operar los instrumentos de vuelo. El piloto también debe ser capaz de reconocer errores y mal funcionamiento de estos instrumentos. En este capítulo se aborda el sistema pitot-estática y los instrumentos asociados, el sistema de vacío y los instrumentos relacionados, instrumentos giroscópicos, y la brújula magnética. Cuando el piloto entiende cómo funciona cada instrumento y reconoce cuando un instrumento está funcionando mal, puede utilizar de forma segura los instrumentos a su máximo potencial.

Instrumentos de Vuelo Pitot- Estática

El sistema de pitot-estática es un sistema combinado que utiliza la presión estática del aire, y la presión dinámica debida al movimiento de la aeronave por el aire. La combinación de estas presiones se utiliza para el funcionamiento del indicador de velocidad aerodinámica (ASI), el altímetro, y el indicador de velocidad vertical (VSI). *[Figura 7-1]*

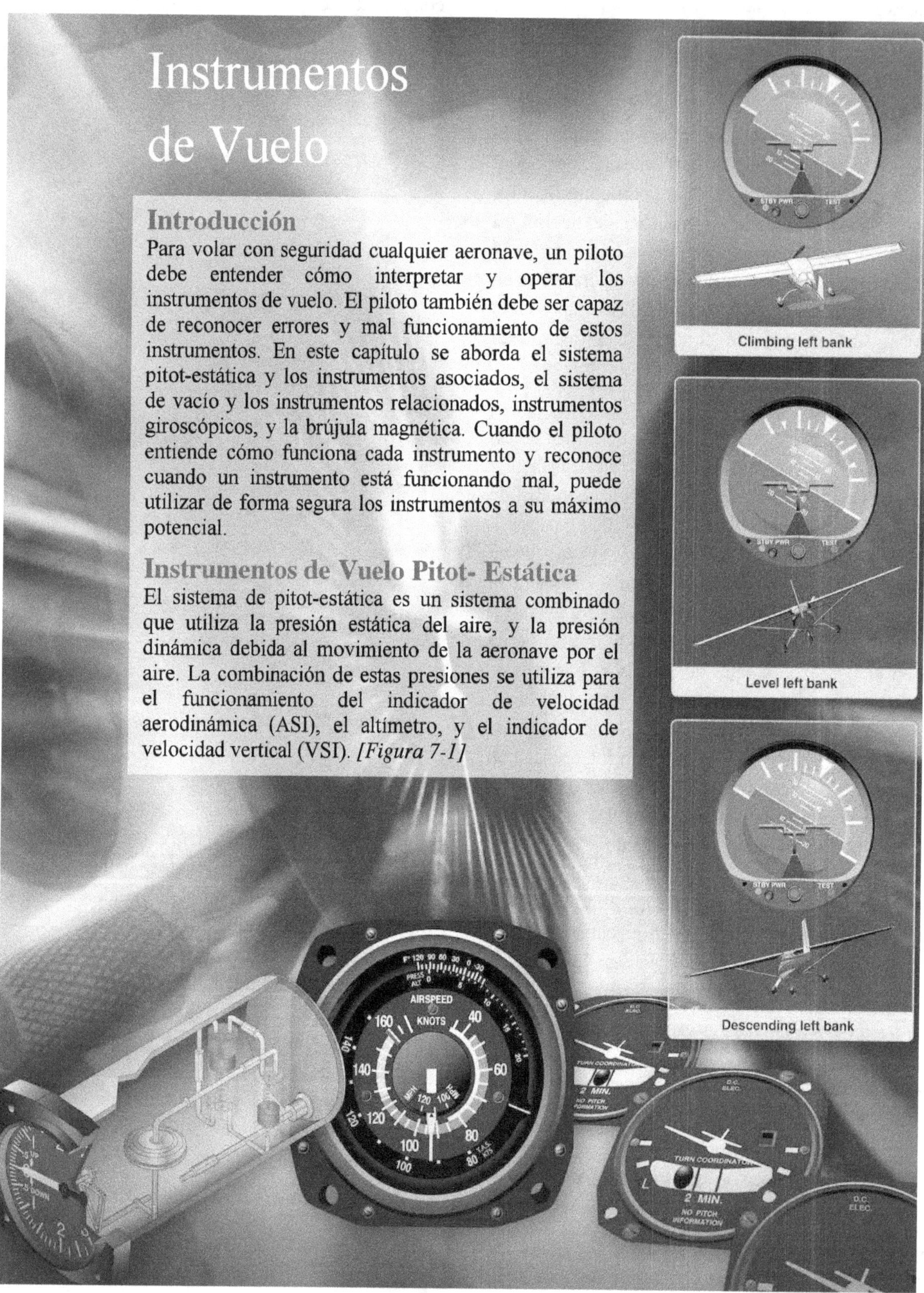

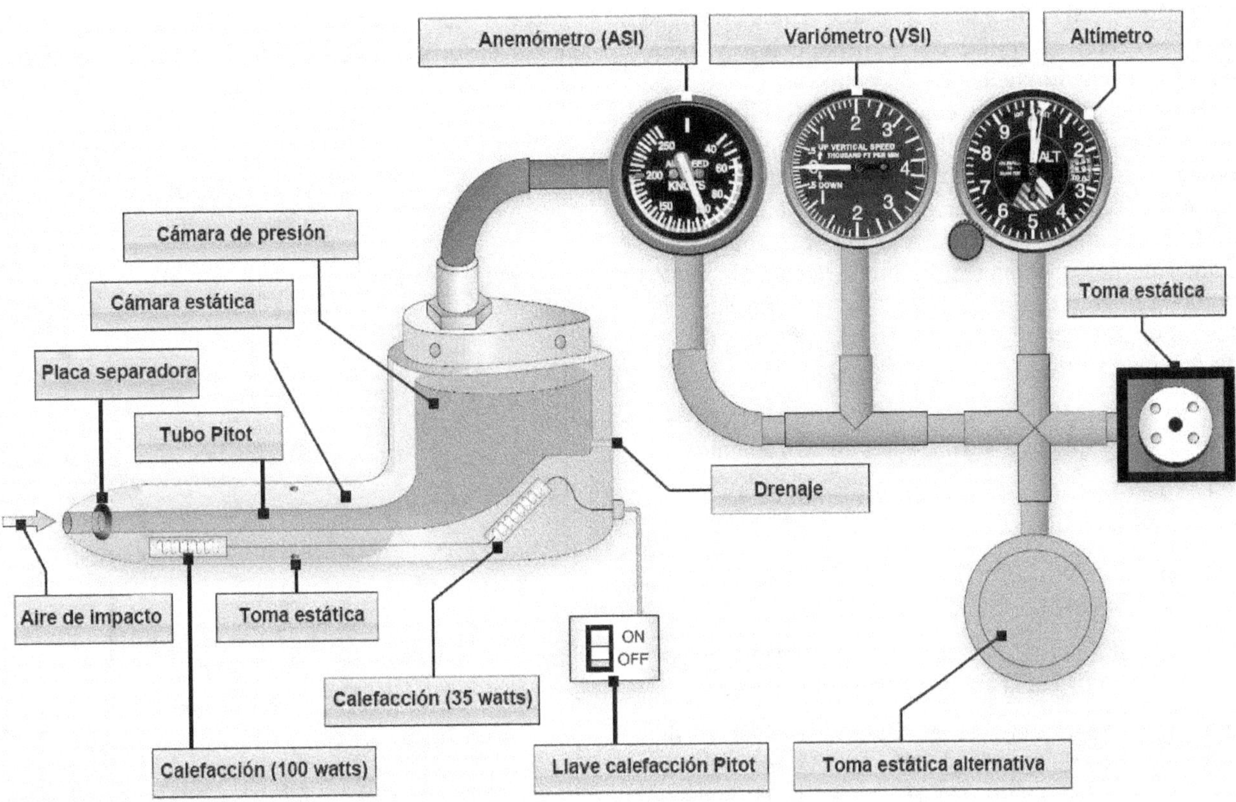

Figura 7-1. *Sistema pitot-estática e instrumentos.*

Cámara de presión de impacto y líneas

El tubo Pitot se utiliza para medir las presiones totales combinadas que están presentes cuando una aeronave se mueve a través del aire. La presión estática, también conocida como presión ambiente, está siempre presente ya sea que la aeronave esté en movimiento o en reposo. Se trata simplemente de la presión barométrica en el área local. La presión dinámica sólo está presente cuando una aeronave está en movimiento; por lo tanto, se puede considerar como una presión debida al movimiento. El viento también genera presión dinámica. No importa si el avión se mueve a través de aire en reposo a 70 nudos o si la aeronave se enfrenta a un viento con velocidad de 70 nudos, se genera la misma la presión dinámica.

Cuando el viento sopla desde un ángulo menor a 90° de la nariz de la aeronave, la presión dinámica se puede ver en el ASI (AirSpeed Indicator). El viento en movimiento a través de un perfil a 20 nudos es el mismo que si la aeronave se mueve a través de aire en calma a 20 nudos. El tubo Pitot capta la presión dinámica, así como la presión estática que siempre está presente.

El tubo Pitot tiene una pequeña abertura en la parte delantera que le permite a la presión total entrar en la cámara de presión. La presión total se compone de la presión dinámica más la presión estática. Además del agujero más grande en la parte delantera del tubo pitot, hay un pequeño agujero en la parte posterior de la cámara, que permite que la humedad drene del sistema cuando la aeronave encuentra precipitación. Ambas aberturas del tubo pitot deben ser controladas antes del vuelo para asegurar que ninguna está bloqueada. Muchas aeronaves tienen fundas de tubo pitot instaladas cuando se detienen durante largos períodos de tiempo. Esto ayuda a mantener a los insectos y otros objetos que se atasquen en la abertura del tubo Pitot.

El instrumento que utiliza el tubo pitot es el anemómetro o velocímetro (ASI). La presión total se transmite desde la cámara de presión del tubo Pitot al anemómetro a través de un tubo pequeño. La presión estática se entrega al lado opuesto del ASI que sirve para anular las dos presiones estáticas, dejando de ese modo la presión dinámica que se indicará en el instrumento. Cuando cambia la presión dinámica, el ASI muestra un aumento o disminución, que corresponde a la dirección del cambio. Los dos instrumentos restantes (altímetro y variómetro) utilizan sólo la presión estática derivada de la toma estática.

Cámara de presión estática y líneas

La cámara estática se ventila a través de pequeños agujeros al aire libre sin perturbaciones en los lados de la aeronave. Al cambiar la presión atmosférica, la presión es capaz de moverse libremente dentro y fuera de los instrumentos a través de pequeñas líneas que conectan los instrumentos con el sistema estático. Una fuente de presión estática alternativa se proporciona en algunas aeronaves para proveer presión estática si la fuente de presión estática primaria se bloquea. La fuente estática alternativa se encuentra normalmente en el interior de la cabina de vuelo. Debido al efecto venturi del aire que fluye alrededor del fuselaje, la presión de aire dentro de la cabina de vuelo es inferior a la presión exterior.

Cuando se utiliza la presión estática alternativa, se observan las siguientes indicaciones de instrumentos:

1. El altímetro indica una altura ligeramente superior a la real.

2. El ASI indica una velocidad mayor que la velocidad real.

3. El VSI muestra un ascenso momentáneo y luego se estabiliza si la altitud se mantiene constante.

Cada piloto es responsable de consultar el Manual de vuelo de la aeronave (AFM) o el Manual de Operaciones del Piloto (POH) para determinar la cantidad de error introducido en el sistema cuando se utiliza la fuente estática alternativa. En una aeronave no equipada con aire estático alternativo, un método para introducir presión estática en el sistema si ocurre un bloqueo es romper el vidrio del VSI. Esto hace inoperativo al variómetro (VSI). La razón para elegir el VSI como el instrumento para romper es que es el instrumento menos importante para el vuelo.

Altímetro

El altímetro es un instrumento que mide la altura de una aeronave por encima de un nivel de presión dado. Los niveles de presión se discuten en detalle más adelante. Puesto que el altímetro es el único instrumento capaz de indicar altitud, este es uno de los instrumentos más vitales instalados en una aeronave. Para utilizar eficazmente el altímetro, el piloto debe comprender el funcionamiento del instrumento, así como los errores asociados con el altímetro y cómo afecta cada uno a la indicación.

El componente principal del altímetro son una pila de cápsulas aneroides selladas. Una cápsula aneroide es una cápsula sellada que es vaciada a una presión interna de 29,92 pulgadas de mercurio (29,92 "Hg o 1013 mb). Estas cápsulas son libres de expandirse y contraerse con los cambios en la presión estática. Una mayor presión estática comprime las cápsulas. Una presión estática inferior (menos de 29,92 "Hg) permite que las cápsulas se expandan. Una unión mecánica conecta el movimiento de las cápsulas a las agujas del

indicador, que traduce la compresión de las cápsulas en un descenso de la altitud y traduce una expansión de las cápsulas en un aumento de la altitud. *[Figura 7-2]*

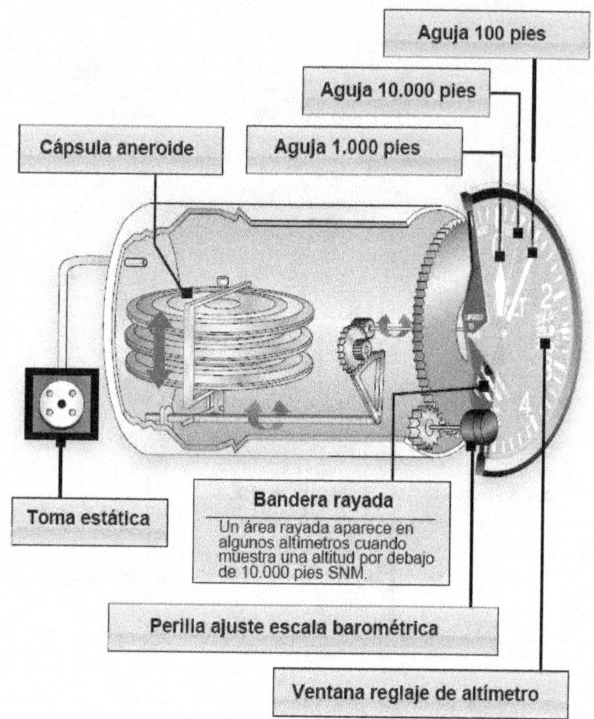

Figura 7-2. *Altímetro*

Note cómo la presión estática se introduce en la parte trasera de la caja sellada del altímetro. La cámara exterior del altímetro está sellada, lo cual permite que la presión estática rodee las cápsulas aneroides. Si la presión estática es mayor que la presión en las cápsulas aneroides (29,92 "Hg), las cápsulas se comprimen hasta que la presión en el interior de las cápsulas es igual a la presión estática que las rodea. Contrariamente, si la presión estática es menor que la presión en el interior de las cápsulas, las cápsulas pueden expandirse lo que aumenta el volumen. La expansión y contracción de las cápsulas mueven la articulación mecánica, que mueve las agujas en la esfera del altímetro.

Principio de operación

El altímetro de presión es un barómetro aneroide que mide la presión de la atmósfera en el nivel donde se encuentra el altímetro, y presenta una indicación de altitud en pies. El altímetro utiliza la presión estática como su fuente de operación. El aire es más denso al nivel del mar que en altura; a medida que aumenta la altitud, disminuye la presión atmosférica. Esta diferencia de presión en los distintos niveles hace que el altímetro indique cambios de altitud.

La presentación de la altitud varía considerablemente entre los diferentes tipos de altímetros. Algunos tienen una aguja mientras que otros tienen dos o más. Sólo se describe en este manual el tipo de varias agujas. El dial o esfera de un altímetro típico se gradúa con números dispuestos en sentido horario desde cero a nueve. El movimiento del elemento aneroide se transmite a través de engranajes a las tres agujas que indican la altitud. La aguja más fina indica la altitud en decenas de miles de pies, la aguja más corta en miles de pies y la aguja más larga de cientos de pies.

Esta altitud indicada es correcta, sin embargo, sólo cuando la presión barométrica del nivel del mar es estándar (29.92 "Hg o 1013 mb), la temperatura del aire al nivel del mar es estándar (15 grados Celsius), y la presión y la temperatura disminuyen a una velocidad estándar con un aumento en la altitud. Ajustes para presiones no estándar se consiguen estableciendo la presión corregida en una escala barométrica situada en la esfera del altímetro. La ventana de la presión barométrica es referida a veces como ventana Kollsman; sólo después de ser establecido el altímetro indica la altitud correcta. La palabra "correcta" tendrá que ser explicada mejor cuando se refiera a los tipos de altitudes, pero se usa comúnmente en este caso para referirse a la altitud aproximada sobre el nivel del mar. En otras palabras, la altitud indicada se refiere a la altitud leída que está sin corregir, después de que el ajuste de la presión barométrica se marca en la ventana Kollsman. Los tipos adicionales de altitudes se explican con más detalle más adelante.

Efecto de la presión y temperatura no estándar

Es fácil de mantener una altura constante por encima del suelo si la presión barométrica y la temperatura se mantienen constantes, pero esto raramente es el caso. La temperatura y la presión pueden cambiar entre el despegue y el aterrizaje, incluso en un vuelo local. Si estos cambios no son tomados en consideración, el vuelo se convierte en peligroso.

Si los altímetros no pudieran ser ajustados para una presión no estándar, podría ocurrir una situación peligrosa. Por ejemplo, si un avión vuela desde un área de alta presión a una zona de baja presión sin ajustar el altímetro, se mostrará una altitud constante, pero la altura real de la aeronave por encima del suelo sería menor que la altura indicada. Por el contrario, si un avión vuela de una zona de baja presión a una zona de alta presión sin un ajuste del altímetro, la altitud real de la aeronave es superior a la altitud indicada. Una vez en vuelo, es importante obtener frecuentemente los reglajes de altímetro en ruta para asegurar que se está a salvo del terreno y obstrucciones.

Muchos altímetros no disponen de un medio preciso de ajustarse para presiones barométricas de más de 31,00 pulgadas de mercurio ("Hg). Cuando el altímetro no puede ajustarse para una presión más alta, la altitud real del avión será más alta que la indicación del altímetro. Cuando se producen condiciones de presión barométrica baja (menos de 28,00), no se recomiendan las operaciones de vuelo de las aeronaves que no pueden establecer el ajuste altimétrico actual.

Los ajustes para compensar por presión no estándar no compensan la temperatura no estándar. Puesto que el aire frío es más denso que el aire caliente, al operar en temperaturas que son más frías que el estándar, la

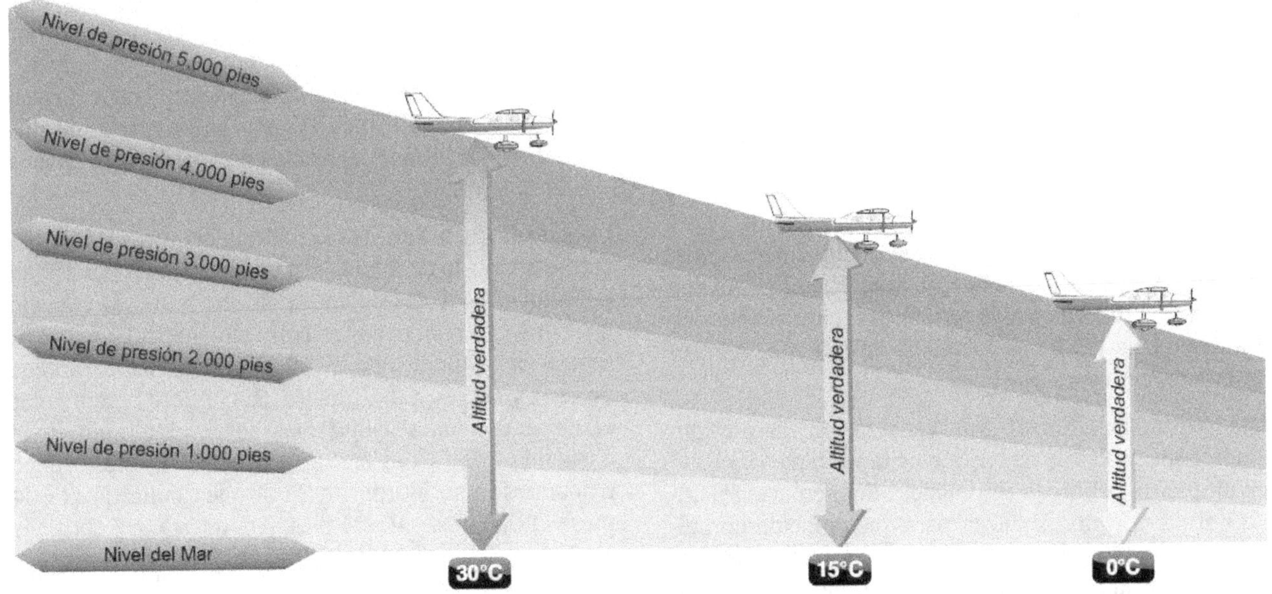

Figura 7-3. *Efectos de la temperatura no estándar en el altímetro.*

altitud es menor que la indicación del altímetro. *[Figura 7-3]* La magnitud de esta "diferencia" determina la magnitud del error. La diferencia debido a temperaturas más frías es la que preocupa al piloto. Cuando se vuela en una masa de aire más fría manteniendo una altitud indicada constante, la altitud verdadera es menor. Si el terreno o los obstáculos son un factor en la selección de una altitud de crucero, sobre todo en terreno montañoso, recuerde anticipar que una temperatura menor que la estándar coloca a la aeronave más abajo que la indicación del altímetro. Por lo tanto, una mayor altitud indicada puede ser necesaria para proporcionar la adecuada separación del terreno. Cuando el aire es más caliente que el estándar, la aeronave está más alta que la altitud indicada. Las correcciones de altitud por temperatura se pueden calcular en el computador de vuelo.

Las temperaturas extremadamente frías también afectarán las indicaciones del altímetro. La *figura 7-4*, que se deriva de las fórmulas de la OACI, indica la cantidad de error que puede existir cuando la temperatura es muy fría.

Reporte Temp 0 °C	— Altura sobre Aerodromo en Pies													
	200	300	400	500	600	700	800	900	1000	1500	2000	3000	4000	5000
+10	10	10	10	10	20	20	20	20	20	30	40	60	80	90
0	20	20	30	30	40	40	50	50	60	90	120	170	230	280
-10	20	30	40	50	60	70	80	90	100	150	200	290	390	490
-20	30	50	60	70	90	100	120	130	140	210	280	420	570	710
-30	40	60	80	100	120	140	150	170	190	280	380	570	760	950
-40	50	80	100	120	150	170	190	220	240	360	480	720	970	1210
-50	60	90	120	150	180	210	240	270	300	450	590	890	1190	1500

Figura 7-4. *Mire la tabla con una temperatura de -10 °C y altitud del avión de 1.000 pies sobre el aeródromo. La tabla muestra que el ajuste del altímetro actual puede colocar al avión tanto como 100 pies por debajo de lo indicado por el altímetro.*

Ajuste del Altímetro

La mayoría de los altímetros están equipados con una ventana de ajuste de la presión barométrica (o ventana Kollsman) proporcionando un medio para ajustar el altímetro. Una perilla se encuentra en la parte inferior del instrumento para este ajuste.

Para ajustar el altímetro por variación en la presión atmosférica, la escala de presión en la ventana de ajuste del altímetro, calibrada en pulgadas de mercurio ("Hg) y/o milibares (mb), se ajusta para que coincida con el reglaje del altímetro dado. El ajuste del altímetro se define como la presión de la estación reducida al nivel del mar, pero, un ajuste de altímetro es preciso solo en las proximidades de esa estación. Por lo tanto, el

altímetro debe ser ajustado al progresar el vuelo desde una estación a la siguiente. El control de tráfico aéreo (ATC) informará al actualizar la configuración del altímetro. Si un piloto no utiliza asistencia del ATC, reglajes locales del altímetro se pueden obtener de sistemas automatizados de observación (AWOS/ASOS) o servicio de información automáticos (ATIS).

Muchos pilotos confían que el ajuste actual del altímetro compense las irregularidades de la presión atmosférica a todas las altitudes, pero esto no es siempre cierto. El ajuste del altímetro por transmitido por estaciones terrestres es la presión de la estación corregida al nivel medio del mar. No tiene en cuenta las irregularidades en niveles superiores, en particular el efecto de la temperatura no estándar.

Si cada piloto en un área dada utiliza el mismo ajuste de altímetro, cada altímetro debe estar afectado igual por errores de variación de la temperatura y la presión, haciendo posible mantener la separación vertical deseada entre aeronaves. Esto sin embargo no garantiza la separación vertical. Todavía es imperativo mantener una exploración visual por tráfico aéreo.

Al volar sobre terreno elevado y montañoso, ciertas condiciones atmosféricas causan que el altímetro indique una altitud de 1.000 pies o más por encima de la altitud real. Por esta razón, un margen generoso de altitud debe ser permitido, no sólo por posible error del altímetro, sino también por posibles corrientes descendentes asociadas con vientos en altura.

Para ilustrar el uso del sistema de reglaje de altímetro, imagine un vuelo desde Paraná, a Córdoba, vía San Francisco. Antes de despegar de Paraná, el piloto recibe un ajuste de altímetro de 29,85 "Hg desde la torre de control, y establece este valor en la ventana de configuración del altímetro. La indicación del altímetro debe ser comparada con la elevación conocida del aeropuerto de 242 pies. Como la mayoría de los altímetros no están perfectamente calibrados, puede existir un error.

Cuando llega a San Francisco, suponga que el piloto recibe un ajuste de 29,94 "Hg y pone esto en la ventana del altímetro. Antes de entrar en el circuito de tránsito en Córdoba, recibe de la Torre de Control un nuevo reglaje del altímetro de 29,69 "Hg, y ajusta la ventana de configuración del altímetro. Si el piloto quiere volar el circuito a unos 1.000 pies sobre el terreno, y la elevación de Córdoba es de 1.604 pies, debe mantenerse una altitud de 2.600 pies indicada (1.604 pies + 1.000 pies = 2.604 pies, redondeado a 2.600).

Se debe enfatizar la importancia de ajustar el altímetro correctamente. Suponga que el piloto no ajusta el altímetro a la configuración actual en Córdoba y continuó utilizando el ajuste de San Francisco de 29,94 "Hg. Al entrar en el circuito de tránsito de Córdoba a una altitud indicada de 2.600 pies, el avión estará aproximadamente 250 pies por debajo de la altitud de circuito adecuada. Al aterrizar, el altímetro indicaría aproximadamente 250 pies más alto que la elevación del aeródromo.

Ajuste de altímetro San Francisco	29,94
Ajuste de altímetro Córdoba	29,69
Diferencia	0,25

(Dado que 1 pulgada de presión es aproximadamente igual a 1.000 pies de altura, 0,25 **x** 1.000 pies = 250 pies).

Al determinar si se debe agregar o restar la cantidad de error de altímetro, recuerde que, cuando la presión real es menor a la establecida en la ventana del altímetro la altitud real de la aeronave es inferior a la indicada en el altímetro.

El siguiente es otro método de cálculo de la desviación de altitud. Empiece restando el ajuste altimétrico actual de 29,94 "Hg. Siempre recuerde colocar el ajuste original arriba. Luego reste el ajuste altimétrico actual.

Ajuste de altímetro San Francisco	29,94
Ajuste de altímetro Córdoba	29,69
29,94 - 29,69 = Diferencia	0,25

(Dado que 1 pulgada de presión es aproximadamente igual a 1.000 pies de altura, 0,25 x 1.000 pies = 250 pies). Siempre restar el número de la altitud indicada.

2,600 - 250 = 2.350

Ahora, intente un ajuste de presión más bajo. Ajuste el altímetro de 29,94 a 30,56 "Hg.

Ajuste de altímetro San Francisco	29,94
Ajuste de altímetro	30,56
29,94 - 30,56 = Diferencia	-0,62

(Dado que 1 pulgada de presión es aproximadamente igual a 1.000 pies de altura, 0,62 x 1.000 pies = 620 pies). Siempre restar el número de la altitud indicada.

2,600 - (-620) = 3220

El piloto estará 620 pies más alto.

Note que la diferencia es un número negativo. Comenzando con la altitud actual indicada de 2.600 pies, restar un número negativo es igual que la adición de los dos números. Al utilizar este método, un piloto debe ser capaz de entender mejor lo que está sucediendo con la altitud de la aeronave. Este método siempre produce el resultado correcto y le dice a un piloto cual es la altitud y en qué sentido. (Las consecuencias de no entender donde se encuentran los errores y en qué sentido son importantes para un vuelo seguro.) Si la altura es menor que el realmente indicada, un avión podría estar en peligro de chocar contra un obstáculo.

Operación del Altímetro

Hay dos métodos para mover las agujas del altímetro. El primero es un cambio en la presión de aire, mientras que el otro es un ajuste a la escala barométrica. Cuando la aeronave asciende o desciende, el cambio de presión dentro de la caja del altímetro expande o contrae el barómetro aneroide. Este movimiento se transmite a través de uniones mecánicas para girar las agujas.

Un descenso en la presión hace que el altímetro indique un aumento en altitud, y un aumento de la presión hace que el altímetro indique una disminución de la altitud. En consecuencia, si la aeronave está en el suelo con un nivel de presión de 29,98 "Hg y la presión cambia a 29,68" Hg, el altímetro mostrará un aumento de altura de aproximadamente 300 pies. Este cambio de presión es más notable cuando la aeronave se deja estacionada durante la noche. A medida que la presión disminuye, el altímetro interpreta esto como un ascenso. El altímetro indica una altitud por encima de la elevación del aeródromo. Si el ajuste de la presión barométrica se restablece a la configuración actual del altímetro de 29,68 "Hg, entonces se indica de nuevo la elevación del aeródromo en el altímetro.

Este cambio de presión no es tan fácil de notar en vuelo ya que las aeronaves vuelan a altitudes específicas. Con el ejemplo de la sección anterior el avión disminuye constantemente la altitud real mientras se mantiene constante el altímetro por la acción piloto.

Conocer la altitud del avión es de vital importancia para un piloto. El piloto debe estar seguro de que la aeronave está volando lo suficientemente alto como para evitar el terreno u obstrucción más alta a lo largo de la ruta prevista. Es especialmente importante tener información de la altitud exacta cuando la visibilidad es limitada. Para evitar obstrucciones, el piloto debe estar constantemente consciente de la altitud de la aeronave y la elevación del terreno circundante. Para reducir la posibilidad de una colisión en el aire, es esencial mantener la altitud de acuerdo con las normas de tránsito en el aire.

Tipos de Altitud

La altitud en sí misma es un término relevante sólo cuando se indica específicamente a qué tipo de altitud se refiere el piloto. Normalmente, cuando se utiliza el término la altitud, se refiere a la altitud sobre el nivel del mar dado que esta es la altitud que se usa para representar obstáculos y el espacio aéreo, así como para separar el tránsito aéreo.

La altitud es la distancia vertical por encima de un cierto punto o nivel utilizado como referencia. Hay tantas clases de altitud como niveles de referencia desde donde medir la altitud, y cada una puede ser usada por razones específicas. Los pilotos se refieren principalmente a cinco tipos de altitudes:

1. Altitud indicada: leída directamente del altímetro (sin corregir) cuando se establece el ajuste altimétrico actual.

2. Altitud verdadera: distancia vertical de la aeronave por encima del nivel del mar, la altitud real. A menudo se expresa en pies sobre el nivel medio del mar (MSL). Las elevaciones de los aeropuertos, terrenos y obstáculos en las cartas aeronáuticas son alturas verdaderas.

3. Altitud absoluta: distancia vertical de un avión sobre el terreno, o por encima del nivel del suelo (AGL).

4. Altitud de presión: la altitud indicada cuando la ventana de configuración del altímetro (escala barométrica) se ajusta a 29,92 "Hg o 1013 mb. Esta es la altitud por encima del plano de referencia estándar, que es un plano teórico donde la presión de aire (corregida a 15 °C) es igual a 29,92 "Hg. La altitud de presión se utiliza para calcular la altitud de densidad, la altitud verdadera, velocidad verdadera (TAS), y otros datos de rendimiento.

5. Altitud de densidad: altitud de presión corregida por las variaciones de temperatura estándar. Cuando las condiciones son estándar, la altitud de presión y la altitud de densidad son las mismas. Si la temperatura está por encima de estándar, la altitud de densidad es mayor que la altitud de presión. Si la temperatura es inferior a la estándar, la altitud de densidad es inferior a la altitud de presión. Esta es una altitud importante, ya que está directamente relacionada con el rendimiento del avión.

Un piloto debe entender como el rendimiento de la aeronave está directamente relacionado con la densidad del aire. La densidad del aire afecta la cantidad de potencia que produce un motor normalmente aspirado, así como cuan eficientes son los perfiles alares. Si hay menos moléculas de aire (baja presión) para acelerar a través de la hélice, la aceleración a la velocidad de rotación es más larga y por lo tanto produce una carrera

de despegue más larga, que se traduce en una disminución del rendimiento.

Como ejemplo, considere un aeropuerto con una elevación de 5.048 pies MSL donde la temperatura estándar es de 5 ° C. Bajo estas condiciones, la altitud de presión y la altitud de densidad son las mismas, 5.048 pies. Si la temperatura cambia a 30 °C, la altitud de densidad aumenta a 7.855 pies. Esto significa que la aeronave se comporta en el despegue como si la elevación del aeródromo fuera de 7.855 pies a temperatura estándar. A la inversa, una temperatura de -25 °C da lugar a una altitud de densidad de 1.232 pies. La aeronave se comportará mucho mejor en estas condiciones.

Inspección del instrumento

Antes de cada vuelo, un piloto debe examinar el altímetro por indicaciones apropiadas con el fin de verificar su validez. Para determinar las condiciones de un altímetro, establezca la escala barométrica actual al ajuste altimétrico informado por cualquier fuente confiable. Las agujas del altímetro indicarán la elevación del aeropuerto. Si la indicación difiere en más de 75 pies de la elevación del aeródromo, el instrumento debe ser llevado a un taller de reparación certificado para su re calibración.

Indicador de velocidad vertical o variómetro (VSI)

El indicador de velocidad vertical (VSI) o variómetro, indica si la aeronave está ascendiendo, descendiendo o en vuelo nivelado. La velocidad de ascenso o descenso se indica en pies por minuto (fpm). Si está bien calibrado, el VSI indica cero en vuelo nivelado. *[Figura 7-5]*

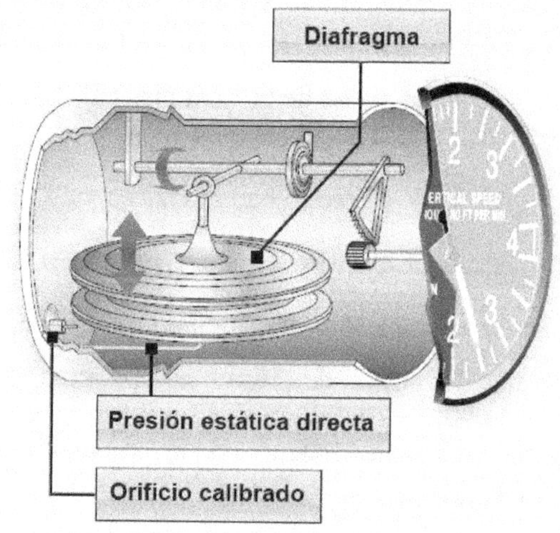

Figura 7-5. *Variómetro (VSI).*

Principio de operación

Aunque el VSI opera únicamente con presión estática, es un instrumento de presión diferencial. Contiene un diafragma con engranajes y uniones a la aguja del indicador dentro de una caja hermética. El interior del diafragma se conecta directamente a la toma estática del sistema pitot-estático. La zona fuera del diafragma, que está en el interior de la caja del instrumento, también está conectada a la toma estática, pero a través de un orificio de restricción (calibrado).

Tanto el diafragma como la caja reciben aire de la toma estática a la presión atmosférica existente. El diafragma recibe aire sin restricciones mientras que la caja recibe la presión estática a través del calibre. Cuando la aeronave está en tierra o en vuelo nivelado, las presiones en el interior del diafragma y la caja del instrumento son iguales y la aguja indica cero. Cuando la aeronave asciende o desciende, la presión en el diafragma cambia inmediatamente, pero debido a la acción de restricción del orificio calibrado, la presión de la caja sigue siendo mayor o menor durante un corto tiempo, haciendo que el diafragma se contraiga o se expanda. Esto causa una diferencia de presión que se indica en la aguja del instrumento como un ascenso o descenso.

Cuando la presión diferencial se estabiliza en una relación definida, la aguja indica la velocidad de cambio de altitud.

El variómetro muestra dos tipos diferentes de información:

- La información de tendencia muestra una indicación inmediata de un aumento o disminución en la velocidad de ascenso o de descenso de la aeronave.

- La información sobre velocidad muestra un cambio de altura a velocidad estabilizada.

La información sobre la tendencia es la dirección del movimiento de la aguja del VSI. Por ejemplo, si una aeronave mantiene vuelo nivelado y el piloto tira hacia atrás el mando causando que la nariz de la aeronave se eleve, la aguja del VSI se mueve hacia arriba para indicar un ascenso. Si la actitud de cabeceo se mantiene constante, la aguja se estabiliza después de un corto período de tiempo (6-9 segundos) e indica la velocidad de ascenso en cientos de pies por minuto. El período de tiempo desde el cambio inicial en la velocidad de ascenso, hasta que el VSI muestra una indicación precisa de la nueva velocidad, se llama retraso. Una técnica de control tosca y la turbulencia pueden extender el período del retraso y causar indicaciones erráticas e inestables. Algunos aviones están equipados con un indicador de velocidad vertical instantánea (IVSI), que incorpora acelerómetros para compensar el retraso en el variómetro típico. *[Figura 7-6]*

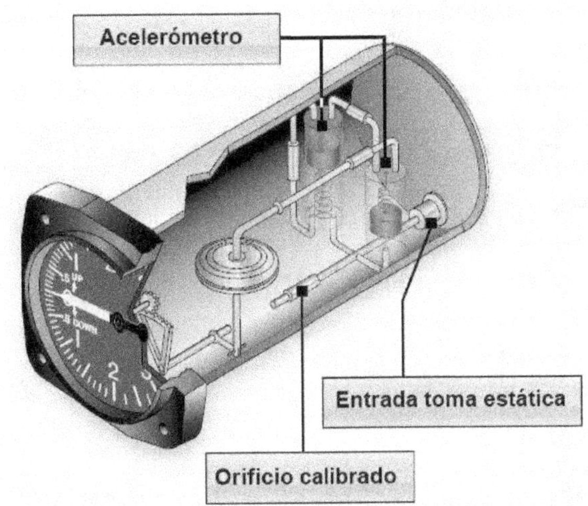

Figura 7-6. *Un IVSI incorpora acelerómetros para ayudar al instrumento a indicar inmediatamente cambios en la velocidad vertical.*

Inspección del instrumento

Como parte de una inspección previa al vuelo, se debe establecer el funcionamiento correcto del VSI. Asegúrese de que el VSI indica casi cero antes de abandonar la plataforma y de nuevo antes del despegue. Si el VSI indica algo distinto de cero, dicha indicación puede ser referida como la marca cero. Normalmente, si la aguja no está exactamente en cero, está ligeramente por encima o por debajo de la línea cero. Después del despegue, el VSI debe moverse hacia arriba para indicar un ascenso positivo y luego, una vez que se logra un régimen de ascenso estable, se puede leer la velocidad de ascenso.

Velocímetro o Indicador de velocidad (ASI)

El ASI es un indicador de presión diferencial sensible, que mide e indica rápidamente la diferencia de presión entre el tubo de Pitot (presión de impacto/dinámica) y la presión estática. Estas dos presiones son iguales cuando el avión está parado en el suelo en aire en calma. Cuando la aeronave se mueve a través del aire, la presión en el tubo pitot se hace mayor que la presión en la toma estática. Esta diferencia de presión es registrada por la aguja en la esfera del instrumento, que se calibra en millas por hora, nudos (millas náuticas por hora), o ambas. *[Figura 7-7]*

El ASI (velocímetro o anemómetro) es el único instrumento que utiliza tanto el tubo de Pitot, como el sistema estático. El ASI introduce la presión estática en la caja del velocímetro, mientras que la presión Pitot (dinámica) se introduce en el diafragma. La presión dinámica expande o contrae un lado del diafragma, que está conectado al sistema indicador. El sistema acciona la conexión mecánica y la aguja del velocímetro.

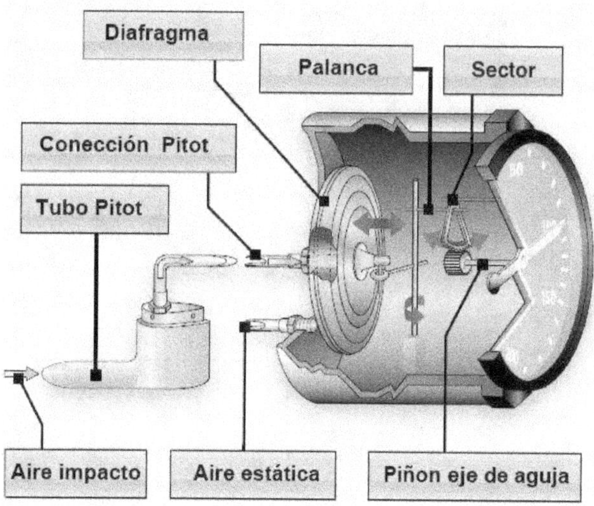

Figura 7-7. *Velocímetro o anemómetro (ASI).*

Así como las altitudes, también hay múltiples tipos de velocidades aerodinámicas. Los pilotos deben estar muy familiarizados con cada tipo.

- Velocidad indicada (IAS): es la obtenida directamente del ASI, sin corregir por variaciones en la densidad atmosférica, errores de instalación, o error del instrumento. Los fabricantes utilizan esta velocidad como la base para determinar el rendimiento del avión. Las velocidades de despegue, aterrizaje, y pérdida que figuran en el manual son velocidades indicadas y normalmente no varían con la altitud o la temperatura.

- Velocidad calibrada (CAS): IAS corregida por error de instalación y error del instrumento. Aunque los fabricantes intentan mantener los errores de velocidad en un mínimo, no es posible eliminar todos los errores en todo el rango de velocidades de operación. A ciertas velocidades y con ciertos ajustes de flaps, los errores en la instalación y en el instrumento pueden totalizar varios nudos. Este error es mayor generalmente a bajas velocidades. En crucero y mayores rangos de velocidad, IAS y CAS son aproximadamente las mismas. Consulte la tabla de calibración de la velocidad para corregir posibles errores de velocidad.

- Velocidad verdadera (TAS): CAS corregida por altitud y temperatura no estándar. Debido a que la densidad del aire disminuye con el aumento de altitud, un avión debe volar más rápido a mayores altitudes para producir la misma diferencia de presión entre la presión de impacto y la estática. Por lo tanto, para una determinada

CAS, la TAS aumenta a medida que aumenta la altitud; o para una determinada TAS, la CAS disminuye a medida que aumenta la altitud. Un piloto puede encontrar la TAS por dos métodos. El método más exacto es utilizar un computador de vuelo. Con este método, la CAS se corrige por variaciones de temperatura y presión usando de la escala de corrección de velocidad en el computador. También están disponibles computadores de vuelo electrónicos extremadamente precisos. Sólo debe ingresar la CAS, altitud, presión y temperatura, y el computador calcula la TAS. Un segundo método proporciona una TAS aproximada. Debe añadir un 2 por ciento a la CAS por cada 1.000 pies de altitud. La TAS es la velocidad que se utiliza para la planificación del vuelo y se utiliza cuando se presenta un plan de vuelo.

- Velocidad sobre tierra (GS): la velocidad real del avión con relación al suelo. Es la TAS ajustada por el viento. La GS disminuye con viento de frente, y aumenta con viento de cola.

Marcas del velocímetro

Las aeronaves que pesen 5.700 kilos o menos, construidas a partir de 1945, y certificadas por la FAA, están obligadas a tener velocímetros marcados de acuerdo con un sistema de marcado estándar por colores. Este sistema de marcas codificadas por colores permite a un piloto determinar de un vistazo ciertas limitaciones de velocidad que son importantes para la operación segura de la aeronave. Por ejemplo, si durante la ejecución de una maniobra, se observa que la aguja de velocidad está en el arco amarillo y se acerca rápidamente a la línea roja, la reacción inmediata debe ser reducir la velocidad.

Como se muestra en la *Figura 7-8*, el ASI en un monomotor incluye las siguientes marcas estándar de color:

- Arco blanco: conocido como el rango de operación del flap dado que el límite inferior representa la velocidad de pérdida con full flap y el límite superior proporciona la velocidad máxima con flap. Las aproximaciones y aterrizajes son generalmente a velocidades dentro del arco blanco.

- Límite inferior del arco blanco (V_{SO}): velocidad de pérdida o velocidad mínima de vuelo estable en configuración de aterrizaje. En aviones pequeños, esta es la velocidad de pérdida sin motor con peso máximo de aterrizaje en configuración de aterrizaje (tren y flaps abajo).

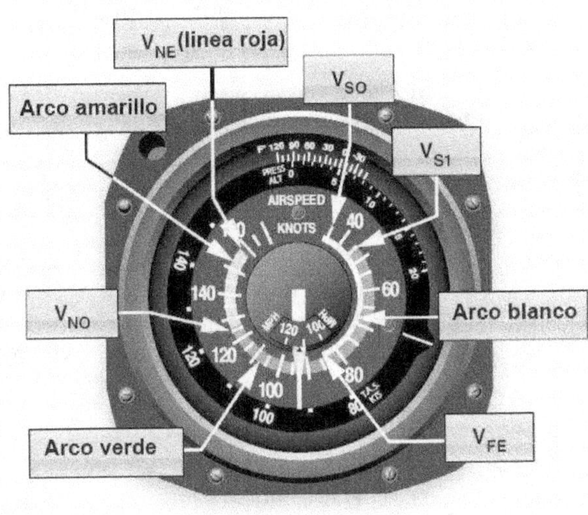

Figura 7-8. *Velocímetro (ASI).*

- Límite superior del arco blanco (V_{FE}): la velocidad máxima con los flaps extendidos.

- Arco vede: el rango de funcionamiento normal de la aeronave. La mayor parte de vuelo se produce dentro de este rango.

- Límite inferior del arco verde (V_{S1}): la velocidad de pérdida o velocidad mínima de vuelo estable obtenida en una configuración especifica. Para la mayoría de las aeronaves, esta es la velocidad de pérdida sin motor con peso máximo al despegue en configuración limpia (tren arriba, si es retráctil, y flaps arriba).

- Límite superior del arco verde (V_{NO}): la velocidad máxima estructural de crucero. No exceda esta velocidad, excepto en aire calmo.

- Arco amarillo: rango de precaución. Volar dentro de este intervalo sólo en aire calmo y, entonces, sólo con precaución.

- Línea roja (V_{NE}): velocidad de nunca exceder. La operación por encima de esta velocidad está prohibida, ya que puede causar daños o roturas estructurales.

Otras Limitaciones de velocidad aerodinámica

Algunas limitaciones de velocidad importantes no están marcadas en el ASI, sino que se encuentran en carteles y en el AFM/POH. Estas velocidades son:

- Velocidad de maniobra de diseño (V_A): la velocidad máxima a la que se puede imponer el límite de carga estructural de diseño (ya sea por ráfagas o desviación completa de las superficies de control) sin causar daño estructural. Es importante tener en cuenta el peso cuando se hace referencia a esta velocidad. Por ejemplo,

V_A puede ser de 100 nudos cuando un avión está muy cargado, pero sólo 90 nudos cuando la carga es ligera.

- Velocidad de operación del tren de aterrizaje (V_{LO}): la velocidad máxima para extender o retraer el tren de aterrizaje si vuela un avión con tren de aterrizaje retráctil.

- Velocidad con tren de aterrizaje extendido (V_{LE}): la velocidad máxima a la que puede volar con seguridad una aeronave con el tren de aterrizaje extendido.

- Velocidad de mejor ángulo de ascenso (V_X): la velocidad a la que una aeronave gana la mayor altitud en una distancia dada. Se utiliza durante un despegue en campo corto para despejar un obstáculo.

- Velocidad de mejor régimen de ascenso (V_Y): la velocidad que proporciona la ganancia de mayor altitud en un período dado de tiempo.

- Mejor velocidad de ascenso con un solo motor (V_{YSE}): la mejor velocidad de ascenso o mínima velocidad de descenso en un avión bimotor con un motor inoperativo. Se marca en el ASI con una línea azul. V_{YSE} se conoce comúnmente como "línea azul".

- Velocidad mínima de control (V_{MC}): la mínima velocidad de vuelo a la que puede ser controlado satisfactoriamente un bimotor liviano cuando un motor deja de funcionar y el motor restante está a potencia de despegue.

Inspección del instrumento

Antes del despegue, el ASI debe indicar cero. Sin embargo, si hay un viento fuerte que sopla directamente en el tubo de Pitot, el velocímetro puede leer más de cero. Al comenzar el despegue, asegúrese que la velocidad aumenta a un ritmo adecuado.

Bloqueo del sistema pitot-estática

Los errores casi siempre indican la obstrucción del tubo Pitot, la toma estática, o ambos. La obstrucción puede ser causada por la humedad (incluyendo hielo), suciedad, o incluso insectos. Durante la verificación previa, asegúrese de que retira la cubierta del tubo Pitot. Luego, compruebe el tubo Pitot y aberturas de la toma estática. Un tubo pitot bloqueado afecta la precisión del ASI, pero, un bloqueo de la toma estática no sólo afecta al ASI, sino también provoca errores en el altímetro y el VSI.

Sistema Pitot bloqueado

El sistema pitot se puede bloquear total o parcialmente si el orificio de drenaje del tubo pitot permanece abierto. Si el tubo Pitot se bloquea y su agujero de drenaje asociado permanece limpio, el aire de impacto ya no es capaz de entrar en el sistema pitot. El aire que está en el sistema escapa por el orificio de drenaje, y la presión restante cae a la presión ambiente (exterior). Bajo estas circunstancias, la lectura del ASI disminuye a cero, porque el ASI no detecta diferencia entre la presión estática y la presión dinámica del aire. El ASI ya no funciona ya que la presión dinámica, no puede entrar al tubo de Pitot. La presión estática es capaz de igualar a ambos lados ya que el orificio de drenaje del tubo Pitot está todavía abierto. La aparente pérdida de velocidad no es instantánea, pero ocurre muy rápidamente. *[Figura 7-9]*

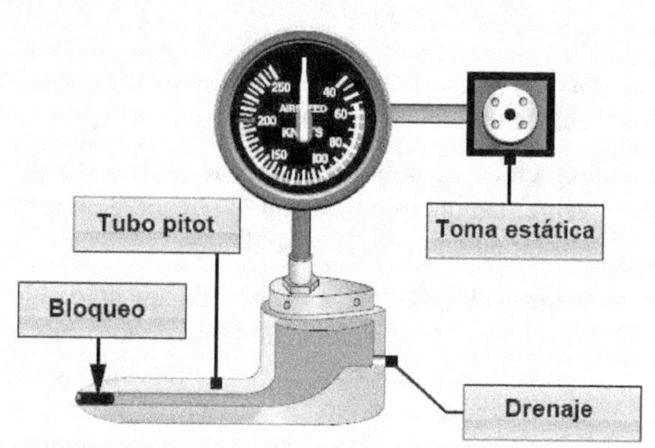

Figura 7-9. *Tubo pitot bloqueado, pero orificio de drenaje limpio.*

Si tanto la abertura del tubo pitot y el orificio de drenaje se obstruyen simultáneamente, entonces la presión en el tubo Pitot queda atrapada. No se observa ningún cambio en la indicación de velocidad si esta aumenta o disminuye. Si la toma estática está desbloqueada y la aeronave cambia de altitud, entonces se nota un cambio en el ASI. El cambio no se debe a un cambio en la velocidad, sino a un cambio en la presión estática. La presión total en el tubo Pitot no cambia debido a la obstrucción; sin embargo, la presión estática va a cambiar.

Debido a que las indicaciones de velocidad se basan en la presión estática y dinámica en conjunto, el bloqueo de cualquiera de estos sistemas afecta la lectura del ASI. Recuerde que el anemómetro tiene una cápsula en la que entra presión de aire dinámica. Detrás de esta cápsula hay una presión de referencia denominada presión estática que proviene de las tomas estáticas. La cápsula se presuriza contra esta presión estática y como resultado cambia la indicación de velocidad a través de las palancas y los indicadores. *[Figura 7-10]*

Por ejemplo, tome un avión y deténgalo a cero nudos a una altitud dada. Si la toma estática (que provee presión estática) y el tubo Pitot (que provee presión dinámica) están sin obstrucciones, se puede sostener lo siguiente:

1. El ASI marca cero.
2. Debe haber una relación entre la presión dinámica y la estática. A velocidad cero, la presión dinámica y la presión estática es la misma: la presión de aire estática.
3. Debido a que la presión estática y dinámica del aire son iguales a la velocidad cero, con mayor velocidad la presión dinámica debe incluir dos componentes: presión estática y presión dinámica.

Se puede inferir que la indicación velocidad debe estar basada en una relación entre estas dos presiones, y de hecho es así. Un ASI utiliza presión estática como presión de referencia y, como resultado, la caja del ASI se mantiene a esta presión detrás de la cápsula. Por otra parte, la presión dinámica a través del tubo Pitot está conectada a una cápsula muy sensible dentro de la caja del ASI. Debido a que una aeronave sin movimiento (independientemente de la altitud) resulta en una velocidad cero, el tubo Pitot siempre proporciona presión estática además de la presión dinámica.

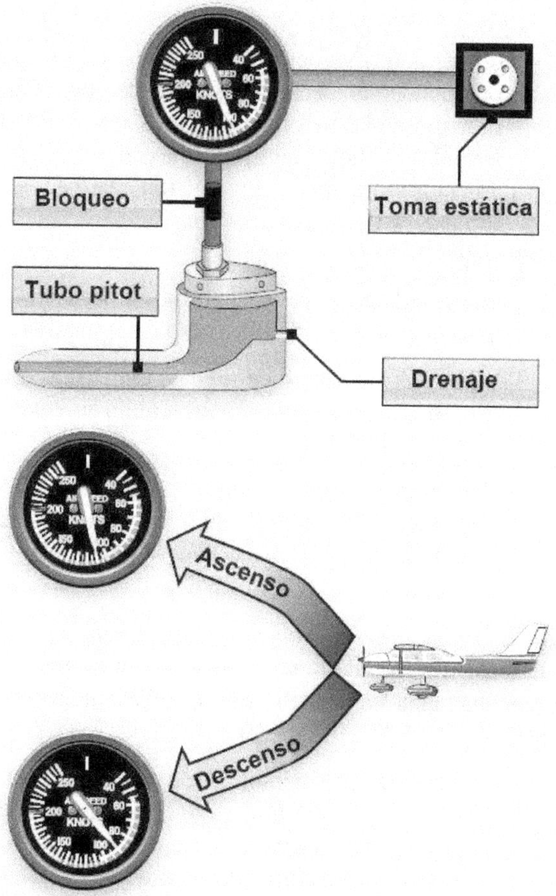

Figura 7-10. *Sistema pitot bloqueado con sistema estático limpio.*

Por lo tanto, la indicación de velocidad es el resultado de dos presiones: la presión estática y dinámica del tubo Pitot dentro de la cápsula medida con respecto a la presión estática en la caja. ¿Qué significa esto si el tubo pitot se obstruye?

Si la aeronave desciende, la presión en el sistema pitot incluyendo la cápsula se mantendría constante. Está tapada y la cápsula está a una única presión. Pero al descender, la presión estática se incrementa respecto a la cápsula haciendo que se comprima lo que resulta en una indicación de velocidad que disminuye. A la inversa, si la aeronave asciende, la presión estática se reduce permitiendo que la cápsula se expanda, lo que muestra una indicación de mayor velocidad. *[Figura 7-10]*

El tubo Pitot puede bloquearse durante el vuelo debido a la humedad visible. Algunas aeronaves pueden estar equipadas con calentador del tubo Pitot para el vuelo en estas condiciones. Consulte el AFM/POH (manual del piloto) por procedimientos específicos sobre el uso de calentador del tubo Pitot.

Sistema estático bloqueado

Si se bloquea el sistema estático pero el tubo Pitot permanece limpio, el ASI sigue funcionando, sin embargo, no es preciso. El velocímetro indica una velocidad más baja que la real cuando la aeronave vuela por encima de la altura a la cual se bloqueó el sistema estático, porque la presión estática atrapada es superior a la normal para esa altitud. Cuando se opera a una altitud inferior, se muestra una velocidad más rápida que la real debido a la presión estática relativa más baja atrapada en el sistema.

Volviendo a las relaciones que se usaron para explicar un tubo Pitot bloqueado, el mismo principio se aplica para una toma estática bloqueada. Si el avión desciende, aumenta la presión estática en el lado del tubo Pitot mostrando un aumento en velocidad. Esto suponiendo que la aeronave no aumenta su velocidad. El aumento de la presión estática en el lado del tubo Pitot es equivalente a un aumento de la presión dinámica puesto que la presión no puede cambiar en el lado estático.

Si una aeronave comienza a subir después de que se bloquea la toma estática, la velocidad empieza a mostrar un descenso mientras el avión sigue en ascenso. Esto se debe a la disminución de la presión estática en el lado del tubo Pitot, mientras que la presión en el lado estática se mantiene constante.

Un bloqueo del sistema estático también afecta el altímetro y el variómetro. La presión estática atrapada hace que el altímetro se congele a la altitud donde se produjo el bloqueo. En el caso del VSI, un sistema estático bloqueado produce una indicación de cero continua. *[Figura 7-11]*

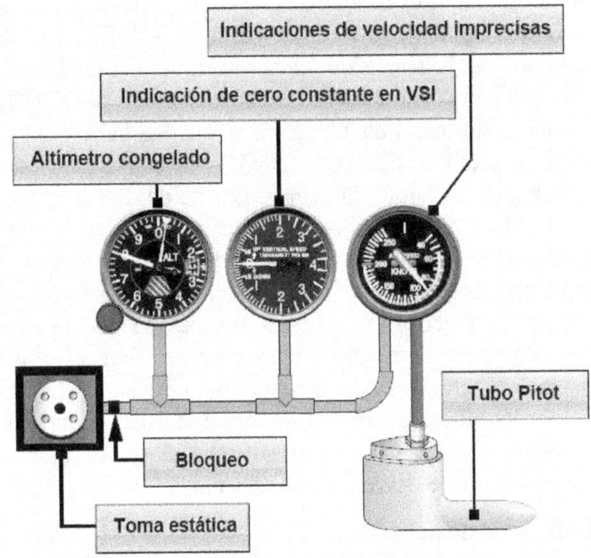

Figura 7-11. *Sistema estático bloqueado.*

Algunos aviones están equipados con una fuente estática alternativa en la cabina de vuelo. En el caso de una fuente estática bloqueada, la apertura de la fuente estática alternativa introduce presión estática de la cabina en el sistema. La presión estática de la cabina es menor que la presión estática exterior. Vea el manual del avión para las correcciones de velocidad cuando se utiliza la presión estática alternativa.

Pantalla de vuelo electrónica (EFD)

Los avances en las pantallas digitales y componentes electrónicos de estado sólido se han introducido en las cabinas de los aviones de la aviación general (GA). Además de la mejora en la fiabilidad del sistema, que aumenta la seguridad en general, las pantallas de vuelo electrónicas (EFD, Electronic Flight Display) han disminuido el coste global del equipamiento de aeronaves con la instrumentación de última generación. Los paquetes de instrumentación electrónica primarios son menos propensos a fallas que sus homólogos analógicos. Ya no es necesario que los diseñadores creen diseños desordenados de paneles para dar cabida a todos los instrumentos de vuelo necesarios. En su lugar pantallas de vuelo digitales múltiples combinan todos los instrumentos en una sola pantalla llamada pantalla de vuelo primaria (PFD, Primary Flight Display). Los tradicionales seis instrumentos se muestran ahora en una pantalla de cristal líquido (LCD).

Barra de velocidad

Configurado de manera similar a los diseños de panel tradicional, el ASI se encuentra en el lado izquierdo de la pantalla y se muestra como una barra vertical de velocidad. A medida que aumenta la velocidad, los números mayores descienden desde la parte superior de la barra. La TAS se muestra en la parte inferior de la barra desde la sonda de temperatura de aire exterior a través de la computadora de datos del aire (ADC, Air Data Computer). Las marcas de velocidad para V_X, V_Y, y la velocidad de rotación (V_R) se muestran para referencia del piloto. Una marca de velocidad adicional controlada por el piloto está disponible para fijar cualquier velocidad de referencia deseada. Al igual que en velocímetros analógicos tradicionales, la barra de velocidad electrónica muestra los rangos codificados en color para el rango de operación del flap, el rango normal, y el rango de precaución. *[Figura 7-12]* El valor del número cambia de color a rojo cuando la velocidad supera V_{NE} para advertir al piloto que se superó el límite de velocidad máxima.

Indicador de actitud

Una mejora con respecto a los instrumentos analógicos es el indicador de actitud más grande en EFD. El horizonte artificial se extiende por toda el ancho de la PFD. *[Figura 7-12]* Este instrumento extendido ofrece una mejor referencia en todas las fases y maniobras del vuelo. El indicador de actitud recibe la información del Sistema de referencia rumbo y actitud (AHRS, Attitude Heading and Reference System).

Altímetro

El altímetro está situado en el lado derecho de la PFD. *[Figura 7-12]* A medida que aumenta la altitud, los números mayores descienden desde la parte superior de la barra de la pantalla, con la altitud actual mostrándose en la caja negra en el centro de la barra de la pantalla. La altitud se muestra en incrementos de 20 pies.

Indicador de velocidad vertical (VSI)

El VSI se muestra a la derecha de la barra del altímetro y puede tomar la forma de un indicador en arco o una barra de velocidad vertical. *[Figura 7-12]* Ambos están equipados con un marcador de velocidad vertical.

Indicador de rumbo

El indicador de rumbo se ubica debajo del horizonte artificial y normalmente está modelado como un indicador de situación horizontal (HSI). *[Figura 7-12]* Como en el caso del indicador de actitud, el indicador de rumbo recibe la información del magnetómetro que envía información a la unidad AHRS y luego a la PFD.

Indicador de giros

El indicador de giros adopta una forma diferente al instrumento tradicional. Una barra deslizante se mueve a izquierda y derecha debajo del triángulo para indicar la desviación de vuelo coordinado. *[Figura 7-12]* La referencia para el vuelo coordinado proviene de acelerómetros incluidos en la unidad AHRS.

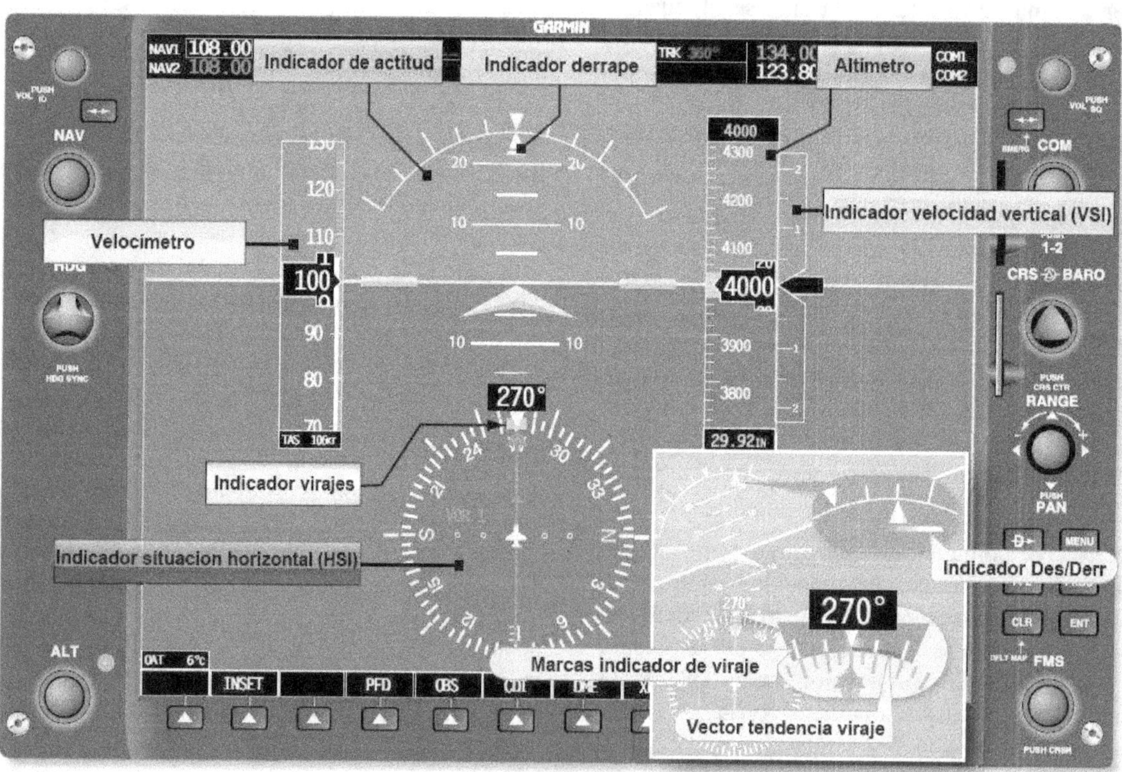

Figura 7-12. *Pantalla de vuelo primaria. Note que la ubicación de los indicadores varía con el fabricante.*

Figura 7-13. *Pantalla multifunción (MFD).*

Tacómetro

El sexto instrumento normalmente asociado con el grupo de "los seis" es el tacómetro. Este es el único instrumento que no se encuentra en la PFD. El tacómetro se encuentra normalmente en la pantalla multifunción (MFD, Multi-function Display). En el caso de un fallo de pantalla, se muestra en la pantalla restante con la PFD. *[Figura 7-13]*

Indicador deslizamiento/derrape

El indicador de deslizamiento/derrape *[Figura 7-12]* es la línea horizontal debajo del puntero de alabeo. Como una bola en un indicador de virajes, un ancho de la barra fuera del centro es igual a un desplazamiento del ancho de la bola.

Indicador de régimen de giro o virajes

El indicador de virajes, ilustrado en la *Figura 7-12*, se encuentra típicamente directamente encima del girocompás. Las marcas de graduación a izquierda y derecha de la línea central marcan el giro (régimen estándar versus mitad de estándar). Marcada por una línea de tendencia, si este vector de tendencia se extiende a la segunda marca la aeronave se encuentra en un giro de régimen estándar.

Pantallas individuales en los paneles son capaces de ser configurados para varias aeronaves, simplemente mediante la instalación de diferentes paquetes de software. *[Figura 7-14] Los* fabricantes también son capaces de actualizar los instrumentos existentes de manera similar, eliminando la necesidad de reemplazar los instrumentos individuales para poder actualizarlos.

Computadora de datos del aire (ADC, Air Data Computer)

Las pantallas electrónicas de vuelo utilizan el mismo tipo de entradas de información como los instrumentos analógicos tradicionales, sin embargo, el sistema de procesamiento es diferente. Las entradas estáticas del tubo Pitot son recibidas por una ADC. La ADC calcula la diferencia entre la presión total y la presión estática, y genera la información necesaria para mostrar la velocidad en el PFD. La temperatura del aire exterior también se monitorea y se introduce en diversos componentes dentro del sistema, así como se muestra en la pantalla del PFD. *[Figura 7-15]*

La ADC es un dispositivo separado de estado sólido que, además de proporcionar datos a la PFD, es capaz de proporcionar datos al sistema de control del piloto automático. En caso de avería del sistema, la ADC puede ser rápidamente sacada y reemplazada con el fin de disminuir el tiempo de inactividad y mantenimiento.

La información de altitud se deriva de la toma de presión estática tal como hace un sistema analógico, sin embargo, la presión estática no entra en una cápsula. La ADC calcula la presión barométrica recibida y envía una señal digital al PFD para mostrar la lectura de altitud apropiada. Las pantallas electrónicas también muestran vectores de tendencia que indican al piloto como progresan la altitud y la velocidad.

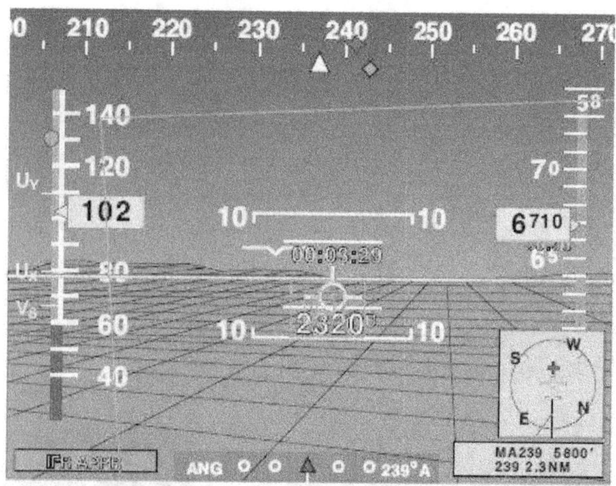

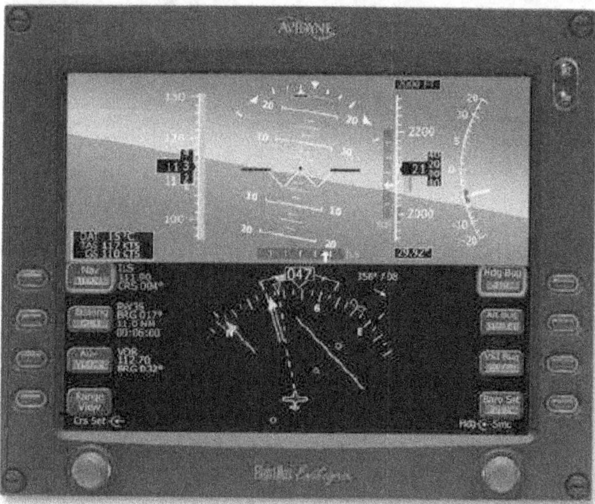

Figura 7-14. *Ejemplos de pantallas configurables (FlightLogic de Chelton y Entegra de Avidyne)*

Vectores de tendencia

Los vectores de tendencia son líneas de color magenta que se mueven hacia arriba y abajo tanto del ASI como el altímetro. *[Figuras 7-16 y 7-17]* La ADC calcula la tasa de cambio y muestra la proyección de donde estará la aeronave en 6 segundos. Los pilotos pueden utilizar los vectores de tendencia para un mejor control de la actitud de la aeronave. Al incluir los vectores de tendencia en la exploración de los instrumentos, los pilotos son capaces de controlar con precisión la velocidad y altitud. Información adicional puede ser obtenida mediante la consulta del Instrument Flying Handbook o material de entrenamiento específico de los fabricantes de aviónica.

Instrumentos de vuelo giroscópicos

Varios instrumentos de vuelo utilizan las propiedades de un giróscopo para su funcionamiento. Los instrumentos más comunes que contienen giróscopos son el coordinador de giro, indicador de rumbo, y el indicador de actitud. Para entender cómo funcionan

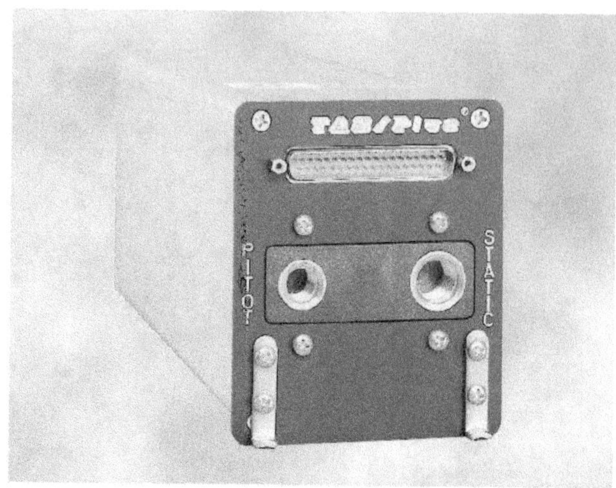

Figura 7-15. *Computadora de datos del aire Teledyne 90004 TAS/Plus calcula la información del sistema pitot/estático, sonda de temperatura y dispositivo de corrección barométrica para ayudar a crear una imagen de la características de vuelo.*

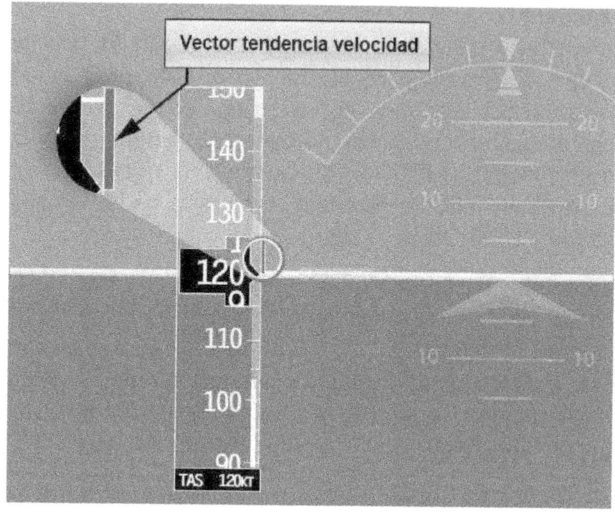

Figura 7-16. *Vector de tendencia de velocidad.*

estos instrumentos se requiere el conocimiento de los sistemas de potencia del instrumento, los principios giroscópicos y los principios de funcionamiento de cada instrumento.

Principios giroscópicos

Cualquier objeto que gira presenta propiedades giroscópicas. Una rueda o rotor diseñado y montado para utilizar estas propiedades se llama giroscopio o giróscopo. Dos características importantes del diseño de un instrumento giroscópico son el gran peso para su tamaño, o alta densidad, y la rotación a alta velocidad con cojinetes de baja fricción.

Hay dos tipos generales de montaje; el tipo utilizado depende de la propiedad del giroscopio que se utiliza.

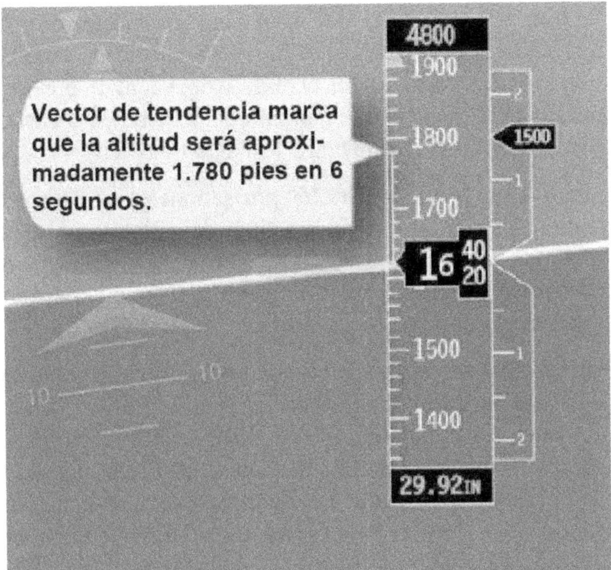

Figura 7-17. Vector de tendencia del altímetro.

Un giróscopo libre o con montaje universal es libre de girar en cualquier dirección alrededor de su centro de gravedad. Se dice que dicha rueda tiene tres planos de libertad. La rueda o rotor es libre de rotar en cualquier plano con respecto a la base y está balanceado con lo que, con la rueda en reposo, permanece en la posición en que se coloca. Los giróscopos restringidos o en montajes semi-rígidos son los que se montan de modo que uno de los planos de libertad se mantiene fijo en relación con la base.

Hay dos propiedades fundamentales de acción giroscópica: rigidez en el espacio y precesión.

Rigidez en el espacio

La rigidez en el espacio se refiere al principio de que un giroscopio permanece en una posición fija en el plano en el que está girando. Un ejemplo de rigidez en el espacio es el de una rueda de bicicleta. Cuando las ruedas de bicicleta aumentan la velocidad, se vuelven más y más estables en su plano de rotación. Esta es la razón por la que la bicicleta es muy inestable y muy maniobrable a baja velocidad y muy estable y menos maniobrable a velocidades más altas.

Montando esta rueda, o giróscopo, en un conjunto de anillos cardánicos, el giróscopo es capaz de girar libremente en cualquier dirección. Por lo tanto, si las cunas se inclinan, rotan, o se mueven de otra manera, el giróscopo permanece en el plano en el que giraba originalmente. *[Figura 7-18]*

Precesión

La precesión es la inclinación o giro de un giróscopo en respuesta a una fuerza deflectora. La reacción a esta fuerza no se produce en el punto en el que se aplicó, sino que se produce en un punto que está 90° más

adelante en la dirección de rotación. Este principio le permite al giróscopo determinar una velocidad de giro mediante la detección de la cantidad de presión creada por un cambio en la dirección. La velocidad a la que el giróscopo precesiona es inversamente proporcional a la velocidad del rotor y directamente proporcional a la fuerza deflectora

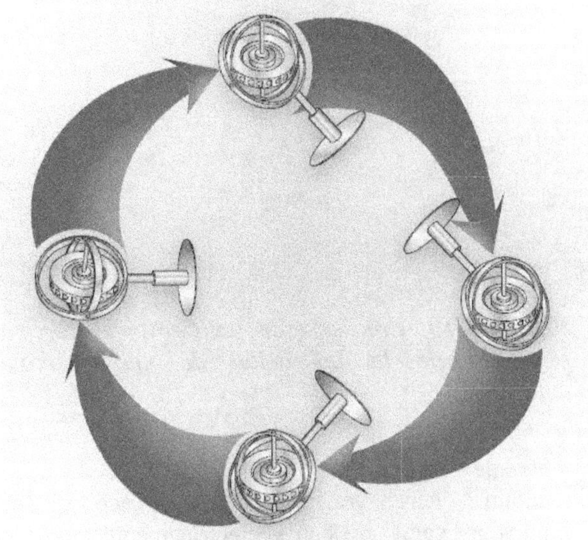

Figura 7-18. *Independientemente de la posición de su base, un giróscopo tiende a permanecer rígido en el espacio, con su eje de rotación apuntando en una dirección constante.*

Utilizando el ejemplo de la bicicleta, la precesión actúa en las ruedas con el fin de permitir que la bicicleta gire. A velocidad normal, no es necesario girar el manubrio en la dirección del giro deseado. Un ciclista se inclina simplemente en el sentido que él o ella desea seguir. Dado que las ruedas giran en sentido horario cuando se miran desde el lado derecho de la bicicleta, si el ciclista se inclina a la izquierda, se aplica una fuerza en la parte superior de la rueda hacia la izquierda. La fuerza actúa en realidad 90° en la dirección de rotación, que tiene el efecto de aplicar una fuerza a la parte delantera de la rueda, causando que la bicicleta se mueva a la izquierda. Es necesario girar el manubrio a velocidades bajas debido a la inestabilidad de los giróscopos girando lentamente, y también para aumentar la velocidad de giro.

La precesión también puede crear errores menores en algunos instrumentos. *[Figura 7-19]* La precesión puede causar que un giróscopo libre sea desplazado de su plano de rotación designado debido a la fricción con los cojinetes, etc. Ciertos instrumentos pueden requerir una realineación correctiva durante el vuelo, tales como el indicador de rumbo.

165

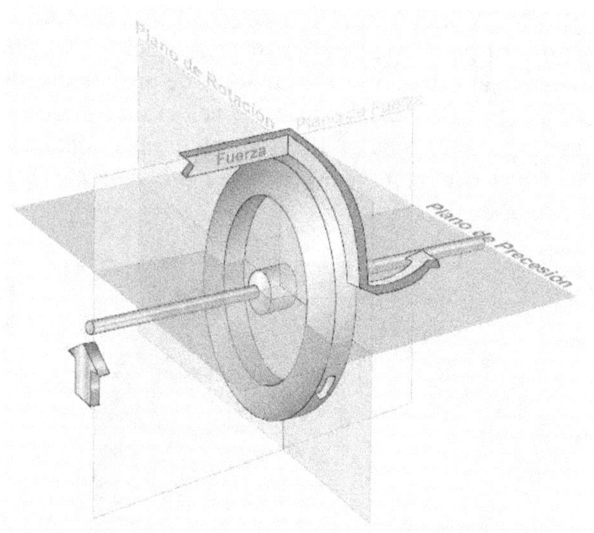

Figura 7-19. *Precesión de un giróscopo como resultado de la aplicación de una fuerza deflectiva.*

Fuentes de energía

En algunas aeronaves, todos los giróscopos son operados por vacío, presión, o eléctricamente. En otras aeronaves, sistemas de vacío o presión proporcionan la energía para los indicadores de rumbo y actitud, mientras el sistema eléctrico proporciona la energía para el coordinador de giros. La mayoría de las aeronaves tienen por lo menos dos fuentes de energía para asegurar que al menos una fuente está disponible si otra fuente de energía falla. El sistema de vacío o presión hace girar el giróscopo pasando una corriente

de aire por los álabes del rotor para girar este rotor a alta velocidad, al igual que la operación de una rueda hidráulica o turbina. La cantidad de vacío o presión necesaria para el funcionamiento del instrumento varía, pero generalmente está entre 4,5 "Hg y 5,5 "Hg.

Una fuente de vacío para los giróscopos es una bomba accionada por el motor de tipo de paleta que está montada en la caja de accesorios del motor. La capacidad de la bomba varía en diferentes aviones, en función del número de giróscopos.

Un sistema de vacío típico consiste de una bomba de vacío accionada por el motor, válvula de alivio, filtro de aire, el indicador, y los tubos necesarios para completar las conexiones. El manómetro está montado en el panel de instrumentos de la aeronave, e indica la cantidad de presión en el sistema (el vacío se mide en pulgadas de mercurio menos que la presión ambiental).

Como se muestra en la *figura 7-20,* se aspira aire en el sistema de vacío por la bomba de vacío accionada por el motor. Primero pasa a través de un filtro, que evita que entre material extraño en el sistema de vacío o presión. Luego el aire se mueve a través de los indicadores de actitud y rumbo, donde provoca que los giróscopos giren. Una válvula de alivio evita que la presión de vacío o succión exceda los límites prescritos. Después de eso, el aire es expulsado o utilizado en otros sistemas, tales como para inflar botas neumáticas de deshielo.

Es importante controlar la presión de vacío durante el vuelo, debido a que los indicadores de actitud y rumbo no proporcionan una información confiable cuando la

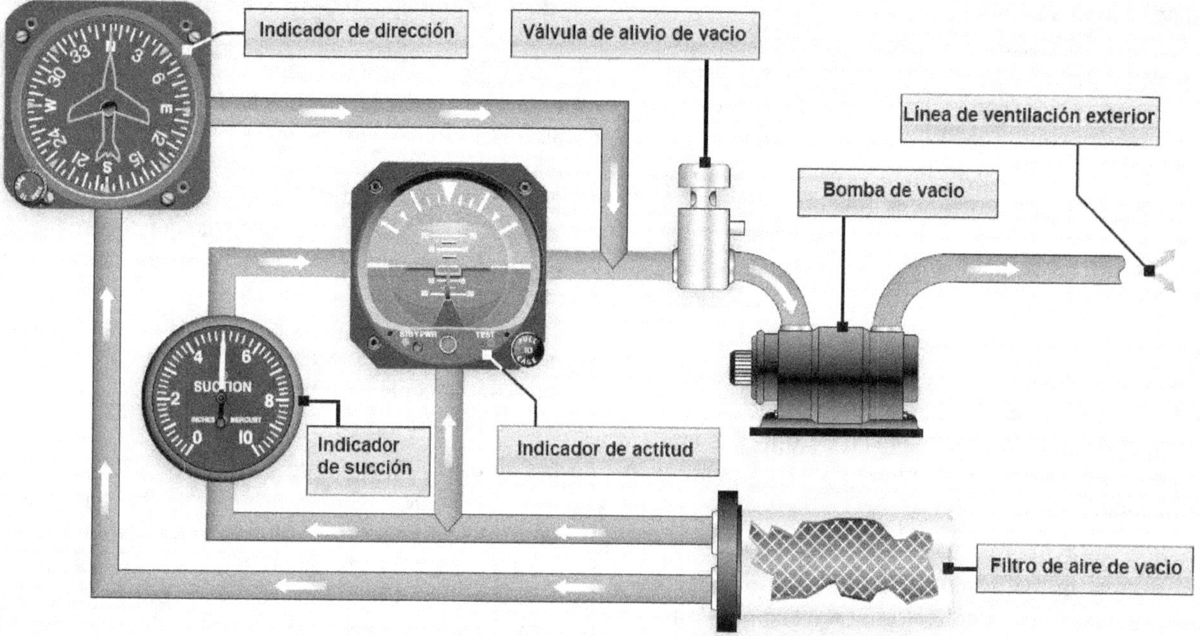

Figura 7-20. *Sistema de vacio típico.*

presión de succión es baja. El manómetro de vacío o succión, está generalmente marcado para indicar el rango normal. Algunos aviones están equipados con una luz de advertencia que se enciende cuando la presión de vacío cae por debajo del nivel aceptable.

Cuando la presión de vacío cae por debajo del rango normal de funcionamiento, los instrumentos giroscópicos pueden volverse inestables e inexactos. Cruzar la información de los instrumentos en forma habitual es un buen hábito para desarrollar.

Indicadores de giro

Las aeronaves utilizan dos tipos de indicadores de giro: el indicador de giro y virajes y el coordinador de giros. Debido a la manera en que está montado el giróscopo, el indicador de giro y virajes sólo muestra el régimen o velocidad de giro en grados por segundo. El coordinador de giros está montado en ángulo, o inclinado, por lo que inicialmente puede mostrar la velocidad de alabeo. Cuando el alabeo se estabiliza, indica la velocidad de giro. Ambos instrumentos indica la dirección y la calidad (coordinación) del giro, y también sirven como reserva de información de alabeo en caso de que falle el indicador de actitud. La coordinación se consigue usando como guía el inclinómetro, que se compone de un tubo curvo lleno de líquido con una bolita en su interior. *[Figura 7-21]*

Indicador de giros y virajes

El giróscopo en el indicador de giro y virajes rota en el plano vertical, correspondiente al eje longitudinal de la aeronave. Una cuna simple limita los planos en los que el giróscopo puede inclinarse, y un resorte trata de volverlo al centro. Debido a la precesión, una fuerza de guiñada hace que el giroscopio se incline a izquierda o derecha, visto desde el asiento del piloto. El indicador giros y de virajes utiliza una aguja, para mostrar la

dirección y velocidad del giro. El indicador de giros y virajes es incapaz de "volcarse" fuera de su eje de rotación debido a los resortes de restricción. Cuando se aplican a un giróscopo fuerzas extremas, el giróscopo se desplaza de su plano normal de rotación, haciendo inválidas sus indicaciones. Algunos instrumentos tienen un límite específico de cabeceo y alabeo que induce al giróscopo a volcar.

Coordinador de giros

La cuna en el coordinador de giro está inclinada; por lo que su giróscopo puede percibir la velocidad de alabeo y la velocidad de giro. Al alabear para entrar o salir de un giro, el avión en miniatura alabea en la dirección del alabeo de la aeronave. Un rápido alabeo hace que el avión miniatura se incline de forma más pronunciada que a un régimen de alabeo lento.

El coordinador de giros se puede usar para establecer y mantener un viraje estándar (o viraje clase 1) alineando el ala del avión en miniatura con el índice de giro. *La figura 7-22* muestra una imagen de un coordinador de giros. Hay dos marcas en cada lado (izquierdo y derecho) de la cara del instrumento. La primera marca se utiliza para indicar un régimen de giro cero con las alas niveladas. La segunda marca en la parte izquierda y derecha del instrumento sirve para indicar un tipo de viraje estándar. Un viraje estándar (o clase 1) se define como una velocidad de giro de 3° por segundo. El coordinador de giro sólo indica la velocidad y el sentido de giro; no muestra un ángulo específico de alabeo.

Inclinómetro

El inclinómetro se utiliza para representar la guiñada del avión, que es el movimiento de lado a lado de la nariz de la aeronave. Durante el vuelo recto y nivelado coordinado, la fuerza de la gravedad hace que la bola

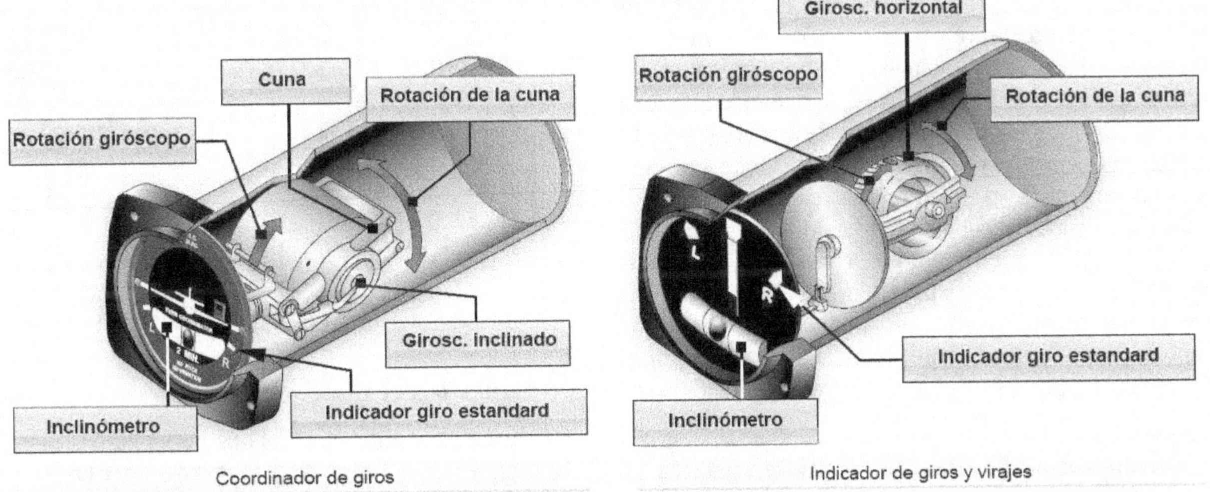

Figura 7.21 Los indicadores de giro se basan en una precesión controlada para su operación.

descanse en la parte más baja del tubo, centrado entre las líneas de referencia. El vuelo coordinado se mantiene al centrar la bola. Si la bolita no está centrada, se puede centrar mediante el timón.

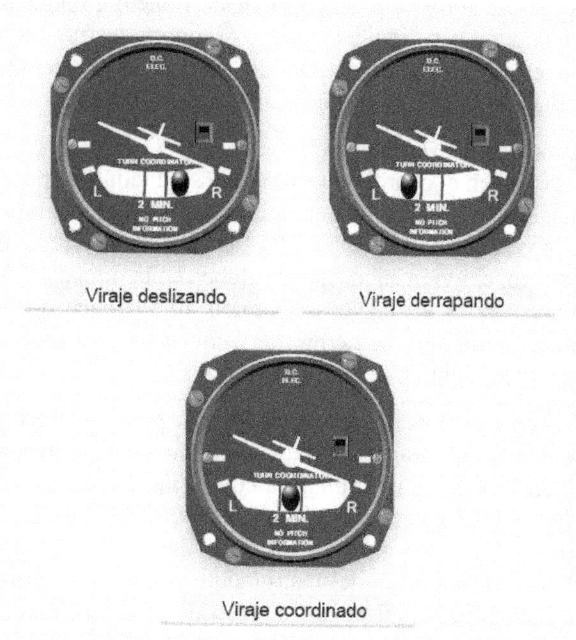

Figura 7-22. *Si no se aplica adecuado pedal derecho en un viraje a derecha, resulta en un deslizamiento. Demasiado pedal derecho causa que la aeronave derrape. Centrando la bola resulta en un viraje coordinado.*

Para centrar la bola, aplique presión en el pedal hacia el lado que se desvía la bola. Use la regla simple, "pisar la bola", para recordar que pedal de timón presionar. Si los alerones y el timón se coordinan durante un giro, la bolita permanece centrada en el tubo. Si las fuerzas aerodinámicas no están balanceadas, la bola se aleja del centro del tubo. Como se ve en la *Figura 7-22*, en un deslizamiento, la velocidad de giro es demasiado lenta para el ángulo de alabeo, y la bola se mueve al interior de la curva. En un derrape, la velocidad de giro es demasiado grande para el ángulo de alabeo, y la bola se mueve hacia el exterior de la curva. Para corregir estas condiciones, y mejorar la calidad del giro, recuerde "pisar la bolita". Variando del ángulo de alabeo también puede ayudar a restaurar el vuelo coordinado, de un deslizamiento o derrape. Para corregir un deslizamiento, disminuya el alabeo y/o aumente la velocidad de giro. Para corregir un derrape, aumente el alabeo y/o disminuya la velocidad de giro.

Hilo de guiñada
Una herramienta adicional que se puede añadir a la aeronave es un hilo de guiñada. Un hilo de guiñada es simplemente un hilo o un trozo de lana unido al centro del parabrisas. Cuando está en vuelo coordinado, la lana se ubica derecho hacia atrás sobre la parte superior del parabrisas. Cuando la aeronave está deslizando o derrapando, el hilo de guiñada se mueve a la derecha o la izquierda dependiendo de la dirección del deslizamiento o derrape.

Inspección del instrumento
Durante la verificación previa al vuelo, compruebe que el inclinómetro está lleno de líquido y no tiene burbujas de aire. La bola también debe estar descansando en su punto más bajo. Durante el rodaje, el coordinador de giro debe indicar un giro en la dirección correcta mientras la bola se mueve en dirección opuesta al giro.

Indicador de actitud u Horizonte artificial
El indicador de actitud, con su avión miniatura y barra de horizonte, muestra una imagen de la actitud de la aeronave. La relación de la aeronave miniatura con la barra de horizonte es la misma que la relación de la aeronave real con el horizonte real. El instrumento proporciona una indicación instantánea de incluso los más pequeños cambios de actitud.

El giróscopo en el indicador de actitud está montado en un plano horizontal y depende de la rigidez en el espacio para su funcionamiento. La barra del horizonte representa el horizonte verdadero. Esta barra está unida al giróscopo y permanece en un plano horizontal mientras la aeronave cabecea o alabea alrededor de su eje lateral o longitudinal, indicando la actitud de la aeronave con respecto al horizonte verdadero. *[Figura 7-23]*

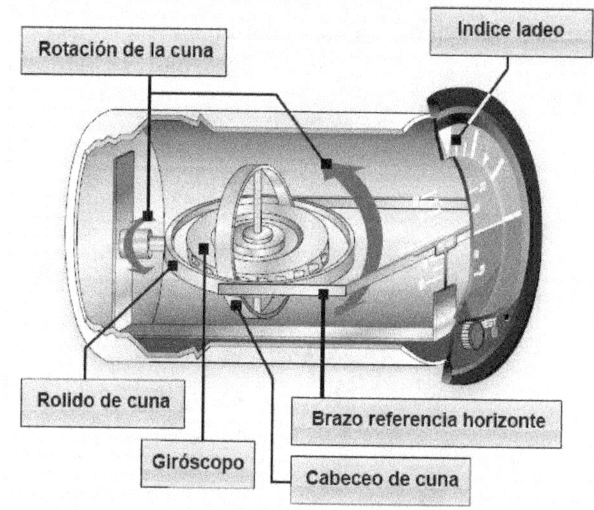

Figura 7-23. *Indicador de actitud.*

El giróscopo gira en el plano horizontal y resiste el movimiento de la trayectoria de rotación. Dado que el giróscopo se basa en la rigidez en el espacio, en realidad la aeronave gira alrededor del giróscopo.

Una perilla de ajuste se provee para que el piloto pueda mover el avión miniatura hacia arriba o hacia abajo para alinearlo con la barra de horizonte y así adaptarlo a la línea de visión del piloto. Normalmente, el avión miniatura se ajusta de modo que las alas se superponen a la barra de horizonte cuando la aeronave está en vuelo de crucero recto y nivelado.

Los límites de cabeceo y alabeo dependerán de la marca y el modelo del instrumento. Los límites en el plano de alabeo son por lo general de 100° a 110°, y los límites de cabeceo son por lo general de 60° a 70°. Si cualquier límite se excede, el instrumento se "volcará" y dará indicaciones incorrectas hasta que se vuelva a alinear. Una serie de indicadores de actitud modernos no se vuelcan.

Cada piloto debe ser capaz de interpretar la escala de alabeo ilustrada en la *figura 7-24*. La mayoría de las escalas indicadoras de alabeo en la parte superior del instrumento se mueven en la misma dirección que aquella en la que alabea la aeronave. Algunos otros modelos se mueven en la dirección opuesta a aquella en la que alabea la aeronave. Esto puede confundir al piloto si el indicador se utiliza para determinar la dirección del alabeo. Esta escala se debe utilizar sólo para controlar el grado de inclinación deseado. La relación de la aeronave en miniatura a la barra de horizonte se debe utilizar para una indicación de la dirección de alabeo.

El indicador de actitud es confiable y el instrumento de vuelo más realista en el panel de instrumentos. Sus indicaciones son aproximaciones muy cercanas a la actitud real de la aeronave.

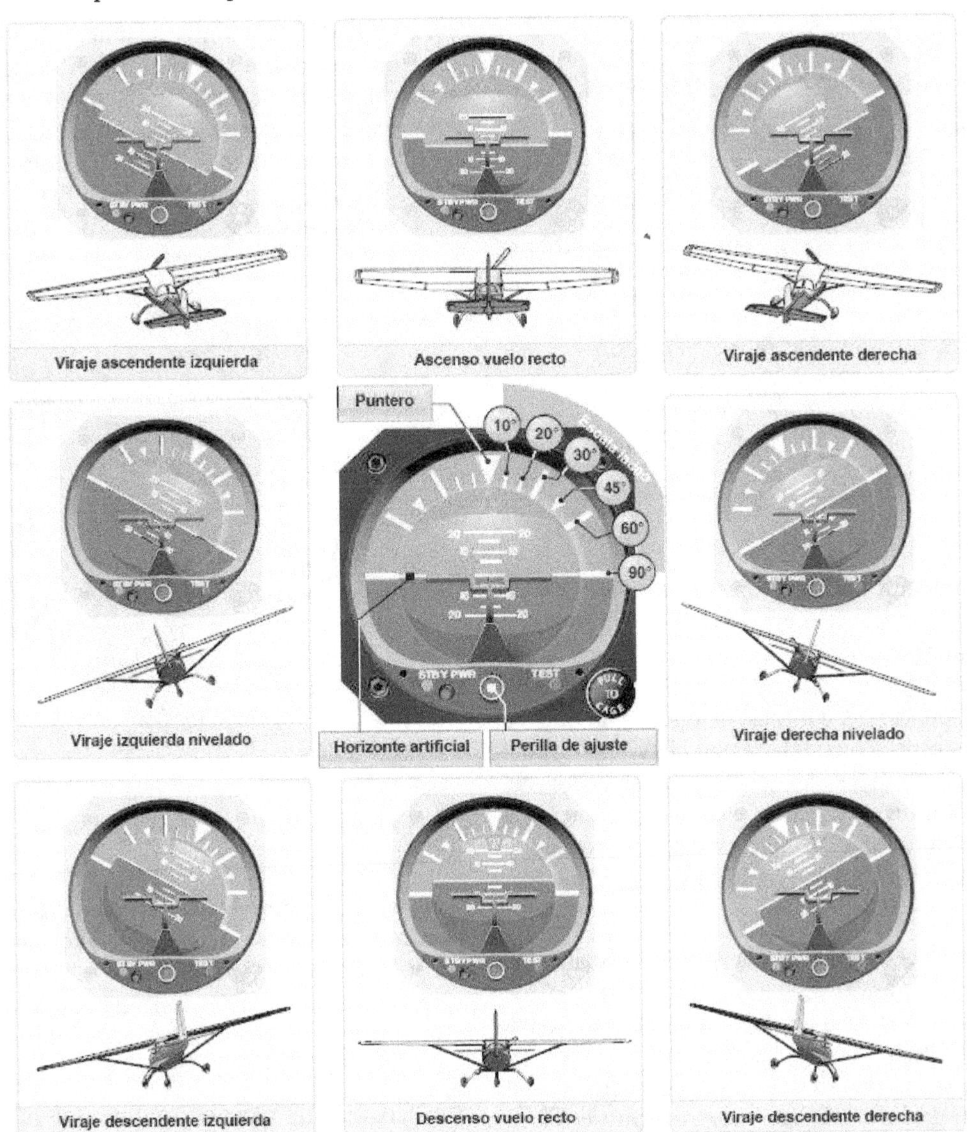

Figura 7-24. *La actitud presentada por el indicador de actitud se corresponde a la relación del avión con el horizonte real.*

Indicador de rumbo

El indicador de rumbo, o girocompás, es básicamente un instrumento mecánico diseñado para facilitar el uso de la brújula magnética. Los errores en el compás magnético son numerosos, lo que hace al vuelo recto y a los giros de precisión hacia rumbos determinados difíciles de lograr, particularmente en aire turbulento. Un indicador de rumbo, sin embargo, no se ve afectado por las fuerzas que hacen al compás magnético difícil de interpretar. *[Figura 7-25]*

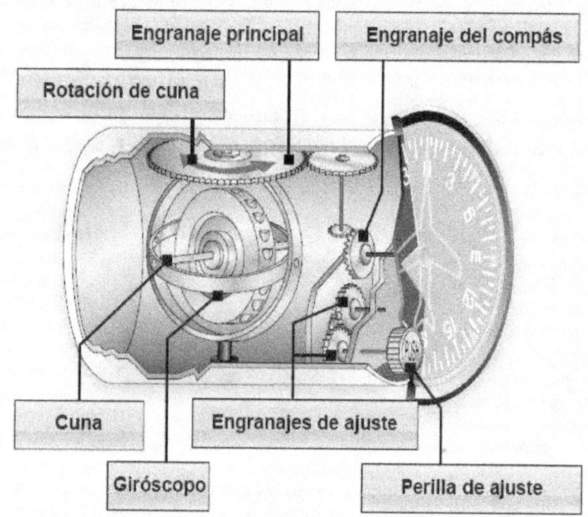

Figura 7-25. *Un indicador de rumbo muestra rumbos en un azimut de 360°, con el cero final omitido. Por ejemplo, "6" representa 060°, mientras "21" indica 210°. La perilla de ajuste es usada para alinear el girocompás con el compás magnético.*

El funcionamiento del girocompás se basa en el principio de la rigidez en el espacio. El rotor gira en un plano vertical y fijado al rotor hay una rosa de los vientos. Puesto que el rotor se mantiene rígido en el espacio, los puntos en la rosa mantienen la misma posición en el espacio con relación al plano vertical del giróscopo. La aeronave de hecho gira alrededor del giróscopo, no al revés. Como la caja del instrumento y el avión giran alrededor del eje vertical del giroscopio, la rosa proporciona información clara y precisa sobre el rumbo.

Debido a la precesión causada por la fricción, el girocompás se retrasa o deriva, del rumbo al que fue fijado. Entre otros factores, la cantidad de deriva depende en gran medida de la condición del instrumento. Si los bujes están gastados, sucios o mal lubricados, la deriva puede ser excesiva. Otro error en el indicador de rumbo es causado por el hecho de que el giróscopo está orientado en el espacio, y la tierra rota en el espacio a una velocidad de 15° en 1 hora. Por

lo tanto, descartando la precesión causada por la fricción, el indicador de rumbo puede indicar hasta 15° error por cada hora de funcionamiento.

Algunos indicadores de rumbo llamados indicadores de situación horizontal (HSI, Horizontal Situation Indicators) reciben referencia al norte magnético de un transmisor magnético esclavo, y por lo general no necesitan ajuste. El transmisor magnético esclavo se llama magnetómetro.

Sistema de Referencia de Rumbo y Actitud (AHRS)

Las pantallas electrónicas de vuelo han reemplazado los giróscopos libres con sistemas láser de estado sólido capaces de volar en cualquier posición sin volcar. Esta capacidad es el resultado del desarrollo del sistema de referencia de rumbo y actitud (AHRS – Attitude and Heading Reference System).

Los AHRS envían información de actitud a la PFD con el fin de generar la información de cabeceo y alabeo del indicador de actitud. La información de rumbo se deriva de un magnetómetro que detecta las líneas de flujo magnético de la tierra. Esta información es procesada y enviada a la PFD para generar la presentación del rumbo. *[Figura 7-26]*

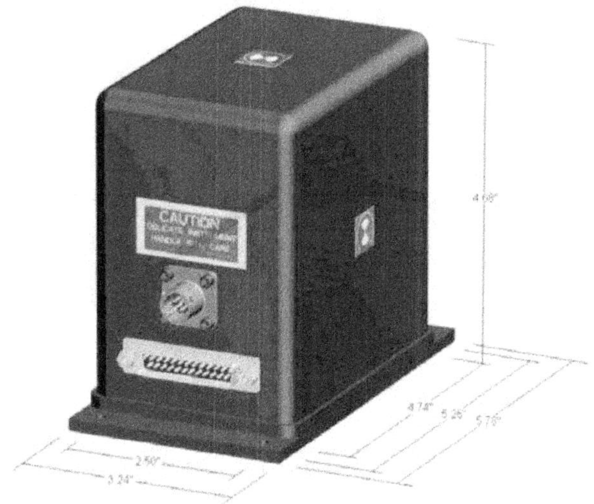

Figura 7-26. *Sistema de referencia de rumbo y actitud (AHRS).*

Sistema de compás de válvula de flujo

Como se mencionó anteriormente, las líneas de flujo del campo magnético de la Tierra tienen dos características básicas: un imán se alinea con ellos, y una corriente eléctrica es inducida, o generada, en cualquier cable que cruce por ellos.

El compás de válvula de flujo que mueve giróscopos esclavos utiliza la característica de corriente inducida. La válvula de flujo es un anillo pequeño, segmentado, como el de la *Figura 7-27,* hecho de hierro dulce que

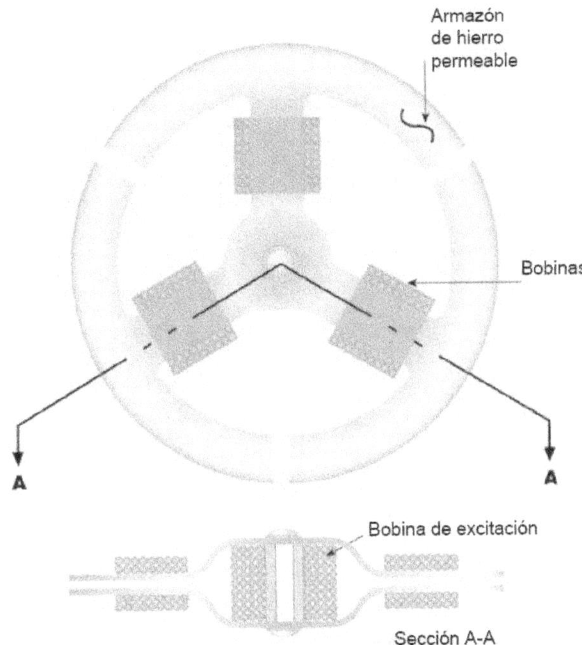

Figura 7-27. *El marco de hierro dulce de la válvula de flujo acepta el flujo del campo magnético de la tierra cada vez que se invierte la corriente en la bobina central. Este flujo permite que fluya corriente en la tres otras bobinas.*

acepta fácilmente las líneas de flujo magnético. Una bobina eléctrica está enrollada alrededor de cada una de las tres patas para aceptar la corriente inducida en este anillo por el campo magnético de la Tierra. Una bobina enrollada alrededor del espaciador de hierro en el centro del marco tiene una corriente alterna (AC) de 400 Hz fluyendo a través de él. Durante el tiempo que esta corriente alcanza su punto máximo, dos veces durante cada ciclo, hay tanto magnetismo producido por esta bobina que el marco no puede aceptar las líneas de flujo del campo de la Tierra.

A medida que la corriente se invierte entre los picos, se desmagnetiza el marco de modo que puede aceptar el flujo del campo de la Tierra. A medida que este flujo corta los devanados en las tres bobinas, hace que la corriente fluya en ellos. Estas tres bobinas están conectadas de tal manera que la corriente que fluye en ellas cambia al cambiar el rumbo de aeronave. *[Figura 7-28]*

Las tres bobinas están conectadas a tres bobinas similares pero más pequeñas en un sincronizador en el interior de la caja del instrumento. El sincronizador gira el dial de un indicador radio magnético (RMI) o un HSI.

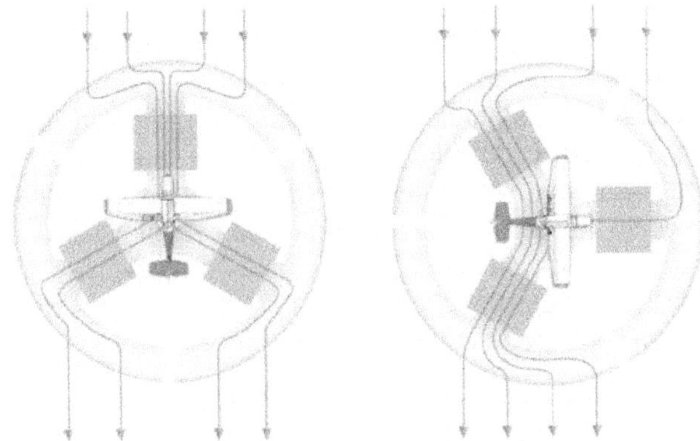

Figura 7-28. *La corriente en cada una de las tres bobinas cambia con el rumbo de la aeronave.*

Compas indicador remoto

El compás (o brújula) indicador remoto se desarrolló para compensar los errores y limitaciones de los más antiguos indicadores de rumbo. Los dos componentes montados en el panel de un sistema típico son el indicador gráfico de navegación y la unidad de control y compensación esclava. *[Figura 7-29]* El indicador gráfico es referido comúnmente como HSI.

Figura 7-29. *Indicador gráfico de navegación (HSI, arriba), medidor esclavo (abajo derecha), y unidad de control y compensación esclava (abajo izquierda).*

La unidad de compensación y control esclava tiene un botón que proporciona un medio para seleccionar el modo "giróscopo esclavo" o el modo "giróscopo libre". Esta unidad también cuenta con un medidor esclavo y dos botones de accionamiento manual de rumbo. El medidor esclavo indica la diferencia entre el rumbo mostrado y el rumbo magnético. Un desvío a la derecha indica un error del compás en el sentido de las agujas del reloj, un desvío a la izquierda indica un error en sentido contrario. Siempre que la aeronave se encuentra en un viraje y la esfera rota, el medidor esclavo muestra una desviación completa a un lado o al otro. Cuando el sistema está en modo de "giróscopo libre", el compás puede ser ajustado oprimiendo el botón correspondiente.

Una unidad separada, el transmisor magnético esclavo se monta remotamente, por lo general en un extremo del ala para eliminar la posibilidad de interferencia magnética. Contiene la válvula de flujo, que es el dispositivo de detección de dirección del sistema. Una concentración de líneas de fuerza magnética, después de ser amplificado, se convierte en una señal transmitida a la unidad indicadora de rumbo, que también está montada de forma remota. Esta señal controla un motor en la unidad indicadora de rumbo que procesa la unidad de giróscopo hasta que esté alineado con la señal del transmisor. El transmisor magnético esclavo está conectado eléctricamente al HSI.

Hay varios diseños de compás indicador remoto, por lo tanto, aquí se tratan sólo las funciones básicas del sistema. Los pilotos por instrumentos deben familiarizarse con las características de los equipos en sus aeronaves.

A medida que los paneles de instrumentos se llenan y el tiempo de exploración disponible se reduce debido a una mayor carga de trabajo en la cabina, los fabricantes de instrumentos han trabajado para combinar los instrumentos. Un buen ejemplo de esto es el RMI en la *Figura 7-30*. La rosa de los vientos es movida por señales de la válvula de flujo, y las dos agujas son dirigidas por un ADF (Automatic Direction Finder) y un VOR (VHF Omni-directional Radio Range).

Los indicadores de rumbo que no tienen esta capacidad automática de buscar el norte se denominan giróscopos "libres", y requieren ajustes periódicos. Es importante comprobar las indicaciones con frecuencia (cada 15 minutos aproximadamente) y ajustar el indicador de rumbo para alinearlo con la brújula magnética cuando sea necesario. Ajuste el indicador de rumbo con la brújula magnética cuando la aeronave esté recta y nivelada y a velocidad constante para evitar los errores del compás.

Los límites de alabeo y cabeceo del indicador de rumbo varían con el diseño y la marca del instrumento. En algunos indicadores de rumbo que se encuentran en aviones livianos, los límites son aproximadamente 55° de cabeceo y 55° de alabeo. Cuando cualquiera de estos

Figura 7-30. *Movida por señales de la válvula de flujo, la esfera en este RMI indica el rumbo de la aeronave en la marca superior central. La aguja verde es movida por el ADF.*

límites de actitud es excedido, el instrumento "vuelca" y no da la indicación correcta hasta que es restablecido. Después de volcar, se puede restablecer mediante el botón blocaje. Muchos de los instrumentos modernos usados están diseñados de tal manera que no vuelcan.

Un error de precesión adicional puede ocurrir debido a un giróscopo que no gira lo suficientemente rápido para mantener su alineación. Cuando el sistema de vacío deja de producir la succión adecuada para mantener la velocidad de giróscopo, los giróscopos del indicador de rumbo y del indicador de actitud comienzan a reducir la velocidad. Al frenarse, son más susceptibles a la deflexión del plano de rotación. Algunos aviones tienen luces de aviso para indicar que se ha producido una situación de bajo vacío. Otros aviones pueden tener un indicador de vacío que indica la succión.

Inspección del instrumento
A medida que el giróscopo acelera, asegúrese de que no hay ruidos anormales. Durante el rodaje, el instrumento debe indicar los giros en la dirección correcta, y la precesión no debe ser anormal. Con potencia reducida, los instrumentos giroscópicos que utilizan el sistema de vacío no pueden alcanzar la velocidad de operación y puede ocurrir una precesión más rápidamente que durante el vuelo.

Sistemas de Compás
La Tierra es un enorme imán, girando en el espacio, rodeada por un campo magnético compuesto por líneas de flujo invisibles. Estas líneas salen de la superficie en

el polo norte magnético y vuelven a entrar en el polo sur magnético.

Las líneas de flujo magnético tienen dos características importantes: cualquier imán libre de girar se alineará con ellos, y una corriente eléctrica es inducida en cualquier conductor que cruce a través de ellas. La mayoría de los indicadores de dirección instalados en los aviones hacen uso de una de estas características.

Brújula magnética

Uno de los instrumentos más antiguo y más simple para indicar la dirección es la brújula (o compás) magnética. También es uno de los instrumentos básicos requeridos por la Parte 91 Subparte C de las Regulaciones Argentinas de Aviación Civil (RAAC), tanto para VFR como IFR.

Un imán es una pieza de material, generalmente un metal que contiene hierro, que atrae y mantiene las líneas de flujo magnético. Independientemente de su tamaño, cada imán tiene dos polos: norte y sur. Cuando un imán se coloca en el campo de otro, los polos opuestos se atraen entre sí, y como polos iguales se repelen.

Un compás magnético de avión, tal como el de la *Figura 7-31*, tiene dos imanes pequeños unidos a un flotador de metal sellado dentro de un recipiente con un líquido claro similar al querosén. Una escala graduada, llamada carta, se enrolla alrededor del flotador y se ve a través de una ventana de cristal con una línea que la cruza. La carta está marcada con letras que representan los puntos cardinales, norte, este, sur y oeste, y un número cada 30° entre estas letras. El "0" final se omite en estas direcciones. Por ejemplo, 3=30°, 6=60°, y 33=330°. Hay marcas de graduación largas y cortas entre las letras y los números, cada marca larga representa 10° y cada marca corta representa 5°.

Figura 7-31. *Compás magnético o brújula.*

El conjunto de flotador y carta tiene un pivote de acero endurecido en su centro que se asienta dentro de un cristal especial duro (ágata o zafiro), cargado por un resorte. La flotabilidad del flotador saca la mayor parte del peso del pivote, y el fluido amortigua la oscilación del flotador y la carta. Este tipo de montaje de cristal y pivote permite la libertad de flotador para girar e inclinarse hasta un ángulo de aproximadamente 18°. En ángulos de inclinación mayores, las indicaciones de la brújula son erráticas e impredecibles.

El contenedor de la brújula está totalmente lleno de líquido. Para evitar daños o fugas cuando el líquido se expande y contrae con los cambios de temperatura, la parte trasera de la caja de la brújula está sellada con un diafragma flexible, o con un fuelle metálico en algunas otras.

Los imanes se alinean con el campo magnético de la Tierra y el piloto lee la dirección en la escala frente a la línea. Note que en la *Figura 7-31*, el piloto ve la carta por su parte posterior. Cuando el piloto está volando hacia el norte como se muestra en la brújula, el este se encuentra a la derecha del piloto. En la carta, "33", que representa a 330° (al oeste del norte), está a la derecha del norte. La razón para esta aparente graduación invertida es que la carta permanece estacionaria y la caja de la brújula y el piloto giran alrededor de ella, siempre mirando la carta por su parte trasera.

Un conjunto compensador montado en la parte superior o inferior de la brújula permite a un técnico de mantenimiento crear un campo magnético en el interior de la brújula que anula la influencia de campos magnéticos exteriores locales. Esto se realiza para corregir los errores por desviación. El conjunto compensador tiene dos ejes en cuyos extremos hay ranuras para destornillador accesibles desde el frente de la brújula. Cada eje gira uno o dos imanes compensadores pequeños. El extremo de un eje está marcado E-W, y sus imanes afectan la brújula cuando la aeronave se orienta hacia el este o el oeste. El otro eje está marcado N-S y sus imanes afectan la brújula cuando la aeronave se orienta hacia el norte o el sur.

Errores inducidos del compás magnético

La brújula magnética es el instrumento más simple en el panel, pero está sujeto a una serie de errores que deben ser considerados.

Variación o Declinación

La Tierra gira alrededor de su eje geográfico; mapas y cartas se dibujan utilizando meridianos que pasan por los polos geográficos. Los rumbos medidos desde los polos geográficos se denominan rumbos verdaderos. El Polo Norte magnético al que apunta la brújula no está ubicado en el Polo Norte geográfico, sino a unos 2.000 kilómetros de distancia; los rumbos medidos desde los polos magnéticos se denominan rumbos magnéticos. En la navegación aérea, la diferencia entre los rumbos verdaderos y magnéticos se denomina variación. Esta misma diferencia angular en topografía y navegación terrestre se llama declinación.

La Figura 7-32 muestra las líneas isogónicas que identifican el número de grados de variación en su área. La línea verde se denomina línea agónica. En cualquier lugar a lo largo de esta línea los dos polos están alineados, y no hay variación. Al este de esta línea, el Polo Norte magnético está al oeste del Polo Norte geográfico y se debe aplicar una corrección a una indicación del compás para obtener un rumbo verdadero.

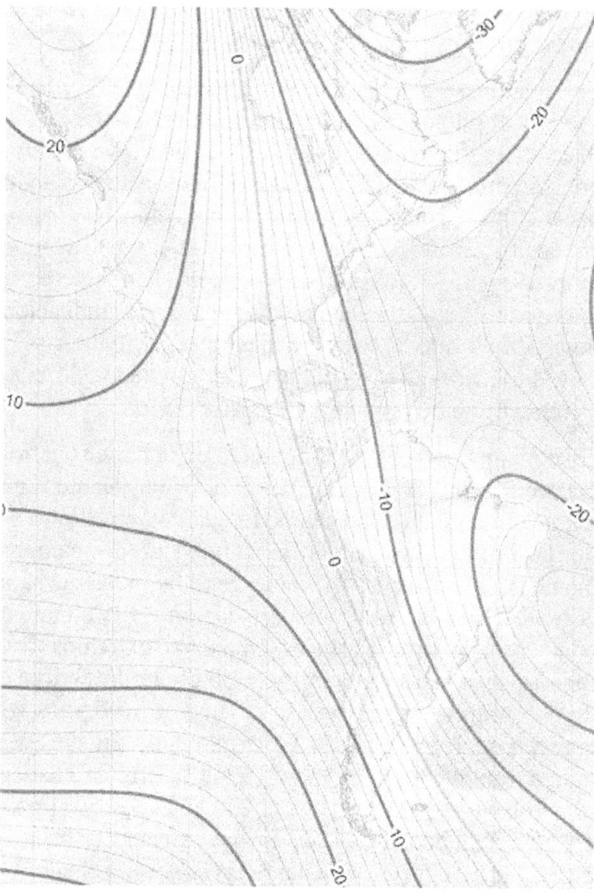

Figura 7-32. *Las líneas isogónicas son líneas de igual variación.*

Volando en el área de Paraná (Argentina), por ejemplo, la variación es de 7° oeste. Si un piloto quiere volar un rumbo verdadero sur (180°), la variación debe ser añadida a este, lo que resulta en un rumbo magnético de 187°. Volando en el área de Bariloche (Argentina), la variación es de 7° este. Para volar un rumbo verdadero de 180° allí, el piloto tendría que restar la variación y volar un rumbo magnético de 173°. El error de variación o declinación no cambia con el rumbo de la aeronave; es el mismo en cualquier parte a lo largo de la línea isogónica.

Desviación

Los imanes en una brújula se alinean con cualquier campo magnético. Los campos magnéticos locales en un avión producidos por la corriente eléctrica que circula por la estructura, en el cableado cercano o cualquier parte magnetizada de la estructura, entra en conflicto con el campo magnético de la Tierra y causa un error en el compás llamado desviación.

La desviación, a diferencia de la variación, es diferente en cada rumbo, pero es afectada por la ubicación geográfica. El error por variación no puede ser reducido o cambiado, pero puede ser minimizado cuando un técnico realiza la compensación de la brújula.

La mayoría de los aeropuertos tiene una rosa de los vientos, que es una serie de líneas marcadas en la plataforma o zona de mantenimiento donde no hay interferencia magnética. Las líneas, orientadas al norte magnético, están pintadas cada 30°, como se muestra en la *Figura 7-33*.

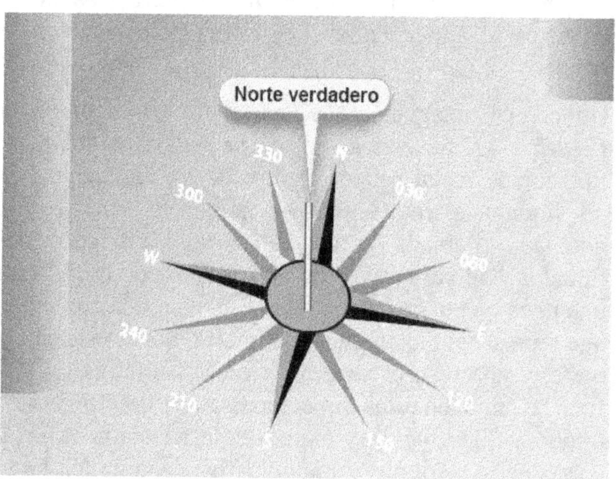

Figura 7-33. *La utilización de una rosa de los vientos ayuda a la compensación de los errores de desviación.*

El técnico alinea la aeronave en cada rumbo magnético y ajusta los imanes compensadores para minimizar la diferencia entre la indicación de la brújula y el rumbo magnético actual de la aeronave. Cualquier error que no puede ser eliminado es anotado en una tarjeta de corrección, como la de la *Figura 7-34,* y se coloca en un soporte cerca de la brújula. El piloto puede rodar el avión a la rosa de los vientos y maniobrar la aeronave a los rumbos previstos por el técnico; sin embargo, sólo el técnico puede ajustar la brújula o completar la tarjeta de corrección. Si el piloto quiere volar un rumbo magnético de 120° y la aeronave está operando con las radios encendidas, el piloto debe volar un rumbo de compás de 123°.

PARA RUMBO	000	030	060	090	120	150
RADIO ON	001	032	062	095	123	155
RADIO OFF	002	031	064	094	125	157

PARA RUMBO	180	210	240	270	300	330
RADIO ON	176	210	243	271	296	325
RADIO OFF	174	210	240	273	298	327

Figura 7-34. *La tarjeta de corrección del compás muestra la corrección por desviación para cualquier rumbo.*

Las correcciones para variación y desviación se deben aplicar en la secuencia correcta y se muestra a continuación, a partir del curso verdadero deseado.

Paso 1: Determinar el campo magnético
Rumbo verdadero (180°)±Variación (+10°)=Rumbo magnético (190°)

El rumbo magnético (190°) se debe seguir si no hay que aplicar error de desviación. La tarjeta de compás debe ser considerada ahora para el rumbo del compás de 190°.

Paso 2: Determinar el rumbo del compás
Rumbo magnético (190°, del paso 1)±Desviación (-2°, de la tarjeta de corrección)=Rumbo compás (188°)

NOTA: Los rumbos magnéticos intermedios entre los que se listan en la tarjeta deben ser interpretados. Por lo tanto, para seguir un rumbo verdadero de 180°, el piloto seguirá un rumbo de compás de 188°.

Para encontrar el rumbo verdadero que se vuela cuando se conoce el rumbo de la brújula:
Rumbo compás ± Desviación = Rumbo magnético ± Variación = Rumbo verdadero

Errores de inclinación
Se considera que las líneas de flujo magnético dejan la Tierra en el Polo Norte magnético y entran en el Polo Sur magnético. En ambos lugares las líneas son perpendiculares a la superficie de la Tierra. En el ecuador magnético, que está a medio camino entre los polos, las líneas son paralelas con la superficie. Los imanes de una brújula se alinean con este campo, y cerca de los polos inclinan el flotador y la carta. Esta inclinación hace muy notable dos errores: el error por viraje y el error por aceleración.

La componente vertical del campo magnético de la Tierra causa el error por viraje, que se manifiesta con un rumbo norte o sur. En el hemisferio norte, cuando una aeronave que vuela con rumbo norte hace un viraje hacia el este, el avión alabea a derecha, y la brújula se inclina hacia la derecha. La componente vertical del campo magnético de la Tierra tira del extremo del imán que apunta al norte hacia la derecha, y el flotador gira, causando que la carta para gire hacia el oeste, la dirección opuesta a la dirección del viraje que está haciendo. *[Figura 7-35]*

Si el viraje se realiza de norte a oeste, el avión alabea a la izquierda y la carta de la brújula se inclina hacia abajo en el lado izquierdo. El campo magnético tira del extremo del imán haciendo que la carta gire hacia el este. Esta indicación es de nuevo apuesta a la dirección del viraje que está haciendo. La regla para este error es la siguiente: cuando se inicia un viraje desde un rumbo norte, la indicación del compás se retrasa al viraje. En el hemisferio sur ocurre lo contrario, y la brújula se adelanta al viraje.

Cuando una aeronave vuela rumbo sur y comienza un viraje hacia el este, el campo magnético de la Tierra tira del extremo del imán girando la carta hacia el este, la misma dirección del viraje. Si el viraje se hace desde el sur hacia el oeste, la atracción magnética hace girar la carta hacia el oeste, de nuevo en la misma dirección

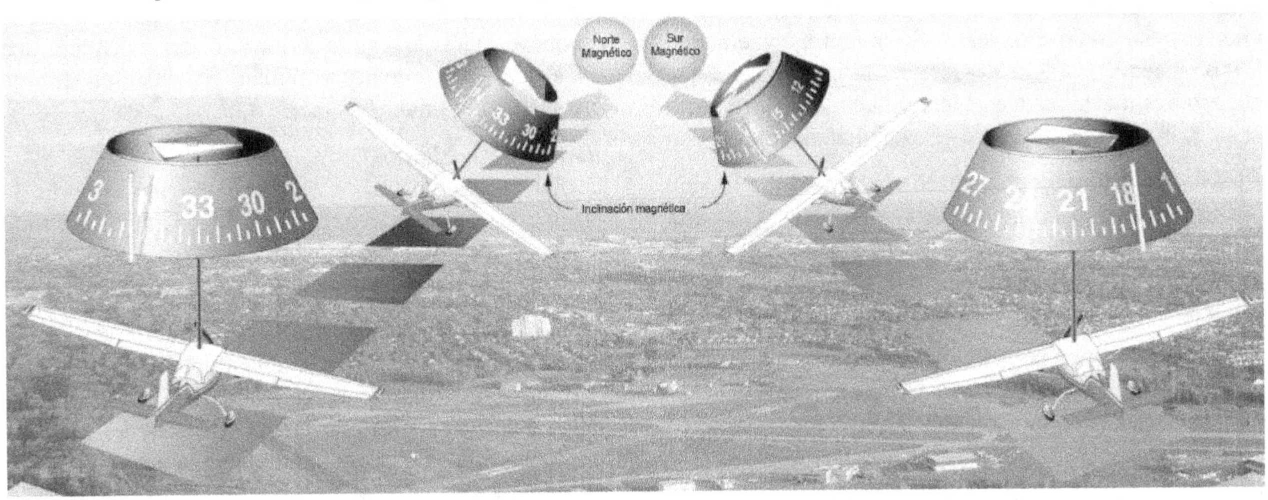

Figura 7-35. *Errores por viraje.*

Figura 7-36. *Efectos del error por aceleración.*

que se está haciendo el viraje. La regla de este error es la siguiente: cuando inicia un viraje desde un rumbo sur, la indicación de compás se adelanta al viraje. Otra vez, en el hemisferio sur ocurre lo contrario, y la brújula se atrasa al viraje.

En el error por aceleración, el peso de corrección de la inclinación hace que el extremo del flotador y carta marcado N (el extremo que apunta al sur) sea más pesado que el extremo opuesto. Cuando la aeronave vuela a velocidad constante en un rumbo este u oeste, el flotador y la carta están nivelados. Los efectos de la inclinación magnética y el peso son aproximadamente iguales. Si la aeronave se acelera en un rumbo este *[Figura 7-36]*, la inercia del peso retiene su extremo de del flotador y la carta rota hacia norte. Tan pronto como la velocidad del avión se estabiliza, la carta vuelve a su indicación este. Si, mientras vuela con rumbo este, el avión se desacelera, la inercia hace que el peso se mueva hacia adelante y la carta de gira hacia el sur hasta que la velocidad se estabiliza de nuevo.

Al volar con rumbo oeste, sucede lo mismo. La inercia por aceleración hace que el peso se atrase, y la carta rote hacia el norte. Cuando el avión desacelera en rumbo oeste, la inercia hace que el peso se mueva hacia adelante y la carta rota hacia el sur.

En el hemisferio sur, la aceleración provoca una indicación hacia el sur, y la desaceleración provoca una indicación hacia el norte.

Error por oscilación
La oscilación es una combinación de todos los otros errores, y resulta en la oscilación de la rosa de los vientos en torno al rumbo que se está volando. Al ajustar el indicador de rumbo giroscópico con la brújula, utilice una indicación promedio.

Brújula magnética de carta vertical
El tipo de compás de imán flotante no sólo tiene todos los errores descriptos, sino que también se presta a la confusión. Es fácil comenzar un giro en la dirección equivocada, porque su carta aparece al revés. El este está donde el piloto esperaría que esté el lado oeste. El compás magnético de carta vertical elimina algunos de los errores y confusiones. La esfera de este compás se gradúa con letras que representan los puntos cardinales, números cada 30°, y marcas cada 5°. El dial es girado por engranajes del imán montado en el eje, y la nariz del símbolo del avión en el cristal del instrumento representa la línea de fe para la lectura del rumbo de la aeronave. Corrientes de Foucault inducidas en una copa de aluminio amortiguan, o disminuyen, la oscilación del imán. *[Figura 7-37]*

Retrasos o adelantos
Cuando se inicia un viraje desde un rumbo norte, la brújula se retrasa al viraje. Cuando se inicia un viraje desde rumbo sur, la brújula se adelanta al viraje.

Amortiguación por Corrientes de Foucault
En el caso de un compás magnético de carta vertical, el flujo del imán permanente oscilante produce corrientes parásitas en un disco o copa de amortiguación. El flujo magnético producido por las corrientes de Foucault se opone al flujo del imán permanente y disminuyen las oscilaciones.

Figura 7-37. *Compás de carta vertical.*

Indicador Temperatura del aire exterior

El indicador de temperatura del aire exterior (OAT – Outside Air Temperature) es un dispositivo simple y efectivo montado de manera que el elemento sensor está expuesto al aire exterior. El elemento sensor consta de un termómetro de tipo bimetálico en el que dos materiales diferentes se sueldan entre sí en una sola tira y torcida en espiral. Un extremo está unido a un tubo protector y el otro extremo se fija a la aguja, que indica sobre una esfera. Los medidores de OAT son calibrado en grados °C, °F, o ambos. Una temperatura exacta de aire proporciona al piloto información útil sobre el gradiente de temperatura al cambiar de altitud. *[Figura 7-38]*

Figura 7-38. *Indicar de temperatura exterior del aire (OAT).*

Resumen del capítulo

Los instrumentos de vuelo permiten operar una aeronave con el máximo rendimiento y una mayor seguridad, especialmente al volar largas distancias. Los fabricantes proporcionan los instrumentos de vuelo necesarios, pero para usarlos de manera efectiva, los pilotos necesitan entender cómo funcionan. Como

piloto, es importante familiarizarse con los aspectos operacionales del sistema pitot-estático e instrumentos asociados, el sistema de vacío e instrumentos asociados, los instrumentos giroscópicos, y el compás magnético.

Peso, y Balance

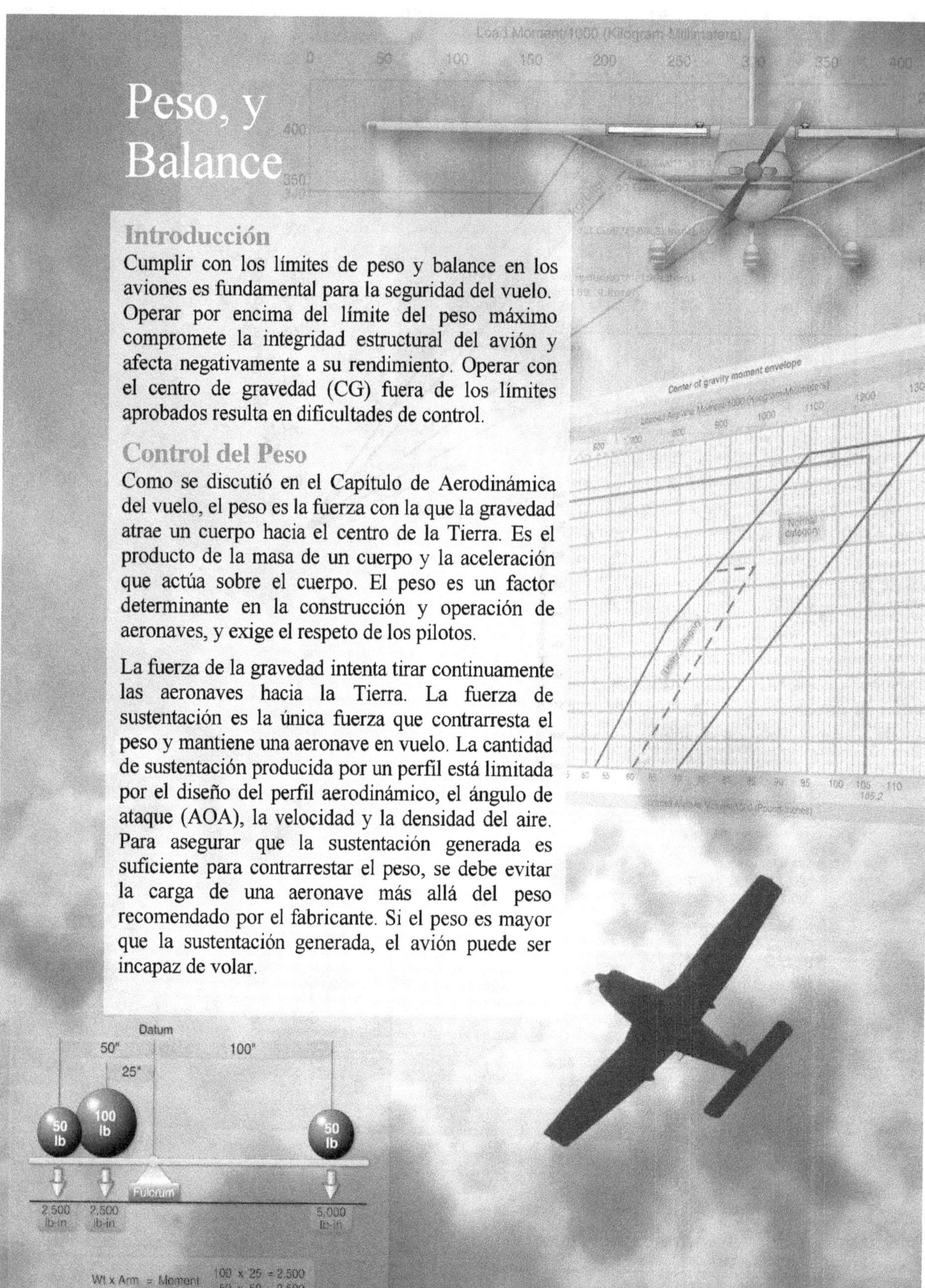

Introducción

Cumplir con los límites de peso y balance en los aviones es fundamental para la seguridad del vuelo. Operar por encima del límite del peso máximo compromete la integridad estructural del avión y afecta negativamente a su rendimiento. Operar con el centro de gravedad (CG) fuera de los límites aprobados resulta en dificultades de control.

Control del Peso

Como se discutió en el Capítulo de Aerodinámica del vuelo, el peso es la fuerza con la que la gravedad atrae un cuerpo hacia el centro de la Tierra. Es el producto de la masa de un cuerpo y la aceleración que actúa sobre el cuerpo. El peso es un factor determinante en la construcción y operación de aeronaves, y exige el respeto de los pilotos.

La fuerza de la gravedad intenta tirar continuamente las aeronaves hacia la Tierra. La fuerza de sustentación es la única fuerza que contrarresta el peso y mantiene una aeronave en vuelo. La cantidad de sustentación producida por un perfil está limitada por el diseño del perfil aerodinámico, el ángulo de ataque (AOA), la velocidad y la densidad del aire. Para asegurar que la sustentación generada es suficiente para contrarrestar el peso, se debe evitar la carga de una aeronave más allá del peso recomendado por el fabricante. Si el peso es mayor que la sustentación generada, el avión puede ser incapaz de volar.

Efectos del Peso

Cualquier artículo a bordo de la aeronave que aumente el peso total no es deseable para el rendimiento. Los fabricantes intentan hacer una aeronave tan liviana como sea posible sin sacrificar resistencia o seguridad.

El piloto siempre debe ser consciente de las consecuencias de la sobrecarga. Un avión sobrecargado puede no ser capaz de dejar la tierra, o si llega a volar, puede exhibir características de vuelo inesperadas e inusualmente pobres. Si no está bien cargado, la indicación inicial del mal rendimiento por lo general se lleva a cabo durante el despegue.

El exceso de peso reduce la performance de vuelo en casi todos los aspectos. Por ejemplo, las deficiencias de performance más importantes de un avión sobrecargado son:

• Mayor velocidad de despegue

• Carrera de despegue más larga

• Reducción de la velocidad y el ángulo de ascenso

• Altitud máxima inferior

• Menor alcance

• Velocidad de crucero reducida

• Maniobrabilidad reducida

• Mayor velocidad de pérdida

• Mayor velocidad de aproximación y aterrizaje

• Mayor carrera de aterrizaje

• Exceso de peso en la rueda de la nariz o de cola

El piloto debe estar bien informado sobre el efecto del peso sobre el desempeño de la aeronave que está volando. La planificación pre-vuelo debe incluir una revisión de las tablas de rendimiento para determinar si el peso de la aeronave puede contribuir a operaciones de vuelo peligrosas. El exceso de peso en sí mismo reduce los márgenes de seguridad disponibles, y se hace aún más peligroso cuando otros factores que reducen el rendimiento se combinan con el exceso de peso. El piloto también debe tener en cuenta las consecuencias de una aeronave sobrecargada en una condición de emergencia. Si el motor falla en el despegue o se forma hielo a baja altura, es demasiado tarde para reducir el peso de la aeronave para mantenerla en el aire.

Cambios en el peso

El peso operativo de un avión se puede cambiar simplemente alterando la carga de combustible. El combustible tiene un peso considerable, 0,72 kilos por litro. Cien litros de combustible pueden llegar a pesar más que un pasajero. Si un piloto reduce el peso del avión reduciendo combustible, se debe tener en cuenta

la disminución del alcance de la aeronave durante la planificación del vuelo. Durante el vuelo, el consumo de combustible es normalmente el único cambio de peso que ocurre. Al consumir combustible, un avión se vuelve más liviano y mejora el rendimiento.

Los cambios de equipos afectan el peso de un avión. La instalación de radios o instrumentos adicionales, así como reparaciones o modificaciones también pueden afectar el peso de un avión.

Balance, Estabilidad y Centro de Gravedad

El balance se refiere a la ubicación del CG de una aeronave, y es importante para la estabilidad y la seguridad en vuelo. El CG es un punto en el que la aeronave se equilibraría si se suspendiera de ese punto.

La principal preocupación en el balance de una aeronave es la ubicación del CG más adelante o más atrás a lo largo del eje longitudinal. El CG no es necesariamente un punto fijo; su ubicación depende de la distribución del peso en el avión. Al desplazar o consumir ítems de carga variables, hay un cambio resultante en la ubicación del CG. La distancia entre los límites delantero y trasero para la posición del centro de gravedad o rango de CG está certificado para cada aeronave por el fabricante. El piloto debe comprender que si el CG se desplaza demasiado hacia delante sobre el eje longitudinal, resultará una condición de picado. A la inversa, si el CG se desplaza demasiado atrás sobre el eje longitudinal, se produce una condición de "pesado de cola". Es posible que el piloto no pueda controlar la aeronave si la ubicación del CG produce una condición inestable. *[Figura 9-1]*

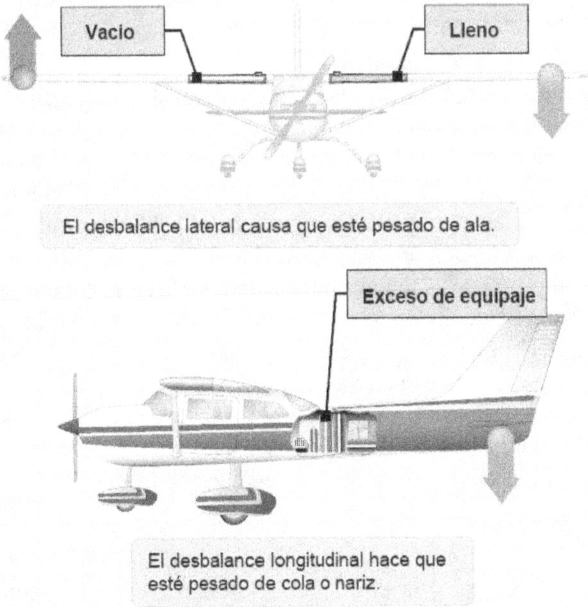

Figura 9-1. *Desbalance lateral o longitudinal.*

La ubicación del CG con referencia al eje lateral también es importante. Para cada ítem de peso existente a la izquierda de la línea central del fuselaje, existe un peso igual en su lugar correspondiente a la derecha. Esto puede ser modificado por una carga lateral desequilibrada. La posición del CG lateral no se calcula en todos los aviones, pero el piloto debe conocer los efectos adversos que se originan como resultado de una condición de desbalance lateral. En un avión, se produce un desbalance lateral si la carga de combustible se administra mal al alimentar el motor de forma desigual desde un tanque de un lado del avión. El piloto puede compensar la condición resultante de ala pesada mediante el ajuste del compensador o manteniendo una presión constante sobre el control. Esta acción coloca los controles de la aeronave en una condición desalineada, aumenta la resistencia, y resulta en una menor eficiencia operativa. Dado que el balance lateral se señala cuando es necesario en el manual de vuelo del avión (AFM), y el balance longitudinal es más crítico, las próximas referencias al balance en este manual se refieren a la posición longitudinal del CG. Un piloto solo operando un giroavión pequeño, puede requerir peso adicional para mantener el avión balanceado lateralmente.

Volar un avión que está fuera de balance puede aumentar la fatiga del piloto con efectos evidentes en la seguridad y eficiencia del vuelo. La corrección natural del piloto para un desbalance longitudinal es un cambio de compensación para quitar la presión excesiva sobre el control. La excesiva compensación, sin embargo, tiene el efecto de reducir no sólo la eficiencia aerodinámica sino también la distancia del recorrido del control primario en la dirección que se aplica compensación.

Efectos del desbalance

El desbalance afecta las características del vuelo en las mismas maneras que las mencionadas para una condición de exceso de peso. Es de vital importancia cumplir con los límites de peso y balance establecidos para todas las aeronaves, especialmente helicópteros. La operación por encima del límite de peso máximo compromete la integridad estructural del helicóptero y afecta negativamente al rendimiento. El balance también es un factor crítico porque en un helicóptero a plena carga, desviaciones del CG tan pequeñas como de tres pulgadas puede cambiar dramáticamente las características de manejo. La estabilidad y el control también se ven afectados por un balance inadecuado.

Estabilidad

La carga en una condición de picado causa problemas en el control y la elevación de la nariz, especialmente durante el despegue y el aterrizaje. La carga en una condición de pesado de cola tiene un serio efecto sobre la estabilidad longitudinal, y reduce la capacidad de recuperarse de pérdidas y barrenas. Cargar pesado de cola también produce fuerzas de control muy livianas, otra característica indeseable. Esto hace que sea fácil para el piloto sobre estresar inadvertidamente una aeronave.

Es importante reevaluar el balance en un helicóptero cuando cambia la carga. En la mayoría de los aviones, el descenso de un pasajero es poco probable que afecte adversamente al CG, pero el descenso de un pasajero en un helicóptero puede crear una condición de vuelo inseguro. Una condición de carga fuera de balance también disminuye la maniobrabilidad puesto que el control cíclico es menos efectivo en la dirección opuesta a la ubicación del CG.

Los límites para la ubicación del CG son establecidos por el fabricante. Estos son los límites delantero y trasero más allá de los cuales el CG no se debe ubicar para volar. Estos límites se publican para cada aeronave en la Certificación de Tipo o especificaciones de la aeronave en el manual de vuelo (AFM) o manual del piloto (POH). Si después de la carga el CG no está dentro de los límites admisibles, será necesario reubicar algunos ítems antes intentar el vuelo.

El límite delantero del CG se establece a menudo en una posición determinada por las características de aterrizaje de un avión. Durante el aterrizaje, una de las etapas más críticas del vuelo, exceder del límite delantero del CG puede resultar en carga excesiva en la rueda de nariz, tendencia a capotar en aviones convencionales, disminución del rendimiento, mayores velocidades de pérdida, y mayores fuerzas de control.

Control

En casos extremos, un CG ubicado más allá del límite delantero puede resultar en pesado de nariz, haciendo difícil o imposible la recogida en el aterrizaje. Los fabricantes ponen a propósito el límite delantero del CG tan atrás como sea posible para ayudar a los pilotos a evitar daños al aterrizar. Además de la disminución de la estabilidad longitudinal estática y dinámica, otros efectos indeseables causados por un CG atrasado en el rango permitido pueden incluir dificultad extrema de control, características de pérdida violentas, y fuerzas de control muy ligeras que facilitan la sobrecarga de una aeronave sin darse cuenta.

Un límite delantero de CG restringido también se especifica para asegurar que está disponible suficiente deflexión del control/elevador a mínima velocidad. Cuando las limitaciones estructurales no limitan la posición delantera del CG, se ubica en una posición donde se requiere de deflexión completa del timón de profundidad para obtener un alto AOA en el aterrizaje.

El límite trasero del CG es la posición más atrasada a la que puede ser ubicado el CG para la maniobra u operación más crítica. Al mover el CG hacia atrás, se produce una condición menos estable, lo que disminuye la capacidad de la aeronave de nivelarse después de maniobras o turbulencia.

Para algunas aeronaves, ambos límites del CG pueden ser especificados para variar con cambios del peso bruto. También se puede cambiar para ciertas operaciones, tales como vuelo acrobático, retracción del tren de aterrizaje, o la instalación de dispositivos y cargas especiales que cambian las características del vuelo.

La ubicación real del CG puede ser alterado por muchos factores variables y generalmente es controlada por el piloto. La ubicación del equipaje y la carga determina la ubicación del CG. La asignación de asientos para pasajeros también puede ser utilizado como un medio de obtener un balance favorable. Si una aeronave es pesada de cola, es lógico poner los pasajeros pesados en los asientos delanteros.

El consumo de combustible también puede afectar al CG basado en la ubicación de los tanques. Por ejemplo, los aviones pequeños transportan el combustible en las alas muy cerca del CG y el consumo de combustible tiene poco efecto sobre el CG. En helicópteros, los tanques de combustible a menudo se encuentran detrás del CG y el consumo de combustible de un tanque a popa del mástil del rotor hace que el CG se adelante. Un helicóptero en estas condiciones tiene una actitud de nariz baja al establecer un vuelo estacionario después de un despegue vertical. Es necesario el desplazamiento excesivo hacia atrás del control cíclico para mantener un vuelo estacionario en una condición sin viento. El vuelo no debe continuar ya que el mando hacia atrás del cíclico se desvanece al consumir combustible. La desaceleración hasta detenerse también puede ser imposible. En caso de fallo del motor y autorrotación, puede que no haya suficiente control cíclico para aterrizar correctamente.

Gestión del Peso y Balance

Las Regulaciones requieren el establecimiento de los rangos de peso y CG dentro de los cuales una aeronave puede ser operada con seguridad. El fabricante proporciona esta información, que se incluye en el manual aprobado, o especificaciones de las aeronaves.

Si bien no existen requisitos específicos para un piloto de llevar a cabo cálculos de peso y balance antes de cada vuelo, si se requiere que el piloto al mando (PIC) cumpla con los límites de operación en el manual aprobado. Estos límites incluyen el peso y balance de la aeronave. Para permitir a los pilotos a realizar cálculos de peso y balance, se proporcionan cuadros y gráficos en el manual aprobado.

El control del peso y balance debería ser un motivo de preocupación para todos los pilotos. El piloto controla la carga y la gestión del combustible (los dos factores variables que pueden cambiar el peso total y el CG) de una aeronave en particular. El propietario de la aeronave o el operador debe asegurarse de que se disponga de información actualizada para uso del piloto, y debe asegurar que se hacen las entradas correspondientes en los libros cuando se han realizado reparaciones o modificaciones. La eliminación o agregado de equipos resulta en cambios en el CG.

Los cambios de peso deben tenerse en cuenta y hacer las anotaciones adecuadas en los registros de peso y balance. La lista del equipo debe ser actualizada, en su caso. Sin esa información, el piloto no tiene ninguna fundamento sobre el cual basar los cálculos necesarios y decisiones.

Piezas estándar con un peso insignificante o la adición de ítems pequeños de equipos tales como tornillos, tuercas, arandelas, remaches y similares piezas estándar de peso insignificante en aeronaves de ala fija no requieren una verificación de peso y balance. Los helicópteros son, en general, más críticos con respecto al control con cambios en la posición del CG.

Un cambio de CG insignificante es cualquier cambio de menos de 0,05 por ciento de la cuerda media aerodinámica (MAC) para aeronaves de ala fija, 0,2 por ciento del rango máximo del CG para helicópteros. Exceder estos límites requiere un control de peso y balance.

Antes de cualquier vuelo, el piloto debe determinar el peso y balance de la aeronave. Procedimientos simples y ordenados sobre la base de sólidos principios se han elaborado por el fabricante para determinar las condiciones de carga. El piloto utiliza estos procedimientos y ejerce su buen juicio al determinar el peso y balance. En muchas aeronaves modernas, no es posible llenar todos los asientos, compartimientos de equipaje, y tanques de combustible, y todavía permanecer dentro de los límites aprobados de peso y balance. Si se utiliza la carga máxima de pasajeros, a menudo el piloto debe reducir la carga de combustible o reducir la cantidad de equipaje.

Términos y definiciones

El piloto debe estar familiarizado con los términos utilizados en los problemas relacionados con el peso y balance. La siguiente lista de términos y sus definiciones es estándar, y el conocimiento de estos términos ayuda al piloto a entender mejor los cálculos de peso y balance de cualquier aeronave. Los términos definidos por la Asociación de Fabricantes de Aviación General, (GAMA) como estándar de la industria están marcados en los títulos con GAMA.

- Brazo (momento del brazo) - distancia horizontal en milímetros o pulgadas de la línea de referencia Datum al CG de un elemento. El signo es positivo (+) si la medida está detrás del datum, y menos (-) si se mide por delante del datum.

- Capacidad de carga o Carga (GAMA) - el peso de los ocupantes, carga y equipaje.

- Carga de combustible – la parte de la carga de la aeronave sacrificable. Incluye solamente el combustible utilizable y no el combustible necesario para llenar las líneas o el que queda atrapado en los sumideros de tanque.

- Carga útil - el peso del piloto, copiloto, pasajeros, equipaje, combustible usable y aceite drenable. Es el peso básico vacío restado del peso máximo permitido. Este término se aplica a la aviación general (GA) solamente.

- Centro de gravedad (CG) - el punto sobre el que un avión se balancearía si fuera posible suspenderlo en ese punto. Es el centro de masa de la aeronave, o el punto teórico en el que se supone que está concentrado todo el peso de la aeronave. Puede ser expresado en pulgadas (o mm) desde el datum, o en porcentaje de MAC. El CG es un punto tridimensional con ubicación longitudinal, lateral y vertical en la aeronave.

- Cuerda media aerodinámica (MAC) - la distancia promedio desde el borde de ataque al borde de fuga del ala.

- Datum (punto de referencia) - un plano o línea vertical imaginaria desde donde se toman todas las mediciones de brazo. El datum es establecido por el fabricante. Una vez que ha sido seleccionado el datum, todos los brazos de momento y la ubicación del rango de CG se miden a partir de este punto.

- Delta - letra griega expresada por el símbolo Δ para indicar un cambio de valores. Por ejemplo, ΔCG indica un cambio (o movimiento) del CG.

- Estación - una posición en la aeronave que se identifica por un número que designa la distancia desde el datum. El datum es, por tanto, identificado como estación cero. Un elemento situado en la estación +50 tendrá un brazo de 50 pulgadas.

- Índice de momento (o índice) - un momento dividido por una constante tal como 100, 1.000 o 10.000. El propósito de usar un índice de momento es simplificar los cálculos de peso y balance de los aviones, donde

los elementos pesados y largos brazos resultan en números grandes, inmanejables.

- Límites de CG - los puntos delantero y trasero especificados dentro de los cuales debe estar localizado el CG durante el vuelo. Estos límites se indican en las especificaciones pertinentes de aeronaves.

- Límite de carga del piso - peso máximo que el piso puede sostener por centímetro/pulgada cuadrada dispuesto por el fabricante.

- Momento - el producto del peso de un elemento multiplicado por su brazo. Los momentos están expresados en libras-pulgadas o kilogramos-milímetros. El momento total es el peso del avión multiplicado por la distancia entre el datum y el GC.

- Peso básico vacío (GAMA) - el peso vacío estándar más el peso de equipos opcionales y especiales que se hayan instalado.

- Pesos estándar – pesos establecidos de numerosos elementos que intervienen en los cálculos de peso y balance. Estos pesos no deben usarse si están disponibles los pesos reales. Algunos pesos estándar son:

AVGAS... 0,72 kg/litro

Je t A, Jet A-1.................................... 0,81 kg/litro

Jet B... 0,78 kg/litro

Aceite... 0,90 kg/litro

Agua... 1,00 kg/litro

- Peso máximo - el peso máximo autorizado de la aeronave y todo su equipo como se especifica en el manual de la aeronave.

- Peso máximo al despegue: el peso máximo permitido para el despegue.

- Peso máximo de aterrizaje - el mayor peso que se le permite tener a una aeronave en el aterrizaje.

- Peso máximo en rampa - peso total de un avión cargado, e incluye todo el combustible. Es mayor que el peso de despegue debido al combustible que se quema durante las operaciones de rodaje y calentamiento. El peso en rampa también puede ser denominado como peso de rodaje.

- Peso máximo sin combustible (GAMA) - el peso máximo, excluyendo el combustible utilizable.

- Peso vacío de licencia - el peso en vacío que consiste en la estructura, motor (es), combustible no utilizable, y aceite no drenable más el equipamiento de serie y opcional como se especifica en la lista de equipo.

Algunos fabricantes utilizan este término antes de la normalización de GAMA.

- Peso vacío estándar (GAMA) – el peso de la aeronave, que consiste en el fuselaje, motores, y todos los elementos del equipo operativo que tienen posiciones fijas y están permanentemente instalados en la aeronave, incluyendo lastre fijo, el fluido hidráulico, el combustible no utilizable, y el aceite del motor.

- Rango del CG - distancia entre los límites delantero y trasero del CG indicados en las especificaciones de las aeronaves.

Principios de cálculos de peso y balance

Sería conveniente en este punto revisar y discutir algunos principios básicos en la determinación del peso y balance. El siguiente método de cálculo se puede aplicar a cualquier objeto o vehículo para el cual la información de peso y balance es esencial.

Determinando el peso de la aeronave vacía y añadiendo el peso de todo lo cargado en el avión, se puede determinar el peso total, un concepto simple. Un problema mayor, particularmente si no se entienden los principios básicos de peso y balance, es distribuir este peso de tal manera que toda la masa de la aeronave cargada se balancea alrededor de un punto (CG) que debe estar situado dentro de límites específicos.

El punto en el que una aeronave se balancea puede ser determinado localizando el CG, que es, como se indica en las definiciones de términos, el punto imaginario en el que se concentra todo el peso. Para proporcionar el balance necesario entre la estabilidad longitudinal y el control de elevador, el CG normalmente se encuentra un poco por delante del centro de sustentación. Esta condición de carga provoca en vuelo una tendencia de picado, lo cual es deseable durante el vuelo a altos AOA y baja velocidad.

Como se mencionó anteriormente, una zona de seguridad en el que el punto de equilibrio (CG) debe caer se llama rango de CG. Los extremos del son llamados límites delantero y trasero del CG. Estos límites se especifican generalmente en pulgadas o mm, a lo largo del eje longitudinal del avión, medidos desde un punto de referencia, llamado datum. El datum es un punto arbitrario, establecido por el diseñador del avión, que pueden variar la localización entre diferentes aeronaves. *[Figura 9-2]*

La distancia desde el datum a cualquier componente o cualquier objeto cargado en la aeronave, se llama brazo. Cuando el objeto o componente está situado por detrás del datum, se mide en forma positiva; si está situado por delante del datum, se mide como negativo. La ubicación del objeto o parte se conoce a menudo como estación. Si el peso de cualquier objeto o componente se multiplica por la distancia al datum (brazo), el producto es el momento. El momento es la medida de la fuerza de la gravedad que provoca una tendencia del peso a girar alrededor de un punto o eje y se expresa en libras-pulgada o milímetros-kilogramos.

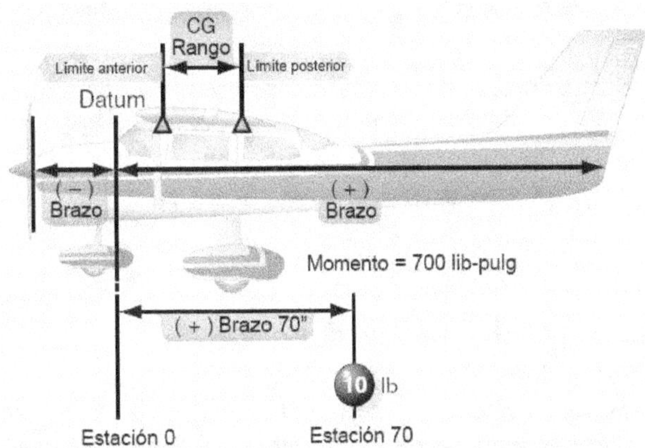

Figura 9-2. *Peso y Balance.*

Para ilustrar, supongamos que sobre una tabla se coloca un peso de 50 libras en la estación o punto 100 pulgadas desde el datum. La fuerza hacia abajo del peso puede ser determinada multiplicando 50 libras por 100 pulgadas, lo que produce un momento de 5.000 libras-pulgadas. *[Figura 9-3]*

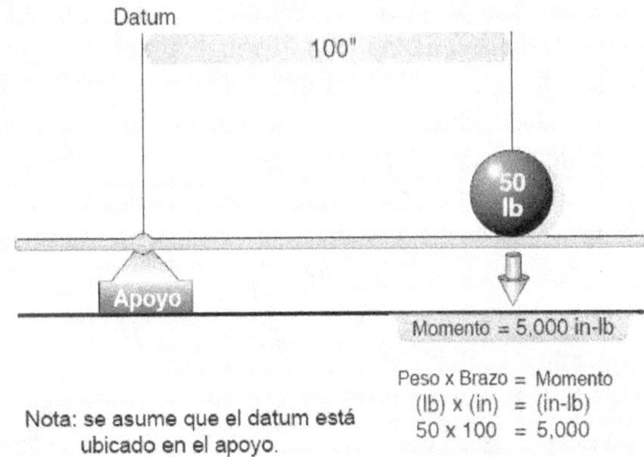

Figura 9-3. *Determinación del momento.*

Para establecer un balance, un total de 5.000 in-lb debe aplicarse en el otro extremo. Cualquier combinación de peso y distancia que, al multiplicarse, produce un momento de 5.000 in-lb va a equilibrar la tabla. Por ejemplo (ilustrado en la *Figura 9-4),* si un peso de 100 libras se coloca en un punto (estación) a 25 pulgadas del datum, y otro peso de 50 libras se coloca en un punto (estación) a 50 pulgadas del datum, la suma de los producto de los dos pesos y sus distancias da un momento total de 5.000 in-lb, lo que balancea la tabla.

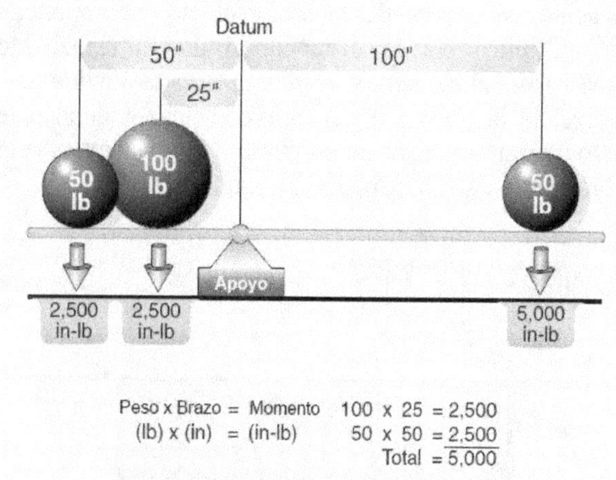

Figura 9-4. *Estableciendo un balance.*

Restricciones de Peso y Balance

Las restricciones de peso y balance de la aeronave deben ser seguidas de cerca. Las condiciones de carga y el peso vacío de una aeronave en particular pueden variar de las que se encuentran en el AFM/POH porque se pueden haber realizado modificaciones o cambios de equipo. Los ejemplos de problemas de carga en el AFM/POH son solamente para guía; por lo tanto cada aeronave debe ser tratada por separado. A pesar que un avión está certificado para un determinado peso bruto máximo al despegue, no va a despegar de forma segura con esta carga bajo cualquier condición. Las condiciones que afectan la performance al despegue y ascenso, tales como la elevación, altas temperaturas y alta humedad (alta altitudes de densidad) puede requerir una reducción en el peso antes de intentar el vuelo. Otros factores a tener en cuenta antes del despegue son la longitud de la pista, superficie de la pista, pendiente de la pista, viento en superficie, y presencia de obstáculos. Estos factores pueden requerir una reducción de peso antes del vuelo.

Algunos aviones están diseñados de manera que es difícil cargarlos de una manera que coloque el CG fuera de los límites. Estos son por lo general aviones pequeños con los asientos, combustible, y áreas de equipaje ubicadas cerca de los límites de CG. Los pilotos deben ser conscientes de que dentro de los límites del CG estos aviones pueden ser sobrecargados en peso. Otros aviones pueden ser cargados de tal manera que estarán fuera de los límites del CG aunque no se haya excedido la carga útil. Debido a los efectos de un desbalance o condición de sobrepeso, un piloto debe estar siempre seguro de que una aeronave se ha cargado correctamente.

Determinación del peso cargado y CG

Hay varios métodos para determinar el peso cargado y el CG de una aeronave. Está el método de cálculo, así como los métodos que utilizan gráficos y tablas proporcionadas por el fabricante de la aeronave.

Método de Cálculo

El siguiente es un ejemplo del método de cálculo que implica la aplicación de funciones matemáticas básicas.

Tolerancias del avión:

Peso máximo...................... 3.400 libras

Rango de CG...................... 78-86 pulgadas

Dados:

Peso pasajeros asientos delanteros............ 340 libras

Peso pasajeros asientos traseros................. 350 libras

Combustible.. 284 litros

Peso equipaje en área 1.......................... 80 libras

1. Anote el peso de la aeronave, pasajeros, combustible y equipaje. Recuerde que el combustible (AVGAS) pesa 0,72 kilos por litro, y se usa en este ejemplo.

2. Agregue el momento de cada elemento listado. Recuerde " peso x brazo = momento".

3. Encuentre el peso total y el momento total.

4. Para determinar el CG, divida el momento total por el peso total.

NOTA: Los registros de peso y balance de una aeronave en particular proporcionará el peso vacío y el momento, así como la información sobre la distancia del brazo. *[Figura 9-5]*

Item	Peso	Brazo	Momento
Peso vacío	2,100	78.3	164,430
Asientos delanteros	340	85.0	28,900
Asientos traseros	350	121.0	42,350
Combustible	450	75.0	33,750
Equipaje zona 1	80	150.0	12,000
Total	3,320		281,430

$$281,430 \div 3,320 = 84.8$$

Figura 9-5. *Ejemplo de cálculo de peso y balance.*

El peso total cargado de 3.320 libras no excede el peso máximo de 3.400 libras, y el CG de 84,8 está dentro del rango 78-86 pulgadas; por lo tanto, el avión está cargado dentro de los límites.

Método Gráfico

Otro método para la determinación del peso cargado y CG es el uso de gráficos proporcionados por los fabricantes. Para simplificar los cálculos, el momento a veces puede ser dividido por 100, 1.000, o 10.000. *[Figuras 9-6, 9-7 y 9-8]*

Ocupantes asientos delanteros.................... 340 libras

Ocupantes asientos traseros.......................... 300 libras

Combustible.. 40 galones

Equipaje área 1... 20 libras

Problema ejemplo de carga	Peso (lb)	Momento (in-lb/1,000)
1. Peso básico vacío (Use datos de la aeronave con equipamento actual.) Incluye aceite y combustible no usable	1,467	57.3
2. Combustible usable (6 libras/galón) Tanques estandar (máx. 40 gal) Tanques largo alcance (máx. 50 gal) Tanques integrales (máx. 62 gal) Combustible reducido (42 gal)	240	11.5
3. Piloto y pasajero delantero (Est. 34 a 46)	340	12.7
4. Pasajeros traseros	300	21.8
5. Equipaje Zona 1 o Pasajero en asiento para niños (Est. 82 a 108, máx. 120 lb)	20	1.9
6. Equipaje Zona 2 (Est. 108 a 142, máx. 50 lb)		
7. Peso y Momento	2,367	105.2

Figura 9-6. *Datos de peso y balance.*

Se deben seguir los mismos pasos como en el método de cálculo excepto que los gráficos proporcionados calculan los momentos y permiten al piloto determinar si la aeronave está cargada dentro de los límites. Para determinar el momento usando el gráfico de carga, encuentre el peso y dibuje una línea recta hasta que intercepta el ítem cuyo momento se va a calcular. Luego, dibuje una línea recta hacia abajo para determinar el momento (La línea roja en el gráfico de carga representa el momento para el piloto y el pasajero delantero. Todos los otros momentos se determinan de la misma manera.). Una vez que se ha hecho esto para cada ítem, sume los pesos y momentos y dibuje una línea para el peso y para el momento en el gráfico de la envolvente del CG. Si las líneas se cruzan dentro de la envolvente, la aeronave está cargada dentro de los límites. En este problema de ejemplo de carga, la aeronave está cargada dentro de los límites.

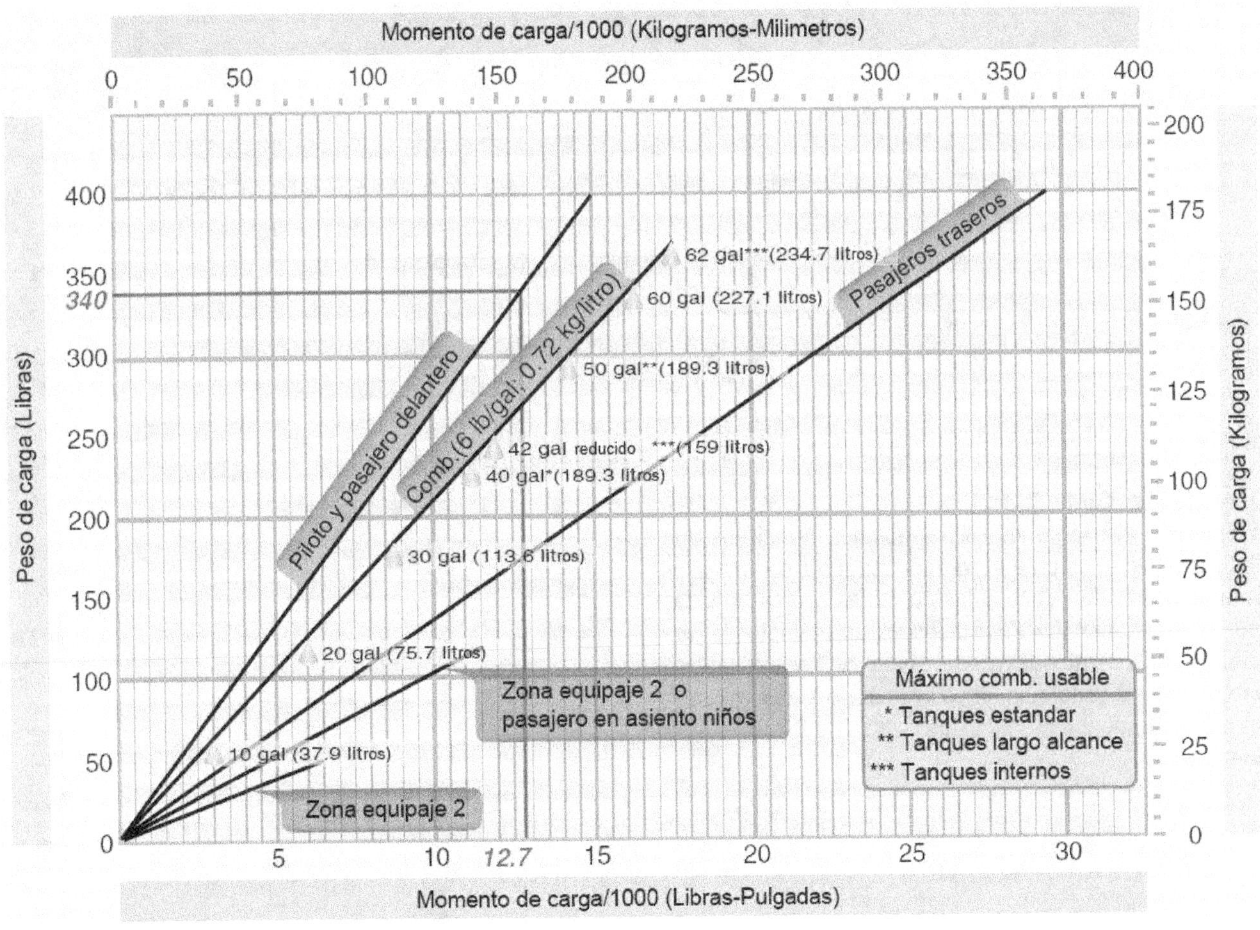

Figura 9-7. *Gráfico de carga.*

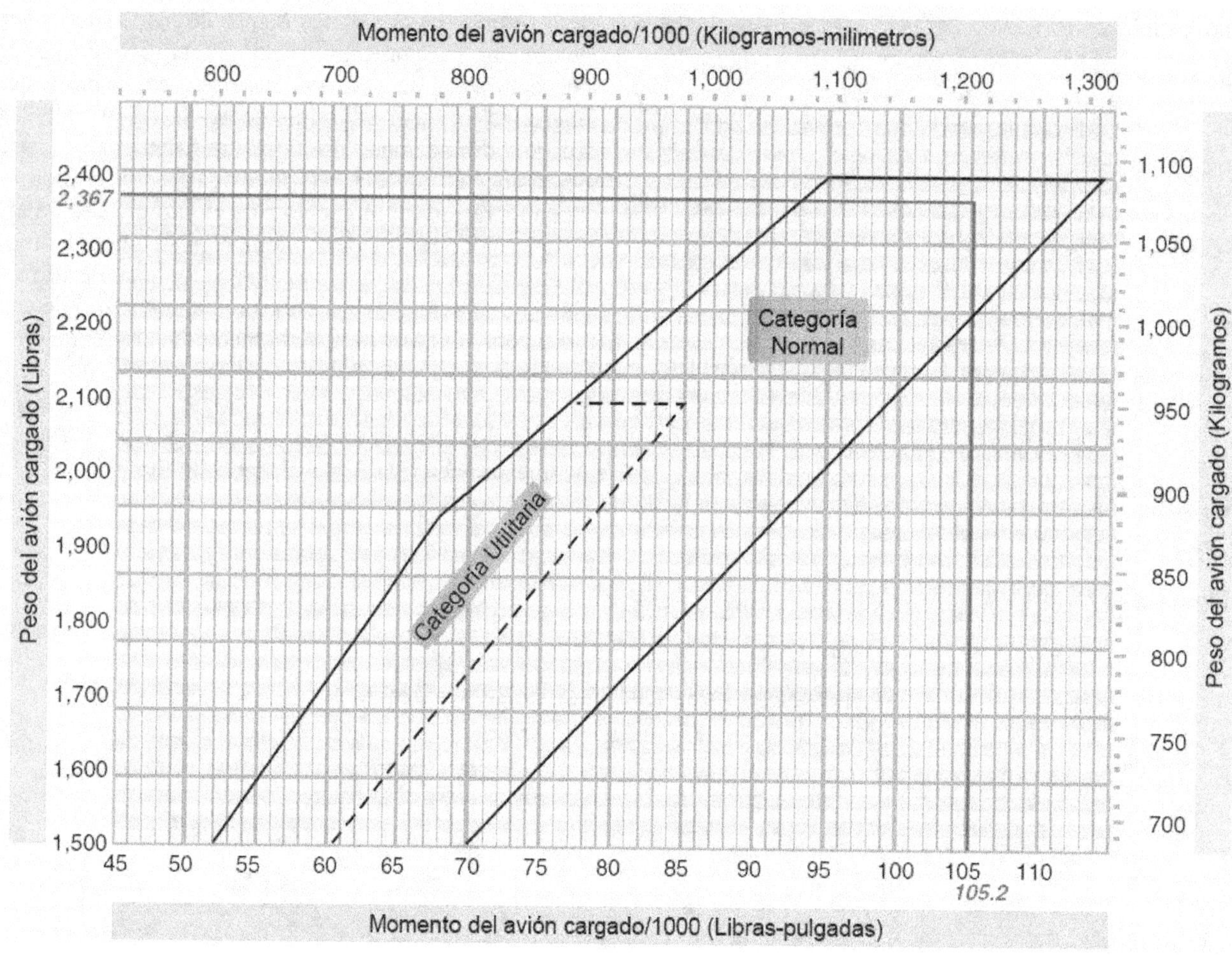

Figura 9-8. *Envolvente del momento del CG.*

Método por Tabla

El método por tabla aplica los mismos principios que los métodos de cálculo y gráfico. La información y las limitaciones están contenidas en tablas proporcionadas por el fabricante. *La Figura 9-9* es un ejemplo de una tabla y un cálculo de peso y balance basado en esa tabla. En este problema, el peso total de 2.799 libras, y el momento de 2.278/100 están dentro de los límites de la tabla.

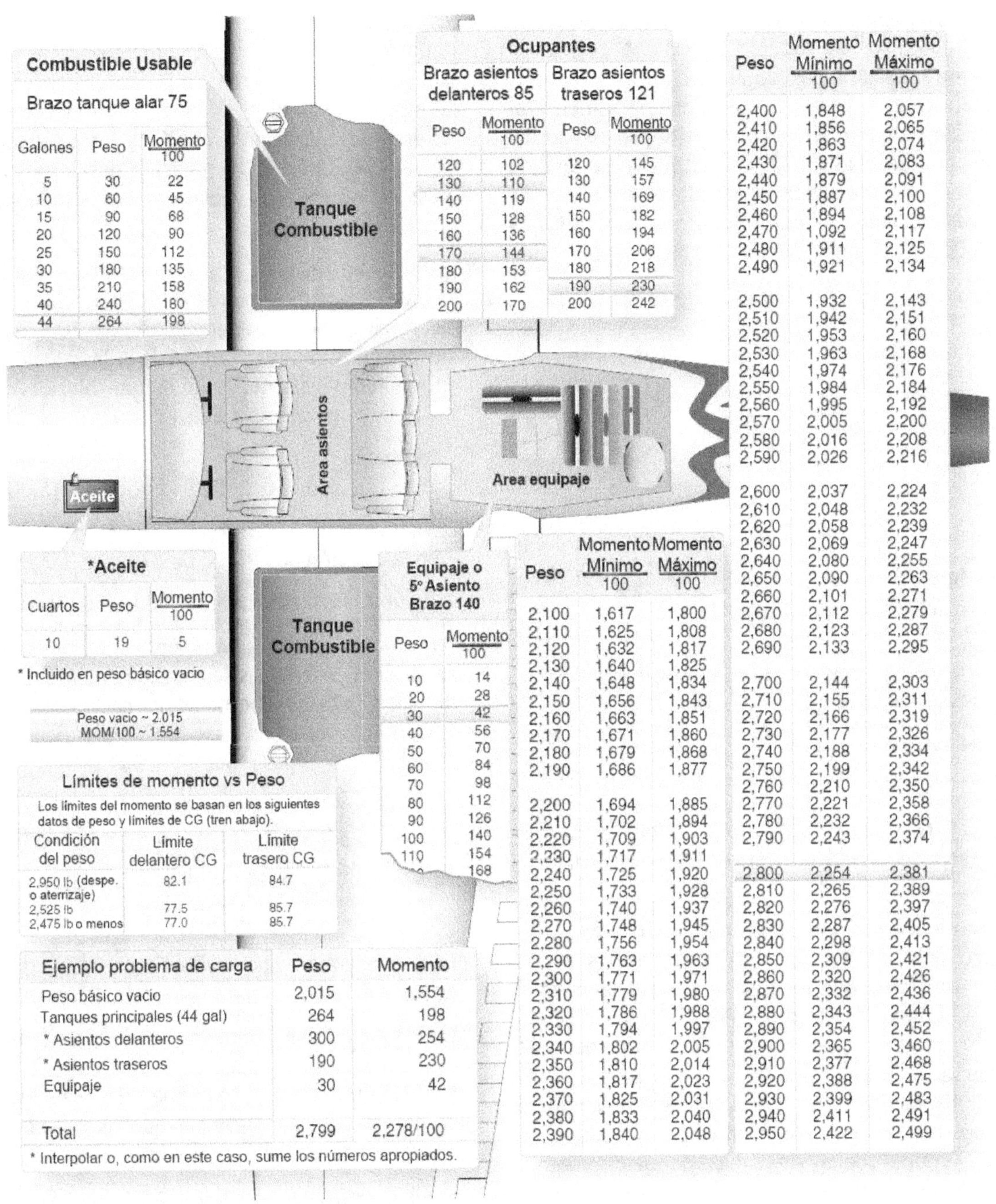

Combustible Usable

Brazo tanque alar 75

Galones	Peso	Momento/100
5	30	22
10	60	45
15	90	68
20	120	90
25	150	112
30	180	135
35	210	158
40	240	180
44	264	198

Ocupantes

Brazo asientos delanteros 85		Brazo asientos traseros 121	
Peso	Momento/100	Peso	Momento/100
120	102	120	145
130	110	130	157
140	119	140	169
150	128	150	182
160	136	160	194
170	144	170	206
180	153	180	218
190	162	190	230
200	170	200	242

***Aceite**

Cuartos	Peso	Momento/100
10	19	5

* Incluido en peso básico vacio

Peso vacio ~ 2.015
MOM/100 ~ 1.554

Equipaje o 5° Asiento Brazo 140

Peso	Momento/100
10	14
20	28
30	42
40	56
50	70
60	84
70	98
80	112
90	126
100	140
110	154
120	168

Peso	Momento Mínimo/100	Momento Máximo/100
2,100	1,617	1,800
2,110	1,625	1,808
2,120	1,632	1,817
2,130	1,640	1,825
2,140	1,648	1,834
2,150	1,656	1,843
2,160	1,663	1,851
2,170	1,671	1,860
2,180	1,679	1,868
2,190	1,686	1,877
2,200	1,694	1,885
2,210	1,702	1,894
2,220	1,709	1,903
2,230	1,717	1,911
2,240	1,725	1,920
2,250	1,733	1,928
2,260	1,740	1,937
2,270	1,748	1,945
2,280	1,756	1,954
2,290	1,763	1,963
2,300	1,771	1,971
2,310	1,779	1,980
2,320	1,786	1,988
2,330	1,794	1,997
2,340	1,802	2,005
2,350	1,810	2,014
2,360	1,817	2,023
2,370	1,825	2,031
2,380	1,833	2,040
2,390	1,840	2,048

Peso	Momento Mínimo/100	Momento Máximo/100
2,400	1,848	2,057
2,410	1,856	2,065
2,420	1,863	2,074
2,430	1,871	2,083
2,440	1,879	2,091
2,450	1,887	2,100
2,460	1,894	2,108
2,470	1,092	2,117
2,480	1,911	2,125
2,490	1,921	2,134
2,500	1,932	2,143
2,510	1,942	2,151
2,520	1,953	2,160
2,530	1,963	2,168
2,540	1,974	2,176
2,550	1,984	2,184
2,560	1,995	2,192
2,570	2,005	2,200
2,580	2,016	2,208
2,590	2,026	2,216
2,600	2,037	2,224
2,610	2,048	2,232
2,620	2,058	2,239
2,630	2,069	2,247
2,640	2,080	2,255
2,650	2,090	2,263
2,660	2,101	2,271
2,670	2,112	2,279
2,680	2,123	2,287
2,690	2,133	2,295
2,700	2,144	2,303
2,710	2,155	2,311
2,720	2,166	2,319
2,730	2,177	2,326
2,740	2,188	2,334
2,750	2,199	2,342
2,760	2,210	2,350
2,770	2,221	2,358
2,780	2,232	2,366
2,790	2,243	2,374
2,800	2,254	2,381
2,810	2,265	2,389
2,820	2,276	2,397
2,830	2,287	2,405
2,840	2,298	2,413
2,850	2,309	2,421
2,860	2,320	2,426
2,870	2,332	2,436
2,880	2,343	2,444
2,890	2,354	2,452
2,900	2,365	3,460
2,910	2,377	2,468
2,920	2,388	2,475
2,930	2,399	2,483
2,940	2,411	2,491
2,950	2,422	2,499

Límites de momento vs Peso

Los límites del momento se basan en los siguientes datos de peso y límites de CG (tren abajo).

Condición del peso	Límite delantero CG	Límite trasero CG
2,950 lb (despe. o aterrizaje)	82.1	84.7
2,525 lb	77.5	85.7
2,475 lb o menos	77.0	85.7

Ejemplo problema de carga	Peso	Momento
Peso básico vacio	2,015	1,554
Tanques principales (44 gal)	264	198
* Asientos delanteros	300	254
* Asientos traseros	190	230
Equipaje	30	42
Total	2,799	2,278/100

* Interpolar o, como en este caso, sume los números apropiados.

Figura 9-9. *Cartel con esquema de carga.*

Cálculo con un brazo negativo

La *Figura 9-10* es un ejemplo de cálculo de peso y balance usando un avión con un brazo negativo. Es importante recordar que un positivo multiplicado por un negativo es igual a un negativo, y un negativo se restará de los momentos totales.

Item	Peso	Brazo	Momento
Peso vacio aprobado	1,011.9	68.6	69,393.0
Aceite (6 cuartos)	11.0	−31.0	−341.0
Combustible (18 galones)	108.0	84.0	9,072.0
Combustible auxiliar (18 gal.)	108.0	84.0	9,072.0
Piloto	170.0	81.0	13,770.0
Pasajero	170.0	81.0	13,770.0
Equipaje	70.0	105.0	7,350.0
Total	1,648.9		122,086.0
CG		74.0	

Figura 9-10. *Ejemplo usando un negativo.*

Cálculos con el peso sin combustible

La *Figura 9-11* es un ejemplo de cálculo de peso y balance con una aeronave con el peso sin combustible. En este ejemplo, el peso total de la aeronave menos el combustible es 4.240 libras, el cual está por debajo del peso sin combustible de 4.400 libras. Si el peso total de la aeronave sin combustible excediera 4.400 libras, sería necesario reducir carga o pasajeros para llevar el peso por debajo del peso máximo sin combustible.

Item	Peso	Brazo	Momento
Peso básico vacio	3,230	CG 90.5	292,315.0
Ocupantes asientos delanteros	335	89.0	29,815.0
Ocupantes 3er y 4to asiento Mirando adelante	350	126.0	44,100.0
Ocupantes 5to y 6to asiento	200	157.0	31,400.0
Equipaje nariz	100	10.0	1,000.0
Equipaje posterior	25	183.0	4,575.0
Peso máx sin combustible 4.400 libras Subtotal	4,240	CG 95.1	403,205.0
Combustible	822	113.0	92,886.0
Peso máx en rampa 5.224 libras Subtotal Peso en rampa	5,062	CG 98.0	496,091.0
* Combustible Arranque, Rodaje, y Despegue	−24	113.0	−2,712.0
Subtotal Peso al Despegue	5,038	CG 97.9	493,379.0
Combustible usado a destino	−450	113.0	−50,850.0
Peso máx aterrizaje 4.940 libras Peso real al aterrizaje	4,588	CG 96.5	442,529.0

* Comb. para arranque, rodaje y despegue es normalmente 24 libras.

Figura 9-11. *Ejemplo de peso y balance usando una aeronave con el peso sin combustible publicado.*

Desplazamiento, adición y eliminación de peso

Un piloto debe ser capaz de resolver con precisión cualquier problema que involucran el desplazamiento, adición o eliminación de peso. Por ejemplo, el piloto puede cargar la aeronave dentro del límite de peso permitido al despegue, y luego encontrar que un límite de CG se ha excedido. La solución más satisfactoria a este problema es desplazar equipaje, pasajeros, o ambos. El piloto debe ser capaz de determinar el mínimo desplazamiento de la carga necesario para hacer que el avión seguro para el vuelo. Los pilotos deben ser capaces de determinar si desplazar una carga a una nueva ubicación corregirá la condición de fuera de límites. Hay algunos cálculos estandarizados que pueden ayudar a hacer estas determinaciones.

Desplazamiento de peso

Cuando un peso se desplaza de un lugar a otro, el peso total de la aeronave no cambia. Los momentos totales, sin embargo, se modifican en relación y en proporción a la dirección y la distancia en que se mueve el peso. Cuando el peso se mueve hacia adelante, los momentos totales disminuyen; cuando el peso se mueve hacia atrás los momentos totales aumentan. El cambio de momento es proporcional a la cantidad de peso movido. Dado que muchas aeronaves tienen compartimentos de equipaje adelante y atrás, el peso se puede desplazar de un lado al otro para cambiar el CG. Si se comienza conociendo el peso de la aeronave, el CG, y los momentos totales, se calcula el nuevo CG (después del desplazamiento de peso) dividiendo el nuevo momento total por el peso total del avión.

Para determinar el nuevo momento total, encontrar cuánto ganan o pierden los momentos cuando se desplaza el peso. Supongamos que 100 libras se han desplazado desde la estación 30 a la estación 150. Este movimiento aumenta el momento total de la aeronave en 12.000 en libras-pulgadas.

Momento
en la estación 150 = 100 lb x 150 in = 15.000 in-lb

Momento
en la estación 30 = 100 lb x 30 in = 3.000 in-lb

Cambio de momento = [15.000 - 3.000] =12.000 in-lb

Al sumar el cambio de momento al momento original (o restar si el peso se ha desplazado hacia adelante en vez de hacia atrás), se obtiene el nuevo momento total. Luego, determine el nuevo CG dividiendo el nuevo momento por el peso total:

$$\text{Momento total} =$$
$$616.000 \text{ in-lb} + 12.000 \text{ in-lb} = 628.000 \text{ in-lb}$$

$$CG = \frac{628.000 \text{ in} - \text{lb}}{8.000 \text{ lb}} = 78{,}5 \text{ in}$$

El desplazamiento ha hecho que el CG se desplace a la estación 78,5.

Una solución más simple se puede obtener mediante el uso de una computadora o una calculadora y una fórmula proporcional. Esto puede hacerse porque el CG se desplazará una distancia que es proporcional a la distancia que se desplaza el peso.

Ejemplo

$$\frac{\text{Peso desplazado}}{\text{Peso total}} = \frac{\Delta CG \text{ (cambio de CG)}}{\text{Distancia desplazada}}$$

$$\frac{100}{8{,}000} = \frac{\Delta CG}{120}$$

$$\Delta CG = 1.5 \text{ pulgadas}$$

El cambio de CG se suma (o se resta cuando es apropiado) del CG original para determinar el nuevo CG:
77 + 1.5 = 78.5 pulgadas detrás del datum

La fórmula de desplazamiento de pesos tambien se puede usar para determinar cuanto peso se debe desplazar para lograr un determinado desplazamiento de CG. El siguiente problema ilustra esto último.

$$\frac{\text{Peso a desplazar}}{\text{Peso total}} = \frac{\Delta CG}{\text{Distancia desplazada}}$$

$$\frac{\text{Peso a desplazar}}{7,800\ lb} = \frac{1.0\ \text{pulgadas}}{120\ \text{pulgadas}}$$

$$\text{Peso a desplazar} = 65\ \text{libras}$$

Adición o eliminación de peso

En muchos casos, el peso y balance de la aeronave será cambiado por la adición o eliminación de peso. Cuando esto sucede, debe calcularse un nuevo CG y compararse con los límites para ver si la ubicación es aceptable. Este tipo de problema de peso y balance se encuentra normalmente cuando la aeronave quema combustible en vuelo, reduciendo el peso situado en los tanques de combustible. Los aviones más pequeños se diseñan con los tanques de combustible situados cerca del CG; por lo tanto, el consumo de combustible no afecta de forma importante al CG.

$$\frac{\text{Peso agregado}}{\text{Nuevo peso total}} = \frac{\Delta CG}{\text{Distancia entre peso y CG viejo}}$$

$$\frac{140\ lb}{6,860\ lb + 140\ lb} = \frac{\Delta CG}{150\ in - 80\ in}$$

$$\frac{140\ lb}{7,000\ lb} = \frac{\Delta CG}{70\ in}$$

$$CG = 1.4\ in\ \text{posterior}$$

El agregado o eliminación de carga presenta un problema de cambio de CG que debe calcularse antes del vuelo. El problema siempre puede resolverse mediante cálculos que involucran el momento total. Un problema típico puede involucrar el cálculo de un nuevo CG para una aeronave que, cuando está cargada y lista para volar, recibe alguna carga o pasajeros adicionales justo antes de la hora de salida.

$$\frac{\text{Peso removido}}{\text{Nuevo peso total}} = \frac{\Delta CG}{\text{Distancia entre peso y CG anterior}}$$

$$\frac{100\ lb}{6,100\ lb - 100\ lb} = \frac{\Delta CG}{150\ in - 80\ in}$$

$$\frac{100\ lb}{6,000\ lb} = \frac{\Delta CG}{70\ in}$$

$$CG = 1.2\ \text{por delante}$$

En los ejemplos anteriores, el ΔCG se suma o se resta del viejo CG. La decisión sobre qué hacer es mejor realizarla calculando mentalmente hacia donde se desplaza el CG para cada cambio particular de peso. Si el CG se desplaza hacia atrás, el ΔCG se suma al viejo CG; si el CG se desplaza hacia delante, el ΔCG se resta del viejo CG.

Resumen del capítulo

Operar una aeronave dentro de los límites de peso y balance es crítico para la seguridad del vuelo. Los pilotos deben asegurarse que el CG está y se mantiene dentro de los límites aprobados para todas las fases del vuelo.

Performance de las Aeronaves

Introducción

En este capítulo se analizan los factores que afectan el rendimiento o performance del avión, que incluyen el peso de la aeronave, las condiciones atmosféricas, entorno de la pista, y las leyes físicas fundamentales que rigen las fuerzas que actúan sobre un avión.

Importancia de los datos de performance

La sección de información operativa o performance del Manual de Vuelo de la aeronave/Manual del Piloto (AFM/POH) contiene los datos operativos de la aeronave, es decir, los datos relativos al despegue, ascenso, alcance, autonomía, descenso y aterrizaje. El uso de estos datos en las operaciones de vuelo es obligatorio para un funcionamiento seguro y eficiente. A través del estudio de este material se puede ganar un conocimiento considerable y familiarización con la aeronave.

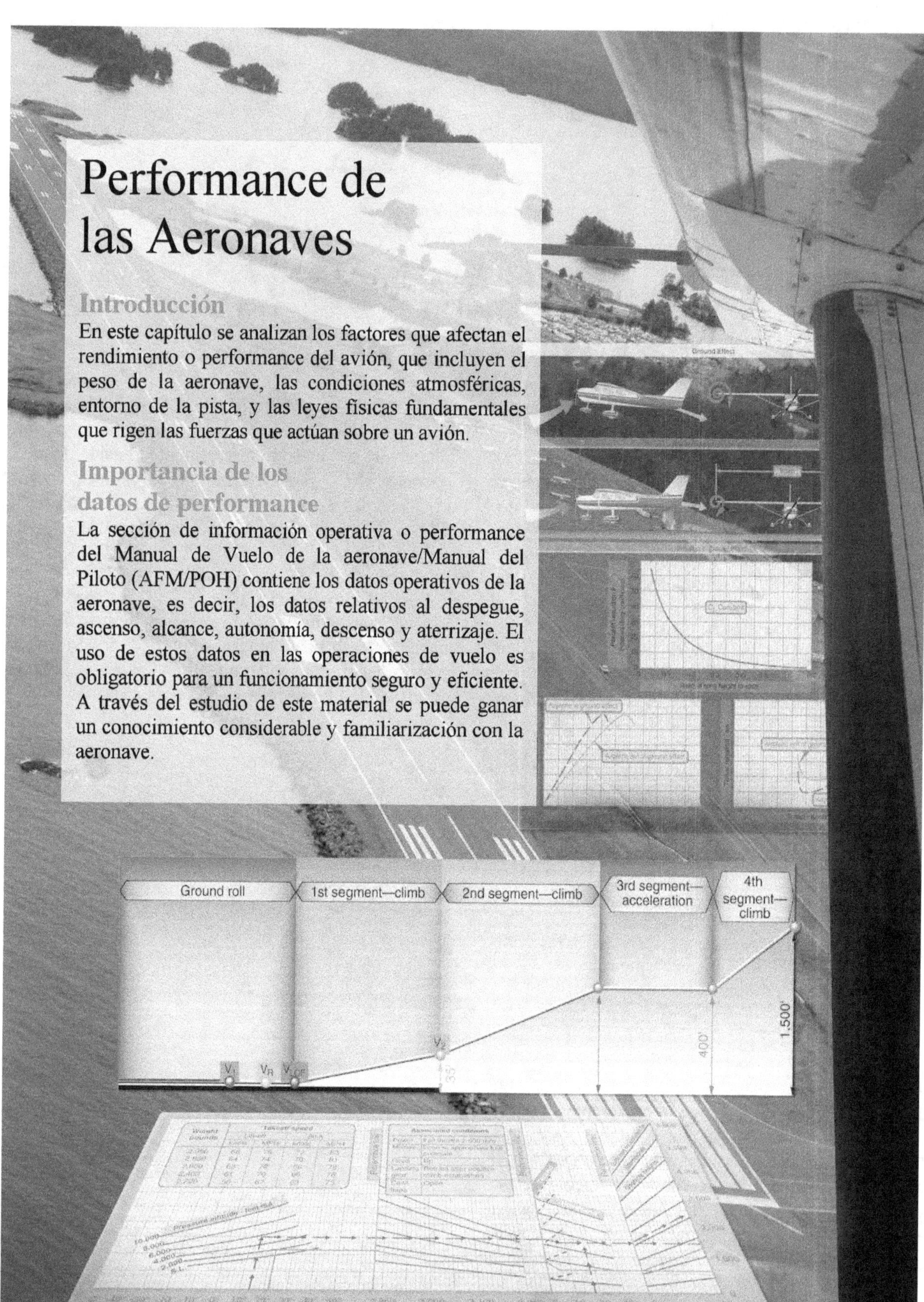

Se debe destacar que la información de los fabricantes y los datos proporcionados en el AFM/POH no están estandarizados. Algunos muestran los datos en forma de tabla, mientras otros usan gráficos. Además, los datos de rendimiento, o performance, se pueden presentar basados en las condiciones atmosféricas estándar, altitud de presión, o altitud de densidad. La información de performance en el AFM/POH tiene poco o ningún valor a menos que el usuario reconozca esas variaciones y haga los ajustes necesarios.

Para ser capaz de usar en forma práctica las capacidades y limitaciones de la aeronave, es esencial comprender el significado de los datos operativos. El piloto debe ser consciente de las bases de los datos de rendimiento, así como el significado de los distintos términos utilizados para expresar las capacidades y limitaciones.

Como las características de la atmósfera tienen un efecto importante en la performance, es necesario revisar dos factores dominantes: la presión y la temperatura.

Estructura de la Atmósfera

La atmósfera es una envoltura de aire que rodea la Tierra y descansa sobre su superficie. Es parte de la Tierra como la tierra y el agua. Sin embargo, el aire difiere de la tierra y el agua en cuanto que es una mezcla de gases. Tiene masa, peso y forma indefinida.

El aire, como cualquier otro fluido, es capaz de fluir y cambiar su forma cuando se somete aún a pequeñas presiones debido a la falta de fuerte cohesión molecular. Por ejemplo, el gas llena completamente cualquier recipiente en el que se coloca, expandiéndose o contrayéndose para ajustar su forma a los límites del contenedor.

La atmósfera está compuesta de 78 por ciento de nitrógeno, 21 por ciento de oxígeno, y 1 por ciento de otros gases, tales como argón o helio. La mayor parte del oxígeno está contenido por debajo de los 35.000 pies de altitud.

Presión atmosférica

Aunque hay varios tipos de presión, los pilotos se refieren principalmente a la presión atmosférica. Es uno de los factores básicos en los cambios de tiempo, ayuda a sustentar la aeronave, y acciona algunos de los instrumentos de vuelo más importantes de la aeronave. Estos instrumentos incluyen al altímetro, el indicador de velocidad (ASI), el indicador de velocidad vertical, y el indicador de presión de admisión.

Aunque el aire es muy ligero, tiene masa y se ve afectado por la atracción de la gravedad. Por lo tanto, como cualquier otra sustancia, tiene peso; y como tiene peso, tiene fuerza. Puesto que es una sustancia fluida, esta fuerza se ejerce igualmente en todas las direcciones, y su efecto sobre los cuerpos en el aire se llama presión. En condiciones estándar a nivel del mar, la presión media ejercida por el peso de la atmósfera es aproximadamente 1,03 Kg/cm^2. La densidad del aire tiene efectos significativos en el rendimiento de la aeronave. El aire al volverse menos denso, reduce:

- Potencia, ya que el motor toma en menos aire.

- Empuje, porque la hélice es menos eficiente en el aire fino.

- Sustentación, ya que el aire ejerce menos fuerza sobre los perfiles aerodinámicos.

La presión de la atmósfera varía con el tiempo y la altitud. Debido a la presión atmosférica cambiante, se desarrolló una referencia estándar. La atmósfera estándar a nivel del mar tiene una temperatura de 15 grados Celsius (°C) o 59 grados Fahrenheit (°F) y una presión de 1013,2 milibares (mb) o 29,92 pulgadas de mercurio ("Hg). *[Figura 10-1]*

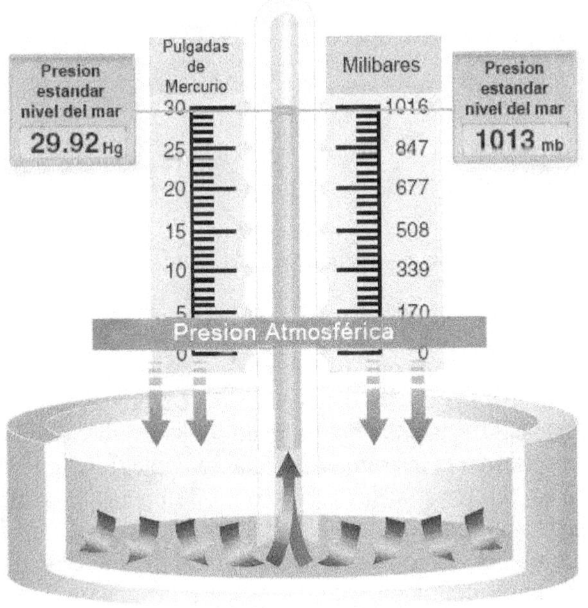

Figura 10-1. *Presión estándar a nivel del mar.*

Un gradiente de temperatura estándar es aquel en el que la temperatura disminuye a un ritmo aproximado de 2 °C o 3,5 °F por cada mil pies hasta 36.000 pies. Por sobre este punto, la temperatura se considera constante hasta los 80.000 pies. Un gradiente de presión estándar es aquel en el que la presión disminuye a un ritmo aproximado de 34 mb o 1 "Hg por cada 1.000 pies de ganancia de altura hasta 10.000 pies. *[Figura 10-2]* La

Organización de Aviación Civil Internacional (OACI) ha establecido esto como un estándar en todo el mundo, y se refiere a menudo como Atmósfera Estándar Internacional (ISA) o Atmósfera Estándar OACI. Cualquier temperatura o presión que difiera de los gradientes estándar se considera temperatura y presión no estándar. Los ajustes para temperaturas y presiones no estándar se proporcionan en los gráficos de rendimiento del fabricante.

Altitud (pies)	Presión (mb)	Temperatura	
		(°C)	(°F)
0	1013,2	15.0	59.0
1,000	977,3	13.0	55.4
2,000	942,1	11.0	51.9
3,000	908,2	9.1	48.3
4,000	875,0	7.1	44.7
5,000	842,9	5.1	41.2
6,000	812,1	3.1	37.6
7,000	781,9	1.1	34.0
8,000	752,5	-0.9	30.5
9,000	724,0	-2.8	26.9
10,000	696,6	-4.8	23.3
11,000	670,2	-6.8	19.8
12,000	644,1	-8.8	16.2
13,000	619,4	-10.8	12.6
14,000	595,0	-12.7	9.1
15,000	571,6	-14.7	5.5
16,000	548,9	-16.7	1.9
17,000	526,9	-18.7	-1.6
18,000	505,9	-20.7	-5.2
19,000	485,3	-22.6	-8.8
20,000	465,3	-24.6	-12.3

Figura 10-2. *Propiedades de la atmósfera estándar.*

Dado que todo el rendimiento del avión se compara y evalúa con respecto a la atmósfera estándar, todos los instrumentos de los aviones están calibrados para la atmósfera estándar. Por lo tanto, algunas correcciones se aplican a la instrumentación, así como el rendimiento de la aeronave, si las condiciones de operación reales no se ajustan a la atmósfera estándar. Con el fin de representar adecuadamente la atmósfera no estándar, deben ser definidos ciertos términos relacionados.

Altitud de Presión

Altitud de presión es la altura sobre el plano de referencia estándar (SDP, standard datum plane). El altímetro del avión es esencialmente un barómetro sensible calibrado para indicar la altitud en la atmósfera estándar. Si el altímetro está configurado para 29,92 "Hg o 1013 mb SDP, la altitud indicada es la altitud de presión, altitud en atmósfera estándar correspondiente a la presión medida.

El SDP es un nivel teórico donde la presión de la atmósfera es 1013 mb o 29,92 "Hg y el peso del aire es de 1,03 Kg/cm² o 14,7 psi (libras por pulgada cuadrada). Al cambiar la presión atmosférica, el SDP puede estar por debajo, en o sobre el nivel del mar. La altitud de presión es importante para determinar el rendimiento del avión, así como para la asignación de niveles de vuelo para las aeronaves.

La altitud de presión se puede determinar por cualquiera de los tres métodos:

1. Estableciendo la escala barométrica del altímetro a 1013 mb o 29,92 "Hg y leyendo la altitud indicada, o

2. Aplicando un factor de corrección a la altitud indicada de acuerdo al "ajuste altimétrico" informado, o

3. Mediante el uso de una computadora de vuelo.

Altitud de Densidad

El término más apropiado para correlacionar el rendimiento aerodinámico en la atmósfera no estándar es la altitud de densidad, altitud en la atmósfera estándar correspondiente a un valor particular de la densidad del aire.

La altitud de densidad es la altitud de presión corregida por temperatura no estándar. Al incrementarse la densidad del aire (menor altitud de densidad), la performance de la aeronave aumenta. A la inversa, al disminuir la densidad del aire (mayor altitud de densidad), disminuye el rendimiento del avión. Un descenso en la densidad del aire significa una mayor altitud de densidad; un aumento en la densidad del aire significa una menor altitud de densidad. La altitud de densidad se utiliza en el cálculo del rendimiento de las aeronaves. Bajo condiciones atmosféricas estándar, el aire en cada nivel de la atmósfera tiene una densidad específica; bajo condiciones estándar, la altitud de presión y la altitud de densidad indican el mismo nivel. La altitud de densidad, entonces, es la distancia vertical sobre el nivel del mar en la atmósfera estándar a la que se encuentra una determinada densidad.

El cálculo de la altitud de densidad implica considerar la presión (altitud de presión) y la temperatura. Dado que los datos de rendimiento de las aeronaves a cualquier nivel se basa en la densidad del aire en condiciones de un día estándar, tales datos de performance se aplican a niveles de densidad del aire que pueden no ser idénticos a las indicaciones del altímetro. Bajo condiciones por encima debajo del estándar, estos niveles no pueden ser determinados directamente del altímetro.

La altitud de densidad se determina encontrando primero la altitud de presión, y corrigiendo luego esta altitud por variaciones de temperatura no estándar.

Dado que la densidad varía directamente con la presión, e inversamente con la temperatura, una altitud de presión dada puede existir para un amplio rango de temperatura, permitiendo variar a la densidad. Sin embargo, una densidad conocida se produce para cualquier temperatura y altitud de presión. La densidad del aire, por supuesto, tiene un efecto pronunciado sobre el rendimiento de la aeronave y del motor. Independientemente de la altura real a la que está operando la aeronave, se comportará como si estuviera operando a una altitud igual a la altitud de densidad existente.

Por ejemplo, cuando se ajusta en 29,92 "Hg, el altímetro puede indicar una altitud de presión de 5.000 pies. De acuerdo con el AFM/POH, la carrera de despegue puede requerir una distancia de 240 metros en condiciones de temperatura estándar.

Sin embargo, si la temperatura está 20 °C por sobre el estándar, la expansión del aire aumenta el nivel de densidad. Utilizando los datos de corrección de temperatura a partir de tablas o gráficos, o derivando la altitud de densidad con una computadora, se puede encontrar que el nivel de densidad es superior a 7.000 pies, y la carrera puede estar cercana a los 300 metros.

La densidad del aire se ve afectada por cambios en la altitud, temperatura, y humedad. Una gran altitud de densidad se refiere un aire fino mientras baja altitud de densidad se refiere a aire denso. Las condiciones que dan lugar a una gran altitud de densidad son elevaciones altas, bajas presiones atmosféricas, temperaturas altas, humedad alta, o alguna combinación de estos factores. Elevaciones más bajas, presión atmosférica alta, bajas temperaturas y baja humedad son más indicativas de una baja altitud densidad.

Usando un computador de vuelo, la altitud de densidad se puede calcular ingresando la altitud de presión y temperatura del aire exterior al nivel de vuelo. La altitud de la densidad también puede ser determinada usando la tabla y el gráfico en las *Figuras 10-3 y 10-4*.

Efectos de la presión sobre la densidad

Puesto que el aire es un gas, se puede comprimir o expandir. Cuando el aire se comprime, una mayor cantidad de aire puede ocupar un volumen dado. A la inversa, cuando la presión en un volumen dado de aire se disminuye, el aire se expande y ocupa un mayor espacio. Es decir, la columna de aire original a una presión más baja contiene una masa más pequeña de aire. En otras palabras, la densidad disminuye. De hecho, la densidad es y directamente proporcional a la presión. Si se duplica la presión, la densidad se duplica, y si se baja la presión, también baja la densidad. Esta afirmación es verdadera solamente a una temperatura constante.

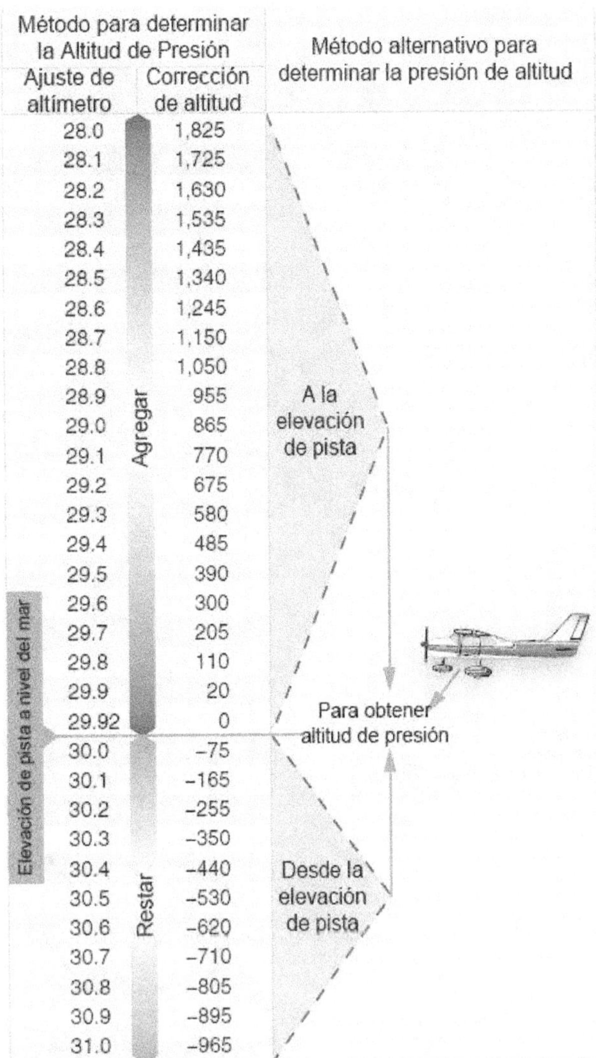

Ajuste de altímetro	Corrección de altitud
28.0	1,825
28.1	1,725
28.2	1,630
28.3	1,535
28.4	1,435
28.5	1,340
28.6	1,245
28.7	1,150
28.8	1,050
28.9	955
29.0	865
29.1	770
29.2	675
29.3	580
29.4	485
29.5	390
29.6	300
29.7	205
29.8	110
29.9	20
29.92	0
30.0	−75
30.1	−165
30.2	−255
30.3	−350
30.4	−440
30.5	−530
30.6	−620
30.7	−710
30.8	−805
30.9	−895
31.0	−965

Figura 10-3. *Elevación del campo versus presión. El avión se encuentra en un campo que está al nivel del mar. Coloque el altímetro al ajuste de altímetro actual (29,7). La diferencia de 205 pies se suma a la elevación o una AP de 205 pies.*

Efectos de la temperatura sobre la densidad

Incrementar la temperatura de una sustancia disminuye su densidad. A la inversa, disminuir la temperatura aumenta la densidad. Por lo tanto, la densidad del aire varía inversamente con la temperatura. Esta afirmación es verdadera solamente a presión constante.

En la atmósfera, tanto la temperatura como la presión disminuyen con la altitud, y tienen efectos contradictorios sobre la densidad. Sin embargo, la relativamente rápida caída de la presión al aumentar la altura por lo general tiene el efecto dominante. Por lo tanto, los pilotos pueden esperar un descenso de la densidad con la altitud.

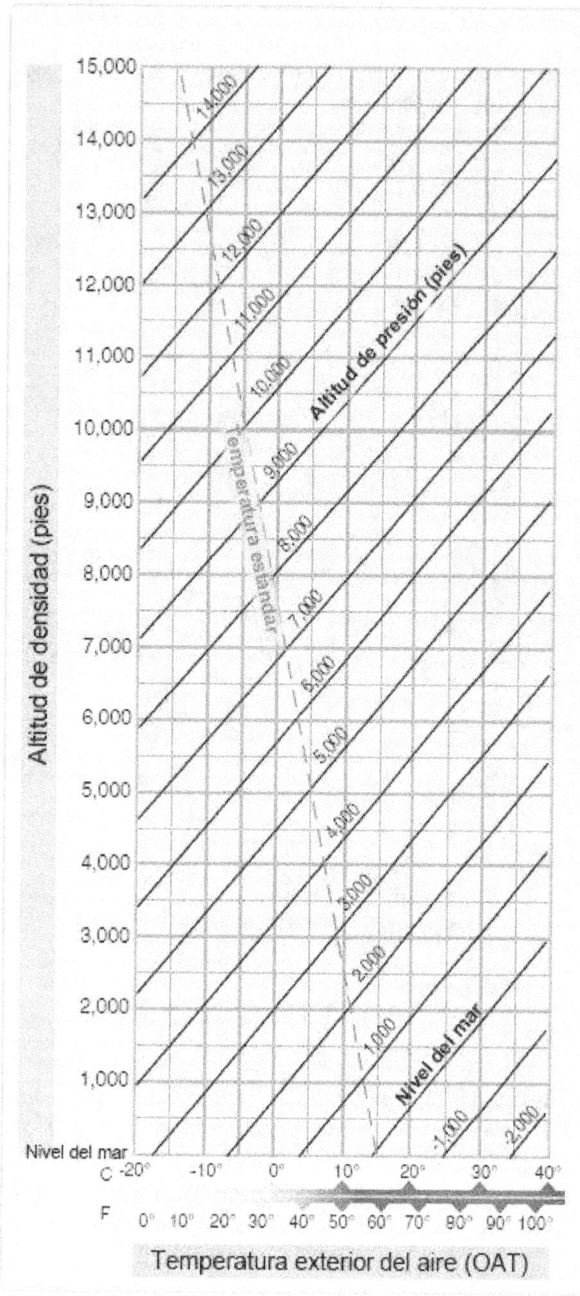

Figura 10-4. *Gráfico de altitud de densidad.*

Efectos de la humedad sobre la densidad

Los párrafos anteriores se basan en la suposición de aire perfectamente seco. En realidad, nunca es totalmente seco. La pequeña cantidad de vapor de agua en suspensión en la atmósfera puede ser insignificante en ciertas condiciones, pero en otras condiciones la humedad puede llegar a ser un factor importante en el rendimiento de una aeronave. El vapor de agua es más liviano que el aire y, en consecuencia, el aire húmedo es más liviano que el aire seco. Por lo tanto, al incrementarse el contenido de agua, el aire se hace menos denso, aumentando la altitud de densidad y disminuyendo el rendimiento. Es más liviano o menos denso cuando, para unas condiciones dadas, contiene la cantidad máxima de vapor de agua.

La humedad, también llamada humedad relativa, se refiere a la cantidad de vapor de agua contenido en la atmósfera, y se expresa como un porcentaje de la máxima cantidad de vapor de agua que puede contener el aire. Esta cantidad varía con la temperatura; el aire caliente puede contener más vapor de agua, mientras que el aire frío puede contener menos. El aire perfectamente seco que no contiene vapor de agua tiene una humedad relativa de cero por ciento, mientras que el aire saturado que no puede retener más vapor de agua tiene una humedad relativa del 100 por ciento. La humedad por si sola generalmente no se considera un factor esencial en el cálculo de la altitud de densidad y performance de la aeronave; sin embargo, contribuye.

Cuanto mayor sea la temperatura, el aire puede contener mayor cantidad de vapor de agua. Al comparar dos masas de aire separadas, la primera cálida y húmeda (ambas cualidades hacen el aire más liviano) y la segunda fría y seca (ambas cualidades lo hacen más pesado), la primera debe ser menos densa que la segunda. La presión, temperatura, y humedad tienen una gran influencia en el rendimiento del avión debido a su efecto sobre la densidad. No hay una regla o un gráfico usado para calcular los efectos de la humedad sobre la altitud de densidad, pero debe ser tenida en cuenta. Espere una disminución en el rendimiento general en condiciones de alta humedad.

Performance

Performance, o rendimiento, es un término usado para describir la capacidad de una aeronave para lograr ciertas cosas que la hacen útil para ciertos propósitos. Por ejemplo, la capacidad de una aeronave para aterrizar y despegar en una distancia muy corta es un factor importante para el piloto que opera en pistas de aterrizaje cortas, sin preparar. La capacidad de llevar cargas pesadas, volar a grandes alturas a altas velocidades, o viajar largas distancias es esencial para los operadores de líneas aéreas y aviones de tipo ejecutivo.

Los factores principales más afectados por la performance son la distancia de despegue y aterrizaje, velocidad de ascenso, techo, carga útil, alcance, velocidad, maniobrabilidad, estabilidad y economía de combustible. Algunos de estos factores son a menudo directamente opuestos: por ejemplo, alta velocidad versus corta distancia de aterrizaje, largo alcance contra gran carga útil, y alta tasa de ascenso contra economía de combustible. Es la preeminencia de uno o más de estos factores lo que dicta las diferencias entre las aeronaves y explica el alto grado de especialización que se encuentra en los aviones modernos.

Los diversos ítems del rendimiento de una aeronave resultan de la combinación de características de la aeronave y motor. Las características aerodinámicas de la aeronave generalmente definen los requerimientos de potencia y empuje en diversas condiciones de vuelo, mientras que las características del grupo motopropulsor generalmente definen la potencia y empuje disponible en diversas condiciones de vuelo. La adaptación de la configuración aerodinámica con el motor lo realiza el fabricante para proporcionar el máximo rendimiento a la condición de diseño específica (por ejemplo, alcance, autonomía, y ascenso).

Vuelo Recto y Nivelado

Todos los componentes principales de la performance de vuelo implican condiciones de vuelo estable y en equilibrio. Para que el avión permanezca en vuelo estable, y nivelado, se debe obtener un equilibrio igualando la sustentación con el peso de la aeronave y el empuje del motor con la resistencia de la aeronave. Por lo tanto, la resistencia define el empuje necesario para mantener un vuelo estable y nivelado. Como se presentó en el capítulo Aerodinámica del vuelo, todas las partes de un avión contribuyen a la resistencia, ya sea inducida (por las superficies de sustentación) o resistencia parásita.

Mientras que la resistencia parásita predomina a alta velocidad, la resistencia inducida predomina a baja velocidad. *[Figura 10-5]* Por ejemplo, si una aeronave en condiciones de vuelo recto a 100 nudos luego se acelera a 200 nudos, la resistencia parásita se hace cuatro veces mayor, pero la potencia necesaria para superar esa resistencia es ocho veces el valor original. A la inversa, cuando la aeronave se opera en vuelo recto y nivelado a dos veces la velocidad, la resistencia inducida es de un cuarto del valor original, y la potencia necesaria para superar la resistencia es sólo la mitad del valor original.

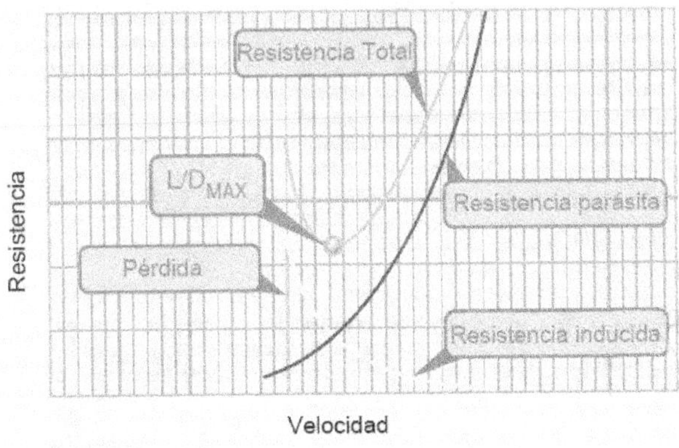

Figura 10-5. *Resistencia versus velocidad.*

Cuando una aeronave está en vuelo recto y nivelado, debe prevalecer una condición de equilibrio. La condición de vuelo no acelerado se logra con la aeronave compensada para que la sustentación iguale al peso y el empuje del motor iguale la resistencia de la aeronave.

La velocidad máxima de vuelo nivelado de la aeronave se obtiene cuando la potencia o empuje requerido es igual a la máxima potencia o empuje disponible por el grupo motor. *[Figura 10-6]* La velocidad mínima de vuelo nivelado no se define generalmente por el requerimiento de empuje o potencia ya que generalmente predominan las condiciones de pérdida o problemas de estabilidad y control.

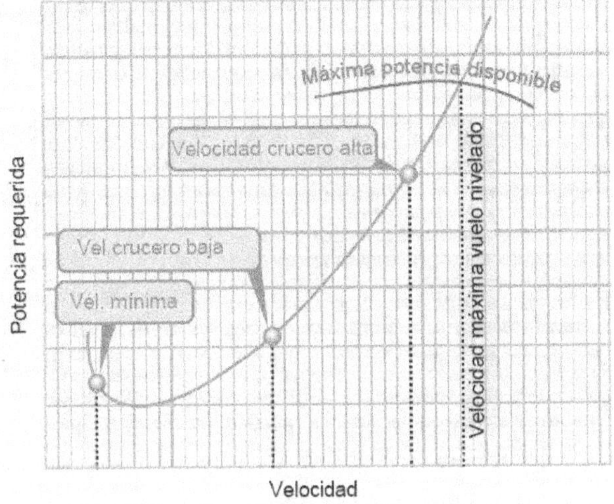

Figura 10-6. *Potencia versus velocidad.*

Performance de ascenso

El rendimiento de ascenso es resultado del uso de la energía potencial de los aviones provista por uno, o una combinación de dos factores. El primero es el uso del exceso de potencia por encima de la necesaria para el vuelo nivelado. Un avión equipado con un motor capaz de 200 caballos de fuerza (a una altitud dada), pero que usa 130 HP para mantener el vuelo nivelado (a una velocidad dada) tiene 70 HP en exceso disponibles para el ascenso. Un segundo factor es que la aeronave puede intercambiar su energía cinética y aumentar su energía potencial reduciendo de su velocidad. La reducción de la velocidad aumenta la energía potencial de la aeronave haciendo entonces ascender la aeronave. Ambos términos, potencia y empuje se utilizan a menudo en el rendimiento del avión sin embargo, no deben ser confundidos.

Aunque los términos "potencia" y "empuje" a veces se utilizan indistintamente, implicando erróneamente que son sinónimos, es importante distinguir entre los dos cuando se habla de la performance de ascenso. El trabajo es el producto de una fuerza que se mueve a través de una distancia y es generalmente independiente del tiempo. El trabajo se mide por varios estándares, la unidad más común se llama kilográmetro. Si una masa de un kilo se levanta un metro, se ha realizado una unidad de trabajo de un kilográmetro. La unidad común de potencia mecánica es el caballo de fuerza; un HP (HorsePower) es el trabajo equivalente a levantar 76 kilos a una distancia vertical de un metro en un segundo. El término potencia implica ritmo de trabajo o unidades de trabajo por unidad de tiempo, y como tal es función de la velocidad a la que se desarrolla la fuerza. El empuje, también una función de trabajo, significa la fuerza que impone un cambio en la velocidad de una masa. Esta fuerza se mide en kilos pero no tiene ningún elemento de tiempo o ritmo. Se puede decir entonces, que durante un ascenso constante, la velocidad de ascenso es función del empuje en exceso.

Esta relación significa que, para un peso dado de un avión, el ángulo de ascenso depende de la diferencia entre empuje y resistencia, o el exceso de potencia. *[Figura 10-7]* Por supuesto, cuando el exceso de empuje es cero, la inclinación de la trayectoria de vuelo es cero, y la aeronave se encuentra en vuelo nivelado. Cuando el empuje es mayor que la resistencia, el exceso de empuje permite un ángulo de ascenso dependiendo del valor del exceso de empuje. Por otra parte, cuando el empuje es menor que la resistencia, la deficiencia de empuje permite un ángulo de descenso.

El máximo ángulo de ascenso ocurre donde existe la mayor diferencia entre empuje disponible y empuje necesario; es decir, para el avión de propulsión a hélice, el máximo exceso de empuje y ángulo de ascenso se producirá a cierta velocidad por encima de la velocidad de pérdida. Por lo tanto, si es necesario salvar un obstáculo después del despegue, el avión a hélice alcanzará el máximo ángulo de ascenso a una velocidad cercana a, si no la misma, velocidad de despegue.

De mayor interés en la performance de ascenso son los factores que afectan la tasa de ascenso. La velocidad vertical de una aeronave depende de la velocidad y la pendiente de la trayectoria de vuelo. De hecho, la velocidad de ascenso es la componente vertical de la velocidad de la trayectoria de vuelo.

Para la velocidad de ascenso, la velocidad máxima ocurrirá donde exista la mayor diferencia entre la potencia disponible y la potencia requerida. *[Figura 10-8]* La relación anterior significa que, para un peso dado de una aeronave, la velocidad de ascenso depende de la diferencia entre la potencia disponible y la potencia requerida, o el exceso de potencia. Por supuesto, cuando el exceso de potencia es cero, la velocidad de ascenso es cero y el avión está en vuelo nivelado. Cuando la potencia disponible es mayor que la potencia requerida, el exceso de potencia permitirá una velocidad de ascenso específica a la magnitud del exceso de potencia.

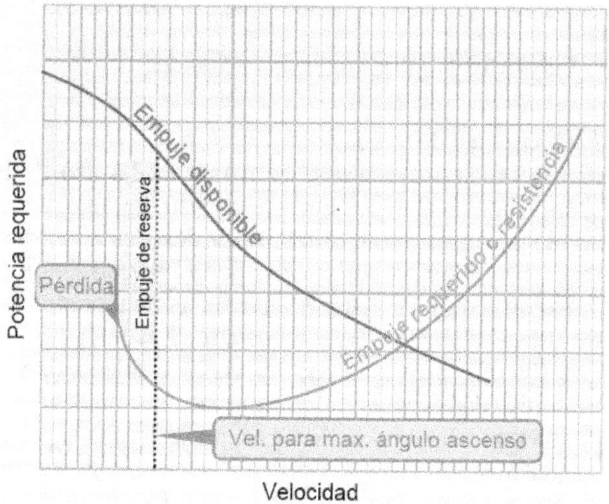

Figura 10-7. *Empuje versus ángulo de ascenso.*

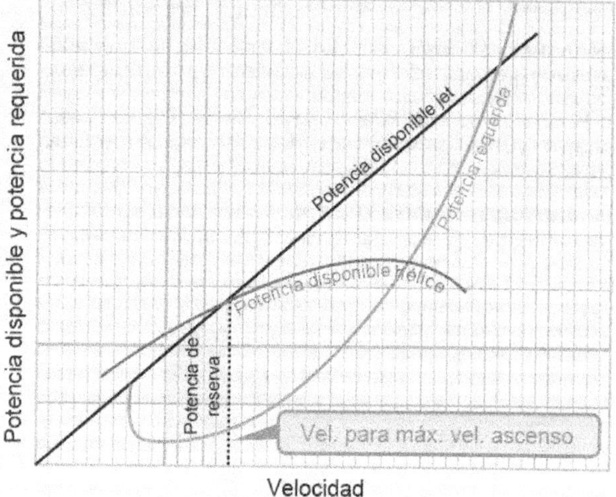

Figura 10-8. *Potencia versus velocidad de ascenso.*

El interés más inmediato en la performance del ángulo de ascenso implica el franqueamiento de obstáculos. El propósito más obvio para las cuales podría ser usada es para evitar los obstáculos al despegar de aeródromos cortos o confinados.

Durante un ascenso constante, la velocidad de ascenso dependerá de exceso de potencia, mientras que el ángulo de ascenso es función del exceso de empuje.

El desempeño en el ascenso de una aeronave se ve afectado por ciertas variables. Las condiciones del máximo ángulo de ascenso o la máxima velocidad de ascenso se producen a velocidades específicas, y las variaciones de velocidad producen variaciones en la performance de ascenso. Hay margen suficiente en la mayoría de las aeronaves por lo que pequeñas variaciones de la velocidad óptima no producen grandes cambios en la performance de ascenso, y ciertas consideraciones operacionales pueden requerir velocidades ligeramente diferentes de la óptima. Por supuesto, la performance de ascenso será más crítica con gran peso bruto, a gran altura, en zonas de despegue con obstáculos, o durante el mal funcionamiento del motor. Entonces, son necesarias las velocidades óptimas de ascenso.

El peso tiene un efecto muy marcado sobre el rendimiento del avión. Si se añade peso a una aeronave, debe volar a un mayor ángulo de ataque (AOA) para mantener una altura y velocidad dada. Esto aumenta la resistencia inducida de las alas, así como la resistencia parásita de la aeronave. Mayor resistencia significa que se necesita empuje adicional para superarla, que a su vez significa que hay disponible un menor empuje de reserva para el ascenso. Los diseñadores de aviones hacen gran esfuerzo para reducir el peso al mínimo, ya que tiene un muy efecto marcado sobre los factores relacionados con el rendimiento.

Un cambio en el peso de un avión produce un doble efecto en la performance de ascenso. Primero, un cambio en el peso cambia la resistencia y la potencia requerida. Esto altera la potencia disponible de reserva, lo que a su vez, afecta tanto el ángulo de ascenso como la velocidad de ascenso. Segundo, un aumento de peso reduce la máxima velocidad de ascenso, pero la aeronave debe operar a una velocidad de ascenso mayor para alcanzar una máxima velocidad de ascenso menor.

Un aumento de la altitud también aumentará la potencia requerida y disminuirá la potencia disponible. Por lo tanto, la performance de ascenso de un avión disminuye con la altitud. Las velocidades para máxima tasa de ascenso, máximo ángulo de ascenso, y velocidades máxima y mínima de vuelo nivelado varían con la altitud. Al incrementar la altitud, estas diferentes velocidades finalmente convergen en el techo absoluto de la aeronave. En el techo absoluto, no hay exceso de potencia y sólo una velocidad permitirá el vuelo estable, nivelado. Por consiguiente, el techo absoluto de una aeronave produce velocidad de ascenso cero. El techo de servicio es la altitud a la cual la aeronave no es capaz de ascender a una velocidad mayor que 100 pies por minuto (fpm). Por lo general, estos puntos de referencia de performance específicos se proporcionan para una configuración de diseño específico. *[Figura 10-9]*

Al discutir el rendimiento, con frecuencia es conveniente utilizar los términos relación de potencia,

carga alar, carga de pala, y carga de disco. La relación de potencia se expresa en kilos (o libras) por caballo de fuerza y se obtiene dividiendo el peso total de la aeronave por la potencia nominal del motor. Es un factor importante en las capacidades de despegue y ascenso de un avión. La carga alar se expresa en kilos por metro cuadrado (o libras por pie cuadrado) y se obtiene dividiendo el peso total de un avión por el área de ala (incluyendo alerones). Es la carga alar la que determina la velocidad de aterrizaje. La carga de pala se expresa en libras por pie cuadrado y se obtiene dividiendo el peso total de un helicóptero por el área de las palas del rotor. La carga de pala no se debe confundir con la carga de disco, que es el peso total de un helicóptero dividido por el área del disco barrido por las palas del rotor.

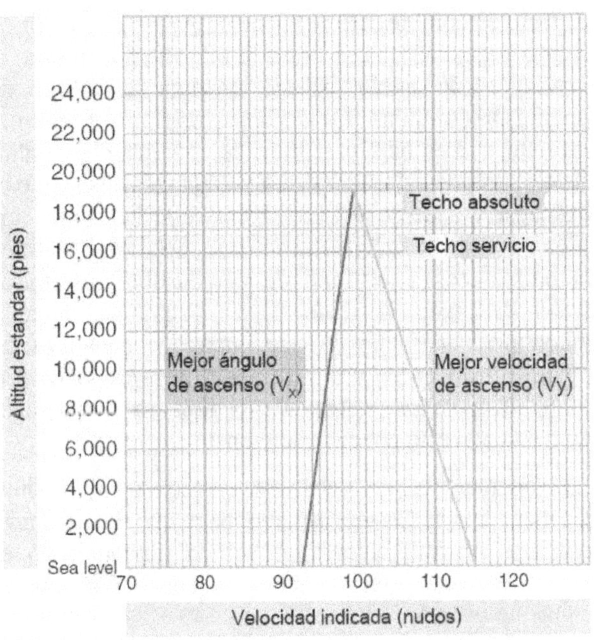

Figura 10-9. *Techo de servicio y techo absoluto.*

Performance de alcance

La capacidad de una aeronave para convertir la energía del combustible en distancia de vuelo es uno de los ítems más importantes en la performance de la aeronave. En las operaciones de vuelo, el problema de la operación de alcance eficiente de una aeronave aparece en dos formas generales:

1. Extraer la distancia máxima de vuelo de una carga de combustible dada.

2. Volar una distancia especifica con un gasto mínimo de combustible

Un elemento común para cada uno de estos problemas operativos es el alcance específico; esto es, millas náuticas (NM) de distancia volada frente a la cantidad de combustible consumida. El alcance debe claramente distinguirse de la autonomía. El alcance implica la consideración de la distancia de vuelo, mientras que la autonomía implica la consideración de tiempo de vuelo. Por lo tanto, es conveniente definir un término separado, la autonomía específica.

$$\text{autonomía específica} = \frac{\text{horas de vuelo}}{\text{libras de combustible}}$$

o

$$\text{autonomía específica} = \frac{\text{horas de vuelo / hora}}{\text{libras de combustible / hora}}$$

o

$$\text{autonomía específica} = \frac{1}{\text{flujo de combustible}}$$

El flujo de combustible se puede definir en kilos o litros (libras o galones). Si se desea la máxima autonomía, la condición de vuelo deberá asegurar un flujo de combustible mínimo. En la *Figura 10-10* en el punto A la velocidad es baja y el flujo de combustible es alto. Esto podría ocurrir durante las operaciones en tierra o al despegar y ascenso. Al incrementase la velocidad, los requisitos de potencia disminuyen debido a factores aerodinámicos y el flujo de combustible disminuye hasta el punto B. Este es el punto de máxima autonomía. Más allá de este punto los aumentos de velocidad tienen un costo. Los aumentos de velocidad requieren potencia adicional y el flujo de combustible aumenta con esta potencia adicional.

Las operaciones de vuelo de crucero para máximo alcance deben llevarse a cabo para que la aeronave obtenga máximo alcance específico durante todo el vuelo. El alcance específico se puede definir por la siguiente relación.

$$\text{alcance específico} = \frac{\text{NM}}{\text{Kg de combustible}}$$

o

$$\text{alcance específico} = \frac{\text{NM / hora}}{\text{Kg de combustible / hora}}$$

o

$$\text{alcance específico} = \frac{\text{nudos}}{\text{flujo de combustible}}$$

Si se desea el máximo alcance específico, la condición de vuelo debe proporcionar un máximo de velocidad por flujo de combustible. Mientras que el valor de pico del alcance específico proporciona máximo alcance operativo, la operación de crucero de largo alcance se recomienda generalmente en una velocidad ligeramente superior. La mayoría de las operaciones de crucero de largo alcance se realizan en condiciones de vuelo que proporcionan el 99 por ciento del máximo alcance específico absoluto. La ventaja de esta operación es que el uno por ciento del alcance se cambia por un tres a cinco por ciento mayor velocidad de crucero. Puesto que la mayor velocidad de crucero tiene un gran número de ventajas, el pequeño sacrificio de alcance es un buen negocio. Los valores de alcance específico en función de la velocidad se ven afectados por tres variables principales:

1. El peso total de la aeronave

2. La altitud

3. La configuración aerodinámica externa de la aeronave.

Esta es la fuente de datos operativos del alcance y la autonomía en la sección de performance del manual de la aeronave.

El control de crucero de un avión implica que la aeronave es operada para mantener la condición recomendada de crucero de largo alcance durante todo

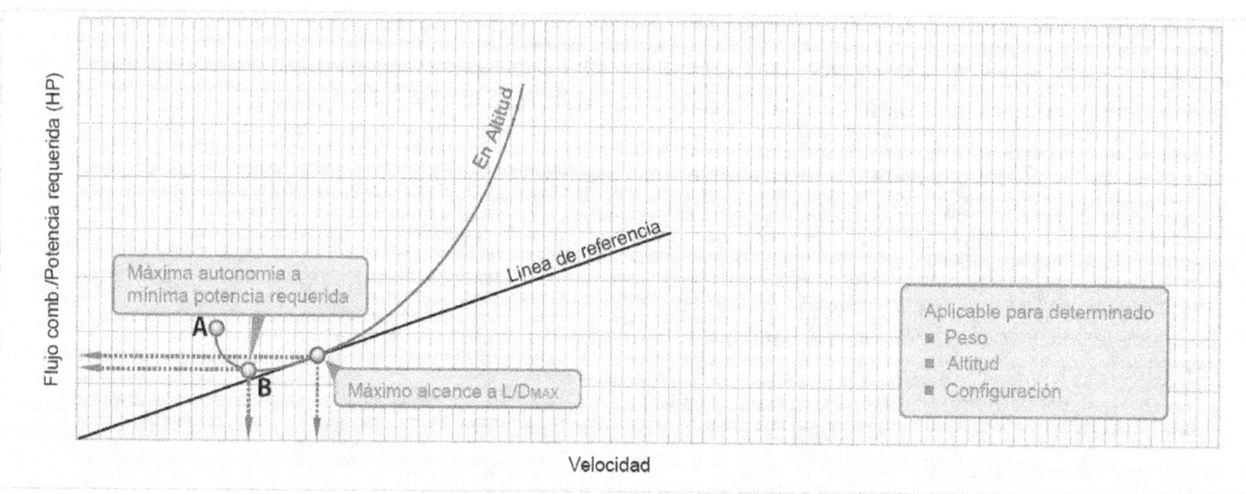

Figura 10-10. *Velocidad para máxima autonomía.*

el vuelo. Ya que el combustible se consume durante el crucero, el peso total de la aeronave varia y la velocidad óptima, altitud, y ajuste de potencia también pueden variar. El control de crucero significa el control de la velocidad óptima, la altitud y el ajuste de potencia para mantener el 99 por ciento de la condición de máximo alcance específico. Al comienzo del vuelo de crucero, el relativo alto peso inicial de la aeronave requiere valores específicos de velocidad, altitud y ajuste de potencia para producir la condición de crucero recomendada. Al consumir combustible y disminuir el peso de la aeronave, la velocidad óptima y ajuste de potencia pueden disminuir, o bien, incrementarse la altitud óptima. Además, el alcance específico óptimo se incrementará. Por lo tanto, el piloto debe proporcionar el procedimiento de control de crucero adecuado para asegurar que las condiciones óptimas se mantienen.

El alcance total depende tanto del combustible disponible como del alcance específico. Cuando el alcance y la economía de la operación son los objetivos principales, el piloto debe asegurar que la aeronave es operada a la condición de crucero de largo alcance recomendada. Con este procedimiento, la aeronave será capaz de su máximo radio operativo de diseño, o puede lograr distancias de vuelo menores que el máximo, con una reserva de combustible máxima en el destino.

Un avión de hélice combina la hélice con el motor alternativo como potencia propulsiva. El flujo de combustible se determina principalmente por la potencia al eje puesta en la hélice en lugar del empuje. Así, el flujo de combustible puede estar directamente relacionado con la potencia requerida para mantener la aeronave en vuelo nivelado estable y los gráficos de rendimiento de potencia pueden ser sustituidos por el flujo de combustible. Este hecho permite la determinación del alcance a través del análisis de la potencia requerida versus velocidad.

La condición de máxima autonomía se obtiene en el punto de mínima potencia requerida ya que esto requiere el flujo de combustible más bajo para mantener el avión en vuelo nivelado. La condición de máximo alcance se producirá cuando la relación de velocidad con la potencia requerida es la mayor. *[Figura 10-10]*

La condición de máximo alcance se obtiene en la máxima relación de sustentación/resistencia (L/D$_{MAX}$), y es importante tener en cuenta que para una configuración determinada, el L/D$_{MAX}$ se produce a un AOA y coeficiente de sustentación particular, y no se ve afectado por el peso o la altitud. Una variación en el peso altera los valores de velocidad y potencia requerida para obtener el L/D$_{MAX}$. *[Figura 10-11]*

Las variaciones de velocidad y potencia requerida deben ser supervisadas por el piloto como parte del

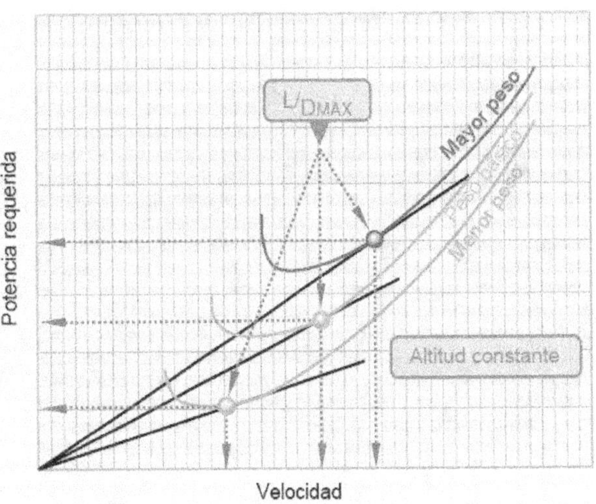

Figura 10-11. *Efecto del peso.*

procedimiento de control de crucero para mantener la L/D$_{MAX}$. Cuando el peso de combustible de la aeronave es una pequeña parte del peso total y el alcance del avión es pequeño, el procedimiento de control de crucero se puede simplificar esencialmente a mantener una velocidad y ajuste de la potencia constante en todo el tiempo del vuelo de crucero. Sin embargo, una aeronave de largo alcance tiene un peso de combustible que es parte considerable del peso total, y los procedimientos de control de crucero deben emplear cambios de velocidad y potencia programados para mantener las condiciones de alcance óptimo.

El efecto de la altitud en el alcance de un avión a hélice se ilustra en la *Figura 10-12*. Un vuelo conducido a gran altitud tiene una velocidad verdadera (TAS) mayor, y la potencia requerida es proporcionalmente mayor que cuando se realiza a nivel del mar. La resistencia de la aeronave en altitud es la misma que la resistencia a nivel del mar, pero la mayor TAS causa una potencia requerida proporcionalmente mayor. NOTA: La línea recta tangente a la curva de potencia a nivel del mar también es tangente a la curva de potencia en altitud.

El efecto de la altitud en el alcance específico también se puede apreciar a partir de las relaciones anteriores. Si un cambio en altitud provoca cambios idénticos en la velocidad y la potencia requerida, la proporción de la velocidad con la potencia requerida no cambiaría. El hecho implica que el alcance específico de un avión a hélice no se vería afectado por la altitud. En realidad, esto es cierto en la medida en que el consumo específico de combustible y eficiencia de la hélice son los principales factores que podrían causar una variación del alcance específico con la altitud. Si los efectos de compresibilidad son insignificantes, cualquier variación del alcance específico con la altitud es estrictamente una función del rendimiento del motor/hélice.

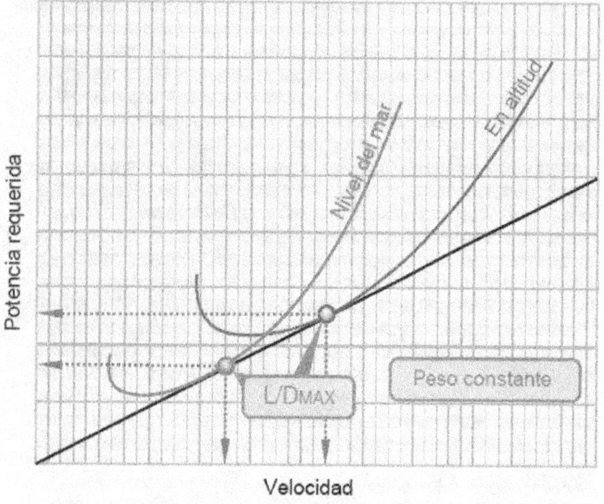

Figura 10-12. *Efecto de la altitud en el alcance.*

Un avión equipado con un motor alternativo experimentará una variación muy pequeña, si alguna, en el alcance específico hasta su altitud absoluta. Existe una variación insignificante de consumo de combustible específico para valores de potencia al freno por debajo de la potencia máxima de crucero del motor que es el rango pobre de la operación del motor. Así, un aumento en altitud producirá una disminución del alcance específico sólo cuando el aumento de potencia requerida supere el régimen de potencia máxima de crucero del motor. Una ventaja de la sobrealimentación es que la potencia de crucero se puede mantener a gran altitud, y la aeronave puede lograr el alcance a gran altitud con el correspondiente aumento de la TAS. Las principales diferencias en el crucero de gran altitud y crucero de baja altitud son la TAS y las necesidades de combustible en ascenso.

Región de comando invertido

Las propiedades aerodinámicas de una aeronave generalmente determinan los requisitos de potencia en diferentes condiciones de vuelo, mientras que las capacidades del grupo motopropulsor generalmente determinan la potencia disponible en diversas condiciones de vuelo. Cuando una aeronave está en vuelo nivelado, debe prevalecer una condición de equilibrio. Una condición de vuelo no acelerado se logra cuando la sustentación es igual al peso, y el motor se ajusta para un empuje igual a la resistencia. La potencia requerida para alcanzar el equilibrio en un vuelo con altitud constante a velocidades diferentes se representa en la curva de potencia requerida. La curva de potencia requerida ilustra el hecho de que a bajas velocidades cerca de la pérdida o mínima velocidad

controlable, el ajuste de la potencia requerida para el vuelo nivelado estable es bastante alto.

Volar en la región de comando normal significa que mientras se mantiene una altitud constante, una mayor velocidad requiere un ajuste de potencia mayor y una velocidad más baja requiere un ajuste de potencia menor. La mayoría del vuelo de un avión (ascenso, crucero y maniobras) se lleva a cabo en la región de mando normal.

Volar en la región de comando invertido significa un vuelo en el que una velocidad más alta requiere una potencia menor y una velocidad más baja requiere un ajuste de potencia mayor para mantener la altitud. Esto no implica que una disminución en la potencia produce menor velocidad. La región de mando invertido se encuentra en las fases de vuelo de baja velocidad. Las velocidades de vuelo por debajo de la velocidad de máxima autonomía (punto más bajo de la curva de potencia) requieren ajustes de potencia mayores con una disminución de la velocidad. Puesto que la necesidad de aumentar la potencia requerida con la disminución de la velocidad es contraria al mando normal de vuelo, el régimen de velocidades de vuelo entre la velocidad de mínima potencia requerida y la velocidad de pérdida (o mínima velocidad de control) se denomina la región de comando invertido. En la región de comando invertido, una disminución de la velocidad debe ir acompañada por un aumento de potencia con el fin de mantener un vuelo estable.

La *Figura 10-13* muestra la máxima potencia disponible como una línea curva. Los ajustes más bajos de potencia, como la potencia de crucero, también aparecen en una curva similar. El punto más bajo en la curva de potencia requerida representa la velocidad a la que la menor potencia al freno mantendría el vuelo nivelado. Esta se denomina velocidad de mayor autonomía.

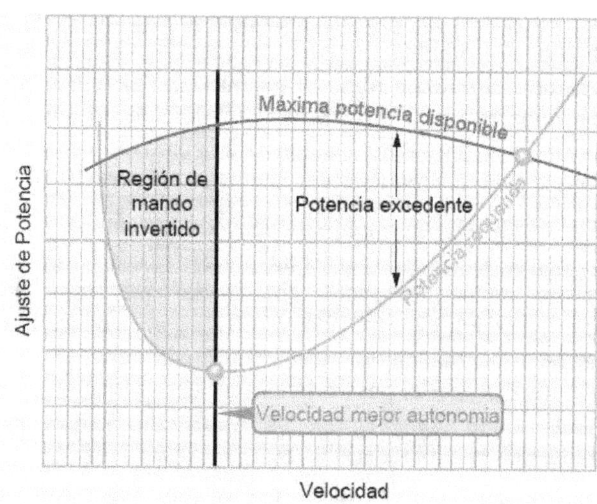

Figura 10-13. *Curva de potencia requerida.*

Un avión volando a baja velocidad, alto ángulo de ataque, potencia de aproximación para un aterrizaje en campo corto es un ejemplo de operación en la región de comando invertido. Si se desarrolla una velocidad de descenso inaceptablemente alta, puede ser posible para el piloto reducir o detener el descenso mediante la aplicación de potencia. Pero sin usar mayor potencia, el avión probablemente entraría en pérdida o sería incapaz de hacer el flare para el aterrizaje.

Simplemente bajando la nariz del avión para recuperar velocidad de vuelo en esta situación, sin aplicar potencia, daría lugar a una alta velocidad de descenso y la correspondiente pérdida de altitud.

Si durante un despegue y ascenso de un campo blando, por ejemplo, el piloto intenta salir del efecto suelo sin antes alcanzar la velocidad y actitud normal de ascenso, el avión puede entrar inadvertidamente en la región de mando invertido a una altura peligrosamente baja. Incluso con potencia máxima, el avión puede ser incapaz de ascender o incluso mantener la altitud. El único recurso de piloto en esta situación es bajar el ángulo de ataque con el fin de incrementar la velocidad, lo que inevitablemente resultará en una pérdida de altitud.

Los pilotos de avión deben prestar especial atención al control preciso de la velocidad cuando se opera a bajas velocidades en la región de mando invertido.

Performance de Despegue y Aterrizaje

La mayoría de los accidentes de aviación causados por el piloto ocurren durante la fase de despegue y aterrizaje. Debido a este hecho, el piloto debe estar familiarizado con todas las variables que influyen en el rendimiento de despegue y aterrizaje de una aeronave y debe esforzarse por procedimientos de operación rigurosos y profesionales durante estas fases del vuelo.

El rendimiento de despegue y aterrizaje es una condición de movimiento acelerado y desacelerado. Por caso, durante el despegue, un avión empieza a velocidad cero y acelera a la velocidad de despegue. Durante el aterrizaje, el avión toca a la velocidad de aterrizaje y desacelera hasta velocidad cero. Los factores importantes del rendimiento de despegue o aterrizaje son:

- La velocidad de despegue o aterrizaje es generalmente una función de la velocidad de pérdida o velocidad mínima de vuelo.

- La velocidad de aceleración/desaceleración durante la carrera de despegue o aterrizaje. La velocidad (aceleración y desaceleración) experimentada por cualquier objeto varía directamente con el desbalance de fuerza e inversamente con la masa del objeto. Un avión en la pista moviéndose a 75 nudos tiene cuatro veces la energía que si se mueve a 37 nudos. Por lo tanto, un avión requiere una distancia cuatro veces mayor para detenerse que la requerida a la mitad de la velocidad.

- La distancia de despegue o aterrizaje es una función tanto de aceleración/desaceleración como la velocidad.

Superficie y pendiente de la pista

Las condiciones de la pista afectan el despegue y el aterrizaje. Por lo general, la información del gráfico de performance asume superficies de pista pavimentadas, niveladas, lisas y secas. Como no hay dos pistas

TAKEOFF DISTANCE

MAXIMUM WEIGHT 3800 LBS

SHORT FIELD

CONDITIONS:
Flaps 10°
2850 RPM, Full Throttle and Mixture Set at Placard Fuel Flow Prior to Brake Release
Cowl Flaps Open
Paved, Level, Dry Runway
Zero Wind

MIXTURE SETTING	
PRESS ALT	PPH
S.L.	144
2000	138
4000	132
6000	126
8000	120

NOTES:
1. Short field technique as specified in Section 4.
2. Landing gear extended until takeoff obstacle is cleared.
3. Where distance value has been deleted, climb performance after lift-off is less than 150 fpm. Rate of climb is based on landing gear extended and flaps 10° at takeoff speed.
4. Decrease distances 10% for each 10 knots headwind. For operation with tailwinds up to 10 knots, increase distances by 10% for each 2.5 knots.
5. For operation on a dry, grass runway, increase distances by 15% of the "ground roll" figure.

WEIGHT LBS	TAKEOFF SPEED KIAS		PRESS ALT FT	0°C		10°C		20°C		30°C		40°C	
	LIFT	AT		GRND	TOTAL TO CLEAR	GRND	TOTAL TO CLEAR	GRND	TOTAL TO CLEAR	GRND	TOTAL TO CLEAR	GRND	TOTAL TO CLEAR

Figura 10-14. *Tabla de distancia de despegue.*

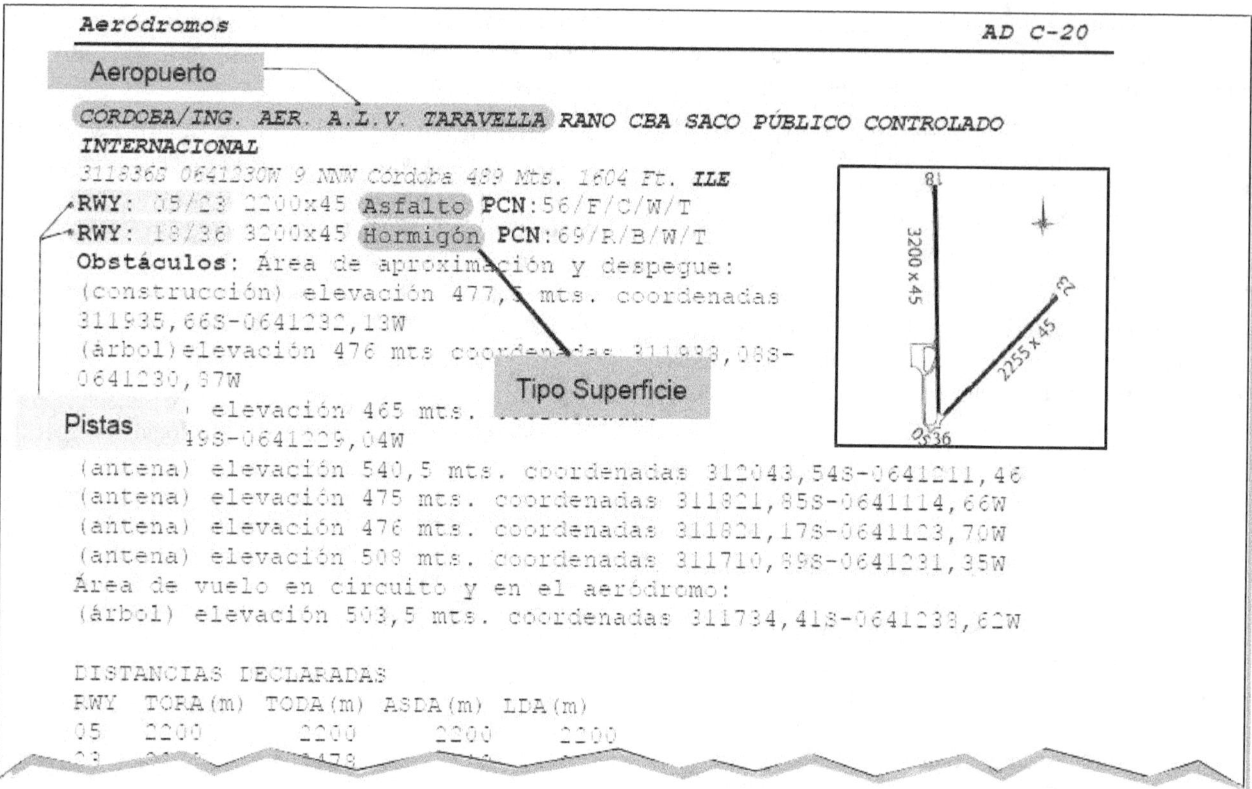

Aeródromos   AD C-20

CORDOBA/ING. AER. A.L.V. TARAVELLA RANO CBA SACO PÚBLICO CONTROLADO
INTERNACIONAL
3119365 0641230W 9 NNW Córdoba 489 Mts. 1604 Ft. ILE
RWY: 05/23 2200x45 Asfalto PCN:56/F/C/W/T
RWY: 18/36 3200x45 Hormigón PCN:69/R/B/W/T
Obstáculos: Área de aproximación y despegue:
(construcción) elevación 477,5 mts. coordenadas
311935,66S-0641232,13W
(árbol)elevación 476 mts coordenadas 311933,06S-
0641230,97W
    elevación 465 mts.
49S-0641225,04W
(antena) elevación 540,5 mts. coordenadas 312043,54S-0641211,46
(antena) elevación 475 mts. coordenadas 311821,85S-0641114,66W
(antena) elevación 476 mts. coordenadas 311821,17S-0641123,70W
(antena) elevación 509 mts. coordenadas 311710,89S-0641231,35W
Área de vuelo en circuito y en el aeródromo:
(árbol) elevación 503,5 mts. coordenadas 311734,41S-0641233,62W

DISTANCIAS DECLARADAS
RWY TORA(m) TODA(m) ASDA(m) LDA(m)
05   2200   2200   2200   2200

Figura 10-15. *Información del MADHEL.*

iguales, la superficie difiere de una pista a la otra, al igual que la pendiente de la pista. *[Figura 10-14]*

Las superficies de las pistas varían de un aeropuerto a otro. La superficie puede ser de concreto, asfalto, grava, tierra o hierba. La superficie de la pista de un aeropuerto específico se muestra en el Manual de Aeródromos y Helipuertos (MADHEL). *[Figura 10-15]* Cualquier superficie que no es dura y lisa aumentará la carrera de despegue. Esto es debido a la incapacidad de los neumáticos para rodar suavemente sobre la pista. Las ruedas pueden hundirse en pistas de hierba suave, o de barro. Los baches o surcos en el pavimento pueden ser la causa del pobre movimiento de la rueda a lo largo de la pista. Obstrucciones tales como el barro, la nieve o el agua estancada reducen la aceleración del avión por la pista. Aunque las superficies en condiciones de barro y agua pueden reducir la fricción entre la pista y las ruedas, también puede actuar como obstrucciones y reducir la distancia de aterrizaje. *[Figura 10-16]* La efectividad del frenado es otra consideración cuando se trata con diferentes tipos de pistas. La condición de la superficie afecta la capacidad de frenado del avión.

La cantidad de potencia que se aplica a los frenos sin derrapar las ruedas se conoce como eficacia de frenado. Asegúrese de que las pistas son adecuadas en longitud para la aceleración del despegue y desaceleración del

Figura 10-16. *La performance de una aeronave depende grandemente de la superficie de la pista.*

aterrizaje cuando se reportan condiciones de superficie menores a las ideales.

El gradiente o pendiente de la pista es la cantidad de cambio en la altura de pista a lo largo de esta. La pendiente se expresa como un porcentaje, tal como una pendiente de 3 por ciento. Esto significa que por cada 100 metros de longitud de la pista, la altura cambia 3 metros. Un gradiente positivo indica que la altura de pista aumenta, y un gradiente negativo indica que la altura de la pista disminuye. Una pista con pendiente positiva impide la aceleración y resulta en una carrera de despegue más larga. Sin embargo, el aterrizaje en una pista ascendente típicamente reduce la carrera de aterrizaje. Una pista descendente ayuda la aceleración en el despegue resultando en distancias de despegue más cortas. Lo contrario se produce en el aterrizaje, el aterrizar en una pista descendente aumenta la distancia de aterrizaje.

Agua en la pista e hidroplaneo dinámico

El agua en la pista reduce la fricción entre las ruedas y el suelo, y puede reducir la eficacia de frenado. La capacidad de frenado se puede perder por completo cuando la rueda hace hidroplaneo o aquaplaning porque una capa de agua separa a las ruedas de la superficie de la pista. Esto también es cierto para la eficacia de frenado cuando las pistas están cubiertas de hielo.

Cuando la pista está mojada, el piloto puede enfrentarse al hidroplaneo dinámico. El hidroplaneo dinámico es una condición en la que los neumáticos se apoyan en una fina capa de agua en lugar de la superficie de la pista. Debido a que las ruedas en hidroplaneo no tocan la pista, el frenado y control direccional son casi nulos. Para ayudar a minimizar el hidroplaneo dinámico, algunas pistas disponen de ranuras para ayudar a drenar el agua; la mayoría de las pistas no.

La presión de las ruedas es un factor en el hidroplaneo dinámico. Utilizando la fórmula en la *Figura 10-17*, un piloto puede calcular la velocidad mínima, en nudos, a la que comenzará el hidroplaneo. En lenguaje llano, la velocidad mínima de hidroplaneo se determina multiplicando la raíz cuadrada de la presión del neumático principal en libras por pulgada cuadrada (psi) por nueve. Por ejemplo, si la presión del neumático principal es de 36 psi, el avión comenzaría el hidroplaneo a 54 nudos.

Aterrizar a velocidades superiores a las recomendadas expondrá al avión a un mayor potencial de hidroplaneo. Y una vez que se inicia el hidroplaneo, puede continuar muy por debajo de la velocidad mínima de hidroplaneo inicial.

En pistas mojadas, el control direccional puede ser maximizado aterrizando hacia el viento. Se deben evitar

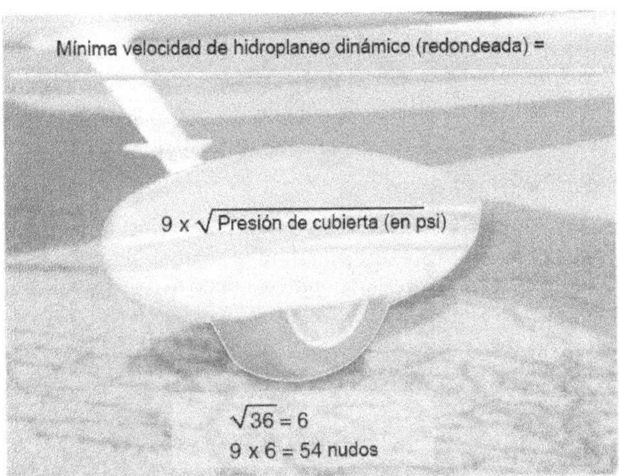

Figura 10-17. *Presión de la rueda.*

movimientos abruptos del control. Cuando la pista está mojada, anticipe los problemas de frenado mucho antes de aterrizar y esté preparado para el hidroplaneo. Opte por una pista apropiada más alineado al viento. El frenado mecánico puede ser ineficaz, así que debe sacar la máxima ventaja del frenado aerodinámico.

Performance de despegue

La distancia de despegue mínima es de interés primario en la operación de cualquier aeronave, ya que define los requisitos de pista. La distancia mínima de despegue se obtiene despegando a una velocidad mínima de seguridad que permita suficiente margen por encima de la pérdida y proporcione un control y velocidad inicial de ascenso satisfactorios. En general, la velocidad de despegue es un porcentaje fijo de la velocidad de pérdida o velocidad mínima de control de la aeronave en configuración de despegue. Como tal, el despegue se llevará a cabo en valor particular del coeficiente de sustentación y AOA. Dependiendo de las características de la aeronave, la velocidad de despegue estará en cualquier lugar entre 1,05 a 1,25 veces la velocidad de pérdida o velocidad mínima de control.

Para obtener la distancia mínima de despegue a la velocidad específica de despegue, las fuerzas que actúan sobre la aeronave deben proveer la aceleración máxima durante el despegue. Las diversas fuerzas que actúan sobre la aeronave pueden o no estar bajo el control del piloto, y varios procedimientos pueden ser necesarios en algunas aeronaves para mantener la aceleración del despegue en el valor más alto.

El empuje del motor es la fuerza principal para proporcionar la aceleración y, para la distancia mínima de despegue, el empuje debe estar al máximo. La sustentación y resistencia se producen tan pronto como la aeronave tiene velocidad, y los valores de sustentación y resistencia dependen del AOA y la presión dinámica.

Además de los factores importantes de procedimientos adecuados, muchas otras variables afectan el rendimiento del despegue de un avión. Cualquier elemento que altere la velocidad de despegue o la aceleración durante la carrera de despegue afectará la distancia de despegue.

Por ejemplo, el efecto del peso bruto sobre la distancia de despegue es significativo y debe hacerse una consideración apropiada de este ítem para predecir la distancia de despegue de la aeronave. El aumento del peso bruto se puede considerar que produce un efecto triple en la performance de despegue:

1. Mayor velocidad de despegue

2. Mayor masa para acelerar

3. Aumento de la fuerza de retardo (resistencia y fricción con el suelo)

Si aumenta el peso bruto, es necesaria una mayor velocidad para producir la mayor sustentación necesaria para elevar la aeronave con el coeficiente de sustentación de despegue. Como ejemplo del efecto de un cambio en el peso bruto, un aumento del 21 por ciento en el peso al despegue requerirá un incremento del 10 por ciento en velocidad de despegue para soportar el mayor peso.

Un cambio en el peso bruto cambiará la fuerza de aceleración neta y cambiará la masa que está siendo acelerada. Si la aeronave tiene una relación empuje-peso relativamente alta, el cambio en la fuerza de aceleración neta es pequeño y el efecto principal en la aceleración es debido a la variación de la masa.

Por ejemplo, un aumento del 10 por ciento en el peso al despegue podría causar:

• Un aumento de 5 por ciento en la velocidad de despegue.

• Por lo menos una disminución de 9 por ciento en la velocidad de aceleración.

• Por lo menos un incremento de 21 por ciento en la distancia de despegue.

En condiciones ISA, aumentar el peso de despegue de un Cessna 182 de 1.100 kg a 1.220 kg (11 por ciento de aumento) resulta en un aumento de la distancia de despegue de 140 metros a 175 metros (23 por ciento de aumento).

Para un avión con un alta relación empuje-peso, el aumento en la distancia de despegue puede estar aproximadamente entre 21 a 22 por ciento, pero para una aeronave con una baja relación empuje-peso, el aumento en la distancia de despegue estaría aproximadamente entre 25 a 30 por ciento. Un efecto

tan poderoso requiere una debida consideración del peso en la predicción de la distancia de despegue.

El efecto del viento en la distancia de despegue es grande, y también se debe proporcionar la debida consideración al predecir la distancia de despegue. El efecto de un viento de frente es permitir a la aeronave alcanzar la velocidad de despegue a una velocidad en tierra inferior, mientras que el efecto de un viento de cola es requerir que el avión alcance una velocidad en tierra mayor para alcanzar la velocidad de despegue.

Un viento de frente que es 10 por ciento de la velocidad de despegue reducirá la distancia de despegue aproximadamente un 19 por ciento. Sin embargo, un viento de cola que es 10 por ciento la velocidad de despegue incrementará la distancia de despegue un 21 por ciento. En el caso en que la velocidad de viento de frente es 50 por ciento de la velocidad de despegue, la distancia de despegue será aproximadamente un 25 por ciento de la distancia de despegue con viento cero (75 por ciento de reducción).

El efecto del viento sobre la distancia de aterrizaje es idéntico al efecto sobre la distancia de despegue. La *Figura 10-18* ilustra el efecto general de viento con el porcentaje de cambio en la distancia de despegue o de aterrizaje como función de la relación de la velocidad del viento con la velocidad de despegue o aterrizaje.

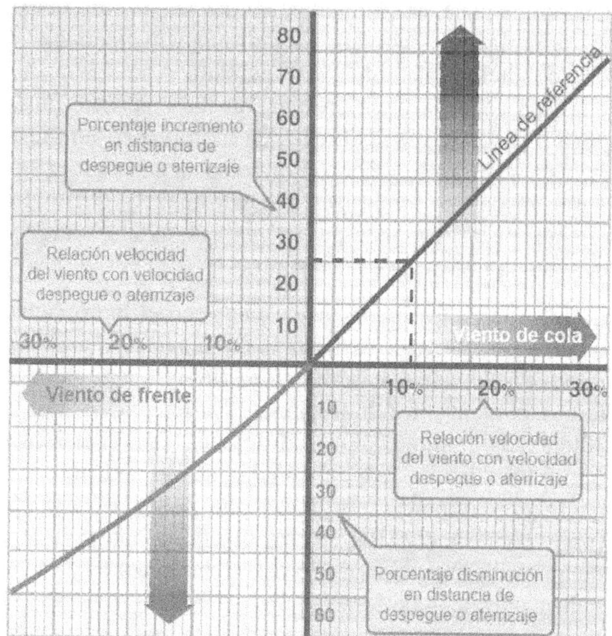

Figura 10-18. *Efecto del viento en el despegue y aterrizaje.*

El efecto de la correcta velocidad de despegue es especialmente importante cuando la longitud de las pistas y las distancias de despegue son críticas. Las velocidades de despegue especificadas en el AFM/POH (manual del avión) son generalmente las velocidades mínimas de seguridad a la que el avión puede ir al aire. Cualquier intento de despegue por debajo de la velocidad recomendada significa que la aeronave puede entrar en pérdida, ser difícil de controlar, o tener una velocidad de ascenso inicial muy baja. En algunos casos, un AOA excesivo puede no permitir que el avión ascienda sin efecto suelo. Por otra parte, una excesiva velocidad de despegue puede mejorar la velocidad de ascenso inicial y la "sensación" de la aeronave, pero producirá un aumento indeseable en la distancia de despegue. Asumiendo que la aceleración no se ve esencialmente afectada, la distancia de despegue varía con el cuadrado de la velocidad de despegue.

Por lo tanto, de un exceso de velocidad en un diez por ciento aumentaría la distancia de despegue 21 por ciento. En la mayoría de las condiciones críticas de despegue, tal aumento en la distancia de despegue sería prohibitivo, y el piloto debe cumplir con las velocidades de despegue recomendadas.

El efecto de la presión de altitud y la temperatura ambiente es definir la altitud de densidad y su efecto en la performance de despegue. Mientras que correcciones posteriores son apropiadas para el efecto de la temperatura sobre ciertos ítems del rendimiento del motor, la altitud de densidad define efectos específicos sobre el rendimiento del despegue. Un aumento en la altitud de densidad puede producir un doble efecto sobre el rendimiento del despegue:

1. Mayor velocidad de despegue

2. Disminución del empuje y reducción en la fuerza de aceleración neta.

Si una aeronave de un peso y configuración determinados se opera a altitudes mayores sobre el nivel del mar estándar, la aeronave requiere la misma presión dinámica para elevarse en el aire al coeficiente de sustentación de despegue. Por lo tanto, el avión en altitud despegará a la misma velocidad indicada (IAS) que al nivel del mar, pero debido a la densidad del aire reducida, la TAS será mayor.

El efecto de la altitud de densidad en el empuje del motor depende mucho del tipo de motor. Un aumento de la altitud sobre el nivel del mar estándar traerá una disminución inmediata en la potencia de salida para un motor alternativo normalmente aspirado. Sin embargo, un aumento en altitud por encima del nivel del mar no causará disminución en la potencia del motor alternativo sobrealimentado hasta que la altitud supera la altitud de operación crítica. Para aquellos motores que experimentan una pérdida de empuje con el aumento de altitud, el efecto sobre la fuerza de aceleración neta y la de la tasa de aceleración puede ser

aproximada asumiendo una variación directa con la densidad. En realidad, esta variación aproximará el efecto en aeronaves con alta relación empuje-peso.

Es obligatorio tener en cuenta adecuadamente la altitud de presión y la temperatura para una predicción precisa de la distancia de despegue. Las condiciones más críticas de la performance de despegue son el resultado de una combinación de gran peso, altitud, temperatura y viento desfavorable. En todos los casos, el piloto debe hacer una predicción precisa de la distancia de despegue a partir de los datos de rendimiento del AFM/POH, independientemente de la pista disponible, y esforzarse por un procedimiento de despegue pulido y profesional.

En la predicción de la distancia de despegue a partir de los datos del AFM/POH, se deben tomar las principales consideraciones siguientes:

- Altitud de presión y temperatura: para definir el efecto de la altitud de densidad en la distancia

- Peso bruto: un gran efecto sobre la distancia

- Viento: un gran efecto debido al viento o componente del viento a lo largo de la pista

- Pendiente de la pista y condición: el efecto de una pendiente y el efecto retardante de factores tales como nieve o hielo

Performance de aterrizaje

En muchos casos, la distancia de aterrizaje define los requerimientos de pista para las operaciones de vuelo. La distancia de aterrizaje mínima se obtiene aterrizando en una velocidad mínima de seguridad, lo que permite un suficiente margen por encima de la pérdida y provee un control y capacidad suficientes para abortar el aterrizaje. Generalmente, la velocidad de aterrizaje es un porcentaje fijo de la velocidad de pérdida o velocidad mínima de control en configuración de aterrizaje. Como tal, el aterrizaje se realizará a un valor particular de coeficiente de sustentación y AOA. Los valores exactos dependerán de las características de la aeronave, pero una vez definidos los valores son independientes del peso, altura, y viento.

Para obtener la distancia de aterrizaje mínima a la velocidad de aterrizaje especificada, las fuerzas que actúan sobre la aeronave deben proporcionar la máxima desaceleración durante la carrera de aterrizaje. Las fuerzas que actúan sobre la aeronave durante el aterrizaje pueden requerir distintos procedimientos para mantener la desaceleración en el valor de pico.

Una distinción debe hacerse entre los procedimientos para mínima distancia de aterrizaje y una carrera de aterrizaje normal con considerable excedente de pista disponible. La mínima distancia de aterrizaje se obtiene creando un pico continuo de desaceleración máxima de la aeronave; esto es, uso extensivo de los frenos para una máxima desaceleración. Por otro lado, una carrera de aterrizaje normal con exceso de pista permite el uso extensivo de resistencia aerodinámica para minimizar el desgaste de los neumáticos y de los frenos. Si la resistencia aerodinámica es suficiente para provocar una desaceleración, se puede usar en lugar de los frenos en las primeras etapas de la carrera de aterrizaje; es decir, frenos y neumáticos sufren por el uso continuo duro, pero la resistencia aerodinámica es gratis y no se desgastan con el uso. El uso de la resistencia aerodinámica es aplicable solamente para la desaceleración hasta el 60 o 70 por ciento de la velocidad de toma de contacto. A velocidades inferiores al 60 o 70 por ciento de la velocidad de aterrizaje, la resistencia aerodinámica es tan pequeña que es de poca utilidad, y se debe utilizar los frenos para producir desaceleración continuada. Dado que el objetivo durante la carrera de aterrizaje es desacelerar, el empuje del motor debe ser del menor valor positivo posible (o mayor valor negativo posible en el caso de inversores de empuje).

Además de los importantes factores de procedimientos adecuados, muchas otras variables afectan la performance de aterrizaje. Cualquier elemento que altere la velocidad de aterrizaje o la tasa de deceleración durante la carrera de aterrizaje afectará la distancia de aterrizaje.

El efecto del peso sobre la distancia de aterrizaje es uno de los principales ítems que determinan la distancia de aterrizaje. Un efecto de un peso bruto mayor es que se necesita una mayor velocidad para sostener la aeronave con el AOA y coeficiente de sustentación de aterrizaje. Como ejemplo del efecto de cambio en el peso bruto, un aumento del 21 por ciento en el peso de aterrizaje requerirá un incremento de diez por ciento en la velocidad de aterrizaje para soportar el peso mayor.

Cuando se consideran las mínimas distancias de aterrizaje, las fuerzas de frenado por fricción predominan durante la carrera y, para la mayoría de las configuraciones de aviones, la fricción de frenado es la principal fuente de desaceleración.

La mínima distancia de aterrizaje varía en proporción directa con el peso bruto. Por ejemplo, un incremento de diez por ciento en el peso bruto en el aterrizaje podría causar:

- Cinco por ciento de aumento en la velocidad de aterrizaje

- Diez por ciento de aumento en la distancia de aterrizaje

Una circunstancia de esto es la relación entre el peso y la fuerza de frenado por fricción.

El efecto del viento en la distancia de aterrizaje es grande y merece la debida consideración al momento de predecir la distancia de aterrizaje. Puesto que la aeronave aterrizará a una velocidad particular independiente del viento, el principal efecto del viento sobre la distancia de aterrizaje es el cambio en la velocidad respecto del suelo en el que el avión aterriza. El efecto del viento en la deceleración durante el aterrizaje es idéntico al efecto en la aceleración durante el despegue.

El efecto de la altitud de presión y la temperatura ambiente es definir la altitud de densidad y su efecto sobre el rendimiento de aterrizaje. Un aumento en la altitud de densidad aumenta la velocidad de aterrizaje, pero no altera la fuerza de retardo neta. Así, una aeronave en altitud aterriza a la misma IAS como al nivel del mar pero, debido a la densidad reducida, la TAS es mayor. Como la aeronave aterriza en altura con el mismo peso y presión dinámica, la resistencia y fricción de frenado tienen los mismos valores que al nivel del mar durante toda la carrera de aterrizaje. Mientras la condición esté dentro de la capacidad de los frenos, la fuerza de retardo no cambia, y la desaceleración es la misma que con el aterrizaje en al nivel del mar. Como un aumento de la altitud no altera la desaceleración, el efecto de la altitud de densidad en la distancia de aterrizaje se debe a la mayor TAS.

La mínima distancia de aterrizaje a 5.000 pies es 16 por ciento mayor que la mínima distancia de aterrizaje al nivel del mar. El aumento aproximado en la distancia de aterrizaje con la altitud es de aproximadamente tres y medio por ciento por cada 1.000 pies de altitud. Se debe tener en cuenta la altitud de densidad para predecir con precisión la distancia de aterrizaje.

El efecto de la velocidad de aterrizaje adecuada es importante cuando la longitud de la pista y la distancia de aterrizaje son críticas. Las velocidades de aterrizaje especificadas en el AFM/POH son generalmente las velocidades mínimas de seguridad a la que se puede aterrizar el avión. Cualquier intento de aterrizar a una velocidad menor a la especificada puede significar que la aeronave se puede entrar en pérdida, ser difícil de controlar, o desarrollar altas tasas de descenso. Por otra parte, un exceso de velocidad al aterrizar puede mejorar ligeramente la controlabilidad (especialmente con vientos cruzados), pero provoca un aumento indeseable de la distancia de aterrizaje.

Un diez por ciento de exceso en la velocidad de aterrizaje incrementa al menos un 21 por ciento la distancia de aterrizaje. El exceso de velocidad coloca una carga de trabajo mayor en los frenos debido a la energía cinética adicional que debe disipar. Además, la velocidad adicional provoca un aumento de la resistencia y la sustentación en la actitud normal en tierra, y la mayor sustentación reduce la fuerza normal en las superficies de frenado. La desaceleración puede sufrir con este rango de velocidades inmediatamente después de la toma, y es más probable que un neumático explote por el frenado en este punto.

Las condiciones más críticas del rendimiento en el aterrizaje son combinaciones de alto peso bruto, gran altitud de densidad, y viento desfavorable. Estas condiciones producen las mayores distancias de aterrizaje requeridas y requiere de los frenos niveles críticos de disipación de energía. En todos los casos, es necesario hacer una predicción exacta de la mínima distancia de aterrizaje para compararla con la pista disponible. Es necesario un procedimiento de aterrizaje pulido, y profesional porque la fase de aterrizaje cuenta como la mayor causa de accidentes de aviación causadas por piloto que cualquier otra fase de vuelo.

Al predecir la mínima distancia de aterrizaje con los datos del AFM/POH, se deben hacer las siguientes consideraciones:

- Altitud de presión y temperatura: para definir el efecto de la altitud de densidad

- Peso bruto: define la CAS para el aterrizaje.

- Viento: gran efecto debido al viento o a la componente de viento a lo largo de la pista.

- Pendiente de la pista y condición: pequeñas correcciones para valores ordinarios de pendiente de pista, pero efecto significativo de nieve, hielo o terreno blando.

Un viento de cola de diez nudos aumenta la distancia de aterrizaje en alrededor de 21 por ciento. Un aumento de la velocidad de aterrizaje en un diez por ciento aumenta la distancia de aterrizaje un 20 por ciento. El hidroplaneo hace ineficaz el frenado hasta una disminución de la velocidad determinada por la *Figura 10-17.*

Por ejemplo, un piloto está a en tramo inicial (viento en cola) para la pista 18, y la torre le pregunta si puede aceptar la pista 27. Hay llovizna y vientos del este a diez nudos. El piloto acepta porque está aproximando por la extensión del eje central de la pista 27. El giro es cerrado y es necesario que el piloto descienda para tomar en la pista 27. Después de alinearse con la pista y a 50 pies AGL, el piloto ya se encuentra 300 metros dentro de la pista de 1.050 metros. La velocidad todavía es alta en aproximadamente diez por ciento (debe estar a 70 nudos y está a unos 80 nudos). El viento de diez nudos sopla desde atrás.

En primer lugar, la velocidad estando alta en un diez por ciento (80 nudos frente a 70 nudos), tal como se presenta en el capítulo de performance, resulta en un aumento del 20 por ciento en la distancia de aterrizaje. En la planificación de performance, el piloto determina que a 70 nudos, la distancia será de 480 metros. Sin embargo, ahora se incrementa un 20 por ciento y la distancia necesaria es de 580 metros.

La distancia de aterrizaje revisada de 580 metros también se ve afectada por el viento. Observando la *Figura 10-18,* el efecto del viento es un 20 por ciento adicional por cada diez millas por hora (mph) de viento. Esto no se calcula en la estimación original sino en la estima basada en la velocidad aumentada. Ahora la distancia de aterrizaje se incrementa en otros 100 metros para un requerimiento total de 680 metros para aterrizar el avión después de alcanzar 50 pies AGL.

Esto es la estimación original de 480 en las condiciones previstos más los adicionales 200 metros por exceso de velocidad y viento de cola. Habiendo el piloto sobrepasado el umbral por 300 metros, la longitud total requerida es de 980 metros en una pista 1.050; 70 metros de sobra. Pero esto es en un ambiente perfecto. La mayoría de los pilotos se ponen nerviosos cuando el final de pista está frente a ellos justo adelante. Una reacción típica del piloto es frenar; y frenar fuerte. Debido a que la aeronave no tiene características de frenado antibloqueo, como un auto, los frenos se bloquean, y la aeronave hidroplanéa en la superficie mojada de la pista hasta que baja a una velocidad de 54 nudos (la raíz cuadrada de la presión de los neumáticos $\sqrt{36 \times 9}$) .El frenado es ineficaz cuando hidroplanéa.

Los 70 metros que el piloto puede sentir que le sobran se evaporaron cuando la aeronave hidroplaneó los primeros 90-150 metros cuando los frenos se bloquearon. Este es un ejemplo de una historia real, pero que sólo cambia de año a año debido a nuevos participantes y aeronaves con diferentes matrículas.

En este ejemplo, el piloto realmente tomó muchas malas decisiones. Las malas decisiones, cuando se combinan, tienen una sinergia mayor que los errores individuales. Por lo tanto, las acciones correctivas se hacen cada vez más grandes hasta que la corrección es casi imposible.

Velocidades de performance

Velocidad verdadera (TAS): la velocidad de la aeronave en relación con la masa de aire en la que vuela.

Velocidad indicada (IAS): la velocidad de la aeronave, observada en el ASI. Es la velocidad sin corrección por errores del indicador, posición (o instalación), o compresibilidad.

Velocidad calibrada (CAS): la lectura del ASI corregida por errores de posición (o instalación), y del instrumento. (CAS es igual a TAS a nivel del mar en atmósfera estándar.) El código de colores para diferentes velocidades de diseño marcadas en el ASI puede ser IAS o CAS.

Velocidad equivalente (EAS): la lectura del ASI corregida por errores de posición (o instalación), del instrumento, y por el flujo compresible adiabático para la altitud particular. (EAS es igual al CAS a nivel del mar en atmósfera estándar.)

V_{S0}: la velocidad calibrada de pérdida sin potencia o velocidad mínima de vuelo estable a la cual la aeronave es controlable en configuración de aterrizaje.

V_{S1}: la velocidad calibrada de pérdida sin potencia o velocidad mínima de vuelo estable a la cual la aeronave es controlable en una configuración especificada.

V_Y: la velocidad a la cual la aeronave obtiene el máximo incremento en altitud por unidad de tiempo. Esta velocidad de mejor tasa de ascenso normalmente disminuye un poco con la altitud.

V_X: la velocidad a la cual la aeronave obtiene la mayor altitud en una distancia horizontal dada. Esta velocidad de mejor ángulo de ascenso normalmente aumenta un poco con la altitud.

V_{LE}: la máxima velocidad a la cual el avión puede volar seguro con el tren de aterrizaje extendido. Es un problema que involucra estabilidad y controlabilidad.

V_{LO}: la máxima velocidad a la que puede ser extendido o retraído el tren de aterrizaje con seguridad. Es un problema que involucra las cargas de aire impuestas sobre el mecanismo de operación durante la extensión o retracción del tren.

V_{FE}: la mayor velocidad permitida con los flaps en una posición extendida prescrita. Esto es debido a las cargas de aire impuestas a la estructura de los flaps.

V_A: la velocidad de maniobra de diseño calibrada. Esta es la máxima velocidad a la cual puede ser impuesta la carga límite (ya sea por ráfagas o desviación completa de las superficies de control) sin causar daño estructural. Operar en o debajo de la velocidad de maniobra no proporciona protección estructural contra deflexiones completas de múltiples controles en un eje o deflexión completa de controles en más de un eje al mismo tiempo.

V_{NO}: la velocidad máxima para la operación normal o la velocidad máxima estructural de crucero. Esta es la velocidad a la cual exceder el factor de carga límite puede causar una deformación permanente en la estructura de la aeronave.

V_{NE}: la velocidad que *nunca* debe ser excedida. Si se intenta el vuelo por encima de esta velocidad, pueden resultar daño estructural o falla estructural.

Gráficos de performance

Los gráficos de performance permiten a un piloto predecir la performance el despegue, ascenso, crucero y aterrizaje de un avión. Estos gráficos, provistos por el fabricante, se incluyen en el AFM/POH. La información que el fabricante ofrece en estos gráficos han sido recopilados en vuelos de prueba realizados en un avión nuevo, en condiciones de operación normales usando habilidades de pilotaje promedio, y con la aeronave y el motor en buen estado de funcionamiento. Los ingenieros registran los datos de vuelo y crean gráficos de performance basados en el comportamiento de la aeronave durante los vuelos de prueba. Mediante el uso de estos gráficos de performance, un piloto puede determinar la longitud de pista necesaria para el despegue y aterrizaje, la cantidad de combustible que se utilizará durante el vuelo, y el tiempo necesario para llegar a destino. Es importante recordar que los datos de los gráficos no serán precisos si la aeronave no está en buen estado de funcionamiento o cuando se opere en condiciones adversas. Siempre considere la necesidad de compensar las cifras de rendimiento si la aeronave no está en buen estado de funcionamiento o las habilidades de pilotaje están por debajo de la media. Cada aeronave se desempeña de manera diferente y, por lo tanto, tiene diferentes números de performance. Calcule la performance del avión antes de cada vuelo, ya que cada vuelo es diferente

Cada gráfico se basa en ciertas condiciones y contiene notas sobre cómo adaptar la información para las condiciones de vuelo. Es importante leer cada gráfico y entender cómo usarlo. Lea las instrucciones provistas por el fabricante. Para una explicación sobre cómo utilizar los gráficos, consulte el ejemplo proporcionado por el fabricante para ese gráfico específico. *[Figura 10-19]*

La información que los fabricantes proporcionan no está estandarizada. La información puede estar contenida en forma de tabla, y otra información puede estar contenida en forma de gráfico. A veces los gráficos combinados incorporan dos o más gráficos en uno para compensar las múltiples condiciones de vuelo. Los gráficos combinados permiten al piloto predecir el rendimiento del avión para variaciones en la altitud de densidad, peso, y vientos, todo en un solo gráfico. Debido a la gran cantidad de información que se puede extraer de este tipo de gráfico, es importante ser muy preciso en la lectura de este. Un pequeño error en el inicio puede conducir a un gran error al final.

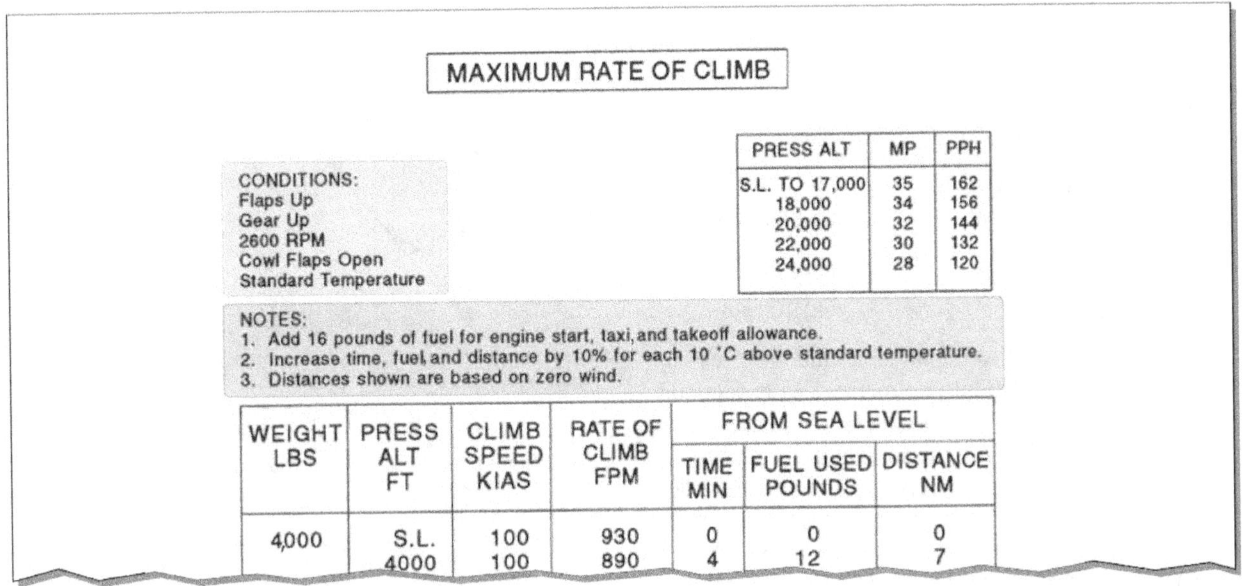

WEIGHT LBS	PRESS ALT FT	CLIMB SPEED KIAS	RATE OF CLIMB FPM	FROM SEA LEVEL		
				TIME MIN	FUEL USED POUNDS	DISTANCE NM
4,000	S.L.	100	930	0	0	0
	4000	100	890	4	12	7

Figura 10-19. *Notas de las condiciones de una tabla.*

El resto de esta sección cubre la información de rendimiento de las aeronaves en general y analiza la información que contienen los gráficos y de cómo extraer la información por lectura directa y con métodos de interpolación. Cada gráfica contiene una gran cantidad de información que se debe utilizar cuando al planificar el vuelo. Los ejemplos analizan las tablas, gráficas y formatos gráficos combinados para todos los aspectos del vuelo.

Interpolación

No toda la información se extrae fácilmente de los gráficos. Algunas gráficas requieren interpolación para encontrar la información en condiciones de vuelo específicas. Interpolar información significa que tomando la información conocida, un piloto puede calcular la información intermedia. Sin embargo, a veces el piloto redondea los valores de las gráficas a una cifra más conservadora.

El uso de valores que reflejan condiciones un poco más adversas proporcionan una estimación razonable de la información de rendimiento y le da un pequeño margen de seguridad. La siguiente ilustración es un ejemplo de interpolado de información de una tabla de distancias de despegue. *[Figura 10-20]*

Condiciones:
Flaps 10°
Máx. potencia al soltar frenos
Pista pavimentada a nivel
Viento cero

DISTANCIA DE DESPEGUE
PESO MÁXIMO 2.400 LIBRAS

Peso (libras)	Vel. despegue KIAS Al despegue	Vel. despegue KIAS A 50 pies	Altitud de presión (pies)	0 °C Carrera (pies)	0 °C Dist. total para evitar OBS de 50 pies	10 °C Carrera (pies)	10 °C Dist. total para evitar OBS de 50 pies	20 °C Carrera (pies)	20 °C Dist. total para evitar OBS de 50 pies	30 °C Carrera (pies)	30 °C Dist. total para evitar OBS de 50 pies	40 °C Carrera (pies)	40 °C Dist. total para evitar OBS de 50 pies
2,400	51	56	S.L.	795	1,460	860	1,570	925	1,685	995	1,810	1,065	1,945
			1,000	875	1,605	940	1,725	1,015	1,860	1,090	2,000	1,170	2,155
			2,000	960	1,770	1,035	1,910	1,115	2,060	1,200	2,220	1,290	2,395
			3,000	1,055	1,960	1,140	2,120	1,230	2,295	1,325	2,480	1,425	2,685
			4,000	1,165	2,185	1,260	2,365	1,355	2,570	1,465	2,790	1,575	3,030
			5,000	1,285	2,445	1,390	2,660	1,500	2,895	1,620	3,160	1,745	3,455
			6,000	1,425	2,755	1,540	3,015	1,665	3,300	1,800	3,620	1,940	3,990
			7,000	1,580	3,140	1,710	3,450	1,850	3,805	2,000	4,220	- - -	- - -
			8,000	1,755	3,615	1,905	4,015	2,060	4,480	- - -	- - -	- - -	- - -

Para encontrar la distancia de despegue para una altitud de presión de 2.500 pies a 20 °C, promediar la carrera para 2.000 pies y 3.000 pies.

$$\frac{1.115 + 1.230}{2} = 1.173 \text{ pies}$$

Figura 10-20. *Interpolación de tablas.*

Gráficos de altitud de densidad

Use un gráfico de altitud de densidad para calcular la altitud de densidad en el aeropuerto de salida. Usando la *Figura 10-21*, determine la altitud de densidad basándose en la información proporcionada.

Problema de ejemplo 1

Elevación de aeródromo.................... 5.883 pies

OAT... 21 °C

Altímetro... 30,10 "Hg

Primero, calcule la conversión de altitud de presión. Encuentre 30,10 bajo el título altímetro. Lea la segunda columna. Dice "-165". Por lo tanto, es necesario restar 165 de la elevación del aeropuerto dando una altitud de presión de 5.718 pies. Luego, busque la temperatura del aire exterior en la escala de la parte inferior del gráfico. Desde 21°, trace una línea hasta la línea de 5.718 pies de altitud de presión, que está alrededor de dos tercios entre las líneas de 5.000 y 6.000 pies. Trace una línea recta hacia el lado izquierdo de la gráfica y lea la altitud de densidad aproximada. La altitud de densidad aproximada en miles de pies es 7.700 pies.

Gráficos de despegue

Los gráficos de despegue se proporcionan típicamente en varias formas y permiten a un piloto calcular la distancia de despegue de la aeronave sin flaps o con una configuración específica de flaps. Un piloto también puede calcular la distancia para un despegue sin flaps con un obstáculo de 50 pies, así como con flaps sobre un obstáculo de 50 pies. La tabla de distancia de despegue provee para varios pesos diferentes, altitudes, temperaturas, vientos, y alturas de obstáculos.

Problema de ejemplo 2

Altitud de presión................................ 2.000 pies

OAT... 22 °C

Peso al despegue.............................. 2.600 libras

Viento de frente................................. 16 nudos

Altura de obstáculo.............................. 50 pies

Observe la *Figura 10-22*. Este cuadro es un ejemplo de un gráfico combinado de distancia de despegue. Toma en cuenta la altitud de presión, temperatura, peso, viento y obstáculos, todo en un gráfico. Primero, encuentre la temperatura correcta en la parte inferior izquierda de la gráfica. Siga la línea desde 22° C hacia arriba hasta que cruza la línea de 2,000 pies de altitud. Desde ese punto, trace una línea recta hasta la primera línea gruesa de referencia. Continúe trazando la línea desde el punto de referencia en diagonal siguiendo las líneas circundantes hasta que cruce la línea de peso correspondiente. Desde la intersección de 2.600 libras, dibuje una línea recta hasta llegar a la segunda línea de

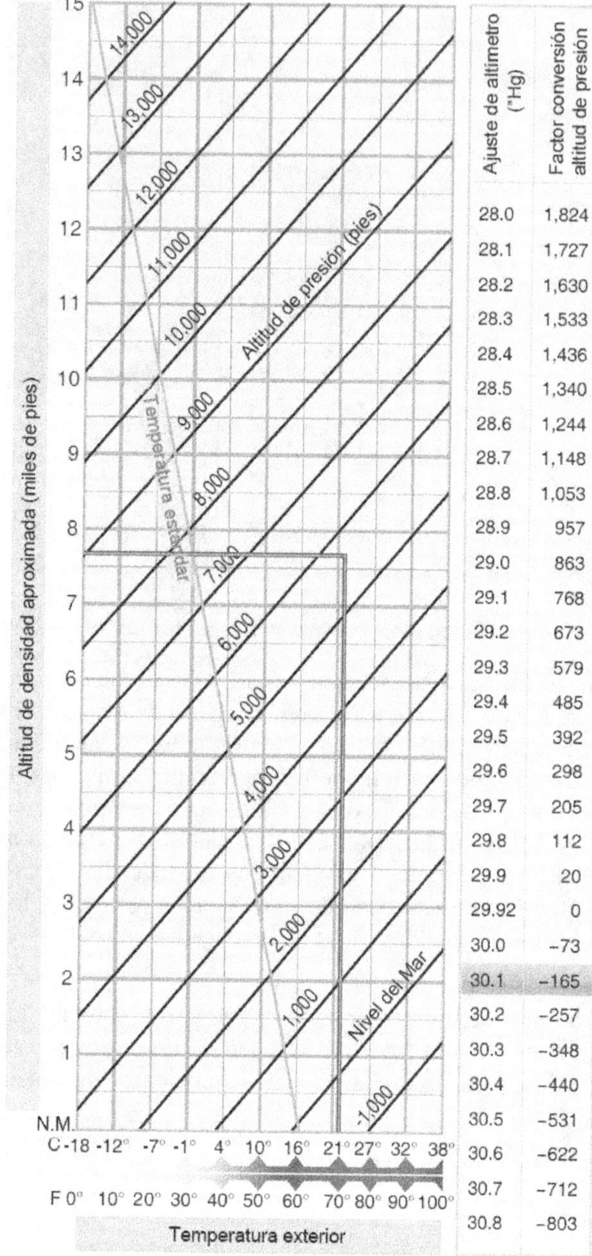

Ajuste de altímetro ("Hg)	Factor conversión altitud de presión
28.0	1,824
28.1	1,727
28.2	1,630
28.3	1,533
28.4	1,436
28.5	1,340
28.6	1,244
28.7	1,148
28.8	1,053
28.9	957
29.0	863
29.1	768
29.2	673
29.3	579
29.4	485
29.5	392
29.6	298
29.7	205
29.8	112
29.9	20
29.92	0
30.0	−73
30.1	−165
30.2	−257
30.3	−348
30.4	−440
30.5	−531
30.6	−622
30.7	−712
30.8	−803

Figura 10-21. *Gráfico de altitud de densidad.*

referencia. De nuevo, siga las líneas en forma diagonal hasta que alcanza la marca de dieciséis nudos de viento en contra. Siga recto hasta la tercera línea de referencia y a partir de aquí, trace una línea en dos direcciones. Primero, trace una línea recta para saber la carrera de despegue. A continuación, siga las líneas diagonales de nuevo hasta que alcanza la altura del obstáculo. En este caso, se trata de un obstáculo de 50 pies. Por lo tanto, trace la línea diagonal hasta el extremo de la gráfica. Esto resulta en una carrera de 700 pies y una distancia total de 1.400 pies sobre un obstáculo de 50 pies. Para encontrar las correspondientes velocidades de despegue

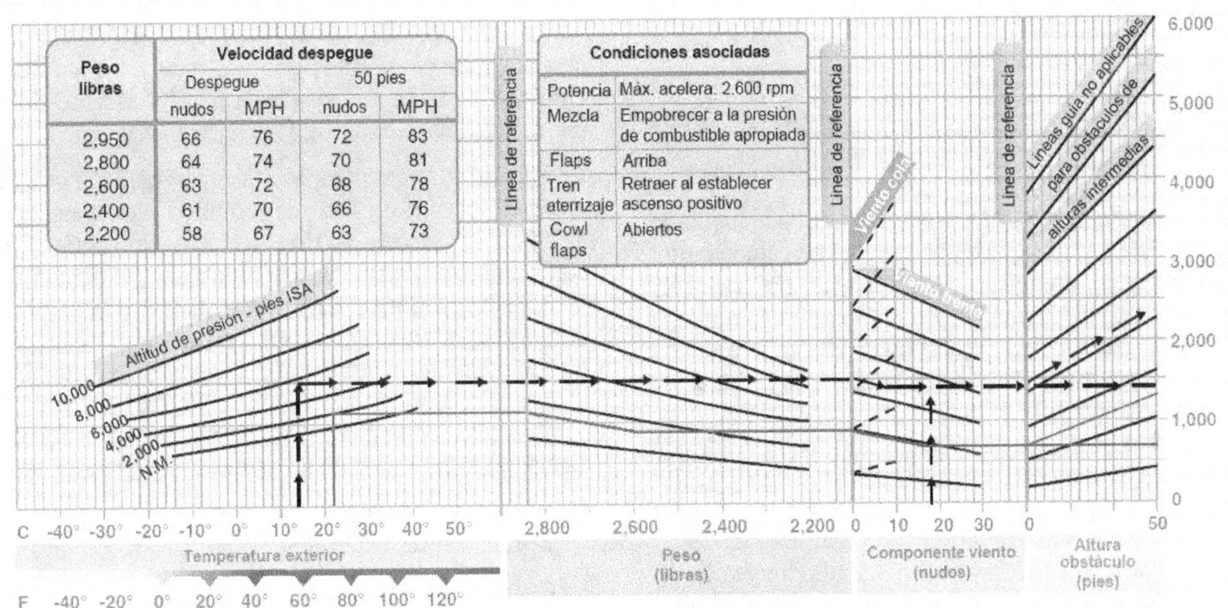

Figura 10-22. *Gráfico de distancia de despegue.*

y sobre obstáculo de 50 pies, consulte la tabla en la parte superior de la gráfica. En este caso, la velocidad de despegue con 2.600 libras sería 63 nudos y sobre el obstáculo de 50 pies sería 68 nudos.

DISTANCIA DE DESPEGUE
PESO MÁXIMO 2.400 LIBRAS
CAMPO CORTO

Notas

1. Previo al despegue desde pistas a mas de 3.000 pies de altitud, empobrecer la mezcla para máximas rpm a máx. acelerador.
2. Disminuir distancia 10% por cada 9 nudos de viento de frente. Para operación con viento de cola hasta 10 nudos, incrementar distancia 10% por cada 2 nudos.
3. Para operación en pista de pasto seco, incrementar distancia 15% a la carrera.

Peso (libras)	Vel. despegue KIAS Al despegue	A 50 pies	Altitud de presión (pies)	0 °C Carrera (pies)	0 °C Dist. total para evitar OBS de 50 pies	10 °C Carrera (pies)	10 °C Dist. total para evitar OBS de 50 pies	20 °C Carrera (pies)	20 °C Dist. total para evitar OBS de 50 pies	30 °C Carrera (pies)	30 °C Dist. total para evitar OBS de 50 pies	40 °C Carrera (pies)	40 °C Dist. total para evitar OBS de 50 pies
2,400	51	56	S.L.	795	1,460	860	1,570	925	1,685	995	1,810	1,065	1,945
			1,000	875	1,605	940	1,725	1,015	1,860	1,090	2,000	1,170	2,155
			2,000	960	1,770	1,035	1,910	1,115	2,060	1,200	2,220	1,290	2,395
			3,000	1,055	1,960	1,140	2,120	1,230	2,295	1,325	2,480	1,425	2,685
			4,000	1,165	2,185	1,260	2,365	1,355	2,570	1,465	2,790	1,575	3,030
			5,000	1,285	2,445	1,390	2,660	1,500	2,895	1,620	3,160	1,745	3,455
			6,000	1,425	2,755	1,540	3,015	1,665	3,300	1,800	3,620	1,940	3,990
			7,000	1,580	3,140	1,710	3,450	1,850	3,805	2,000	4,220	- - -	- - -
			8,000	1,755	3,615	1,905	4,015	2,060	4,480		- - -	- - -	- - -
2,200	49	54	S.L.	650	1,195	700	1,280	750	1,375	805	1,470	865	1,575
			1,000	710	1,310	765	1,405	825	1,510	885	1,615	950	1,735
			2,000	780	1,440	840	1,545	905	1,660	975	1,785	1,045	1,915
			3,000	855	1,585	925	1,705	995	1,835	1,070	1,975	1,150	2,130
			4,000	945	1,750	1,020	1,890	1,100	2,040	1,180	2,200	1,270	2,375
			5,000	1,040	1,945	1,125	2,105	1,210	2,275	1,305	2,465	1,405	2,665
			6,000	1,150	2,170	1,240	2,355	1,340	2,555	1,445	2,775	1,555	3,020
			7,000	1,270	2,440	1,375	2,655	1,485	2,890	1,605	3,155	1,730	3,450
			8,000	1,410	2,760	1,525	3,015	1,650	3,305	1,785	3,630	1,925	4,005
2,000	46	51	S.L.	525	970	565	1,035	605	1,110	650	1,185	695	1,265
			1,000	570	1,060	615	1,135	665	1,215	710	1,295	765	1,385
			2,000	625	1,160	675	1,240	725	1,330	780	1,425	840	1,525
			3,000	690	1,270	740	1,365	800	1,465	860	1,570	920	1,685
			4,000	755	1,400	815	1,500	880	1,615	945	1,735	1,015	1,865
			5,000	830	1,545	900	1,660	970	1,790	2,145	1,925	1,120	2,070
			6,000	920	1,710	990	1,845	1,070	1,990	2,405	2,145	1,235	2,315
			7,000	1,015	1,900	1,095	2,055	1,180	2,225	2,715	2,405	1,370	2,605
			8,000	1,125	2,125	1,215	2,305	1,310	2,500	1,410	2,715	1,520	2,950

Figura 10-23. *Tabla de carrera de despegue en pista corta.*

Problema de ejemplo 3

Altitud de presión……………………… 3.000 pies

OAT……………………………………… 30 °C

Peso de despegue…………………… 2.400 libras

Viento de frente…………………… 18 nudos

Observe la *Figura 10-23*. Este gráfico es un ejemplo de una tabla de distancia de despegue para un campo corto. Para está tabla, primero encuentre el peso de despegue. Ubicado en 2.400 libras, empiece a leer desde izquierda a derecha. La velocidad de despegue está en la segunda columna y, en la tercera columna bajo altitud de presión, encuentre la altitud de presión de 3.000 pies. Con cuidado siga esa línea hacia la derecha hasta que esté en la columna correcta de temperatura de 30 °C. La carrera de despegue total dice 1.325 pies y el total requerido para evitar un obstáculo de 50 pies es 2.480 pies. En este punto, hay un viento de frente de 18 nudos. De acuerdo con las notas bajo el punto número dos, la distancia disminuye un diez por ciento por cada 9 nudos de viento de frente. Con un viento de frente de 18 nudos, es necesario disminuir la distancia un 20 por ciento. Multiplique 1.325 pies por 20 por ciento (1.325 x 0,20 = 265), reste el producto de la distancia total (1.325 - 265 = 1.060).Repetir este proceso para la distancia total sobre un obstáculo de 50 pies. La carrera en tierra es de 1.060 pies y la distancia total sobre un obstáculo de 50 pies es de 1.984 pies.

Gráficos de ascenso y crucero

La información de los gráficos de ascenso y crucero se basan en pruebas de vuelo reales llevadas a cabo en una aeronave del mismo tipo. Esta información es extremadamente útil cuando se planifica una travesía para predecir el rendimiento y el consumo de combustible de la aeronave. Los fabricantes producen varios gráficos diferentes para la performance de ascenso y crucero. Estos gráficos incluyen todo desde combustible, tiempo y distancia para el ascenso, hasta mejor potencia de crucero, y alcance en crucero.

El primer gráfico para verificar la performance de ascenso es un gráfico de combustible, tiempo, y distancia de ascenso. Este le dará la cantidad de combustible utilizado durante el ascenso, el tiempo que se necesita para ascender, y la distancia que recorrerá durante el ascenso. Para usar este gráfico, obtenga la información del aeropuerto de salida y la altitud de crucero. Usando la *Figura 10-24*, calcule el combustible, el tiempo, y la distancia para ascender basado en la información provista.

Problema de ejemplo 4

Altitud de presión en aeródromo……… 6.000 pies

OAT en aeródromo……………………… 25 °C

Altitud de Presión de crucero………… 10.000 pies

OAT en crucero………………………… 10 °C

Primero, encuentre la información para el aeropuerto de salida. Encuentre la OAT para el aeropuerto de salida a lo largo de la parte inferior, en el lado izquierdo de la gráfica. Siga la línea de 25 °C verticalmente hasta que corte la línea correspondiente a la altitud de presión de 6.000 pies. Continue línea en forma horizontal hasta que cruce las tres líneas de combustible, tiempo y distancia. Dibuje una línea recta hacia abajo desde la intersección de altitud y combustible, altitud y tiempo, y una tercera línea desde altitud y distancia. Se debería leer tres y medio galones de combustible, 6,5 minutos de tiempo y nueve NM. A continuación, repita los pasos para encontrar la información de la altitud de crucero.

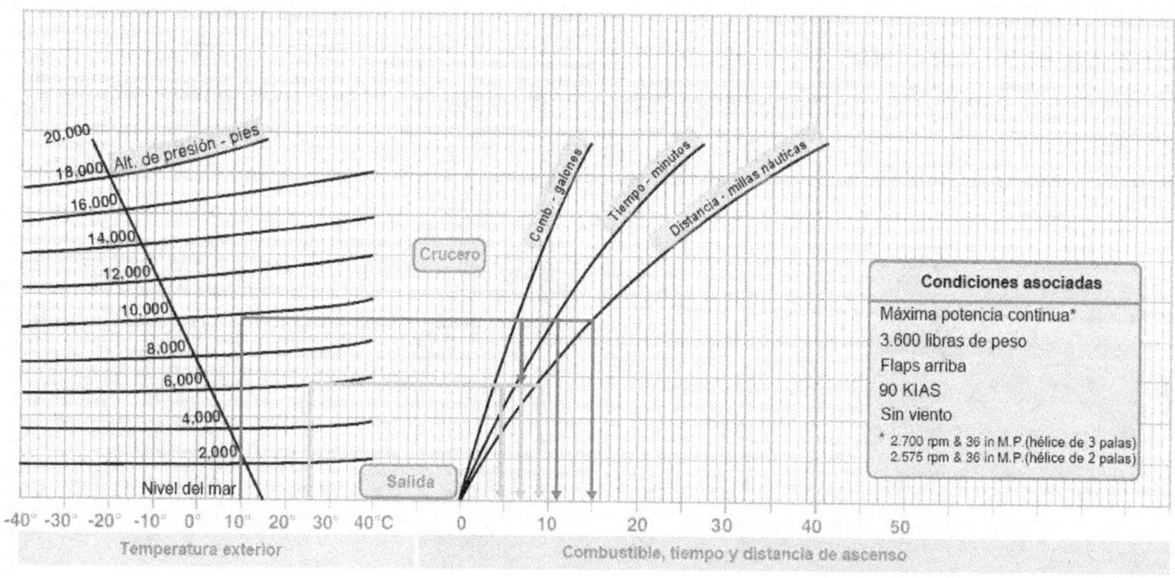

Figura 10-24. *Gráfico de combustible tiempo y distancia para el ascenso.*

Debe leer seis y medio galones de combustible, 11,5 minutos de tiempo, y 15 NM. Tome cada conjunto de números para el combustible, el tiempo, y la distancia y reste unos de otros (6,5-3,5=3 galones de combustible). Tomará tres galones de combustible y 5 minutos de tiempo para subir a 10.000 pies. Durante ese ascenso, la distancia recorrida es de seis NM. Recuerde, de acuerdo con las notas en la parte superior del gráfico, estas cifras no tienen en cuenta el viento, y se supone que utiliza la máxima potencia continua.

El siguiente ejemplo es una tabla de combustible, tiempo y distancia en ascenso. Para esta tabla, utilice el mismo criterio básico que con el gráfico anterior. Sin embargo, es necesario calcular la información de una manera diferente. Observe la *Figura 10-25* para trabajar el problema del ejemplo siguiente.

Problema de ejemplo 5

Altitud de presión del aeródromo.....Nivel del mar.

OAT aeródromo de salida.......................... 22 °C

Altitud de Presión en crucero............... 8.000 pies

Peso al despegue................................ 3.400 libras

Para empezar, encuentre el peso de 3.400 en la primera columna de la tabla. Muévase por la columna de la altitud de presión para encontrar los números de altitud al nivel del mar. Al nivel del mar, los números son cero. Luego, lea la línea que corresponde con la altitud de crucero de 8.000 pies. Normalmente, un piloto resta estas dos series de números uno del otro, pero dado el hecho de que al nivel del mar los números son cero, se sabe que el tiempo para ascender desde el nivel del mar a 8.000 pies es de 10 minutos. También se sabe que se usarán 21 libras de combustible y se cubrirán 20 NM durante el ascenso. Sin embargo, la temperatura es de 22 °C, que es 7° por encima de la temperatura estándar de 15 °C. La sección de notas de la tabla indica que los resultados se deben aumentar en diez por ciento por cada 7° por encima del estándar. Multiplique los resultados por diez por ciento o 0,10 (10 x 0,10 = 1,1 + 10 = 11 minutos). Tras tener en cuenta el diez por ciento adicional, los resultados deben ser 11 minutos, 23,1 libras de combustible y 22 NM. Observe que el combustible se reporta en libras de combustible, no en galones. El combustible de aviación pesa seis libras por galón, así que 23,1 libras de combustible es igual a 3,85 galones de combustible (23,1 ÷ 6 = 3,85).

El siguiente ejemplo es una tabla de performance de crucero y alcance. Este tipo de tabla está diseñada para dar TAS, consumo de combustible, autonomía en horas, y alcance en millas en configuraciones de crucero específicas. Use la *Figura 10-26* para determinar la performance de crucero y alcance bajo las condiciones dadas.

| | | | Desde nivel del mar | | |
Peso (libras)	ALT presión (pies)	Veloc. de ascenso PPM	Tiempo (minutos)	Comb. usado (libras)	Distancia (millas nauticas)
4,000	N.M.	605	0	0	0
	4,000	570	7	14	13
	8,000	530	14	28	27
	12,000	485	22	44	43
	16,000	430	31	62	63
	20,000	365	41	82	87
3,700	N.M.	700	0	0	0
	4,000	665	6	12	11
	8,000	625	12	24	23
	12,000	580	19	37	37
	16,000	525	26	52	53
	20,000	460	34	68	72
	N.M.	810	0	0	0
	4,000	775	5	10	9
3,400	8,000	735	10	21	20
	12,000	690	16	32	31
	16,000	635	22	44	45
	20,000	565	29	57	61

Figura 10-25. *Combustible tiempo y distancia en ascenso.*

Problema de ejemplo 6

Altitud de presión.............................. 5.000 pies

RPM.. 2.400 rpm

Capacidad de combustible..... 38 galones, sin reserva

Encuentre la altitud de presión de 5.000 pies en la primera columna en el lado izquierdo de la tabla. Luego, encuentre las rpm correctas de 2.400 en la segunda columna. Sigue esa línea y lea la TAS de 116 mph y un flujo de combustible de 6,9 galones por hora. Según el ejemplo, el avión está equipado con una capacidad de carga de combustible 38 galones. En esta columna, lea que la autonomía es de 5,5 horas y el alcance de 635 millas.

Las tablas de potencia de crucero son útiles al planificar vuelos de travesía. La tabla proporciona la potencia de crucero correcta, así como el flujo de combustible y los números de performance de velocidad a esa altitud.

Problema de ejemplo 7

Altitud de presión en crucero................. 6.000 pies

OAT............................... 20 °C sobre el estándar

Consulte la *Figura 10-27* para este problema de ejemplo. Primero, localice la altitud de presión de 6.000 pies en el lado izquierdo de la tabla. Siga esa línea hacia el extremo derecho de la tabla, bajo la columna de 20 °C (o 36 °F). A 6.000 pies, un ajuste de rpm de 2.450 mantendrá 65 por ciento de potencia continua a 21,0

ALT	RPM	% BHP	TAS MPH	GAL/ Hora	38 gal (sin reserva)		48 gal (sin reserva)	
					Auton. horas	Alcan. millas	Auton. horas	Alcan. millas
2,500	2.700	86	134	9.7	3.9	525	4.9	660
	2,600	79	129	8.6	4.4	570	5.6	720
	2,500	72	123	7.8	4.9	600	6.2	760
	2,400	65	117	7.2	5.3	620	6.7	780
	2,300	58	111	6.7	5.7	630	7.2	795
	2,200	52	103	6.3	6.1	625	7.7	790
5,000	2,700	82	134	9.0	4.2	565	5.3	710
	2,600	75	128	8.1	4.7	600	5.9	760
	2,500	68	122	7.4	5.1	625	6.4	790
	2,400	61	116	6.9	5.5	635	6.9	805
	2,300	55	108	6.5	5.9	635	7.4	805
	2,200	49	100	6.0	6.3	630	7.9	795
7,500	2,700	78	133	8.4	4.5	600	5.7	755
	2,600	71	127	7.7	4.9	625	6.2	790
	2,500	64	121	7.1	5.3	645	6.7	810
	2,400	58	113	6.7	5.7	645	7.2	820
	2,300	52	105	6.2	6.1	640	7.7	810
10,000	2,650	70	129	7.6	5.0	640	6.3	810
	2,600	67	125	7.3	5.2	650	6.5	820
	2,500	61	118	6.9	5.5	655	7.0	830
	2,400	55	110	6.4	5.9	650	7.5	825
	2,300	49	100	6.0	6.3	635	8.0	800

Figura 10-26. *Performance de crucero y alcance.*

"Hg con un flujo de combustible de 11,5 galones por hora y velocidad de 161 nudos.

Otro tipo de gráfico de crucero es el de alcance con ajuste de mezcla para potencia óptima. Este gráfico ofrece el mejor alcance basado en la potencia y la altitud. Usando la *Figura 10-28*, encuentre el alcance al 65 por ciento de potencia, con y sin reserva basado en las condiciones provistas.

Problema de ejemplo 8

OAT...Estándar

Altitud de presión.............................. 5.000 pies

Primero, muévase hacia arriba del lado izquierdo del gráfico a 5.000 pies y temperatura estándar. Siga una línea horizontal hasta que corte la línea de 65 por ciento en las categorías con reserva y sin reserva. Dibuje una línea vertical hacia abajo en las dos secciones hasta la parte inferior del gráfico. Al 65 por ciento de potencia con reserva, el alcance es aproximadamente de 522 millas. Al 65 por ciento de potencia sin reserva, el alcance debe ser de 581 millas.

El último gráfico de crucero es uno de performance de crucero. Este gráfico está diseñado para mostrar la TAS de la aeronave en función de la altitud, la temperatura, y ajuste de la potencia. Usando la *Figura 10-29*, encuentre la TAS basado en la información dada.

Problema de ejemplo 9

OAT... 16 °C

Altitud de presión.............................. 6.000 pies

Potencia................ 65 por ciento, mejor potencia

Carenados de Ruedas......................no instalados

Comience encontrando la OAT en la parte inferior izquierda del gráfico. Suba por esa línea hasta que se cruza con la presión altitud de 6.000 pies. Dibuje una línea recta hasta la de 65 por ciento, línea de mejor potencia. Hasta la línea continua, la cual representa la mejor economía. Trace una línea desde aquí hacia la parte inferior del gráfico. La TAS a mejor potencia de 65 por ciento es de 140 nudos. Sin embargo, es necesario restar 8 nudos de la velocidad ya que no hay carenados de ruedas. Esta nota aparece en el título y

POTENCIA DE CRUCERO
65% MAXIMA POTENCIA CONTINUA (O MAXIMO ACELERADOR)
2.800 LIBRAS

ALT Presión	ISA -20° (-36 °F)								Dia estandar (ISA)								ISA +20° (+36 °F)							
	IOAT		Vel. motor	Pres. Man.	Flujo comb. por motor		TAS		IOAT		Vel. motor	Pres. Man.	Flujo comb. por motor		TAS		IOAT		Vel. motor	Pres. Man.	Flujo comb. por motor		TAS	
	°F	°C	RPM	" HG	PSI	GPH	kts	MPH	°F	°C	RPM	" HG	PSI	GPH	kts	MPH	°F	°C	RPM	" HG	PSI	GPH	kts	MPH
N.M.	27	-3	2,450	20.7	6.6	11.5	147	169	63	17	2,450	21.2	6.6	11.5	150	173	99	37	2,450	21.8	6.6	11.5	153	176
2,000	19	-7	2,450	20.4	6.6	11.5	149	171	55	13	2,450	21.0	6.6	11.5	153	176	91	33	2,450	21.5	6.6	11.5	156	180
4,000	12	-11	2,450	20.1	6.6	11.5	152	175	48	9	2,450	20.7	6.6	11.5	156	180	84	29	2,450	21.3	6.6	11.5	159	183
6,000	5	-15	2,450	19.8	6.6	11.5	155	178	41	5	2,450	20.4	6.6	11.5	158	182	79	26	2,450	21.0	6.6	11.5	161	185
8,000	-2	-19	2,450	19.5	6.6	11.5	157	181	36	2	2,450	20.2	6.6	11.5	161	185	72	22	2,450	20.8	6.6	11.5	164	189
10,000	-8	-22	2,450	19.2	6.6	11.5	160	184	28	-2	2,450	19.9	6.6	11.5	163	188	64	18	2,450	20.3	6.5	11.4	166	191
12,000	-15	-26	2,450	18.8	6.4	11.3	162	186	21	-6	2,450	18.8	6.1	10.9	163	188	57	14	2,450	18.8	5.9	10.6	163	188
14,000	-22	-30	2,450	17.4	5.8	10.5	159	183	14	-10	2,450	17.4	5.6	10.1	160	184	50	10	2,450	17.4	5.4	9.8	160	184
16,000	-29	-34	2,450	16.1	5.3	9.7	156	180	7	-14	2,450	16.1	5.1	9.4	156	180	43	6	2,450	16.1	4.9	9.1	155	178

Figura 10-27. *Ajustes de potencia de crucero.*

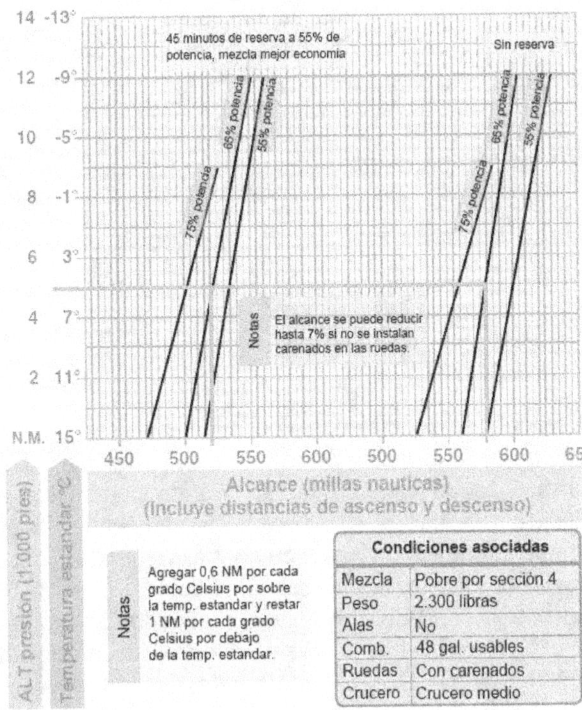

Condiciones asociadas	
Mezcla	Pobre por sección 4
Peso	2.300 libras
Alas	No
Comb.	48 gal. usables
Ruedas	Con carenados
Crucero	Crucero medio

Figura 10-28. *Alcance con ajuste de mezcla para potencia óptima*

condiciones. La TAS será de 132 nudos.

Gráfico de componentes de viento cruzado y viento de frente

Toda aeronave se prueba de acuerdo con las regulaciones antes de la certificación. El avión es probado por un piloto con habilidades de pilotaje promedio con vientos cruzados a 90°con una velocidad de hasta 0,2 V_{so} o dos décimas de la velocidad de pérdida sin potencia, tren abajo y flaps abajo. Esto significa que si la velocidad de pérdida de la aeronave es de 45 nudos, debe ser capaz de aterrizar en un viento cruzado a 90° de 9 nudos. El máximo componente de viento cruzado demostrado se publica en el AFM/POH. El gráfico de componentes de viento cruzado y viento de frente permite calcular el componente de viento de frente y cruzado para cualquier dirección y velocidad del viento dado.

Problema de ejemplo 10

Pista.. 17

Viento...................................... 140° a 25 nudos

Observe la *Figura 10-30* para resolver este problema. En primer lugar, determine los grados de diferencia que hay entre la pista y la dirección del viento. Se sabe que la pista 17 significa una dirección de 170°; de ahí restar la dirección del viento de 140°. Esto da una diferencia angular de 30°, o ángulo del viento. A continuación, busque la marca de 30° y desde allí trace una línea hasta su intersección con la velocidad del viento de 25 nudos. A partir de ahí, dibuje una línea recta vertical y una línea horizontal. La componente de viento de frente es de 22 nudos y la componente de viento cruzado es de 13 nudos. Esta información es importante en el despegue y el aterrizaje de modo que, primero que nada, puede ser elegida la pista de aterrizaje apropiada si existe más de una en un aeropuerto particular, pero también para que la aeronave no sea empujada más allá de sus límites probados.

Gráficos de aterrizaje

La performance en el aterrizaje se ve afectada por variables similares a las que afectan el rendimiento en el despegue. Es necesario compensar las diferencias de altitud de densidad, peso de la aeronave, y vientos de frente. Como los gráficos de performance de despegue, la información de la distancia de aterrizaje está disponible como información de aterrizaje normal, así como la distancia de aterrizaje sobre un obstáculo de 50

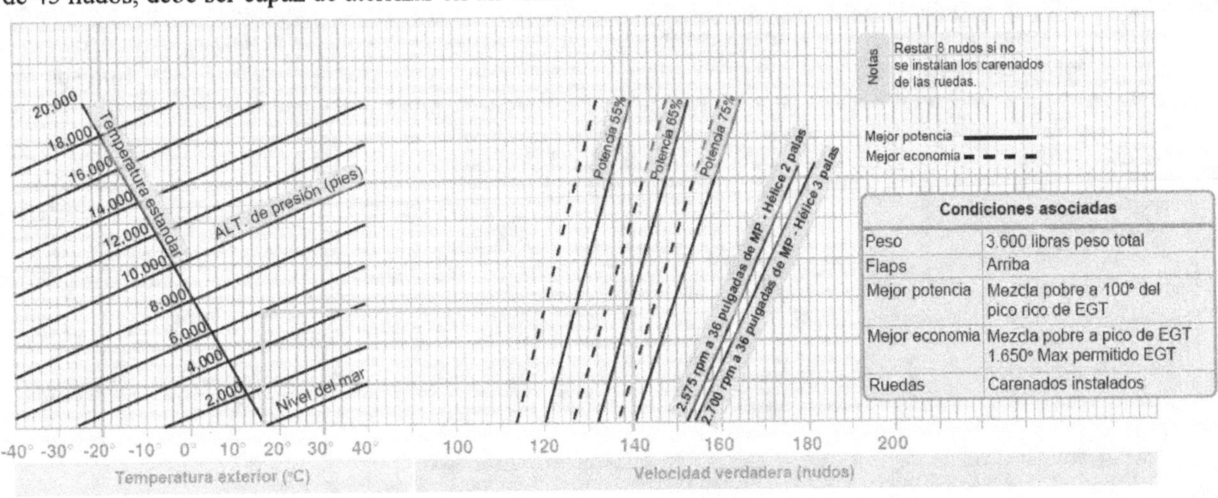

Condiciones asociadas	
Peso	3.600 libras peso total
Flaps	Arriba
Mejor potencia	Mezcla pobre a 100° del pico rico de EGT
Mejor economia	Mezcla pobre a pico de EGT 1.650° Max permitido EGT
Ruedas	Carenados instalados

Figura 10-29. *Gráfico de performance de crucero.*

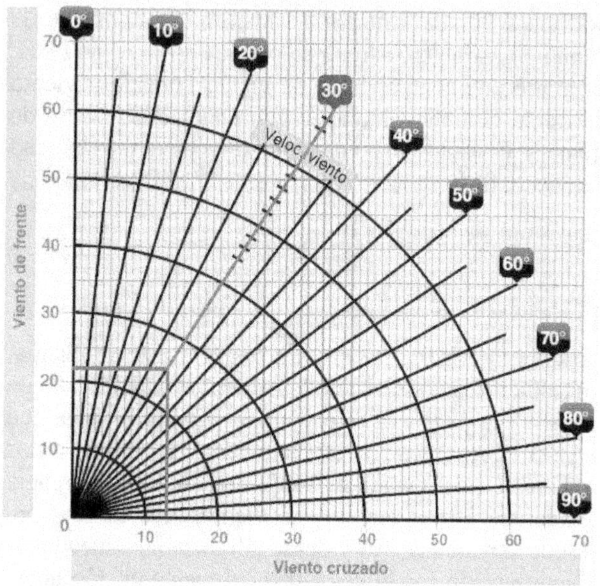

Figura 10-30. *Componente de viento cruzado.*

pies. Como de costumbre, lea las condiciones asociadas y notas a fin de determinar las bases de la información del gráfico. Recuerde, cuando calcula la distancia de aterrizaje que el peso de aterrizaje no será el mismo que el peso de despegue. El peso debe ser recalculado para compensar el combustible usado durante el vuelo.

Problema de ejemplo 11

Altitud de presión............................... 1.250 pies

Temperatura.....................................estándar

Consulte la *Figura 10-31*. Este ejemplo hace uso de la tabla de distancia de aterrizaje. Note que la altitud de 1.250 pies no se encuentra en esta tabla. Por lo tanto, es necesario interpolar para encontrar la distancia de aterrizaje correcta. La altitud de presión de 1.250 está a medio camino entre el nivel del mar y 2.500 pies. En primer lugar, busque la columna de nivel del mar y la columna de 2.500 pies. Tome la distancia total de 1.075 para el nivel del mar y la distancia total de 1.135 para 2.500 y súmelos. Divida el total por dos para obtener la

distancia para 1.250 pies. La distancia total es de 1.105 pies para evitar un obstáculo de 50 pies. Repita este proceso para obtener la carrera en el suelo para la altitud de presión. La carrera en tierra es 457,5 pies.

Problema de ejemplo 12

OAT.. 14 °C

Altitud de presión............................... 2.200 pies

Peso en aterrizaje.............................. 2.400 libras

Viento en contra.................................... 6 nudos

Altura Obstáculo.................................... 50 pies

Usando las condiciones dadas y la *Figura 10-32*, determine la distancia de aterrizaje de la aeronave. Este gráfico es un ejemplo de un gráfico combinado de distancia de aterrizaje y permite la compensación por temperatura, peso, vientos en contra, vientos de cola, y variación de la altura del obstáculo. Empiece por encontrar la OAT en el lado izquierdo del gráfico. Muévase verticalmente hasta la altitud de presión de 2.200 pies. Desde esta intersección, muévase horizontalmente hasta la primera línea gruesa de referencia. Siga las líneas de forma diagonal hasta que alcance el peso de aterrizaje correcto. A 2.400 libras, continúe en línea recta hasta la segunda línea de referencia. Una vez más, dibuje una línea en forma diagonal hasta la componente del viento correcta y luego horizontalmente hasta la tercera línea de referencia. A partir de este punto, trace una línea en dos direcciones distintas: una horizontal para calcular la carrera y una en forma diagonal hasta la altura de obstáculo correcta. Esto debería ser 900 pies para la carrera en el suelo y 1.300 pies para la distancia total sobre un obstáculo de 50 pies.

Gráficos de rendimiento de velocidad de pérdida

Los gráficos de performance de velocidad de pérdida están diseñados para proporcionar un entendimiento de la velocidad a la cual la aeronave entrará en pérdida para una configuración dada. Este tipo de tabla típicamente tiene en cuenta el ángulo de alabeo, la

| Condiciones | Flaps abajo a 40° Sin potencia Superficie de pista dura Viento cero | | DISTANCIA DE ATERRIZAJE | | | | | | | |

Peso total libras	Vel. aprox. IAS,MPH	A nivel del mar & 15 °C		A 2.500 pies & 10 °C		A 5.000 pies & 5 °C		A 7.500 pies & 0 °C	
		Carrera	Total para evitar OBS 50 pies	Carrera	Total para evitar OBS 50 pies	Carrera	Total para evitar OBS 50 pies	Carrera	Total para evitar OBS 50 pies
1,600	60	445	1,075	470	1,135	495	1,195	520	1,255

Nota
1. Decrementar las distancias un 10% por cada 4 nudos de viento de frente.
2. Incrementar la distancia un 10% por cada 15 °C de aumento de la temperatura por sobre el estandar.
3. Para operaciones sobre pista de pasto seco, incrementar las distancias (ambas) un 20% del "total para evitar obstaculo de 50 pies".

Figura 10-31. *Tabla de distancia de aterrizaje.*

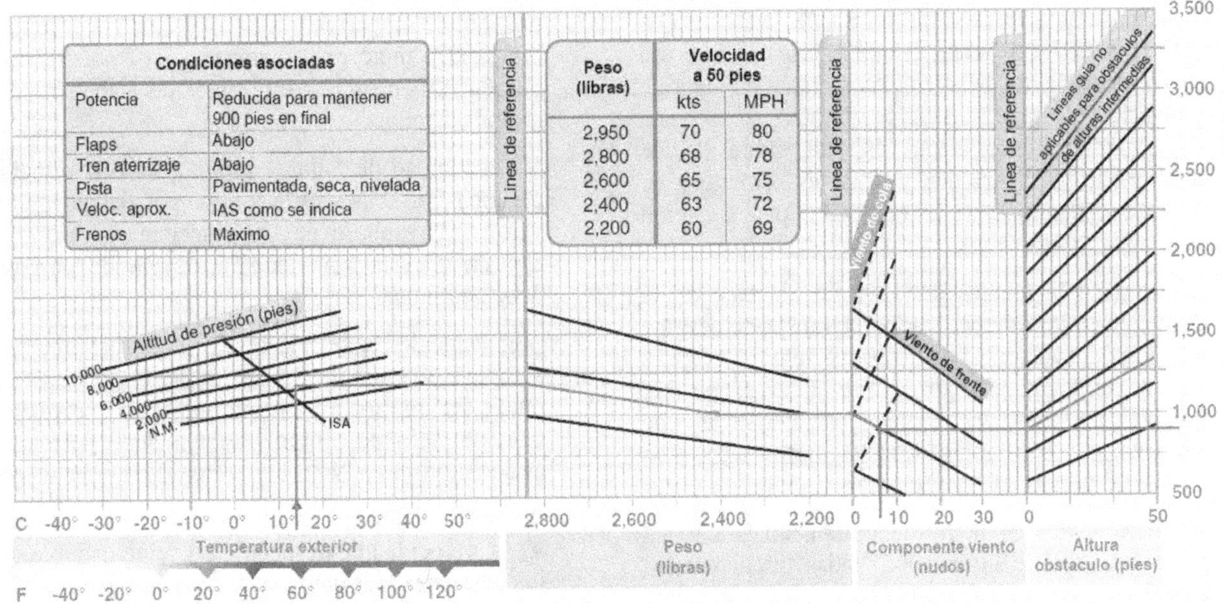

Figura 10-32. *Gráfico de distancia de aterrizaje.*

posición del tren de aterrizaje y flaps, y la posición del acelerador. Utilice la *Figura 10-33* y las condiciones que acompañan para encontrar la velocidad a la que el avión entra en pérdida.

Problema de ejemplo 13

Potencia... Sin

Flaps... Abajo

Tren aterrizaje................................... Abajo

Ángulo de alabeo.. 45°

Primero, localice la configuración correcta de flaps y tren. Se debe usar la mitad inferior de la tabla ya que el tren y los flaps están abajo. Luego, seleccione la fila correspondiente a la situación sin potencia. Ahora, encuentre la columna del ángulo de alabeo correcto, que es de 45°. La velocidad de pérdida es de 78 mph, y la velocidad de pérdida en nudos sería 68 nudos.

Los gráficos de performance proporcionan información valiosa para el piloto. Saque ventaja de estos gráficos. Un piloto puede predecir el rendimiento de la aeronave bajo la mayoría de las condiciones de vuelo, y esto permite una mejor planificación para cada vuelo. Las Regulaciones requieren que el piloto esté familiarizado con toda la información disponible antes de cualquier vuelo. Los pilotos deben utilizar la información para su ventaja, ya que sólo pueden contribuir a la seguridad en vuelo.

Peso total 2.750 libras		Ángulo de alabeo			
		Nivelado	30°	45°	60°
		Tren y flaps arriba			
Potencia · Con	MPH	62	67	74	88
	nudos	54	58	64	76
Potencia · Sin	MPH	75	81	89	106
	nudos	65	70	77	92
		Tren y flaps abajo			
Potencia · Con	MPH	54	58	64	76
	nudos	47	50	56	66
Potencia · Sin	MPH	66	71	78	93
	nudos	57	62	68	81

Figura 10-33. *Tabla de velocidades de pérdida.*

Performance de aeronaves en Categoría de Transporte

Las aeronaves de categoría de transporte tienen otras regulaciones. Las normas de certificación de aeronavegabilidad requieren niveles probados de rendimiento y garantizar los márgenes de seguridad para estas aeronaves, independientemente de las regulaciones de operación específicas en las que se emplean.

Principales diferencias en los requisitos de rendimiento entre categoría de transporte contra la categoría que no son de transporte

- Consideración total de la temperatura: todos los gráficos de rendimiento de aeronaves en categoría transporte exigen que la performance de despegue y ascenso sea calculada considerando todos los efectos de la temperatura.

- Performance de ascenso expresada como gradiente de ascenso porcentual: la performance de ascenso de aeronaves en categoría de transporte se expresa como un gradiente de ascenso porcentual en lugar de una cifra calculada en pies por minuto de ascenso. Este gradiente por ciento es una expresión de rendimiento más práctica ya que es el ángulo de ascenso del avión que es crítico en una situación para evitar obstáculos.

- Cambio en la técnica de despegue: la técnica de despegue en los aviones categoría transporte permite alcanzar V_2 (velocidad de despegue seguro) después de que el avión está en el aire. Esto es posible debido a unas excelentes características de aceleración y confiabilidad de los motores de estos aviones y debido a la mayor potencia extra.

- Requerimientos de performance aplicables a todos los segmentos de la aviación: todas las aeronaves certificadas en la categoría de transporte, cualquiera sea el tamaño, debe ser operado de acuerdo con los mismos criterios de performance. Esto se aplica tanto a las operaciones comerciales como no comerciales.

Requerimientos de performance

Los requisitos de rendimiento que debe cumplir la aeronave en categoría transporte son:

Despegue
- Velocidades de despegue

- Pista de despegue requerida

- Ascenso al despegue requerido

- Requerimientos de franqueamiento de obstáculos

Aterrizaje
- Velocidades de aterrizaje

- Pista de aterrizaje requerida

- Descenso para aterrizaje requerido

Planificación del despegue

A continuación se listan las velocidades que afectan el rendimiento de despegue de las aeronaves de categoría transporte. La tripulación de vuelo debe estar completamente familiarizada con cada una de estas velocidades y cómo se utilizan en la planificación del despegue.

- V_S: velocidad de pérdida o la velocidad mínima a la que la aeronave es controlable.

- V_{MCG}: velocidad mínima de control en el suelo, con un motor inoperativo (motor crítico en aviones bimotores), potencia de despegue en otros motores, uso de los controles aerodinámicos sólo para el control direccional (debe ser menor que V_1).

- V_{MCA}: velocidad mínima de control en el aire, con un motor inoperativo (motor crítico en aviones bimotor), motores operativos a potencia de despegue, con un máximo de 5° de alabeo hacia el motor operativo.

- V_1: velocidad de falla de motor crítico o velocidad de decisión. Daños en el motor por debajo de esta velocidad resultará en un despegue abortado; por encima de esta velocidad la carrera de despegue debe continuar.

- V_R: velocidad a la que se inicia la rotación de la aeronave a la actitud del despegue. La velocidad no puede ser inferior a V_1 o inferior a 1,05 veces V_{MC}. Con un fallo de motor, también debe permitir la aceleración hasta V_2 a una altura de 35 pies al final de la pista.

- V_{LOF}: velocidad de despegue. La velocidad a la que, inicialmente, el avión se va al aire.

- V_2: velocidad de seguridad al despegue que se debe alcanzar a una altura 35 pies al final de la distancia de pista requerida. Esta es esencialmente la velocidad de mejor ángulo de ascenso con un motor de operativo y se debe mantener hasta después de franquear los obstáculos al despegue, o hasta por lo menos 400 pies por encima del suelo.

- V_{FS}: velocidad del segmento final de ascenso, que se basa en el ascenso con un motor inoperativo, configuración limpia, y máxima potencia continua.

Todas las velocidades V deben ser consideradas durante cada despegue. Las velocidades V_1, V_R, V_2, y V_{FS} deben ser anotadas en forma visible en la cabina de vuelo como referencia durante el despegue.

Las velocidades de despegue varían con el peso del avión. Antes de que las velocidades de despegue puedan ser calculadas, el piloto primero debe determinar el peso máximo permitido al despegue. Los tres ítems que pueden limitar el peso de despegue son los requerimientos de pista, los requisitos de ascenso y los requisitos de franqueamiento de obstáculos.

Requerimientos de pista

Los requerimientos de pista para el despegue son afectados por:

- Altitud de presión

- Temperatura

- Componente de viento de frente

- Gradiente o pendiente de pista

- Peso del Avión

La pista requerida para el despegue debe estar basada en la posible pérdida de un motor en el punto más crítico, que es a V_1 (velocidad de decisión). Por regulación, el peso de despegue de la aeronave tiene que adaptarse a la más larga de las tres distancias:

1. Distancia de aceleración-despegue: la distancia requerida para acelerar a V_1 con todos los motores a potencia de despegue, experimentar un fallo de motor a V_1 y continuar el despegue con el motor restante. La pista requerida incluye la distancia necesaria para ascender a 35 pies momento en el cual se debe haber llegado a V_2.

2. Distancia de aceleración-parada: distancia requerida para acelerar a V_1 con todos los motores a potencia de despegue, experimentar de un fallo de motor a V_1, y abortar el despegue y detener el avión utilizando sólo la acción de los frenos (no se considera el uso de la inversión de empuje).

3. Distancia de despegue: distancia requerida para completar un despegue hasta 35 pies de altura con todos los motores operativos. Debe ser por lo menos 15 por ciento menos que la distancia requerida para un despegue con un motor inoperativo. Esta distancia no es normalmente un factor limitante ya que es generalmente menor que la distancia de despegue con un motor inoperativo.

Estas tres consideraciones de pista requerida para el despegue se muestran en la *Figura 10-34*.

Longitud de pista compensada

En la mayoría de los casos, el piloto va a trabajar con una tabla de performance para la pista requerida para

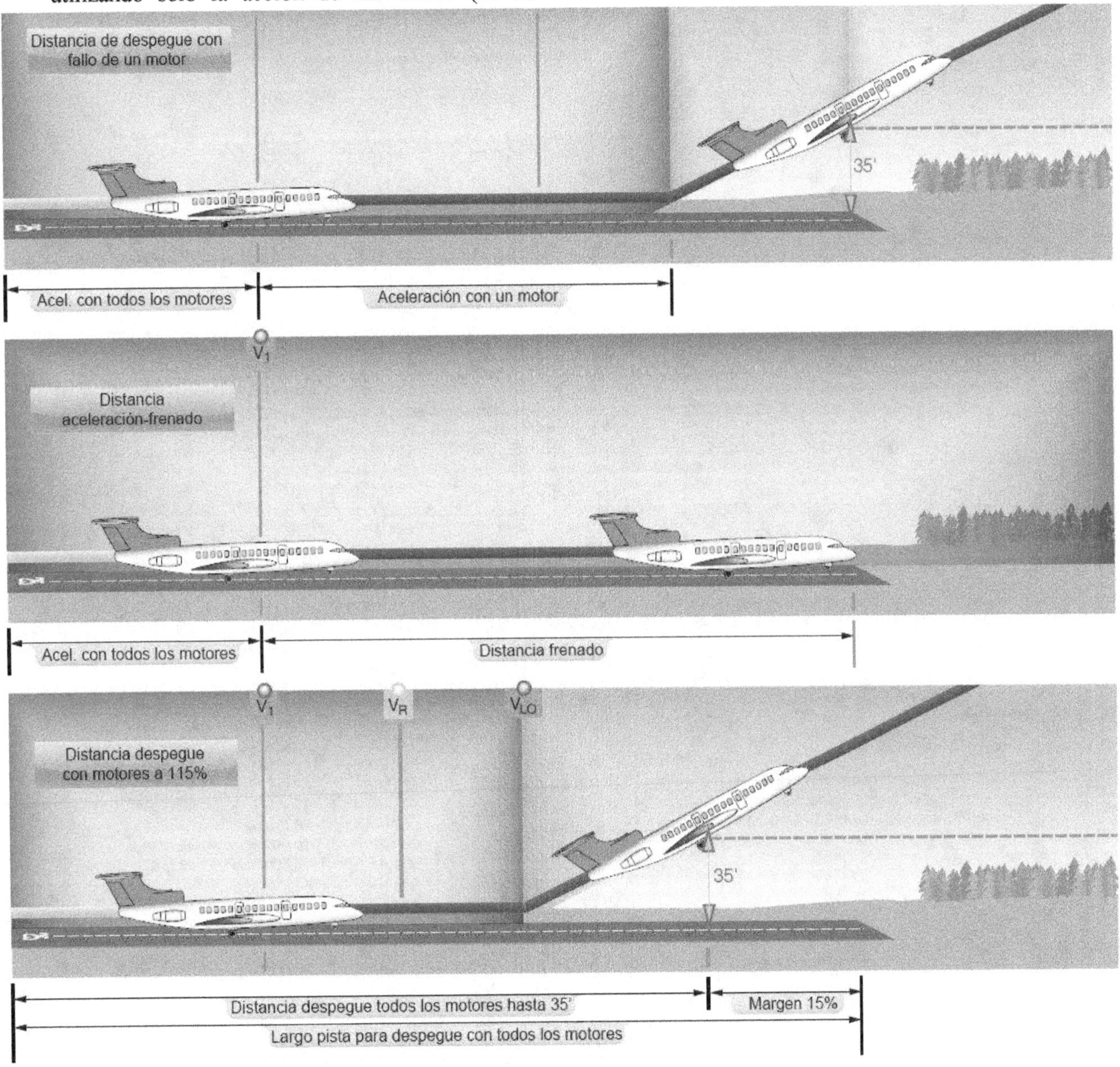

Figura 10-34. *Distancia mínima requerida para despegue.*

despegue, lo que dará información de "longitud de pista compensada". Esto significa que la distancia mostrada para el despegue incluirá tanto la distancia de aceleración-despegue como la de aceleración-parada. Un medio eficaz de presentar los datos de despegue normal se muestra en la tabla de la *Figura 10-35*.

La tabla de la *Figura 10-35* muestra la distancia de pista requerida en condiciones normales y es útil como una tabla de referencia rápida para el despegue normal. También se muestran las velocidades V para los diferentes pesos y condiciones.

Para otras condiciones de despegue no normales, tales como con el anti-hielo de motor, frenos anti-deslizamiento inoperativos o extremos de temperatura o pendiente de la pista, el piloto debe consultar los gráficos de performance de despegue apropiados en la sección de performance del AFM.

Hay otras ocasiones de muy alto peso y temperatura donde el requerimiento de pista puede estar dictado por

REQUERIMIENTOS DE PISTA PARA DESPEGUE

Condiciones ISA estándar

Notas / Condiciones:
Cabina presurizada
Pendiente de pista cero
Sin flaps - Aire anti-hielo apagado
Anti-derrape activado
Distancias - 100 pies (V_1 - KIAS)

Las áreas sombreadas indican condiciones que no cumplen requerimientos de ascenso de segundo segmento. Consulte el manual de vuelo para limitaciones de despegue.

Peso máx. despegue	°F	°C	N.M. (V_1)	1,000 (V_1)	2,000 (V_1)	3,000 (V_1)	4,000 (V_1)	5,000 (V_1)	6,000 (V_1)	Viento frente (nudos)
19,612 $V_R = 126$ $V_2 = 134$	30	-1.1	47 (121)	48 (121)	50 (120)	53 (121)	57 (122)	62 (123)	70 (123)	0
	50	10	48 (121)	51 (121)	55 (121)	60 (122)	63 (123)	69 (124)	77 (125)	
	70	21	53 (122)	56 (122)	60 (123)	65 (124)	70 (125)	77 (125)	85 (126)	
	90	32	58 (123)	62 (124)	68 (124)	73 (125)	78 (126)	85 (127)	95 (129)	
	30	-1.1	43 (121)	43 (121)	45 (120)	48 (121)	52 (122)	56 (123)	64 (123)	20
	50	10	43 (121)	46 (121)	50 (122)	55 (122)	57 (123)	63 (124)	70 (125)	
	70	21	48 (122)	51 (122)	55 (123)	59 (124)	63 (125)	70 (125)	77 (126)	
	90	32	53 (123)	57 (124)	62 (124)	66 (125)	71 (126)	77 (127)	85 (129)	
19,000 $V_R = 124$ $V_2 = 131$	30	-1.1	45 (118)	45 (118)	47 (117)	50 (118)	54 (119)	59 (120)	66 (120)	0
	50	10	46 (118)	48 (118)	51 (118)	56 (119)	59 (120)	65 (121)	73 (121)	
	70	21	50 (118)	53 (119)	57 (120)	66 (121)	66 (121)	72 (122)	80 (123)	
	90	32	55 (120)	59 (121)	64 (121)	73 (122)	73 (123)	80 (124)	90 (124)	
	30	-1.1	40 (118)	41 (118)	43 (117)	45 (118)	49 (119)	54 (120)	60 (120)	20
	50	10	42 (118)	44 (118)	46 (118)	51 (119)	54 (120)	59 (121)	66 (121)	
	70	21	45 (118)	48 (119)	52 (120)	56 (121)	60 (121)	65 (122)	72 (123)	
	90	32	50 (120)	54 (121)	58 (121)	63 (122)	66 (123)	73 (124)	81 (124)	
18,000 $V_R = 119$ $V_2 = 127$	30	-1.1	40 (114)	41 (114)	42 (113)	45 (113)	49 (114)	53 (115)	60 (115)	0
	50	10	41 (115)	43 (114)	46 (114)	50 (115)	53 (115)	59 (116)	66 (117)	
	70	21	45 (114)	48 (115)	51 (115)	56 (116)	59 (116)	65 (116)	72 (117)	
	90	32	50 (115)	53 (116)	58 (116)	62 (117)	66 (118)	73 (118)	80 (119)	
	30	-1.1	36 (114)	37 (114)	38 (113)	41 (113)	45 (114)	48 (115)	54 (115)	20
	50	10	37 (115)	39 (114)	42 (114)	46 (115)	48 (115)	54 (116)	60 (117)	
	70	21	41 (114)	44 (115)	46 (115)	51 (116)	56 (116)	59 (116)	65 (117)	
	90	32	46 (115)	48 (116)	53 (116)	56 (117)	60 (118)	66 (118)	73 (119)	
17,000 $V_R = 115$ $V_2 = 124$	30	-1.1	36 (108)	37 (108)	38 (107)	40 (108)	44 (109)	48 (110)	53 (111)	0
	50	10	37 (110)	39 (108)	41 (109)	45 (110)	48 (110)	53 (111)	59 (112)	
	70	21	40 (108)	43 (110)	46 (111)	50 (111)	53 (112)	58 (111)	65 (113)	
	90	32	45 (111)	46 (112)	52 (112)	56 (113)	59 (114)	65 (114)	72 (114)	
	30	-1.1	32 (108)	33 (108)	34 (107)	36 (108)	40 (109)	44 (110)	48 (111)	20
	50	10	34 (110)	35 (108)	37 (109)	41 (110)	44 (110)	48 (111)	54 (112)	
	70	21	36 (108)	39 (110)	42 (111)	45 (111)	48 (112)	53 (111)	59 (113)	
	90	32	41 (111)	44 (112)	47 (112)	51 (113)	54 (114)	59 (114)	65 (114)	
16,000 $V_R = 111$ $V_2 = 120$	30	-1.1	32 (104)	33 (103)	34 (103)	36 (103)	39 (105)	43 (106)	48 (106)	0
	50	10	34 (105)	35 (103)	37 (104)	41 (105)	43 (106)	47 (107)	53 (107)	
	70	21	36 (104)	38 (105)	41 (105)	45 (106)	48 (107)	52 (107)	58 (108)	
	90	32	41 (106)	43 (107)	46 (107)	50 (108)	53 (108)	58 (109)	64 (110)	
	30	-1.1	29 (104)	30 (103)	31 (103)	32 (103)	35 (105)	39 (106)	44 (106)	20
	50	10	31 (105)	32 (103)	33 (104)	37 (105)	39 (106)	43 (107)	48 (107)	
	70	21	32 (104)	34 (105)	37 (105)	41 (106)	44 (107)	47 (107)	53 (108)	
	90	32	37 (106)	39 (107)	42 (107)	45 (108)	48 (108)	53 (109)	58 (110)	
15,000 $V_R = 106$ $V_2 = 116$	30	-1.1	28 (98)	30 (98)	30 (98)	32 (98)	35 (99)	38 (101)	42 (101)	0
	50	10	30 (100)	31 (98)	33 (99)	36 (100)	38 (101)	42 (102)	46 (102)	
	70	21	32 (99)	34 (100)	37 (101)	40 (102)	42 (102)	46 (102)	51 (103)	
	90	32	36 (101)	38 (102)	41 (102)	44 (103)	47 (104)	51 (104)	56 (105)	
	30	-1.1	25 (98)	27 (98)	27 (98)	29 (98)	32 (99)	34 (101)	38 (101)	20
	50	10	27 (100)	29 (98)	30 (99)	32 (100)	34 (101)	38 (102)	42 (102)	
	70	21	29 (99)	31 (100)	33 (101)	36 (102)	38 (102)	42 (102)	46 (103)	
	90	32	32 (101)	34 (102)	37 (102)	40 (103)	43 (104)	46 (104)	51 (105)	

Figura 10-35. *Pista requerida para despegue normal.*

los límites máxima energía cinética de frenado que afecta la capacidad de frenado de la aeronave. Bajo estas condiciones, la distancia de aceleración-parada puede ser mayor que la distancia de aceleración-despegue. El procedimiento para llevar la performance de vuelta a una condición de pista de despegue balanceada es limitar la velocidad V_1 para que no exceda la velocidad máxima de frenado de energía cinética (a veces llamada VBE).Este procedimiento también resulta en una reducción del peso de despegue permisible.

Requerimientos de ascenso

Después de que el avión ha alcanzado los 35 pies de altura con un motor inoperativo, hay un requisito de que sea capaz de ascender a un gradiente de ascenso especificado. Esto se conoce como requerimiento de senda de despegue. La performance de la aeronave debe ser considerada en base a un ascenso con un motor inoperativo hasta 1.500 pies por encima del suelo. El perfil de la senda de vuelo en despegue con los gradientes de ascenso requeridos para los diferentes segmentos y configuraciones se muestra en la *Figura 10-36*.

NOTA: el gradiente de ascenso puede ser mejor descripto como una ganancia específica de altura para una determinada distancia horizontal recorrida. Por ejemplo, un gradiente de 2,4 por ciento significa que se ganan 24 pies de altura por cada 1.000 pies de distancia horizontal recorrida.

La siguiente breve explicación del perfil de ascenso con un motor inoperativo puede ser útil para comprender el gráfico de la *Figura 10-36*.

Primer segmento
Este segmento está incluido en los gráficos de pista requerida en despegue, y se mide desde el punto en que la aeronave pasa al aire hasta que alcanza la altura de 35 pies al final de la distancia de pista requerida. La velocidad inicialmente es V_{LO} y debe ser V_2 a la altura de 35 pies.

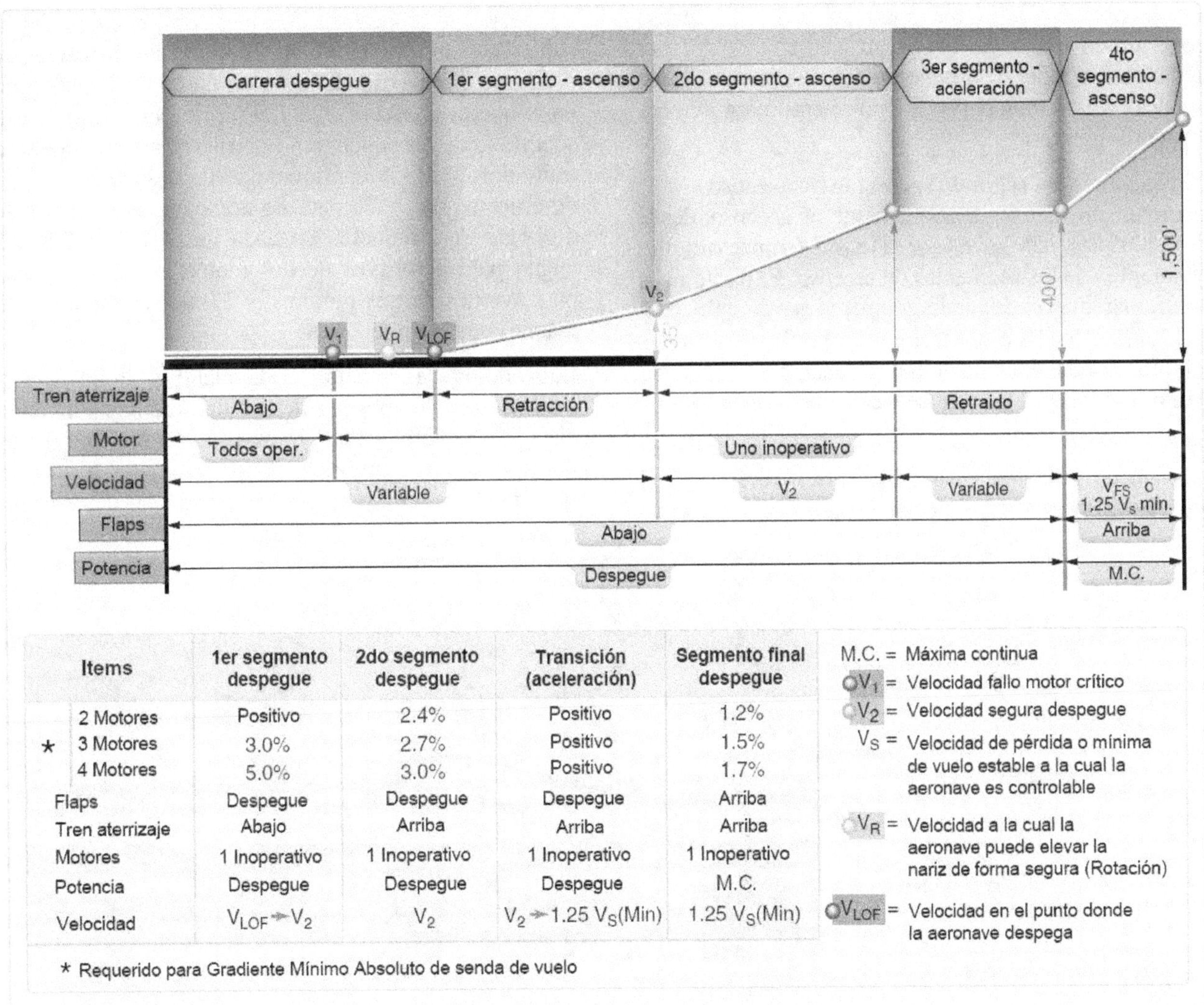

Items	1er segmento despegue	2do segmento despegue	Transición (aceleración)	Segmento final despegue
2 Motores	Positivo	2.4%	Positivo	1.2%
★ 3 Motores	3.0%	2.7%	Positivo	1.5%
4 Motores	5.0%	3.0%	Positivo	1.7%
Flaps	Despegue	Despegue	Despegue	Arriba
Tren aterrizaje	Abajo	Arriba	Arriba	Arriba
Motores	1 Inoperativo	1 Inoperativo	1 Inoperativo	1 Inoperativo
Potencia	Despegue	Despegue	Despegue	M.C.
Velocidad	$V_{LOF} \rightarrow V_2$	V_2	$V_2 \rightarrow 1.25\ V_S$(Min)	1.25 V_S(Min)

M.C. = Máxima continua
V_1 = Velocidad fallo motor crítico
V_2 = Velocidad segura despegue
V_S = Velocidad de pérdida o mínima de vuelo estable a la cual la aeronave es controlable
V_R = Velocidad a la cual la aeronave puede elevar la nariz de forma segura (Rotación)
V_{LOF} = Velocidad en el punto donde la aeronave despega

* Requerido para Gradiente Mínimo Absoluto de senda de vuelo

Figura 10-36. *Despegue con un motor inoperativo.*

Segundo segmento

Este es el segmento más crítico del perfil. El segundo segmento es el ascenso desde la altura de 35 pies a 400 pies sobre el suelo. El ascenso se realiza a potencia máxima de despegue con el (o los) motor operativo, a velocidad V_2, y con los flaps en configuración de despegue. El gradiente de ascenso requerido en este segmento es de 2,4 por ciento para aviones de dos motores, 2,7 por ciento para aviones de tres motores, y 3,0 por ciento para aviones de cuatro motores.

Tercer segmento o Aceleración

Durante este segmento, se considera que el avión mantiene los 400 pies por encima del suelo y acelera desde V_2 hasta la velocidad V_{FS} antes de continuar el perfil de ascenso. Los flaps se suben al comienzo del segmento de aceleración y la potencia se mantiene en configuración de despegue el mayor tiempo posible (5 minutos como máximo).

Cuarto segmento o segmento final

Este segmento va desde los 400 pies a 1,500 pies AGL con la potencia a la máxima continua. El ascenso requerido en este segmento es un gradiente de 1,2 por ciento para aviones de dos motores, 1,55 por ciento para aviones de tres motores, y 1,7 por ciento para aviones de cuatro motores.

Limitaciones del segundo segmento de ascenso

Los requisitos del segundo segmento de ascenso, desde 35 a 400 pies, son las más restrictivas (o más difíciles de cumplir) de los segmentos de ascenso. El piloto debe determinar que el segundo segmento se cumple para cada despegue. Para conseguir esta performance a las mayores condiciones de altitud de densidad, puede ser necesario limitar el peso de despegue de la aeronave.

Debe tener en cuenta que, independientemente de la longitud de pista real disponible para el despegue, el peso de despegue debe ajustarse para que se puedan lograr los requisitos del segundo segmento. El avión puede ser capaz de despegar con un motor inoperativo, pero luego debe ser capaz de ascender y evitar los obstáculos. Aunque el segundo segmento puede no representar un gran problema en las altitudes más bajas, en los aeropuertos de mayor altitud y mayores temperaturas, se debe consultar el gráfico del segundo segmento para determinar los efectos del peso máximo al despegue antes de calcular la distancia requerida para el despegue.

Requisitos de franqueamiento de obstáculos del transporte aéreo

Las regulaciones requieren que los grandes aviones de categoría transporte impulsados por turbina despeguen con un peso que permita una senda neta de despegue (un motor inoperativo) que evite todos los obstáculos por una altura de al menos 35 pies verticalmente, o por lo menos 200 pies horizontalmente dentro de los límites del aeropuerto y por lo menos 300 pies horizontalmente después de pasar los límites. Se considera que la senda de despegue comienza 35 pies por encima de la superficie de despegue al final de la distancia de despegue, y se extiende hasta un punto en el despegue en el que la aeronave está 1.500 pies por encima de la superficie de despegue, o a la cual se ha completado la transición desde la configuración de despegue hasta la de crucero. La senda neta de despegue es la senda de despegue real reducida en cada punto en un 0,8 por ciento para aeronaves de dos motores, 0,9 por ciento para aviones de tres motores, y 1,0 por ciento para los aviones de cuatro motores.

Los pilotos de aviación comercial por lo tanto son responsables no sólo por determinar que hay suficiente pista disponible para el despegue con un motor inoperativo (longitud de campo compensado) y la capacidad de cumplir con el gradiente de ascenso

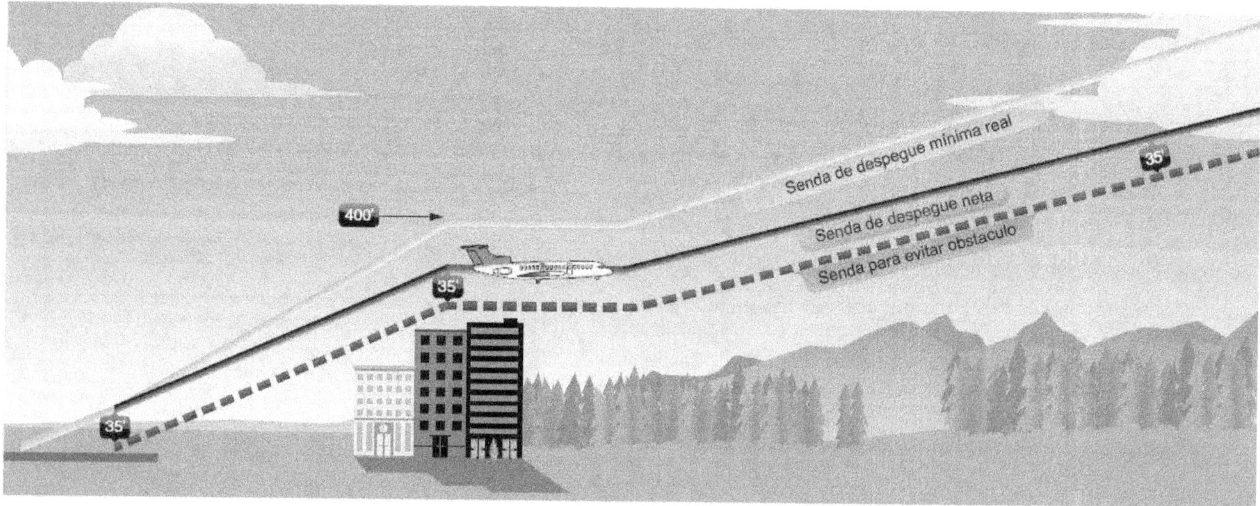

Figura 10-37. *Franqueamiento de obstáculo en despegue.*

requerido, sino también deben asegurar que la aeronave será capaz de evitar con seguridad cualquier obstáculo que pueda haber en la senda de despegue. La senda neta de despegue y el franqueamiento de obstáculos requerido se muestra en la *Figura 10-37*.

El método usual de calcular la performance de senda neta de despegue es sumar las distancias totales requeridas para cada uno de los segmentos de ascenso y/o usar los gráficos de rendimiento de franqueamiento de obstáculos en el AFM. Aunque este requisito de franqueamiento de obstáculos es rara vez una limitación en los aeropuertos usados normalmente, es una consideración muy importante en condiciones críticas, tales como gran peso al despegue y/o gran altitud de densidad. Considere que en un gradiente de ascenso de 2,4 por ciento (2,4 pies de altura por cada 100 pies avanzados) para lograr una ganancia de 1.500 pies de altitud tomaría una distancia horizontal de 10,4 NM.

Resumen de los requerimientos de despegue

Con el fin de establecer el peso de despegue permisible para un avión de categoría de transporte, en cualquier aeródromo, se debe considerar lo siguiente:

• Altitud de presión del aeródromo

• Temperatura

• Componente de viento en contra

• Longitud de pista

• Gradiente o pendiente de la pista

• Obstáculos en la senda de vuelo

Una vez que los datos anteriores son conocidos y aplicados a los gráficos de performance adecuados, es posible determinar el peso máximo de despegue permitido. Este peso será el menor valor de los pesos máximos permitidos por:

• Longitud de pista compensada necesaria

• Capacidad de ascenso con un motor inoperativo (limitado por segundo segmento)

• Requisito de franqueamiento de obstáculo

En la práctica, las restricciones al peso de despegue en los aeropuertos de poca elevación son por lo general debido a limitaciones de la longitud de pista; las limitaciones de ascenso con motor inoperativo son más comunes en los aeropuertos de mayor elevación. Todas las limitaciones al peso deben ser respetadas. Puesto que el peso combinado del combustible y la carga en el avión puede ascender a casi la mitad del peso máximo al despegue, por lo general es posible reducir el peso del combustible para satisfacer las limitaciones de despegue. Si se hace esto, sin embargo, se debe

recalcular el plan del vuelo por el combustible y alcance reducidos.

Performance de aterrizaje

Al igual que en la planificación del despegue, ciertas velocidades deben ser consideradas durante el aterrizaje. Estas velocidades se muestra a continuación.

• V_{SO}: velocidad de pérdida o velocidad mínima de vuelo estable en configuración de aterrizaje.

• V_{REF}: 1,3 veces la velocidad de pérdida en configuración de aterrizaje. Esta es la velocidad requerida a 50 pies de altura sobre el umbral de la pista.

• Ascenso en aproximación: la velocidad que proporciona el mejor rendimiento de ascenso en configuración de aproximación con un motor inoperativo, y con la máxima potencia de despegue en el motor operativo (s). El gradiente de ascenso requerido en esta configuración es de 2,1 por ciento para aviones de dos motores, 2,4 por ciento para aviones de tres motores, y 2,7 por ciento para aviones de cuatro motores.

• Ascenso en aterrizaje: la velocidad que da la mejor performance en configuración de aterrizaje con máxima potencia de despegue en todos los motores. El gradiente de ascenso requerido en esta configuración es 3,2 por ciento.

Planificación del aterrizaje

Al igual que en el despegue, las velocidades de aterrizaje mostradas arriba deben ser precalculadas y visibles para ambos pilotos antes del aterrizaje. La velocidad V_{REF}, o velocidad en el umbral, se utiliza como velocidad de referencia durante todo el circuito de tránsito o aproximación por instrumentos como en el ejemplo siguiente:

V_{REF} + 30K	Tramo inicial o viraje de procedimiento
V_{REF} + 20K	Tramo Base o curso hacia punto de aproximación final
V_{REF} + 10K	Final o curso desde punto final (final ILS)
V_{REF}	Velocidad a 50 pies por encima del umbral

Requisitos para aterrizaje

El peso máximo de aterrizaje de un avión puede ser restringido ya sea por los requisitos para ascenso en aproximación o por la pista de aterrizaje disponible.

Requisitos de ascenso en aproximación

El ascenso en configuración de aproximación suele ser más limitante (o más difícil de cumplir) que el ascenso en configuración de aterrizaje, sobre todo porque se basa en la capacidad de ejecutar una aproximación frustrada con un motor inoperativo. El gradiente de ascenso requerido puede ser afectado por la altitud de presión y temperatura y, como en el segundo segmento de ascenso, el peso de la aeronave debe ser limitado según sea necesario con el fin de cumplir con este requisito de ascenso.

Pista de aterrizaje requerida

La distancia de pista necesaria para el aterrizaje puede ser afectado por lo siguiente:

- Altitud de presión
- Temperatura
- Componente de viento en contra
- Gradiente o pendiente de la pista
- Peso del avión

En el cálculo de la distancia de aterrizaje requerida, algunos fabricantes no incluyen todos los ítems anteriores en sus gráficos, ya que las regulaciones establecen que solamente deben ser considerados la altitud de presión, el viento y el peso del avión. Los gráficos se proveen para condiciones con antideslizante activado o desactivado, pero el uso de inversores de empuje no se utiliza en el cálculo de distancias requeridas para el aterrizaje.

La distancia de aterrizaje, como lo exigen las regulaciones, es la distancia necesaria para aterrizar y llegar a una parada completa desde un punto a 50 pies por encima del umbral de la pista. Incluye la distancia recorrida desde los 50 pies hasta tocar (que puede consumir 300 metros de distancia de pista), más la distancia de frenado, sin margen de sobra. Esto es todo lo requerido por las regulaciones, y todo lo que se muestra en algunos gráficos de distancia de aterrizaje requerida.

Para los transportes aéreos y otros operadores comerciales, se aplica un conjunto diferente de reglas que indican que la distancia de aterrizaje requerida desde los 50 pies no puede superar el 60 por ciento de la longitud de pista disponible real. En todos los casos, la velocidad mínima permitida en la altura a 50 pies de altura no debe ser inferior a 1,3 veces la velocidad de pérdida del avión en configuración de aterrizaje. Esta velocidad se denomina comúnmente V_{REF} y varía con el peso de aterrizaje. La *Figura 10-38* es un diagrama para estos requerimientos de pista de aterrizaje.

Resumen de los requisitos de aterrizaje

A fin de determinar el peso de aterrizaje permitido para un avión de categoría de transporte, deben ser considerados los siguientes detalles:

- Altitud de presión del aeródromo
- Temperatura
- Componente de viento en contra
- Longitud de pista
- Gradiente o pendiente de pista
- Condición de la superficie de la pista

Con estos datos, es posible establecer el peso máximo de aterrizaje permitido, que será el menor de los pesos según lo dictado por:

- Requisitos de pista de aterrizaje
- Requisitos de ascenso en aproximación

En la práctica, las limitaciones de ascenso en aproximación (capacidad de ascender en configuración de aproximación con un motor inoperativo) rara vez se producen porque los pesos de aterrizaje al arribar al aeropuerto de destino son generalmente más bajos. Sin embargo, como en los requisitos del segundo segmento de ascenso al despegue, este gradiente de ascenso en aproximación debe cumplirse y los pesos de aterrizaje deben ser restringidos si es necesario. Las condiciones más probables que harían que el ascenso en aproximación sea más crítico son los aterrizajes con grandes pesos y grandes altitudes de presión y temperaturas, que podrían surgir si se requiere un

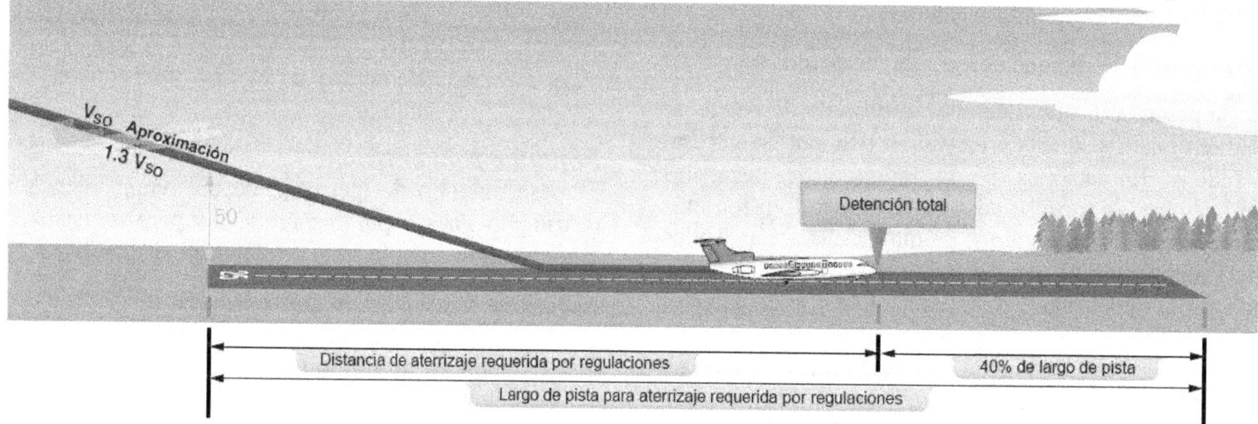

Figura 10-38. *Requisitos de pista de aterrizaje.*

aterrizaje poco después de despegar.

Los requisitos para las pistas de aterrizaje pueden limitar con más frecuencia el peso de aterrizaje permitido de un avión que las limitaciones del ascenso en aproximación. Una vez más, sin embargo, a menos que la pista sea particularmente corta, esto rara vez es problemático ya que el peso promedio de aterrizaje en destino rara vez se acerca al peso máximo de aterrizaje debido al combustible consumido.

Resumen del capítulo

Las características de performance y las capacidades varían mucho entre las aeronaves. Por otra parte, el peso del avión, las condiciones atmosféricas y los factores ambientales externos pueden afectar significativamente el rendimiento del avión. Es esencial que un piloto esté íntimamente familiarizado con las características de rendimiento y las capacidades de la aeronave a volar. La fuente principal de esta información es el AFM/POH.

Teoría del clima

Introducción

El clima es un factor importante que influye en la performance del avión y la seguridad de vuelo. Es el estado de la atmósfera en un determinado momento y lugar, con respecto a variables tales como la temperatura (calor o frío), la humedad (húmedo o seco), la velocidad del viento (calma o tormenta), la visibilidad (nítido o turbio), y la presión barométrica (alta o baja). El término clima también puede aplicarse a condiciones atmosféricas adversas o destructivas, tales como fuertes vientos.

Este capítulo explica la teoría básica de meteorología y ofrece a los pilotos conocimientos básicos de los principios del clima. Está diseñado para ayudar a obtener una buena comprensión de cómo la meteorología afecta las actividades diarias de vuelo. Comprender las teorías del clima ayuda a un piloto a tomar decisiones acertadas sobre el clima basado en los informes y pronósticos obtenidos de los servicios meteorológicos para la aviación.

Ya sea que se trate de un vuelo local o una larga travesía, las decisiones basadas en el clima pueden afectar drásticamente la seguridad del vuelo.

Atmósfera

La atmósfera es una capa de aire formada por una mezcla de gases que rodea la tierra y alcanza casi 700 kilómetros de la superficie de la Tierra. Esta mezcla está en constante movimiento. Si la atmósfera fuera visible, se vería como un océano con remolinos y torbellinos, aire ascendiendo y descendiendo, y olas que viajan grandes distancias.

La vida en la Tierra se basa en la atmósfera, la energía solar y los campos magnéticos del planeta. La atmósfera absorbe energía del Sol, recicla agua y otros productos químicos, y trabaja con fuerzas eléctricas y magnéticas para crear un clima moderado. La atmósfera también protege la vida en la Tierra de la radiación de alta energía y el frío vacío del espacio.

Composición de la Atmósfera

En un volumen dado de aire, el nitrógeno representa el 78 por ciento de los gases que componen la atmósfera, mientras que el oxígeno constituye el 21 por ciento. El argón, dióxido de carbono y trazas de otros gases forman el uno por ciento restante. *[Figura 11-1]* Este metro cúbico también contiene algo de vapor de agua, que varía aproximadamente entre cero y cinco por ciento en volumen. Esta pequeña cantidad de vapor de agua es responsable de importantes cambios en el

Figura 11-1. *Composición de la atmósfera.*

clima.

La envoltura de gases que rodea la Tierra cambia desde la superficie hacia arriba. Han sido identificadas cuatro capas distintas o esferas de la atmósfera con características térmicas (cambios de temperatura), composición química, movimiento y densidad. *[Figura 11-2]*

La primera capa, conocida como tropósfera, se extiende desde el nivel del mar hasta 26.000 pies (8 kilómetros) en los polos norte y sur y hasta 48.000 pies (14,5 km) sobre las regiones ecuatoriales. La gran mayoría de las

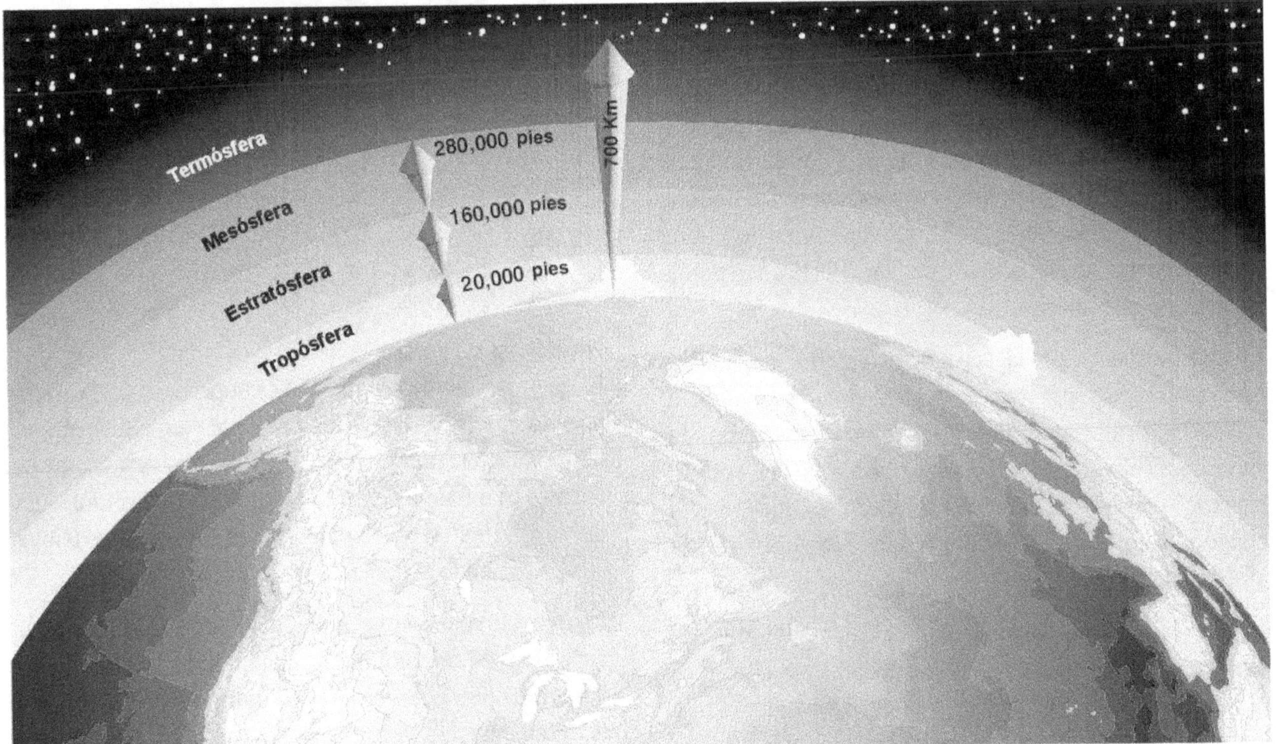

Figura 11-2. *Capas de la atmósfera.*

variaciones meteorológicas, nubes, tormentas, y temperatura se producen dentro de esta primera capa de la atmósfera. Dentro de la tropósfera, la temperatura disminuye a una tasa de alrededor de 2° Celsius cada 1.000 pies de altura, y la presión disminuye a una tasa de alrededor de una pulgada de mercurio por cada 1.000 pies, o un milibar cada 30 pies de altura.

En la parte superior de la troposfera hay un límite conocido como tropopausa, que atrapa la humedad y el clima asociado en la tropósfera. La altitud de la tropopausa varía con la latitud y la estación del año; por lo tanto, adquiere una forma elíptica, en lugar de redonda. La ubicación de la tropopausa es importante debido a que se asocia comúnmente con la ubicación de la corriente en chorro y posibles turbulencias de aire claro.

Sobre la tropopausa hay tres niveles atmosféricos más. El primero es la estratósfera, que se extiende desde la tropopausa a una altura de unos 160.000 pies (50 km). Pocos cambios meteorológicos existen en esta capa y el aire se mantiene estable a pesar de que ciertos tipos de nubes en ocasiones se extienden en la misma. Por encima de la estratósfera están la mesósfera y la termósfera, que tienen poca influencia sobre el clima.

Circulación Atmosférica

Como se ha señalado antes, la atmósfera está en constante movimiento. Ciertos factores se combinan para poner a la atmósfera en movimiento, pero un factor importante es el calentamiento desigual de la superficie de la Tierra. Este calentamiento altera el equilibrio de la atmósfera, creando cambios en el movimiento del aire y la presión atmosférica. El movimiento del aire alrededor de la superficie de la Tierra se llama circulación atmosférica.

El calentamiento de la superficie terrestre se realiza mediante varios procesos, pero en el simple modelo utilizado para esta discusión de sólo convección, la Tierra se calienta por la energía radiante del sol. El proceso causa un movimiento circular que resulta cuando el aire caliente asciende y es reemplazado por aire más frío.

El aire caliente se eleva porque el calor hace que las moléculas de aire se separen. A medida que el aire se expande, se hace menos denso y más ligero que el aire circundante. Cuando el aire se enfría, las moléculas se juntos más, haciéndose cada vez más denso y pesado que el aire caliente. Como resultado, el aire frío y pesado tiende a bajar y reemplazar al aire ascendente más caliente.

Debido a que la Tierra tiene una superficie curva que gira sobre un eje inclinado mientras orbita el sol, las regiones ecuatoriales de la Tierra reciben una mayor cantidad de calor del sol que las regiones polares. La cantidad de sol que calienta la Tierra depende de la época del año y la latitud de la región específica. Todos estos factores afectan la cantidad de tiempo y el ángulo en el que la luz solar incide sobre la superficie.

El calentamiento solar produce temperaturas más altas en las zonas ecuatoriales, lo que hace que el aire sea menos denso y ascienda. A medida que el aire caliente fluye hacia los polos, se enfría, haciéndose más denso, y desciende de nuevo hacia la superficie. *[Figura 11-3]*

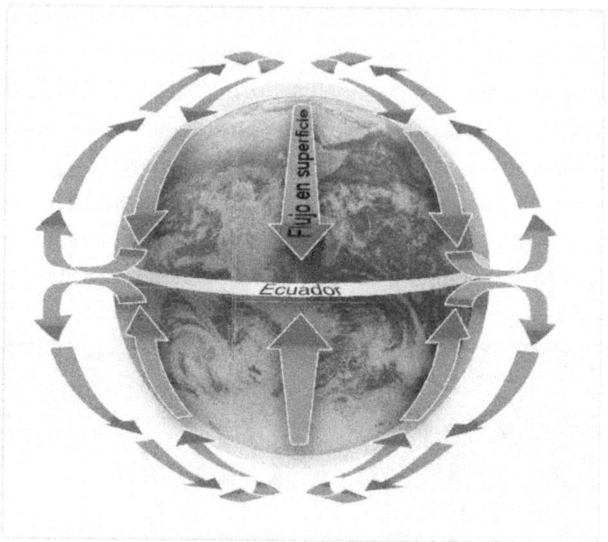

Figura 11-3. *Esquema de circulación en un ambiente estático.*

Presión atmosférica

El calentamiento desigual de la superficie de la Tierra no sólo modifica la densidad del aire y crea los patrones de circulación; también provoca cambios en la presión del aire o la fuerza ejercida por el peso de las moléculas de aire. Aunque las moléculas de aire son invisibles, siguen teniendo peso y ocupan espacio.

Imagine una columna sellada de aire que tiene una superficie de un centímetro cuadrado y 700 kilómetros de altura. Se necesitarían 1,03 kilogramos de esfuerzo para levantar esa columna. Esto representa el peso del aire; si la columna se acorta, la presión ejercida en el fondo (y su peso) sería menor.

El peso de la columna de aire acortada a 18.000 pies es de aproximadamente 0,52 kilos; casi el 50 por ciento que al nivel del mar. Por ejemplo, si una balanza (calibrada para el nivel del mar) se eleva a 18.000 pies, la columna de aire pesa 1,03 kilos al nivel del mar sería 18.000 pies más corta, y se pesaría aproximadamente 0,52 kg (50 por ciento) menos que a nivel del mar . *[Figura 11-4]*

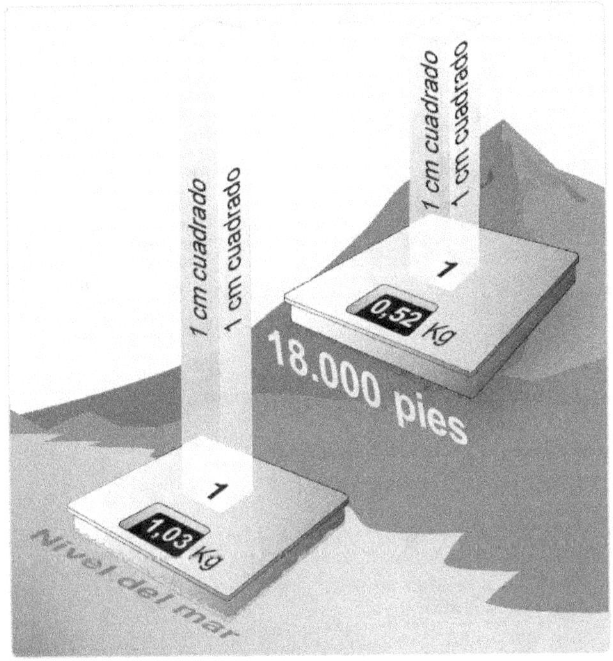

Figura 11-4. *Peso de la atmósfera.*

La presión real en un lugar y tiempo determinados difiere con la altitud, la temperatura, y la densidad del aire. Estas condiciones también afectan el rendimiento del avión, especialmente con respecto al despegue, velocidad de ascenso, y aterrizajes.

Fuerza de Coriolis

En la teoría general de circulación atmosférica, las áreas de baja presión existen en las regiones ecuatoriales y las áreas de alta presión existen en las regiones polares debido a una diferencia de temperatura. La baja presión resultante permite que el aire a alta presión de los polos fluya a lo largo de la superficie del planeta hacia el Ecuador. Aunque este patrón de circulación de aire es correcto en teoría, la circulación del aire es modificada por varias fuerzas, la más importante de las cuales es la rotación de la Tierra.

Figura 11-5. *Esquema de circulación de tres células debido a la rotación de la Tierra.*

La fuerza creada por la rotación de la Tierra es conocida como fuerza de Coriolis. Esta fuerza no es perceptible para el ser humano al caminar porque los humanos se mueven lentamente y recorren distancias relativamente cortas en comparación con el tamaño y la velocidad de rotación de la Tierra. Sin embargo, la fuerza de Coriolis afecta significativamente a los cuerpos que se mueven grandes distancias, tales como una masa de aire o de agua.

La fuerza de Coriolis desvía el aire hacia la derecha en el Hemisferio Norte y hacia la izquierda en el Hemisferio Sur, haciendo que siga una trayectoria curva en lugar de una línea recta. La cantidad de deflexión varía en función de la latitud. Es mayor en los polos, y disminuye a cero en el ecuador. La magnitud de la fuerza de Coriolis también difiere con la velocidad de movimiento del cuerpo, cuanto mayor es la velocidad mayor será la desviación. En el hemisferio norte, la rotación de la Tierra desvía el aire en movimiento a la derecha y cambia el patrón de la circulación general del aire.

La velocidad de rotación de la Tierra hace que el flujo general se divida en tres células diferentes en cada hemisferio. *[Figura 11-5]* En el hemisferio sur, el aire caliente en el ecuador se eleva desde la superficie, se desplaza hacia el sur y es desviado por la rotación de la Tierra hacia el este. En el momento en que ha recorrido un tercio de la distancia desde el ecuador hasta el Polo Sur, ya no se mueve hacia el sur, sino hacia el este. Este aire se enfría y desciende en una zona de tipo cinta a una latitud alrededor de 30°, creando un área de alta presión mientras desciende hacia la superficie. Luego, fluye hacia el norte por la superficie hacia el ecuador. La fuerza de Coriolis dobla el flujo hacia la izquierda, lo que crea los vientos alisios del sudeste que prevalecen desde 30° de latitud al ecuador. Fuerzas similares crean células de circulación que rodean la Tierra entre 30° y 60° de latitud, y entre 60° y los polos.

Los patrones de circulación se complican aún más por los cambios estacionales, las diferencias entre las superficies de los continentes y océanos, y otros factores tales como las fuerzas de fricción causadas por la topografía de la superficie de la Tierra que modifican el movimiento del aire en la atmósfera. Por ejemplo, dentro de los 2.000 pies desde suelo, la fricción entre la superficie y la atmósfera retarda el movimiento del aire. El viento se desvía de su camino porque la fuerza de fricción reduce la fuerza de Coriolis. Por lo tanto, la dirección del viento en la superficie varía un poco de la dirección del viento a unos miles de pies sobre la tierra.

Medición de la presión atmosférica

La presión atmosférica se mide en pulgadas (o milímetros) de mercurio ("Hg) por un barómetro mercurial. *[Figura 11-6]* El barómetro mide la altura de una columna de mercurio dentro de un tubo de vidrio. Una sección del mercurio está expuesta a la presión de la atmósfera, la cual ejerce una fuerza sobre el mercurio. Un aumento de la presión fuerza al mercurio a subir dentro del tubo. Cuando la presión cae, el mercurio drena fuera del tubo, disminuyendo la altura de la columna. Este tipo de barómetro se utiliza típicamente en un laboratorio o una estación meteorológica, no es fácil de transportar, y difícil de leer.

Un barómetro aneroide es una alternativa a un barómetro de mercurio; es más fácil de transportar y leer. *[Figura 11-7]* El barómetro aneroide contiene un recipiente cerrado, llamado cápsula aneroide que se contrae o se expande con los cambios de presión. La cápsula aneroide se conecta a un indicador de presión con un enlace mecánico para proporcionar lecturas de la presión. La parte sensora de la presión de un altímetro en un avión es básicamente un barómetro aneroide. Es importante señalar que debido al mecanismo de unión de un barómetro aneroide, no es tan preciso como un barómetro de mercurio.

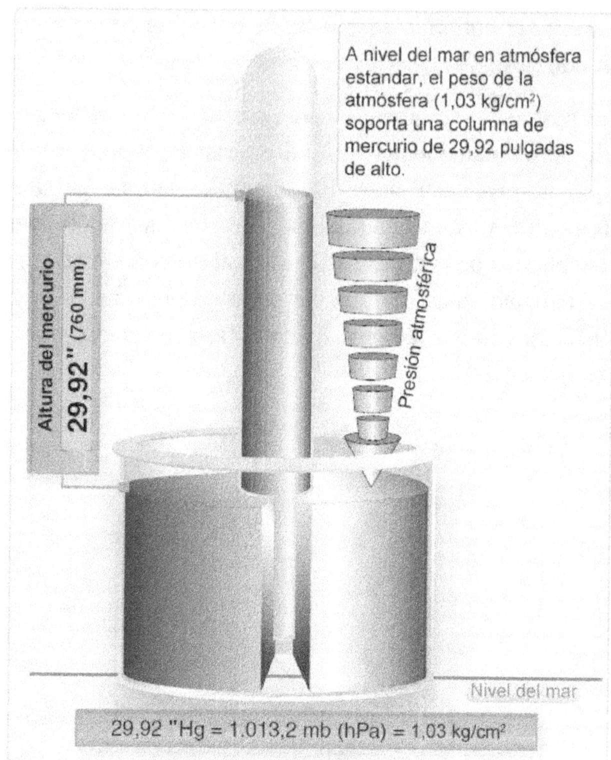

Figura 11-6. *Barómetro de mercurio.*

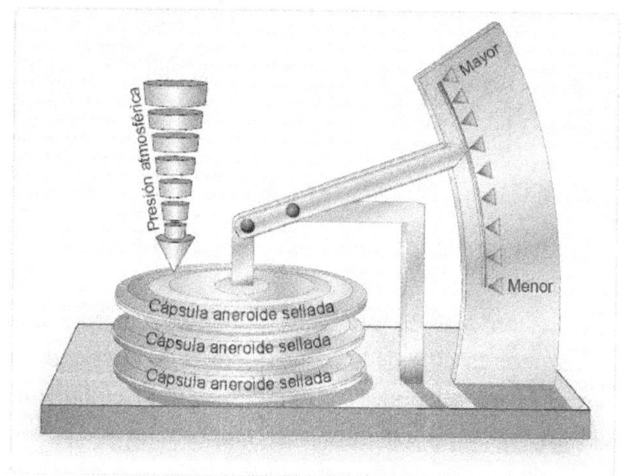

Figura 11-7. *Barómetro aneroide.*

Para proporcionar una referencia común, se ha establecido la Atmósfera Estándar Internacional (ISA). Estas condiciones estándar son la base para ciertos instrumentos de vuelo y la mayoría de los datos de performance de las aeronaves. La presión estándar a nivel del mar se define como 1013,2 mb (29,92 "Hg) y una temperatura estándar de 15 °C (59 °F). 1 "Hg es aproximadamente igual a 34 mb. Las lecturas típicas de presión en mb van desde 950,0 a 1,040.0 mb. Las cartas de presión constante y los informes de la presión de huracanes se escriben utilizando mb.

Dado que las estaciones meteorológicas se encuentran en todo el mundo, todas las lecturas de presión barométrica locales se convierten a una presión a nivel del mar para proporcionar un estándar para los registros e informes. Para lograr esto, cada estación convierte su presión barométrica mediante la adición de aproximadamente 1 "Hg por cada 1.000 pies de altura. Por ejemplo, una estación a 4.000 pies sobre el nivel del mar, con una lectura de 25,92 "Hg, informa una lectura de la presión al nivel del mar de 29,92" Hg. *[Figura 11-8]* Usar lecturas comunes de la presión a nivel del mar ayuda para asegurar que los altímetros de los aviones se ajustan correctamente, basándose en las lecturas actuales de presión.

Mediante el seguimiento de las tendencias de presión barométrica en un área grande, los meteorólogos pueden predecir con mayor exactitud el movimiento de los sistemas de presión y el clima asociado. Por ejemplo, siguiendo un patrón de aumento de la presión en una sola estación meteorológica indica por lo general la aproximación de buen clima. Por el contrario, un descenso o rápida caída de la presión por lo general indica que se acerca mal tiempo y, posiblemente, tormentas severas.

Altitud y presión atmosférica

Al aumentar la altitud, la presión atmosférica disminuye. En promedio, cada 1.000 pies de incremento de la altitud, la presión atmosférica disminuye 1 "Hg (34 mb). A medida que disminuye la presión, el aire se hace menos denso o "fino". Es el equivalente a estar a mayor altura y se conoce como altitud de densidad. Al disminuir la presión, la altitud de densidad aumenta y tiene un gran efecto sobre la performance del avión.

Las diferencias en la densidad del aire causadas por cambios en la temperatura resultan en un cambio de la presión. Esto, a su vez, crea movimiento en la atmósfera, tanto vertical como horizontalmente, en forma de corrientes y viento. La atmósfera está en constante movimiento en su esfuerzo por alcanzar el equilibrio. Estos movimientos sin fin del aire establecen reacciones en cadena que causan una variedad continua en el clima.

Altitud y vuelo

La altitud afecta cada aspecto de vuelo desde la performance de la aeronave hasta el desempeño humano. A mayores altitudes, al disminuir la presión atmosférica, se incrementan las distancias de despegue y aterrizaje.

Cuando un avión despega, la sustentación se desarrolla por el flujo de aire alrededor de las alas. Si el aire es fino, se requiere más velocidad para obtener sustentación suficiente para el despegue; por lo tanto, la carrera en tierra es más larga. Una aeronave que requiere 745 pies de carrera a nivel del mar requiere más del doble a una altitud de presión de 8.000 pies. *[Figura 11-9]*.También es cierto que a mayores

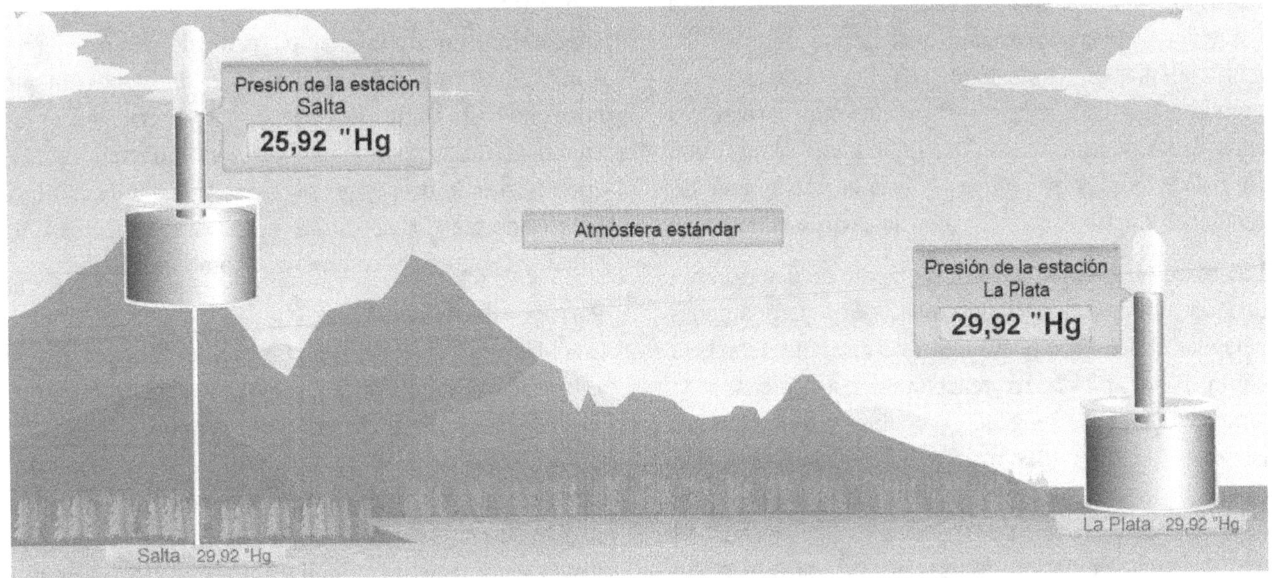

Figura 11-8. *La presión de la estación es convertida e informada como presión a nivel del mar.*

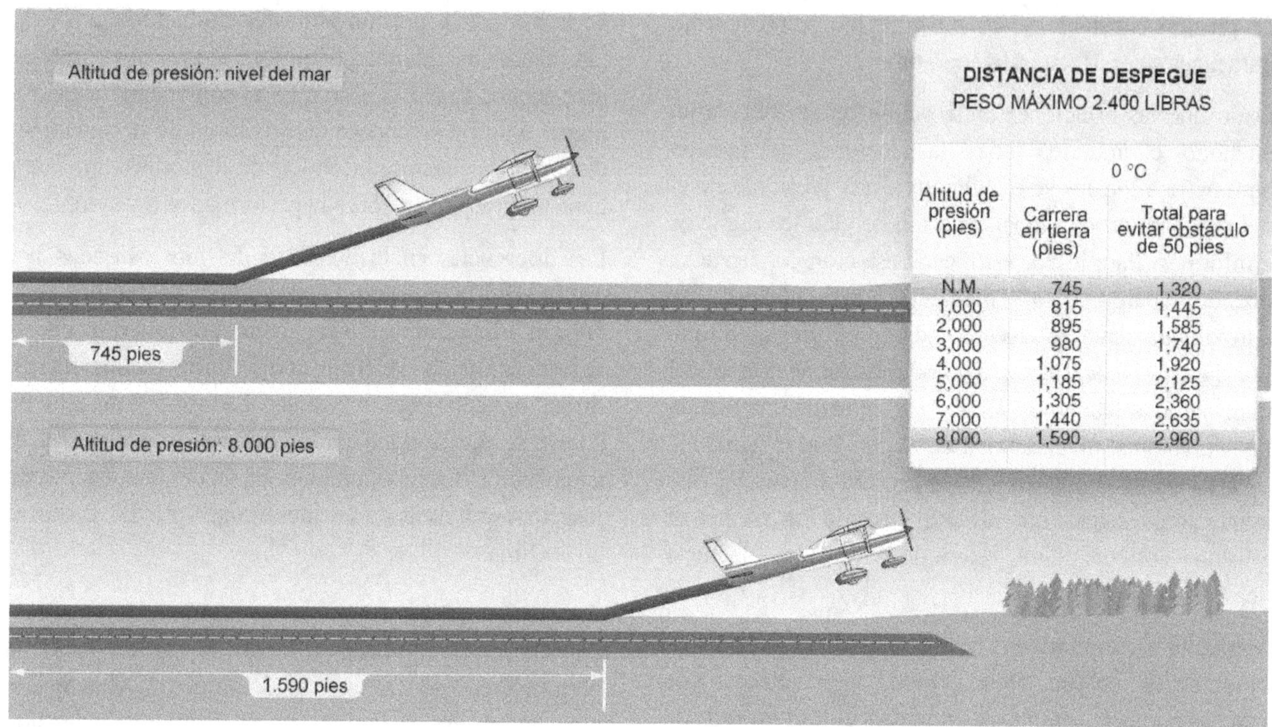

DISTANCIA DE DESPEGUE
PESO MÁXIMO 2.400 LIBRAS

Altitud de presión (pies)	0 °C	
	Carrera en tierra (pies)	Total para evitar obstáculo de 50 pies
N.M.	745	1,320
1,000	815	1,445
2,000	895	1,585
3,000	980	1,740
4,000	1,075	1,920
5,000	1,185	2,125
6,000	1,305	2,360
7,000	1,440	2,635
8,000	1,590	2,960

Figura 11-9. *Las distancias de despegue se incrementan al aumentar la altitud.*

altitudes, debido al descenso de la densidad del aire, los motores y hélices de aeronaves son menos eficientes. Esto disminuye las tasas de ascenso y aumenta la carrera para el franqueamiento de obstáculos.

La altitud y el cuerpo humano

Como se señaló anteriormente, el nitrógeno y otras trazas de gases constituyen el 79 por ciento de la atmósfera, mientras que el restante 21 por ciento es para mantener la vida, el oxígeno atmosférico. A nivel del mar, la presión atmosférica es lo suficientemente grande como para soportar el crecimiento normal, las actividades y la vida. A los 18.000 pies, la presión parcial de oxígeno se reduce y afecta negativamente las funciones y actividades normales del cuerpo humano.

Las reacciones de la persona promedio se deterioran a una altitud de unos 10.000 pies, pero para algunas personas el deterioro puede ocurrir a una altitud tan baja como 5.000 pies. Las reacciones fisiológicas a la hipoxia o falta de oxígeno se ocultan y afectan a las personas de diferentes maneras. Estos síntomas van desde la desorientación leve a la incapacidad total, dependiendo de la tolerancia del cuerpo y la altitud. El oxígeno suplementario o los sistemas de presurización de cabina ayudan a los pilotos volar a mayor altura y superar los efectos de la privación de oxígeno.

Viento y corrientes

El aire fluye desde áreas de alta presión hacia áreas de baja presión ya que el aire siempre busca una menor presión. La presión del aire, los cambios de temperatura, y la fuerza de Coriolis trabajan en combinación para crear dos tipos de movimiento en la atmósfera: un movimiento vertical de corrientes ascendentes y descendentes, y un movimiento horizontal en forma de viento. Las corrientes y los vientos son importantes ya que afectan a las operaciones de despegue, aterrizaje y vuelo de crucero. Más importante aún, las corrientes y los vientos o la circulación atmosférica provocan cambios climáticos.

Patrones de viento

En el hemisferio sur, el flujo de aire desde zonas de alta a las de baja presión es desviado a la izquierda y produce una circulación en sentido antihorario alrededor de un área de alta presión. Esto se conoce como circulación anticiclónica. Lo contrario es el caso de áreas de baja presión, el aire fluye hacia la baja y se desvía para crear una circulación en sentido horario o ciclónica. *[Figura 11-10]*

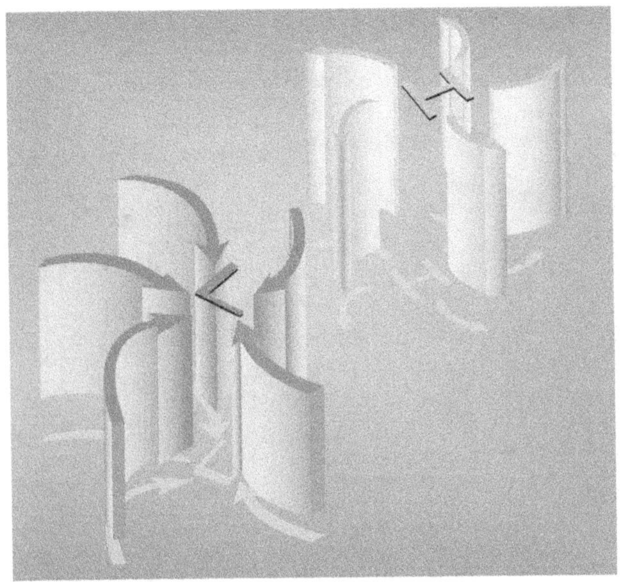

Figura 11-10. *Patrón de circulación alrededor de áreas de alta y baja presión.*

Los sistemas de alta presión son generalmente zonas de aire seco, estable, y descendente. Típicamente se asocia buen tiempo con los sistemas de alta presión por este motivo. A la inversa, el aire fluye hacia una zona de baja presión para sustituir el aire ascendente. Este aire tiende a ser inestable, y por lo general trae creciente nubosidad y precipitación. Por lo tanto, el mal tiempo suele asociarse con áreas de baja presión.

Una buena comprensión de los patrones de viento de alta y baja presión puede ser de gran ayuda a la hora de planificar un vuelo, ya que un piloto puede aprovechar los vientos de cola beneficiosos. *[Figura 11-11]* Al planificar un vuelo de este a oeste, los vientos favorables se encuentran a lo largo del lado norte de un sistema de alta presión o en el lado sur de un sistema de baja presión. En el vuelo de regreso, los vientos más favorables estarían a lo largo del lado sur del mismo sistema de alta presión o el lado norte del sistema de baja presión. Una ventaja adicional es entender mejor qué tipo de clima esperar en un área determinada a lo largo de la ruta de vuelo basado en los sectores predominantes de altas y bajas.

Mientras que la teoría de la circulación y los patrones de viento son exactos para la circulación atmosférica a gran escala, no toma en cuenta los cambios de la circulación a escala local. Las condiciones locales, características geológicas y otras anomalías pueden cambiar la dirección y velocidad del viento cerca de la superficie de la Tierra.

Corrientes convectivas

Diferentes superficies irradian calor en cantidades variables. El terreno arado, rocas, arena y la tierra árida emiten una gran cantidad de calor; el agua, los árboles, y otras áreas de vegetación tienden a absorber y retener el calor. El calentamiento desparejo del aire crea pequeñas áreas de circulación local llamado corrientes de convección.

Las corrientes convectivas producen el aire turbulento, con baches, experimentado a veces al volar a bajas altitudes durante un clima cálido. En un vuelo a baja

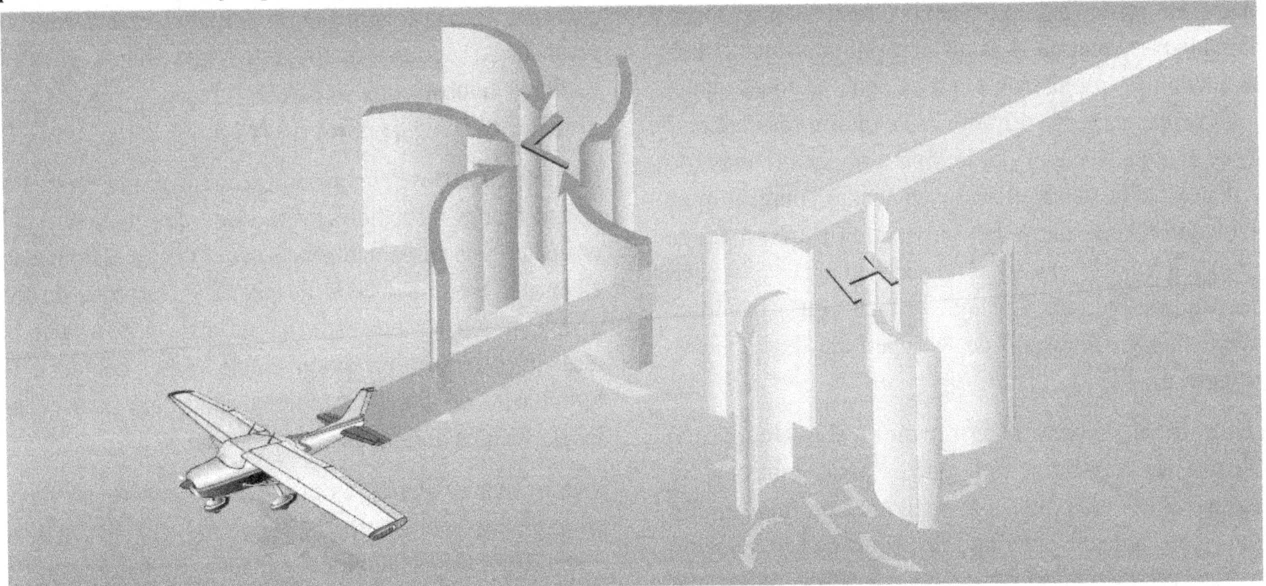

Figura 11-11. *Vientos favorables cerca de un sistema de alta presión.*

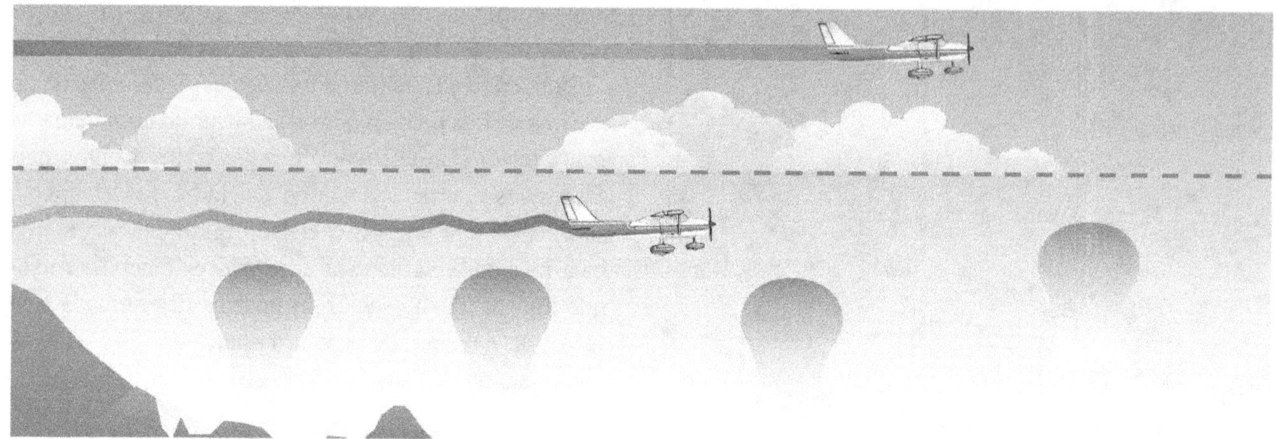

Figura 11-12. *Modo de evitar la turbulencia por convección.*

altura sobre superficies variables, las corrientes ascendentes pueden producirse sobre el pavimento o en lugares áridos y las corrientes descendentes ocurren a menudo sobre el agua o en áreas extensas de vegetación como un grupo de árboles. Típicamente, estas condiciones de turbulencia se pueden evitar volando a mayores altitudes, incluso por encima de las capas de nubes cúmulos. *[Figura 11-12]*

Las corrientes convectivas son especialmente notables en áreas con una masa de tierra justo al lado de un gran cuerpo de agua, como un océano, lago grande, u otra área apreciable de agua. Durante el día, la tierra se calienta más rápido que el agua, por lo que el aire sobre la tierra se vuelve más cálido y menos denso. Se eleva y es remplazado por aire más frío y más denso que fluye desde el agua. Esto provoca un viento sobre tierra, llamado brisa marina. A la inversa, por la noche la tierra se enfría más rápidamente que el agua, al igual que el aire correspondiente. En este caso, el aire más caliente sobre el agua se eleva y se remplaza por el aire más frío y denso de la tierra, creando un viento sobre el agua llamado brisa de tierra. Esto invierte el patrón local de circulación del viento. Las corrientes convectivas pueden ocurrir en cualquier lugar que haya un calentamiento desparejo de la superficie de la Tierra. *[Figura 11-13]*

Las corrientes convectivas próximas al suelo pueden afectar la capacidad del piloto para controlar la aeronave. Por ejemplo, en la aproximación final, el aire que se eleva desde el terreno desprovisto de vegetación a veces produce un efecto globo que puede causar que un piloto se pase del punto de aterrizaje previsto. Por otro lado, una aproximación sobre una gran masa de agua o una zona de vegetación espesa tiende a crear un efecto descendente que puede causar que un piloto desprevenido aterrice antes del punto de aterrizaje previsto. *[Figura 11-14]*

Efecto de los obstáculos sobre el viento
Existe otro peligro atmosférico que puede crear problemas a los pilotos. Las obstrucciones en el suelo afectan el flujo del viento y puede ser un peligro invisible. La topografía del suelo y los grandes edificios pueden romper el flujo del viento y crear ráfagas de viento que cambian rápidamente en dirección y velocidad. Estas obstrucciones pueden ser estructuras hechas por el hombre, como hangares hasta grandes obstáculos naturales, como montañas, acantilados o cañones. Es especialmente importante estar atento al volar hacia o desde aeropuertos que tienen grandes edificios u obstáculos naturales ubicados cerca de la pista de aterrizaje. *[Figura 11-15]*

La intensidad de la turbulencia asociada con las obstrucciones de tierra depende del tamaño del obstáculo y la velocidad primaria del viento. Esto puede afectar el rendimiento de despegue y aterrizaje de los aviones y pueden presentar un serio riesgo. Durante la fase de aterrizaje, un avión puede "caer" debido a la turbulencia de aire y estar demasiado bajo para evitar los obstáculos durante la aproximación.

Esta misma condición es más notable cuando se vuela en regiones montañosas. *[Figura 11-16]* Si bien el viento fluye suavemente por la ladera de barlovento de la montaña y las corrientes ascendentes ayudan a llevar una aeronave sobre la cima de la montaña, el viento en

Figura 11-13. *Esquema de circulación de la brisa de tierra y la brisa de mar.*

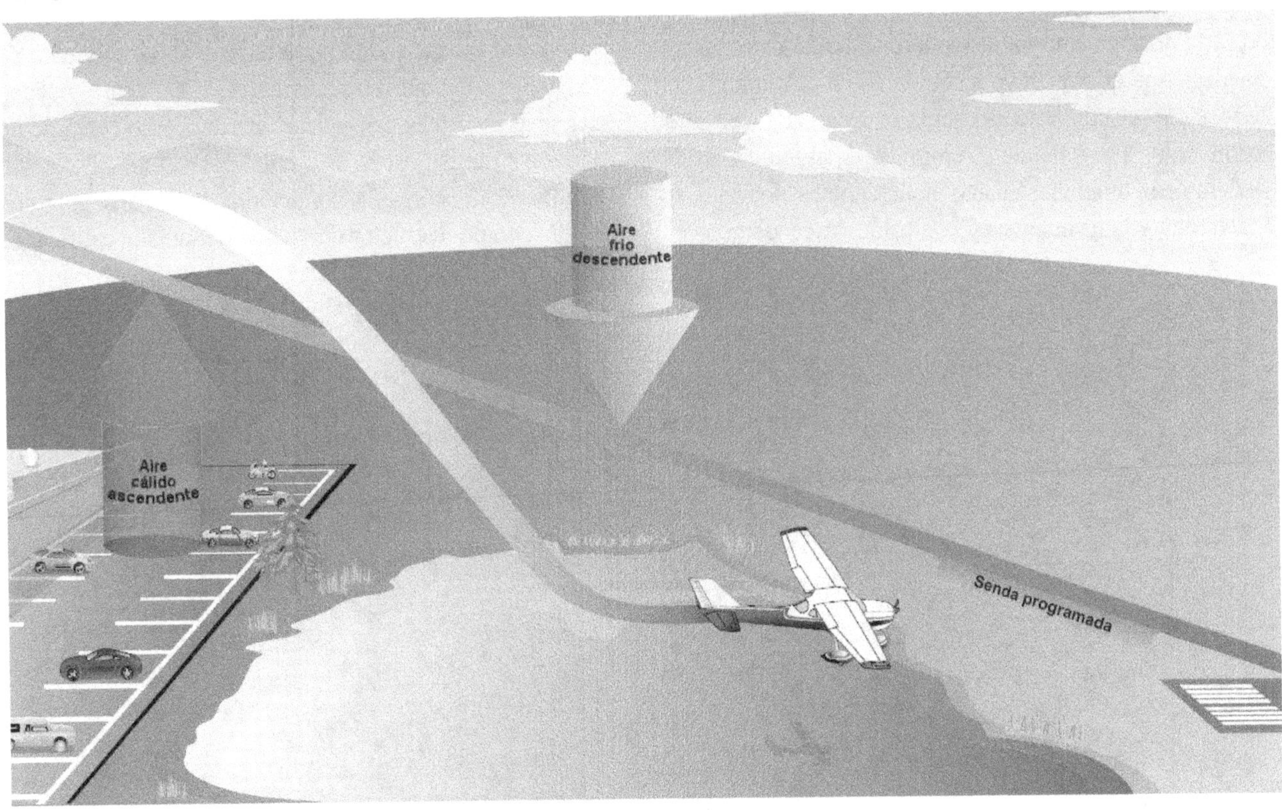

Figura 11-14. *Corrientes generadas por condiciones de superficie variables.*

Figura 11-15. *Turbulencia causada por construcciones hechas por el hombre.*

el lado de sotavento no actúa de una manera similar. A medida que el aire fluye a sotavento de la montaña, el aire sigue el contorno del terreno y es cada vez más turbulento. Esto tiende a empujar el avión hacia la ladera de la montaña. Cuanto más fuerte es el viento, se hace mayor la turbulencia y la presión descendente.

Debido al efecto que tiene el terreno sobre el viento en los valles o cañones, las corrientes descendentes pueden ser severas. Antes de realizar un vuelo en o cerca de un terreno montañoso, es útil para un piloto no familiarizado con una zona montañosa conseguir una salida con un instructor de vuelo en montaña calificado.

Figura 11-16. *Turbulencia en regiones montañosas.*

Cizalladura del viento a bajo nivel

La cizalladura del viento es un cambio repentino y drástico en la velocidad y/o dirección del viento sobre un área muy pequeña. La cizalladura del viento puede someter a una aeronave a corrientes ascendentes y descendentes violentas, así como cambios bruscos en el movimiento horizontal de la aeronave. Mientras que la cizalladura del viento puede ocurrir a cualquier altitud, la cizalladura del viento a bajo nivel es especialmente peligrosa debido a la proximidad de una aeronave con el suelo. Cambios direccionales del viento de 180° y cambios de velocidad de 50 nudos o más se asocian con la cizalladura del viento a nivel bajo. La cizalladura del viento a bajo nivel se asocia comúnmente con el paso de sistemas frontales, tormentas eléctricas, e inversiones térmicas con fuertes vientos de nivel superior (mayores a 25 nudos).

La cizalladura del viento es peligrosa para una aeronave por varias razones. Los rápidos cambios en la dirección y velocidad del viento cambia la relación del viento con la aeronave perturbando la actitud normal de vuelo y la performance de la aeronave. Durante una situación de cizalladura del viento, los efectos pueden ser sutiles o muy dramáticos dependiendo del cambio de velocidad y dirección del viento. Por ejemplo, un viento de cola que cambia rápidamente a un viento de frente provoca un aumento en la velocidad y la performance. A la inversa, cuando un viento de frente cambia a un viento de cola, la velocidad disminuye rápidamente y hay una disminución correspondiente en el rendimiento. En cualquier caso, el piloto tiene que estar preparado para reaccionar inmediatamente a los cambios para mantener el control de la aeronave.

En general, el tipo más severo de cizalladura del viento a baja altura está asociada con la precipitación convectiva o lluvia de las tormentas. Un tipo crítico de cizalladura asociada con precipitación convectiva se conoce como microrráfaga. La microrráfaga típica se produce en un espacio de menos de una milla horizontalmente y dentro de 1.000 pies verticalmente. La vida de una microrráfaga es de aproximadamente 15 minutos durante la cual se pueden producir corrientes descendentes de hasta 6.000 pies por minuto (fpm). También se puede producir un peligroso cambio de dirección del viento de 45 grados o más, en cuestión de segundos.

Cuando se encuentran cerca del suelo, estas corrientes descendentes excesivas y los rápidos cambios en la dirección del viento pueden producir una situación en la que es difícil controlar la aeronave. *[Figura 11-17]* Durante un despegue inadvertidamente hacia una microrráfaga, el avión primero experimenta un viento de frente que aumenta el rendimiento (1), seguido por corrientes descendentes que disminuyen la performance (2). Luego, el viento rápidamente cambia a viento de cola (3), y puede resultar en un impacto con el terreno o un vuelo peligrosamente cerca del suelo (4).

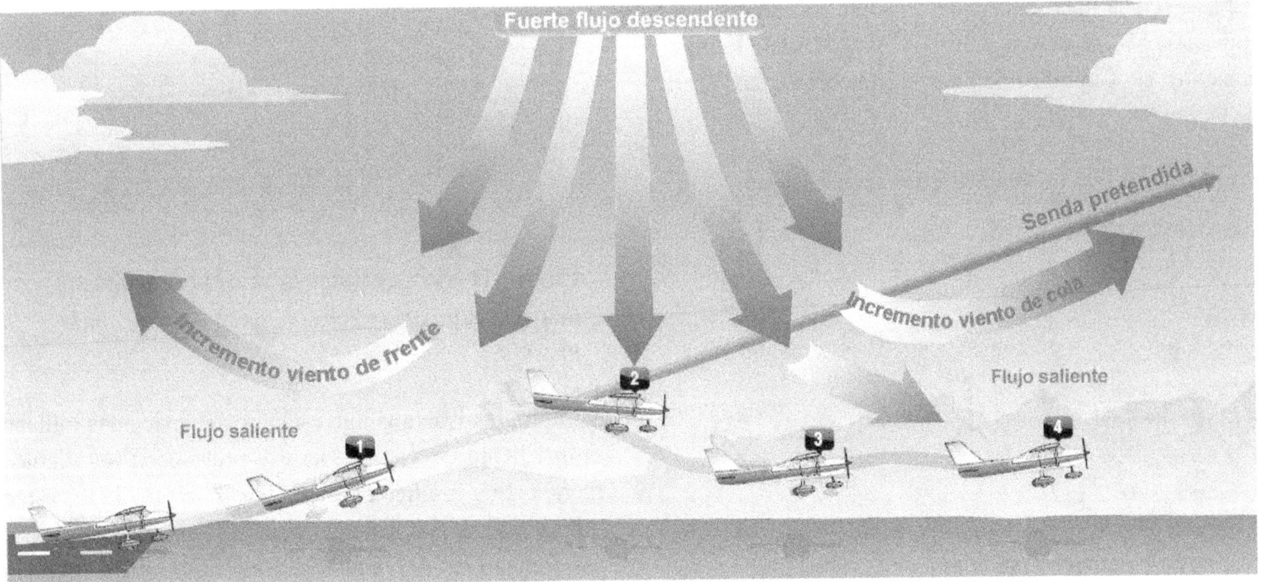

Figura 11-17. *Efectos de una microrráfaga.*

Las microrráfagas son difíciles de detectar debido a que ocurren en áreas relativamente reducidas. En un esfuerzo para advertir a los pilotos de la cizalladura del viento a baja altura, se han instalado sistemas de alerta. Una serie de anemómetros, colocados alrededor del aeropuerto, forman una red para detectar cambios en la velocidad del viento. Cuando la velocidad del viento difiere en más de 15 nudos, se da a los pilotos una advertencia por cizalladura del viento. Este sistema se conoce como sistema de alerta de cizalladura del viento a baja altura (LLWAS, Low Level Wind shear Alert System).

Es importante recordar que la cizalladura del viento puede afectar cualquier vuelo y cualquier piloto a cualquier altitud. Mientras se puede informar de la cizalladura del viento, a menudo no se detecta y es un peligro silencioso para la aviación. Siempre esté alerta a la posibilidad de cizalladura del viento, especialmente al volar en o alrededor de tormentas o sistemas frontales.

Representación del viento y presión en las cartas meteorológicas de superficie

Las cartas de superficie del clima proporcionan información acerca de los frentes, áreas de alta y baja presión y los vientos de superficie y las presiones para cada estación. Este tipo de carta meteorológica permite a los pilotos ver la ubicación de los frentes y sistemas de presión, pero más importante aún, representa el viento y la presión en la superficie para cada localidad. Para obtener más información sobre el análisis de superficie y representación de mapas del tiempo, consulte el Capítulo Servicios Meteorológicos para Aviación.

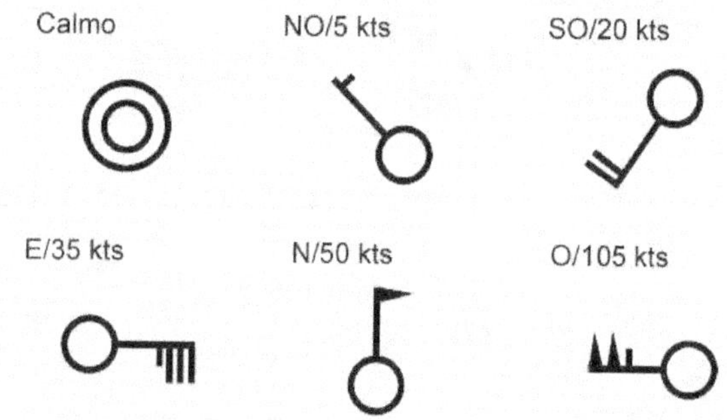

Figura 11-18. *Representación de vientos de superficie en cartas del clima.*

Las condiciones del viento se reportan con una flecha unida al círculo de ubicación de la estación. *[Figura 11-18]* El círculo de estación representa la cabeza de la flecha, con la flecha apuntando en la dirección de donde sopla el viento. Los vientos son descritos por la dirección desde la que soplan, por lo que un viento del noroeste sopla desde el noroeste hacia el sureste. La velocidad del viento se representa por púas o banderines colocados en la línea de viento. Cada púa representa una velocidad de diez nudos, mientras que la mitad de una púa es igual a cinco nudos, y un banderín es igual a 50 nudos.

La presión para cada estación se registra en la carta del tiempo y se muestra en mb. Las isobaras son líneas dibujadas en el gráfico para representar áreas de igual presión. Estas líneas resultan en un patrón que revela el gradiente de presión o cambio en la presión con la distancia. *[Figura 11-19]* Las isobaras son similares a las curvas de nivel en un mapa topográfico que indican altitudes del terreno y cantidad de pendiente. Por

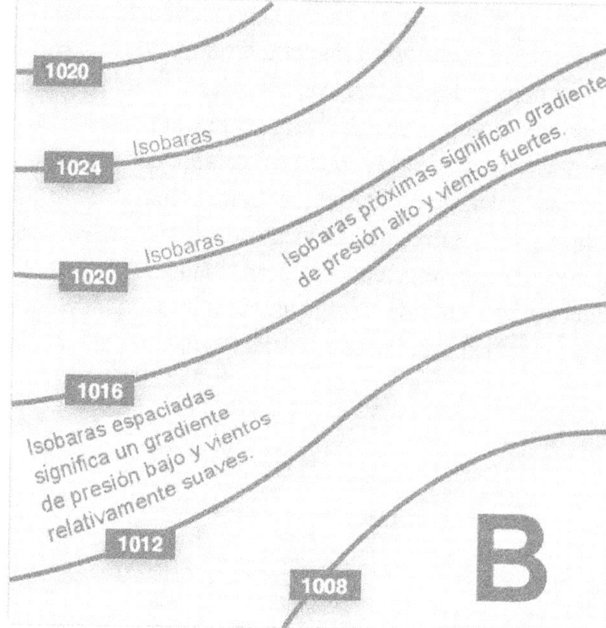

Figura 11-19. *Las isobaras revelan el gradiente de presión de un sector con áreas de alta y baja presión.*

ejemplo, las isobaras que están poco espaciadas indican un gradiente de viento fuerte y prevalecen los vientos fuertes. Los gradientes pequeños, por otro lado, están representados por isobaras que están muy separadas, y son indicativos de vientos suaves. Las isobaras ayudan a identificar los sistemas de alta y baja presión, así como la ubicación de las lomadas, surcos, y collados.

Una alta es un área de alta presión rodeada por presiones menores; una baja es un área de baja presión rodeada por presiones más altas. Una lomada es un área alargada de alta presión, y un surco es un área alargada de baja presión. Un collado es la intersección entre una lomada y un surco, o una zona de neutralidad entre dos altas o dos bajas.

Las isobaras proporcionan información valiosa sobre los vientos en los primeros mil de pies sobre la superficie. Cerca del suelo, la dirección del viento es modificada por la superficie y la velocidad del viento disminuye debido a la fricción con la superficie. A niveles de 2.000 a 3.000 pies por encima de la superficie, sin embargo, la velocidad es mayor y la dirección se vuelve más paralela a las isobaras. Por lo tanto, en el mapa del tiempo se muestran los vientos de superficie, así como los vientos a una altura ligeramente superior.

Generalmente, el viento a 2.000 pies sobre el nivel del suelo (AGL) está 20° a 40° a la izquierda de los vientos de superficie, y su velocidad es mayor. El cambio de dirección del viento es mayor en terreno rugoso y menor sobre superficies planas, tales como el agua abierta. Ante la falta de información de vientos en altura, esta regla permite una estimación aproximada de las condiciones del viento a unos pocos miles de pies sobre la superficie.

Estabilidad Atmosférica

La estabilidad de la atmósfera depende de su capacidad para resistir el movimiento vertical. Una atmósfera estable hace difícil el movimiento vertical, y pequeñas perturbaciones verticales se amortiguan y desaparecen. En una atmósfera inestable, pequeños movimientos verticales de aire tienden a ser más grandes, lo que resulta en un flujo de aire turbulento y actividad convectiva. La inestabilidad puede conducir a fuertes turbulencias, nubes verticales extensas, y clima severo.

El aire ascendente se expande y se enfría debido a la disminución de la presión del aire a medida que aumenta la altitud. Lo contrario es cierto para el aire descendente; como la presión atmosférica aumenta, la temperatura de aire descendente aumenta y se comprime. Calentamiento adiabático y enfriamiento adiabático son términos usados para describir este cambio de temperatura.

El proceso adiabático se lleva a cabo en todo movimiento de aire ascendente y descendente. Cuando el aire se eleva hacia un área de menor presión, se expande a un mayor volumen. Al expandirse las moléculas de aire, la temperatura del aire disminuye. Como resultado de ello, cuando una cantidad de aire se eleva, la presión disminuye, aumenta el volumen y la temperatura disminuye. Cuando el aire desciende, sucede todo lo contrario. La velocidad a la que disminuye la temperatura con el aumento de altitud se llama gradiente. Cuando el aire asciende por la atmósfera, la velocidad promedio de cambio de temperatura es de 2 °C (3,5 °F) por cada 1.000 pies.

Dado que el vapor de agua es más liviano que el aire, la humedad disminuye la densidad del aire, haciendo que ascienda. A la inversa, al disminuir la humedad, el aire se hace más denso y tiende a bajar. Puesto que el aire húmedo se enfría a una velocidad menor, generalmente es menos estable que el aire seco ya que el aire húmedo debe elevarse más antes de que su temperatura baje hasta la del aire que lo rodea. El gradiente adiabático seco (aire no saturado) es de 3 °C (5,4 °F) por cada 1.000 pies. El gradiente adiabático húmedo varía de 1,1 °C a 2,8 °C (2 °F a 5 °F) por cada 1.000 pies.

La combinación de humedad y temperatura determinan la estabilidad del aire y el clima resultante. El aire seco y frio es muy estable y resiste el movimiento vertical, lo que conduce a un tiempo bueno y claro en general. La mayor inestabilidad se produce cuando el aire está húmedo y caliente, como en las regiones tropicales en el verano. Típicamente, las tormentas aparecen todos los días en estas regiones debido a la inestabilidad del aire circundante.

Inversión

Cuando el aire se eleva y se expande en la atmósfera, la temperatura disminuye. Sin embargo, hay una anomalía atmosférica que puede ocurrir; que cambia este patrón típico de comportamiento de la atmósfera. Cuando la temperatura del aire aumenta con la altitud, existe una inversión de temperatura. Las capas de inversión son comúnmente capas finas de aire suave y estable cerca del suelo. La temperatura del aire aumenta con la altitud hasta un punto determinado, que es el techo de la inversión. El aire en el techo de la capa actúa como una tapa, manteniendo el clima y la polución atrapados por debajo. Si la humedad relativa del aire es alta, puede contribuir a la formación de nubes, niebla, neblina, o humo, resultando en una disminución de la visibilidad en la capa de inversión.

Las inversiones de temperaturas en superficie ocurren en noches claras y frías cuando el aire cerca del suelo se enfría por la disminución de la temperatura de la tierra. El aire dentro de unos pocos cientos de pies de la superficie se vuelve más frío que el aire por encima de ella. Las inversiones frontales ocurren cuando el aire cálido se esparce sobre una capa de aire más frío o el aire frío es forzado bajo una capa de aire más cálido.

Humedad y temperatura

La atmósfera, por naturaleza, contiene humedad en forma de vapor de agua. La cantidad de humedad presente en la atmósfera depende de la temperatura del aire. Cada 11 °C (20 °F) de aumento en la temperatura se duplica la cantidad de humedad que puede contener el aire. A la inversa, una disminución de 11 °C baja la capacidad a la mitad.

El agua está presente en la atmósfera en tres estados: líquido, sólido y gaseoso. Las tres formas pueden cambiar fácilmente de un estado a otro, y todos están presentes dentro de los rangos de temperatura de la atmósfera. El agua al cambiar de un estado a otro, se produce un intercambio de calor. Estos cambios se producen a través de los procesos de evaporación, sublimación, condensación, deposición (o sublimación inversa), fusión, o congelación. Sin embargo, el vapor de agua ingresa a la atmósfera sólo por procesos de evaporación y sublimación.

La evaporación es el cambio de agua líquida a vapor de agua. Al formarse el vapor de agua, absorbe calor de la fuente más cercana disponible. Este intercambio de calor se conoce como calor latente de evaporación. Un buen ejemplo de la evaporación es la transpiración humana. El efecto neto, al extraer el calor del cuerpo, es una sensación de enfriamiento. Similarmente, la sublimación es el cambio de hielo directamente a vapor de agua, evitando completamente la fase líquida. Aunque el hielo seco no está hecho de agua, sino de dióxido de carbono, demuestra el principio de sublimación, cuando un sólido se convierte directamente en vapor.

Humedad Relativa

La humedad se refiere a la cantidad de vapor de agua presente en la atmósfera en un momento dado. La

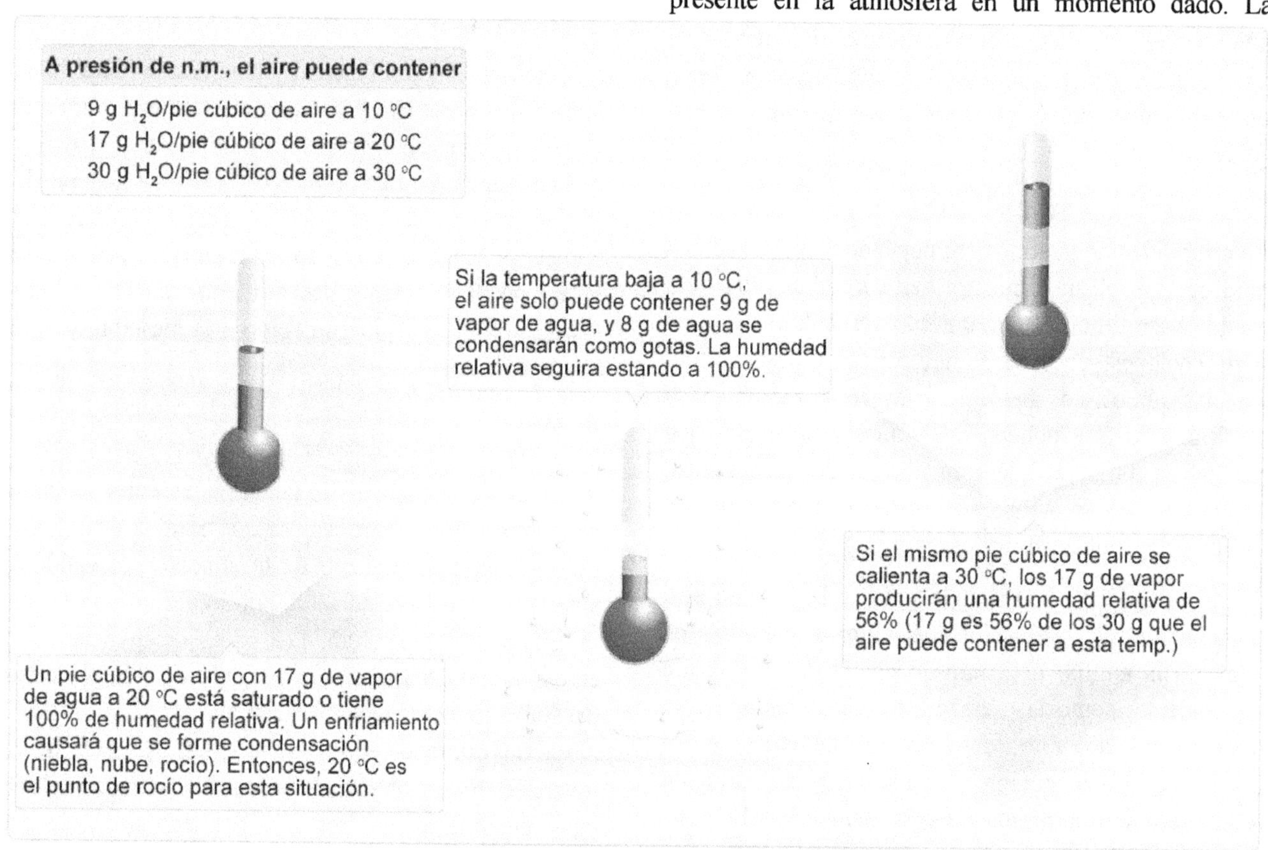

Figura 11-20. *Relación entre humedad relativa, temperatura y punto de rocío.*

humedad relativa es la cantidad real de humedad en el aire comparada con la cantidad total de humedad que el aire puede contener a dicha temperatura. Por ejemplo, si la humedad relativa actual es 65 por ciento, el aire contiene el 65 por ciento de la cantidad total de humedad que es capaz de mantener a esa temperatura y presión. *[Figura 11-20]*

Relación Temperatura/Punto de rocío

La relación entre el punto de rocío y la temperatura define el concepto de humedad relativa. El punto de rocío, en grados, es la temperatura a la que el aire no puede contener más humedad. Cuando la temperatura del aire se reduce hasta el punto de rocío, el aire está completamente saturado y la humedad se comienza a condensar en forma de niebla, rocío, escarcha, nubes, lluvia, granizo o nieve.

Al ascender el aire húmedo e inestable, se forman nubes a la altitud donde la temperatura y el punto de rocío alcanzan el mismo valor. Cuando se eleva, el aire no saturado se enfría a una velocidad de 3 °C por cada 1.000 pies y el punto de rocío disminuye a una velocidad de 0,55 °C por cada 1.000 pies. Esto resulta en una convergencia de temperatura y punto de rocío a una velocidad de 2,45 °C. Aplique la tasa de convergencia a la temperatura y punto de rocío reportados para determinar la altura de las bases de las nubes.

Dados:

Temperatura (T) = 29 °C

Punto de rocío (PR) = 21 °C

Tasa de convergencia (TC) = 2,45 °C

T - PR = Separación temperatura punto de rocío (STP)

STP ÷ TC = X

X × 1.000 pies = altura de base de nubes AGL

Ejemplo:

29 °C - 21 °C = 8 °C

8 °C ÷ 2,45 °C = 3,26

3,26 x 1000 = 3260 pies AGL

La altura de la base de nubes es de 3.260 pies AGL.

Explicación:

Con una temperatura del aire exterior (OAT) de 29 °C en la superficie, y el punto de rocío en la superficie de 21 °C, la separación es de 8°. Divida la separación de temperatura del punto de rocío por la tasa de convergencia de 2,45 ° C, y multiplique por 1.000 para determinar la altura aproximada de la base nubes.

Métodos por los cuales el aire alcanza el punto de saturación

Si el aire alcanza el punto de saturación mientras la temperatura y el punto de rocío están muy juntas, es muy probable que se forme niebla, nubes bajas, y precipitación. Hay cuatro métodos por los cuales aire puede alcanzar el punto de saturación completa. Primero, cuando el aire cálido se mueve sobre una superficie fría, la temperatura del aire cae y alcanza el punto de saturación. Segundo, el punto de saturación puede ser alcanzado cuando se mezcla aire frío con aire cálido. Tercero, cuando el aire se enfría a la noche por contacto con el suelo más frío, el aire llega a su punto de saturación. El cuarto método se produce cuando el aire se eleva o es forzado a ascender en la atmósfera.

Cuando el aire se eleva, utiliza energía calórica para expandirse. Como resultado, el aire ascendente pierde calor rápidamente. El aire no saturado pierde calor a una velocidad de 3,0 °C (5,4 °F) por cada 1.000 pies de ganancia de altura. Sin importar lo que hace que el aire llegue a su punto de saturación, el aire saturado trae nubes, lluvia y otras situaciones meteorológicas críticas.

Rocío y escarcha

En las noches frías y calmas, la temperatura del suelo y los objetos en la superficie pueden causar que la temperatura del aire que los rodea caiga por debajo del punto de rocío. Cuando esto ocurre, la humedad en el aire se condensa y se deposita sobre el terreno, edificios y otros objetos como autos y aviones. Esta humedad se conoce como rocío y, a veces puede verse en el pasto en la mañana. Si la temperatura está por debajo de la congelación, la humedad se deposita en forma de escarcha. Mientras que el rocío no representa una amenaza a las aeronaves, las heladas suponen definitivamente un riesgo para la seguridad de vuelo. La escarcha interrumpe el flujo de aire sobre el ala y puede reducir drásticamente la producción de sustentación. También aumenta la resistencia, lo cual, cuando se combina con la baja producción de sustentación, puede afectar negativamente la capacidad de despegue. Una aeronave debe limpiarse completamente de escarcha antes de iniciar un vuelo.

Niebla.

La niebla es una nube que comienza dentro de 50 pies de la superficie. Típicamente ocurre cuando la temperatura del aire cerca del suelo se enfría hasta el punto de rocío. En este punto, el vapor de agua en el aire se condensa y se hace visible en forma de niebla. La niebla se clasifica de acuerdo a la manera en que se forma y es dependiente de la temperatura actual y la cantidad de vapor de agua en el aire.

En las noches claras, con poco o nada de viento, la se puede desarrollar niebla de radiación. *[Figura 11-21]* Usualmente, se forma en las zonas bajas, como los valles de montaña. Este tipo de niebla se produce cuando el suelo se enfría rápidamente debido a la radiación terrestre, y la temperatura del aire circundante alcanza su punto de rocío. Cuando sale el sol y la temperatura aumenta, la niebla de radiación asciende y eventualmente se quema. Cualquier aumento en el viento también acelera la disipación de la niebla de radiación. Si la niebla por radiación es inferior a 20 pies de espesor, se la conoce como niebla baja.

Figura 11-21. *Niebla de radiación.*

Cuando una capa de aire cálido y húmedo se mueve sobre una superficie fría, es probable que ocurra niebla de advección. A diferencia de la niebla de radiación, se requiere viento para formar la niebla de advección. Vientos de hasta 15 nudos permiten que se forme e intensifique la niebla; por encima de 15 nudos, por lo general la niebla se eleva y forma nubes estratos bajas. La niebla de advección es común en las zonas costeras donde la brisa del mar puede soplar el aire sobre masas de tierra más frías.

La niebla de ladera se produce cuando el aire húmedo y estable es forzado a subir por una ladera como de una cordillera. Este tipo de niebla también requiere de viento para la formación y existencia. La niebla de advección y de ladera, a diferencia de niebla de radiación, no se puede quemar con el sol de la mañana, sino en cambio puede persistir durante días. También se

puede extender a mayor altura que la niebla de radiación.

La niebla de vapor (o fumante), o humo de mar, se forma cuando el aire frío y seco se mueve sobre aguas cálidas. Al evaporarse el agua, se eleva y se asemeja a humo. Este tipo de niebla es común en los cuerpos de agua durante las épocas más frías del año. Comúnmente se asocia turbulencia de bajo nivel y engelamiento con la niebla fumante.

La niebla de hielo se produce en clima frío cuando la temperatura está muy por debajo de la de congelación y el vapor de agua forma directamente cristales de hielo. Las condiciones favorables para su formación son las mismas que para la niebla de radiación excepto por la temperatura fría, por lo general -25 °C o más fría. Ocurre sobre todo en las regiones árticas, pero no es desconocida en las latitudes medias durante la estación fría.

Nubes

Las nubes son indicadores visibles y suelen ser indicativos del clima futuro. Para la formación de nubes, debe haber el vapor de agua adecuado y núcleos de condensación, así como un método por el cual el aire pueda ser enfriado. Cuando el aire se enfría y llega a su punto de saturación, el vapor de agua invisible cambia a un estado visible. A través de procesos de deposición (también conocido como sublimación) y condensación, la humedad se condensa o se sublima sobre minúsculas partículas de materia, como polvo, sal, y humo conocidas como núcleos de condensación. Los núcleos son importantes porque proveen el medio para que la humedad cambie de un estado a otro.

El tipo de nube está determinado por su altura, forma y comportamiento. Se clasifican de acuerdo a la altura de sus bases como nubes bajas, medias o altas, y también nubes de desarrollo vertical. *[Figura 11-22]*

Las nubes bajas son las que se forman cerca de la superficie de la Tierra y se extienden hasta 6.500 pies sobre la superficie (AGL). Están hechas principalmente de gotitas de agua, pero pueden incluir gotas de agua superenfriadas que inducen la peligrosa formación de hielo en las aeronaves. Las nubes bajas típicas son estratos, estratocúmulos, y nimboestratos. La niebla es también clasificada como un tipo de formación de nubes bajas. Las nubes en esta familia a crean techos bajos, dificultan la visibilidad, y pueden cambiar

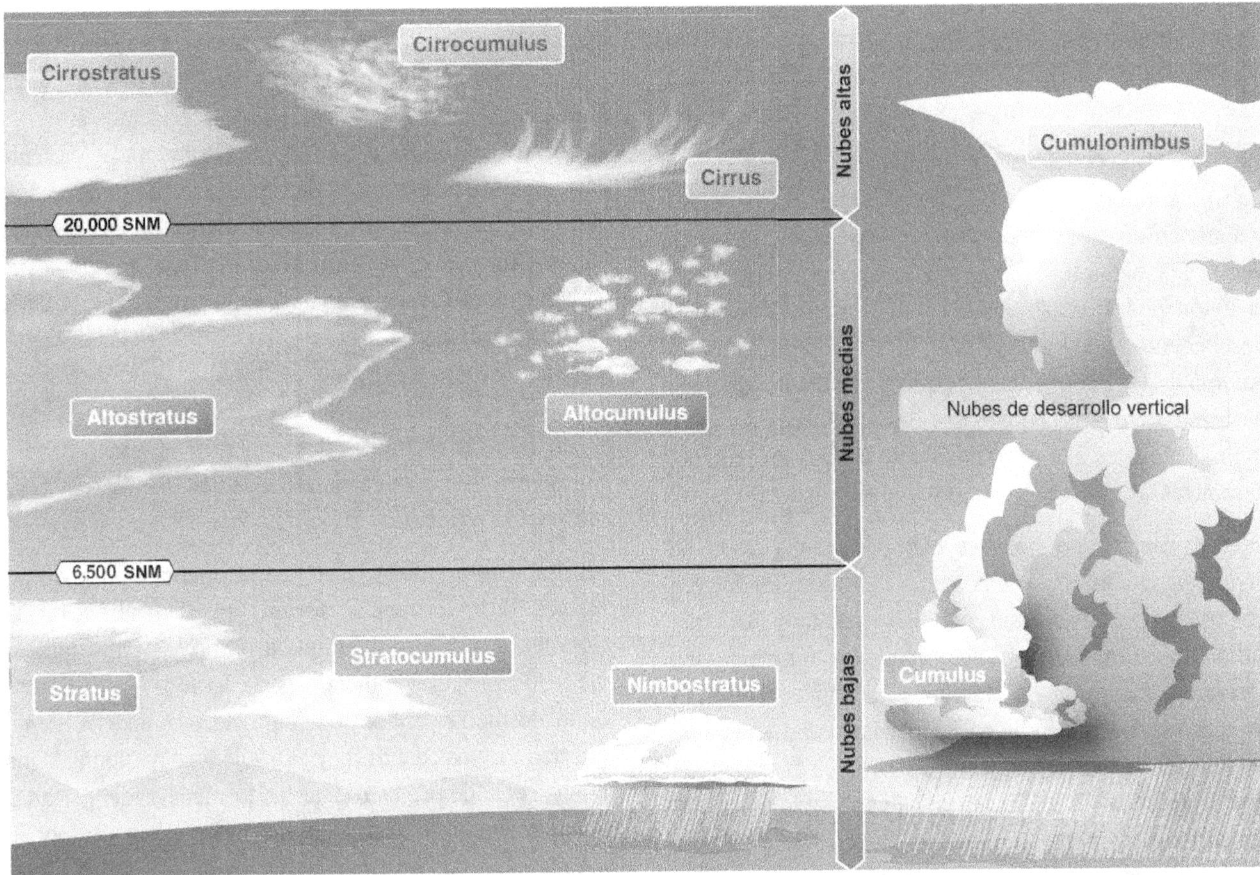

Figura 11-22. *Tipos básicos de nubes.*

rápidamente. Debido a esto, influyen en la planificación del vuelo y pueden hacer imposible un vuelo por reglas de vuelo visual (VFR).

Las nubes medias se forman alrededor de 6.500 pies AGL y se extienden hasta 20.000 pies AGL. Se componen de agua, cristales de hielo, y gotas de agua superenfriadas. Las típicas nubes de nivel medio incluyen altoestratos y altocúmulos. Este tipo de nubes se pueden encontrar en los vuelos de travesía en altitudes más altas. Las nubes altoestratos pueden producir turbulencia y puede contener engelamiento moderado. Los altocúmulos, que por lo general se forman cuando las nubes altoestratos se rompen, también pueden contener turbulencia y engelamiento ligero.

Las nubes altas se forman por arriba de 20.000 pies AGL y generalmente se forman sólo en aire estable. Se componen de cristales de hielo y no plantean ninguna amenaza real de turbulencia o engelamiento. Las típicas nubes altas son cirros, cirroestratos y cirrocúmulos.

Las nubes de desarrollo vertical son cúmulos que construyen verticalmente en cúmulos en torre o cumulonimbos. Las bases de estas nubes se forman en la región de las bases de nubes medias y bajas, pero se pueden extender a los niveles de nubes altas. Los cúmulos en torres indican áreas de inestabilidad en la atmósfera, y el aire alrededor y dentro de ellos es turbulento. Estos tipos de nubes a menudo se convierten en nubes cumulonimbus o tormentas. Los cumulonimbus contienen grandes cantidades de humedad y aire inestable, y por lo general producen fenómenos meteorológicos peligrosos, tales como rayos, granizo, tornados, ráfagas de viento y cizalladura del viento. Estas nubes verticales extensas pueden quedar ocultas por otras formaciones de nubes y no siempre son visibles desde tierra o en vuelo. Cuando esto ocurre, se dice que estas nubes están incrustadas, de ahí el término tormentas incrustadas.

Para los pilotos, la nube cumulonimbus es quizás el tipo de nube más peligrosa. Aparece individualmente o en grupos y se conoce como tormenta de masa de aire o tormenta orográfica. El calentamiento del aire cerca de la superficie de la Tierra crea una tormenta de masa de aire; el movimiento ascendente del aire en las regiones montañosas provoca las tormentas orográficas. Las nubes cumulonimbus que se forman en una línea continua no frontales son líneas de turbonada o "squall line".

Ya que las corrientes de aire ascendente producen nubes cumulonimbus, son extremadamente turbulentas y suponen un peligro considerable para la seguridad de vuelo. Por ejemplo, si una nave entra en una tormenta, el avión podría experimentar corrientes ascendentes y descendentes que exceden los 3.000 pies por minuto. Además, las tormentas pueden producir grandes granizos, rayos, tornados y grandes cantidades de agua, todos los cuales son potencialmente peligrosos para las aeronaves.

Una tormenta pasa por tres etapas distintas antes de disiparse. Se inicia con la etapa cumulus, en la que comienza la acción de ascenso del aire. Si hay suficiente humedad e inestabilidad, las nubes siguen creciendo en altura. Las fuertes y continuas corrientes de aire ascendente impiden que la humedad caiga. La región de corrientes ascendentes se hace más grande que las térmicas individuales que alimentan la tormenta. En aproximadamente 15 minutos, la tormenta llega a la etapa de madurez, que es el período más violento del ciclo de vida de la tormenta. En este punto, las gotas de humedad, ya sea lluvia o hielo, son demasiado pesadas para la nube las sostenga y comienzan a caer en forma de lluvia o granizo. Esto crea un movimiento descendente del aire. Aire cálido ascendente, aire frio descendente inducido por la precipitación, y violenta turbulencia, todos existen dentro y cerca de la nube. Por debajo de la nube, el aire descendente incrementa los vientos de superficie y disminuye la temperatura. Una vez que el movimiento vertical en la parte superior de la nube se ralentiza, la parte superior de la nube se expande y toma una forma similar a un yunque. En este punto, la tormenta entra en la etapa de disipación. Esto es cuando las corrientes descendentes se generalizan y remplazan las corrientes ascendentes necesarias para sostener la tormenta. *[Figura 11-23]*

Es imposible volar sobre las tormentas en aviones ligeros. Las tormentas severas pueden atravesar la tropopausa y alcanzar alturas asombrosas entre 50.000 y 60.000 pies, dependiendo de la latitud. Volar debajo de las tormentas puede someter a las aeronaves a lluvia, granizo, rayos dañinos y turbulencia violenta. Una buena regla de oro es rodear las tormentas identificadas como severas o que dan un eco radar intenso, a por lo menos 20 millas náuticas (NM) ya que el granizo puede caer varios kilómetros fuera de las nubes. Si volar alrededor de una tormenta no es una opción,

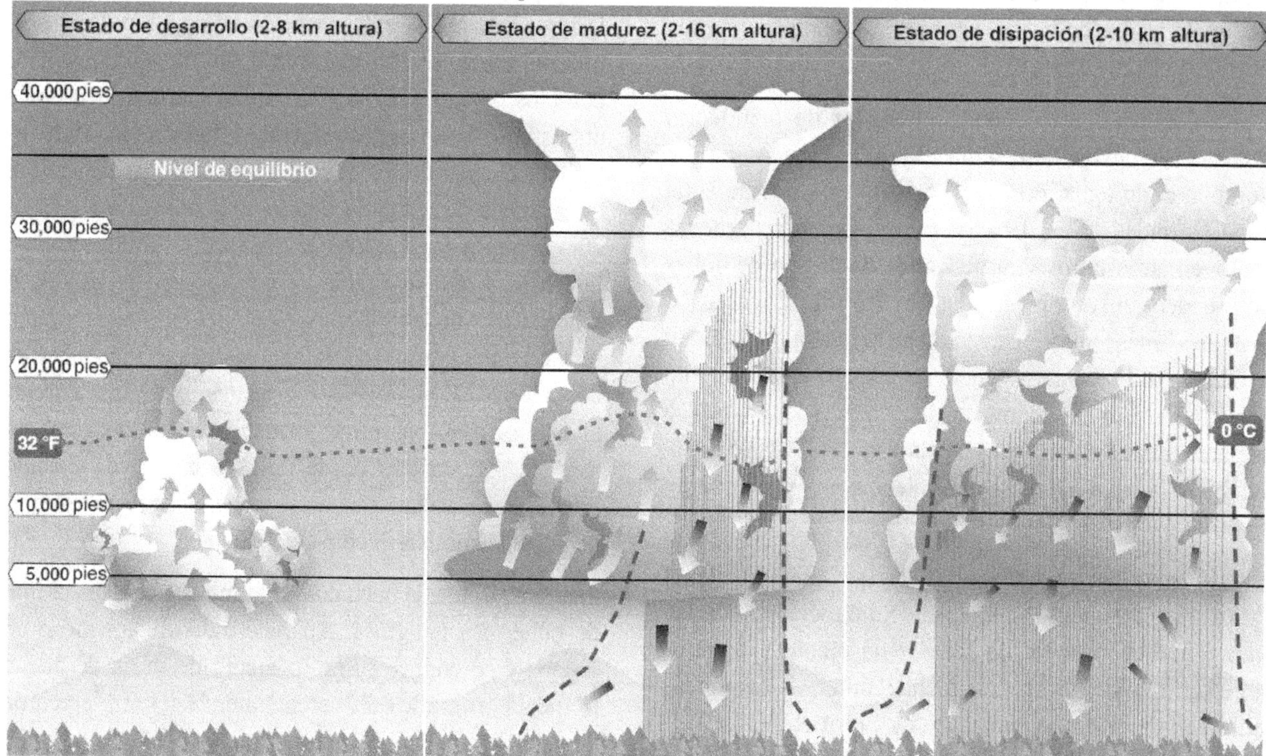

Figura 11-23. *Ciclo de vida de una tormenta.*

permanezca en el suelo hasta que pase.

La clasificación de nubes se puede dividir en tipos de nubes específicos de acuerdo a la apariencia externa y la composición de la nube. Conocer estos términos puede ayudar al piloto a identificar las nubes visibles.

La siguiente es una lista de clasificación de nubes:

- Cúmulos: nubes amontonadas o apiladas

- Estratos: formadas en capas

- Cirrus: nubes altas fibrosas , en rizos por encima de 20.000 pies

- Castellanus: base común con desarrollo vertical independiente, como un castillo

- Lenticularis: forma de lente, formado en montañas con vientos fuertes

- Nimbus: nubes cargadas de lluvia

- Fracto: rotas o desflecadas

- Alto: identifica nubes de nivel medio y también alto, existente entre 5.000 a 20.000 pies

Techo

Para los fines de la aviación, un techo es la capa de nubes más baja reportadas con claros (broken) o cubierto (overcast), o la visibilidad vertical en un oscurecimiento como la niebla o neblina. Las nubes son reportadas como "broken" cuando de cinco a siete octavos del cielo está cubierto de nubes. "Overcast" significa que el cielo está cubierto con nubes. La información del techo actual se reporta en el informe de meteorología aeronáutica de rutina (METAR) y estaciones meteorológicas automáticas de varios tipos.

Visibilidad:

En estrecha relación con la cobertura de nubes y techos reportados está la información de visibilidad. La visibilidad se refiere a la mayor distancia horizontal a la que se pueden ver a simple vista objetos prominentes. La visibilidad actual se reporta en el METAR y otros informes meteorológicos aeronáuticos, así como por los sistemas meteorológicos automatizados. La información de visibilidad, según lo predicho por los meteorólogos, está disponible para el piloto durante el chequeo pre vuelo del tiempo.

Precipitación

La precipitación se refiere a cualquier tipo de partículas de agua que se forman en la atmósfera y caen al suelo.

Tiene un profundo impacto en la seguridad de vuelo. Dependiendo de la forma de precipitación, puede reducir la visibilidad, crear situaciones de engelamiento, y puede afectar el rendimiento en el despegue y aterrizaje de un avión.

La precipitación ocurre porque las partículas de agua o hielo en las nubes crecen en tamaño hasta que la atmósfera ya no los puede mantener. Se puede presentar en varias formas a medida que caen hacia la Tierra, incluyendo llovizna, lluvia, granizo, nieve y hielo.

La llovizna se clasifica como gotitas de agua muy pequeñas, de menos de 0,5 milímetros de diámetro. La llovizna suele acompañar a la niebla o nubes estratos bajas. Las gotas de agua de mayor tamaño se conocen como lluvia. La lluvia que cae por la atmósfera, pero se evapora antes de golpear el suelo se conoce como virga. La lluvia helada y llovizna helada ocurre cuando la temperatura de la superficie está por debajo de congelamiento; la lluvia se congela al entrar en contacto con la superficie más fría.

Si la lluvia cae a través de una inversión de temperatura, se puede congelar al pasar a través del aire frío subyacente y cae al suelo en forma de gránulos de hielo. Estos gránulos de hielo son una indicación de una inversión de temperatura y que existe lluvia helada a una altura superior. En el caso de granizo, las gotitas de agua helada suben y bajan por las corrientes de aire dentro de las nubes, creciendo en tamaño a medida que entran en contacto con más humedad. Una vez que las corrientes de aire ya no pueden sostener el agua helada, cae a la tierra en forma de granizo. El granizo puede ser del tamaño de un poroto, o puede crecer hasta 10 cm de diámetro, más grande que una pelota de béisbol.

La nieve es precipitación en forma de cristales de hielo que cae a un ritmo constante o en chubascos de nieve que comienzan, cambian en intensidad, y terminan rápidamente. La nieve que cae también varía en tamaño, siendo granos muy pequeños o copos grandes. Granos de nieve son el equivalente al tamaño de la llovizna.

La precipitación en forma alguna constituye una amenaza a la seguridad de vuelo. A menudo, las precipitaciones se acompañan de techos bajos y visibilidad reducida. Las aeronaves que tienen hielo, nieve o escarcha en las superficies deben limpiarse cuidadosamente antes de comenzar un vuelo debido a la posible interrupción del flujo de aire y la pérdida de sustentación. La lluvia puede contribuir con agua en los tanques de combustible. La precipitación puede crear riesgos en la superficie de la pista misma, haciendo difícil los despegues y aterrizajes, si no imposible, debido a nieve, hielo o charcos de agua y superficies muy resbaladizas.

Masas de aire

Las masas de aire se clasifican de acuerdo a las regiones donde se originan. Son grandes volúmenes de aire que toman las características de los alrededores, o región de origen. Una región de origen es típicamente un área en la que el aire permanece relativamente quieto durante un período de varios días. Durante este período de estancamiento, la masa de aire adquiere las características de temperatura y humedad de la región de origen. Las áreas de estancamiento se pueden encontrar en las regiones polares, océanos tropicales y desiertos secos. Las masas de aire se identifican generalmente como polar o tropical basándose en las características de temperatura, y en marítimas o continentales basándose en el contenido de humedad.

Una masa de aire polar continental se forma sobre una región polar y trae con ella aire frío y seco. Las masas de aire tropicales marítimas se forman sobre las cálidas aguas tropicales, como el Mar Caribe y traen aire cálido y húmedo. A medida que la masa de aire se mueve de su región de origen y pasa sobre tierra o agua, la masa de aire se somete a las condiciones variables de la tierra o el agua, y estas modifican la naturaleza de la masa de aire. *[Figura 11-24]*

Una masa de aire que pasa sobre una superficie más caliente se calienta desde abajo, y se forman corrientes convectivas, causando que el aire ascienda. Esto crea una masa de aire inestable con buena visibilidad en superficie. El aire húmedo e inestable provoca que se formen nubes cúmulo, chaparrones, y turbulencia.

A la inversa, una masa de aire que pasa sobre una superficie más fría no forma corrientes de convección, sino que crea una masa de aire estable con pobre visibilidad superficial. La pobre visibilidad en la superficie es debida al hecho de que el humo, polvo y otras partículas no pueden ascender en la masa de aire y en su lugar quedan atrapadas cerca de la superficie. Una masa de aire estable puede producir nubes estratos bajas y niebla.

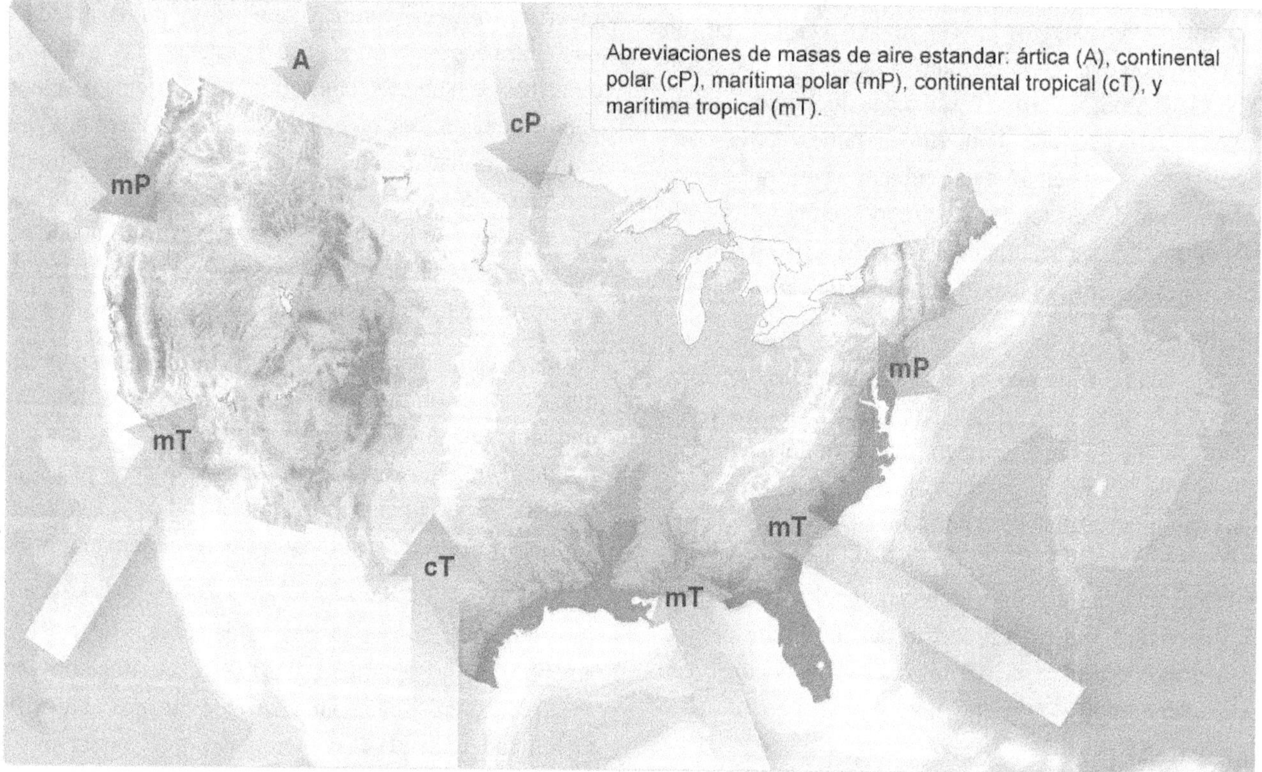

Figura 11-24. *Regiones de origen de masas de aire en América del Norte.*

Frentes

A medida que una masa de aire se mueve a través del agua y la tierra, eventualmente se pone en contacto con otra masa de aire con características diferentes. La capa límite entre los dos tipos de masas de aire se conoce como frente. Un frente de cualquier tipo que se acerca siempre indica cambios inminentes en el clima.

Hay cuatro tipos de frentes, que se nombran de acuerdo con la temperatura del aire que avanza con respecto a la temperatura del aire que va a sustituir: *[Figura 11-25]*

- Cálido

- Frío

- Estacionario

- Ocluido

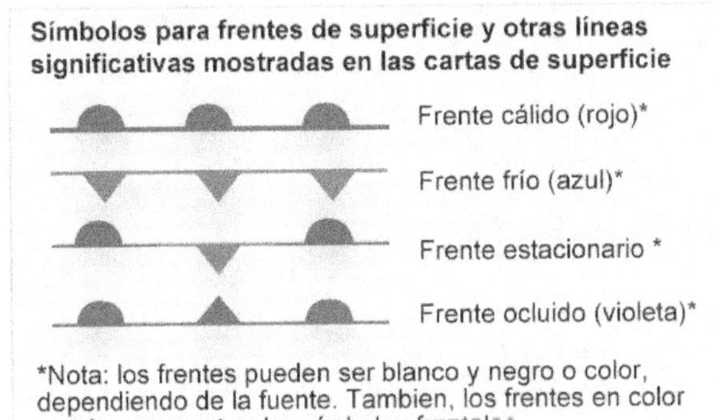

Figura 11-25. *Simbología de las cartas que muestran la ubicación de los frentes.*

Cualquier discusión sobre los sistemas frontales se debe hacer sabiendo que no hay dos frentes iguales. Sin embargo, las condiciones climáticas generalizadas se asocian con un tipo específico de frente que ayuda a identificar el frente.

Frente cálido

Un frente cálido se produce cuando una masa de aire cálido avanza y remplaza a una masa de aire más frío. Los frentes cálidos se mueven lentamente, por lo general de 15 a 40 kilómetros por hora (kph). La pendiente del frente que avanza se desliza por encima del aire más frío y gradualmente lo empuja fuera del área. Los frentes cálidos contienen aire cálido que a menudo tienen una humedad muy alta. A medida que el aire cálido se eleva, la temperatura desciende y se produce condensación.

Generalmente, antes del paso de un frente cálido, se puede esperar que a lo largo del límite frontal se formen nubes estratiformes o cirros, junto con niebla. En los meses de verano, son propensos a desarrollarse nubes cumulonimbus (tormentas). Es probable precipitación ligera a moderada, por lo general en forma de lluvia, aguanieve, nieve o llovizna, acentuado por escasa visibilidad. El viento sopla desde el nor-noreste, y la temperatura exterior es fresca o fría, con un punto de rocío en aumento. Por último, cuando se acerca el frente cálido, la presión barométrica sigue cayendo hasta que el frente pasa completamente.

Durante el paso de un frente cálido, son visibles nubes estratiformes y puede caer llovizna. La visibilidad es generalmente pobre, pero mejora con los vientos variables. La temperatura se eleva en forma constante por el ingreso de aire relativamente más cálido. En su mayor parte, el punto de rocío se mantiene estable y la presión se nivela.

Tras el paso del frente cálido, las nubes estratocúmulos predominan y son posibles lluvias. La visibilidad mejora eventualmente, pero pueden existir condiciones de niebla por un corto período luego del paso. Con temperaturas más cálidas, el punto de rocío sube y luego se estabiliza. Generalmente hay un ligero aumento de la presión barométrica, seguido por un descenso de la presión barométrica.

El vuelo hacia un frente cálido

Mediante el estudio de un frente cálido típico, se puede aprender mucho acerca de los patrones generales y las condiciones atmosféricas que existen cuando se encuentra en vuelo un frente cálido. *La Figura 11-26* muestra un frente cálido que avanza hacia el sur desde Formosa, en dirección a Junín.

En el momento de la salida de Junín, el clima es bueno VFR con una capa de nubes cirrus dispersas a 15.000 pies. Al avanzar el vuelo hacia el norte a Paraná y ya más cerca del frente cálido que se aproxima, las nubes se profundizan y se hacen estratiformes con un techo de 6, 000 pies. La visibilidad se reduce a 10 km con neblina con una caída de la presión barométrica. Al acercarse a Reconquista, el clima se deteriora hasta nubes con pocos claros a 2.000 pies con 5 km de visibilidad y lluvia. Con la temperatura igual al punto de rocío, es probable que haya niebla. En Formosa, el cielo está cubierto con nubes bajas y llovizna y la

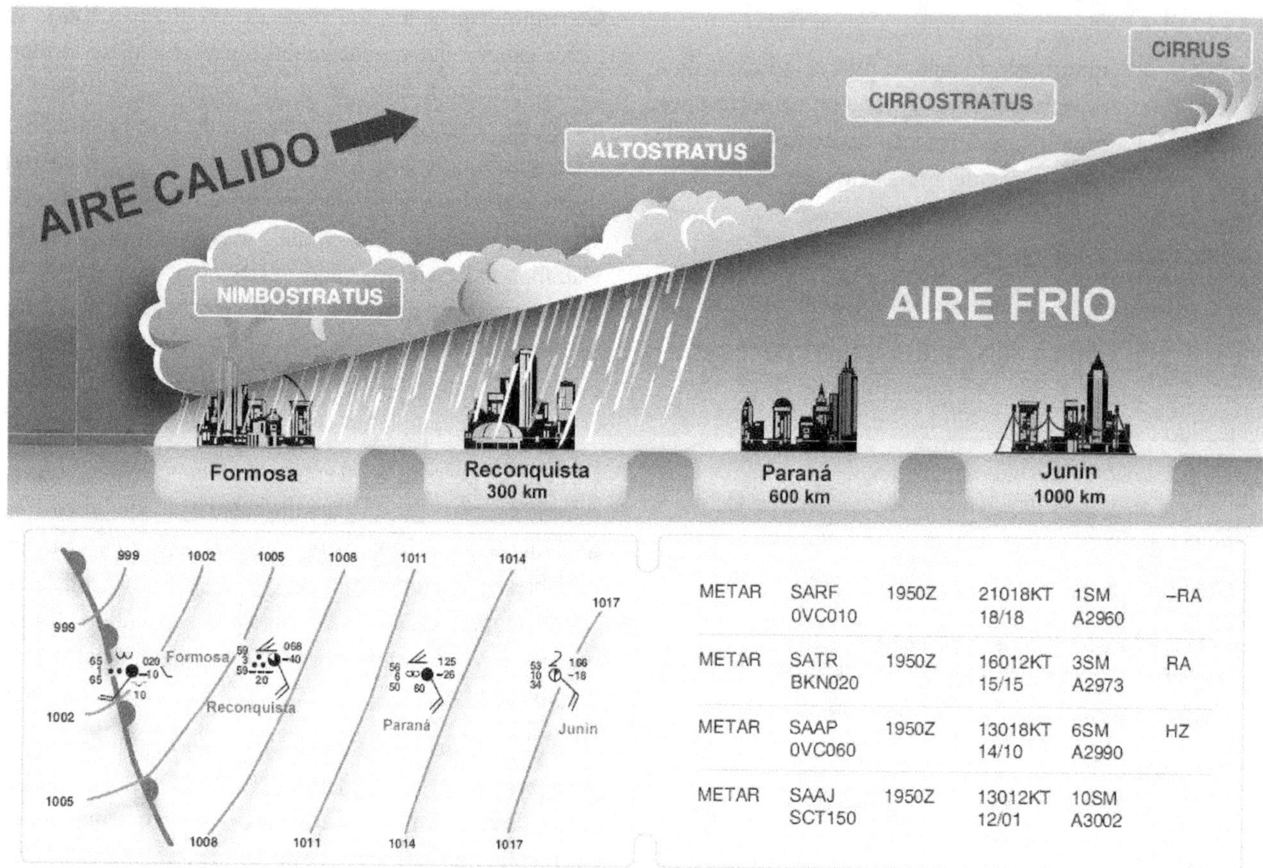

METAR	SARF	1950Z	21018KT	1SM	−RA
	OVC010		18/18	A2960	
METAR	SATR	1950Z	16012KT	3SM	RA
	BKN020		15/15	A2973	
METAR	SAAP	1950Z	13018KT	6SM	HZ
	OVC060		14/10	A2990	
METAR	SAAJ	1950Z	13012KT	10SM	
	SCT150		12/01	A3002	

Figura 11-26. *Sección de un frente cálido con mapa meteorológico de superficie y METAR asociado.*

visibilidad es de 1 km. Más allá de Reconquista, el techo y la visibilidad serían demasiado bajos para continuar VFR. Por lo tanto, sería prudente permanecer en Reconquista hasta que pase el frente cálido, lo que podría requerir un día o dos.

Frente frío

Un frente frío se produce cuando una masa de aire frío, denso y estable avanza y sustituye una masa de aire cálido.

Los frentes fríos se mueven más rápido que los frentes cálidos, progresando a un ritmo de 40 a 60 kph. Sin embargo, se han registrado frentes fríos extremos moviéndose a velocidades de hasta 100 kph. Un frente frío típico se mueve de una manera contraria a un frente cálido. Es muy denso, permanece cerca del suelo y se desliza por debajo del aire cálido y forzando al aire menos denso a ascender. El aire que asciende rápidamente hace que la temperatura disminuya repentinamente, forzando a la creación de nubes. El tipo de nubes que se forman depende de la estabilidad de la masa de aire caliente. Un frente frío en el hemisferio sur

suele estar orientado de suroeste a noreste y puede ser de varios cientos de kilómetros de largo, abarcando una gran extensión de tierra.

Previo al paso de un frente frío típico, se presentan nubes cirros o cúmulos, y son posibles cumulonimbus. Son posibles chaparrones y neblina debido al rápido desarrollo de nubes. El viento ayuda a reemplazar las temperaturas cálidas con el aire relativamente más frío. Un punto de rocío alto y la caída de la presión barométrica son indicativos del inminente paso del frente frío.

Al paso del frente frío, siguen dominando el cielo las nubes cúmulos en torre o cumulonimbus. Dependiendo de la intensidad del frente frío, se producen chaparrones intensos y pueden ir acompañados por rayos, trueno, y/o granizo. Frentes fríos más severos también pueden producir tornados. Durante el paso del frente frío, la visibilidad es pobre, con vientos variables y racheados, y caen rápidamente la temperatura y el punto de rocío. Una rápida caída de la presión barométrica llega al

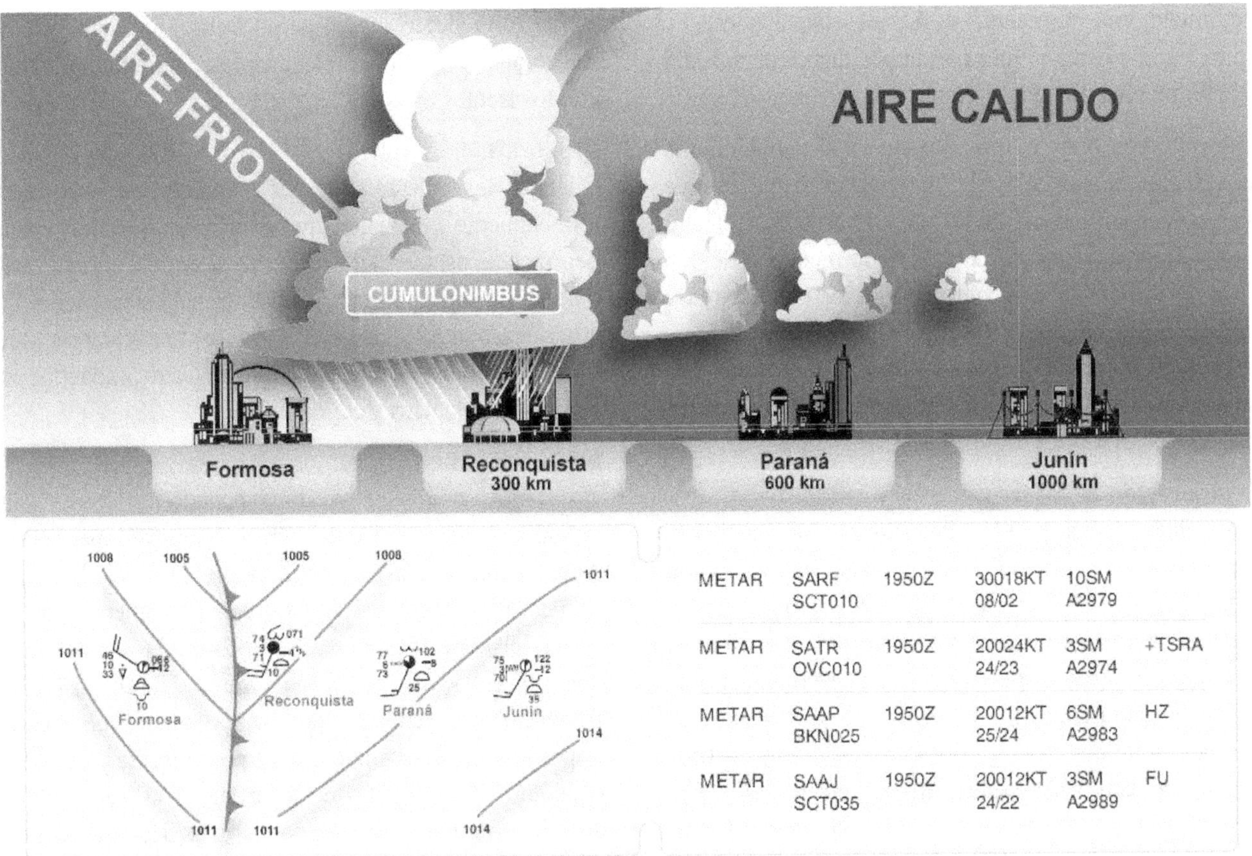

METAR	SARF	1950Z	30018KT	10SM	
	SCT010		08/02	A2979	
METAR	SATR	1950Z	20024KT	3SM	+TSRA
	OVC010		24/23	A2974	
METAR	SAAP	1950Z	20012KT	6SM	HZ
	BKN025		25/24	A2983	
METAR	SAAJ	1950Z	20012KT	3SM	FU
	SCT035		24/22	A2989	

Figura 11-27. *Sección de un frente frío con mapa meteorológico de superficie y METAR asociado.*

mínimo durante el paso del frente, luego comienza un aumento gradual.

Después del paso del frente, las nubes cúmulos en torre y cumulonimbos comienzan a disiparse a nubes cúmulos con la correspondiente disminución en la precipitación. La buena visibilidad finalmente prevalece con los vientos. Las temperaturas se mantienen bajas y la presión barométrica sigue aumentando.

Frente frío rápido

Los frentes fríos rápidos son empujados por intensos sistemas de presión muy por detrás del frente. La fricción entre el suelo y el frente frío retarda el movimiento del frente y crea una superficie frontal más empinada. Esto resulta en una banda muy estrecha, concentrada a lo largo del borde delantero del frente. Si el aire cálido alcanzado por el frente frío es relativamente estable, a cierta distancia por delante del frente puede haber cielo nublado y lluvias. Si el aire cálido es inestable, se pueden formar tormentas dispersas y chaparrones. Una línea continua de tormentas, o línea de turbonada, puede formarse a lo largo o por delante del frente. Las líneas de turbonada presentan un serio peligro para los pilotos ya que estas tormentas son intensas y se mueven con rapidez. Detrás de un frente frío rápido, los cielos se despejan rápidamente y el frente deja vientos racheados, turbulentos y temperaturas más frías.

Vuelo hacia un frente frío

Al igual que los frentes cálidos, no todos los frentes fríos son iguales. Examinando un vuelo hacia un frente frío, los pilotos comprender mejor el tipo de condiciones que pueden encontrar en vuelo. La *Figura 11-27* muestra un vuelo desde Junín hasta Formosa.

En el momento de la salida de Junín, el clima es VFR con 5 km de visibilidad con humo y una capa de nubes dispersas a 3.500 pies. Al progresar el vuelo hacia Paraná y cerca del frente frío que se aproxima, las nubes muestran signos de desarrollo vertical con una capa con claros a 2.500 pies. La visibilidad es de 10 km con neblina y una disminución de la presión barométrica. Aproximándose a Paraná, el clima se ha deteriorado con cielo cubierto a 1.000 pies, y 5 km de visibilidad con tormentas y fuertes chaparrones. En Formosa, el clima mejora con nubes dispersas a 1.000 pies y una visibilidad de 15 km.

Un piloto con buen criterio basado en el conocimiento de las condiciones frontales lo más probable es que permanezca en Paraná hasta que el frente pase. Tratar de volar por debajo de una línea de tormentas o de una línea de turbonada es peligroso, y volar por encima o alrededor de la tormenta no es una opción. Las tormentas se pueden extender hasta bastante más allá capacidad de los aviones pequeños y se pueden extender en una línea de 500 a 800 kilómetros.

Comparación de los frentes fríos y cálidos

Los frentes cálidos y los frentes fríos son de naturaleza muy diferente así como lo son los riesgos asociados con cada frente. Varían en velocidad, composición, fenómenos meteorológicos y predicción. Los frentes fríos, que se mueven entre 30 y 60 kph, se mueven muy rápido en comparación con los frentes cálidos, que se mueven sólo entre 15 y 40 kph. Los frentes fríos también poseen una pendiente frontal más pronunciada. Con los frentes fríos se asocia actividad meteorológica violenta, y el clima por lo general se produce a lo largo del límite frontal, no por delante. Sin embargo, las líneas de turbonada se pueden formar durante los meses de verano hasta 300 kilómetros por delante de un frente frío severo. Mientras que los frentes cálidos traen techos bajos, poca visibilidad y lluvia, los frentes fríos traen tormentas repentinas, vientos rachados, turbulencias, y a veces granizo y tornados.

Los frentes fríos se acercan rápidamente con poca o ninguna advertencia, y hacen un cambio completo del clima en tan sólo unas horas. El clima mejora rápidamente después de su paso y prevalece aire más seco con visibilidad ilimitada. Los frentes cálidos, por otro lado, proporcionan una advertencia anticipada de su aproximación y pueden tardar días en pasar a través de una región.

Cambios de viento

Los vientos alrededor de un sistema de alta presión giran en sentido antihorario, mientras que los vientos de baja presión giran en sentido horario. Cuando dos sistemas de presión son adyacentes, los vientos están casi en oposición directa entre sí en el punto de contacto. Los frentes son los límites entre dos áreas de presión, y por lo tanto, continuamente están ocurriendo cambios de viento dentro de un frente. El cambio de la dirección del viento es más pronunciado en conjunción con los frentes fríos.

Frente estacionario

Cuando las fuerzas de dos masas de aire son relativamente iguales, el límite o frente que los separa permanece estacionario e influye en el clima local durante días. Este frente se llama frente estacionario. El clima asociado con un frente estacionario es típicamente una mezcla de lo que se puede encontrar en ambos frentes, fríos y cálidos.

Frente ocluido

Un frente ocluido se produce cuando un frente frío rápido alcanza a un frente cálido se mueve lentamente. Al aproximarse el frente ocluido, prevalece el clima del frente cálido, pero es seguido inmediatamente por el clima del frente frío. Hay dos tipos de frentes ocluidos que pueden ocurrir, y las temperaturas de los sistemas frontales que chocan entre sí juegan un papel importante en la definición del tipo de frente y el clima resultante. Una oclusión de frente frío se produce cuando un frente frío rápido es más frío que el aire delante del frente cálido. Cuando esto ocurre, el aire frío reemplaza el aire menos frío y obliga al frente cálido a subir en la atmósfera. Generalmente, la oclusión de frente frío crea una mezcla del clima encontrado en los frentes cálidos y fríos, siempre que el aire sea relativamente estable. Una oclusión de frente cálido se produce cuando el aire por delante del frente cálido es más frío que el aire del frente frío. Cuando este es el caso, el frente frío se sube sobre el frente cálido. Si el aire forzado a subir por la oclusión de frente cálido es inestable, el clima es más severo que el clima encontrado en una oclusión de frente frío. Son probables las tormentas, lluvia y niebla.

La *Figura 11-28* muestra un corte transversal de una típica oclusión de frente frío. El frente cálido se desliza sobre el aire más frío reinante y produce el tipo de clima del frente cálido. Antes del paso del típico frente ocluido, prevalecen nubes cirriformes y estratiformes, cae precipitación entre ligera y fuerte, la visibilidad es pobre, el punto de rocío es constante, y la presión barométrica cae. Durante el paso del frente, predominan nubes cumulonimbus y nimbostratos, y también son posibles cúmulos en torre. Cae precipitación ligera a fuerte, la visibilidad es pobre, los vientos son variables, y la presión barométrica se estabiliza. Después del paso

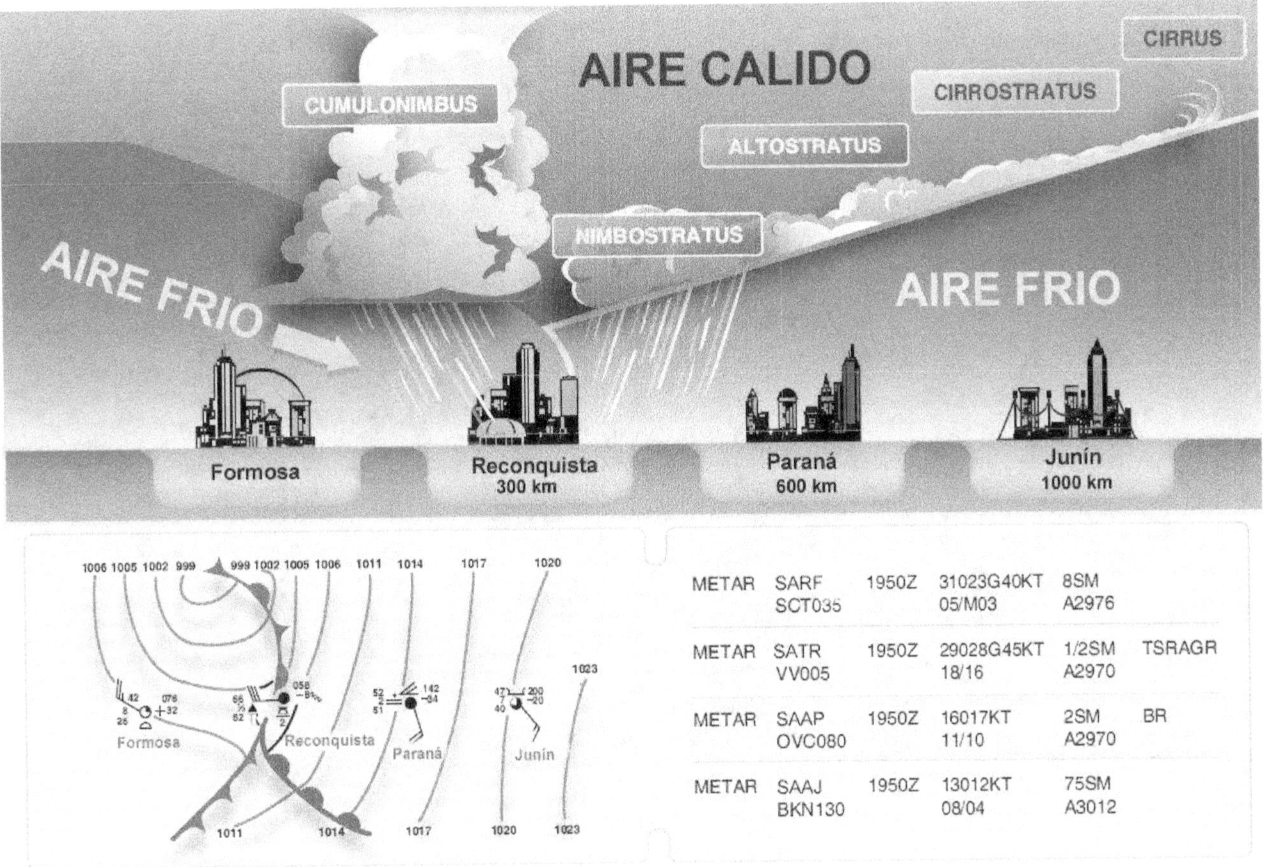

METAR SARF   1950Z 31023G40KT 8SM
       SCT035   05/M03   A2976

METAR SATR   1950Z 29028G45KT 1/2SM   TSRAGR
       VV005   18/16   A2970

METAR SAAP   1950Z 16017KT   2SM   BR
       OVC080   11/10   A2970

METAR SAAJ   1950Z 13012KT   75SM
       BKN130   08/04   A3012

Figura 11-28. *Sección de un frente ocluido con mapa meteorológico de superficie y METAR asociado.*

del frente, son visibles nubes nimboestratos y altoestratos, la precipitación disminuye y se está limpiando, y la visibilidad está mejorando.

Tormentas

Para que se forme una tormenta, el aire debe tener suficiente vapor de agua, un gradiente térmico inestable, y una acción de elevación inicial para iniciar el proceso de la tormenta. Algunas tormentas ocurren al azar en el aire inestable, duran sólo una hora o dos, y sólo producen ráfagas de viento y lluvias moderadas. Estas son conocidas como tormentas de masa de aire y son generalmente un resultado del calentamiento de la superficie. Las tormentas de estado estables están asociadas con los sistemas climáticos. Los frentes, vientos convergentes, y los valles en altura fuerzan el movimiento hacia arriba generando estas tormentas que a menudo se forman en líneas de turbonada. En la etapa de madurez, las corrientes ascendentes se hacen más fuertes y duran mucho más tiempo que en las tormentas de masa de aire, de ahí el nombre de estado estable. *[Figura 11-29]*

El conocimiento de las tormentas y los peligros asociados con ellas es crítico para la seguridad de vuelo.

Peligros

El clima puede ser un serio riesgo para el vuelo y una tormenta junta casi todos los peligros meteorológicos conocidos para la aviación en un solo paquete. Estos riesgos ocurren individualmente o combinados y la mayoría se pueden encontrar en una línea de turbonada.

Línea de turbonada (squall line)

Una línea de turbonada es una banda estrecha de tormentas activas. A menudo se desarrolla en o delante de un frente frío con aire húmedo e inestable, pero se puede desarrollar en aire inestable lejos de cualquier frente. La línea puede ser demasiado larga para desviarla fácilmente y muy ancha y severa para penetrar en ella. Usualmente contiene tormentas estables y presenta el riesgo meteorológico individual más intenso para las aeronaves. Por lo general, se forma rápidamente, alcanzando el máximo de intensidad durante el atardecer y las primeras horas de oscuridad.

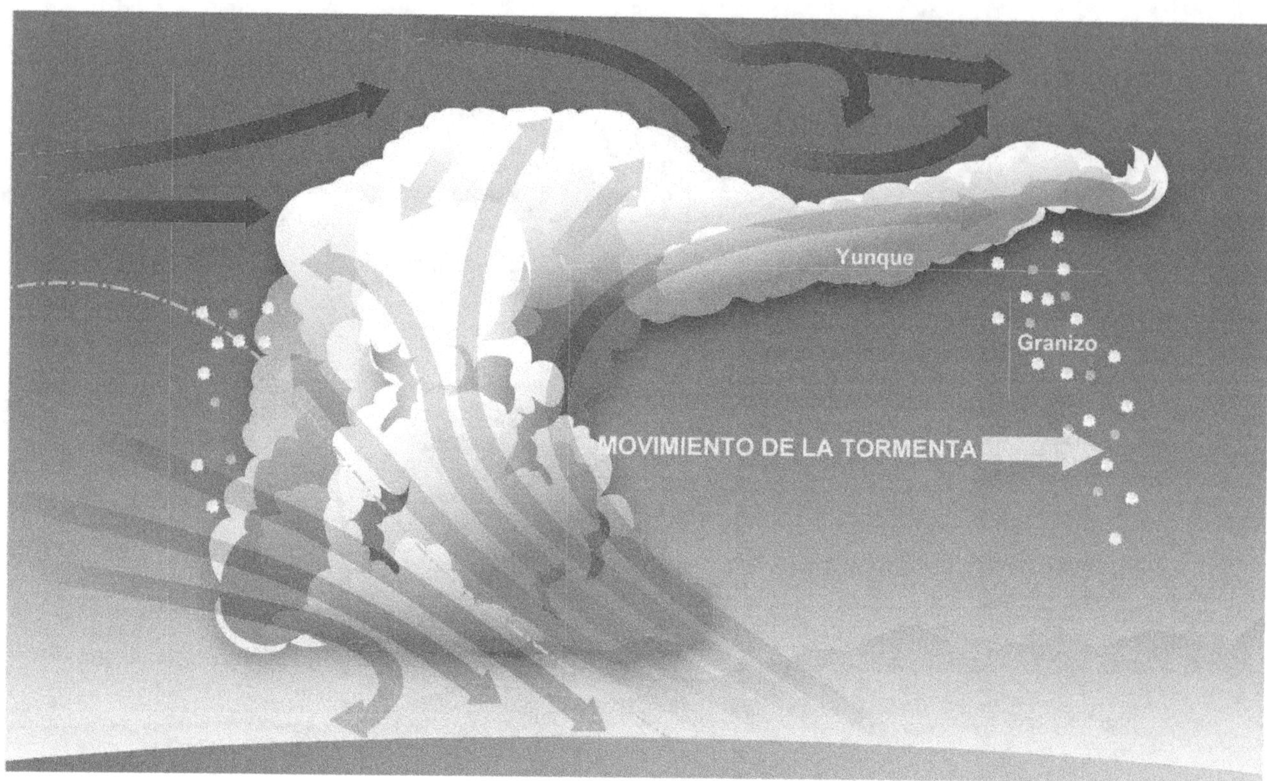

Figura 11-29. *Movimiento y turbulencia de una tormenta madura.*

Tornados

Las tormentas más violentas introducen aire en las bases de su nube con gran vigor. Si el aire entrante tiene movimiento inicial de rotación, a menudo se forma un vórtice extremadamente concentrado desde la superficie hasta dentro de la nube. Los meteorólogos han estimado que el viento en tal vórtice puede superar los 200 nudos, con la presión en el interior del vórtice muy baja. Los vientos fuertes recogen polvo y escombros y la baja presión genera una nube en forma de embudo que se extiende hacia abajo desde la base del cumulonimbus. Si la nube no alcance la superficie, es una nube embudo; si toca la superficie de la tierra, es un tornado.

Los tornados ocurren con tormentas aisladas como con líneas de turbonada. Los reportes para pronósticos de tornados indican que las condiciones atmosféricas son favorables para turbulencia violenta. Una aeronave que entra en un vórtice de tornado es casi seguro que sufrirá daños estructurales. Dado que el vórtice se extiende hasta bien dentro de la nube, cualquier piloto en IFR que quede atrapado inadvertidamente en una fuerte tormenta podría encontrar un vórtice oculto.

Familias de tornados se han observado como apéndices de una nube principal extendiéndose varios kilómetros de la zona de rayos y precipitación. Por lo tanto, cualquier nube conectada a una tormenta severa lleva una amenaza violenta.

Turbulencia

Potencialmente peligrosa la turbulencia está presente en todas las tormentas, y una tormenta severa puede destruir una aeronave. La fuerte turbulencia dentro de la nube se produce con cizalladura entre las corrientes ascendentes y descendentes. Fuera de la nube, la turbulencia de cizalladura se ha encontrado a varios miles de pies por encima y 30 kilómetros lateralmente de una fuerte tormenta. Una zona de turbulencia de bajo nivel es la zona de cizalladura asociada con las ráfagas. A menudo, una "nube rollo" en el frente de una tormenta marca el techo de los remolinos en esta cizalladura y significa una zona muy turbulenta. Los frentes de ráfagas a menudo se mueven muy por delante (hasta 25 km) de la precipitación asociada. El frente de ráfaga produce a veces un cambio rápido y drástico en vientos de superficie por delante de una tormenta.

Engelamiento

Las corrientes ascendentes de una tormenta mantienen abundante agua líquida con tamaños de gotas relativamente grandes. Cuando se llevan por encima del nivel de congelación, el agua se convierte en superenfriada. Cuando la temperatura en la corriente ascendente se enfría a aproximadamente -15 °C, la mayor parte del vapor de agua restantes se sublima como cristales de hielo. Por encima de este nivel, a temperaturas más bajas, la cantidad de agua superenfriada disminuye.

El agua superenfriada se congela al impactar con un avión. Puede ocurrir hielo claro a cualquier altitud por encima del nivel de congelación, pero a niveles altos, el engelamiento por gotitas más pequeñas pueden ser escarcha o mixto escarcha y hielo claro. La abundancia de grandes gotas de agua superenfriadas, forma hielo claro muy rápido entre 0 °C y -15 °C y se puede encontrar frecuentemente en un grupo de células. El engelamiento de tormentas puede ser extremadamente peligroso.

Las tormentas no son el único lugar donde los pilotos podrían encontrar condiciones de engelamiento. Los pilotos deben estar atentos a la formación de hielo en cualquier momento cuando la temperatura se aproxima a 0 °C y hay presente humedad visible.

Granizo

El granizo compite con la turbulencia como el mayor peligro de las tormentas para las aeronaves. Las gotas superenfriadas por encima del nivel de congelación comienzan a congelarse. Una vez que una gota se ha congelado, otras gotas se unen y congelan sobre la misma, por lo que el granizo crece a veces en una bola de hielo enorme. El granizo grande ocurre con tormentas severas con fuertes corrientes ascendentes que llegan a grandes alturas. Eventualmente, el granizo cae, posiblemente a cierta distancia del núcleo de la tormenta. El granizo se puede encontrar en aire claro a varios kilómetros de las nubes de tormenta.

Cuando la piedra de granizo cae a través de aire cuya temperatura está por encima de 0 °C, empieza a fundirse y la precipitación puede alcanzar el suelo, ya sea como granizo o lluvia. La lluvia en la superficie no significa ausencia de granizo en altura. Posiblemente el granizo debe preverse con cualquier tormenta, sobre todo debajo del yunque de un cumulonimbus grande.

Las piedras de granizos más grandes que media pulgada de diámetro pueden dañar significativamente una aeronave en unos pocos segundos.

Techo y visibilidad

Generalmente, la visibilidad en una nube de tormenta es casi nula. El techo y la visibilidad también pueden estar restringidos por las precipitaciones y el polvo entre la base de la nube y el suelo. Las restricciones crean el mismo problema que todas las restricciones de techos y de visibilidad; pero los riesgos se multiplican cuando se asocian con los otros riesgos de tormentas como turbulencia, granizo y rayos.

Efecto sobre altímetros

La presión por lo general cae rápidamente con la llegada de una tormenta, se eleva abruptamente con el inicio de la primera ráfaga y el arribo de la corriente descendente fría y chubascos fuertes, y luego cae a la normalidad cuando la tormenta pasa. Este ciclo de cambio de presión se puede producir en 15 minutos. Si el piloto no recibe un ajuste de altímetro correcto, el altímetro puede tener más de 100 pies de error.

Rayos

Un rayo puede perforar el recubrimiento de una aeronave y dañar equipos de comunicaciones y navegación electrónica. Aunque se ha sospechado que los rayos encienden los vapores del combustible y provocan una explosión, son raros los accidentes graves debido a la caída de rayos. Un relámpago cercano puede cegar al piloto, haciéndolo momentáneamente incapaz de navegar, ya sea por instrumentos o por referencia visual. Un rayo cercano también puede inducir errores permanentes en el compás magnético. Las descargas eléctricas, incluso las distantes, pueden interrumpir las comunicaciones de radio en frecuencias bajas y medias. Aunque la intensidad y frecuencia de los rayos no tienen ninguna relación simple con otros parámetros de las tormentas, las que son severas, por regla general, tienen una alta frecuencia de rayos.

Ingestión de agua del motor

Los motores de turbina tienen un límite en la cantidad de agua que pueden ingerir. Las corrientes ascendentes están presentes en muchas tormentas, particularmente en las etapas de desarrollo. Si la velocidad de la corriente ascendente en la tormenta se acerca o supera la velocidad máxima de las gotas de lluvia que caen, puede ocurrir una alta concentración de agua. Es posible que estas concentraciones estén en exceso de la cantidad de agua que los motores de turbina están diseñados para ingerir. Por lo tanto, las tormentas severas pueden contener áreas de alta concentración de agua que podrían resultar en el apagado y/o fallo estructural de uno o más motores.

Resumen del capítulo

El conocimiento de la atmósfera y las fuerzas que actúan en ella para crear el clima es esencial para entender cómo el clima afecta a un vuelo. Al entender las teorías básicas del clima, un piloto puede tomar buenas decisiones durante la planificación del vuelo después de recibir informes meteorológicos.

Servicios Meteorológicos de Aviación

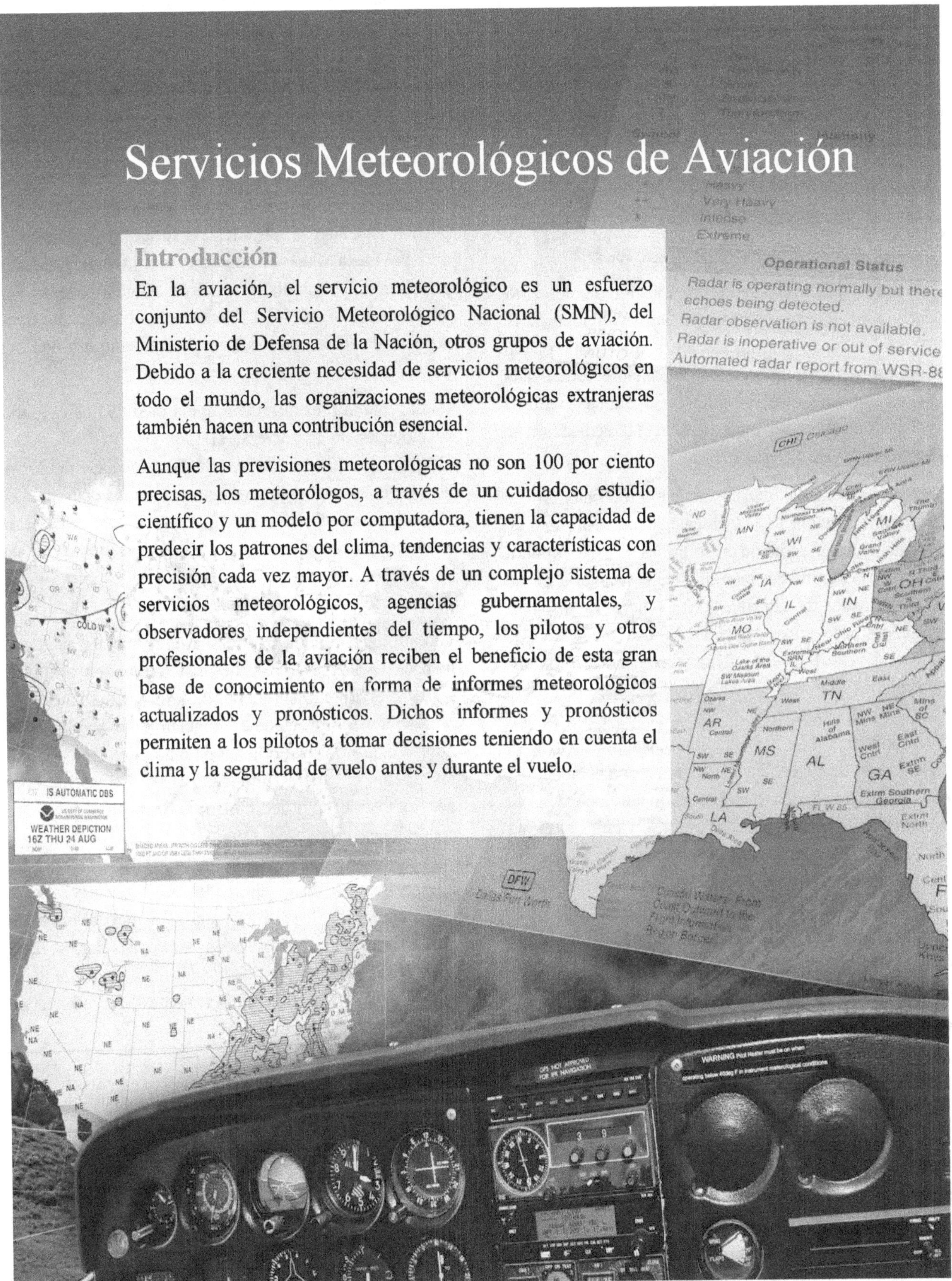

Introducción

En la aviación, el servicio meteorológico es un esfuerzo conjunto del Servicio Meteorológico Nacional (SMN), del Ministerio de Defensa de la Nación, otros grupos de aviación. Debido a la creciente necesidad de servicios meteorológicos en todo el mundo, las organizaciones meteorológicas extranjeras también hacen una contribución esencial.

Aunque las previsiones meteorológicas no son 100 por ciento precisas, los meteorólogos, a través de un cuidadoso estudio científico y un modelo por computadora, tienen la capacidad de predecir los patrones del clima, tendencias y características con precisión cada vez mayor. A través de un complejo sistema de servicios meteorológicos, agencias gubernamentales, y observadores independientes del tiempo, los pilotos y otros profesionales de la aviación reciben el beneficio de esta gran base de conocimiento en forma de informes meteorológicos actualizados y pronósticos. Dichos informes y pronósticos permiten a los pilotos a tomar decisiones teniendo en cuenta el clima y la seguridad de vuelo antes y durante el vuelo.

Observaciones

Los datos recogidos a partir de observaciones de superficie y en grandes altitudes constituyen la base de todos los pronósticos meteorológicos, avisos e informes. Existen cuatro tipos de observaciones meteorológicas: en superficie, en altitud, radar y satélite.

Observaciones meteorológicas de aviación en superficie

Las observaciones meteorológicas de aviación en superficie (METAR) son una compilación de elementos del clima actual en estaciones de tierra individuales. La red está formada por instalaciones que proporcionan información meteorológica continuamente actualizada. Las estaciones meteorológicas automáticas también desempeñan un papel importante en la recolección de observaciones de superficie.

Las observaciones de superficie proporcionan las condiciones meteorológicas locales y otra información relevante para un radio de cinco millas de un aeropuerto específico. Esta información incluye el tipo de informe, el identificador de estación, fecha y hora, modificador (según sea necesario), viento, visibilidad, alcance visual en pista (RVR), los fenómenos meteorológicos, condiciones del cielo, temperatura/punto de rocío, lectura del altímetro, y las observaciones que correspondan. La información recogida para la observación de superficie puede ser de una persona, una estación automatizada, o una estación automatizada que es actualizada o mejorada por un observador del clima. De cualquier forma, la observación de superficie proporciona información valiosa sobre los distintos aeropuertos de todo el país. Aunque los informes sólo cubren un pequeño radio, el piloto se puede generar una buena imagen de las condiciones meteorológicas en una amplia zona cuando se miran muchas estaciones de informes a la vez.

Observaciones en altitud

Las observaciones del clima en altitud son más difíciles que las observaciones de superficie. Sólo hay dos métodos por los cuales pueden ser observados los fenómenos meteorológicos en altitud: observaciones de radiosondas y los informes meteorológicos de pilotos (PIREP). Una radiosonda es un pequeño cubo de instrumentación que se suspende por debajo de un globo de dos metros lleno de helio o de hidrógeno. Una vez liberado, el globo asciende a una velocidad de aproximadamente 1.000 pies por minuto (fpm). A medida que asciende, la instrumentación reúne varias piezas de datos tales como la temperatura y presión del aire, así como la velocidad y dirección del viento. Una vez que la información es recogida, se transmite a las estaciones de tierra a través de un transmisor de radio de 300 miliwatios.

El vuelo del globo puede durar hasta 2 horas o más y pueden ascender a altitudes de hasta 115.000 pies y derivar hasta 200 kilómetros. Las temperaturas y presiones experimentadas durante el vuelo pueden ser tan bajas como -90 °C y presiones tan bajas como unas pocas milésimas de la que se experimenta al nivel del mar.

Puesto que la presión disminuye a medida que el globo se eleva en la atmósfera, el globo se expande hasta alcanzar los límites de su elasticidad. Este punto se alcanza cuando el diámetro aumentó a más de 6 metros. En este punto, el globo estalla y la radiosonda cae a la Tierra. El descenso se desacelera por medio de un paracaídas. El paracaídas ayuda a proteger a las personas y los objetos en el suelo.

Los pilotos también proporcionan información vital con respecto a las observaciones del tiempo en altitud y siguen siendo la única fuente de información en tiempo real sobre la turbulencia, engelamiento y altura de nubes. Esta información es recopilada y presentada por los pilotos en vuelo. Juntos, PIREPs y observaciones por radiosondas, proporcionan información sobre las condiciones en altitud importantes para planificar el vuelo. Muchas líneas aéreas nacionales e internacionales han equipado sus aeronaves con instrumentos que transmiten automáticamente en vuelo observaciones meteorológicas a través del sistema DataLink al despachador de la aerolínea que difunde los datos a las autoridades pertinentes de pronóstico meteorológico.

Observaciones de radar

Los observadores del clima utilizan cuatro tipos de radares para proporcionan información sobre la precipitación, el viento y los sistemas meteorológicos.

1. El radar WSR-88D NEXRAD, comúnmente llamado radar Doppler, provee observaciones detalladas que informan a las comunidades vecinas del tiempo inminente. El radar Doppler tiene dos modos operativos: aire claro y

precipitación. En el modo de aire claro, el radar está en el modo de operación más sensible debido a que la lenta rotación de la antena permite que el radar tome muestras de la atmósfera por más tiempo. Las imágenes se actualizan cada 10 minutos en este modo.

Los objetivos de precipitación proporcionan fuertes señales de retorno del radar por lo que se lo hace funcionar en modo de precipitación cuando hay presente precipitación. Una rotación más rápida de antena en este modo permite que las imágenes se actualicen a una velocidad mayor, aproximadamente cada 4 a 6 minutos. Los valores de intensidad en ambos modos se miden en dBZ (decibeles de Z) y se representan en color en la imagen del radar. *[Figura 12-1]* Las intensidades se correlacionan con la terminología de la intensidad (fraseología) a efectos de control del tráfico aéreo. *[Figura 12-2 y 12-3]*

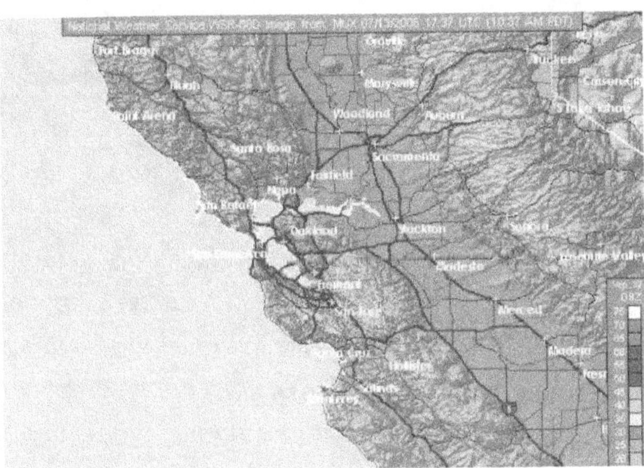

Figura 12-1. *Ejemplo de imagen de radar meteorológico.*

2. El radar meteorológico doppler de terminal (TDWR), también ayuda a proporcionar alertas de clima severo y advertencias para el ATC. El radar terminal asegura a los pilotos alertas de cizalladura del viento, frentes de ráfagas, y la fuerte precipitación, todos los cuales son peligrosos para la llegada y salida de aeronaves.

3. El tercer tipo de radar usado comúnmente en la detección de la precipitación es el radar de vigilancia de aeropuerto. Este radar se utiliza principalmente para detectar aeronaves, pero también detecta la localización y la intensidad de la precipitación que se utiliza para las rutas del

tránsito aéreo alrededor del clima severo en el entorno del aeropuerto.

Modo Aire Claro	Modo Precipitación
DBZ	DBZ
+28	75
+24	70
+20	65
+16	60
+12	55
+8	50
+4	45
0	40
-4	35
-8	30
-12	25
-16	20
-20	15
-24	10
-28	5
ND	ND

Figura 12-2. *Leyenda de Intensidad del echo del radar meteorológico WSR-88D.*

Rango de Reflectividad (dBZ)	Intensidad del eco Radar
<30 dBZ	Débil
30–40 dBZ	Moderado
>40–50	Fuerte
50+ dBZ	Extremo

Figura 12-3. *Terminología de intensidad de precipitación en radar WSR-88D.*

4. El radar aerotransportado es un equipo transportado por los aviones para localizar las perturbaciones meteorológicas. Los radares aerotransportados generalmente operan en las bandas C o X (alrededor de 6 GHz o 10 GHz, respectivamente) que permitan tanto la penetración en precipitación fuerte, necesaria para determinar la extensión de las tormentas, y la reflexión suficiente de precipitación menos intensa.

Satélite

El avance en las tecnologías de satélites ha permitido recientemente su uso comercial para incluir enlaces de clima. A través de la utilización de los servicios de satélites por suscripción, las personas ahora pueden recibir las señales transmitidas por satélite que proveen información meteorológica casi en tiempo real para todo el continente de América del Norte.

Satélite meteorológico

Recientemente la empresa privada y la tecnología de satélites han ampliado el ámbito de los servicios meteorológicos. Los pilotos tienen ahora la capacidad de recepción de clima actualizado continuamente por todo el país a cualquier altitud. Ya no están restringidos los pilotos por el alcance de la radio o aislamientos geográficos, como montañas o valles.

Además, los pilotos ya no tienen que solicitar información específica directamente del personal meteorológico. Cuando el clima se vuelve cuestionable, la congestión de radio aumenta, lo que retrasa el intercambio oportuno de información meteorológica valiosa para una ruta de vuelo específica. El personal de la Estación de Servicio de Vuelo (FSS) puede comunicarse con un único piloto a la vez, lo que deja a otros pilotos en espera y volando en condiciones meteorológicas inciertas. El satélite meteorológico proporciona al piloto un recurso poderoso para mejorar el conocimiento de la situación en cualquier momento. Debido a las continuas transmisiones de los satelites, los pilotos pueden obtener un informe del tiempo mirando una pantalla. Los pilotos pueden elegir entre dispositivos certificados o receptores portátiles como fuente de datos meteorológicos.

Productos de satélites meteorológicos

Información Meteorológica Significativa (SIGMET)
Los SIGMET son avisos meteorológicos emitidos concernientes al clima significativo para la seguridad de todas las aeronaves. Los avisos SIGMET pueden cubrir un área de al menos 8.000 kilómetros cuadrados y proporcionar datos sobre turbulencia severa y extrema, engelamiento severo y polvo generalizado o tormentas de arena que reducen la visibilidad a menos de tres millas. *[Figura 12-4]*

Información Meteorológica para aviadores (AIRMET)
Los AIRMET son avisos meteorológicos emitidos sólo para modificar el pronóstico de área sobre los fenómenos meteorológicos que son de interés operacional para todas las aeronaves y potencialmente peligrosas para las aeronaves que tengan una capacidad limitada debido a la falta de equipos, instrumentación, o calificación del piloto. Los AIRMET se ocupan del clima menos severo que las cubiertas por los SIGMET. Los AIRMET cubren el engelamiento moderado, turbulencia moderada, vientos sostenidos de 30 nudos o más en la superficie, amplias zonas de techos menores

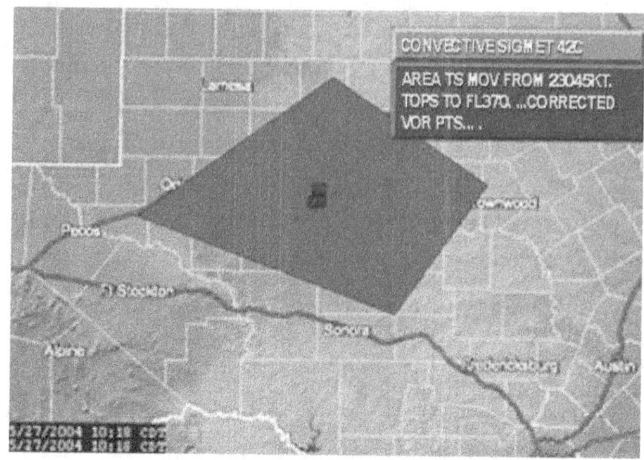

Figura 12-4. *Satélite SIGMET.*

de 1.000 pies y/o visibilidad menor de tres millas, y obscurecimiento de montaña extenso.*[Figura 12-5]*

Figura 12-5. *Satélite AIRMET.*

Informes meteorológicos

Previo a cada vuelo, los pilotos deberían recopilar toda la información vital para la naturaleza del vuelo. Esto incluye una apropiada sesión de información meteorológica obtenida de un especialista.

Para que los especialistas del clima ofrezcan una sesión informativa de clima adecuada, tienen que saber cuál de los tres tipos de informes es necesario: estándar, abreviado, o pronóstico. Otra información útil es si el vuelo será por reglas de vuelo visual (VFR) o IFR, identificación y tipo de aeronave, lugar de partida, hora estimada de salida (ETD), altitud de vuelo, ruta de vuelo, destino y tiempo estimado en ruta (ETE).

Esta información se registra en el sistema de plan de vuelo y se anota el tipo de información del tiempo provista. Si es necesario, se puede hacer referencia más adelante para presentar o modificar un plan de vuelo.

También se utiliza cuando un avión está atrasado o se reporta como desaparecido.

Informe estándar

Un informe estándar es el más completo y ofrece una imagen global del clima. Este tipo de información se debe obtener antes de la salida de cualquier vuelo y se debe usar durante la planificación del vuelo. Un informe estándar provee la siguiente información en orden secuencial si es aplicable a la ruta de vuelo.

1. Condiciones adversas: esto incluye información acerca de las condiciones adversas que puedan influir en la decisión de cancelar o modificar la ruta de vuelo. Las condiciones adversas incluyen tiempo significativo, como tormentas o engelamiento, u otros elementos importantes, como el cierre de aeródromos.

2. Vuelo VFR no recomendado: si el clima para la ruta de vuelo está por debajo de los mínimos VFR, o si se duda que el vuelo podría hacerse en condiciones VFR, debido al pronóstico meteorológico, la estación puede informar que no se recomienda VFR. Es decisión del piloto continuar o no el vuelo en condiciones VFR, pero el aviso debe ser evaluado cuidadosamente.

3. Sinopsis: una visión general del clima. Se proveen los frentes y principales sistemas meteorológicos que afectan a la zona general.

4. Condiciones actuales: esta parte de la información contiene los techos actuales, visibilidad, vientos y temperaturas. Si la hora de salida es mayor a 2 horas, las condiciones actuales no se incluyen en el informe.

5. Pronóstico en ruta: resumen del pronóstico del tiempo en la ruta de vuelo propuesta.

6. Pronóstico en destino: resumen del clima esperado para el aeropuerto de destino a la hora estimada de llegada (ETA).

7. Vientos y temperaturas en altura: un informe de vientos a altitudes específicas para la ruta de vuelo. La información de temperatura se proporciona solamente a pedido.

8. Avisos a los aviadores (NOTAM): información pertinente a la ruta de vuelo que no ha sido publicado en las NOTAM. La información NOTAM se proporciona sólo cuando sea solicita.

9. Retrasos de control de vuelo: un aviso de cualquier retraso conocido que pueda afectar al vuelo.

10. Otra información: al final del informe estándar, el especialista FSS proporciona las frecuencias de radio necesarias para abrir un plan de vuelo y para contactar EFAS. Cualquier información adicional solicitada se proporciona también en este momento.

Informe abreviado

Un informe abreviado es una versión abreviada del informe estándar. Debe solicitarse cuando la salida se ha retrasado o cuando se necesita actualizar la información del clima. Cuando este es el caso, el especialista meteorológico necesita conocer la hora y fuente del informe anterior para no omitir información del clima necesaria. Siempre es una buena idea actualizar el clima cada vez que un piloto tiene tiempo adicional.

Informe de pronóstico

Un informe de pronóstico debe ser solicitado cuando se prevé una salida en 6 horas o más. Proporciona un pronóstico inicial que tiene un alcance limitado debido a los plazos del vuelo previsto. Este tipo de informe es una buena fuente de información para la planificación del vuelo que puede influir en las decisiones con respecto a la ruta de vuelo, altitud, y en última instancia la decisión de partir o no. Un piloto prudente solicita informes posteriores antes de la salida ya que el informe de pronóstico sólo contiene información basada en las tendencias climáticas y el clima existente en las áreas geográficas cerca del aeropuerto de salida. Un informe estándar cerca de la hora de salida asegura que el piloto tiene la información más reciente disponible antes de su vuelo.

Informes meteorológicos para aviación

Los informes meteorológicos aeronáuticos están diseñados para dar representaciones exactas de las condiciones climáticas actuales. Cada informe proporciona información que se actualiza en diferentes momentos. Algunos informes típicos son METAR, PIREPs, y los informes de radar meteorológico (SD).

Informe meteorológico de rutina (METAR)

El METAR es una observación del clima actual en superficie informado con un formato internacional estándar. A pesar que el código METAR ha sido adoptado en todo el mundo, a cada país se le permite hacer modificaciones en el código. Normalmente, estas diferencias son menores pero necesarias para dar cabida a los procedimientos locales o unidades específicas de medida.

Los METAR se expiden por hora a menos que se hayan producido cambios climáticos significativos. Un METAR especial (SPECI) se puede emitir en cualquier intervalo entre los informes METAR de rutina.

Ejemplo:
METAR SAEZ 161753Z AUTO 14021G26 1000
+ TSRA BR BKN008 OVC012CB 18/17 Q1014 RMK
PRESFR

Un informe METAR típico contiene la siguiente información en orden secuencial:

1. Tipo de informe: hay dos tipos de informes METAR. El primero es el informe METAR de rutina que se transmite cada hora. El segundo es el SPECI. Este es un informe especial que se puede dar en cualquier momento para actualizar el METAR para condiciones climáticas cambiantes, accidentes de aviones, u otra información crítica.

2. Identificador de estación: código de cuatro letras según lo establecido por la Organización de Aviación Civil Internacional (OACI). Por ejemplo, el Aeropuerto Internacional de Ezeiza, se identifica con las letras "SAEZ", SA es la designación de país y EZ es el identificador del aeropuerto.

3. Fecha y hora del informe: representado en un grupo de seis dígitos (161753Z). Los dos primeros dígitos son la fecha. Los últimos cuatro dígitos son la hora del METAR, que siempre se da en el tiempo universal coordinado (UTC). Una "Z" se añade al final del tiempo para indicar el tiempo se da en hora Zulu (UTC) en lugar de la hora local.

4. Modificador: denota que el METAR vino de una fuente automatizada o que el informe fue corregido. Si la indicación "AUTO" aparece en el METAR, el informe proviene de una fuente automática. También enumera "AO1" o "AO2" en la sección de observaciones para indicar el tipo de sensores de precipitación empleados en la estación automática. Cuando se utiliza el modificador "COR", identifica a un informe corregido enviado para sustituir un informe anterior que contenía un error (por ejemplo: METAR SAEZ 161753Z COR).

5. Viento: informado con cinco dígitos (14021) a menos que la velocidad sea superior a 99 nudos, en cuyo caso se informa el viento con seis dígitos. Los tres primeros dígitos indican la dirección verdadera del viento decenas de grados. Si el viento es variable, se reporta como "VRB". Los dos últimos dígitos indican la velocidad del viento en nudos a menos que el viento sea superior a 99 nudos, en cuyo caso se indica con tres dígitos. Si los vientos son con rachas, la letra "G" sigue a la velocidad del viento (G26). Después de la letra "G", se provee la racha máxima registrada. Si el viento varía más de 60° y la velocidad del viento es superior a seis nudos, un grupo separado de números, separados por una "V", indican los extremos de las direcciones del viento.

6. Visibilidad: la visibilidad reinante (1000) se reporta en metros. A veces, el alcance visual en pista (RVR) es reportado después de la visibilidad reinante. El RVR es la distancia que un piloto puede ver en la pista en un avión en movimiento. Cuando se notifica el RVR, se muestra con una R, luego el número de la pista seguida por una barra oblicua, a continuación, el alcance visual en metros. Por ejemplo, cuando se reporta el RVR como R17L/1000, se traduce como un alcance visual de 1.000 metros sobre la pista 17 izquierda.

7. Clima: se puede dividir en dos categorías diferentes: calificadores y fenómenos meteorológicos (+ TSRA BR).En primer lugar, se dan los calificadores de intensidad, proximidad y el descriptor del tiempo. La intensidad puede ser ligera (-), moderada (), o fuerte (+). La proximidad sólo representa los fenómenos climáticos que están en las proximidades del aeropuerto. Los descriptores se utilizan para describir ciertos tipos de precipitación y oscurecimientos. Los fenómenos meteorológicos pueden presentarse en forma de precipitación, oscurecimientos y otros fenómenos como turbonadas o nubes embudo. Las descripciones de los fenómenos del tiempo cuando

Calificativo			Fenómeno climático	
Intensidad o Proximidad 1	Descripción 2	Precipitación 3	Oscurecimiento 4	Otro 5
– Débil	MI Poco profundo	DZ Llovizna	BR Neblina	PO Remolino de polvo
Moderada (sin calific.)	BC Parches	RA Lluvia	FG Niebla	SQ Turbonada
+ Fuerte	DR Baja deriva	SN Nieve	FU Humo	FC Nube torbellino
VC en la vecindad	BL Soplando	SG Granos de nieve	DU Polvo	+FC Tornado o tromba
	SH Chubascos	IC Cristales de hielo	SA Arena	SS Tormenta de arena
	TS Tormentas	PL Granos de hielo	HZ Bruma	DS Tormenta de polvo
	FZ Engelamiento	GR Granizo	PY Spray	
	PR Parcial	GS Granizo pequeño	VA Ceniza volcán	
		UP *Precipitación desconocida		

Los grupos de clima se construyen considerando las columnas 1-5 en la tabla en secuencia:
intensidad, seguido por descripción, seguido por fenómeno (por ej., chubascos de lluvia fuerte se codifica como +SHRA).
* Estaciones automáticas solamente

Figura 12-6. *Descriptores y fenómenos climáticos usados en un METAR típico.*

comienzan o terminan, y el tamaño del granizo también se enumeran en la sección de observaciones del informe. *[Figura 12-6]*

8. Condición del cielo: siempre se informa en secuencia la cantidad, altura y tipo o techo indefinido/altura (visibilidad vertical) (BKN008 OVC012CB). La altura de las bases de las nubes se presenta con un número de tres dígitos en cientos de pies sobre la superficie. Los tipos de nubes, específicamente cúmulos torre (TCU) o cumulonimbus (CB), se presentan con su altura. Se utilizan contracciones para describir la cantidad de cobertura de nubes y fenómenos que oscurecen. La cantidad de cobertura del cielo se reporta en octavos del cielo de horizonte a horizonte. *[Figura 12.7]*

Cobertura de cielo	Contracción
Menor que ⅛ (Despejado)	SKC, CLR, FEW
⅛-⅖ (Pocas)	FEW
⅜-⅝ (Dispersas)	SCT
⅝-⅞ (Fragmentado)	BKN
⅞ o (Cubierto)	OVC

Figura 12-7. *Contracciones reportadas para condición del cielo.*

9. Temperatura y punto de rocío: la temperatura del aire y punto de rocío siempre se dan en grados Celsius (C) o (°C 18/17). Las temperaturas por debajo de 0 °C son precedidos por la letra "M" para indicar menos.

10. Ajuste del altímetro: reportado en milibares (mb) en un grupo de cuatro dígitos (Q1014). Siempre está precedido por la letra "Q" El aumento o descenso de la presión también puede estar indicado en la sección de comentarios como "PRESRR" o "PRESFR", respectivamente.

11. Hora Zulu: término utilizado en aviación para el UTC que pone a todo el mundo en una hora estándar.

12. Observaciones: el apartado de observaciones siempre comienza con las letras "RMK" (Remarks). Los comentarios pueden o no aparecer en esta sección del METAR. La información contenida en esta sección puede incluir datos de viento, visibilidad variable, hora de inicio y finalización de un fenómeno particular, información de la presión, y diversa información que se considere necesaria. Un ejemplo de observación con respecto a fenómenos meteorológicos que no entra en ninguna otra

categoría sería: OCNL LTGICCG. Esto se traduce como relámpago ocasional entre nubes y de nube a tierra.

Ejemplo:
METAR SAEZ 161753Z AUTO 14021G26 1000 + TSRA BR BKN008 OVC012CB 18/17 Q1014 RMK PRESFR

Explicación:
METAR de rutina para el Aeropuerto Internacional de Ezeiza para el día 16 del mes a las 1753Z fuente automática. Los vientos son de 140 a 21 nudos con rachas de 26. La visibilidad es de 1.000 metros. Tormentas con lluvia fuerte y niebla. El techo a 800 pies está con nubosidad fragmentada, a 1.200 pies está cubierto con cumulonimbus. La temperatura es 18 °C y el punto de rocío 17 °C. La presión barométrica es 1014 mb y en rápido descenso.

Informes de clima de Piloto (PIREPs)

Los PIREPs proporcionan información valiosa respecto de las condiciones que realmente existen en el aire, que no puede ser obtenida de ninguna otra fuente. Los pilotos pueden confirmar la altura de los techos y los topes de las nubes, las ubicaciones de cizalladura del viento y turbulencia, y la ubicación de engelamiento. Si el techo está por debajo de 5.000 pies, o la visibilidad es igual o inferior a cinco millas, los controladores de tránsito le solicitan PIREPs a los pilotos de la zona. Cuando se encuentran condiciones inesperadas, los pilotos son animados a hacer un informe al FSS o ATC. Cuando se presenta un informe meteorológico de piloto, el ATC o FSS lo añade a la red para informar a otros pilotos y proporcionar avisos en vuelo.

Los PIREPs son fáciles de presentar y el formulario normalizado describe la forma en que debe ser llenado. La *Figura 12-8* muestra los elementos de una forma PIREP. Los artículos de números de 1 a 5 es información requerida al hacer un informe, así como al menos un fenómeno meteorológico encontrado. Un PIREP normalmente se transmite como un informe individual, pero puede ser incluido en un informe de superficie. Los informes de pilotos son fácilmente decodificados y la mayoría de las contracciones usadas en los informes son fáciles de entender.

Ejemplo:
UA/OV GGG 090025/TM 1450/FL 060/TP C182/SK

		Codificación de Informes climatológicos de Piloto (PIREPS)	
1	XXX	Identificador de estación de 3 letras	Estación mas cercana al fenómeno reportado
2	UA	PIREP de rutina, UUA - Urgente	
3	/OV	Ubicación	Use identificador de NAVAIDS de 3 letras 　a. Punto notificación: /OV ABC, /OV ABC 090025 　b. Punto notificación: /OV ABC 045020-DEF, /OV ABC-DEF-GHI
4	/TM	Hora	4 dígitos en UTC: /TM 0915
5	/FL	Altitud/Nivel de vuelo	3 dígitos en cientos de pies. Desconocido use UNKN: /FL095,/FL310,/FLUNKN
6	/TP	Tipo de aeronave	4 dígitos máx. Si desconocido use UNKN: /TP L329, /TP B727, /TP UNKN.
7	/SK	Cielo despejado/capa de nubes	Describe como sigue: 　a. Altura base de nubes en cientos de pies. Si desconocido use UNKN. 　b. Símbolo de cobertura de nubes. 　c. Altura de tope de nubes en cientos de pies.
8	/WX	Clima	Visibilidad de vuelo reportada: Use símbolos meteorológicos estándard; la intensidad no se informa: /WX FV02 R H, /WX FV01 TRW.
9	/TA	Temperatura del aire en Celsius (C)	Si debajo de cero, signo menos: /TA 15, /TA -06.
10	/WV	Viento	Dirección en grados magnéticos y velocidad en seis dígitos: /WV 270045, WV 280110.
11	/TB	Turbulencia	Use contracciones estándard para tipo e intensidad (use CAT o CHOP cuando sea apropiado). Incluya altitud solo si difiere de /FL, /TB EXTREME, /TB LGT-MDT BLO 090.
12	/IC	Engelamiento	Describa usando contracciones de tipo e intensidad estándar. Incluya altitud solo si difiere de /FL: /IC LGT-MDT RIME, /IC SVR CLR 028-045.
13	/RM	Comentarios	Use para clarificar el informe y tipo de elementos peligrosos primero: /RM LLWS-15KT SFC-030 DURC RNWY 22 JFK.

Figura 12-8. *Codificación y decodificación de PIREPs.*

080 OVC/WX FV 04R/TA 05/WV 270030/TB GT/RM HVY RAIN

Explicación

Tipo: .... Informe de piloto de rutina
Ubicación: .... 25 NM fuera en el radial 090°, VOR Gregg County
Hora: .... 1450 Zulu
Altitud o nivel de vuelo: ... 6.000 pies
Tipo de aeronave:............. Cessna 182
Cobertura del cielo:............ 8.000 cubierto
Visibilidad/Clima:............. 4 millas en lluvia
Temperatura:................. 5 °C
Viento: .... 270 ° a 30 nudos
Turbulencia: .... Ligera
Formación de hielo:............ No se ha reportado
Observaciones:............... La lluvia es fuerte

Informes meteorológicos de radar (RAREP)

Las áreas de precipitación y tormentas eléctricas son observadas por el radar en forma rutinaria. Los informes de radar meteorológicos (RAREPs) o detecciones de tormenta (SDs) son emitidas por estaciones de radar a los 35 minutos después de la hora, con informes especiales emitidos según sea necesario.

Los RAREPs proporcionan información sobre el tipo, intensidad y localización del eco de la parte superior de la precipitación. *[Figura 12-9]* Estos informes también pueden incluir la dirección y velocidad de la zona de precipitación, así como la altura y la base de la precipitación en cientos de pies SNM. Los RAREPs son especialmente valiosos para la planificación del vuelo para ayudar a evitar las zonas con clima severo. Sin embargo, el radar sólo detecta objetos en la atmósfera que son lo suficientemente grandes como para ser considerados precipitación. Las bases y topes de las nubes, los techos y la visibilidad no son detectados por el radar.

Un RAREP típico incluirá:

- Identificador de ubicación y hora de la observación por radar

- Patrón del eco

  1. Línea (LN): una línea de ecos de precipitación por lo menos de 30 kilómetros de largo, por lo menos cuatro veces más largo que ancho, y al menos 25 por ciento de cobertura dentro de la línea.

2. Área (AREA): un grupo de ecos del mismo tipo y no clasificados como línea.

3. Célula única (CELL): un único eco aislado convectivo como un chubasco de lluvia.

Símbolo	Significado
R	Lluvia
RW	Chubascos de lluvia
S	Nieve
SW	Chubascos de nieve
T	Tormenta

Símbolo	Intensidad
-	Ligera
(nada)	Moderada
+	Fuerte
++	Muy fuerte
x	Intensa
xx	Extrema

Contracción	Estado operacional
PPINE	Radar opera normalmente pero no se detectan ecos.
PPINA	Observación de radar no disponible.
PPIOM	Radar inoperativo o fuera de servicio.
AUTO	Informe automático radar de WSR-88D.

Figura 12-9. *Códigos de RAREP.*

- Área de cobertura en décimas

- Tipo e intensidad del clima

- Azimut: referido al norte verdadero y distancia, en millas náuticas contadas desde la localización del radar a los puntos que definen los patrones de ecos. Para las líneas y zonas, habrá dos conjuntos de azimut y distancia que definen el patrón. Para células, habrá sólo un azimut y distancia.

- Dimensión del patrón del eco: dado cuando el azimut y distancia definen solamente la línea central del patrón.

- Movimiento de la célula: el movimiento se codifica sólo para las células; no se codifica para líneas o áreas.

- Máximo superior de las precipitaciones y ubicación: el máximo puede ser codificado con los símbolos "MT" o "MTS". Si se codifica con "MTS", significa que para medir la parte superior de la precipitación se utilizan datos de satélite, así como la información del radar.

• Si la contracción "AUTO" aparece en el informe, significa que el informe se automatiza con datos meteorológicos de radar WSR-88D.

• La última sección se utiliza principalmente para preparar un resumen de gráficos de radar, pero se puede utilizar durante el pre vuelo para determinar la máxima intensidad de la precipitación dentro de una grilla específica. Cuanto mayor sea el número, mayor será la intensidad. Dos o más números que aparecen después de la grilla de referencia, como PM34, indica precipitación en grillas consecutivas.

Ejemplo:

TLX 1935 LN 8 TRW + + 86/40 199/115
20W C2425 MTS 570 AT 159/65 AUTO
^ MO1 NO2 ON3PM34 QM3 RL2 =

Explicación:

El informe radar proporciona la siguiente información: El informe está automatizado desde Oklahoma City y se hizo a las 1935 UTC. El patrón de eco de este informe radar indica una línea de ecos cubriendo 8/10 de la zona. Se indican tormentas y chubascos muy fuertes. El siguiente conjunto de números indica el azimut que define el eco (86° a 40 NM y 199° a 115 NM). La dimensión de este eco se da como 20 nm de ancho (10 NM a cada lado de la línea definida por el azimut y distancia).Las células dentro de la linea se desplaza de 240° a 25 nudos. La parte superior máxima de la precipitación, tal como se determina por radar y satélite, es 57.000 pies y que está situado en el radial 159°, 65 NM fuera. La última línea indica la intensidad de la precipitación, por ejemplo en la grilla QM la intensidad es 3, o precipitación fuerte. (1 es ligera y 6 es extrema.)

Pronósticos de aviación

Informes de las condiciones meteorológicas observadas se utilizan a menudo en la creación de pronósticos para la misma zona. Una variedad de diferentes pronósticos se producen y diseñan para ser utilizado en la etapa de planificación del vuelo. Los pronósticos impresos con los que los pilotos deben estar familiarizados son el pronóstico de aeródromo terminal (TAF), pronóstico de área (FA), avisos meteorológicos en vuelo (SIGMET, AIRMET), y pronósticos de vientos y temperaturas en altura (FD).

Pronóstico de área terminal (TAF)

Un TAF es un informe elaborado para un radio de cinco millas alrededor de un aeropuerto. Los informes TAF se dan generalmente para aeropuertos grandes. Cada TAF es válido por un período de tiempo de 30 horas, y se actualiza cuatro veces al día a 0000Z, 0600Z, 1200Z, y 1800Z. El TAF utiliza los mismos descriptores y abreviaturas utilizadas por el METAR. El TAF incluye la siguiente información en orden secuencial:

1. Tipo de informe: un TAF puede ser un pronóstico de rutina (TAF) o uno modificado (TAF AMD).

2. Identificador de estación OACI: el identificador de la estación es el mismo utilizado en un METAR.

3. Fecha y hora de origen: la fecha y hora de origen del TAF se da con un código de seis números siendo los dos primeros la fecha, y los últimos cuatro la hora. La hora se da siempre en UTC como lo indica la Z al final.

4. Período válido de fecha y hora: el período de validez del pronóstico es de 24 o 30 horas. Los dos primeros dígitos de cada número de 4 dígitos indican la fecha del período de validez; los dos últimos dígitos son la hora de finalización.

5. Pronóstico de viento: la previsión de dirección y velocidad del viento son dados en un grupo de cinco dígitos. Los tres primeros indican la dirección del viento en referencia al norte verdadero. Los dos últimos dígitos indican la velocidad del viento en nudos como se indica mediante las letras "KT". Al igual que el METAR, vientos superiores a 99 nudos se dan en tres dígitos.

6. Pronóstico de visibilidad: dada en millas y puede estar en números enteros o fracciones. Si el pronóstico es superior a seis millas, se codificará como "P6SM".

7. Pronóstico de tiempo significativo: los fenómenos meteorológicos están codificados en los TAF en el mismo formato que el METAR.

8. Pronóstico de condición del cielo: dado de la misma manera que el METAR. Sólo los cumulonimbus (CB) se pronostican en esta parte del informe TAF a diferencia del METAR.

9. Grupo de cambio del pronóstico: en este grupo se incluyen las condiciones esperadas y período de tiempo para cualquier cambio de tiempo significativo pronosticado producido durante el período de tiempo TAF. Esta información puede ser

mostrada como desde (FM), convirtiéndose (BECMG), y temporal (TEMPO). "FM" se usa cuando se espera un cambio rápido y significativo, generalmente dentro de una hora. "BECMG" se utiliza cuando se espera un cambio gradual en el clima en un plazo de no más de 2 horas. "TEMPO" se utiliza para fluctuaciones temporales de las condiciones meteorológicas, que se espera que dure menos de una hora.

10. Probabilidad del pronóstico: un porcentaje dado que describe la probabilidad de que ocurran tormentas y precipitaciones en las próximas horas. Esta previsión no se utiliza para las primeras 6 horas del pronóstico de 24 horas.

Ejemplo:
TAF
KPIR 111130Z 1112/1212
TEMPO 1112/1114
FM1500 16015G25KT P6SM SCT040 BKN250
FM0000 14012KT P6SM BKN080 OVC150 PROB40 0004
3SM TSRA BKN030CB
FM0400 1408KT P6SM SCT040 OVC080
TEMPO 0408 3 SM TSRA OVC030CB
BECMG 0810 32007KT =

Explicación:
TAF de rutina para Pierre, Dakota del Sur ... el día 11 del mes, a las 1130Z ... válido por 24 horas a partir de 1200Z del 11 a las 1200Z del 12 ... viento de 150° a 12 nudos ... visibilidad mayor de 6 millas ... nubes fragmentadas a 9.000 pies ... temporalmente, entre 1200Z y 1400Z, visibilidad 5 millas en la niebla ... desde 1500Z vientos de 160° a 15 nudos con rachas de hasta 25 nudos visibilidad mayor de 6 millas ... nubes dispersas a 4.000 pies y fragmentadas a 25.000 pies ... desde 0000Z viento de 140° a 12 nudos ... visibilidad mayor de 6 millas ... nubes fragmentadas a 8.000 pies, cubierto de 15.000 pies ... entre 0000Z y 0400Z hay 40 por ciento de probabilidad de visibilidad 3 millas ... tormenta con lluvias moderadas ... nubes fragmentadas a 3.000 pies con cumulonimbos ... desde 0400Z ... vientos de 140° a 8 nudos ... visibilidad mayor a 6 millas ... nubes dispersas a 4.000 pies y cubierto a 8.000 ... temporalmente entre 0400Z y 0800Z ... visibilidad de 3 millas ... tormentas con lluvias moderadas ... cubierto a 3.000 pies con cumulonimbos ... cambiando entre 0800Z y 1000Z ... viento de 320° a 7 nudos ... final del informe (=).

Pronóstico de Área (PRONAREA)

El PRONAREA da una imagen de las nubes, condiciones generales del clima y condiciones meteorológicas visuales (VMC) que se espera en una amplia zona o porción determinada del espacio aéreo para un período de tiempo especificado. Este tipo de pronóstico proporciona información vital para las operaciones en ruta, así como información de los pronósticos para los pequeños aeropuertos que no tienen pronósticos de aeródromo.

Los pronósticos de área suelen dividirse en cuatro secciones e incluyen la siguiente información:

1. Encabezado: da la identificación de ubicación de la fuente del PRONAREA, la fecha y hora de emisión, el tiempo de pronóstico válido, y el área de cobertura.

Ejemplo:
DFWC FA 120945
SYNOPSIS AND VFR CLDS/WX
SYNOPSIS VALID UNTIL 130400
CLDS/WX VALID UNTIL 122200 ... OTLK VALID 122200-130400
OK TX AR LA MS AL Y CSTL WTRS

Explicación:
El pronóstico de área muestra información dada para Dallas Fort Worth, para la región de Oklahoma, Texas, Arkansas, Louisiana, Mississippi y Alabama, así como una parte de las aguas costeras del Golfo en Estados nidos. Fue emitida el día 12 del mes a las 0945. La sinopsis es válida desde el momento de la emisión hasta las 0400 horas del día 13. La información de clima y nubes para VFR en este pronóstico de área son válidas hasta las 2200 horas del día 12 y las perspectivas son válidas hasta las 0400 horas del día 13.

2. Declaraciones de precaución: las condiciones IFR, oscurecimientos de montaña, y peligros de tormenta se describen en esta sección. Las declaraciones hechas aquí en relación con la altura se dan SNM, y si se da lo contrario, AGL o techo (CIG) se notifica.

Ejemplo:
SEE AIRMET SIERRA FOR IFR CONDS AND MTN OBSCN.

TS IMPLY SEV OR GTR TUR SEV ICE LLWS AND IFR CONDS.
NON MSL HGTS DENOTED BY AGL O CIG.

Explicación:
El pronóstico de área cubre nubes VFR y clima, por lo que la declaración de precaución advierte que el AIRMET Sierra debe tenerse en cuenta para las condiciones IFR y oscurecimiento de montaña. El código TS indica la posibilidad de tormentas e implica que puede haber casos de turbulencia severa o mayor, engelamiento severo y cizalladura del viento a niveles bajos y condiciones IFR. La línea final de la declaración de precaución alerta al usuario de que la altura, en su mayor parte, es SNM. Los que no son SNM son AGL o CIG.

3. Sinopsis: da un breve resumen que indica la localización y movimiento de los sistemas de presión, frentes, y patrones de circulación.

Ejemplo:
SYNOPSIS...LOW PRES TROF 10Z OK/TX PNHDL AREA FCST MOV EWD INTO CNTRL-SWRN OK BY 04Z. WRMFNT 10Z CNTRL OK-SRN AR-NRN MS FCST LIFT NWD INTO NERN OK-NRN AR EXTRM NRN MS BY 04Z.

Explicación:
A partir de 1000Z, hay un centro de baja presión sobre el área de Oklahoma y Texas, que se prevé que se mueven hacia el este hasta el centro suroeste de Oklahoma a las 0400Z. Un frente cálido situado sobre el centro de Oklahoma, sur de Arkansas y norte de Mississippi a las 1000Z se prevé que se levante hacia el noroeste hasta el noreste de Oklahoma, norte de Arkansas y extremo norte de Mississippi a las 0400Z.

4. Clima y Nubes VFR: Esta sección lista las condiciones de cielo, visibilidad y clima que se espera para las próximas 12 horas y una perspectiva para las siguientes 6 horas.

Ejemplo:
S CNTRL AND SERN TX
AGL SCT-BKN010. TOPS 030. VIS 3-5SM BR. 14-16Z BECMG AGL SCT030. 19Z AGL SCT050.
OTLK ... VFR
OK
PNDLAND NW ... AGL SCT030 SCT-BKN100.
TOPS FL200.

15Z AGL SCT040 SCT100. AFT 20Z SCT TSRA DVLPG .. FEW POSS SEV. CB TOPS FL450.
OTLK ... VFR

Explicación:
En el centro sur y el sureste de Texas, hay una capa de nubes de dispersa a fragmentada a partir de 1.000 pies AGL con topes a 3.000 pies, la visibilidad es de 3 a 5 millas en la niebla. Entre 1400Z y 1600Z, las bases de las nubes se esperan que aumenten a 3.000 pies AGL. Después 1900Z, las bases de las nubes se espera que continúen subiendo a 5.000 pies AGL y la perspectiva es VFR.

En el noroeste de Oklahoma, las nubes son dispersas a 3.000 pies con otra capa de dispersas a fragmentadas a 10.000 pies AGL, con la parte superior en 20.000 pies. A las 1500Z, la base de nubes se espera que aumente a 4.000 pies AGL con una capa dispersa a 10.000 pies AGL. Después de 2000Z, el pronóstico es de tormentas con lluvia dispersas en desarrollo y algunas siendo severas; las nubes CB tendrán topes a nivel de vuelo 450 o 45.000 pies MSL.

Cabe señalar que cuando la información se da en el pronóstico de área, las ubicaciones pueden ser dadas por estados, regiones o determinadas características geológicas tales como cadenas montañosas. La *Figura 12-10* muestra un gráfico de pronóstico de área con seis regiones de pronóstico, estados, zonas regionales, y características geográficas.

Advertencias meteorológicas en vuelo
Las advertencias meteorológicas en vuelo, que se proporcionan a las aeronaves en ruta, son pronósticos que detallan el clima potencialmente peligroso. Estas advertencias también están disponibles para los pilotos antes de la salida para fines de planificación de vuelos. Una advertencia meteorológica en vuelo se emite en la forma de AIRMET, SIGMET, o SIGMET convectiva.

AIRMET
Los AIRMET (WA) son ejemplos de advertencias meteorológicas en vuelo que se emiten cada 6 horas con actualizaciones intermedias emitidas según sea necesario para el pronóstico de una región en particular. La información contenida en un AIRMET es de interés operacional para todas las aeronaves, pero la sección de clima se refiere a los fenómenos considerados como potencialmente peligrosas para las aeronaves ligeras y las aeronaves con limitadas capacidades operativas.

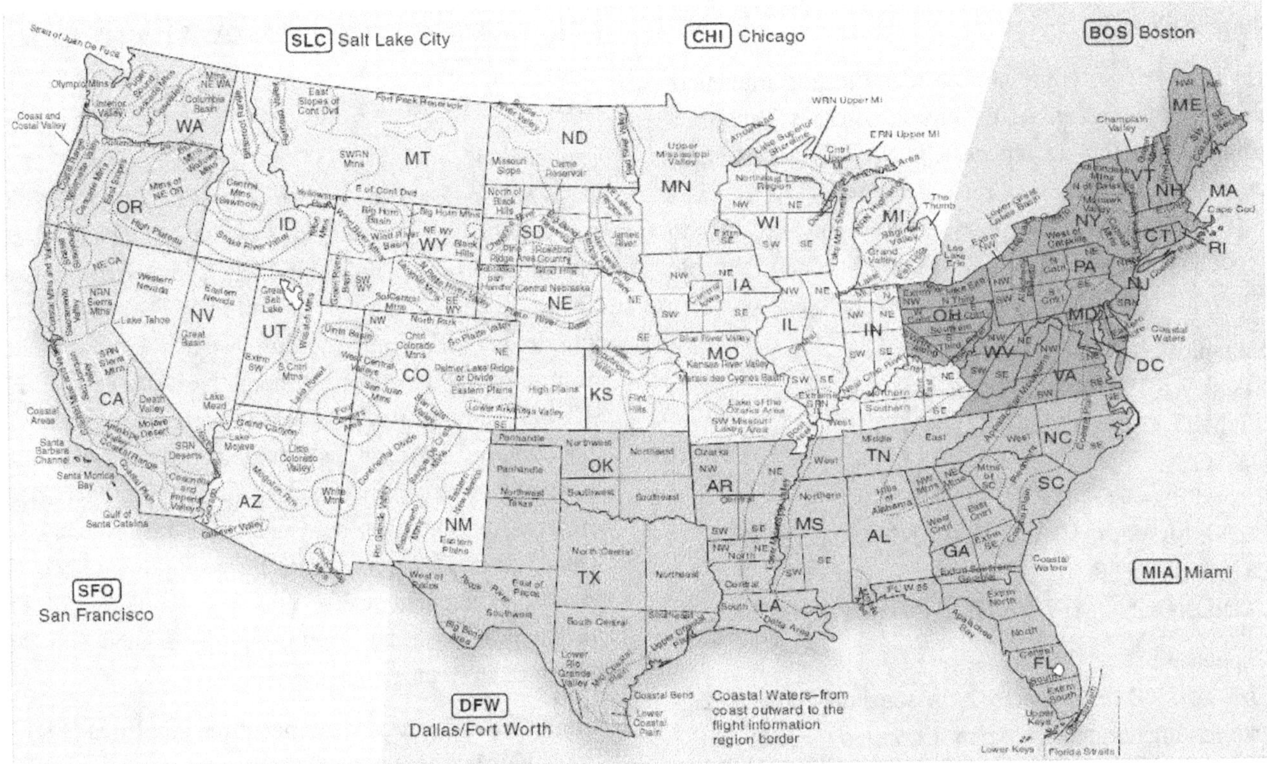

Figura 12-10. *Mapa de regiones de pronóstico de área en Estados Unidos.*

Un AIRMET incluye la previsión de engelamiento moderado, turbulencia moderada, vientos de superficie sostenidos de 30 nudos o más, grandes zonas con techos menores de 1.000 pies y/o visibilidad menor de tres millas, y oscurecimiento de montaña extenso.

Cada boletín AIRMET tiene un designador alfanumérico fijo, numerado secuencialmente para una fácil identificación, comenzando con la primera emisión del día. Sierra es el código AIRMET usado para señalar IFR y oscurecimiento de montaña; Tango se utiliza para señalar turbulencia, fuertes vientos de superficie, y cizalladura del viento a bajo nivel; y Zulu se utiliza para indicar los niveles de engelamiento y congelación.

Ejemplo:
DFWTWA 241650
AIRMET TANGO UPDT 3 FOR TURBC ... STG
SFC WIND AND LLWS VALID UNTIL 242000
AIRMET TURBC ... OK TX ... UPDT
FROM OKC TO DFW TO SAT TO MAF TO CDS
TO OKC OCNL MDT TURBC BLO 60 DUE TO
STG AND GUSTY LOW LVL WIND. CONDS
CONTG BYD 2000Z

Explicación:

Este AIRMET fue emitido para Dallas-Fort Worth a los 24 días del mes, a las 1650Z. En esta tercera actualización, el AIRMET Tango se emite por turbulencias, vientos fuertes de superficie, y cizalladura del viento a bajo nivel hasta las 2000Z del mismo día. La sección de la turbulencia del AIRMET es una actualización para Oklahoma y Texas. Define un área de Oklahoma City a Dallas, Texas, a San Antonio, a Midland, Texas, a Childress, Texas, a Oklahoma City que va a experimentar turbulencia moderada ocasional por debajo de 6.000 pies debido a vientos de bajo nivel fuertes y racheados. También dice que se prevé que estas condiciones continúen más allá de las 2000Z.

SIGMET

Los SIGMET (WS) son advertencias meteorológicas en vuelo concerniente a clima no convectivo que sea potencialmente peligroso para todos los aviones. Reportan pronósticos que incluye engelamiento severo no asociado con tormentas, turbulencia severa o extrema o turbulencia en aire claro (CAT) no asociada con tormentas, tormentas de polvo o tormentas de arena que disminuyen la visibilidad en superficie o en vuelo a menos de tres millas, y ceniza volcánica. Los SIGMET son pronósticos no programados válidos por 4 horas, pero si el SIGMET se refiere a huracanes, es válido durante 6 horas.

Un SIGMET se emite con un identificador alfabético, de November a Yankee, excluyendo Sierra y Tango. La primera emisión de un mensaje SIGMET se designa como SIGMET de Clima Urgente (UWS). Los SIGMET publicados nuevamente por el mismo fenómeno meteorológico se numeran secuencialmente hasta que el fenómeno meteorológico termina.

Ejemplo:
SFOR WS 100130
SIGMET ROME02 VALID UNTIL 100530
OR WA
FROM SEA TO PDT TO EUG TO SEA
OCNL MOGR CAT BTN 280 AND 350 EXPCD
DUE TO JTSTR.
CONDS BGNG AFT 0200Z CONTG BYD 0530Z.

Explicación:
Este es SIGMET Romeo 2, la segunda emisión para este fenómeno meteorológico. Es válido hasta el día 10 del mes a las 0530Z. Este SIGMET es para Oregon y Washington, para un área definida de Seattle a Portland a Eugene a Seattle. Anuncia turbulencia en aire claro ocasional moderada o mayor entre 28.000 y 35.000 pies debido a la ubicación de la corriente en chorro. Estas condiciones comenzarán después de las 0200Z y continuará más allá del alcance de este pronóstico SIGMET de 0530Z.

Información meteorológica significativa convectiva (WST)

Un SIGMET convectivo (WST) es una advertencia meteorológica en vuelo emitido por condiciones meteorológicas convectivas peligrosas que afectan la seguridad de cada vuelo. Los SIGMET convectivos se emiten por fuertes tormentas con vientos de superficie superiores a los 50 nudos, granizo en la superficie superior o igual a ¾ de pulgada de diámetro, o tornados. También se emiten para advertir a los pilotos de tormentas mezcladas, líneas de tormentas o tormentas con precipitaciones fuertes o mayor.

Ejemplo:
MKCC WST 221855
CONVECTIVE SIGMET 21C
VALIDO UNTIL 2055
KS OK TX
VCNTY GLD-CDS LINE

NO SGFNT TSTMS RPRTD
LINE TSTMS DVLPG BY 1955Z WILL MOV EWD
30-35 KT THRU 2055Z
HAIL TO 2 IN PSBL

Explicación:
El WST indica que este informe es un SIGMET convectivo. La fecha actual es el día 22 del mes y se emitió a las 1855Z. Es el SIGMET convectivo número 21C, que indica que es el informe 21 consecutivo emitido para el centro de los Estados Unidos. Este informe es válido durante 2 horas hasta las 2055Z. El SIGMET convectivo es para un área de Kansas a Oklahoma a Texas, en las proximidad de una línea de Goodland, Kansas, a Childress, Texas. No se reportan tormentas importantes, pero una línea de tormentas se desarrollará a las 1955 hora Zulú y se moverá hacia el este a una velocidad de 30-35 nudos hasta las 2055Z. Es posible granizo hasta 2 pulgadas de tamaño con las tormentas en desarrollo.

Pronóstico de vientos y temperatura en altura (FD)
Los pronóstico de vientos y temperatura en altura (FD) proporcionan pronósticos de viento y temperatura para lugares específicos.

Hasta 12.000 pies son alturas verdaderas y por encima de 18.000 pies altitudes de presión. La dirección del viento está siempre en referencia al norte verdadero y la velocidad del viento se da en nudos. La temperatura se dan en grados Celsius. No se pronostican vientos cuando un determinado nivel está dentro de 1,500 pies de la elevación de la estación. Del mismo modo, las temperaturas no se pronostican para cualquier estación dentro de 2,500 pies de la elevación de la estación.

Si la velocidad del viento se prevé mayor que 100 nudos, pero menor de 199 nudos, la computadora agrega 50 a la dirección y substrae 100 de la velocidad. Para decodificar este tipo de grupos de datos, se debe realizarse lo inverso. Por ejemplo, cuando los datos aparecen como "731960", restar 50 del 73 y añadir 100 al 19, y el viento sería 230° a 119 nudos con una temperatura de -60 °C. Si la velocidad del viento se prevé de 200 nudos o más, el grupo de viento se codifica como 99 nudos. Por ejemplo, cuando los datos aparecen como "7799," restar 50 de 77 y se añade 100 a 99, y el viento es de 270° a 199 nudos o más. Cuando el pronóstico de velocidad del viento es en calma o menos de 5 nudos, el grupo de datos se codifica "9900", que significa ligero y variable. *[Figura 12-11]*

FD KWBC 151640
BASED ON 151200Z DATA
VALID 151800Z FOR USE 1700-2100Z
TEMPS NEGATIVE ABV 24000

FD	3000	6000	9000	12000	18000	24000	30000
AMA		2714	2725+00	2625-04	2531-15	2542-27	265842
DEN			2321-04	2532-08	2434-19	2441-31	235347

Figura 12-11. *Reporte de vientos y temperatura en superficie.*

Explicación de la *Figura 12-11:*

El título indica que este FD fue transmitido el día 15 del mes a las 1640Z y se basa en la radiosonda de 1200Z. La hora válida es 1800Z en el mismo día y se debe utilizar para el período comprendido entre 1700Z y 2100Z. El encabezamiento también indica que las temperaturas por encima de 24.000 pies SNM son negativas. Puesto que las temperaturas por encima de 24.000 pies son negativas, se omite el signo menos.

Un grupo de datos de cuatro dígitos muestra la dirección del viento en referencia al norte verdadero y la velocidad del viento en nudos. La elevación en Amarillo, Texas (AMA) es 3.605 pies, por lo que la altitud más baja del reporte es de 6.000 pies para el pronóstico del viento. En este caso, "2714", significa que el viento se prevé que sea de 270° a una velocidad de 14 nudos.

Un grupo de seis dígitos incluye el pronóstico de temperatura en altura. La elevación en Denver (DEN) es 5.431 pies, por lo que la altitud más baja reportable es de 9.000 pies para el pronóstico de los vientos y temperatura. En este caso, "2321-04" indica que el viento se prevé que sea de 230° a una velocidad de 21 nudos con una temperatura de -4 °C.

Cartas del tiempo

Las cartas del tiempo son mapas que representan el clima actual o pronosticado. Muestran una imagen global y se deben utilizar en las etapas iniciales de la planificación del vuelo. Normalmente, las cartas del tiempo muestran el movimiento de los frentes y sistemas meteorológicos importantes. Los gráficos de análisis de superficie, representación del tiempo, y de radar son las fuentes de información meteorológica actual. Las cartas de pronóstico del clima significativo proporcionan una imagen general del pronóstico del tiempo.

Gráficos de análisis de superficie

El gráfico de análisis de superficie representa un análisis del clima actual en superficie. *[Figura 12-12]*

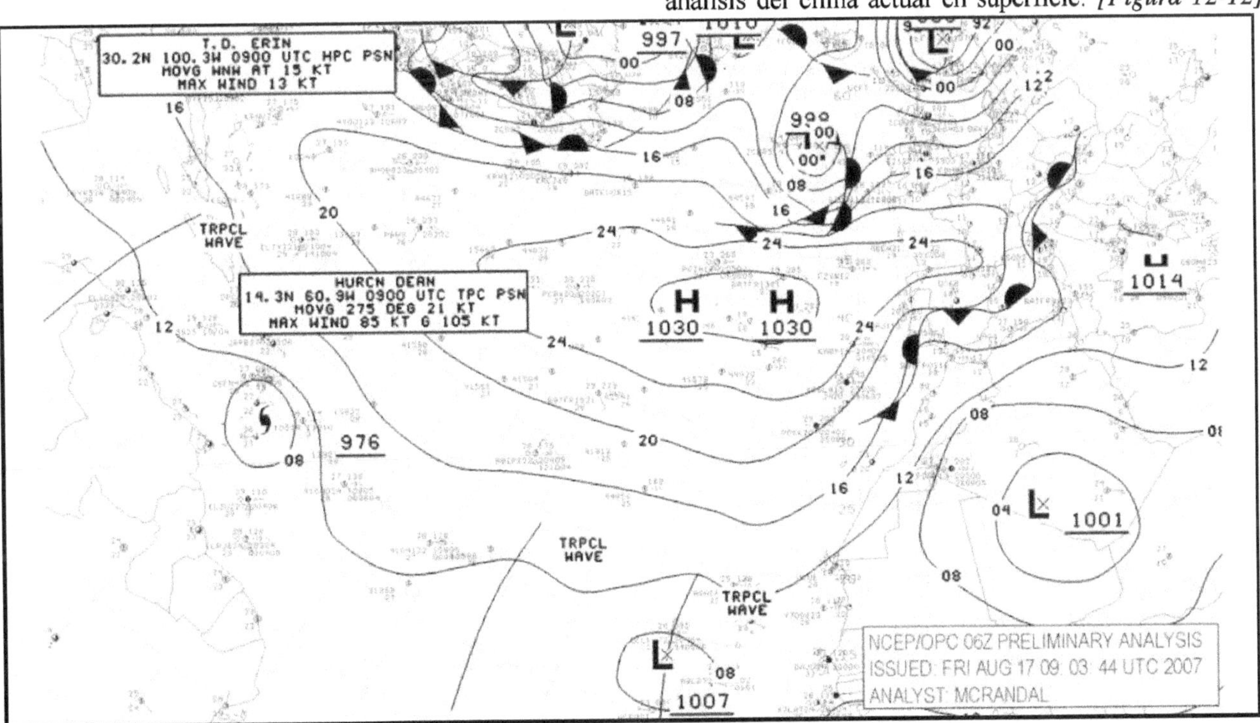

Figura 12-12. *Gráfico de análisis de superficie.*

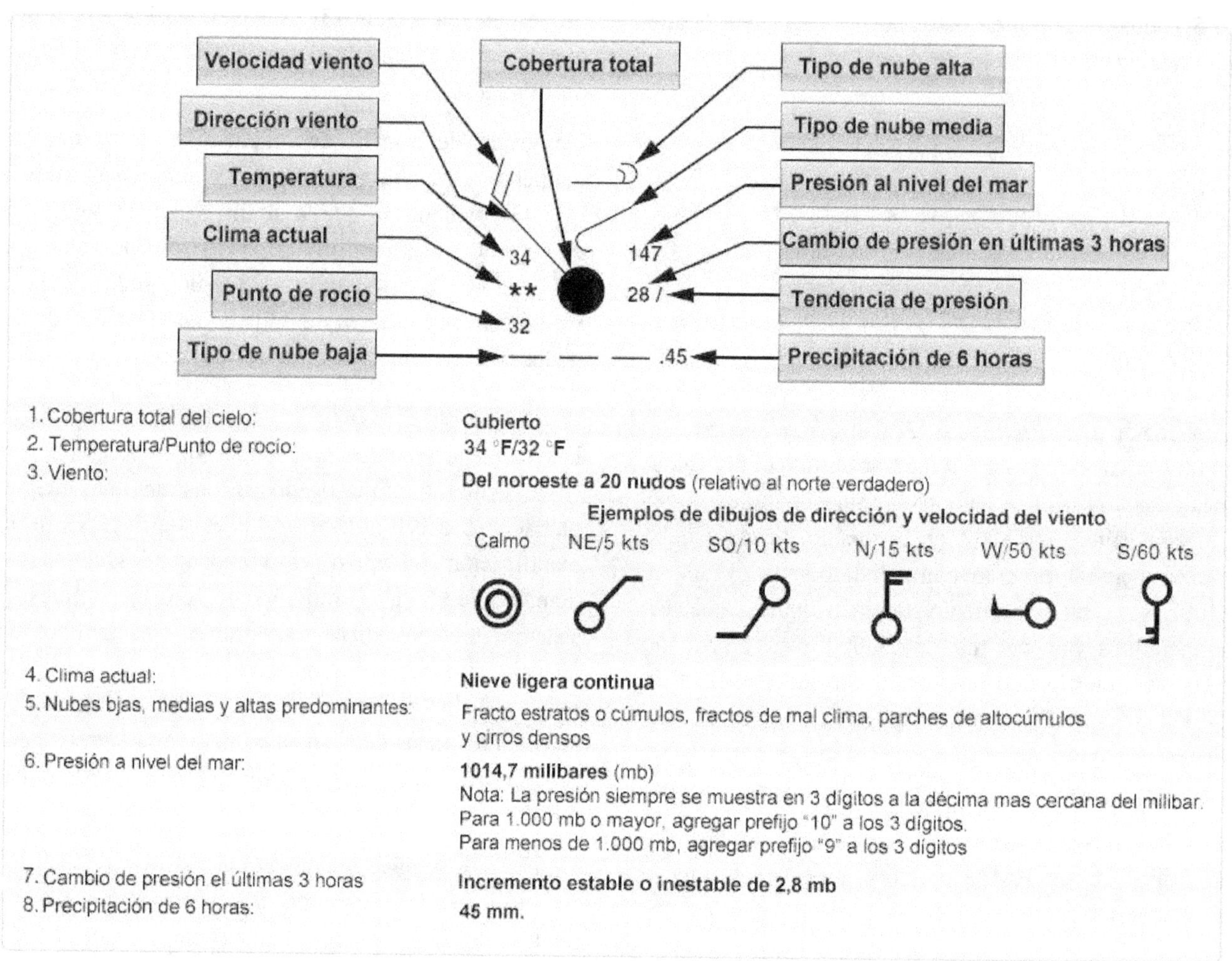

Figura 12-13. *Ejemplo de símbolos en una carta del tiempo.*

Este gráfico es un informe preparado por computadora que se transmite cada 3 horas y cubre los Estados Unidos. Un gráfico de análisis de superficie muestra las áreas de alta y baja presión, frentes, temperaturas, punto de rocío, dirección y velocidad del viento, clima local, y obstrucciones visuales.

También están representadas en este gráfico las observaciones del clima en superficie en los puntos de notificación. Cada uno de estos puntos de notificación se ilustra con un modelo de estación. *[Figura 12-13]* Un modelo de estación incluye:

• Tipo de observación: un modelo redondeado indica un observador meteorológico oficial hizo la observación. Un modelo cuadrado indica que la observación es de una estación automatizada. Las estaciones situadas en alta mar ofrecen datos procedentes de los buques, boyas, o plataformas marinas.

• Cobertura del cielo: el modelo representa la cobertura total del cielo y se muestra como despejado, dispersas, fragmentado, cubierto, u oscurecido/parcialmente oscurecido.

• Nubes: representadas con símbolos específicos. Los símbolos de nubes bajas se colocan bajo el modelo de estación, mientras que los símbolos de nubes medias y altas se colocan directamente sobre el modelo de estación. Típicamente, sólo un tipo de nubes se representan con el modelo de estación.

• Presión a nivel del mar: dada en tres dígitos a la décima más cercana de milibares (mb). Para 1.000 mb o mayor, agregar prefijo 10 a los tres dígitos. Para menos de 1.000 mb, agregar prefijo 9 a los tres dígitos.

• Cambio de presión/tendencia: cambio de presión en décimas de mb en las últimas 3 horas. Esto se

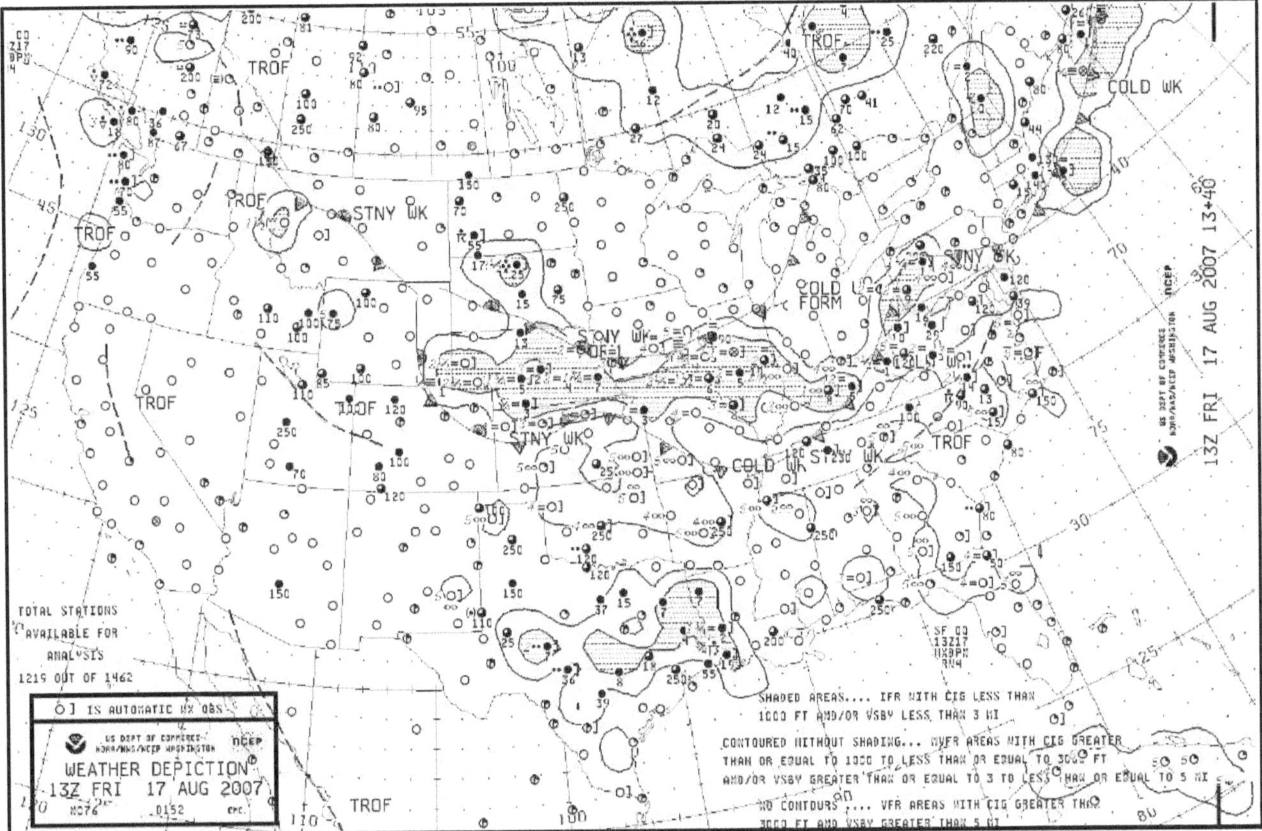

Figura 12-14. *Carta de representación del tiempo para Estados Unidos.*

representa directamente debajo de la presión a nivel del mar.

• Precipitación: registro de la precipitación que ha caído en las últimas 6 horas en milímetros.

• Punto de rocío: dado en grados Celsius.

• Clima actual: más de 100 símbolos climáticos diferentes se utilizan para describir el tiempo actual.

• Temperatura: dado en grados Celsius.

• Viento: la dirección verdadera del viento está dada por la línea puntero, indicando la dirección de donde viene el viento. Una línea corta es igual a 5 nudos de viento, una línea larga es igual a 10 nudos de viento, y un banderín es igual a 50 nudos.

Carta de representación meteorológica

Una carta de representación meteorológica detalla las condiciones de superficie derivadas del METAR y otras observaciones de superficie. La carta de representación meteorológica es preparada y transmitida por computadora cada 3 horas, y es válida a la hora de los datos representados. Está diseñada para ser utilizada para la planificación del vuelo, dando una visión general de las condiciones meteorológicas. *[Figura 12-14]*

Este tipo de gráfico muestra normalmente grandes frentes o áreas de alta y baja presión. La carta de representación del tiempo también proporciona una vista gráfica de condiciones IFR, VFR y MVFR (VFR marginal). Las áreas de condiciones IFR (techos menores de 1.000 pies y visibilidad menor a tres millas) están representados por una zona rayada rodeada por una línea continua. Las regiones MVFR (techos de 1.000 a 3.000 pies, visibilidad de 3 a 5 millas) se muestran en un área sin rayar delineada por una línea continua. Las áreas VFR (sin techo o mayor de 3.000 pies y visibilidad mayor a cinco millas) no se detallan.

Las cartas de representación del tiempo muestran un modelo de estación modificado que proporciona las condiciones del cielo en forma de cobertura del cielo, altura de las nubes o techo, clima y obstrucciones a la visibilidad, pero no incluye vientos o lecturas de presión como el gráfico de análisis de superficie. Un corchete (]) a la derecha de la estación indica que la

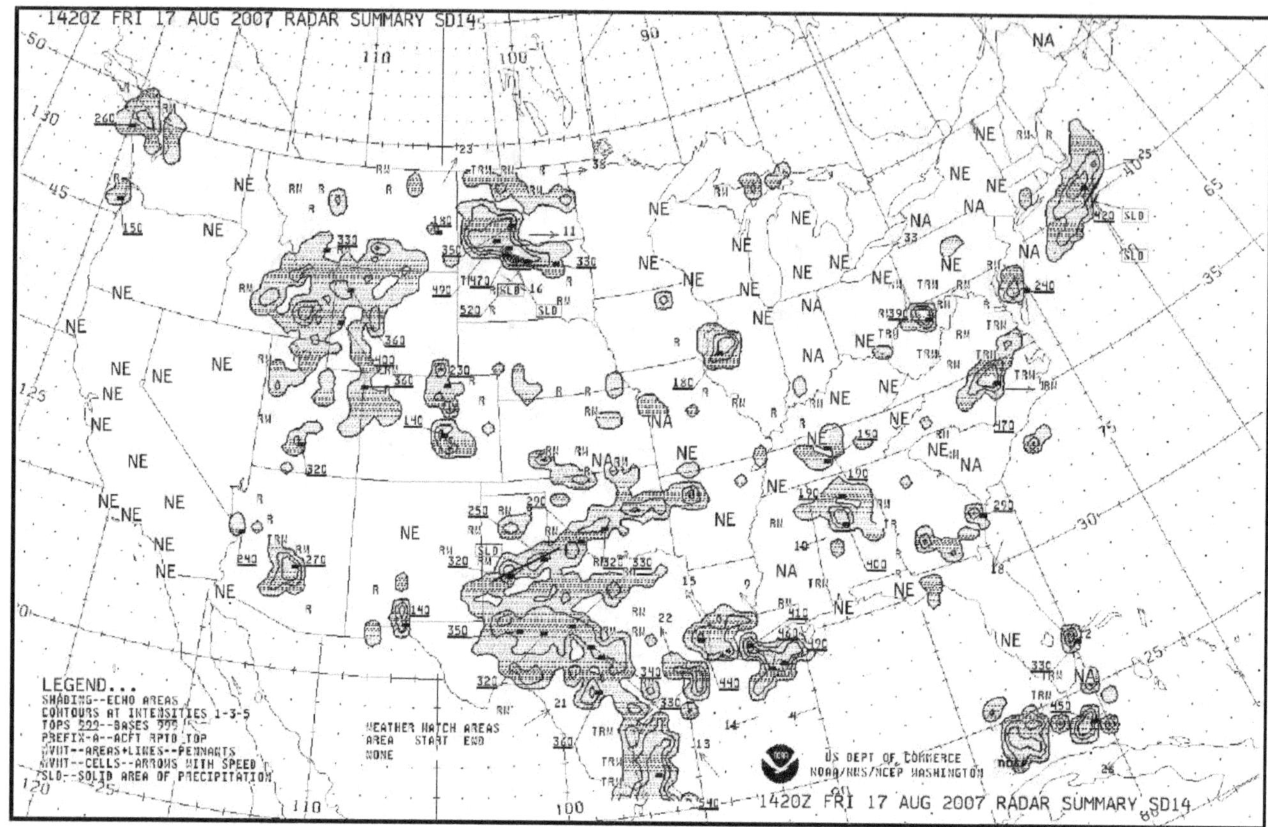

Figura 12-15. *Carta de resumen radar.*

observación fue hecha por una estación automatizada. Una explicación detallada del modelo de estación se representa en la discusión anterior de los gráficos de análisis de superficie.

Carta de resumen de radar

Una carta de resumen radar es una recolección gráfica de informes meteorológicos de radar (SD). *[Figura 12-15]* Muestra áreas de precipitación, así como información sobre las características de la precipitación. *[Figura 12-16]* Una carta de resumen radar incluye:

- No hay información: si no se muestra información la carta dirá "NA". Si no se detectan ecos, la carta dirá "NE".

- Contorno de intensidad de precipitación: la intensidad puede ser descrita como una de seis niveles y se muestra en el gráfico por tres intervalos de contornos.

- Altura de los tapes-las alturas de los ecos de topes nubosos se dan en cientos de pies MSL.

- Movimiento de células: el movimiento de célula individual está indicado por una flecha apuntando en

Símbolo	Significado
R	Lluvia
RW	Chubasco de lluvia
S	Nieve
SW	Chubasco de nieve
T	Tormenta
NA	No disponible
NE	Sin ecos
OM	Fuera de servicio
↗ 35	Movimiento de célula al noreste a 35 nudos
LM	Poco movimiento
WS999	Vigilancia de tormenta severa número 999
WT210	Vigilancia de tornado número 210
SLD	Cobertura de 8/10 o mayor en una línea
╱	Línea de ecos

Figura 12-16. *Símbolos de niveles de intensidad, contornos, y tipo de precipitación.*

la dirección del movimiento. La velocidad del movimiento en nudos es el número en la parte superior de la flecha. "LM" indica poco movimiento.

- Tipo de precipitación: el tipo de precipitación está marcado en el gráfico con símbolos específicos. Estos símbolos no son los mismos que se utilizan en las cartas METAR.

- Configuración de ecos: los ecos se muestran como áreas, células o líneas.

- Vigilancia de clima: áreas de vigilancia de clima severo para tornados y tormentas severas se representan mediante cuadros delineados con líneas de puntos gruesas.

La carta de resumen radar es una herramienta valiosa para la planificación del vuelo. Contiene, sin embargo, varias limitaciones para el uso de la carta. Este gráfico representa sólo áreas de precipitación. No muestra áreas de nubes y niebla sin precipitación apreciable, o la altura de los topes y bases de las nubes. Las cartas de resumen radar son una muestra de la precipitación actual y deben ser usadas en conjunción con el METAR actual y los pronósticos meteorológicos.

Cartas de tiempo significativo

Las cartas de tiempo significativo están disponibles para tiempo significativo de bajos niveles desde la superficie hasta FL 240 (24.000 pies), también referido como nivel de 400 mb, y tiempo significativo de altos niveles de FL 250 a FL 600 (25.000 a 60.000 pies). Esta discusión se centra en cartas de tiempo significativo de bajo nivel.

La carta de bajo nivel se presenta en dos formas: la carta de pronóstico de 12 y 24 horas y la carta de pronóstico de superficie de 6 y 48 horas. La primera es una carta de cuatro paneles que incluye pronóstico de tiempo significativo y clima superficie para 12 y 24 horas.

Los dos paneles superiores muestran el pronóstico de tiempo significativo, que puede incluir turbulencia no convectiva, niveles de engelamiento, y clima IFR o MVFR. Las zonas de turbulencia moderada o mayor están encerradas en líneas de trazos. Los números dentro de estas áreas dan la altura de la turbulencia en cientos de pies SNM. Las cifras por debajo de la línea muestran la base prevista, mientras que las cifras por encima de la línea muestran la parte superior de la zona de turbulencia. También se muestran en este panel las áreas de VFR, IFR, y MVFR. Las áreas IFR están

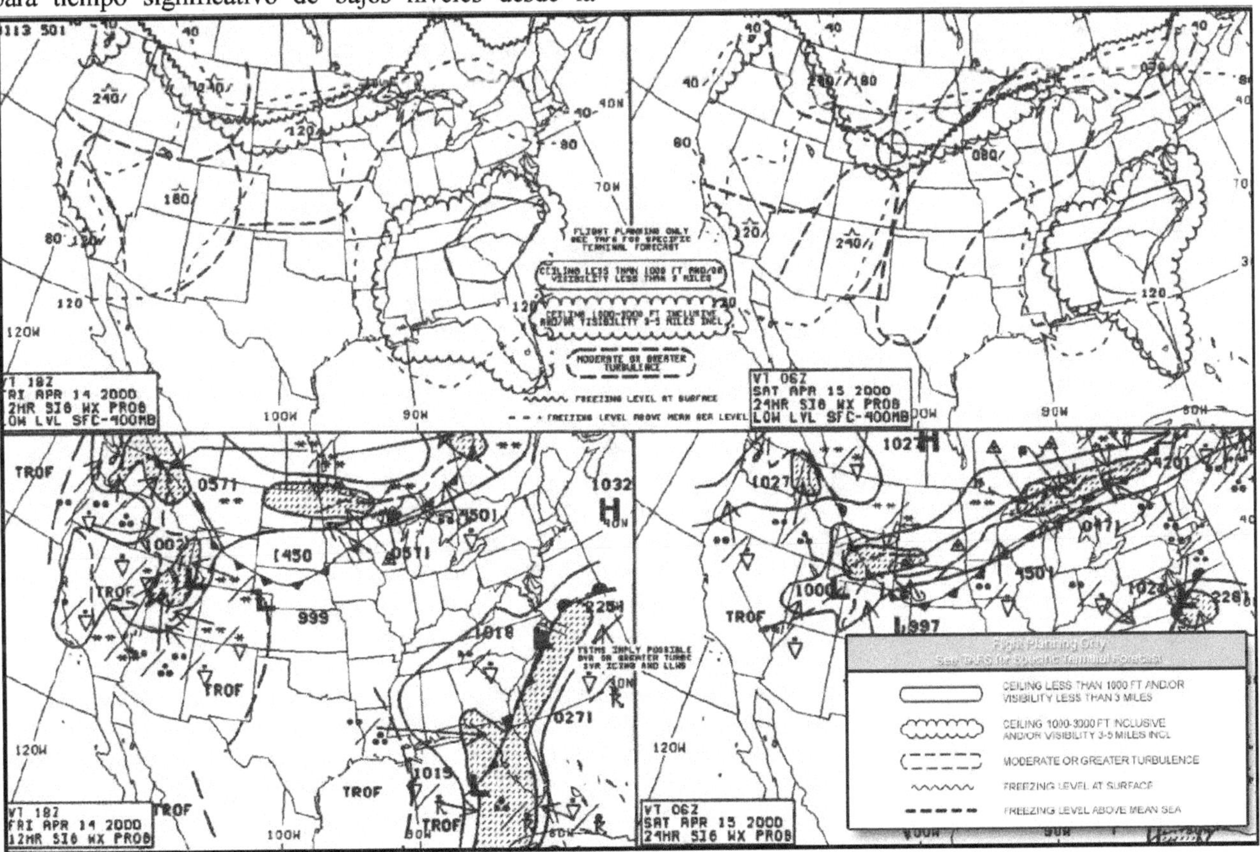

Figura 12-17. *Carta de tiempo significativo y leyenda.*

encerradas por líneas sólidas, las áreas MVFR están encerradas por líneas onduladas, y el área restante, no encerrada designa VFR. Líneas en zigzag y las letras "SFC", indican que los niveles de engelamiento en esa zona se encuentran en la superficie.

Los dos paneles inferiores muestran el pronóstico meteorológico de superficie y representa el pronóstico de la ubicación y características de los sistemas de presión, frentes, y precipitación. Se utilizan símbolos estándar para mostrar los frentes y centros de presión. La dirección del movimiento del centro de presión se representa por una flecha. La velocidad en nudos se muestra junto a la flecha. Además, se destacan las áreas de pronóstico de precipitación y tormentas. Las áreas de precipitación que están sombreadas indican que al menos la mitad de la zona está siendo afectada por la precipitación. Símbolos únicos indican el tipo de precipitación y la manera en que se produce.

La *Figura 12-17* muestra una carta típica de pronóstico de tiempo significativo, así como los símbolos usados típicamente para representar la precipitación. Las cartas de pronóstico son una excelente fuente de información para la planificación pre vuelo; sin embargo, esta carta debe ser vista a la luz de las condiciones actuales y previsiones específicas de la zona.

La carta de tiempo significativo de 36 y 48 horas es una extensión del pronóstico de 12 y 24 horas. Proporciona información sobre las previsiones meteorológicas de superficie e incluye una discusión del pronóstico. Esta carta se publica dos veces al día. Por lo general contiene predicciones de posición y características de los centros de presión, frentes, y precipitación. Un ejemplo de una carta de pronóstico de superficie se muestra en la *Figura 12-18.*

Resumen del capítulo

Si bien no se garantiza que el pronóstico del tiempo sea 100 por ciento preciso, los pilotos tienen acceso a una gran cantidad de información sobre el clima en el que basar las decisiones de vuelo. Los productos meteorológicos disponibles para la planificación previa al vuelo a la información recibida en ruta por la radio o por enlace de satélite proporcionan al piloto la información más precisa y actualizada disponible. Cada informe contiene un pedazo del rompecabezas del tiempo. Los pilotos deben utilizar varios informes para obtener una visión global y obtener una comprensión de las condiciones meteorológicas que afectan a la realización segura de un vuelo.

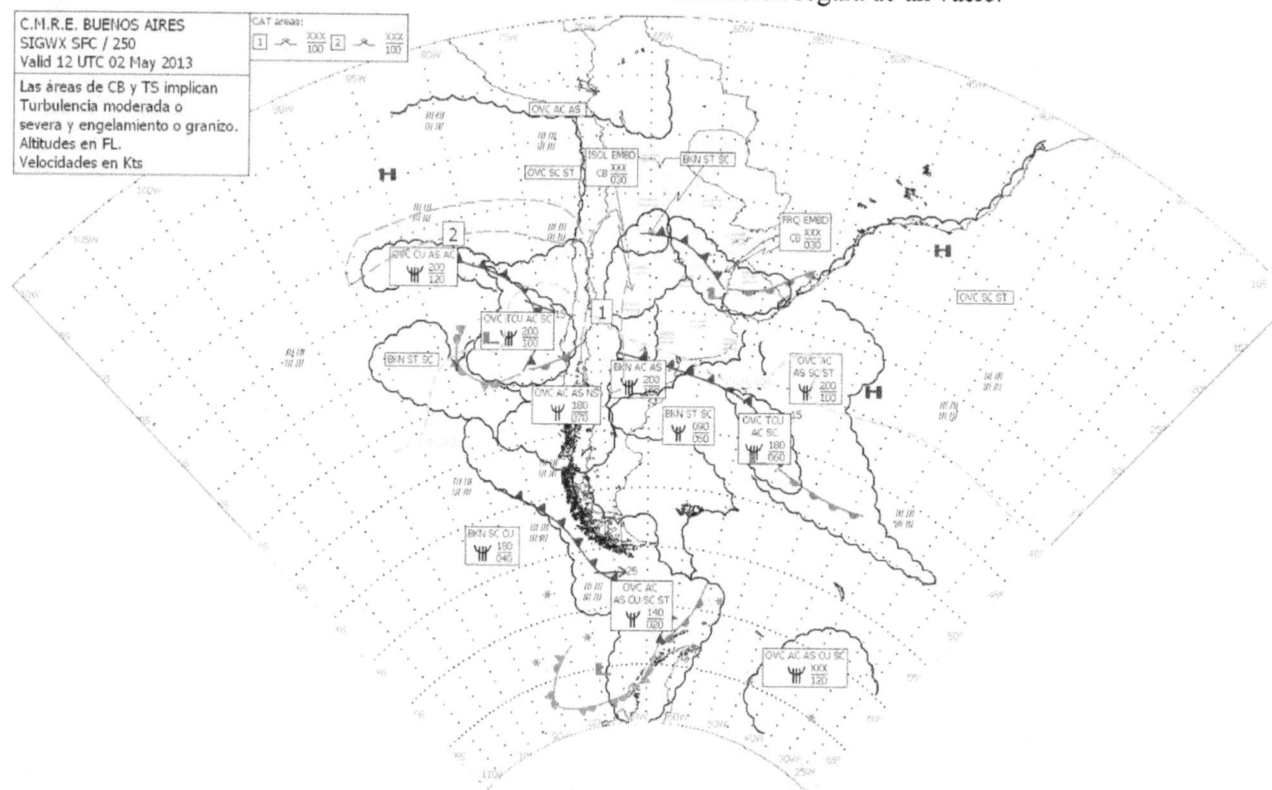

Figura 12-18. *Carta de pronóstico de superficie.*

Operaciones en Aeropuertos

Introducción

Cada vez que un piloto opera una aeronave, el vuelo normalmente comienza y termina en un aeródromo. Un aeródromo puede ser un pequeño campo de césped o un gran complejo utilizado por las compañías aéreas. Este capítulo examina las operaciones en aeródromos, identifica las características de un complejo aeroportuario, y proporciona información sobre la operación dentro o en las inmediaciones de un aeropuerto.

Tipos de Aeródromos

Hay dos tipos de aeródromos, controlados y no controlados. Estos tipos se pueden subdividir en:

- Aeropuertos civiles: aeropuertos que están abiertos al público en general.

- Aeropuertos del Gobierno Federal/Militar: son aeropuertos operados por los militares, u otras agencias del Gobierno Federal.

- Aeropuertos privados: aeropuertos designados para uso privado o restringido solamente, no abiertos al público en general.

Aeródromo controlado

Un aeropuerto controlado tiene una torre de control operativa. El control del tráfico aéreo (ATC) es responsable de proporcionar un flujo de tránsito aéreo seguro, ordenado y rápido en aeropuertos donde el tipo de operaciones y/o volumen de tránsito requiere este tipo de servicio. Los pilotos operando en un aeródromo controlado están obligados a mantener comunicación por radio con los controladores aéreos, y a confirmar y cumplir con sus instrucciones. Los pilotos deben notificar al ATC si no pueden cumplir con las instrucciones dadas y solicitar nuevas instrucciones. Un piloto puede desviarse de una instrucción del tráfico aéreo en caso de emergencia, pero debe notificar al ATC de la desviación tan pronto como sea posible.

Aeródromo no controlado

Un aeropuerto no controlado no tiene una torre de control operativa. No son obligatorias las comunicaciones por radio, aunque es una buena práctica operativa que los pilotos transmitan sus intenciones en la frecuencia especificada para beneficio de otro tráfico en la zona. La clave para la comunicación en un aeropuerto sin una torre de control operativa es la selección de una frecuencia común adecuada. La sigla CTAF, acrónimo de Frecuencia común de aviso de tránsito, es sinónimo de este programa. La CTAF es una frecuencia designada con el propósito de llevar a cabo prácticas de aviso al aeropuerto mientras llegan o salen de un aeropuerto sin torre de control operativa. La CTAF puede ser UNICOM, MULTICOM, Estación de Servicio de Vuelo (FSS), o la frecuencia de la torre y se identifica en las publicaciones aeronáuticas apropiadas. UNICOM es una estación de radio de comunicación aire/tierra no gubernamental que puede proporcionar información del aeropuerto de uso público donde no hay torre o FSS. A petición del piloto, las estaciones UNICOM pueden proporcionar a los pilotos información sobre el clima, la dirección del viento, la pista de aterrizaje recomendada, u otra información necesaria. Si la frecuencia UNICOM se designa como CTAF, será identificada en las publicaciones aeronáuticas apropiadas. La *Figura 13-1* lista los procedimientos de comunicación recomendados. Más información sobre las comunicaciones de radio se discute más adelante en este capítulo.

Fuentes de datos de aeropuertos

Cuando un piloto vuela en un aeropuerto diferente, es importante revisar los datos actuales para ese aeropuerto.

Instalaciones en aeódromo	Uso de frecuencia	Comunicaciones/Procedimientos transmisión		
		Partida	Arribo	Práctica aproximación por instrumentos
UNICOM (sin torre o FSS)	Comunicar con estación UNICOM en frecuencia CTAF publicada (122.7, 122.8, 122.725, 122.975, o 123.0). Si no puede contactar con UNICOM, use procedimientos de anuncios en CTAF.	Antes de rodaje y antes del rodaje en la pista para partida.	10 millas fuera. Entrando inicial, base y final. Abandonando la pista.	
Sin torre, FSS o UNICOM	Anuncio en frecuencia MULTICOM 122,9.	Antes de rodaje y antes del rodaje en la pista para partida.	10 millas fuera. Entrando inicial, base y final. Abandonando la pista.	Abandonando punto notificación final o en segmento aproximación final.
Torre inoperativa, FSS abierto	Comunicar con FSS en la frecuencia CTAF.	Antes de rodaje y antes del rodaje en la pista para partida.	10 millas fuera. Entrando inicial, base y final. Abandonando la pista.	Aproximación completa/terminada.
FSS cerrado (sin torre)	Anuncio en CTAF.	Antes de rodaje y antes del rodaje en la pista para partida.	10 millas fuera. Entrando inicial, base y final. Abandonando la pista.	
Torre o FSS inoperativos	Anuncio en CTAF.	Antes de rodaje y antes del rodaje en la pista para partida.	10 millas fuera. Entrando inicial, base y final. Abandonando la pista.	

Figura 13-1. *Procedimientos de comunicación recomendados.*

Estos datos proporcionan al piloto información, como las frecuencias de comunicación, servicios disponibles, pistas cerradas, o construcción en un aeropuerto. Tres fuentes comunes de información son:

- Cartas Aeronáuticas

- Directorio de Aeropuertos/Instalaciones (A/FD)

- Avisos a los Aviadores (NOTAMs)

Cartas aeronáuticas

Las cartas aeronáuticas proporcionan información específica sobre los aeropuertos. El capítulo de navegación, contiene un extracto de una carta aeronáutica y la leyenda de la carta aeronáutica, que proporciona orientación sobre la interpretación de la información en la carta.

Directorio de Aeropuertos/Instalaciones (A/FD)

El A/FD (MADHEL en Argentina) ofrece la información más completa sobre un determinado aeropuerto. Contiene información sobre aeropuertos, helipuertos, y bases para hidroaviones que están abiertas al público. El A/FD se publica en siete libros, que están organizados por regiones y se revisan cada 56 días. La *Figura 13-2* contiene un extracto de un directorio. Para un listado completo de la información proporcionada en un A/FD y cómo puede ser decodificada la información, consulte el "Ejemplo de Leyenda del Directorio", ubicado en la parte frontal de cada A/FD.

Además de la información del aeropuerto, cada A/FD contiene información tales como anuncios especiales, números de teléfono de la Administración Federal de Aviación (FAA) y el Servicio Nacional de Meteorología (NWS), rutas IFR preferidas, puntos VFR, una lista de VOR, boletines de cartas aeronáuticas, operaciones de despegue y aterrizaje en campo corto (LAHSO) para los aeropuertos seleccionados, diagramas de aeropuertos controlados seleccionados, zonas de saltos en paracaídas, y números de teléfono de instalaciones. Sería útil revisar un A/FD para familiarizarse con la información que contiene.

Avisos a los Aviadores (NOTAM, Notices To Airmen)

Los NOTAM proporcionan la información disponible

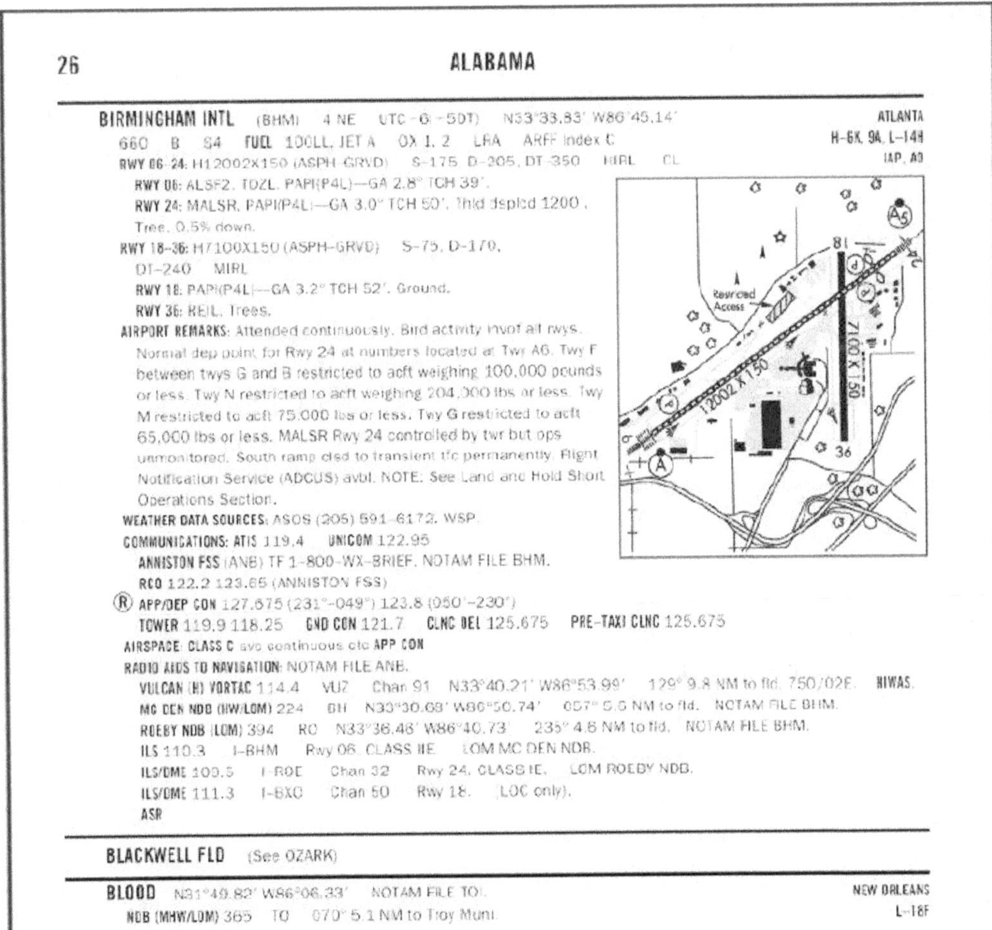

Figura 13-2. *Extracto del directorio de aeródromos/instalaciones.*

más actualizada. Proporcionan información urgente sobre los aeropuertos y cambios que afectan al sistema de espacio aéreo nacional y son de interés para las operaciones IFR. La información NOTAM es clasificada en cuatro categorías. Vea el capítulo 5 del AIM para una descripción del Sistema NOTAM. Los NOTAM-D están unidos a los reportes meteorológicos horarios y están disponibles en las estaciones de servicio de vuelo automáticas (AFSS) o FSS.

Los FDC NOTAM son emitidos por el Centro Nacional de Datos de Vuelo y contiene información regulatoria, como restricciones temporales de vuelo o modificaciones de los procedimientos de aproximación por instrumentos. Los NOTAM-D y FDC NOTAM están contenidos en la publicación NOTAM, que se publica cada 28 días. Antes de un vuelo, los pilotos deben comprobar los NOTAM que podrían afectar su vuelo previsto.

La información NOTAM-D incluye datos tales como el cierre de calles de rodaje, personal y equipo cerca o cruzando pistas e iluminación de ayuda del aeropuerto que no afectan los criterios de aproximación por instrumentos, como indicador de pendiente de aproximación visual (VASI). La información NOTAM-D se distribuye solo a nivel local y no está unida a los informes meteorológicos. Un archivo separado de los NOTAM locales se mantiene en cada FSS para las instalaciones sólo de su área. Información NOTAM-D para otras áreas debe ser solicitada directamente al FSS responsable del aeropuerto en cuestión.

Marcaciones y Carteles en Aeropuertos

Hay marcas y carteles empleados en los aeropuertos, que proporcionan instrucciones y ayudan a los pilotos en las operaciones aeroportuarias. Se tratan algunas de las marcas y signos más comunes. Información adicional se puede encontrar en el capítulo 2, Iluminación Aeronáutica y Otras Ayudas Visuales de Aeropuerto, en el Manual de Información Aeronáutica (AIM).

Marcas de pista

Las marcas de pista varían dependiendo del tipo de operaciones llevadas a cabo en el aeropuerto. La *Figura 13-3* muestra una pista de aterrizaje que está aprobada como pista con aproximación por instrumento de precisión y algunas otras marcas de pista comunes. Una pista VFR básica puede sólo tener marcada la línea central y los números de pista.

Ya que los aviones se ven afectados por el viento durante el despegue y el aterrizaje, las pistas están orientadas de acuerdo a los vientos predominantes locales. Los números de pista hacen referencia al norte magnético. Algunos aeropuertos tienen dos o incluso tres pistas dispuestas en la misma dirección. Estas se denominan pistas paralelas y se distinguen por una letra añadida al número de pista (por ejemplo, la pista 36L (izquierda), 36C (centro), y 36R (derecha)).

Otra característica de algunas pistas es el umbral desplazado. Un umbral puede ser desplazado a causa de una obstrucción cerca del final de la pista. Aunque esta parte de la pista no se usa para el aterrizaje, puede estar disponible para rodaje, despegue o carrera de aterrizaje. Algunos aeropuertos pueden tener una zona de parada. La zona de parada está pavimentada con el fin de proporcionar espacio para que desacelere y se detenga una aeronave en el caso de abortar un despegue. Estas áreas no pueden usarse para el despegue o el aterrizaje.

Marcas de calle de rodaje

Los aviones utilizan las calles de rodaje para la transición desde las áreas de estacionamiento a la pista. Las calles de rodaje se identifican mediante una línea central amarilla continua y pueden incluir marcas en los bordes para definir el borde de la calle de rodaje. Esto se hace generalmente cuando el borde de la calle de rodaje no se corresponde con el borde del pavimento. Si la marca del borde es una línea continua, la parte pavimentada no está destinada a ser utilizada por una aeronave. Si es una marca discontinua, una aeronave puede utilizar esa parte pavimentada. Donde una calle de rodaje se aproxima a una pista, puede haber una marca de posición de espera. Esta consiste de cuatro líneas amarillas (dos sólidas y dos a rayas). Las líneas continuas son donde la aeronave debe mantener. En algunos aeropuertos controlados, las marcas de posición de espera se pueden encontrar en la pista. Se utilizan cuando se cruzan pistas, y el ATC emite instrucciones tales como "autorizado a aterrizar, mantenga en pista 30."

Otras marcas

Algunas otras marcas que se encuentran en el aeropuerto incluyen las marcas de rodaje de vehículos, señales de posición de control del receptor VOR y las marcas de límites de la zona de movimiento.

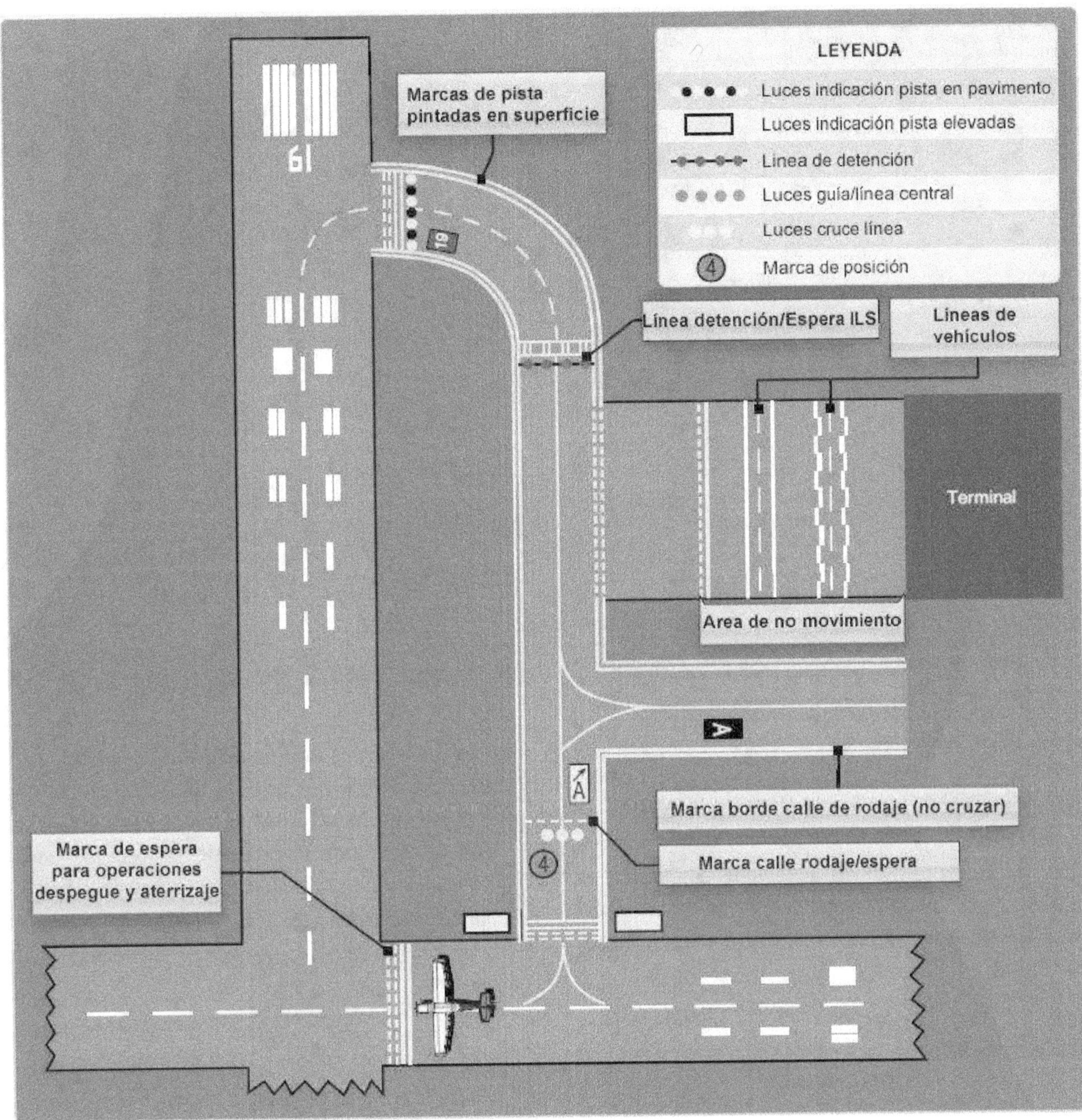

Figura 13-3. *Selección de marcas de aeropuertos y luces de superficie.*

Las marcas de rodaje de los vehículos se utilizan cuando es necesario definir una trayectoria para vehículos cuando cruzan áreas que también están destinadas a aeronaves. Estas marcas usualmente consisten de una línea blanca sólida para delinear cada borde y una línea a rayas para separar carriles dentro de los bordes de la calzada. En lugar de líneas continuas, pueden ser utilizadas marcas tipo cremallera para delinear los bordes de la calzada de vehículos. *[Figura 13-4]*

Las marcas de posición de control de receptor VOR consisten en un círculo pintado con una flecha en el centro. La flecha se alinea en la dirección del acimut. Esto permite a los pilotos comprobar los instrumentos de aviones con señales de ayuda a la navegación.

Las marcas de límites de área de movimiento delimitan un área de movimiento bajo ATC. Estas marcas son de color amarillo y se encuentran en el límite entre el área de movimiento y no movimiento. Normalmente se

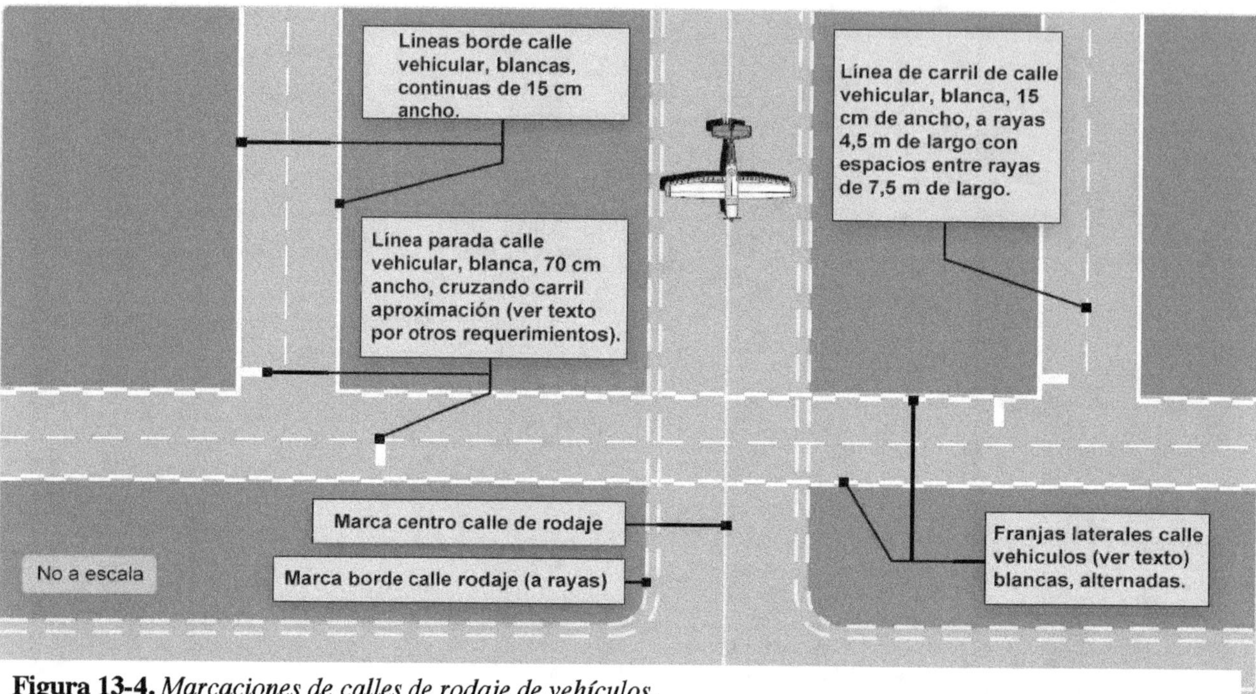

Figura 13-4. *Marcaciones de calles de rodaje de vehículos.*

componen de dos líneas amarillas (una línea continua y una discontinua).

Carteles de aeropuertos

Hay seis tipos de carteles que se pueden encontrar en los aeropuertos. Cuanto más complejo es el diseño de un aeropuerto, más importante se hacen los signos para los pilotos. La *Figura 13-5* muestra ejemplos de carteles, su finalidad y la acción correspondiente del piloto. Los seis tipos de carteles son:

• Carteles de instrucción obligatoria: fondo de color rojo con inscripción en blanco. Estos carteles marcan una entrada a una pista, área crítica, o área prohibida.

• Carteles de ubicación: fondo negro con inscripción amarilla y borde amarillo, sin flechas. Se usan para identificar una calle de rodaje o ubicación de la pista, para identificar los límites de la pista, o identificar un área crítica del sistema de aterrizaje por instrumentos (ILS).

• Carteles de dirección: fondo amarillo con inscripción en negro. La inscripción identifica la designación de la calle de rodaje que corta.

• Carteles de dirección: fondo amarillo con inscripción en negro y también contienen flechas. Estos carteles proveen información sobre la ubicación de cosas, tales como pistas, terminales, zonas de carga, y áreas de aviación civil.

• Carteles informativos: fondo amarillo con inscripción en negro. Estos carteles se utilizan para proporcionar al piloto información sobre cosas tales como áreas que no se pueden ver desde la torre de control, frecuencias de radio aplicables y procedimientos de atenuación del ruido. El operador del aeropuerto determina la necesidad, tamaño y ubicación de estos carteles.

• Carteles de distancia restante de pista: fondo negro con números blancos. Los números indican la distancia restante de pista en miles de pies.

Iluminación de aeropuertos

La mayoría de los aeropuertos tienen algún tipo de iluminación para operaciones nocturnas. La variedad y el tipo de sistemas de iluminación dependen del volumen y complejidad de las operaciones en un aeropuerto determinado. La iluminación de aeropuertos está estandarizada para que los aeropuertos utilicen los mismos colores de luces para pistas y calles de rodaje.

Faro de aeropuerto

Los faros de los aeropuertos ayudan al piloto a identificar un aeropuerto a la noche. Los faros operan desde el atardecer hasta el amanecer. A veces se encienden si el

Tipo de cartel	Acción o propósito	Tipo de cartel	Acción o propósito
4-22	**Posición espera calle rodaje/vehículo:** Mantener espera de pista	(símbolo)	**Zona límite libre de obstáculos/Area seguridad de pista:** Límite salida de áreas protegidas de pista
26-8	**Posición espera de pista:** Mantener espera en intersección de pista	(símbolo)	**Límite de área crítica de ILS:** Límite salida de área crítica de ILS
8-APCH	**Posición espera de aproximación de pista:** Mantener espera del avión en aproximación	J→	**Dirección de calle de rodaje:** Define la dirección y designación de las calles de rodaje que intersectan
ILS	**Posición espera área crítica de ILS:** Mantener espera de área crítica de aproximación ILS	↙L	**Salida de pista:** Define la dirección y designación de la calle de rodaje a la salida de pista
⊖	**No entrar:** Identifica áreas pavimentadas donde se prohíbe el ingreso de aeronaves	22↑	**Destino de partida:** Define las direcciones a las pistas
B	**Ubicación de calle de rodaje:** Identifica la calle de rodaje donde se encuentra la aeronave	↖MIL	**Destino de arribo:** Define direcciones para las aeronaves que arriban
22	**Ubicación de pista:** Identifica la pista donde se encuentra la aeronave	/////	**Marca de fin de calle rodaje:** Indica que la calle de rodaje termina
4	**Distancia restante de pista:** Provee longitud de pista restante en incrementos de miles de pies	↙A G L→	**Cartel de direcciones:** Indica la ubicación de múltiples calles de rodaje que se cruzan

Figura 13-5. *Carteles de aeródromos.*

techo está a menos de 1.000 pies y/o la visibilidad en tierra es inferior a 3 millas terrestres (mínimos VFR). Sin embargo, no hay ningún requisito para esto, por lo que un piloto tiene la responsabilidad de determinar si el tiempo cumple los requisitos VFR. El faro tiene una distribución de luz vertical para que sea más eficaz a partir de 1-10° por encima del horizonte, a pesar de que puede ser visto bien por encima o por debajo de este ángulo. El faro puede ser un dispositivo omnidireccional de descarga por capacitor, o puede rotar a una velocidad constante, lo que produce el efecto visual de destellos a intervalos regulares. La combinación de luces de colores de un faro de aeropuerto indica el tipo de aeropuerto. *[Figura 13-6]* Algunos de los faros más comunes son:

• Destellos blancos y verdes para aeropuertos civiles;

• Destellos blancos y amarillos para aeródromos en el agua (hidroaviones);

• Destellos blancos, amarillos, y verdes para helipuerto, y

• Dos destellos blancos rápidos alternados con un destello verde identifica un aeropuerto militar.

Figura 13-6. *Faros rotatorios de aeropuertos.*

Sistemas de luces de aproximación

Los sistemas de luces de aproximación están destinados principalmente para proporcionar un medio de transición entre el vuelo por instrumentos y el vuelo visual para el aterrizaje. La configuración del sistema depende de si la pista es de aterrizaje por instrumentos de precisión o no precisión. Algunos sistemas incluyen luces de destellos en secuencia, que aparecen al piloto como una bola de luz que se desplaza hacia la pista a alta velocidad. Las luces de aproximación también pueden ayudar a los pilotos que operan bajo VFR de noche.

Indicadores visuales de senda de descenso

Los indicadores visuales de senda de descenso proporcionan al piloto la información de trayectoria de planeo que se puede utilizar para aproximaciones de día o de noche. Al mantener la trayectoria de planeo correcta provista por el sistema, el piloto debería tener la separación de obstáculos adecuada y debería aterrizar dentro de una porción especifica de la pista.

Indicador visual de pendiente de aproximación (VASI)

Las instalaciones VASI (Visual Approach Slope Indicator) son los sistemas de trayectoria de planeo visuales más comunes en uso. El VASI proporciona separación de obstáculos dentro de 10° de la extensión del eje central de la pista, y a cuatro millas náuticas (NM) del umbral de la pista.

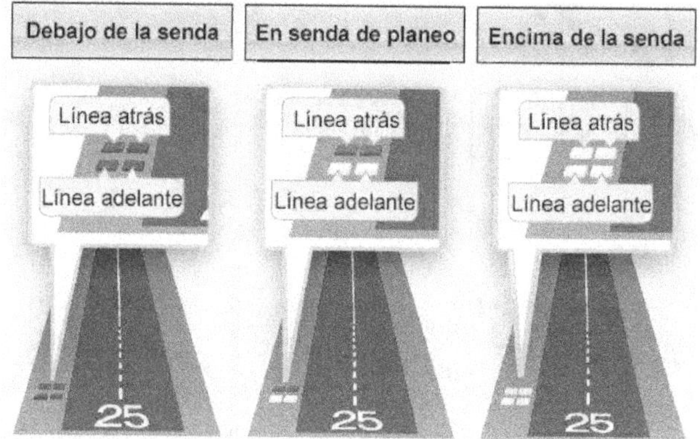

Figura 13-7. *Sistema VASI de 2 líneas.*

El VASI consiste en unidades de luz dispuestas en líneas o barras. Hay VASI de 2 y 3 líneas. El VASI de 2 barras tiene líneas de luz cercanas y lejanas y el VASI de 3 barras tiene líneas de luz cercana, central, y lejana. Las instalaciones VASI de dos líneas proporcionan una senda de planeo visual normalmente de 3°. El sistema de 3 líneas provee dos sendas de planeo, una senda inferior normal de 3° y una senda superior ¼ de grado por encima

de la senda de planeo inferior.

El principio básico del VASI es la diferenciación de color entre rojo y blanco. Cada unidad de luz proyecta un haz de luz, un segmento blanco en la parte superior del haz y un segmento rojo en la parte inferior del haz. Las luces están dispuestas de modo que el piloto ve la combinación de luces que se muestran en la *Figura 13-7* para indicar que está por debajo, en, o por encima de la senda de planeo.

Otros sistemas de senda de planeo

Un indicador de senda de aproximación de precisión (PAPI Precision Approach Path Indicator) utiliza luces similares al sistema VASI excepto que se instalan en una sola línea, normalmente en el lado izquierdo de la pista. *[Figura 13-8]*

Un sistema tricolor se compone de una sola unidad de luz proyectando una senda de aproximación visual de tres colores. Por debajo de la senda de planeo se indica con rojo, en la senda con verde, y por encima de la senda se indica con ámbar. Al descender por debajo de la senda de planeo, hay un área pequeña de color ámbar oscuro. Los pilotos no deben confundir esta área con una indicación "encima de la senda de planeo". *[Figura 13-9]*

Los indicadores visuales pulsantes de pendiente de aproximación normalmente constan de una unidad de luz que proyecta una sola senda de aproximación visual de dos colores hacia el área de aproximación final de la pista sobre la que está instalada el indicador. La indicación en senda de planeo es una luz blanca constante. La indicación de ligeramente por debajo de la senda es una luz roja fija. Si la aeronave desciende aún más por debajo de la senda de planeo, la luz roja comienza a pulsar. La indicación por encima de la senda es una luz blanca pulsante. La velocidad de pulsado aumenta cuando la aeronave se pone aún más por encima o por debajo de la

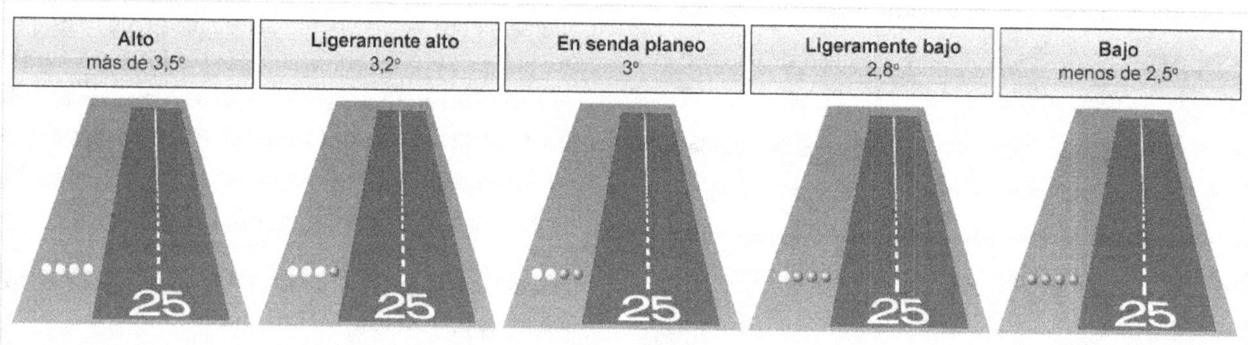

Figura 13-8. *Indicador de senda de aproximación de precisión.*

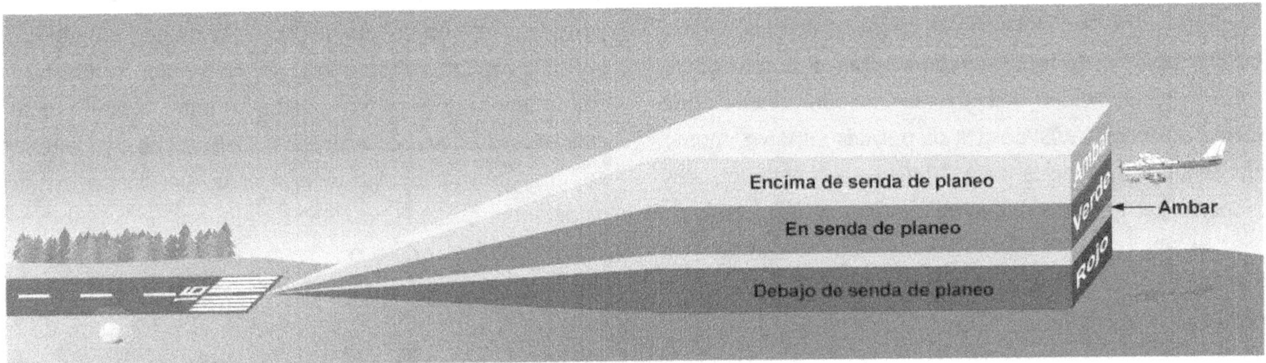

Figura 13-9. *Indicador de pendiente de aproximación visual tricolor.*

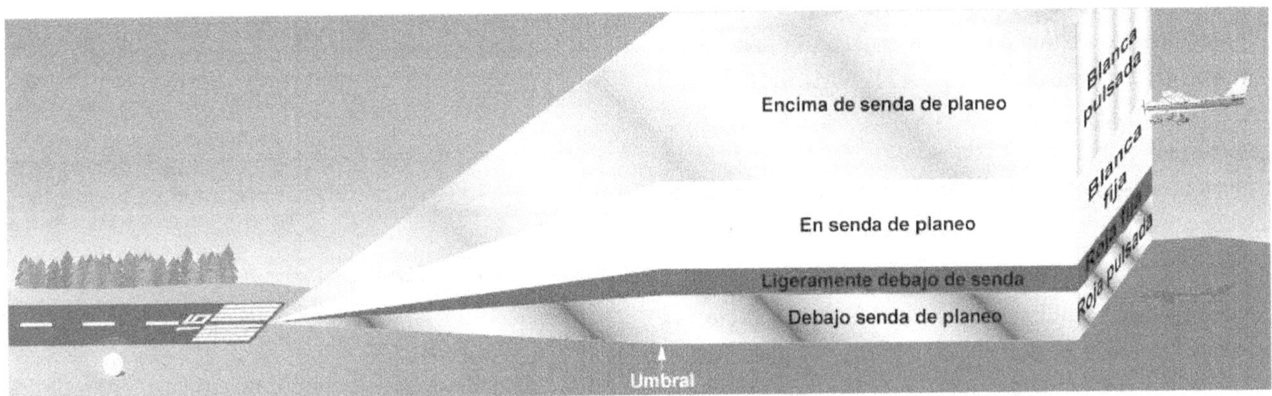

Figura 13-10. *Indicador visual pulsante de pendiente de aproximación*

senda de planeo deseada. El alcance útil del sistema es aproximadamente de cuatro millas durante el día y hasta diez millas en la noche. *[Figura 13-10]*

Iluminación de la pista

Hay varias luces que identifican las partes del complejo de pistas. Estas ayudan al piloto a realizar despegues o aterrizajes seguros durante las operaciones nocturnas.

Luces de identificación de fin de pista (REIL)

Las luces identificadoras de fin de pista (REIL Runway End Identifier Lights) se instalan en muchos aeródromos para proporcionar una identificación rápida y positiva del extremo de aproximación de una pista en particular. El sistema consiste de un par de luces intermitentes sincronizadas ubicadas lateralmente a cada lado del umbral de pista. Las REIL pueden ser omnidireccionales o unidireccionales frente a la zona de aproximación.

Luces de borde de pista

Las luces de borde de pista se utilizan para marcar los bordes de las pistas durante la noche o en condiciones de baja visibilidad. Estas luces se clasifican de acuerdo a la intensidad que son capaces de producir: luces de pista de alta intensidad (HIRL), luces de pista de media intensidad (MIRL), y luces de pista de baja intensidad (LIRL). Las HIRL y MIRL tienen ajustes de intensidad variable. Estas luces son de color blanco, excepto en pistas de instrumentos donde se utilizan luces ámbar en los últimos 2.000 pies o la mitad de la longitud de la pista, lo que sea menor. Las luces que marcan el final de la pista son de color rojo.

Luces en la pista

Sistema de iluminación del centro de pista (RCLS): instalado en algunas pistas con aproximación de precisión para facilitar el aterrizaje en condiciones adversas de visibilidad. Están ubicados a lo largo del eje de la pista y están espaciados a intervalos de 50 pies. Cuando se ve desde el umbral de aterrizaje, las luces de eje de pista son de color blanco hasta los últimos 3.000 pies de la pista. Las luces blancas se comienzan a alternar con rojas por los próximos 2.000 pies. Para los 1.000 pies de pista restantes, todas las luces de la línea central son de color rojo.

Luces de zona de toma de contacto (TDZL): instaladas en algunas pistas con aproximación de precisión para indicar la zona de toma de contacto en el aterrizaje en condiciones de visibilidad adversas. Se componen de dos líneas de luces transversales dispuestas simétricamente alrededor del eje de la pista. El sistema consta de luces blancas fijas que se inician 100 pies más allá del umbral, y se extienden hasta 3000 pies más allá del umbral de aterrizaje, o en el punto medio de la pista, lo que sea menor.

Luces centrales entrada a calle de rodaje: proporcionan guía visual a las personas que salen de la pista. Están codificadas por color para advertir a los pilotos y conductores de vehículos que se encuentran dentro del entorno de la pista o área crítica del ILS/MLS, el que sea más restrictivo. Se instalan luces verdes y amarillas alternadas, comenzando con verde, desde el eje de la pista a una luz de posición central más allá de la posición de espera de la pista o posición de espera de área crítica de ILS/MLS.

Luces centrales salida de calle de rodaje: proporcionan guía visual a las personas que entran a la pista. Estas luces también están codificadas por color con el mismo patrón anterior para advertir a los pilotos y conductores de vehículos que se encuentran dentro del entorno de la pista o área crítica del sistema de aterrizaje por instrumentos/sistema de aterrizaje por microondas (ILS/MLS), el que sea más conservador. La instalación utilizada para las luces salida es bidireccional (es decir, un lado emite luz para la función entrada mientras que el otro lado emite luz para la función de salida). Cualquier instalación que emite luz amarilla para la función de salida también emite luz amarilla para la función de entrada.

Luces de espera y aterrizaje: utilizadas para indicar el punto de espera en ciertas pistas que se han aprobado para LAHSO (operaciones simultaneas de aterrizaje y espera en pistas que se cortan). Las luces de espera y aterrizaje consisten en una serie de luces blancas pulsantes instaladas en la pista en el punto de espera. Cuando están instaladas, las luces están encendidas cuando LAHSO está en vigor. Estas luces están apagadas cuando LAHSO no está en vigor.

Control de iluminación de aeródromo

La iluminación de aeródromos está controlada por los controladores de tráfico aéreo en los aeropuertos controlados. En los aeródromos no controlados, las luces pueden estar con un temporizador, o cuando hay un FSS en un aeropuerto, el personal del FSS puede controlar la iluminación. Un piloto puede solicitar que distintos sistemas de luz se activen o desactiven, y también solicitar una intensidad determinada, si está disponible, al personal del ATC o FSS. En algunos aeródromos no controlados, el piloto puede controlar la iluminación a través de la radio. Esto se hace seleccionando una frecuencia especificada y pulsando el micrófono de la radio. Para obtener información sobre la iluminación controlada por piloto en varios aeropuertos, consulte el A/FD. *[Figura 13-11]*

Pulsador micrófono	Función
7 veces en 5 segundos	Máxima intensidad disponible
5 veces en 5 segundos	Intensidad media o baja (REIL baja o REIL off)
3 veces en 5 segundos	Menor intensidad disponible (REIL baja o REIL off)

Figura 13-11. *Iluminación controlada por radio.*

Luces de calle de rodaje

Luces de calle de rodaje omnidireccionales delinean los bordes de la calle de rodaje y son de color azul. En muchos aeropuertos, las luces de borde pueden tener ajustes de intensidad variable que pueden ser ajustadas por un controlador de tránsito aéreo cuando lo estime necesario o cuando lo solicite el piloto. Algunos aeropuertos también tienen luces centrales de calle de rodaje de color verde.

Luces de obstrucción

Las obstrucciones están marcadas o iluminadas para advertir a los pilotos de su presencia en condiciones diurnas y nocturnas. El balizamiento de obstáculos se pueden encontrar tanto dentro como fuera de un aeropuerto para identificar obstrucciones. Pueden estar marcadas o iluminadas en cualquiera de las siguientes condiciones.

• Luces de obstrucción rojas: emiten un color rojo fijo o a destellos durante las operaciones nocturnas, y las obstrucciones están pintadas de color anaranjado y blanco para las operaciones diurnas.

• Luces de obstrucción blancas de alta intensidad: luces blancas de alta intensidad a destellos durante el día con la intensidad reducida para la noche.

• Iluminación dual: una combinación de balizas rojas a destellos y luces rojas fijas para operación nocturna, y luces blancas de alta intensidad para las operaciones diurnas.

Indicadores de dirección de viento

Es importante para un piloto conocer la dirección del viento. En aeródromos con torre de control operativa, esta información es proporcionada por el ATC. La información también puede ser proporcionada por personal del FSS situados en un aeropuerto en particular o mediante la solicitud de información en una CTAF en los aeródromos que tienen la capacidad de recibir y transmitir en esta frecuencia.

Cuando ninguno de estos servicios está disponible, es posible determinar la dirección del viento y la pista en uso por los indicadores visuales de viento. Un piloto debe comprobar estos indicadores de viento, incluso cuando se proporciona información sobre la CTAF en un aeropuerto determinado, porque no hay garantía de que la información proporcionada es correcta.

El indicador de dirección del viento puede ser un cono de viento, manga de viento, tetraedro, o "T" de viento. Estos son ubicados generalmente en una zona céntrica, cerca de la pista y se pueden colocar en el centro de un círculo segmentado, que identifica la dirección del circuito de tránsito, si es distinto al patrón estándar por la izquierda. *[Figuras 13-12* y *13-13]*

La manga de viento es una buena fuente de información, ya que no sólo indica la dirección del viento, sino que permite al piloto estimar la velocidad del viento y las ráfagas o factor. La manga de viento se extiende recta con viento fuerte y tiende a moverse hacia atrás y adelante, cuando el viento es racheado. Las "T" de viento y tetraedros pueden moverse libremente, y alinearse con la dirección del viento. La "T" de viento y el tetraedro también se pueden ubicar manualmente para alinearse con la pista en uso; por lo tanto, un piloto debe también mirar la manga de viento, si está disponible.

Circuitos de tránsito

En aquellos aeropuertos sin una torre de control operativa, un sistema indicador visual por círculo segmentado *[Figura 13-13]*, si está instalado, está diseñado para proporcionar información del circuito de tránsito. Usualmente situado en una posición que asegura su mayor visibilidad a los pilotos en el aire y en el suelo y que proporciona una ubicación centralizada para los otros elementos del sistema, el círculo segmentado consta de los siguientes componentes: indicadores de dirección del viento, indicadores de dirección de aterrizaje, indicadores de pista, e indicadores del circuito de tránsito.

Un tetraedro se instala para indicar la dirección de los despegues y aterrizajes cuando las condiciones en el aeropuerto justifican su uso. Puede estar ubicado en el centro de un círculo segmentado y puede estar iluminado para operaciones nocturnas. El extremo pequeño del tetraedro apunta en la dirección del aterrizaje. Los pilotos son advertidos contra el uso del tetraedro para cualquier

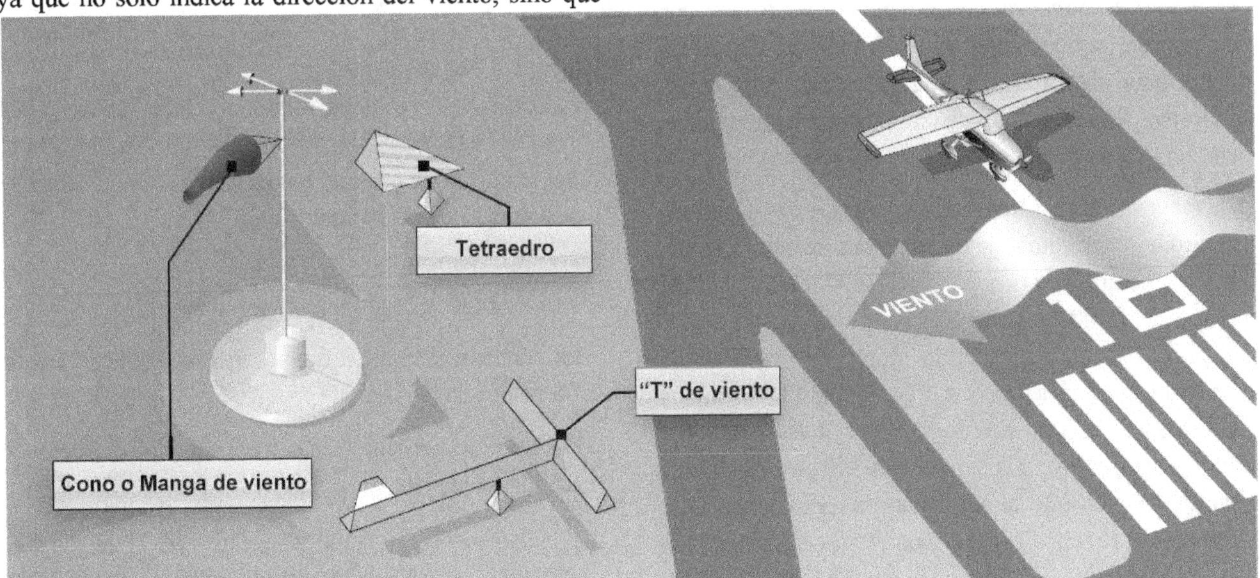

Figura 13-12. *Indicadores de dirección del viento.*

285

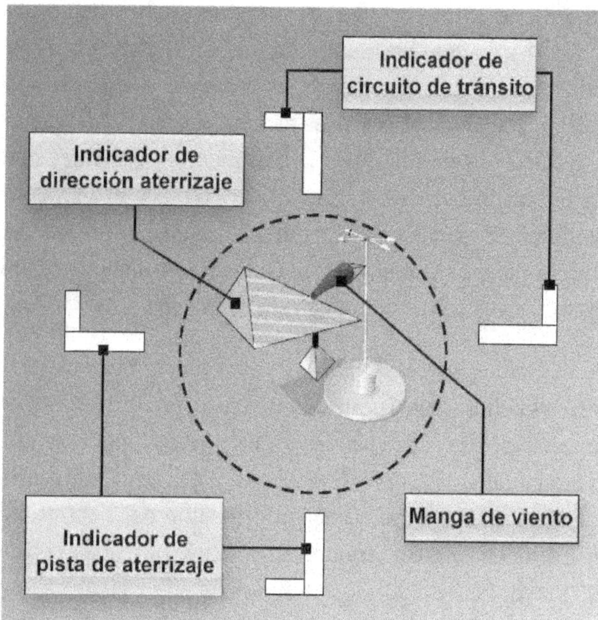

Figura 13-13. *Círculo segmentado.*

otro propósito que no sea como un indicador de la dirección de aterrizaje. En los aeropuertos con torres de control, el tetraedro sólo se usa como referencia cuando la torre de control no está operativa. Las instrucciones de la torre sustituyen las indicaciones del tetraedro.

Los indicadores de pista de aterrizaje se instalan de a pares, como se muestra en la *Figura 13-13*, y se utilizan para mostrar la alineación de las pistas de aterrizaje. Los indicadores de circuito de tránsito están dispuestos de a pares en conjunto con los indicadores de pista y se usan para indicar la dirección de los virajes cuando hay una variación del circuito de tránsito normal por izquierda. (Si no hay un círculo segmentado instalado en el aeródromo, los indicadores de circuito de tránsito pueden estar instalados en o cerca del final de la pista.)

En la mayoría de los aeropuertos y bases aéreas militares, las altitudes del circuito de tránsito para aviones a hélice por lo general se extienden desde 600 pies hasta un máximo de 1.500 pies sobre el nivel del suelo (AGL). Los pilotos pueden obtener la altitud del circuito de tránsito de un aeropuerto del A/FD. Además, las altitudes del circuito de tránsito de aviones turborreactores militares a veces se extienden hasta 2.500 pies AGL. Por lo tanto, los pilotos de las aeronaves en vuelo deben estar constantemente en alerta por otras aeronaves en los circuitos de tránsito y evitar esas zonas siempre que sea posible. Cuando se opera en un aeródromo, deben mantenerse las altitudes del circuito de tránsito a menos que sea requerido por la aplicación de los criterios de distancia a las nubes de las Regulaciones. Los pilotos pueden encontrar información del circuito de tránsito y restricciones tales como la reducción del ruido en el A/FD.

Ejemplo: Claves de las operaciones en circuito de tránsito - Pista individual

1. Entre al circuito en vuelo nivelado, en el punto medio de la pista, a la altitud del circuito. (1000' AGL es la altitud de circuito recomendada a menos que se establezca de otra manera.)

2. Mantenga la altitud de circuito hasta estar a la altura del umbral de la pista en el tramo inicial.

3. Complete el viraje a final al menos a 500 metros de la pista.

4. Continúe derecho hasta más allá del extremo de salida de la pista.

5. Si permanece en el circuito de tránsito, comience su viraje al tramo de viento cruzado más allá del extremo de salida de la pista dentro de los 300 pies de altitud del circuito.

6. Si sale del circuito de tránsito, siga derecho, o salga con un viraje de 45° (hacia la izquierda cuando el circuito de tránsito es por izquierda; a la derecha cuando el circuito de tránsito es por derecha) más allá del extremo de salida de la pista, después de alcanzar la altitud del circuito. *[Figura 13-14]*

Ejemplo: Claves de las operaciones en circuito de tránsito – Pistas paralelas

1. Entre al circuito en vuelo nivelado, en el punto medio de la pista, a la altitud del circuito. (1000' AGL es la altitud de circuito recomendada a menos que se establezca de otra manera.)

2. Mantenga la altitud de circuito hasta estar a la altura del umbral de la pista en el tramo inicial.

3. Complete el viraje a final al menos a 500 metros de la pista.

4. Continúe derecho hasta más allá del extremo de salida de la pista.

5. Si permanece en el circuito de tránsito, comience su viraje al tramo de viento cruzado más allá del extremo de salida de la pista dentro de los 300 pies de altitud del circuito.

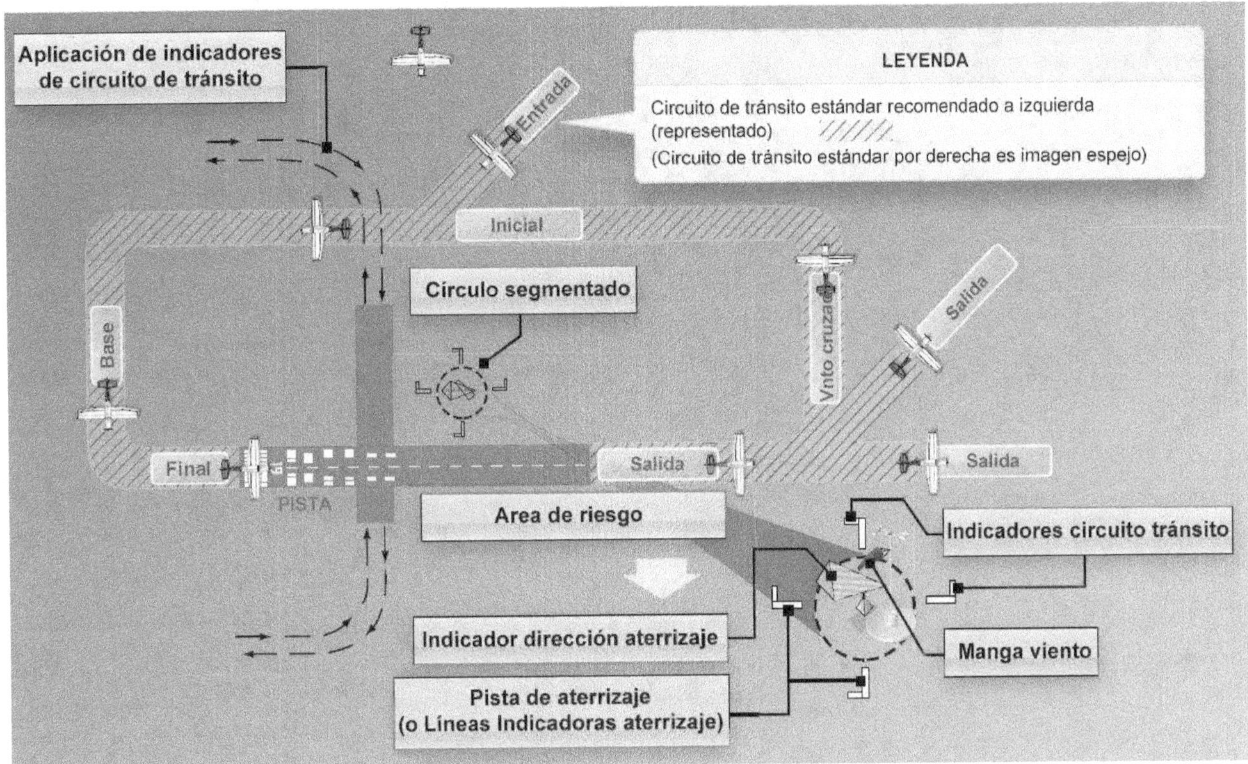

Figura 13-14. *Operación en circuito de tránsito, pista individual.*

6. Si sale del circuito de tránsito, siga derecho, o salga con un viraje de 45° (hacia la izquierda cuando el circuito de tránsito es por izquierda; a la derecha cuando el circuito de tránsito es por derecha) más allá del extremo de salida de la pista, después de alcanzar la altitud del circuito.

7. No pase el tramo final o continúe en un rumbo que penetra en la aproximación final de la pista paralela.

8. No continúe en un rumbo que penetra la senda de salida de la pista paralela. *[Figura 13-15]*

Comunicaciones por radio

Entrar y salir de un aeródromo controlado, así como en una buena parte del sistema del espacio aéreo, requiere que una aeronave tenga capacidad de comunicación por radio de dos vías. Por esta razón, un piloto debe estar bien informado de los requisitos de la licencia de estación de radio y los procedimientos y equipamiento de las comunicaciones por radio.

Licencia de Radio

No se requiere licencia para un piloto que opera en los Estados Unidos; sin embargo, un piloto que opera a nivel internacional tiene la obligación de tener un permiso de radiotelefonía restringida otorgada por la Comisión Federal de Comunicaciones (FCC). Tampoco existe ningún requisito de licencia de estación para la mayoría de los aviones de la aviación general que opera en los Estados Unidos. Sin embargo, se requiere una licencia de estación para una aeronave que opera a nivel internacional, que utiliza otra radio que no sea VHF, y cumple con otros criterios.

Equipos de radio

En la aviación general, los tipos de radios más comunes son VHF. Una radio VHF opera en frecuencias entre 118,0 y 136,975 y se clasifica como 720 o 760 dependiendo del número de canales que puede acomodar. Las 720 y 760 utilizan espaciado de 0,025 (118,025, 118,050) con la 720 teniendo un rango de frecuencias hasta 135,975 y la 760 llegando hasta 136,975. Las radios VHF limitan la transmisión a la línea de visión; por lo tanto, las aeronaves a mayores altitudes son capaces de transmitir y recibir a mayores distancias.

En marzo de 1997, la Organización de Aviación Civil Internacional (OACI) modificó sus Normas y Métodos Recomendados Internacionales para incorporar un plan de canal especificando separaciones de canales de 8,33 kHz en el Servicio Móvil Aeronáutico. El plan de canales de 8,33 kHz se aprueba para aliviar la escasez de canales

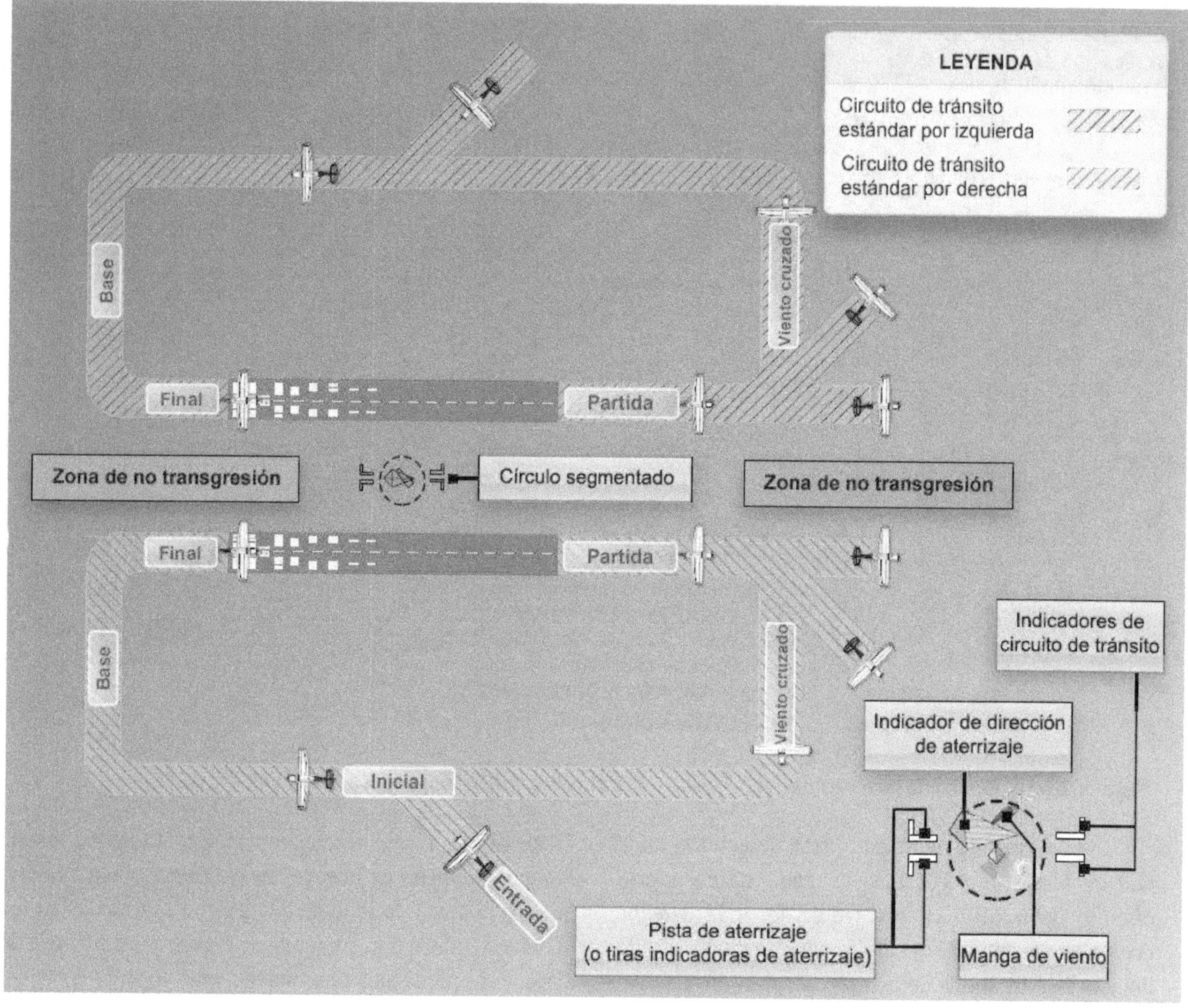

Figura 13-15. *Operación en circuito de tránsito, pistas paralelas.*

de VHF del ATC experimentado en Europa occidental y en el Reino Unido. Siete países de Europa Occidental y el Reino Unido implementaron el plan de canales de 8,33 kHz el 1 de enero de 1999. En consecuencia, las aeronaves que operan en el espacio aéreo de estos países deben tener la capacidad de transmitir y recibir en canales separados por 8,33 kHz.

El uso de una fraseología y de procedimientos de radio adecuados contribuye a la capacidad del piloto para operar de manera segura y eficiente en el sistema del espacio aéreo. Una revisión del AIP y las Regulaciones ayuda a un piloto en el uso y comprensión de la terminología estándar. El AIP también contiene muchos ejemplos de comunicaciones por radio.

La OACI ha adoptado un alfabeto fonético, que debe ser usado en las comunicaciones por radio. Al comunicarse con el ATC, los pilotos deben utilizar este alfabeto para identificar sus aviones. *[Figura 13-16]*

Procedimientos de pérdida de comunicación

Es posible que un piloto pueda experimentar un fallo en el funcionamiento de la radio. Esto podría provocar que el transmisor, receptor, o ambos a dejen de funcionar. Si un receptor deja de funcionar y un piloto necesita aterrizar en un aeropuerto controlado, es recomendable permanecer afuera o por encima del espacio aéreo hasta determinar la dirección y flujo del tránsito. El piloto debe entonces avisar a la torre del tipo de aeronave, posición, altitud, y la intención de aterrizar. El piloto debe continuar, ingresar al circuito, informar la posición en su caso, y atender las señales de luz de la torre. Los colores de la señal de luz y sus significados están contenidos en la *Figura 13-17*.

Carácter	Código Morse	Telefonía	Pronunciación fonética
A	•—	Alfa	(ALFA)
B	—•••	Bravo	(BRAVO)
C	—•—•	Charlie	(CHARLI)
D	—••	Delta	(DELTA)
E	•	Echo	(ECO)
F	••—•	Foxtrot	(FOXTROT)
G	——•	Golf	(GOLF)
H	••••	Hotel	(JOTEL)
I	••	India	(INDIA)
J	•———	Juliett	(YULIET)
K	—•—	Kilo	(KILO)
L	•—••	Lima	(LIMA)
M	——	Mike	(MAIC)
N	—•	November	(NOVEMBER)
O	———	Oscar	(OSCAR)
P	•——•	Papa	(PAPA)
Q	——•—	Quebec	(QUEBEC)
R	•—•	Romeo	(ROMEO)
S	•••	Sierra	(SIERRA)
T	—	Tango	(TANGO)
U	••—	Uniform	(UNIFORM)
V	•••—	Victor	(VICTOR)
W	•——	Whiskey	(GÜISKY)
X	—••—	Xray	(EXREY)
Y	—•——	Yankee	(YANKY)
Z	——••	Zulu	(ZULU)
1	•————	Uno	
2	••———	Dos	
3	•••——	Tres	
4	••••—	Cuatro	
5	•••••	Cinco	
6	—••••	Seis	
7	——•••	Siete	
8	———••	Ocho	
9	————•	Nueve	
0	—————	Cero	

Figura 13-16. *Alfabeto fonético.*

Si el transmisor deja de funcionar, el piloto deberá seguir los procedimientos previamente establecidos y también monitorear la frecuencia del ATC apropiada. Durante horas diurnas las transmisiones del ATC pueden ser reconocidas por el balanceo de las alas, y por la noche mediante el parpadeo de la luz de aterrizaje.

Cuando el receptor y el transmisor dejan de funcionar, el piloto debe permanecer fuera del espacio aéreo hasta que haya determinado el flujo de tráfico y luego entrar en el circuito y ver las señales de luz.

Si la radio falla antes de la salida, es recomendable que la reparen, si es posible. Si esto no es posible, debe hacerse una llamada al ATC y el piloto debe solicitar autorización para partir sin comunicaciones de radio. Si se da la autorización para partir, se aconseja que el piloto vigile la frecuencia adecuada y/o vea las señales de luz, según corresponda.

Servicios del Control de Tránsito Aéreo (ATC)

Además de los servicios prestados por el FSS como se comenta en el Capítulo 12, Servicios Meteorológicos de Aviación, muchos otros servicios son proporcionados por el ATC. En muchos casos se requiere que un piloto se comunique con el ATC, pero incluso cuando no es requerido, a un piloto le es útil solicitar sus servicios.

Radar Primario

El radar es un dispositivo que proporciona información sobre distancia, acimut, y/o la elevación de los objetos en la trayectoria de los pulsos que transmite. Mide el intervalo de tiempo entre la transmisión y la recepción de los pulsos de radio y correlaciona la orientación angular del haz o haces radiados por la antena con azimut y/o elevación. La distancia se determina midiendo el tiempo que tarda la onda de radio para salir hacia al objeto y luego retornar a la antena receptora. La dirección de un objeto detectado por un sitio de radar se determina por la posición de la antena rotatoria cuando se recibe la parte reflejada de la onda de radio.

Un radar moderno es muy fiable y raramente hay interrupciones. Esto es debido a equipos mejorados y un mantenimiento fiable. Hay, sin embargo, algunas limitaciones que pueden afectar los servicios del ATC y evitar que un controlador emita avisos relativos a las aeronaves que no están bajo su control y no se pueden ver en el radar.

Las características de las ondas de radio son tales que normalmente viajan en una línea recta continua a menos que sean "dobladas" por fenómenos atmosféricos tales como inversiones de temperatura, reflejadas o atenuadas

Tipo y color de la señal	Movimiento de vehículos, Equipo y Personal	Aeronaves en tierra	Aeronaves en vuelo
Verde fija	Autorizado a cruzar, o proceder	Autorizado a despegar	Autorizado a aterrizar
Verde a destellos	No aplicable	Autorizado a rodar	Regrese para aterrizar (seguido por verde fija con posterioridad)
Roja fija	Detenerse	Detenerse	Ceda el paso a otras aeronaves y siga en el circuito
Roja a destellos	Abandone la pista/calle rodaje	Ruede fuera de la pista en uso	Aeródromo peligroso, no aterrice
Blanca a destellos	Regrese a punto de partida en aeródromo	Regrese a punto de partida en aeródromo	No aplicable
Roja y verde alternadas	Precaución extrema!!	Precaución extrema!!	Precaución extrema!!

Figura 13-17. *Señales de luces.*

por objetos densos tales como las nubes y fuertes precipitaciones, o enmascaradas por características del terreno alto.

Sistema de baliza radar de ATC (ATCRBS ATC Radar Beacon System)

El sistema de baliza radar de ATC (ATCRBS) se conoce a menudo como "radar secundario de vigilancia". Este sistema consta de tres componentes y ayuda a aliviar algunas de las limitaciones asociadas con el radar primario. Los tres componentes son un interrogador, un transpondedor, y la pantalla del radar. Las ventajas del ATCRBS son el refuerzo de los objetivos del radar, la identificación rápida de objetivos, y una pantalla única de códigos seleccionados.

Transpondedor

El transpondedor es la parte aerotransportada del sistema de radar secundario de vigilancia y un sistema con el cual un piloto debe estar familiarizado. Los ATCRBS no pueden mostrar la información secundaria a menos que una aeronave está equipada con un transpondedor. También se requiere un transpondedor para operar en ciertos espacios aéreos controlados.

Un código de transpondedor consiste en cuatro números del 0 al 7 (4096 códigos posibles). Hay algunos códigos estándar, o el ATC puede solicitar un código de cuatro dígitos a un avión. Cuando un controlador solicita un código o función en el transpondedor, se puede utilizar la palabra "squawk". *La Figura 13-18* muestra alguna fraseología de transpondedor estándar. Información adicional sobre el funcionamiento del transpondedor se puede encontrar en el AIM, en el capítulo 4.

Instrucciones de tránsito radar

Las instalaciones de ATC equipadas con radar brindan asistencia radar a las aeronaves con planes de vuelo instrumentales y a las aeronaves VFR siempre que la aeronave puede comunicarse con el centro y estén dentro de la cobertura radar. Este servicio básico incluye alertas de seguridad, instrucciones de tránsito, vectorización limitada cuando se solicite, y secuenciación en lugares donde se ha establecido este procedimiento. El ATC da instrucciones de tránsito basadas en los objetivos observados por el radar. El tránsito se referencia por azimut desde la aeronave en términos de un reloj de 12 horas. Además, se da la distancia en millas náuticas, la dirección en la que se mueve el objetivo, y la altitud y tipo aeronave. Un ejemplo sería: "Tránsito a las 10 a 5 millas con dirección al este, Cessna 152 a 3.000 pies". El piloto debe tener en cuenta que la posición del tránsito se basa en la trayectoria de la aeronave, y que la corrección de viento puede afectar a la posición de reloj a la cual un piloto localiza el tránsito. Este servicio no está diseñado para aliviar el piloto de la responsabilidad de ver y evitar otras aeronaves. *[Figura 13-19]*

Además del servicio básico de radar, el área de servicio de radar terminal (TRSA) se aplica en ciertos lugares de terminales. El TRSA se representan en las cartas aeronáuticas seccionales. El propósito de este servicio es proporcionar separación entre todas las aeronaves VFR que participan y todas las aeronaves IFR que operan en el TRSA. El servicio en Clase C provee una separación aprobada entre aeronaves IFR y VFR, y secuenciación de aeronaves VFR al aeropuerto primario. El servicio en Clase B proporciona una separación aprobada de las

Fraseología de Transpondedor	
SQUAWK (número)	Opere el transpondedor con el código designado en MODO A/3
IDENT	Active el "IDENT" (I/P militar) del transpondedor
SQUAWK (número) y IDENT	Opere el transpondedor con el código especificado en MODO A/3 y active el "IDENT" (I/P militar).
SQUAWK Standby	Coloque el transpondedor en posición standby.
SQUAWK Normal/Baja	Opere el transpondedor en sensivilidad normal o baja como se especifica. El transpondedor se opera en posición "NORMAL" a menos que el ATC especifique baja ("LOW") ("ON" se usa en lugar de "NORMAL" en la etiqueta de algunos transpondedores).
SQUAWK Altitud	Active el MODO C con reporte automático de altitud.
STOP Altitud SQUAWK	Desactive el reporte de altitud y continúe transmitiendo pulsos en MODO C. Si su equipo no tiene esta capacidad, desactive el MODO C.
STOP SQUAWK (modo en uso)	Desactive el modo especificado. (Usado para aeronaves militares cuando el controlador no conoce los requerimientos del servicio para que la aeronave continue la operación en otro MODO.)
STOP SQUAWK	Apague el transpondedor.
SQUAWK Mayday	Opere el transpondedor en posición de emergencia (MODO A Código 7700 para transpondedor civil, MODO 3 Código 7700 y característica de emergencia para transpondedor militar).
SQUAWK VFR	Opere el transpondedor con Código 1200 en MODO A/3, u otro código VFR apropiado.

Figura 13-18. *Fraseología de transpondedor.*

aeronaves sobre la base de IFR, VFR, y/o el peso, y sccuenciación de arribos VFR al aeropuerto primario.

Turbulencia de estela

Todos los aviones generan turbulencia de estela durante el vuelo. Esta alteración es causada por un par de vórtices que giran en sentido contrario desde las puntas de las alas. Los vórtices de grandes aeronaves presentan problemas al encontrarse con aviones. La estela de estos aviones puede imponer momentos de alabeos superiores a la autoridad de control alabeo de la aeronave que la encuentra. Además, la turbulencia generada dentro de los vórtices puede dañar los componentes de aeronaves y el equipamiento si se encuentra a corta distancia. Por esta razón, un piloto debe prever la ubicación de la estela turbulenta, y ajustar la trayectoria de vuelo en consecuencia.

Durante las operaciones en tierra y durante el despegue, el chorro de aire de un motor a reacción (la corriente turbulenta del empuje) puede causar daño y alterar aviones más pequeños a corta distancia. Por esta razón, los pilotos de aviones pequeños deben considerar los efectos del chorro de un motor a reacción y mantener la separación adecuada. Además, los pilotos de las aeronaves más grandes deben considerar los efectos del chorro del motor a reacción de su avión sobre otros aviones y equipos en tierra.

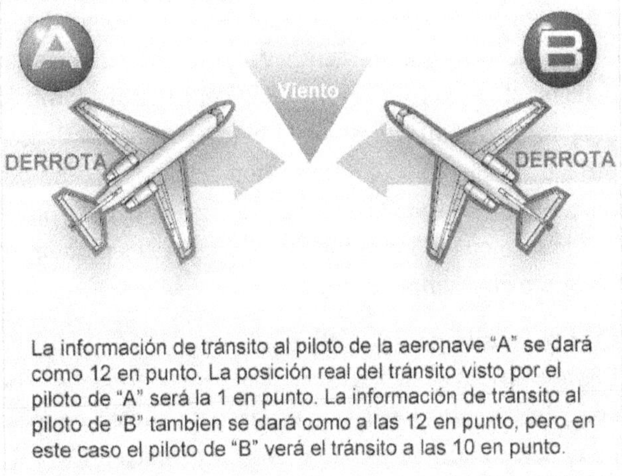

La información de tránsito al piloto de la aeronave "A" se dará como 12 en punto. La posición real del tránsito visto por el piloto de "A" será la 1 en punto. La información de tránsito al piloto de "B" tambien se dará como a las 12 en punto, pero en este caso el piloto de "B" verá el tránsito a las 10 en punto.

Figura 13-19. *Avisos de tránsito.*

Generación del vórtice

La sustentación es generada creando una diferencia de presión sobre la superficie del ala. La presión más baja se produce sobre la superficie superior del ala, y la presión más alta bajo el ala. Esta diferencia de presión provoca la

Figura 13-20. *Generación de vórtices.*

rotación del flujo de aire detrás del ala resultando en remolinos de masas de aire en las puntas de las alas. Después de que se completa la rotación, la estela consta de dos vórtices cilíndricos contra rotativos. La mayor parte de la energía se encuentra a pocos metros del centro de cada vórtice, pero los pilotos deben evitar la región dentro de 30 metros del centro del vórtice. *[Figura 13-20]*

Fuerza del vórtice

La fuerza del vórtice se rige por el peso, la velocidad, y la forma del ala de la aeronave que lo genera. Las características del vórtice de cualquier aeronave también pueden ser modificadas por la extensión de los flaps u otros dispositivos de configuración de ala, así como por un cambio en la velocidad. La mayor fuerza del vórtice se produce cuando la aeronave generadora es pesada, en configuración limpia y lenta.

Comportamiento del vórtice

Los vórtices tienen ciertas características de comportamiento que pueden ayudar a un piloto a conocer la ubicación de la estela y tomar precauciones para evitarla.

Los vórtices se generan desde el momento en que una aeronave deja la tierra (hasta que aterriza), ya que los vórtices son el producto de la sustentación del ala. *[Figura 13-21]* La circulación del vórtice es hacia fuera, hacia arriba, y alrededor de las puntas de las alas cuando se ve desde adelante o detrás de la aeronave. Pruebas han demostrado que los vórtices permanecen separados poco menos de una envergadura, derivando con el viento, a altitudes superiores a una envergadura desde el suelo. Las pruebas también han demostrado que los vórtices se hunden a una velocidad de varios cientos de pies por minuto, reduciendo su descenso y disminuyendo la fuerza con el tiempo y distancia detrás de la aeronave generadora.

Cuando los vórtices de aviones más grandes se hunden cerca del suelo (a menos de 100 a 200 pies), tienden a moverse lateralmente sobre el suelo a una velocidad de 2-3 nudos. Un viento cruzado disminuye el movimiento lateral del vórtice del lado del viento y aumenta el movimiento del vórtice del lado contrario al viento. Una condición de viento de cola puede mover los vórtices de la aeronave precedente hacia delante en la zona de toma de contacto.

Procedimientos para evitar los vórtices

- Aterrizaje detrás de una aeronave más grande en la misma pista: manténgase por encima de la senda de aproximación de la aeronave mayor y tome contacto más allá de su punto de aterrizaje.

- Aterrizaje detrás de una aeronave más grande en una pista paralela a menos de 750 metros: considere la posibilidad de la deriva y permanezca en o sobre la senda de aproximación de la aeronave mayor y tenga en cuenta su punto de toma de contacto.

Figura 13-21. *Comportamiento del vórtice.*

• Aterrizaje detrás de una aeronave más grande cruzando una pista: cruce por encima de la trayectoria de vuelo de la aeronave más grande.

• Aterrizaje detrás de una aeronave que despega de la misma pista: aterrice antes del punto de rotación de la aeronave que despega.

• Aterrizaje detrás de una aeronave más grande en una pista cruzada: note el punto de rotación de la aeronave y, si ese punto está más allá de la intersección, continúe y aterrice antes de la intersección. Si el avión más grande rota antes de la intersección, evite volar por debajo de su trayectoria de vuelo. Abandone la aproximación a menos que el aterrizaje esté asegurado mucho antes de llegar a la intersección.

• Despegue detrás de un avión grande: rotar antes del punto de rotación del avión grande y ascienda por encima de su trayectoria de ascenso hasta virar fuera de la estela.

• Para despegues que se intersecan en la misma pista: esté atento a las operaciones de aeronaves más grandes adyacentes, particularmente al final de la pista en uso prevista. Si se recibe una autorización de despegue que se interseca, evite rumbos que cruzan por debajo de la trayectoria de la aeronave más grande.

• Si sale o aterriza después que un gran avión ejecuta una aproximación baja, una aproximación frustrada o aterrizaje de toque y motor (ya que los vórtices se asientan y mueven lateralmente cerca del suelo, el riesgo del vórtice puede existir a lo largo de la pista y en la trayectoria de vuelo), lo más prudente es esperar por lo menos 2 minutos antes de un despegue o aterrizaje.

• En ruta es aconsejable evitar una trayectoria abajo y detrás de un avión grande, y si un avión grande se observa por encima en la misma trayectoria, cambie la posición de la aeronave lateralmente y de preferencia viento arriba.

Prevención de colisión

Las regulaciones establecen reglas de derecho de paso, altitudes mínimas de seguridad, y las altitudes de crucero VFR para mejorar la seguridad del vuelo. El piloto puede contribuir a la prevención de colisiones estando alerta y observando por otras aeronaves. Esto es particularmente importante en las proximidades de un aeropuerto.

La observación efectiva se lleva a cabo con una serie de movimientos oculares cortos, regularmente espaciados que traen zonas sucesivas del cielo al centro del campo visual. Cada movimiento no debe exceder de 10°, y cada uno debe ser observado durante al menos 1 segundo para permitir la detección. Aunque los movimientos de ida y vuelta de los ojos parecen lo preferido por la mayoría de los pilotos, cada piloto debe desarrollar un modelo de observación que es más cómodo y puede mantener para asegurar una observación óptima. Aunque tenga derecho de paso, un piloto debe ceder si otra aeronave parece demasiado cercana.

Procedimientos de evasión

Los siguientes procedimientos y consideraciones deberían ayudar a un piloto en la prevención de colisiones en diversas situaciones.

• Antes del despegue: antes de iniciar el rodaje hacia una pista o área de aterrizaje en preparación para el despegue, los pilotos deben explorar el área de aproximación por un posible tránsito de aterrizaje, ejecutando las maniobras necesarias para proporcionar una visión clara de las áreas de aproximación.

- Ascensos y descensos: en ascensos y descensos en condiciones de vuelo que permitan la detección visual de otros tránsitos, los pilotos deben ejecutar alabeos suaves a izquierda y derecha a una frecuencia que permita la exploración visual continua del espacio aéreo.

- Recto y nivelado: durante períodos prolongados de vuelo recto y nivelado, el piloto deberá realizar los procedimientos observación adecuados a intervalos periódicos.

- Circuitos de tránsito: deben evitarse las entradas en los circuitos de tránsito mientras se desciende.

- Tránsito en estaciones VOR: debido al tránsito convergente, debe mantenerse vigilancia sostenida en las proximidades de los VOR e intersecciones.

- Operaciones de entrenamiento: la vigilancia debe ser mantenida y se deben hacer virajes de observación antes de practicar una maniobra. Durante la instrucción, se debe solicitar al piloto que diga los procedimientos de observación.

Los aviones de ala alta y los de ala baja tienen sus respectivos puntos ciegos. El piloto de un avión con ala alta debe levantar momentáneamente el ala en la dirección del giro previsto y mirar por tránsito antes de iniciar el viraje. El piloto de un avión con ala baja debe bajar momentáneamente el ala y mirar por tránsito antes de iniciar el giro.

Prevención de incursión en pista

Una incursión en pista es "cualquier incidente en el entorno de la pista del aeropuerto que involucre una aeronave, vehículo, persona u objeto en tierra que crea un peligro de colisión o resulta en una pérdida de la separación requerida con un avión que despega, intenta despegar, aterriza , o intenta aterrizar". Es importante prestar la misma atención a la operación en tierra como en otras fases del vuelo. Una planificación adecuada puede prevenir las incursiones en pista y la posibilidad de una colisión en tierra. Un piloto debe ser consciente de la posición de la aeronave en tierra en todo momento y estar al tanto de otras operaciones de aeronaves y vehículos en el aeropuerto. A veces los aeropuertos controlados pueden estar ocupados y tener complejas instrucciones

de rodaje. En esta situación puede ser aconsejable anotar las instrucciones de rodaje. Las siguientes son algunas prácticas que ayudan a prevenir una incursión en pista:

- Vuelva a leer todas las instrucciones de cruce de pista y/o instrucciones de espera.

- Revise los esquemas de aeropuertos como parte de la planificación pre vuelo, antes de descender para aterrizar y durante el rodaje, según sea necesario.

- Conozca la señalización del aeropuerto.

- Revise los NOTAM para obtener información sobre las pistas/calles de rodaje cerradas y áreas de construcción.

- Solicite instrucciones de rodaje progresivo del ATC cuando no esté seguro del recorrido de rodaje.

- Compruebe si hay tránsito antes de cruzar cualquier línea de espera de pista y antes de entrar a una calle de rodaje.

- Encienda las luces de aeronaves y la baliza rotatoria o luz estroboscópica mientras rueda.

- Cuando aterrice, despeje la pista activa tan pronto como sea posible, y luego espere instrucciones de rodaje antes de moverse.

- Estudie y utilice la fraseología adecuada para entender y responder a las instrucciones de control en tierra.

- Anote las instrucciones de rodaje complejas en los aeropuertos desconocidos.

Resumen del capítulo

En este capítulo se centra en las operaciones en aeródromos, tanto en el aire como en superficie. Para obtener información específica acerca de un aeropuerto desconocido, consultar el A/FD y los NOTAMS antes de volar. Para más información sobre los procedimientos tratados en este capítulo, consulte las regulaciones. Realizando los procedimientos establecidos, se mejoran tanto las operaciones del aeropuerto y la seguridad.

Navegación

Introducción

Este capítulo ofrece una introducción al vuelo de travesía bajo reglas de vuelo visual (VFR). Contiene información práctica para la planificación y ejecución de los vuelos de travesía para el piloto novato.

La navegación aérea es el proceso de pilotar una aeronave de una posición geográfica a otra mientras controla la posición de uno al progresar el vuelo. Se introduce la necesidad de la planificación, que incluye trazar el curso en una carta aeronáutica, la selección de puntos de control, medición de distancias, obtención de la información meteorológica pertinente y cálculos del tiempo de vuelo, direcciones y requerimientos de combustible. Los métodos utilizados en este capítulo incluyen navegación observada (navegar por referencias visuales), navegación a la estima (cálculos de dirección y distancia desde una posición conocida) y radionavegación (usando radioayudas).

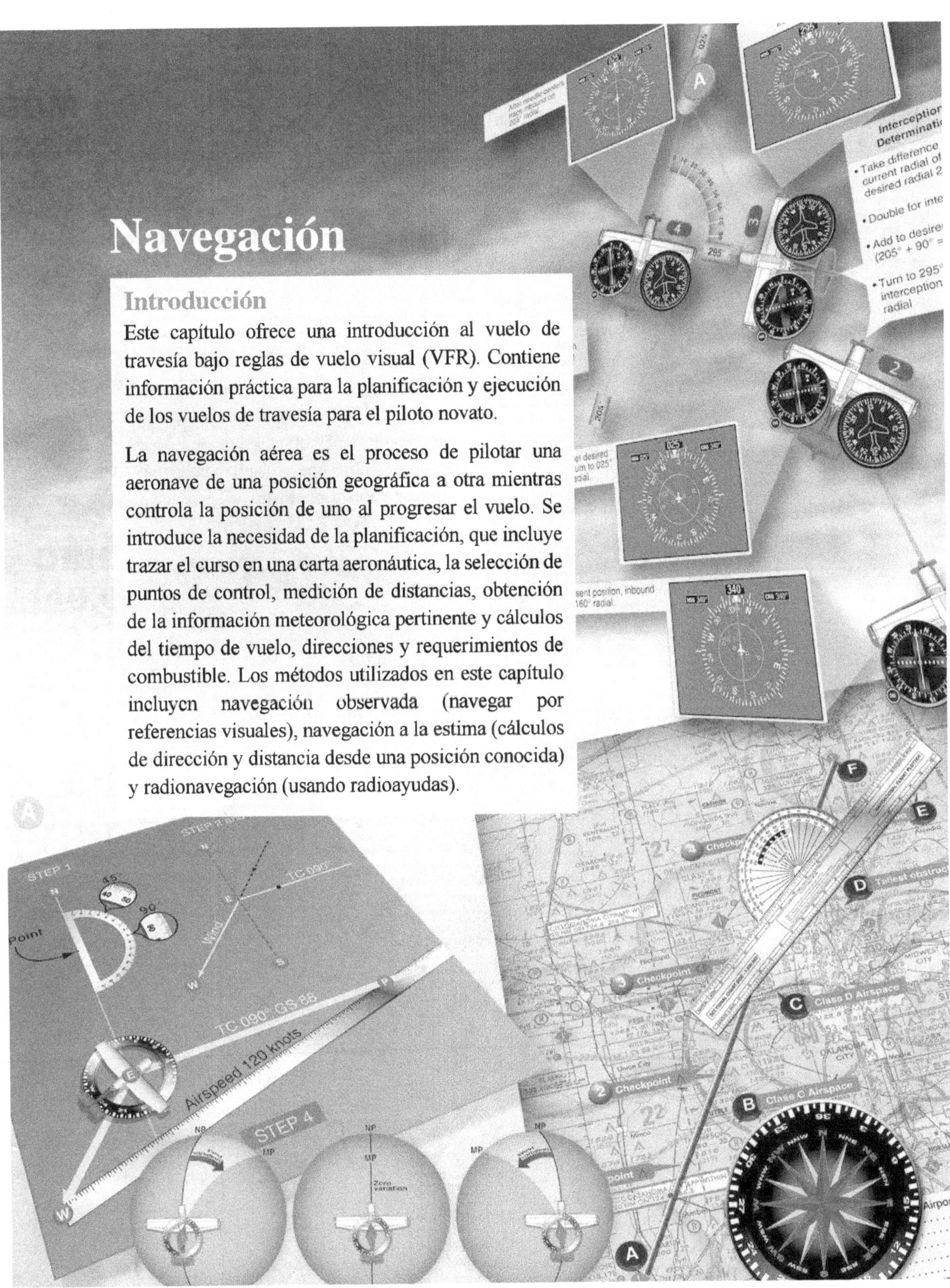

Cartas aeronáuticas

Una carta aeronáutica es el mapa de ruta para un piloto que vuela VFR. La carta proporciona información que permite a los pilotos un seguimiento de su posición y proporciona información que mejora la seguridad. Las tres cartas aeronáuticas utilizadas por pilotos VFR son:

- Seccional

- Área Terminal VFR

- Aeronáutica Mundial

Un catálogo de cartas aeronáuticas y publicaciones relacionadas incluyendo precios e instrucciones para pedidos está disponible en el sitio web: www.naco.faa.gov.

Cartas seccionales

Las cartas seccionales son las cartas más utilizadas por los pilotos de hoy. Las cartas tienen una escala de 1:500.000 (1 cm = 2,7 millas náuticas (MN)) lo que permite incluir información más detallada en la carta.

Las cartas proveen una gran cantidad de información, incluyendo datos de aeródromos, ayudas a la navegación, espacio aéreo y topografía. La *Figura 15-1* es un extracto de la leyenda de una carta seccional. Al referirse a la tabla de legenda, un piloto puede interpretar la mayor parte de la información de la carta. Un piloto también debe revisar la tabla por otra información, que incluye las frecuencias del control del tráfico aéreo (ATC) y la información sobre el espacio aéreo. Estas cartas son revisadas semestralmente excepto para algunas áreas que se revisan anualmente.

Cartas de área terminal VFR

Las cartas de área terminal VFR son útiles cuando se vuela en o cerca de un espacio aéreo Clase B. Tienen una escala de 1:250.000 (1 cm = 1,35 MN). Estas cartas proporcionan una visualización más detallada de la información topográfica y se revisan cada seis meses. *[Figura 15-2]*

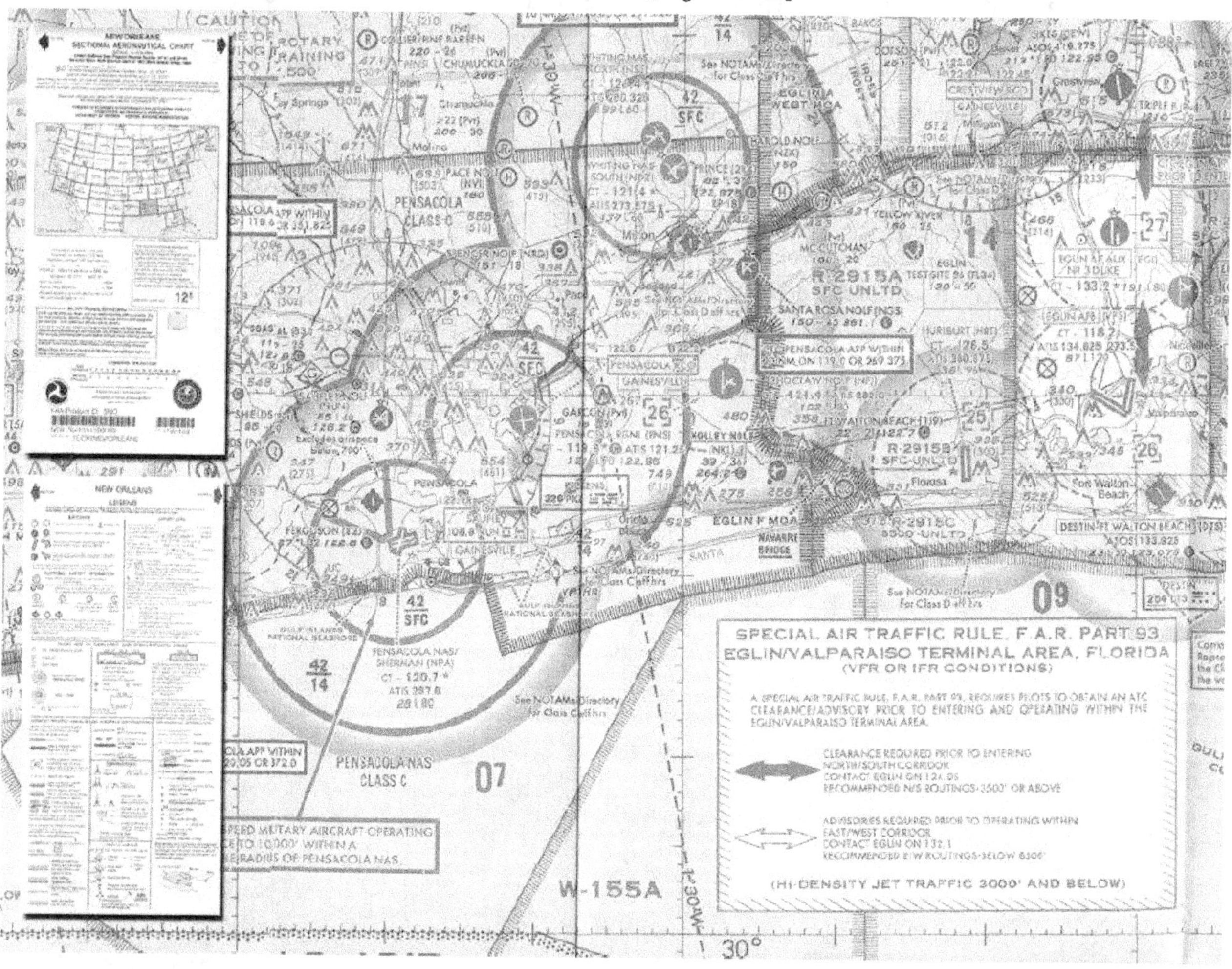

Figura 15-1. *Carta seccional y leyenda.*

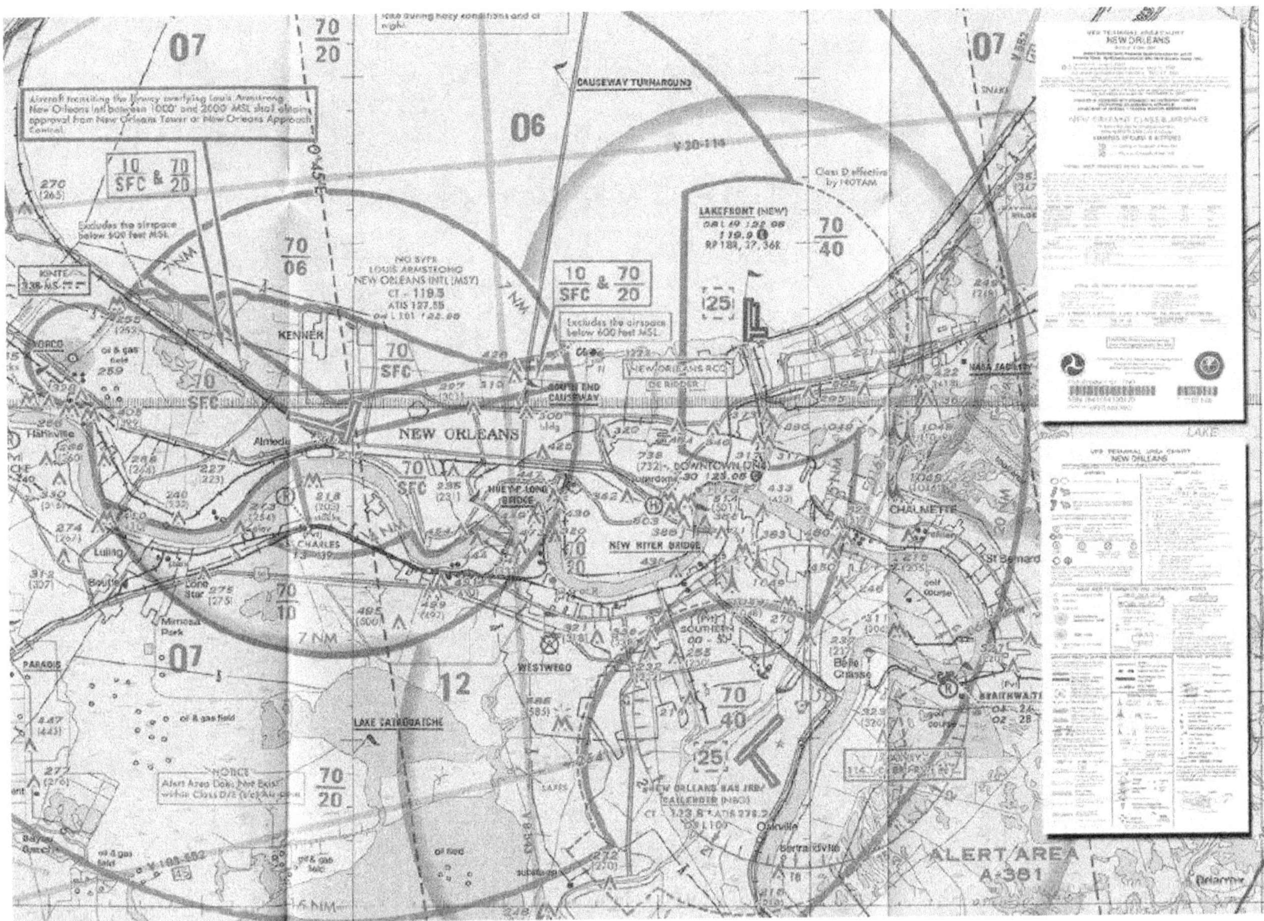

Figura 15-2. *Carta de área terminal VFR y leyenda.*

Carta aeronáutica mundial

Las cartas aeronáuticas mundiales están diseñadas para proporcionar una serie estándar de cartas aeronáuticas, cubriendo áreas terrestres del mundo, con un tamaño y escala conveniente para la navegación de aeronaves con velocidad moderada. Se producen a una escala de 1:1.000.000 (1 cm = 5,4 MN). Estas cartas son similares a las cartas seccionales y los símbolos son los mismos, excepto que hay menos detalle debido a la escala más pequeña. *[Figura 15-3]* Estas cartas se revisan anualmente.

Latitud y longitud (meridianos y paralelos)

El ecuador es un círculo imaginario equidistante de los polos de la Tierra. Los círculos paralelos al ecuador (líneas que van de este a oeste) son paralelos de latitud. Se utilizan para medir grados de latitud norte (N) o Sur (S) del ecuador. La distancia angular desde el ecuador hasta el polo es la cuarta parte de un círculo o 90°. Las flechas en la *Figura 15-4* marcadas "Latitud" apuntan a las líneas de latitud.

Los meridianos de longitud se dibujan desde el Polo Norte hasta el Polo Sur y están en ángulo recto con respecto al Ecuador. El "Primer Meridiano", que pasa por Greenwich, Inglaterra, se utiliza como línea cero desde el cual se realizan las medidas en grados al este (E) y al oeste (W) hasta 180°. Las flechas en *Figura 15-4* marcadas "Longitud" apuntan a las líneas de longitud.

Cualquier punto geográfico específico puede ser localizado por referencia a su longitud y latitud. Washington, DC, por ejemplo, está aproximadamente a 39° de latitud N, 77° de longitud W. Chicago está aproximadamente a 42° de latitud N, 88° de longitud W.

Husos horarios

Los meridianos son también útiles para la designación de zonas horarias. Un día se define como el tiempo

297

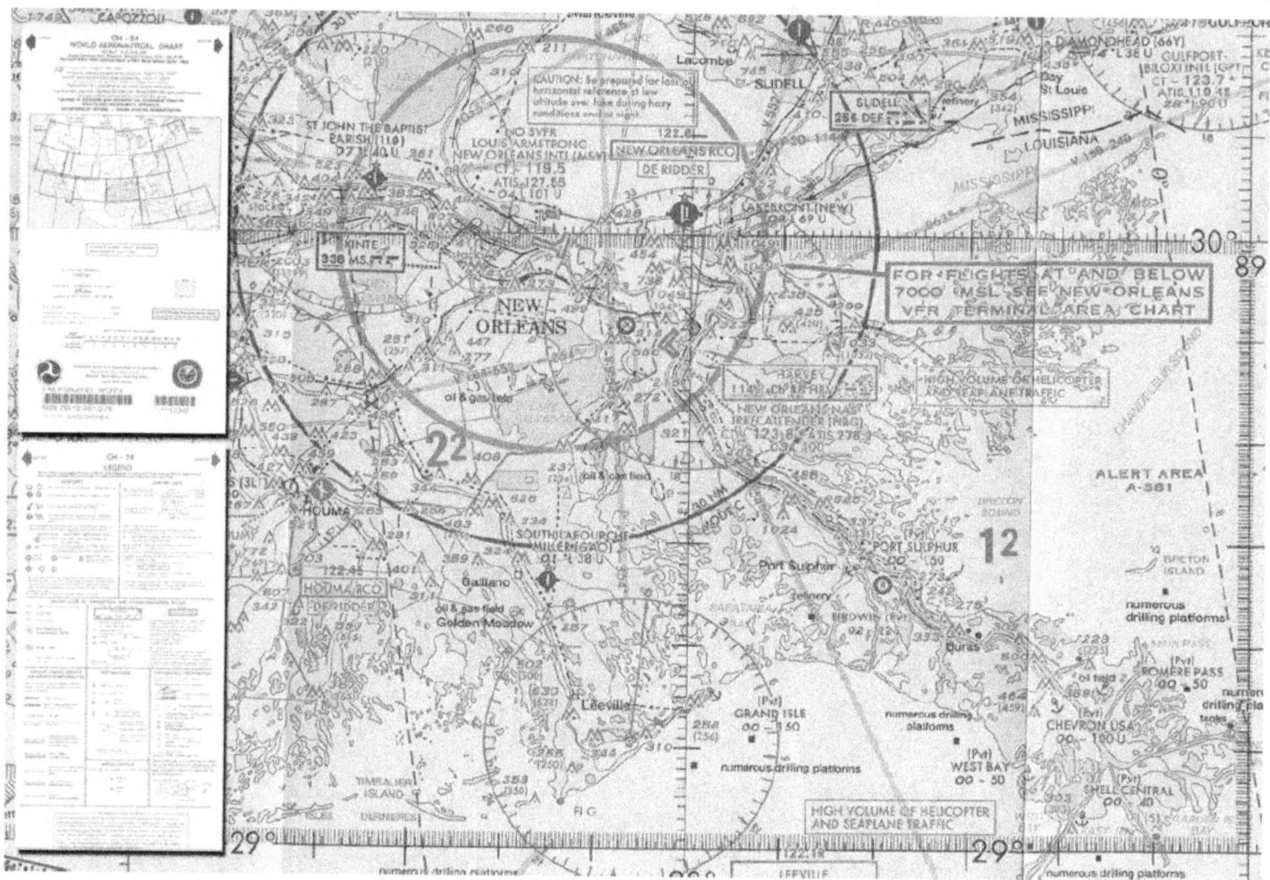

Figura 15-3. *Carta aeronáutica mundial (WAC).*

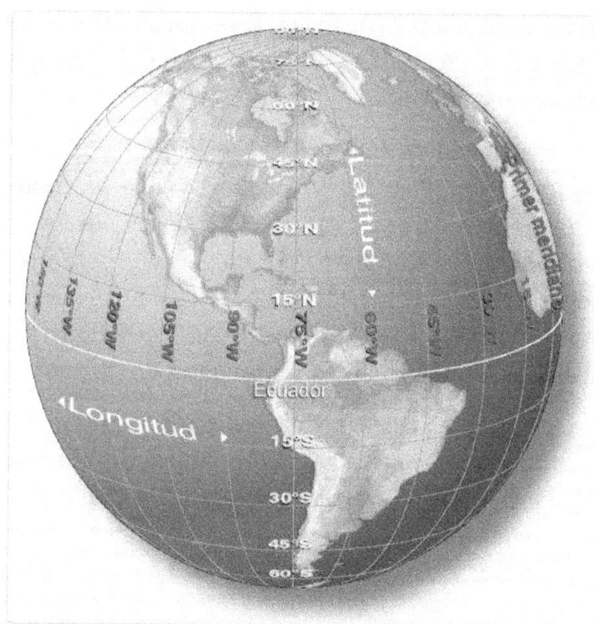

Figura 15-4. *Meridianos y paralelos, las bases de la medición del tiempo, distancia y dirección.*

requerido por la Tierra para hacer una rotación completa de 360°. Ya que el día está dividido en 24 horas, la Tierra gira a una velocidad de 15° por hora. El mediodía es la hora en que el sol está directamente sobre un meridiano; al oeste del meridiano es la mañana, y al este es la tarde.

La práctica estándar es establecer una zona horaria para cada 15° de longitud. Esto hace una diferencia de exactamente 1 hora entre cada zona. En los Estados Unidos, hay cuatro zonas horarias. Las zonas horarias son del este (75°), central (90°), Montaña (105°) y el Pacífico (120°). Las líneas divisorias son un tanto irregulares, porque las comunidades cercanas a los límites a menudo les resulta más conveniente utilizar designaciones horarias de las comunidades vecinas o centros comerciales.

La *Figura 15-5* muestra las zonas horarias en los Estados Unidos. Cuando el sol está directamente sobre el meridiano 90, es mediodía hora del Centro. En el mismo momento es la 1p.m. hora del Este, 11 a.m. hora de la Montaña, y 10 a.m., hora del Pacífico. Cuando está en

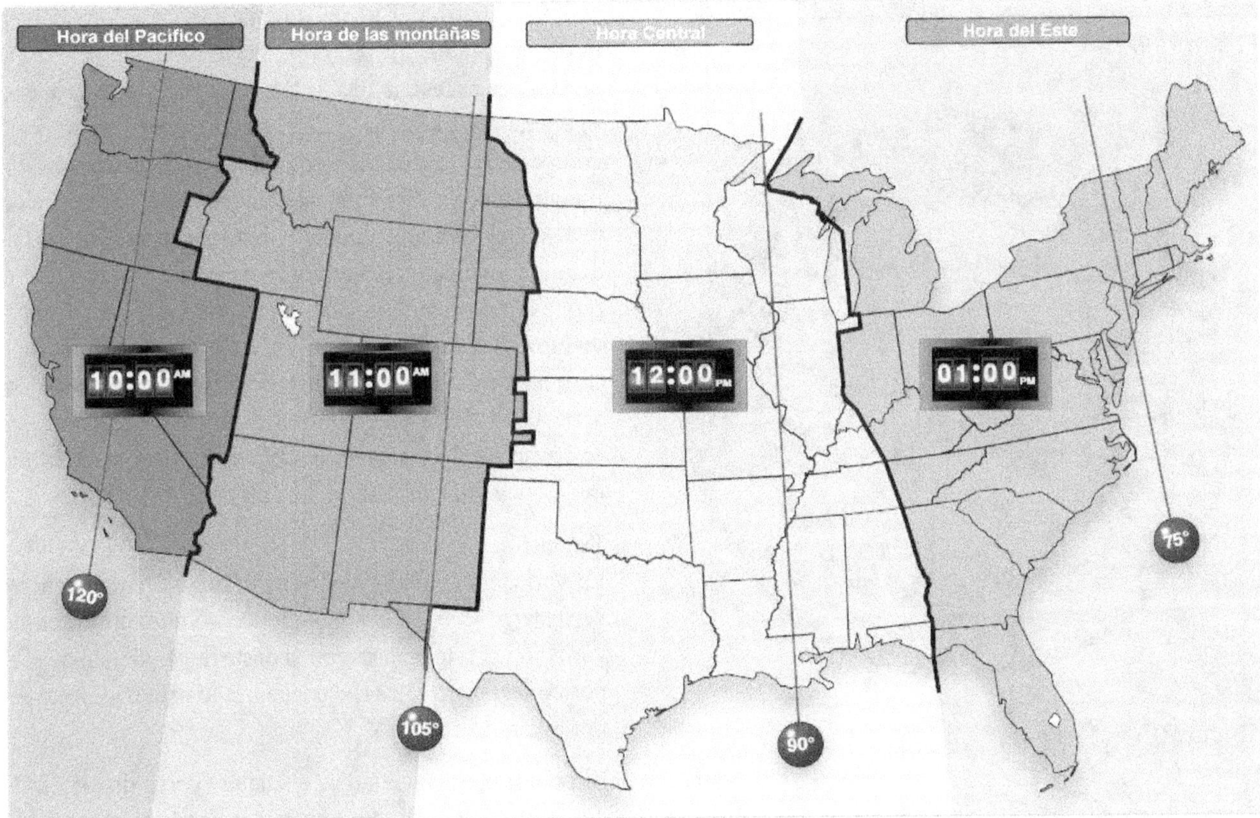

Figura 15-5. *Zonas horarias.*

vigor el horario de verano, por lo general entre el segundo domingo de marzo y el primer domingo de noviembre, el sol está directamente sobre el meridiano 75° al mediodía, hora del Centro.

Estas diferencias horarias se deben tener en cuenta durante los vuelos largos hacia el este, sobre todo si el vuelo se debe completar antes de que oscurezca. Recuerde, una hora se pierde cuando se vuela hacia el este desde una zona horaria a otra, o incluso cuando vuela desde el extremo oeste hasta el borde este de la misma zona horaria. Determine la hora de la puesta de sol en el destino mediante la consulta de las estaciones de servicio de vuelo (AFSS/FSS) o Servicio Meteorológico Nacional y tome esto en cuenta al planificar un vuelo hacia el este.

En la mayoría de las operaciones de la aviación, el tiempo se expresa en términos de un reloj de 24 horas. Las instrucciones del ATC, informes del tiempo, y los tiempos de arribo estimados están basados en este sistema. Por ejemplo: 9 a.m. se expresa como 0900, 1 p.m. es 1300, y 10 p.m. es 2200.

Debido a que un piloto puede atravesar varias zonas horarias durante un vuelo, se ha adoptado un sistema de tiempo estándar. Se llama Hora Universal Coordinada (UTC) y a menudo se refiere como hora Zulu. UTC es la hora en la línea 0° de longitud que pasa por Greenwich, Inglaterra. Todas las zonas horarias del mundo se basan en esta referencia. Para convertir a este tiempo, un piloto deberá hacer lo siguiente:

Hora del Este…................Añadir 5 horas

Hora Central…….……..........Añadir 6 horas

Hora de las Montañas....... Añadir 7 horas

Hora del Pacífico….……..... Añadir 8 horas

Durante el horario de verano, debe restarse 1 hora de los tiempos calculados.

Medición de la Dirección

Usando los meridianos, se puede medir en grados la dirección de un punto a otro, en el sentido de las agujas del reloj desde el norte verdadero. Para indicar un rumbo a seguir en vuelo, dibuje una línea en la carta desde el punto de partida hasta el destino y mida el ángulo que forma esta línea con un meridiano. La dirección se expresa en grados, como se muestra en el compás de la *Figura 15-6*.

Figura 15-6. *Compás*.

Ya que los meridianos convergen hacia los polos, la medición de rumbo se debe tomar en un meridiano cerca del punto medio del recorrido y no en el punto de partida. El rumbo medido en la carta se conoce como rumbo verdadero (RV). Esta es la dirección medida con referencia a un meridiano o el norte verdadero. Es la dirección del vuelo previsto, medida en grados respecto al norte verdadero.

Como se muestra en la *Figura 15-7,* la dirección de A hacia B sería un rumbo verdadero de 065°, mientras que el viaje de regreso (llamado recíproco) sería un rumbo verdadero de 245°.

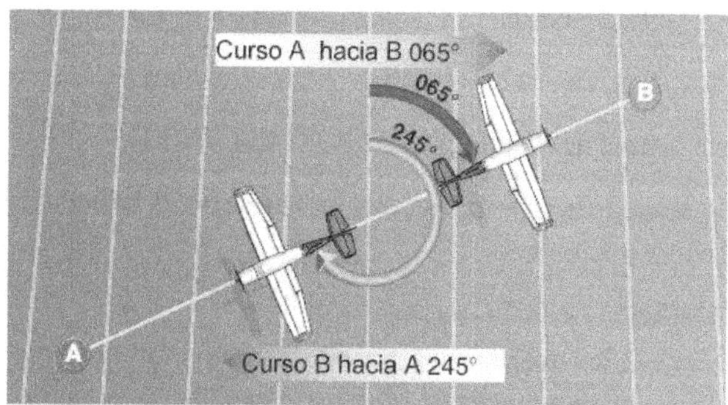

Figura 15-7. *Los rumbos se determinan con referencia a los meridianos en las cartas aeronáuticas*

La dirección verdadera (DV) es la dirección en la que apunta la nariz del avión durante un vuelo, cuando se mide en grados respecto al norte verdadero. Por lo general, es necesario dirigir la aeronave en una dirección ligeramente diferente del rumbo verdadero para compensar el efecto del viento. Por consiguiente, el valor numérico de la dirección verdadera puede no coincidir con la del rumbo verdadero. Esto se discute con más detalle en posteriores secciones de este capítulo. Para el propósito de esta discusión, se asume una condición sin viento en la que la dirección y el rumbo coincidirían. Así, para un rumbo verdadero de 065°, la dirección verdadera sería 065°. Para utilizar el compás con precisión, sin embargo, se deben hacer correcciones para la variación magnética y la desviación del compás.

Variación

La variación (o declinación) es el ángulo entre el norte verdadero y el norte magnético. Se expresa como variación al este o variación al oeste dependiendo de si el norte magnético (NM) se encuentra al este o al oeste del norte verdadero (NV).

El polo norte magnético se encuentra cerca de los 71° N de latitud, 96° W de longitud y está a unos 2.400 kilómetros del polo norte geográfico o verdadero, como se indica en la *Figura 15-8*. Si la Tierra estuviera magnetizada de manera uniforme, la aguja del compás señalaría hacia el polo magnético, en cuyo caso la variación entre el norte verdadero (como se muestra por los meridianos geográficos) y el norte magnético (como se muestra por los meridianos magnéticos) podrían medirse en cualquier intersección de los meridianos.

En realidad, la Tierra no está magnetizada uniformemente. La aguja generalmente apunta en dirección general al polo magnético, pero puede variar en ciertas localidades geográficas en muchos grados. Por consiguiente, la cantidad exacta de variación se ha determinado cuidadosamente en miles de lugares seleccionados. La cantidad y la dirección de la variación, que cambian ligeramente de vez en cuando, se muestran en la mayoría de las cartas aeronáuticas como líneas a rayas de color magenta, llamadas líneas isogónicas, que conectan puntos de igual variación magnética. (La línea conectando puntos en los que no hay variación entre el norte verdadero y el norte magnético es la línea agónica.) Una carta isogónica se muestra en la *Figura 15-9*. Curvas menores y giros en las líneas isogónicas y agónica son causados por condiciones geológicas inusuales que afectan las fuerzas magnéticas en estas áreas.

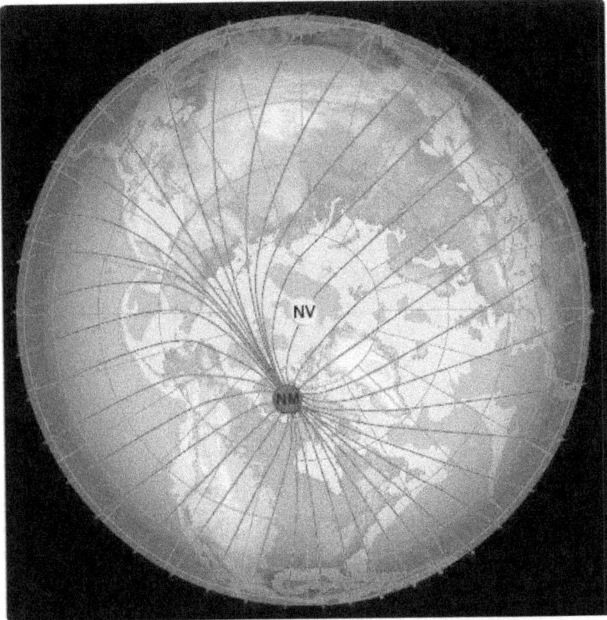

Figura 15-8. *Los meridianos magnéticos están en rojo mientras las líneas de latitud y longitud están en azul. De estas líneas de variación (meridianos magnéticos), se puede determinar el efecto de variaciones magnéticas locales en un compás magnético.*

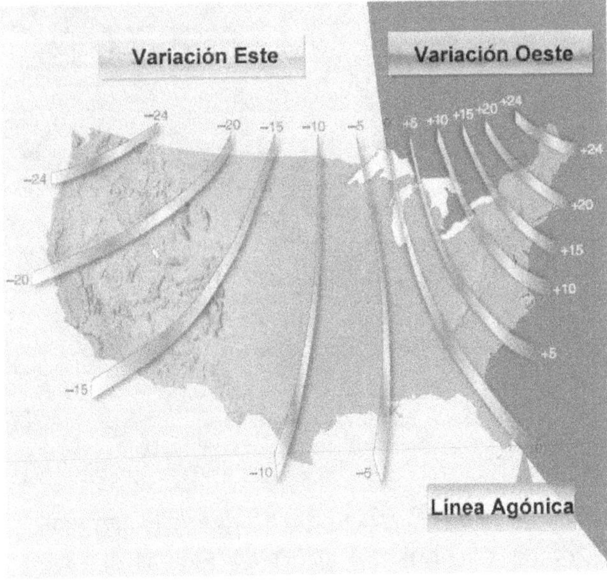

Figura 15-9. *Note la línea agónica donde la variación magnética es cero.*

En la costa oeste de los Estados Unidos, la aguja del compás apunta al este del norte verdadero; en la costa este, la aguja del compás apunta hacia el oeste del norte verdadero.

Existe cero grado de variación en la línea agónica, donde el norte magnético y el norte verdadero coinciden. Esta línea corre aproximadamente al oeste de los Grandes Lagos, al sur a través de Wisconsin, Illinois, al oeste de Tennessee, y a lo largo de la frontera de Mississippi y Alabama. [Compare las *Figuras 15-9* y *15-10*.]

Debido a que los rumbos se miden con referencia a los meridianos geográficos que apuntan al norte verdadero, y estos rumbos se mantienen con referencia al compás que apunta a lo largo de un meridiano magnético en dirección general al norte magnético, la dirección verdadera debe ser convertida en dirección magnética para el propósito del vuelo. Esta conversión se realiza sumando o restando la variación que se indica por la línea isogónica más cercana en la carta.

Por ejemplo, una línea trazada entre dos puntos en una carta se llama rumbo verdadero, ya que se mide desde el norte verdadero. Sin embargo, volar este rumbo con el compás magnético no proporcionaría un rumbo exacto entre los dos puntos debido a tres elementos que deben ser considerados. El primero es la variación magnética, el segundo es la desviación del compás, y el tercero es la corrección del viento. Los tres deben ser considerados para una navegación precisa.

Variación magnética (o declinación)

Como se mencionó en el párrafo en que se discute la variación, la variación apropiada para la ubicación geográfica del vuelo debe ser considerada y sumada o restada, según proceda. Si vuela en un área donde la variación cambia, los valores adecuados deben ser aplicados a lo largo de la ruta de vuelo. Una vez aplicado, este nuevo rumbo se llama rumbo magnético.

Desviación magnética

Debido a que cada avión tiene su propio efecto interno sobre los sistemas de compás a bordo por su propia influencia magnética, el piloto debe sumar o restar esta influencia en base a la dirección que vuela. La aplicación de la desviación (tomada de una tarjeta de desvíos del compás) compensa el rumbo magnético únicamente para ese sistema de compás de la aeronave y ahora se convierte en el rumbo compás. Por lo tanto, el rumbo compás cuando se sigue (en condición sin viento) lleva la aeronave desde el punto A al punto B a pesar de que la

301

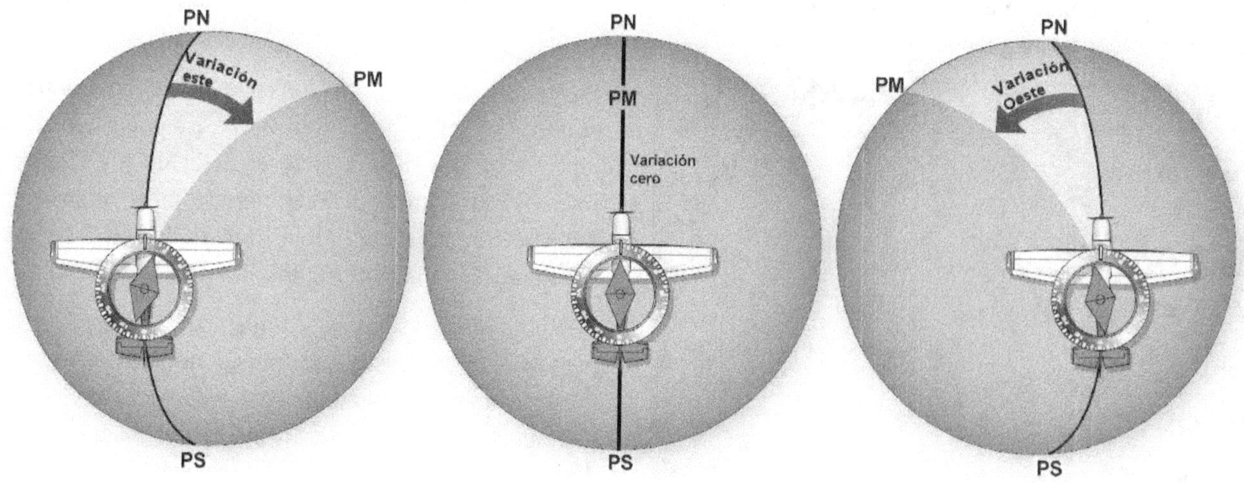

Figura 15-10. *Efecto de la variación en el compás.*

dirección del avión puede no coincidir con la línea de rumbo original dibujada en la carta.

Si la variación se muestra como "9° E", esto significa que el norte magnético está 9° al este del norte verdadero. Si debe volar un rumbo verdadero de 360°, se deben restar 9° de 360°, lo que resulta en un rumbo magnético de 351°. Para volar al este, se deberá volar un rumbo magnético de 081° (090° - 9°). Para volar hacia el sur, el rumbo magnético sería 171° (180° - 9°). Para volar al oeste, sería 261° (270° - 9°). Para volar un rumbo verdadero de 060°, debería volar un rumbo magnético de 051° (060° - 9°).

Recuerde, si la variación es al oeste, sume; si es al este, reste.

Desviación

Determinar el rumbo magnético es un paso intermedio necesario para obtener el rumbo compás correcto para el vuelo. Para determinar el rumbo compás, hay que hacer una corrección por la desviación. Debido a las influencias magnéticas dentro de una aeronave, tales como circuitos eléctricos, radio, luces, herramientas, motores y piezas de metal imantadas, la aguja del compás se deflecta con frecuencia de su lectura normal. Esta deflexión es la desviación. La desviación es diferente para cada aeronave, y también puede variar para diferentes rumbos en el mismo avión. Por ejemplo, si el magnetismo en el motor atrae el extremo norte del compás, no habría ningún efecto cuando el avión está en un rumbo de norte magnético. En rumbos al este o al oeste, sin embargo, las indicaciones del compás serían erróneas, como se muestra en la *Figura 15-11. La*

atracción magnética puede provenir de muchas otras partes de la aeronave; el supuesto de la atracción por el motor se utiliza simplemente con el propósito de ilustración.

Algunos ajustes del compás, denominado compensación, se pueden hacer para reducir este error, pero la corrección restante debe ser aplicada por el piloto.

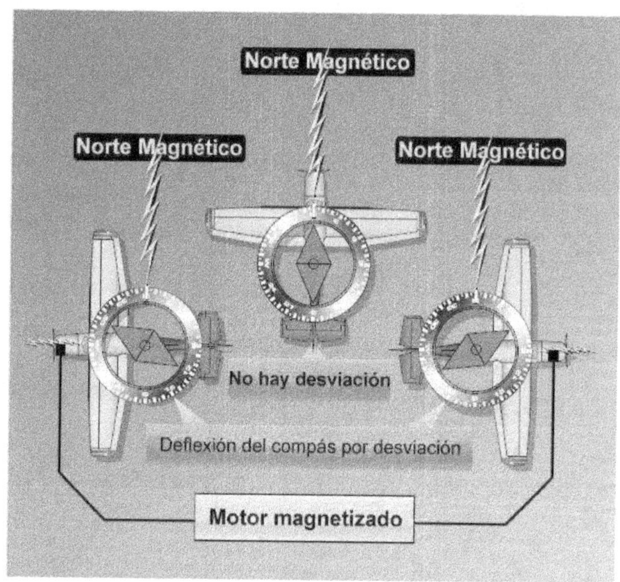

Figura 15-11. *Partes magnetizadas de la aeronave producen la desviación del compás de sus indicaciones normales.*

La compensación adecuada del compás se realiza mejor por un técnico competente. Dado que las fuerzas magnéticas en el avión cambian, a causa de los golpes del aterrizaje, vibraciones, trabajo mecánico, o cambios en el equipo, el piloto debe controlar ocasionalmente la desviación del compás. El procedimiento usado para comprobar la desviación se describe brevemente.

El avión se coloca en un compás magnético, se enciende el motor y los dispositivos eléctricos normalmente utilizados (como la radio). Las aeronaves con rueda de cola se elevan en posición de vuelo. La aeronave se alinea con el norte magnético indicado en la rosa de los vientos y la lectura del compás se anota en una tarjeta de desviación. La aeronave se alinea a continuación, a intervalos de 30° y se registra cada lectura. Si el avión se va a volar en la noche, se encienden las luces y se observa cualquier cambio significativo en las lecturas. Si es así, se hacen entradas adicionales para su uso nocturno.

La precisión del compás también se puede comprobar mediante la comparación del compás con la dirección de pistas conocidas.

Una tarjeta de desviación, similar a la *Figura 15-12*, está montada cerca del compás, mostrando la suma o resta necesaria para corregir la desviación en diferentes direcciones, por lo general a intervalos de 30°. Para las lecturas de intermedios, el piloto debe ser capaz de interpolar mentalmente con suficiente precisión. Por ejemplo, si el piloto necesita la corrección para 195° y nota que la corrección para 180° es 0° y para 210° es 2°, se podría suponer que la corrección para 195° sería +1°. El rumbo magnético, cuando se corrige por desviación, se conoce como rumbo compás.

Para (Magnético)	N	30	60	E	120	150
Tomar (Compás)	0	28	57	86	117	148

Para (Magnético)	S	210	240	W	300	330
Tomar (Compás)	180	212	243	274	303	332

Figura 15-1. *Tarjeta de desviación de compás.*

Efecto del Viento

La discusión anterior explica cómo medir un rumbo verdadero en la carta aeronáutica y la forma de hacer las correcciones por variación y desviación, pero no ha sido considerado un factor importante, el viento. Como se discutió en el estudio de la atmósfera, el viento es una masa de aire que se mueve sobre la superficie de la Tierra en una dirección definida. Cuando el viento sopla desde el norte a 25 nudos, simplemente significa que el aire se mueve hacia el sur sobre la superficie de la Tierra a una velocidad de 25 MN en 1 hora.

En estas condiciones, cualquier objeto inerte, libre de contacto con la Tierra es llevado hacia el sur 25 MN en 1 hora. Este efecto se hace evidente cuando tales cosas como nubes, polvo, y los globos de juguete se observan siendo soplados por el viento. Obviamente, un avión que vuela dentro de la masa de aire en movimiento se ve afectado de manera similar. A pesar de que la aeronave no flota libremente en el viento, se mueve a través del aire al mismo tiempo que el aire se mueve sobre el suelo, por lo tanto se ve afectada por el viento. En consecuencia, al final de 1 hora de vuelo, la aeronave está en una posición que resulta de una combinación de los siguientes dos movimientos:

- Movimiento de la masa de aire en relación con el suelo

- Movimiento hacia delante de la aeronave a través de la masa de aire

En realidad, estos dos movimientos son independientes. No hay ninguna diferencia si la masa de aire a través de la cual está volando la aeronave está en movimiento o estacionaria. Un piloto que vuela en un ventarrón de 70 nudos sería totalmente inconsciente de cualquier viento (excepto por posibles turbulencias) a menos que se observe el suelo. En referencia al suelo, sin embargo, la aeronave podría parecer volar más rápido con un viento de cola o más lento con un viento de frente, o derivar a derecha o izquierda con un viento de costado.

Como se muestra en la *Figura 15-13*, un avión que vuela hacia el este a una velocidad de 120 nudos con aire en calma tiene una velocidad respecto a tierra (GS, GroundSpeed) exactamente igual, 120 nudos. Si la masa de aire se mueve hacia el este a 20 nudos, la velocidad respecto al aire de la aeronave no se ve afectada, pero el progreso de la aeronave sobre el suelo es 120 más 20, o una GS de 140 nudos. Por otro lado, si la masa de aire se mueve hacia el oeste a 20 nudos, la velocidad aerodinámica de la aeronave sigue siendo la misma, pero la GS se convierte en 120 menos 20, o 100 nudos.

Suponiendo que no se hace corrección por efecto del viento, si un avión se dirige hacia el este a 120 nudos, y la masa de aire se mueve hacia el sur a 20 nudos, el avión al cabo de 1 hora está casi 120 millas al este de su punto de partida debido a su avance en el aire. Se encuentra a 20 millas al sur debido al movimiento del aire. Bajo estas circunstancias, la velocidad del aire sigue siendo 120 nudos, pero la GS se determina combinando el

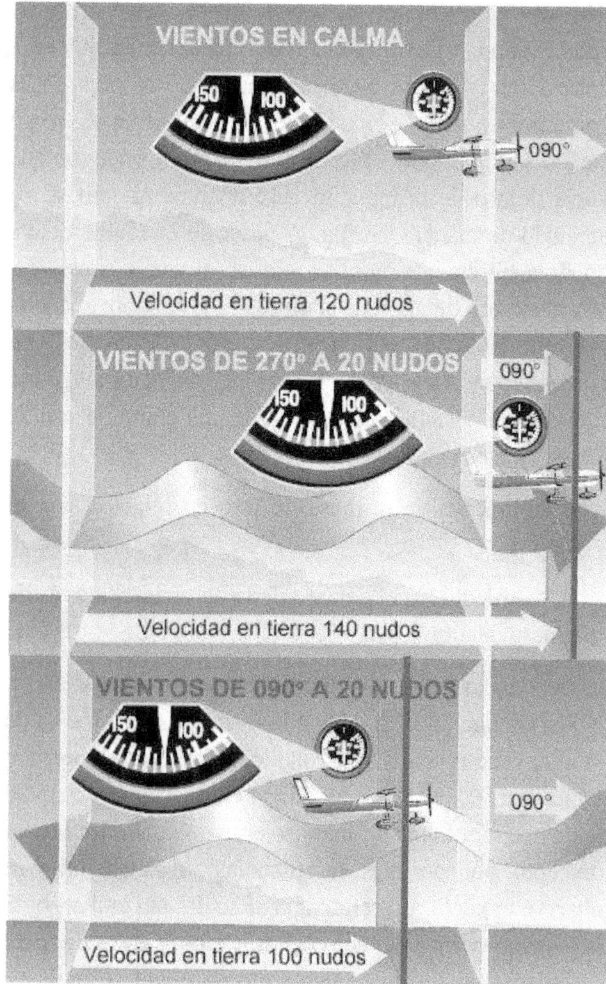

Figura 15-13. *El movimiento del aire afecta la velocidad con que se mueve la aeronave sobre la superficie de la Tierra. La velocidad del aire, velocidad a la que se mueve una aeronave por el aire, no está afectada por el movimiento del aire.*

movimiento de la aeronave con el de la masa de aire. La GS se puede medir como la distancia desde el punto de partida a la posición de la aeronave al cabo de 1 hora. La GS se puede calcular por el tiempo necesario para volar entre dos puntos separados una distancia conocida. También se puede determinar antes del vuelo mediante la construcción de un triángulo de velocidades, lo que se explica más adelante en este capítulo. *[Figura 15-14]*

La dirección a la que está apuntando la aeronave al volar es el rumbo. Su ruta real sobre el suelo, que es una combinación del movimiento de la aeronave y el movimiento del aire, es su derrota. El ángulo entre el rumbo y la derrota es ángulo de deriva. Si la dirección del avión coincide con el rumbo verdadero y el viento sopla desde la izquierda, la derrota no coincide con el rumbo verdadero. El viento hace que la aeronave derive a la derecha, por lo que la derrota cae a la derecha del rumbo deseado o verdadero. *[Figura 15-15]*

El siguiente método es utilizado por muchos pilotos para determinar el rumbo compás: después de medir el RV y aplicada la corrección de viento resultando en una DV, se sigue la secuencia DV ± variación (V) = dirección magnética (DM) ± desviación (D) = dirección compás (DC) para llegar al rumbo compás. *[Figura 15-16]*

Mediante la determinación de la cantidad de la deriva, el piloto puede contrarrestar el efecto del viento y hacer que la derrota de la aeronave coincida con el rumbo deseado. Si la masa de aire se mueve a través del rumbo desde la izquierda, la aeronave deriva a la derecha, y debe ser hecha una corrección direccionando la aeronave lo suficiente a la izquierda para compensar esta deriva. Para decirlo de otra manera, si el viento es de la izquierda, la corrección se realiza apuntando el avión a la izquierda un cierto número de grados, corrigiendo por lo tanto la deriva del viento. Este es el ángulo de corrección de deriva (WCA Wind Correction Angle) y se expresa en términos de grados a la derecha o a la izquierda del rumbo verdadero. *[Figura 15-17]*

En resumen:

- Rumbo: trayectoria prevista de un avión sobre el suelo o dirección de una línea trazada en una carta que representa la ruta prevista de la aeronave, expresada como el ángulo medido a partir de un punto de referencia específico en sentido horario desde 0° hasta 360°. El rumbo también es la dirección a la que apunta la nariz del avión durante el vuelo.

- Derrota: trayectoria real del vuelo realizada en el suelo. (Si se ha hecho la corrección adecuada por el viento, la derrota y el rumbo a seguir son idénticos.)

- Ángulo de deriva: ángulo entre el rumbo y la derrota.

- WCA: corrección aplicada al rumbo para establecer una dirección para que la derrota coincida con el rumbo.

- Velocidad del aire: velocidad de avance de la aeronave a través del aire.

- GS: velocidad de la aeronave en vuelo respecto del suelo.

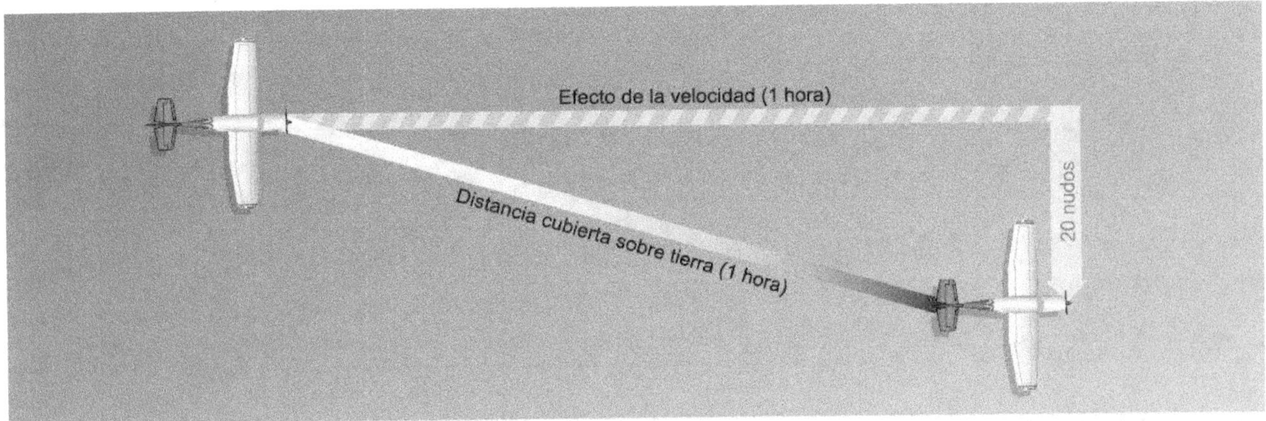

Figura 15-14. *Derrota de la aeronave resultado de su velocidad y dirección, y la velocidad y dirección del viento.*

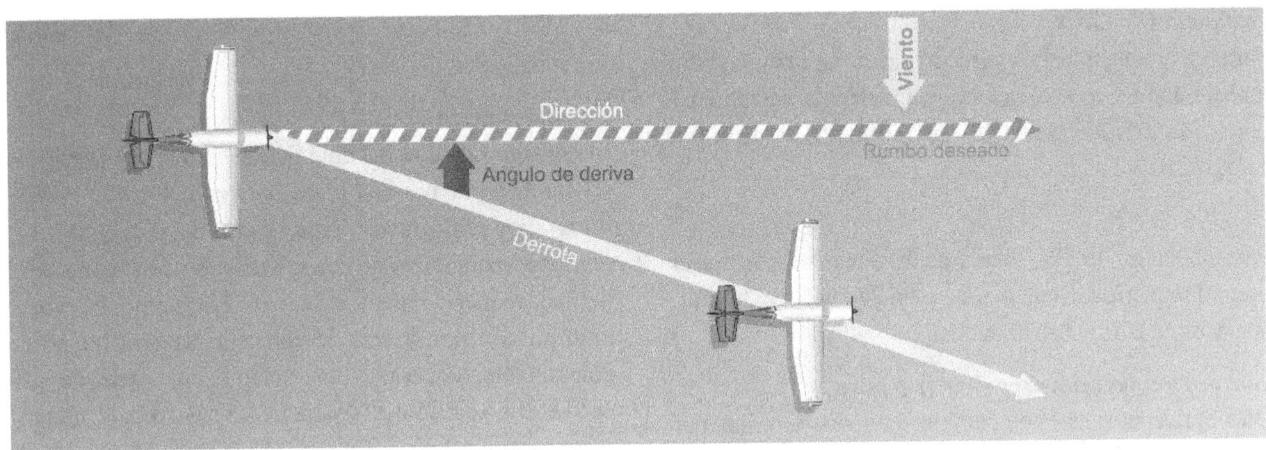

Figura 15-15. *Efecto de la deriva del viento en el mantenimiento del rumbo deseado.*

Cálculos básicos

Antes de un vuelo de travesía, el piloto deberá realizar cálculos comunes para el tiempo, la velocidad y la distancia, y la cantidad de combustible requerido.

Conversión de minutos a horas equivalentes

Con frecuencia, es necesario convertir minutos a horas equivalentes al resolver problemas de velocidad, tiempo y distancia. Para convertir minutos en horas, se divide por 60 (60 minutos = 1 hora). Por lo tanto, 30 minutos es 30/60 = 0,5 horas. Para convertir horas a minutos, se multiplica por 60. Por lo tanto, 0,75 horas es igual a 0,75 x 60 = 45 minutos.

Tiempo T = D /GS

Para encontrar el tiempo (T) en vuelo, divida la distancia (D) por la GS. El tiempo para volar 210 MN a una GS de 140 nudos es 210 ÷ 140, o 1,5 horas. (0,5 horas multiplicado por 60 minutos es igual a 30 minutos.) Respuesta: 1:30.

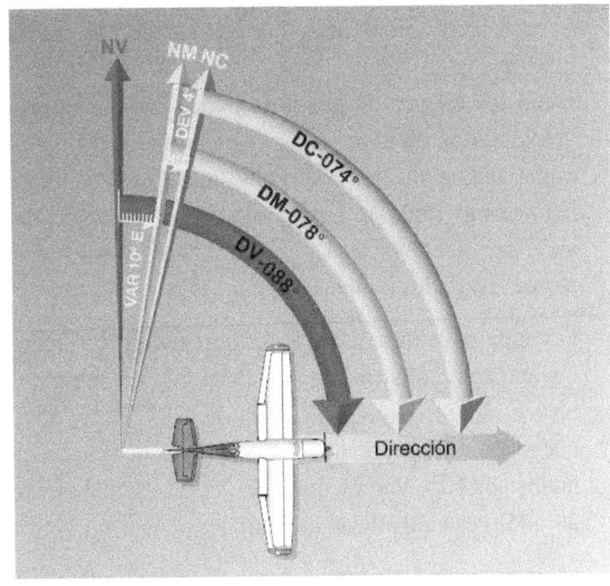

Figura 15-16. *Relación entre dirección verdadera, magnética y compás para una instancia particular.*

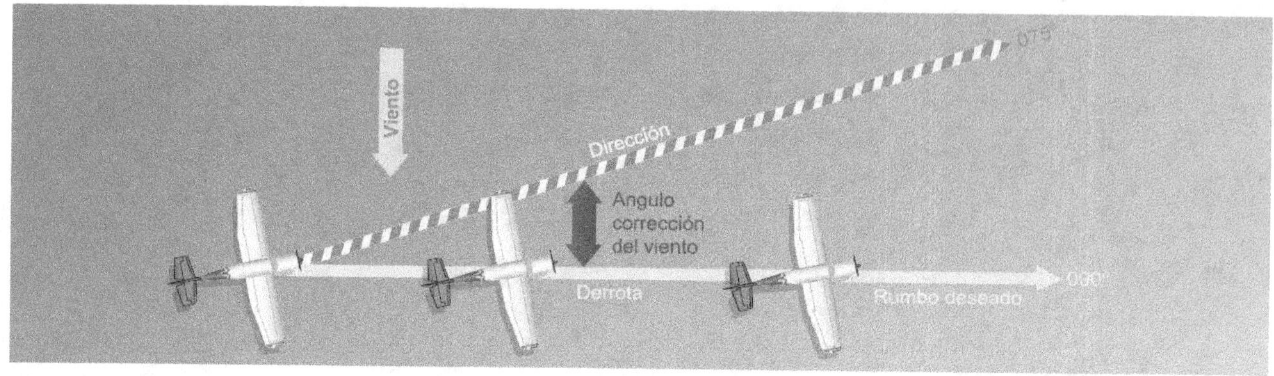

Figura 15-17. *Estableciendo el ángulo de corrección del viento que contrarresta la deriva del viento y mantiene el rumbo deseado.*

Distancia D = GS x T

Para encontrar la distancia recorrida en un tiempo dado, multiplique GS por el tiempo. La distancia volada en 1 hora y 45 minutos a una GS de 120 nudos es de 120 x 1,75, o 210 MN.

GS GS = D / T

Para encontrar la GS, divida la distancia volada por el tiempo requerido. Si un avión vuela 270 MN en 3 horas, la GS es de 270 ÷ 3 = 90 nudos.

Conversión de nudos a millas por hora

Otra conversión es el de cambio de nudos a millas por hora (mph). La industria de aviación está utilizando nudos con más frecuencia que mph, pero se discute la conversión para aquellos que utilizan mph cuando se trabaja con problemas de velocidad. El servicio meteorológico reporta tanto los vientos de superficie como los vientos de altura en nudos. Sin embargo, los velocímetros en algunas aeronaves están calibrados en mph (aunque muchos están calibrados tanto en millas por hora como nudos). Los pilotos, por lo tanto, deben aprender a convertir la velocidad del viento que se reporta en nudos a mph.

Un nudo es 1 milla náutica por hora (MNPH). Debido a que existen 1.852 metros en 1 MN y 1.619 metros en 1 SM, el factor de conversión es de 1,15. Para convertir nudos en millas por hora, multiplique la velocidad en nudos por 1,15. Por ejemplo: una velocidad del viento de 20 nudos es equivalente a 23 mph.

La mayoría de las computadores de vuelo o calculadoras electrónicas tienen un medio de hacer esta conversión. Otro método rápido de conversión es utilizar las escalas de MN y SM en la parte inferior de las cartas aeronáuticas.

Consumo de combustible

El consumo de combustible de las aeronaves se calcula en galones por hora (o litros por hora, 1 galón = 3,78 litros). Por consiguiente, para determinar el combustible requerido para un vuelo determinado, se debe conocer el tiempo requerido para el vuelo. El tiempo en vuelo multiplicado por la tasa de consumo da la cantidad de combustible requerida. Por ejemplo, un vuelo de 400 MN a una GS de 100 nudos requiere 4 horas. Si una aeronave consume 5 galones (18,9 litros) por hora, el consumo total es de 4 x 5, o 20 galones (75,6 litros).

La tasa de consumo de combustible depende de muchos factores: el estado del motor, paso de la hélice/rotor, revoluciones por minuto (rpm) de la hélice/rotor, la riqueza de la mezcla, y en particular el porcentaje de potencia utilizado para el vuelo a velocidad de crucero. El piloto debe conocer la tasa de consumo aproximada de los gráficos de rendimiento en crucero, o de la experiencia. Además de la cantidad de combustible requerida para el vuelo, debe haber suficiente combustible para la reserva.

Calculadores de vuelo

Hasta este momento, sólo se han utilizado fórmulas matemáticas para determinar ítems tales como tiempo, distancia, velocidad y consumo de combustible. En realidad, la mayoría de los pilotos usan un calculador de vuelo mecánico o electrónico. Estos dispositivos pueden calcular numerosos problemas relacionados con la planificación del vuelo y la navegación. El calculador mecánico o electrónico tiene un libro de instrucciones que probablemente incluye ejemplos de problemas para que el piloto pueda familiarizarse con sus funciones y operación. *[Figura 15-18]*

Plotters

Otra ayuda en la planificación de vuelo es un plotter, que es un transportador y una regla. El piloto puede utilizar este para determinar el rumbo verdadero y medir la distancia. La mayoría de los plotters tienen una regla que mide tanto en MN como SM y tiene una escala para una carta seccional en un lado y una carta aeronáutica mundial en el otro. *[Figura 15-18]*

Navegación observada

La navegación observada es la navegación por referencias visuales o puntos de control. Es un método de navegación que se puede utilizar en cualquier ruta que tenga puntos de control adecuados, pero se usa más comúnmente en conjunto con la navegación a la estima y la navegación por radio VFR.

Los puntos de control seleccionados deben ser referencias comunes visibles en la zona de vuelo. Elija referencias que pueden ser fácilmente identificadas por otras características, tales como carreteras, ríos, vías

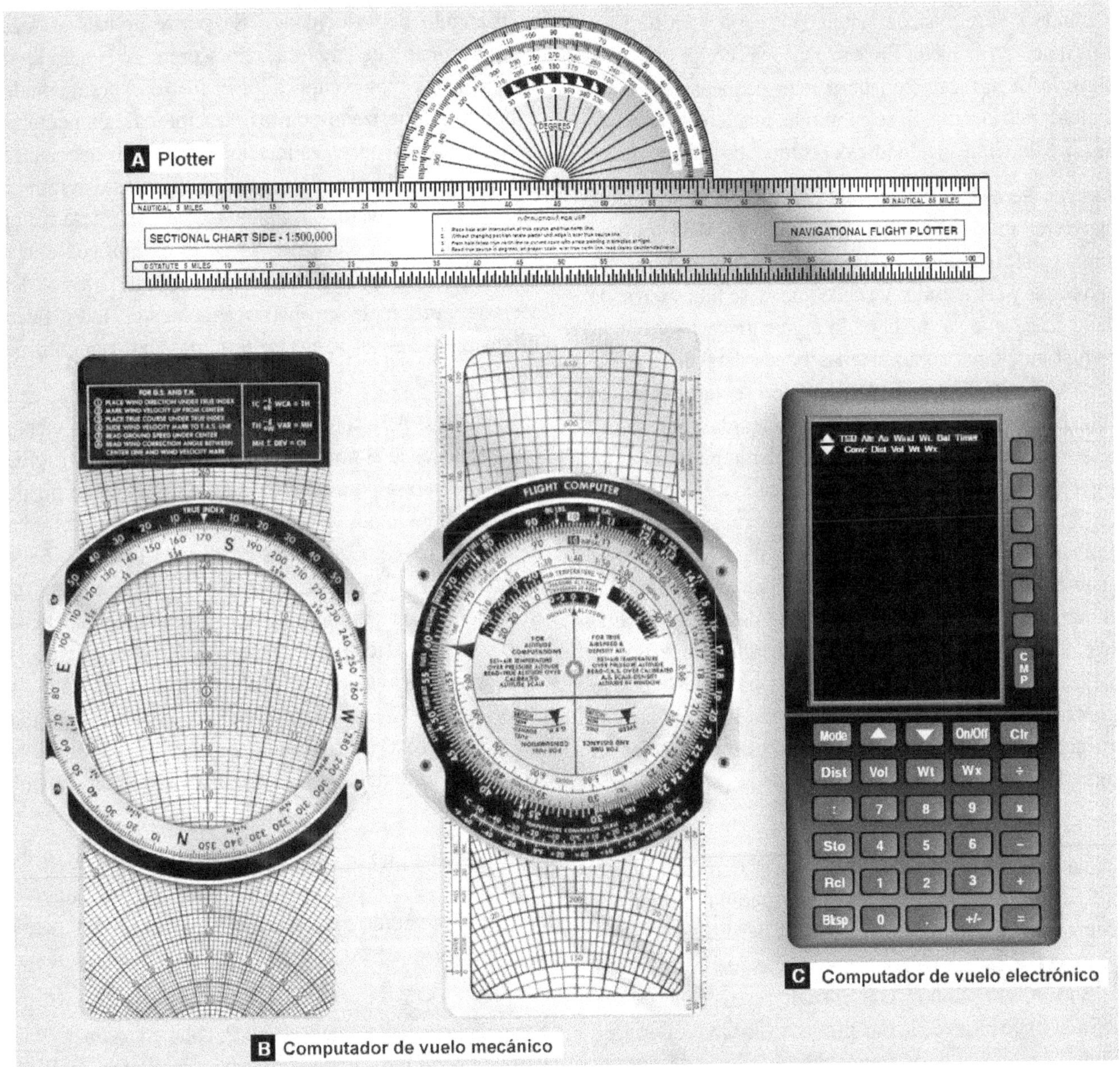

Figura 15-18. *Un plotter (A), los lados de cálculo y viento de un calculador mecánico (B), y un calculador de vuelo electrónico (C).*

férreas, lagos, y líneas eléctricas. Si es posible, seleccione características que hagan de límites a cada lado de la ruta, tales como carreteras, ferrocarriles, ríos y montañas. Un piloto puede evitar derivar demasiado de su ruta tomando referencias y no cruzando los límites seleccionados. Nunca confíe completamente en un solo punto de control. Elija puntos de referencia amplios. Si se pierde uno, busque el siguiente mientras mantiene el rumbo. Al determinar la posición de los puntos de control, recuerde que la escala de una carta seccional es de 1 centímetro = 5 kilómetros. Por ejemplo, si un punto de control seleccionado está aproximadamente a medio centímetro de la línea de rumbo en la carta, está a 2,5 km del rumbo en el suelo. En las zonas más congestionadas, algunos de las características más pequeñas no están incluidas en la carta. Si se confunde, mantenga el rumbo. Si hace un viraje alejándose del rumbo, es fácil perderse.

Las carreteras mostradas en la carta son principalmente carreteras muy transitadas o las más visibles desde el aire. Constantemente se están construyendo nuevas carreteras y estructuras, y puede que no se muestren en la carta hasta que se publique la siguiente carta. Algunas estructuras, tales como antenas pueden ser difíciles de ver. A veces las antenas de televisión se agrupan en un área cerca de un pueblo. Están sostenidas por cables tensores casi invisibles. Nunca se acerque a un área de antenas a menos de 500 pies por encima de la más alta. La mayor parte de las estructuras más altas están marcadas con luces estroboscópicas para hacerlas más visibles al piloto. Sin embargo, algunas condiciones climáticas o la iluminación de fondo pueden hacer que sean difíciles de ver. Las cartas aeronáuticas muestran la mejor información disponible al momento de la impresión, pero un piloto debe tener cuidado por nuevas estructuras o cambios que han ocurrido desde que la carta fue impresa.

Navegación a la estima

La navegación a la estima es la navegación únicamente por medio de cálculos basados en tiempo, velocidad, distancia y dirección. Los productos derivados de estas variables, cuando se ajustan con la velocidad y dirección del viento, son rumbo y GS. El rumbo previsto lleva a la aeronave a lo largo de la ruta prevista y la GS establece el tiempo para llegar a cada punto de control y el destino. A excepción de los vuelos sobre el agua, la navegación a la estima se utiliza junto con la observada en vuelos de travesía. El rumbo y GS calculados son monitoreados constantemente y se corrigen por la observación de los puntos de control.

Triángulo de velocidades o análisis vectorial

Si no hay viento, la derrota de la aeronave es la misma que el rumbo y la GS es la misma que la velocidad verdadera. Esta condición rara vez existe. Un triángulo de velocidades, la versión del piloto del análisis vectorial, es la base de la navegación a la estima.

El triángulo de velocidades es la explicación gráfica del efecto del viento sobre el vuelo. La GS, rumbo y tiempo para cualquier vuelo pueden ser determinados mediante el triángulo de velocidades. Se puede aplicar al más simple vuelo de travesía así como al vuelo por instrumentos más complicado. El piloto experimentado está tan familiarizado con los principios fundamentales que se pueden hacer estimaciones que son adecuadas para el vuelo visual sin tener que dibujar los diagramas. El estudiante novato, sin embargo, necesita desarrollar habilidades en la construcción de estos gráficos como ayuda para la comprensión completa del efecto del viento. Consciente o inconscientemente, todo buen piloto piensa en el vuelo en términos del triángulo de velocidades.

Si el vuelo se hará con rumbo hacia el este, con un viento que sopla desde el noreste, la aeronave debe ser dirigida un poco al norte para contrarrestar la deriva. Esto puede ser representado por un diagrama tal como se muestra en la *Figura 15-19*. Cada línea representa la dirección y velocidad. La línea larga azul y blanca muestra la dirección de la aeronave, y su longitud representa la velocidad. La flecha azul corta a la derecha muestra la dirección del viento, y su longitud representa la velocidad del viento durante 1 hora. La línea amarilla indica la derrota o la ruta de la aeronave medida sobre la tierra, y su longitud representa la distancia recorrida en 1 hora, o la GS.

En la práctica, no se dibuja el triángulo ilustrado en la *Figura 15-19*; en su lugar, se construye un triángulo similar al mostrado por las líneas azul, amarilla, y negra en la *Figura 15-20*, que se explica en el siguiente ejemplo.

Supongamos que se vuela de E a P. Dibuje una línea en la carta aeronáutica que conecte estos dos puntos; mida su dirección con un transportador, o plotter, en referencia a un meridiano. Este es el rumbo verdadero, que en este ejemplo se supone que es 090° (este). Del Servicio

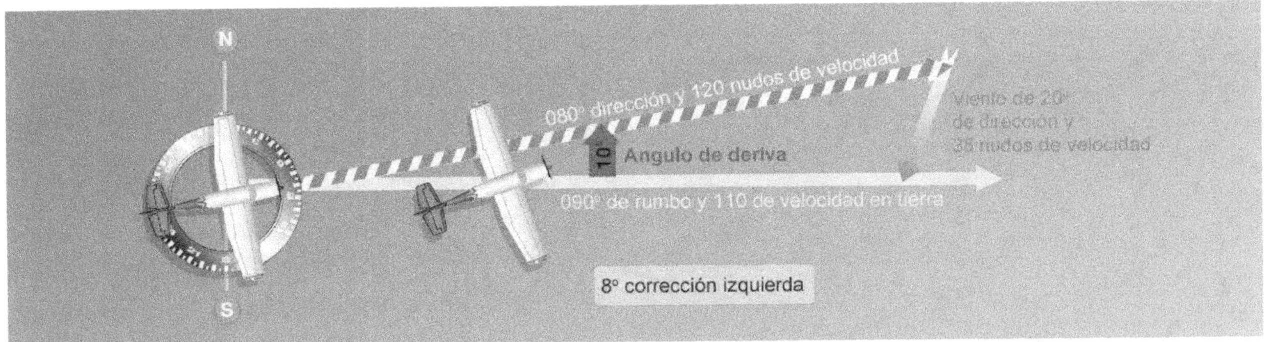

Figura 15-19. *Principio del triángulo de velocidades.*

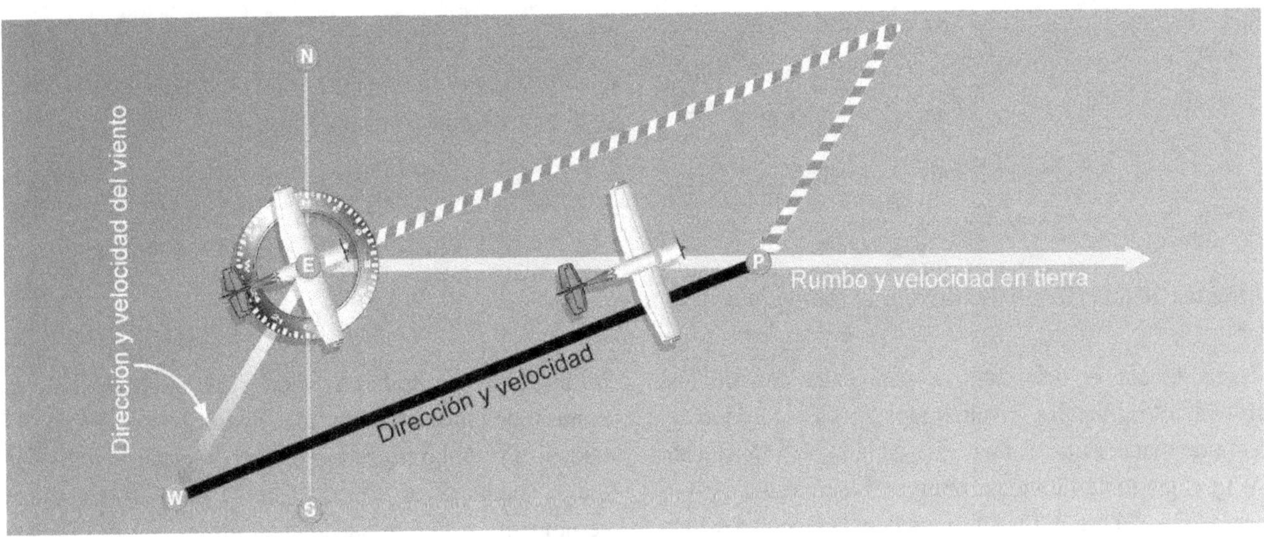

Figura 15-20. *El triángulo de velocidades tal como se dibuja en la práctica de navegación.*

Meteorológico, se conoce que el viento en altura es de 40 nudos del noreste (045°). Dado que el SM informa la velocidad del viento en nudos, si la velocidad verdadera de la aeronave es de 120 nudos, no hay necesidad de convertir velocidades de nudos a millas o viceversa.

Ahora, en una hoja de papel dibuje una línea vertical que representa norte a sur. (Los diferentes pasos se muestran en la *Figura 15-21.*)

Paso 1

Coloque el transportador con la base apoyada en la línea vertical y el borde curvado hacia el este. En el punto central de la base, haga un punto marcado con "E" (punto de partida), y en el borde curvado, haga un punto a 90° (que indica la dirección del rumbo verdadero) y otro a los 45° (indicando la dirección del viento).

Paso 2

Con la regla, dibuje la línea de rumbo verdadero desde E, extendiéndola un poco más allá del punto a 90° y etiquétela "RV 090°".

Paso 3

A continuación, alinee la regla con E y el punto a 45°, y dibuje la flecha del viento desde E, no hacia 045°, sino en la dirección que sopla el viento, haciéndola de 40 unidades de largo, que corresponde con la velocidad del viento de 40 nudos. Identifique esta línea como la línea de viento poniendo la letra "W" al final para indicar la dirección del viento.

Paso 4

Por último, mida 120 unidades en la regla para representar la velocidad, haciendo un punto en la regla en este lugar. Las unidades utilizadas pueden ser de cualquier escala conveniente o valor (por ejemplo, 1 centímetro = 10 nudos), pero una vez seleccionada, la

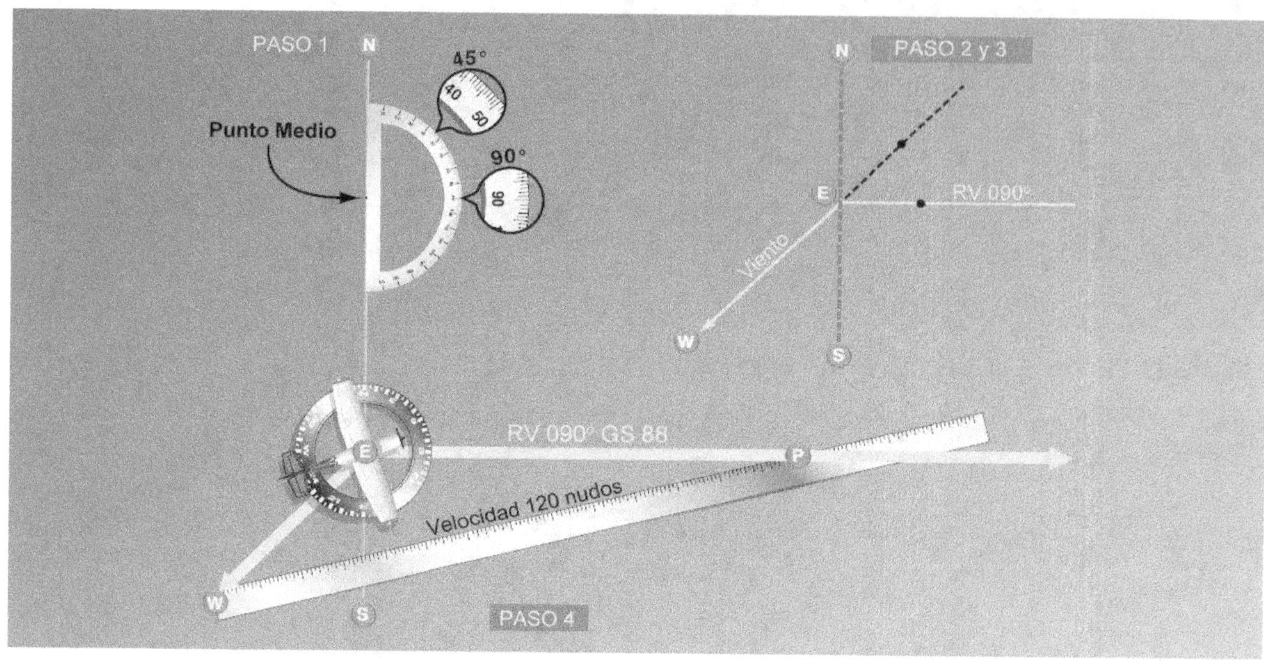

Figura 15-21. *Pasos para dibujar el triangulo de velocidades.*

misma escala se debe utilizar para cada uno de los movimientos lineales involucrados. Luego coloque la regla de manera que el final está en la cabeza de flecha (W) y el punto de 120 nudos intercepta la línea del rumbo verdadero. Dibuje la línea y etiquétela "velocidad 120." El punto "P" colocado en la intersección representa la posición de la aeronave al cabo de 1 hora. El diagrama está completo.

La distancia recorrida en 1 hora (GS) se mide como el número de unidades en la línea de rumbo verdadero (88 nudos). El rumbo necesario para compensar la deriva se indica mediante la dirección de la línea de velocidad aerodinámica, lo que puede determinarse en una de dos maneras:

• Colocando el lado recto del transportador a lo largo de la línea norte-sur, con su punto central en la

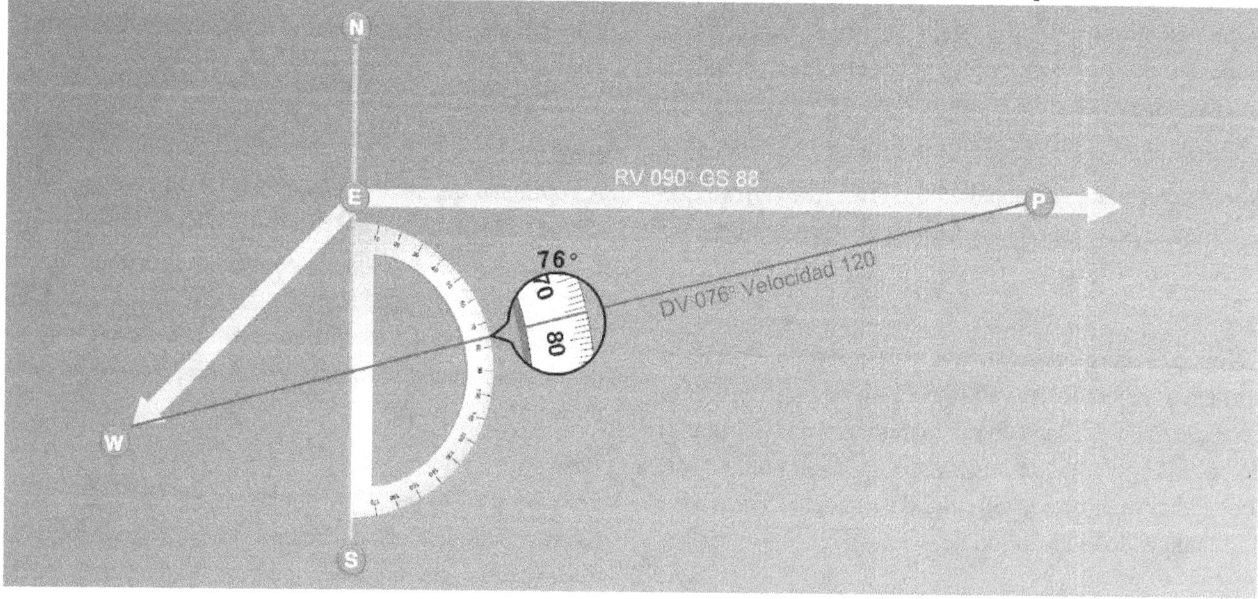

Figura 15-22. *Encontrar la dirección verdadera por medida directa.*

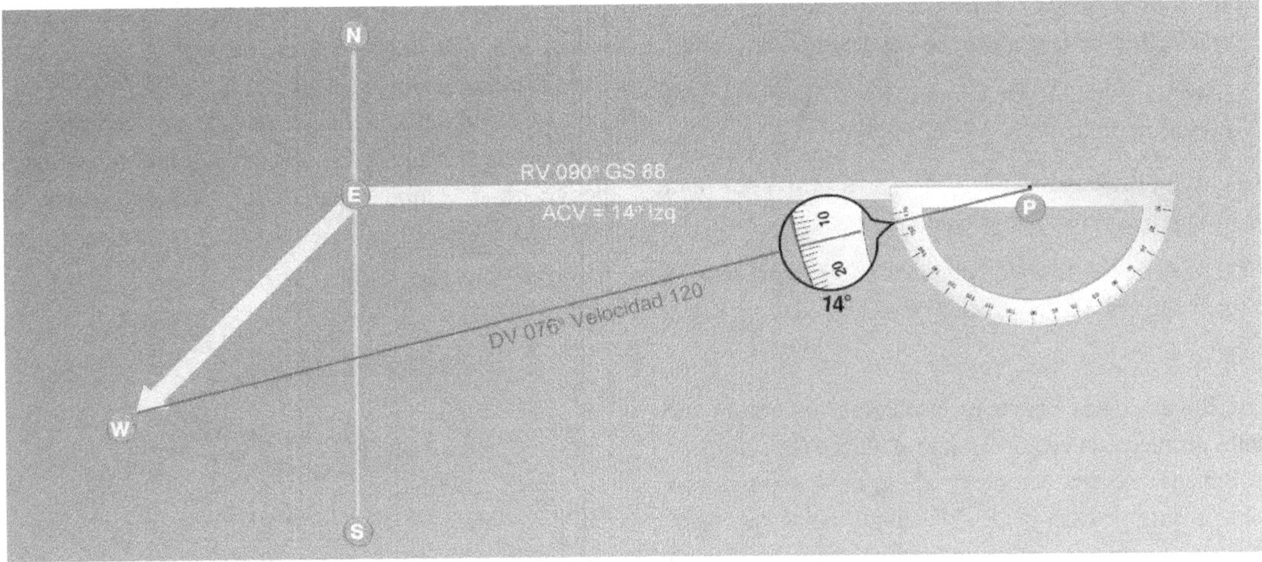

Figura 15-23. *Encontrar la dirección verdadera con el ángulo de corrección de deriva.*

intersección de la línea de velocidad y la línea norte-sur, lea el rumbo directamente en grados (076°). *[Figura 15-22]*

• Colocando el lado recto del transportador a lo largo de la línea del rumbo verdadero, con su centro en P, lea el ángulo entre el rumbo verdadero y la línea de velocidad. Este es el WCA, que debe aplicarse al rumbo verdadero para obtener la dirección a seguir. Si el viento sopla desde la derecha del rumbo verdadero, se añade el ángulo; si desde la izquierda, se resta. En el ejemplo dado, el WCA es de 14° y el viento es de la izquierda; por lo tanto reste 14° del rumbo verdadero de 090°, por lo que el rumbo a seguir es 076°. *[Figura 15-23]*

Después de obtener la dirección a seguir, aplicar la corrección por declinación magnética para obtener el rumbo magnético, y la corrección por desvíos del compás para obtener el rumbo compás. El rumbo compás se puede utilizar para navegar a destino por estima.

Para determinar el tiempo y combustible necesario para el vuelo, primero encuentre la distancia hasta el destino midiendo la longitud de la línea de ruta trazada en la carta aeronáutica (utilizando la escala adecuada en la parte inferior de la carta). Si la distancia mide 220 MN, divida por la GS de 88 nudos, lo que da 2,5 horas o 2:30, como el tiempo requerido. Si el consumo de combustible es de 30 litros por hora, se utiliza 30 x 2,5 o alrededor de 75 litros. Resumiendo, los pasos en la obtención de información de vuelo son los siguientes:

• RV: dirección de la línea que conecta dos puntos deseados, dibujada en la carta y medido en grados en sentido horario desde el norte verdadero.

• WCA: determinado a partir del triángulo de velocidades. (Sumado al RV si el viento viene de la derecha: restado si el viento es de la izquierda).

• DV: dirección medida en grados respecto al norte verdadero, a la que debe apuntar la nariz del avión para seguir el curso deseado.

• Variación: obtenida a partir de la línea de isogónica en la carta (sumada a DV si es oeste: restar si es este).

• RM: paso intermedio en la conversión (obtenido mediante la aplicación de la variación a la dirección verdadera).

• Desviación: obtenida a partir de la tarjeta de desviación de la aeronave (sumada o restada a RM, como se indique).

• Rumbo compás: leído en el compás (que se encuentra aplicando la desviación al RM), que se debe seguir para estar sobre el curso deseado.

• Distancia total: obtenida midiendo la longitud de la línea de RV en la carta (usando la escala al pie de la carta).

- GS: obtenida midiendo la longitud de la línea de RV en el triángulo de velocidades (usando la escala empleada para la elaboración del diagrama).

- Tiempo estimado en ruta (ETE): la distancia total dividida por GS.

- Consumo de combustible: galones (o litros) por hora utilizados a la velocidad de crucero.

NOTA: debe ser añadido combustible adicional para la reserva adecuada como medida de seguridad.

Planificación del vuelo

Las Regulaciones Federales establecen, en parte, que antes de iniciar un vuelo, el piloto al mando (PIC, Pilot In Command) de una aeronave deberá familiarizarse con toda la información disponible concerniente al vuelo. Para los vuelos que no estén en las cercanías de un aeropuerto, esto debe incluir información sobre los informes meteorológicos actuales y pronósticos, requerimientos de combustible, alternativas disponibles si el vuelo previsto no puede ser completado, y cualquier demora de tránsito conocida de las cuales el piloto al mando ha sido informado por el ATC.

Material necesario

El piloto debe reunir el material necesario bien antes del vuelo. Entre este material debe haber una carta apropiada y cartas para las áreas adyacentes a la ruta de vuelo si la ruta de vuelo se encuentra cerca del borde de una carta.

El equipo adicional debe incluir un calculador de vuelo o calculador electrónico, plotter, y cualquier otro elemento adecuado para el vuelo particular. Por ejemplo, si se va a realizar un vuelo nocturno, llevar una linterna; si el vuelo es sobre territorio desértico, llevar un suministro de agua y otros artículos necesarios.

Verificación de meteorología

Es una buena idea verificar la meteorología antes de continuar con otros aspectos de la planificación del vuelo para ver, en primer lugar, si el vuelo es factible y, si es así, cuál es la mejor ruta.

Uso del Manual de Aeródromos/Instalaciones (A/FD)

Estudie la información disponible de cada aeropuerto en el que se pretende aterrizar. Esto debe incluir un estudio de los avisos a los aviadores (NOTAM) y el A/FD. *[Figura 15-24]* Esto incluye ubicación, elevación, pistas y su iluminación, servicios disponibles, disponibilidad de una frecuencia de comunicación (UNICOM), tipos de

combustible disponibles (útil para decidir sobre las paradas de repostaje), servicios de tránsito situados en el aeropuerto, frecuencias de torre de control, información de tránsito, observaciones y otra información pertinente. Los NOTAM, emitidos cada 28 días, se deben revisar para obtener información adicional sobre condiciones peligrosas o cambios que se han realizado desde la emisión del A/FD.

Figura 15-24. *Manual de aeródromos e instalaciones de Estados Unidos.*

La sección de carta debe ser revisada por grandes cambios que se hayan producido desde la última fecha de publicación de cada carta que se utiliza. Recuerde, la carta puede ser de hasta 6 meses de antigüedad. La fecha de vigencia de la carta aparece en la parte superior frontal de la carta. El A/FD generalmente tiene la información más reciente referente a estas cuestiones y se debe utilizar en lugar de la información en la parte posterior de la carta, si hay diferencias.

Manual de vuelo del avión o el Manual de Operaciones del Piloto (AFM/POH)

El manual de vuelo del avión o el manual de operaciones del piloto (AFM/POH) deben ser revisado para determinar la carga correcta de la aeronave (datos de peso y balance). El peso del combustible utilizable y del aceite drenable a bordo deben ser conocidos. Además, verifique el peso de los pasajeros, el peso de todo el equipaje a transportar, y el peso vacío del avión para asegurarse de que el peso total no exceda el máximo permitido. La distribución de la carga debe ser conocida para saber si el centro de gravedad resultante (CG) está dentro de los límites. Asegúrese de usar la información más reciente sobre peso y balance aprobado u otros registros de la aeronave permanentes, en su caso, para obtener la información de peso vacío y CG en vacío.

Determine las distancias de despegue y aterrizaje de las tablas apropiadas, basado en la carga calculada, la elevación del aeropuerto, y temperatura; luego compare estas distancias con la cantidad de pista disponible. Recuerde, cuanto más pesada la carga y mayores la elevación, temperatura o humedad, mayor es la carrera de despegue y aterrizaje y menor la tasa de ascenso.

Vea las tablas de consumo para determinar la tasa de consumo de combustible a la altitud estimada de vuelo y potencia. Calcule el consumo de combustible, y luego compárelo con el tiempo estimado de vuelo para que los puntos de reabastecimiento de combustible a lo largo de la ruta se puedan incluir en el plan.

Trazado de la ruta

Una vez que se ha controlado la meteorología y realizado una planificación preliminar, es hora de trazar la ruta y determinar los datos necesarios para llevar a cabo el vuelo. Las siguientes secciones proporcionan una secuencia lógica a seguir para trazar la ruta, llenar un registro de vuelo, y presentar de un plan de vuelo. En el siguiente ejemplo, se ha previsto un viaje basado en los siguientes datos y en el extracto de una carta seccional de la *Figura 15-25*.

Ruta de vuelo: Aeródromo de Chickasha directo al aeródromo de Guthrie

Velocidad verdadera (TAS)........................... 115 nudos
Vientos en altura................................... 360° a 10 nudos
Combustible utilizable.................................. 38 galones
Consumo de combustible................................. 8 GPH
Desviación…………………………………………… +2°

Pasos en el trazado de la ruta

La siguiente es una secuencia sugerida para llegar a la información pertinente para el viaje. Al determinar la información, se puede anotar como se ilustra en el ejemplo de un registro de vuelo en la *Figura 15-26*. Cuando se requieran cálculos, el piloto puede utilizar una fórmula matemática o un calculador de vuelo manual o electrónico. Si no está familiarizado con el uso de un calculador manual o electrónico, sería conveniente leer el manual de instrucciones y realizar varios problemas de práctica en este momento.

Primero dibuje una línea desde el aeródromo de Chickasha (punto A) directamente al aeródromo de Guthrie (punto F). La línea de rumbo debe comenzar en el centro del aeropuerto de partida y terminar en el centro del aeropuerto de destino. Si la ruta es directa, la línea de rumbo consta de una sola línea recta. Si la ruta no es directa, consta de dos o más segmentos de línea recta. Por ejemplo, una estación VOR que está fuera de la ruta directa, pero que hace más fácil la navegación, puede ser elegida (la navegación por radio se discute más adelante en este capítulo).

Deben ser seleccionados puntos de control apropiados a lo largo de la ruta y observados de alguna manera. Estos deben ser puntos fáciles de localizar, como grandes ciudades, grandes lagos y ríos, o combinaciones de puntos reconocibles, como ciudades con aeropuerto, ciudades con una red de carreteras y ferrocarriles que entran y salen. Normalmente, seleccione sólo las ciudades indicadas por manchas de color amarillo en el gráfico. No elija las ciudades representadas por un pequeño círculo, estas pueden llegar a ser tan sólo una media docena de casas. (En zonas aisladas, sin embargo, los pueblos representados por un pequeño círculo pueden ser puntos de control prominentes.) Para este viaje, han sido seleccionados cuatro puntos de control. El punto de control 1 consiste en una torre situada al este de la ruta y puede ser identificada por la carretera y vía de ferrocarril, que son casi paralelas a la ruta en este momento. El punto de control 2 es la obstrucción al oeste de la ruta y se puede identificar más por el Aeropuerto Will Rogers World, que está directamente en dirección este. El punto de control 3 es el aeropuerto de Wiley Post, que la aeronave debería sobrevolar directamente. El punto de control 4 es un aeropuerto privado no pavimentado al oeste de la ruta y puede identificarse aún más por la vía del ferrocarril y la carretera al este de la ruta.

El rumbo y las zonas a ambos lados de la ruta prevista deben ser evaluados para determinar si existe algún tipo de espacio aéreo por el que el piloto debe estar preocupado o que tiene necesidades operacionales especiales. Para este viaje, hay que señalar que la ruta pasa a través de un segmento de espacio aéreo Clase C

313

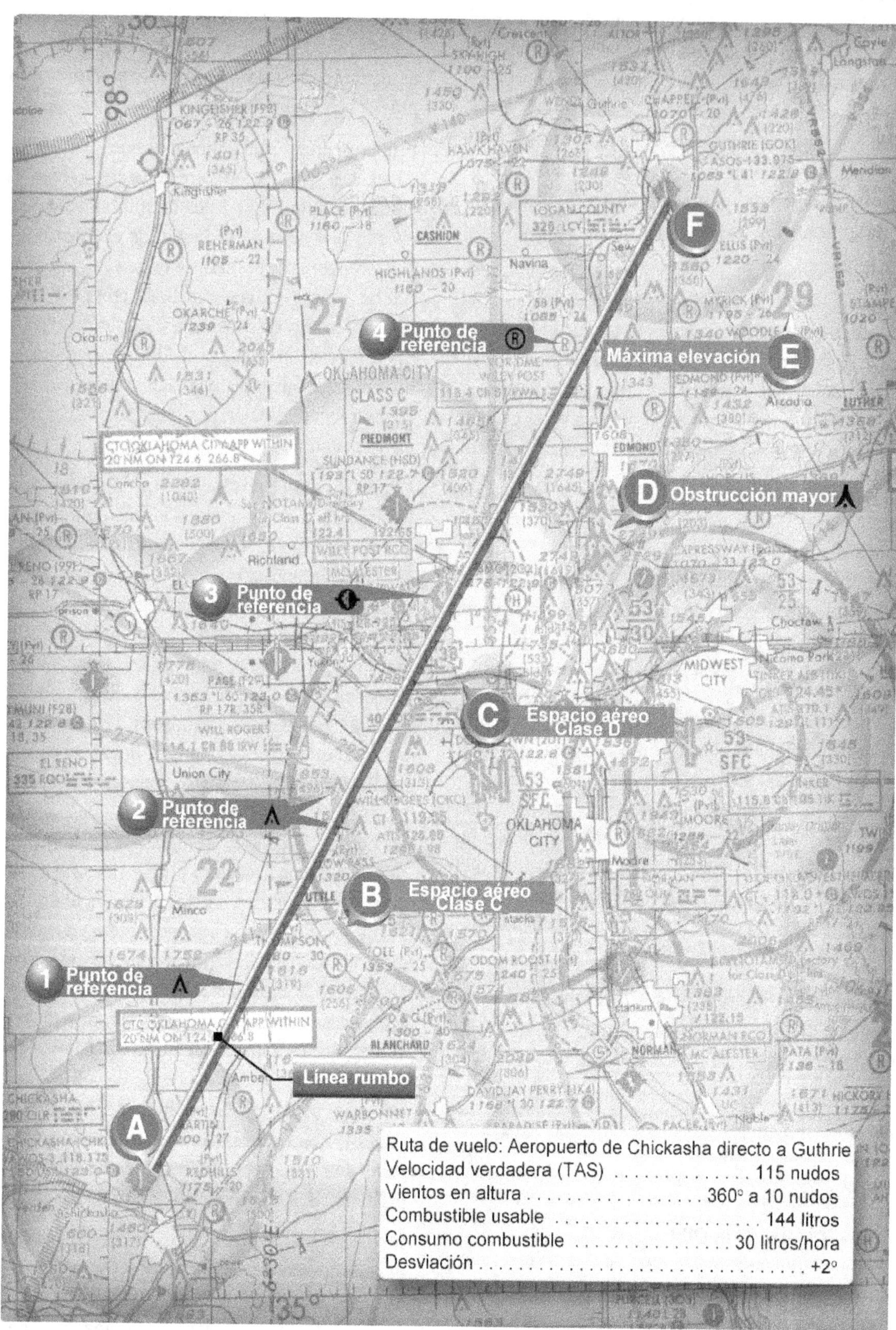

Figura 15-25. *Extracto de una carta seccional.*

rodeando el Aeropuerto de Will Rogers World donde el piso del espacio aéreo está a 2.500 pies del nivel medio del mar (MSL) y el techo está a 5,300 pies MSL (punto B). Además, hay un espacio aéreo Clase D desde la superficie hasta 3.800 pies MSL alrededor del Aeropuerto de Wiley Post (punto C) durante las horas que la torre de control está operativa.

Estudie el terreno y los obstáculos a lo largo de la ruta. Esto es necesario para determinar las elevaciones más altas y más bajas, así como la obstrucción más alta a encontrar de manera que se pueda seleccionar una altura apropiada que se ajuste a las regulaciones. Si el vuelo se realiza a una altitud mayor de 3000 pies por encima del terreno, se requiere conformidad con la altitud de crucero apropiado para la dirección de vuelo. Compruebe la ruta para poder evitar terrenos especialmente escabrosos. Las áreas en las que se harán despegues o aterrizajes deberán comprobarse cuidadosamente por obstrucciones altas. Las torres de transmisión de televisión se pueden elevar a altitudes de más de 1.500 pies sobre el terreno circundante. Es esencial que los pilotos sean conscientes de su presencia y ubicación. Para este viaje, hay que señalar que la obstrucción más alta es parte de una serie de antenas con una altura de 2749 pies MSL (punto D). La elevación más alta debe ubicarse en el cuadrante noreste y es de 2.900 pies MSL (punto E).

Dado que el viento no es factor y es deseable y está dentro de la capacidad del avión para volar por encima del espacio aéreo clase C y D que se encuentra, se elige una altitud de 5.500 pies MSL. Esta altitud también da una separación adecuada de todos los obstáculos, así como se ajusta a los requisitos de volar a una altitud de mil de pies impares más 500 cuando vuela un rumbo magnético entre 0 y 179°.

Luego, el piloto debe medir la distancia total de la ruta, así como la distancia entre los puntos de control. La distancia total es de 53 MN y la distancia entre los puntos de control es como se indica en el registro de vuelo en la *Figura 15-26*.

Después de determinar la distancia, debe ser medido el rumbo verdadero. Si usa un plotter, siga las direcciones

HOJA DE PLANIFICACION DEL PILOTO

IDENTIFICACIÓN AVION N123DB   FECHA

RUTA	RV	Viento		WCA D+ I-	DV	Var Mag W+ E-	DM	DEV	DC	TOTAL MILLAS	GS	TIEMPO TOTAL	Cons. Comb.	Comb TOTAL
		Nudos	Desde											
De Chickasha A Guthrie	031°	10	360°	3° I	28	7° E	21°	+2°	23	53	106 kts	35 min	30 LPH	144 Lt
De														
A														

HOJA VUELO VISUAL

HORA DE PARTIDA	AYUDA A LA NAVEGACION	RUTA		DISTANCIA		TIEMPO		GS	DC	COMENTARIOS
PUNTO DE PARTIDA Chickasha Airport	RADIOAYU. IDENT. FREC.	A	DESDE	PUNTO A PUNTO	ACUMULADO	ESTIMADO	REAL	ESTIMADO / REAL	ESTIMADO / REAL	CLIMA ESPACIO AEREO ETC.
PUNTO REFERENCIA #1				11 NM		6 min +5		106 kts	023°	
PUNTO REFERENCIA #2				10 NM	21 NM	6 min		106 kts	023°	
PUNTO REFERENCIA #3				10.5 NM	31.5 NM	6 min		106 kts	023°	
PUNTO REFERENCIA #4				13 NM	44.5 NM	7 min		106 kts	023°	
DESTINO Guthrie Airport				8.5 NM	53 NM	5 min				

Figura 15-26. *Hoja de planificación del piloto y hoja de vuelo visual.*

del plotter. El rumbo verdadero es 031°. Una vez establecida la dirección verdadera, el piloto puede determinar el rumbo compás. Esto se hace siguiendo la fórmula dada anteriormente en este capítulo. La fórmula es:

$$RV \pm WCA = DV \pm V = DM \pm D = RC$$

El ángulo de corrección de deriva (WCA) se puede determinar mediante el uso de un calculador de vuelo manual o electrónico. Con un viento de 360° a 10 nudos, se determina que el WCA es de 3° a la izquierda. Esto se resta del RV haciendo la DV de 28°. A continuación, el piloto debe buscar la línea isogónica más cercana a la ruta de vuelo para determinar la variación. La *Figura 15-25* muestra que la variación es 6,30° E (redondeada a 7° E), lo que significa que se debe restar de la DV, dando una DM de 21°. Luego, agregue 2° a la DM para corregir la desviación. Esto le da al piloto el rumbo compás, que es de 23°.

Ahora, puede determinarse la GS. Esto se hace usando un calculador manual o electrónico. Se determina que la GS es de 106 nudos. Basándose en esta información, se puede determinar el tiempo total de viaje, así como el tiempo entre los puntos de control, y el combustible consumido. Estos cálculos pueden hacerse matemáticamente o mediante el uso de un calculador manual o electrónico.

Para este viaje, la GS es de 106 nudos y el tiempo total es de 35 minutos (30 minutos más 5 minutos para el ascenso) con un consumo de combustible de 4,7 galones. Consulte el registro de vuelo en la *Figura 15-26* para el tiempo entre los puntos de control.

A medida que el viaje progresa, el piloto puede anotar los rumbos y tiempos y hacer los ajustes en dirección, GS, y tiempo.

Presentación de un plan de vuelo VFR

Presentar un plan de vuelo no es obligatorio por las regulaciones; sin embargo, es una buena práctica operativa, ya que la información contenida en el plan de vuelo se puede utilizar en la búsqueda y rescate en caso de una emergencia.

Los planes de vuelo se pueden presentar en el aire por radio, pero lo mejor es presentar un plan de vuelo justo antes de partir. Después del despegue, contacte con el Servicio de control de tránsito por radio y deles la hora de despegue para que el plan de vuelo se pueda activar.

Cuando se presenta un plan de vuelo VFR, se sostiene por los servicios hasta 1 hora después de la hora de partida propuesta y luego es cancelado a menos que: se recibe la hora de partida real; se recibió una hora de partida revisada; o bien que en el momento de la presentación, el Servicio queda informado de que la hora de partida propuesta se cumple, pero la hora real no se puede dar debido a la falta de comunicación. El especialista del Servicio que acepta el plan de vuelo no informa al piloto de este procedimiento, sin embargo.

La *Figura 15-27* muestra el formulario del plan de vuelo que llena un piloto. Al presentar un plan de vuelo por teléfono o radio, dé la información en el orden de los espacios numerados. Esto permite que el especialista del Servicio copie la información de manera más eficiente. La mayoría de los campos son auto-explicativos o no aplicables a un plan de vuelo VFR (por ejemplo, el punto 13). Sin embargo, algunos campos pueden necesitar explicación.

- El punto 3 es el tipo de aeronave y equipo especial. Un ejemplo podría ser C-150/X, lo que significa que la aeronave no tiene transpondedor. Un listado de los códigos de equipo especial se encuentra en el Manual de Información Aeronáutica (AIM).

- El punto 6 es la hora prevista de partida en UTC (indicado por la "Z").

- El punto 7 es la altitud de crucero. Normalmente, se puede introducir "VFR" en este bloque, ya que el piloto elige una altitud de crucero que se ajusta a regulaciones de la FAA.

- El punto 8 es la ruta de vuelo. Si el vuelo es directo, escriba la palabra "directo"; si no, escriba la ruta real a seguir, tal como via determinados pueblos o ayudas a la navegación.

- El punto 10 es el tiempo estimado en ruta. En el plan de vuelo de ejemplo, se añadieron 5 minutos en el tiempo total para el ascenso.

- El punto 12 es el combustible a bordo en horas y minutos. Esto se determina dividiendo el total de combustible utilizable a bordo por la tasa estimada de consumo de combustible.

Recuerde, todas son ventajas en la presentación de un plan de vuelo; pero no se olvide de cerrar el plan de vuelo al arribar.

U.S. DEPARTMENT OF TRANSPORTATION FEDERAL AVIATION ADMINISTRATION **FLIGHT PLAN**	(FAA USE ONLY)	☐ PILOT BRIEFING ☐ STOPOVER	☐ VNR	TIME STARTED	SPECIALIST INITIALS

1. TYPE	2. AIRCRAFT IDENTIFICATION	3. AIRCRAFT TYPE/ SPECIAL EQUIPMENT	4. TRUE AIRSPEED	5. DEPARTURE POINT	6. DEPARTURE TIME		7. CRUISING ALTITUDE
					PROPOSED (Z)	ACTUAL (Z)	
X VFR IFR DVFR	N123DB	C150/X	115 KTS	CHK, CHICKASHA AIRPORT	1400		5500

8. ROUTE OF FLIGHT

Chickasha direct Guthrie

9. DESTINATION (Name of airport and city)	10. EST. TIME ENROUTE		11. REMARKS
	HOURS	MINUTES	
GOK, Guthrie Airport Guthrie, OK		35	

12. FUEL ON BOARD		13. ALTERNATE AIRPORT(S)	14. PILOT'S NAME, ADDRESS & TELEPHONE NUMBER & AIRCRAFT HOME BASE	15. NUMBER ABOARD
HOURS	MINUTES		Jane Smith Aero Air, Oklahoma City, OK (405) 555-4149	
4	45		17. DESTINATION CONTACT/TELEPHONE (OPTIONAL)	1

16. COLOR OF AIRCRAFT	CIVIL AIRCRAFT PILOTS, 14 CFR Part 91 requires you file an IFR flight plan to operate under instrument flight rules in controlled airspace. Failure to file could result in a civil penalty not to exceed $1,000 for each violation (Section 901 of the Federal Aviation Act of 1958, as amended). Filing of a VFR flight plan is recommended as a good operating practice. See also Part 99 for requirements concerning DVFR flight plans.
Red/White	

FAA Form 7233-1 (8-82)   CLOSE VFR FLIGHT PLAN WITH _____ McAlester _____ FSS ON ARRIVAL

Figura 15-27. *Formulario de plan de vuelo de la FAA (Estados Unidos).*

Radio Navegación

Los avances en los receptores de radioayudas instalados en los aviones, el desarrollo de cartas aeronáuticas que muestran la ubicación exacta de estaciones transmisoras y sus frecuencias, junto con la refinada instrumentación de cabina hace posible a los pilotos navegar con precisión a casi cualquier punto deseado. A pesar de que la precisión en la navegación se puede obtener mediante el uso adecuado de este equipo, los pilotos novicios deben usar este equipo para complementar la navegación por referencia visual del terreno (navegación observada). Este método proporciona al piloto una protección eficaz contra la desorientación en el caso de funcionamiento defectuoso de la radio.

Hay tres sistemas de navegación por radio disponibles para su uso para la navegación VFR. Estos son:

- Radiofaro omnidireccional de VHF (VOR)

- Radiofaro no direccional (NDB)

- Sistema de Posicionamiento Global (GPS)

Radiofaro omnidireccional de VHF (VOR)

El sistema VOR se presenta en tres radioayudas para la navegación (NAVAID) un poco diferentes: VOR, VOR/DME y VORTAC. Por sí mismo que se conoce como un VOR, y proporciona información de rumbo magnético desde y hacia la estación. Cuando también se instala un DME con un VOR, la radioayuda se conoce como un VOR/DME. Cuando se instala con un VOR un equipo militar de navegación aérea táctica (TACAN), la radioayuda se conoce como VORTAC. El DME es siempre una parte integral del VORTAC. Sin importar el tipo de radioayuda utilizada (VOR, VOR/DME o VORTAC), el indicador VOR se comporta de la misma manera. A menos que se indique lo contrario, en esta sección, los VOR, VOR/DME y VORTAC se denominarán en lo sucesivo como VOR.

El prefijo "omni-" significa todo, y un radiofaro omnidireccional es una estación terrestre de radio VHF que proyecta rumbos (radiales) en línea recta desde la estación en todas las direcciones. Desde una vista superior, se puede ver como similar a los rayos de una rueda. La distancia que se proyectan los radiales VOR depende de la potencia de salida del transmisor.

Los rumbos o radiales proyectados desde la estación se referencian al norte magnético. Por lo tanto, un radial se define como una línea de rumbo magnético que se extiende hacia fuera desde la estación VOR. Los radiales se identifican por números que empiezan por 001, que es el 1° al este del norte magnético, y progresan en secuencia a través de todos los grados de un círculo hasta llegar a 360. Para ayudar en la orientación, en las cartas aeronáuticas se superpone una rosa con referencia al norte magnético en la ubicación de la estación.

Las estaciones de VOR transmiten dentro de la banda de frecuencias VHF de 108,0 a 117,95 MHz. Debido a que el equipo es VHF, las señales de transmisión están sujetas a restricciones de la línea de visión. Por lo tanto, su alcance varía en proporción directa a la altitud del equipo receptor. En general, el rango de recepción de las señales a una altitud de 1.000 pies sobre el nivel del suelo (AGL) es de unos 65 a 75 kilómetros. Esta distancia aumenta con la altitud. *[Figura 15-28]*

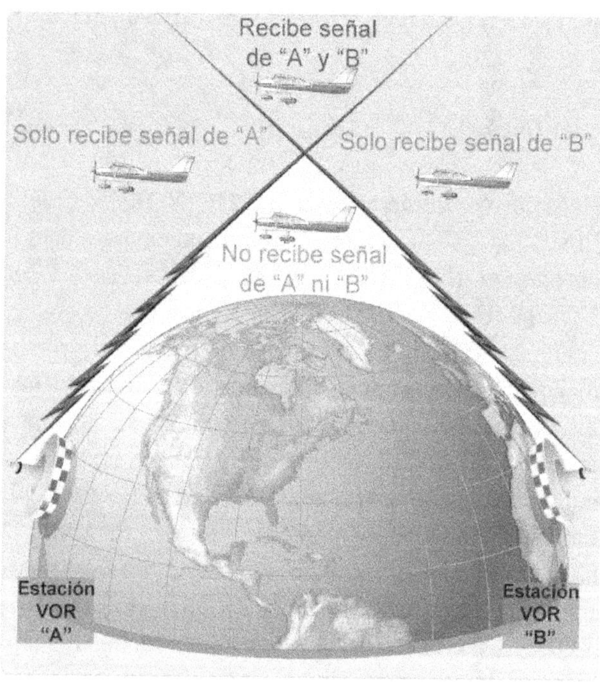

Figura 15-28. *Las transmisiones VHF siguen la línea de visión.*

Los VOR y VORTACs se clasifican de acuerdo a su uso operacional. Hay tres clases:

- T (Terminal)
- L (Baja altitud)
- H (Alta altitud)

El alcance útil normal para las diferentes clases se muestra en la tabla siguiente:

VOR / VORTAC NAVAIDS
Altitudes utilizables normales y Radio de Distancias

Clase	Altitudes	Distancia (Millas)
T	12 000' y menores	25
L	Por debajo de 18.000'	40
H	Por debajo de 14.500'	40
H	Entre 14.500 y 17.999'	100
H	18,000' - FL 450	130
H	60,000' - FL 450	100

El rango útil de ciertas instalaciones puede ser menor a 80 kilómetros. Para obtener más información acerca de estas restricciones, consulte las Observaciones del A/FD.

La precisión en la alineación del rumbo de los radiales de un VOR se considera que es excelente. Por lo general, dentro de ±1°. Sin embargo, ciertas partes del equipo receptor de VOR se deterioran, y esto afecta a su exactitud. Esto es particularmente cierto a gran distancia de la estación de VOR. La mejor garantía de mantener un receptor VOR preciso es realizar comprobaciones y calibraciones periódicas. Las verificaciones de la precisión del VOR no son un requerimiento para vuelos VFR. Sin embargo, para asegurar la precisión de los equipos, estos controles deben llevarse a cabo con bastante frecuencia y una calibración completa cada año. Se proporcionan los siguientes medios para que los pilotos comprueben la precisión del VOR:

- Instalación de pruebas de VOR (VOT)
- Puntos de control en el aire certificados
- Puntos de control terrestres certificados ubicados en aeropuertos

Si una aeronave tiene instalados dos receptores VOR, se puede hacer una comprobación doble del receptor VOR. Para llevar a cabo la comprobación doble de receptor, el piloto sintoniza ambos receptores VOR a la misma estación VOR. La variación máxima permitida entre los dos rumbos indicados es de 4 grados.

Básicamente, estos controles consisten en verificar que los radiales VOR que el equipo de la aeronave recibe están alineados con los radiales que la estación transmite.

No hay tolerancias específicas requeridas para un VOR en vuelo VFR. Pero como una guía para asegurar una precisión aceptable, se puede utilizar las tolerancias requeridas para IFR, ± 4° para control en tierra y ± 6° para controles en vuelo. Estos controles pueden ser realizados por el piloto.

La estación transmisora VOR puede ser identificada positivamente por su identificación en código Morse o por una identificación de voz grabada que indica el nombre de la estación seguido de "VOR". Muchos FSS (Servicios de control de vuelo) transmiten mensajes de voz en la misma frecuencia en que opera el VOR. No debe confiarse en las transmisiones de voz para identificar las estaciones, ya que muchas FSS transmiten remotamente a través de varios radiofaros, que tienen nombres diferentes que el de la FSS que transmite. Si el VOR está fuera de servicio por mantenimiento, se elimina y no se transmite la identificación codificada. Esto sirve para alertar a los pilotos de que esta estación no debe utilizarse para la navegación. Los receptores VOR se diseñan con una bandera de alarma para indicar que la fuerza de la señal es insuficiente para hacer funcionar el equipo de navegación. Esto ocurre si la aeronave está demasiado lejos del VOR o la aeronave está demasiado baja y, por lo tanto, está fuera de la línea de visión de las señales transmitidas.

Uso del VOR

En resumen, para la radio navegación con VOR, hay dos componentes necesarios: equipo transmisor de tierra y receptor en el avión. El transmisor se encuentra en una ubicación específica en tierra y transmite en una frecuencia asignada. El equipo de la aeronave incluye un receptor con un dispositivo sintonizador y un VOR o instrumento para omninavegación. El instrumento de navegación podría ser un indicador de desviación de curso (CDI), indicador de situación horizontal (HSI), o una indicador radio magnético (RMI). Cada uno de estos instrumentos indica el rumbo al VOR sintonizado.

Indicador de desvío de rumbo (CDI)

El CDI se encuentra en la mayoría de los aviones de entrenamiento. Se compone de (1) un selector omnidireccional (OBS), a veces conocido como el selector de rumbo, (2) una aguja CDI (aguja izquierda-derecha), y (3) un indicador TO/FROM.

El selector de rumbo es un selector de azimut que se puede girar para seleccionar el radial deseado o para determinar el radial sobre el que está volando el avión. Además, se puede determinar el rumbo magnético "TO" (hacia) o "FROM" (desde) la estación.

Cuando se rota el selector de rumbo, se mueve el CDI o aguja para indicar la posición del radial relativo a la aeronave. Si el selector de rumbo se gira hasta que se centra la aguja desviación, se puede determinar el radial (rumbo magnético "FROM" la estación) o su recíproco (rumbo magnético "TO" la estación). La aguja de desviación de rumbo también se mueve hacia derecha o izquierda si el avión se vuela, o deriva, alejándose del radial al que se ajustó el selector de rumbo.

Al centrar la aguja, el selector de rumbo indica el rumbo desde ("FROM") la estación o el rumbo hacia ("TO") la estación. Si el indicador muestra "TO", se debe seguir el rumbo mostrado en el selector de rumbo para ir hacia la estación. *[Figura 15-29]* Si se muestra "FROM" y se sigue el curso mostrado, la aeronave se aleja de la estación.

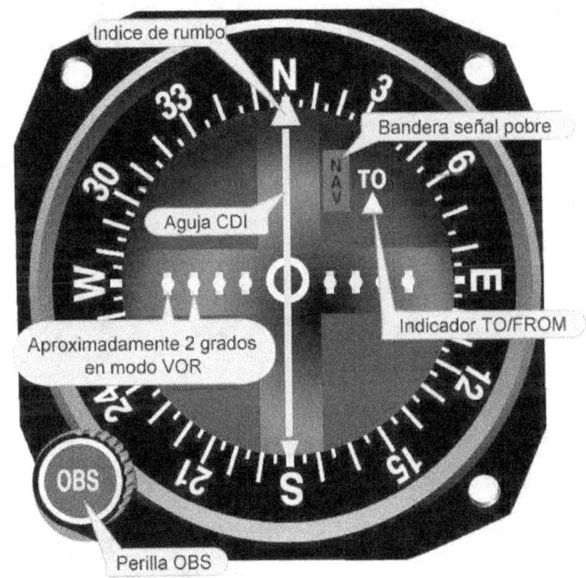

Figura 15-29. *Indicador VOR.*

Indicador de Situación Horizontal (HSI)

El HSI es un indicador de dirección que utiliza la salida de una válvula de flujo para dirigir el compás. El HSI *[Figura 15-30]* combina el compás magnético con señales de navegación y senda de planeo. El HSI da al piloto una indicación de la ubicación de la aeronave con relación al rumbo o radial elegido.

En la *Figura 15-30*, el rumbo magnético del avión mostrado en la esfera del compás bajo la línea de fe es de

184°. El puntero de rumbo seleccionado mostrado está ajustado en 295°; la cola del puntero indica el recíproco, 115°. La barra de desviación de rumbo opera con un receptor de navegación VOR/localizador (VOR/LOC) o GPS para indicar desviaciones a izquierda o derecha del rumbo seleccionado con la perilla selectora de rumbo; operando de la misma manera, el movimiento angular de una aguja convencional VOR/LOC indica la desviación del rumbo.

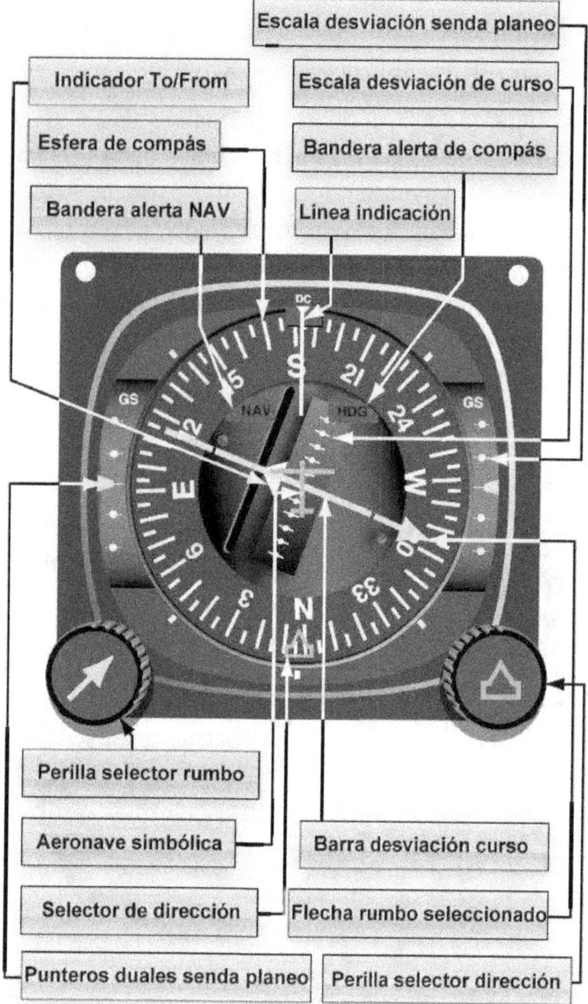

Figura 15-30. *Indicador de situación horizontal.*

El rumbo deseado se selecciona mediante la rotación del puntero de rumbo seleccionado, en relación a la esfera del compás, por medio de la perilla selectora de dirección. El HSI tiene un símbolo de avión fijo y la barra de desviación de rumbo muestra la posición de la aeronave con respecto al rumbo seleccionado. El indicador TO/FROM es un puntero triangular. Cuando el indicador apunta a la flecha del puntero de selección de rumbo, el triángulo muestra el rumbo seleccionado. Si se intercepta y vuela apropiadamente, el rumbo llevará a la aeronave a la estación elegida. Cuando el indicador apunta a la cola del rumbo, la flecha indica que el rumbo seleccionado, si se intercepta y vuela apropiadamente, llevará el avión en dirección opuesta a la estación elegida.

Cuando aparece la bandera de advertencia NAV indica que no se está recibiendo una señal fiable. La aparición de la bandera HDG indica que el compás no está funcionando correctamente.

El puntero de senda de planeo indica la relación de la aeronave con la senda de planeo. Cuando el puntero está por debajo de la posición central, la aeronave está por encima de la senda de planeo y se requiere un aumento de la velocidad de descenso. En algunos equipos, la esfera de acimut es un compás indicador remoto, sin embargo, en otros, el rumbo debe ser revisado de vez en cuando con el compás y reajustado.

Indicador Radio Magnético (RMI)

El RMI *[Figura 15-31]* es una ayuda a la navegación que proporciona el rumbo magnético o giro direccional de la aeronave e información de radiofaro omnidireccional de VHF (VOR), GPS y buscador automático de dirección (ADF). El compás indicador remoto se desarrolló para compensar los errores y limitaciones de los indicadores de dirección más antiguos.

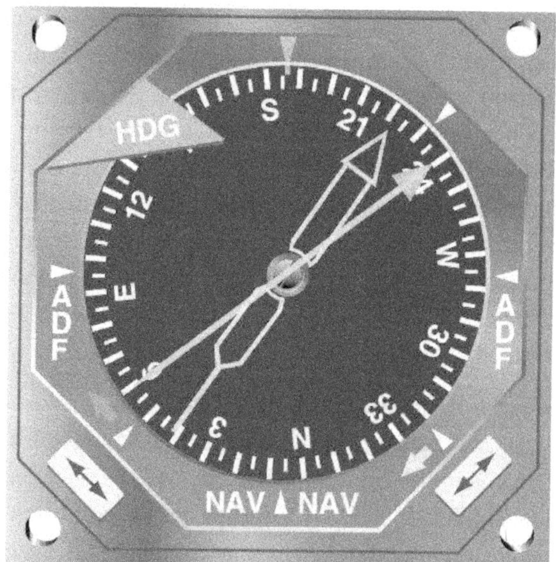

Figura 15-31. *Indicador radio magnético.*

El transmisor del compás remoto es una unidad separada montada usualmente en la punta del ala para eliminar la posibilidad de interferencia magnética. El RMI consiste en una esfera de compás, un indicador de dirección, dos punteros de rumbo, y los interruptores de las funciones de los punteros. Los dos punteros son gobernados por cualquier combinación de un GPS, un ADF, y/o un VOR. El piloto tiene la capacidad de seleccionar la radioayuda a indicar. El puntero indica el rumbo a la radioayuda o punto de navegación seleccionado. En la *Figura 15-31* el puntero verde indica la estación sintonizada en el ADF. El puntero amarillo indica el rumbo a un VOR o punto de navegación GPS. Tenga en cuenta que no hay necesidad de seleccionar un rumbo con el RMI, sino sólo la radioayuda a la navegación que se va a indicar.

Navegación con VOR

A continuación se describe un procedimiento paso a paso para utilizar cuando se navega hacia y desde una estación VOR utilizando un CDI. La *Figura 15-32* ilustra el procedimiento.

Primero, sintonice el receptor de VOR a la frecuencia de la estación VOR seleccionada. Por ejemplo, 115,0 para recibir el VOR Bravo. A continuación, verifique los identificadores para confirmar que está recibiendo el VOR deseado. Tan pronto como el VOR está correctamente sintonizado, la aguja de desviación de rumbo se deflecta izquierda o derecha. Luego, gire el selector de rumbo hasta que la aguja de desviación de rumbo se centra y el indicador TO-FROM indica "TO". Si la aguja se centra con indicación "FROM", se deben rotar 180° el selector, ya que, en este caso, se desea volar "TO" (hacia) la estación. Ahora, vire la aeronave al rumbo indicado, 350° en este ejemplo.

Si se mantiene un rumbo de 350° con viento desde la derecha, como se muestra, el avión deriva a la izquierda de la trayectoria prevista. Al derivar fuera de la ruta, la aguja de desviación de rumbo del VOR se mueve gradualmente hacia la derecha del centro o indica la dirección del radial o ruta deseada.

Para volver al radial deseado, el rumbo de la aeronave debe ser alterado a la derecha. Cuando el avión vuelve a la ruta deseada, la aguja de desviación vuelve lentamente al centro. Cuando se centra, la aeronave está en el radial deseado y se debe hacer un viraje hacia a la izquierda, pero no al rumbo original del 350° porque se debe

establecer una corrección de deriva del viento. La cantidad de corrección depende de la fuerza del viento. Si no se conoce la velocidad del viento, se puede utilizar un método de prueba y error para encontrar el rumbo correcto. Supongamos, para este ejemplo, que se mantiene una corrección de 10° con un rumbo de 360°.

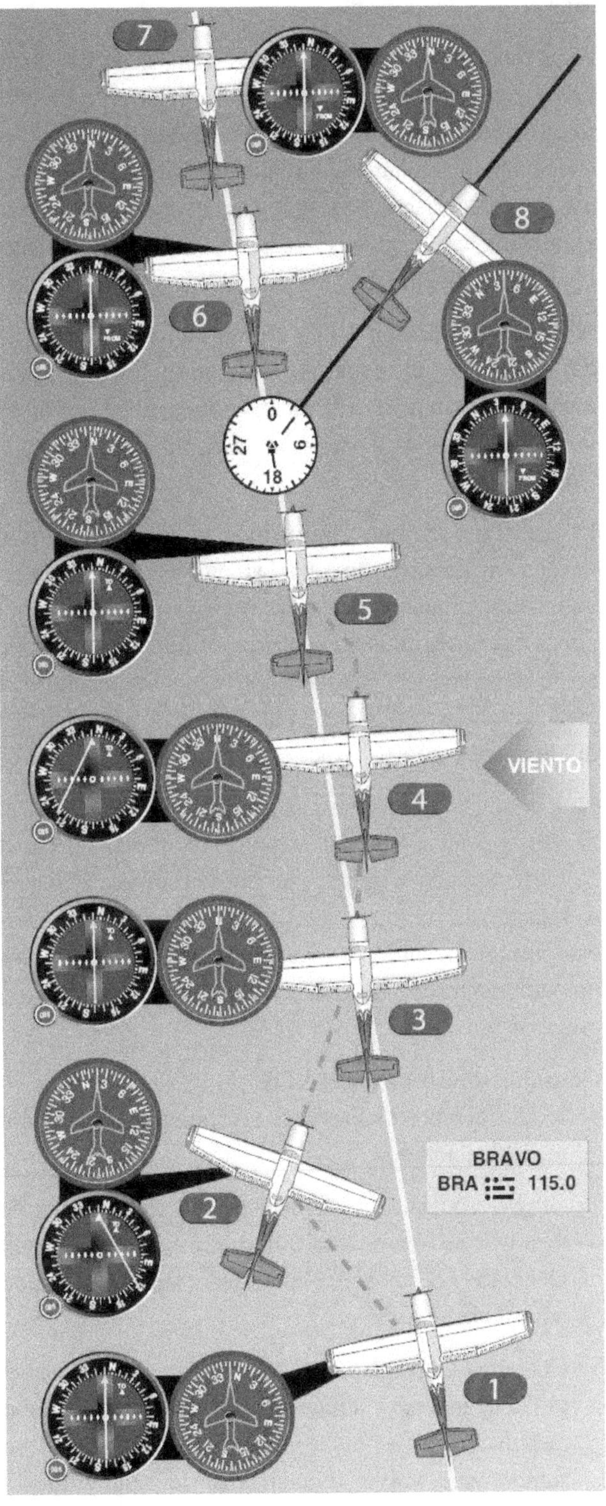

Figura 15-32. *Seguimiento de un radial con viento cruzado.*

Mientras mantiene un rumbo de 360°, supongamos que la aguja de desviación de curso comienza a moverse hacia la izquierda. Esto significa que la corrección del viento de 10° es demasiado grande y el avión está volando hacia la derecha de la ruta. Debe hacerse un ligero viraje a la izquierda para permitir que el avión vuelva al radial deseado.

Cuando la aguja de desviación se centra, se debe realizar una pequeña corrección de la deriva del viento de 5° o una corrección de rumbo de 355°. Si esta corrección es adecuada, la aeronave se mantiene en el radial. Si no es así, se deben hacer pequeñas variaciones en el rumbo para mantener la aguja centrada, y por lo tanto mantener la aeronave en el radial.

Al pasar la estación VOR, la aguja fluctúa, luego se establece, y la indicación "TO" cambia a "FROM". Si el avión pasa a un lado de la estación, la aguja se desvía en la dirección de la estación al cambiar el indicador a "FROM".

En general, se usan las mismas técnicas cuando se navega en alejamiento que las que se usan para el ingreso. Si la intención es volar sobre la estación y alejar por el radial recíproco de entrada, el selector de rumbo no se debe cambiar. Las correcciones se realizan de la misma manera para mantener la aguja centrada. La única diferencia es que el indicador omnidireccional marca "FROM".

Si aleja por un rumbo que no sea el recíproco del radial de ingreso, se debe ajustar este nuevo rumbo o radial en el selector de rumbo y hacer un viraje para interceptar este rumbo. Después de que se alcanza este rumbo, los procedimientos de seguimiento son como se discutió previamente.

Consejos sobre el uso del VOR

- Identifique positivamente la estación por su código o identificación de voz.

- Tenga en cuenta que las señales VOR son en "línea de visión". Se recibe una señal débil o ninguna en absoluto si el avión está demasiado bajo o demasiado lejos de la estación.

- Cuando se navega hacia una estación, determinar el radial de ingreso y utilice este radial. Vuele un rumbo que mantenga la ruta. Si el avión deriva, vuele un rumbo para volver a interceptar la ruta y luego, aplique una corrección para compensar la deriva del viento.

- Si se producen pequeñas fluctuaciones de la aguja, evite cambiar la dirección de inmediato. Espere un momento para ver si la aguja se centra, y si no lo hace, entonces corrija.

- Cuando se vuela hacia la estación, siempre vuele el rumbo seleccionado, con la indicación "TO". Al volar desde una estación, siempre vuele el curso seleccionado con una indicación "FROM". Si no se hace esto, la acción de la aguja de desviación de rumbo se invierte. Para explicar con más detalle esta acción inversa, si la aeronave se vuela hacia una estación con una indicación "FROM" o se aleja de una estación con una indicación "TO", la aguja de desviación de rumbo indica en una dirección opuesta a la debe indicar. Por ejemplo, si la aeronave deriva a la derecha del radial, la aguja se mueve hacia la derecha. Si la aeronave deriva a la izquierda del radial que se está volando, la aguja se mueve hacia la izquierda o en dirección opuesta al radial.

- Al navegar usando el VOR es importante que vuele rumbos que mantienen o vuelven a interceptar el curso. Simplemente virando hacia la aguja causará que se pase el radial y volará una S a la izquierda y la derecha del rumbo.

Control de tiempo y distancia a una estación

Para calcular el tiempo y la distancia a una estación, primero vire la aeronave para colocar el indicador de rumbo en el índice más cercano a 90°. Anote la hora y mantenga el rumbo. Cuando el indicador de rumbo se ha movido 10°, anote el tiempo transcurrido en segundos y aplique las fórmulas en el siguiente ejemplo para determinar el tiempo y la distancia. *[Figura 15-33]*

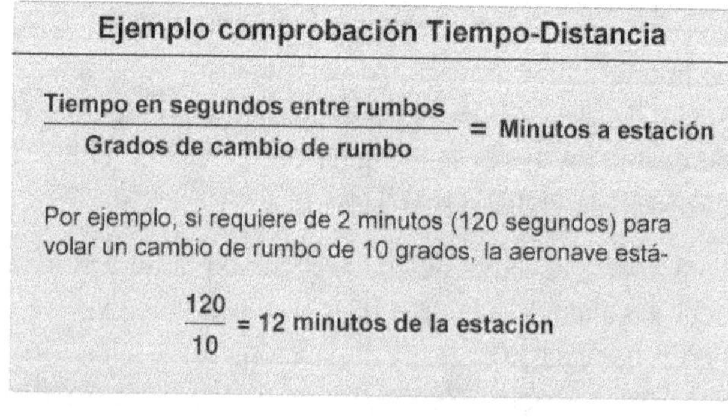

Figura 15-33. *Ejemplo de control de tiempo y distancia.*

El tiempo a la estación también puede calcularse mediante el uso de un método abreviado basado en la fórmula anterior, si se vuela un cambio de 10°. Si se hace un cambio de 10° y se anota el tiempo transcurrido en segundos, el tiempo a la estación en minutos se determina contando sacando un punto decimal. Por lo tanto, si se requieren 75 segundos para volar un cambio de 10°, la aeronave está a 7,5 minutos de la estación. Cuando el puntero de rumbo se mueve rápidamente o cuando se requieren varias correcciones para colocar el puntero sobre el extremo del ala, el avión se encuentra pasando la estación.

La distancia a la estación se calcula multiplicando la TAS o GS (en millas por minuto) por el tiempo determinado previamente en minutos. Por ejemplo, si la aeronave está a 7,5 minutos de la estación, volando a una TAS de 120 nudos o 2 mn por minuto, la distancia a la estación es de 15 NM (7,5 x 2 = 15).

Los anteriores son métodos de cálculo de tiempo y distancia aproximados. La precisión del control de tiempo y distancia se rige por el viento existente, grados de cambio de rumbo, y precisión del cronometrado. El número de variables que intervienen provoca que el resultado sea sólo una aproximación. Sin embargo, al volar una dirección precisa y controlando el tiempo y rumbo, el piloto puede hacer una estimación razonable del tiempo y la distancia a la estación.

Intercepción de rumbo

La intercepción de rumbos se realiza en la mayoría de las fases de la navegación por instrumentos. El equipo usado varía, pero ser debe volar una dirección de intercepción que se traduce en un ángulo o velocidad de intercepción suficiente para resolver un problema particular.

Velocidad de intercepción

La velocidad de intercepción, visto por el aviador como movimiento del indicador de rumbo o HSI, es resultado de los siguientes factores:

- El ángulo en que vuela el avión hacia el rumbo deseado (ángulo de intercepción)
- Velocidad verdadera y viento (GS)
- Distancia a la estación

Ángulo de intercepción

El ángulo de intercepción es el ángulo entre el rumbo de la aeronave (rumbo de interceptación) y el rumbo deseado. Controlar este ángulo por selección/ajuste de la dirección de intercepción es la manera más fácil y efectiva para controlar el rumbo de interceptación. El ángulo de intercepción debe ser mayor que los grados al rumbo, pero no debe exceder de 90°. Ajuste, dentro de este límite, para lograr la mejor velocidad de intercepción.

Al seleccionar un rumbo de intercepción, el factor clave es la relación entre la distancia a la estación y los grados al rumbo. Cada grado o radial, es 1 NM (milla náutica) de ancho a una distancia de 60 NM de la estación. El ancho aumenta o disminuye en proporción a la distancia de 60 NM. Por ejemplo, 1 grado son 2 NM de ancho a 120 NM- y ½NM de ancho a 30 NM. Dada una GS y un ángulo de intercepción determinados, la velocidad de intercepción resultante varía en función de la distancia a la estación. Al seleccionar un rumbo de intercepción para formar un ángulo de intercepción, tenga en cuenta los siguientes factores:

- Grados al rumbo
- Distancia a la estación
- Velocidad verdadera y viento (GS)

Equipo de medición de distancias (DME)

El equipo de medición de distancia (Distance Measuring Equipment) consiste en una ayuda a la navegación de frecuencia ultra alta (UHF) con VOR/DME y VORTAC. Mide, en NM, la distancia oblicua de una aeronave a un VOR/DME o VORTAC (ambos, en lo sucesivo, llamados VORTAC). Aunque el equipo DME es popular, no todas las aeronaves están equipadas DME.

Para utilizar un DME, el piloto debe seleccionar, sintonizar, e identificar un VORTAC, como se describió anteriormente. El receptor DME, utilizando un concepto que se llama de "frecuencia emparejada", selecciona y sintoniza automáticamente la frecuencia de UHF DME asociado con la frecuencia VHF VORTAC seleccionado por el piloto. Este proceso es totalmente transparente para el piloto. Tras una breve pausa, el DME muestra la distancia oblicua hacia o desde el VORTAC. La distancia oblicua es la distancia directa entre la aeronave y el VORTAC, y por lo tanto se ve afectada por la altitud del avión. (El paso directamente sobre una estación VORTAC a una altitud de 6.076 pies sobre el nivel del suelo (AGL) muestra aproximadamente 1,0 NM al DME.) El DME es un complemento muy útil junto con la navegación con VOR. Un radial VOR solo da la información de la línea de posición. Con DME, un piloto puede ubicar con precisión la aeronave sobre esa línea (radial).

La mayoría de los receptores DME también tienen modos de operación de GS y tiempo a estación. La GS está en nudos. El modo de tiempo a la estación muestra los minutos restantes para el paso sobre la estación VORTAC, según la actual GS. La información de GS y tiempo a la estación sólo es precisa cuando se vuela directamente hacia o desde un VORTAC. Los receptores DME suelen necesitar uno o dos minutos de vuelo estabilizado directamente hacia o desde un VORTAC antes de mostrar una GS o tiempo a la estación exacta.

Algunas instalaciones de DME tienen una función de almacenamiento que permite conservar una señal DME de un VORTAC mientras el indicador de rumbo muestra información de desviación de rumbo de un ILS o de otro VORTAC.

RNAV VOR/DME

La navegación de área (RNAV) permite el guiado de rumbo electrónico en cualquier trayectoria directa entre puntos establecidos por el piloto. Mientras que RNAV es un término genérico que se aplica a una variedad de ayudas a la navegación, tales como LORAN-C, GPS, y otros, en esta sección se ocupa de RNAV basado en VOR/DME. La RNAV VOR/DME no es una radioayuda a la navegación basada en tierra, sino un método de navegación con señales VOR/DME y VORTAC especialmente procesadas por la computadora RNAV de la aeronave.*[Figura 15-34]*

NOTA: En esta sección, el término "VORTAC" también incluye VOR/DME.

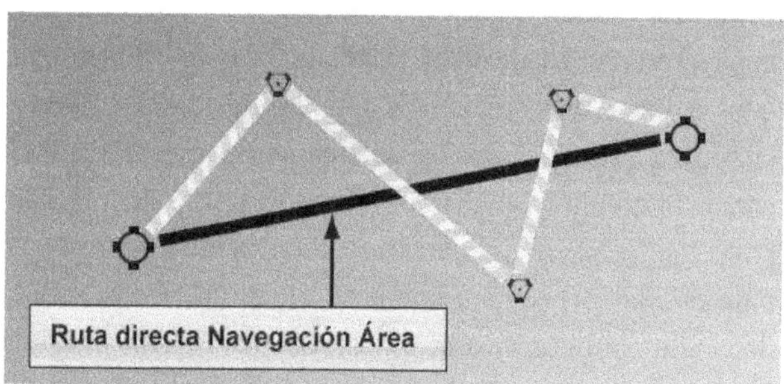

Figura 15-34. *Volando un rumbo RNAV.*

En su forma más simple, RNAV permite al piloto mover electrónicamente los VORTAC a lugares más convenientes. Una vez reubicados electrónicamente, se conocen como puntos de referencia (waypoints). Estos puntos de referencia se describen como una combinación

de radial y distancia seleccionada dentro del servicio de VORTAC a usar. Estos puntos permiten volar un rumbo directo entre cualquier origen y destino, sin tener en cuenta la orientación de VORTACs o la existencia de aerovías.

Mientras que las capacidades y métodos de operación de los equipos RNAV difieren, hay principios básicos de operación que son comunes a todos. Se insta a los pilotos a estudiar la guía de instrucciones del fabricante y recibir instrucciones antes de utilizar el RNAV VOR/DME o cualquier sistema de navegación no familiar. La información operacional y limitaciones también deben buscarse en carteles y la sección del suplemento del AFM/POH.

Los equipos RNAV basados en VOR/DME operan en al menos tres modos: VOR, en ruta y aproximación. Un cuarto modo, VOR Paralelo, también puede ser encontrado en algunos modelos. Los equipos necesitan señales de VOR y DME para operar en cualquier modo RNAV. Si la radioayuda seleccionada es un VOR sin DME, el modo RNAV no funcionará.

En modo de VOR (o no-RNAV), la unidad funciona simplemente como un receptor VOR con capacidad DME. *[Figura 15-35]* La pantalla de la unidad en el indicador VOR es convencional en todos los aspectos. Para la operación en aerovías establecidas o cualquier otra navegación VOR normal, se utiliza el modo VOR.

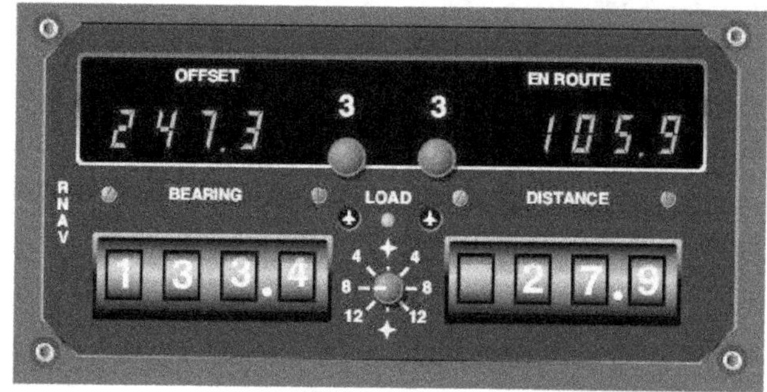

Figura 15-35. *Controles del RNAV.*

Para utilizar la capacidad de la unidad RNAV, el piloto selecciona y establece un punto de referencia o una serie de puntos de referencia para definir una ruta. Para operar en cualquier modo RNAV, la unidad necesita señal de radiales y distancia; por lo tanto, para la navegación se debe seleccionar como radioayuda un VORTAC (o VOR/DME). Para establecer un waypoint, se define un punto en algún lugar dentro del alcance de servicio de un

VORTAC sobre la base de un radial y distancia. Una vez que se introduce el waypoint en la unidad y se selecciona el modo RNAV en ruta, el CDI muestra el rumbo al waypoint, no el VORTAC original. El DME muestra la distancia al. Muchas unidades tienen la capacidad de almacenar varios waypoints, lo que les permite ser programados antes del vuelo, si lo desea, y usados en pleno vuelo.

Los waypoints del RNAV se introducen en la unidad en rumbos magnéticos (radiales) de grados y décimas (por ej., 275.5°) y distancias en NM y décimas (por ej., 25,2 NM). Al marcar los puntos de referencia RNAV en una carta aeronáutica, los pilotos lo encuentran difícil de medir con ese nivel de precisión, y en una aplicación práctica, rara vez es necesario. Algunas publicaciones de planificación de vuelos publican las coordenadas de los aeropuertos y puntos de referencia con esta precisión y el equipo acepta esas cifras. Hay una diferencia sutil, pero importante en la operación y presentación del CDI en los modos de RNAV.

En los modos de RNAV, la desviación de rumbo se muestra en términos de desviación lineal. En el modo de RNAV en ruta, la desviación máxima del CDI representa típicamente 5 NM a cada lado del rumbo seleccionado, sin tener en cuenta la distancia desde el punto de referencia. En el modo RNAV de aproximación, la deflexión máxima del CDI típicamente representa 1¼ NM a cada lado del rumbo seleccionado. No hay un aumento en la sensibilidad del CDI al aproximarse la aeronave al un punto de referencia en el modo RNAV.

El modo RNAV de aproximación se utiliza para aproximaciones por instrumentos. Su angosta escala en ancho (¼ del modo en ruta) permite el seguimiento muy preciso hacia o desde el waypoint seleccionado. En la navegación de travesía con reglas de vuelo visual (VFR), el seguimiento de un rumbo en el modo de aproximación no es deseable ya que requiere una gran cantidad de atención y pronto se convierte en tedioso.

Un cuarto modo, menos utilizado en algunas unidades es el modo VOR paralelo. Esto permite que el CDI muestre desviación lineal (no angular) cuando la aeronave va hacia y desde un VORTAC. Su nombre se deriva de permitir al piloto seguir un rumbo paralelo seleccionado o aerovía a una distancia fija a elección del piloto, si se desea. El modo VOR paralelo tiene el mismo efecto que colocar un waypoint directamente sobre un VORTAC existente. Algunos pilotos seleccionan el modo VOR paralelo cuando se utiliza la función de navegación (NAV) de su piloto automático para un seguimiento el curso más suave cerca del VORTAC.

La confusión es posible cuando se navega una aeronave con RNAV basado en VOR/DME, y es esencial que el piloto se familiarice con los equipos instalados. No es desconocido para los pilotos operar sin querer en un modo de RNAV no deseado cuando se pasa por alto las posiciones de los interruptores o anunciadores. Lo contrario también ocurre con un piloto que no coloca la unidad en uno de los modos RNAV al pasar por alto las posiciones de los interruptores o anunciadores. Como siempre, el piloto prudente no sólo está familiarizado con el equipo utilizado, sino que nunca pone total confianza en un solo método de navegación cuando otros están disponibles para una comprobación cruzada.

Buscador automático de dirección (ADF)

Muchas aeronaves de aviación general están equipadas con un equipo receptor de radio ADF. Para navegar utilizando el ADF, el piloto sintoniza el equipo receptor a una estación en tierra conocida como radiofaro no direccional (NDB). Las estaciones NDB operan normalmente en una banda de frecuencia baja o media entre 200 y 415 kIIz. Las frecuencias están disponibles en las cartas aeronáuticas o en el A/FD.

Todos los radiofaros, excepto los localizadores transmiten en forma continua una identificación de tres letras en código, excepto durante las transmisiones de voz. Un localizador, que se asocia con un sistema de aterrizaje por instrumentos, transmite una identificación de dos letras.

También se pueden utilizar estaciones de radiodifusión en conjunción con el ADF. La identificación positiva de todas las estaciones de radio es extremadamente importante y esto es particularmente cierto cuando se usan estaciones de radiodifusión para la navegación.

Los NDB tienen una ventaja sobre el VOR. Esta ventaja es que las frecuencias bajas o medias no se ven afectadas por la línea de visión. Las señales siguen la curvatura de la Tierra; por lo tanto, si la aeronave se encuentra dentro del alcance de la estación, las señales pueden ser recibidas con independencia de la altitud.

La siguiente tabla muestra la clase de estaciones NDB, su potencia y rango de uso:

RADIOFARO NO DIRECCIONAL (NDB)

(Radio útil para todas las altitudes)

Clase	Potencia (vatios)	Distancia (millas)
Localizador	menos de 25	15
MH	menos de 50	25
H	50 – 1999	*50
HH	2000 o más	75

*Instalaciones individuales pueden tener un alcance inferior a 50 millas.

Una de las desventajas que se debe considerada cuando se utiliza baja frecuencia (LF) para la navegación es que las señales de baja frecuencia son muy susceptibles a las perturbaciones eléctricas, tales como un rayo. Estas perturbaciones crean estática excesiva, desviaciones de aguja, y desvanecimiento de señal. Puede haber interferencia de estaciones distantes. Los pilotos deben conocer las condiciones en que se producen estas alteraciones para que puedan estar más alertas a posibles interferencias al utilizar el ADF.

Básicamente, el equipo ADF de la aeronave consiste en un sintonizador, que se usa para establecer la frecuencia de la emisora deseada, y la pantalla de navegación.

La pantalla de navegación consiste en una esfera sobre la que se imprime el acimut, y una aguja que gira alrededor de la esfera y apunta a la estación en que está sintonizado el receptor.

Algunas esferas de ADF pueden ser giradas para alinear el acimut con el rumbo de la aeronave; otros están fijos con el 0° representando la nariz de la aeronave, y 180° representa la cola. Sólo la esfera de acimut fijo se discute en este manual. *[Figura 15-36]*

La *Figura 15-37* ilustra los términos que se utilizan con el ADF y deben conocerse por el piloto.

Para determinar el rumbo magnético "desde (FROM)" la estación, se suma o se resta 180° de la marcación magnética a la estación. Este es el recíproco y se utiliza cuando se trazan posiciones.

Tenga en cuenta que la aguja de acimut fijo apunta a la estación en relación a la nariz de la aeronave. Si la aguja se desvía 30° a la izquierda con una dirección relativa de 330°, esto significa que la estación se encuentra a 30° a la izquierda. Si la aeronave se gira 30° a la izquierda, la aguja se mueve 30° hacia la derecha e indica una

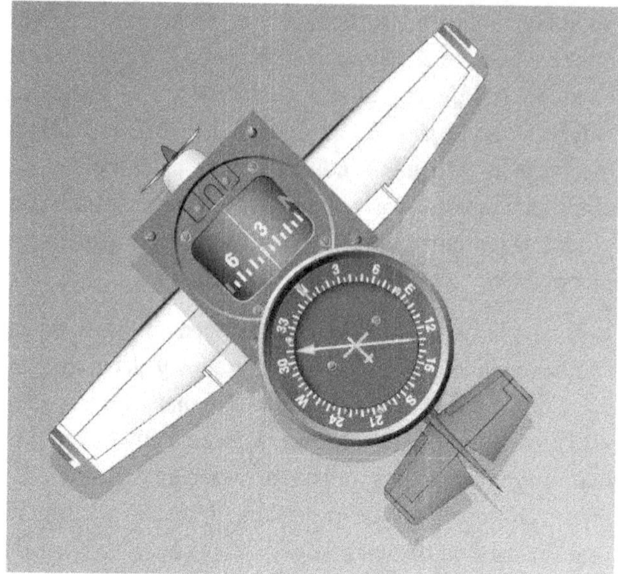

Figura 15-36. *ADF con esfera fija y compás magnético.*

dirección relativa de 0°, o la aeronave apunta hacia la estación. Si el piloto sigue vuelo hacia la estación manteniendo la aguja en 0°, el procedimiento se llama ingreso a la estación. Si existe viento lateral, la aguja del ADF deriva del cero. Para mantener la aguja en cero, el avión debe girar ligeramente dando lugar a una trayectoria de vuelo curvo a la estación. El ingreso a la estación es un procedimiento común, pero resulta en deriva por el viento, alargando la distancia a la estación.

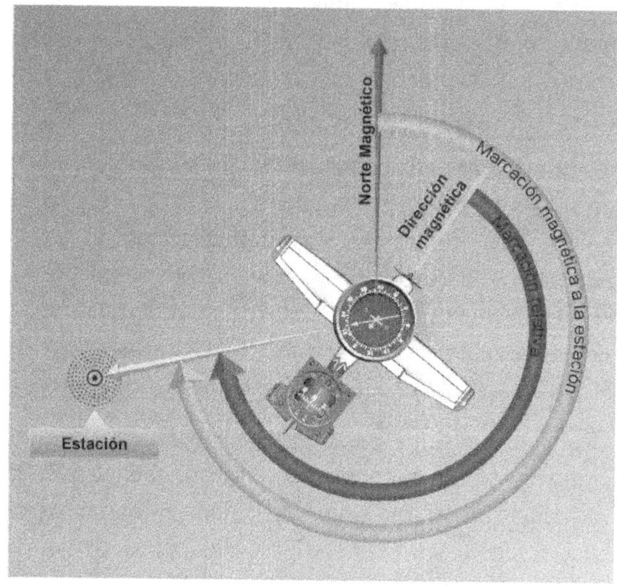

Figura 15-37. *Términos de ADF*

El ingreso a la estación requiere la corrección por la deriva del viento y resulta en el mantenimiento del vuelo a lo largo de una ruta o marcación que lleva a la estación. Cuando se establece la corrección de la deriva del viento, la aguja del ADF indica la cantidad de corrección a la derecha o izquierda. Por ejemplo, si la marcación magnética a la estación es 340°, una corrección para un viento de izquierda daría lugar a un rumbo magnético de 330°, y la aguja del ADF indicaría 10° a la derecha o una marcación relativa de 010°. *[Figura 15-38]*

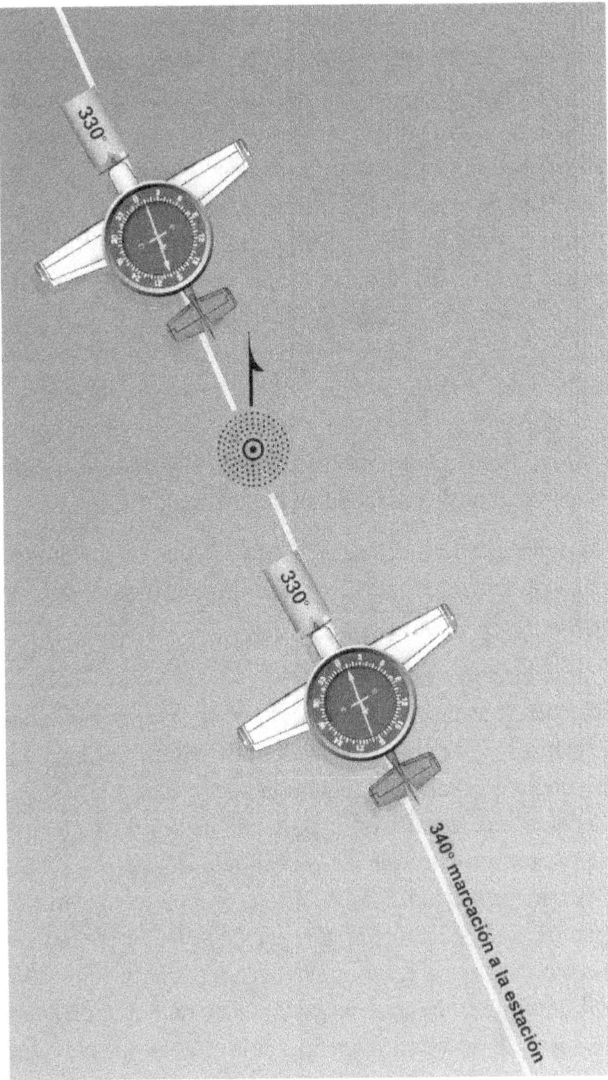

Figura 15-38. *Navegación con ADF.*

Cuando aleja de la estación, se realizan correcciones de viento similar al ingreso a la estación, pero la aguja del ADF apunta hacia la cola de la aeronave o la posición de 180° en la esfera de acimut. Mantener la aguja del ADF en la posición de 180° con vientos resulta con el avión volando una curva que lo aleja cada vez más de la ruta deseada. Para corregir por el viento cuando aleja, la

corrección debe hacerse en la dirección opuesta de aquella en la que está apuntando la aguja.

Aunque el ADF no es tan popular como el VOR para la radionavegación, con las debidas precauciones y el uso inteligente, el ADF puede ser una valiosa radioayuda.

Sistema de Posicionamiento Global (GPS)

El GPS es un sistema de radionavegación por satélite. Su guía RNAV es de alcance mundial. No hay símbolos para GPS en las cartas aeronáuticas, ya que es un sistema espacial con una cobertura global. El desarrollo del sistema está en marcha por lo que el GPS es capaz de proporcionar los medios primarios de la navegación electrónica. Unidades portátiles y montadas en los controles están demostrando ser muy populares al igual que las instaladas permanentemente en la aeronave. Extensas bases de datos para la navegación son comunes en los receptores GPS de aviones.

El GPS es un sistema de radionavegación y difusión por satélite, desarrollado y operado por el Departamento de Defensa de EE.UU.

No es necesario entender los aspectos técnicos de la operación del GPS para utilizarlo en navegación VFR/IFR. Difiere considerablemente de la navegación electrónica convencional, basada en tierra, y el conocimiento de estas diferencias es importante. El conocimiento de los equipos aprobados y limitaciones es fundamental para la seguridad de vuelo.

El sistema de navegación GPS emite una señal que se utiliza por los receptores para determinar la posición precisa en cualquier lugar del mundo. El receptor rastrea múltiples satélites y determina una distancia para conocer la ubicación del usuario. Es necesario un mínimo de cuatro satélites para establecer una posición tridimensional exacta. El Departamento de Defensa es responsable del funcionamiento de la constelación de satélites GPS y controla los satélites GPS para asegurar su correcto funcionamiento.

El estado de un satélite GPS se transmite como parte del mensaje de datos transmitido por el satélite. La información sobre el estado del GPS también está disponible por medio del servicio de información de navegación de la Guardia Costera. Además, el estado de los satélites está disponible a través del sistema de Aviso a los aviadores (NOTAM).

El receptor GPS comprueba la integridad (usabilidad) de las señales recibidas de la constelación GPS a través de un monitoreo de la integridad autónoma del receptor (RAIM) para determinar si un satélite provee información alterada. Al menos un satélite, además de los requeridos para la navegación, debe estar a la vista para que el receptor realice la función RAIM; por lo tanto, RAIM necesita un mínimo de cinco satélites a la vista, o cuatro satélites y un altímetro barométrico para detectar anomalías de integridad. Para que los receptores sean capaces de realizar esto, RAIM necesita seis satélites a la vista (o cinco con ayuda barométrica) para aislar la señal del satélite erróneo y removerla de la solución de navegación. La ayuda barométrica es un método para aumentar la integridad de la solución del GPS usando una fuente distinta a los satélites. La altitud derivada del GPS no debe ser tomada como base para determinar la altitud de la aeronave ya que el error vertical puede ser muy grande y no se proporciona integridad. Para garantizar que la baro-ayuda está disponible, el ajuste actual del altímetro se debe introducir en el receptor como se describe en el manual de instrucciones.

Los mensajes RAIM varían algo entre los receptores; sin embargo, por lo general hay dos tipos. Uno de ellos indica que no hay suficientes satélites disponibles para proporcionar un control de integridad RAIM y otro tipo indica que un control de integridad RAIM ha detectado un posible error que excede el límite para la fase de vuelo actual. Sin la capacidad RAIM, el piloto no tiene la seguridad sobre la precisión de la posición del GPS.

Disponibilidad selectiva

La disponibilidad selectiva es un método por el cual la precisión del GPS es intencionadamente degradada. Esta característica está diseñada de negar el uso hostil de los datos precisos de posicionamiento del GPS. La disponibilidad selectiva se suspendió el 1 de mayo de 2000, pero muchos receptores GPS están diseñados para suponer que todavía está activa.

La constelación de 24 satélites del GPS está diseñado de manera que un mínimo de cinco satélites están siempre visibles por un usuario en cualquier lugar en la tierra. El receptor utiliza datos de un mínimo de cuatro satélites por encima del ángulo de enmascaramiento (el ángulo más bajo sobre el horizonte en el que un receptor puede utilizar un satélite).

Uso VFR del GPS

La navegación GPS se ha convertido en un gran logro para los pilotos VFR, proporcionando mayor capacidad en la navegación y una mayor conciencia de la ubicación, al tiempo que reduce los costos de operación debido a la mayor facilidad para volar rutas directas. Mientras que el GPS le da muchas ventajas al piloto VFR, se debe tener cuidado para asegurar que no se excedan las capacidades del sistema.

Los tipos de receptores usados para la navegación GPS bajo VFR son variados, desde una instalación completa IFR que se utiliza para un vuelo VFR, a una instalación solo VFR (en un avión con capacidad VFR o IFR) a un receptor de mano. Las limitaciones de cada tipo de receptor, o su uso, deben ser entendidos por el piloto para evitar el mal uso de la información de navegación. En todo caso, los pilotos VFR nunca deben depender solamente de un sistema de navegación. La navegación GPS debe integrarse con otras formas de navegación electrónica, así como navegación observada y a la estima. Sólo integrando estas técnicas puede el piloto VFR asegurar la precisión en la navegación.

Algunos asuntos críticos en el uso VFR de GPS incluyen la capacidad RAIM, la actualización de la base de datos y la ubicación de la antena.

Capacidad RAIM

Muchos receptores GPS VFR y todas las unidades portátiles no tienen capacidad de alerta RAIM. La pérdida de la cantidad requerida de satélites a la vista, o la detección de un error de posición, no se puede mostrar al piloto por este tipo de receptores. En los receptores que sin capacidad RAIM, no se proporciona alerta al piloto que la solución de navegación se ha deteriorado, y podría ocurrir un error de navegación sin ser detectado. A través del control cruzado sistemático con otras técnicas de navegación identificaría este fallo, y previene una desviación grave.

En muchos receptores, una base de datos actualizable se usa para los puntos de navegación, aeropuertos, y los procedimientos por instrumentos. Estas bases de datos deben mantenerse con la última actualización para la operación IFR, pero no existe tal requisito para el uso VFR. Sin embargo, en muchos casos, la base de datos muestra en pantalla un mapa en movimiento que indica espacio aéreo de uso especial y diversas clases de espacio aéreo, además de otra información operativa. Sin una base de datos actual el mapa móvil puede mostrar información desactualizada y errónea a los pilotos VFR que deseen rodear áreas de espacios aéreos críticos, como un área restringida o un segmento del espacio aéreo Clase B. Muchos pilotos se han adentrado en el espacio aéreo que estaban tratando de evitar por el uso de una base de datos obsoleta. Si no hay una base de datos actual en el receptor, no tome en cuenta el mapa móvil cuando toma decisiones de navegación críticas.

Además, para satisfacer las necesidades operacionales se añaden, quitan, reubican, o re-nombran puntos de referencia como sea necesario. Cuando se utiliza el GPS para navegar con relación a un punto de referencia, una base de datos actual se debe utilizar para localizar correctamente ese waypoint. Sin la actualización, es responsabilidad del piloto comprobar la ubicación del punto de referencia con una fuente oficial, como el A/FD, carta seccional o carta en ruta.

En muchas instalaciones VFR de receptores GPS, la ubicación de la antena es más una cuestión de conveniencia que de rendimiento. En las instalaciones IFR, se debe tener precaución para asegurarse de que se proporciona una visión limpia adecuada para que la antena vea los satélites. Si se utiliza una ubicación alternativa, una parte de la aeronave puede bloquear la visión de la antena, provocando una posibilidad de perder la señal de navegación.

Esto es especialmente cierto en el caso de los portátiles. El uso de receptores de mano para operaciones VFR es una tendencia cada vez mayor, especialmente entre los pilotos de alquiler. Típicamente, se utilizan ventosas para colocar las antenas GPS en el interior de las ventanas de aeronaves. Si bien este método tiene una gran utilidad, la ubicación de la antena está limitada por la estructura de la aeronave para una óptima recepción de los satélites disponibles. En consecuencia, pueden ocurrir pérdidas de señal en ciertas situaciones de la geometría aviones-satélite, causando una pérdida de la señal de navegación. Estas pérdidas, unidas a la falta de capacidad RAIM, podrían presentar una información de posición y de navegación errónea sin avisar al piloto.

Aunque el uso de un GPS de mano para operaciones VFR no está limitado por la regulación, la modificación de la aeronave, tal como la instalación de un soporte en el panel o control, se rige por las regulaciones. Los pilotos deben consultar con un mecánico para garantizar el cumplimiento de la regulación y una instalación segura.

Consejos para usar el GPS en operaciones VFR

Siempre revise para ver si la unidad tiene la capacidad RAIM. Si no existe la capacidad RAIM, dude de la posición que muestra el GPS cuando existe un desacuerdo con la posición derivada de otros sistemas de navegación por radio, observada, o a la estima.

Compruebe la validez de la base de datos, en su caso. Si ha expirado, actualice la base de datos mediante la revisión actual. Si no es posible la actualización de una base de datos que ha expirado, ignore la presentación del espacio aéreo del mapa móvil para las decisiones de navegación críticas. Tenga en cuenta que los waypoints puede que ya no existan o se hayan trasladado ya que la base de datos expiró. Como mínimo, los puntos previstos para ser utilizados deberán controlarse con una fuente oficial actual, como una carta aeronáutica.

Mientras un receptor GPS de mano puede proporcionar una capacidad de navegación excelente para pilotos VFR, debe estar preparado para la pérdida intermitente de la señal de navegación, posiblemente sin RAIM que alerte al piloto. Si va a montar el receptor en el avión, asegúrese de cumplir con las regulaciones.

Planifique los vuelos cuidadosamente antes de despegar. Si navegar hacia waypoints definidos por el usuario, ingréselos antes del vuelo y no en marcha. Verifique el vuelo previsto con una fuente actual, como una carta seccional. Han habido casos en los que un piloto utiliza waypoints creados por otro piloto que no estaban donde el piloto al mando los esperaba. En general, esto resulta en un error de navegación. Minimice el tiempo "cabeza abajo" en la aeronave y atienda al tránsito, el terreno y los obstáculos. Unos pocos minutos de preparación y planificación en el suelo hacen una gran diferencia en el aire.

Otra forma de minimizar el tiempo mirando hacia abajo es familiarizarse con el funcionamiento del receptor. La mayoría de los receptores no son intuitivos. El piloto debe tomarse el tiempo para aprender las distintas teclas, funciones y pantallas que se utilizan en la operación del receptor. Algunos fabricantes ofrecen tutoriales o simulaciones de sus receptores por computadora. Tome el tiempo para aprender acerca de la unidad en particular antes de utilizarla durante el vuelo.

En resumen, tenga cuidado de no confiar en el GPS para resolver todos los problemas de navegación VFR. A menos que un receptor IFR está instalado de acuerdo con los requisitos IFR, no se ha asegurado un estándar de exactitud o integridad. Mientras la practicidad del GPS es convincente, el hecho es que sólo el piloto puede navegar la aeronave, y el GPS es sólo una de las herramientas del piloto para hacer el trabajo.

Puntos de referencia (Waypoints) VFR

Los waypoints VFR proporcionan a los pilotos VFR una herramienta adicional para ayudar al conocimiento de la posición mientras navega visualmente con aeronaves equipadas con receptores de navegación de área. Los waypoints VFR deben utilizarse como una herramienta complementaria de los procedimientos de navegación actuales. Los usos de los puntos de referencia VFR incluyen proporcionar ayudas a la navegación para los pilotos no familiarizados con el área, definir waypoints de puntos de notificación existentes, mejora en la navegación dentro y en los alrededores de espacio aéreo Clase B y Clase C, y mejora en la navegación en espacios aéreos de Uso Especial. Los pilotos VFR deben confiar en las cartas aeronáuticas apropiadas y actuales publicadas específicamente para la navegación visual. Si opera en un área terminal, los pilotos deben hacer uso de la Carta de Área Terminal disponible para esa área, si es que se ha publicado. El uso de puntos de referencia VFR no exime al piloto de la responsabilidad de cumplir con los requisitos operativos de las regulaciones.

Los nombres de los waypoint VFR (para entradas de computadoras y planes de vuelo) consisten en cinco letras comenzando con las letras "VP" y son accesibles a partir de bases de datos de navegación. Los nombres de los waypoint no son pronunciables, y no son para su uso en las comunicaciones ATC. En las cartas VFR, un waypoint VFR es representado con la misma estrella de cuatro puntas utilizada para los waypoints IFR. Los waypoint VFR colocados con un punto de control en la carta se identifican mediante un pequeño símbolo de color magenta. Un punto de referencia VFR con un punto de control es pronunciable basado en el nombre del punto de control y se puede utilizar en la comunicación de tránsito. Cada nombre de waypoint VFR aparece entre paréntesis, adyacente a la ubicación geográfica en la carta. Datos de latitud/longitud para todos los waypoints VFR establecidos se pueden encontrar en el A/FD.

Cuando se presentan planes de vuelo VFR, utilice el identificador de cinco letras como waypoint en la sección de ruta de vuelo si prevé un cambio de rumbo en ese punto o si se utiliza para describir la ruta prevista de vuelo. Esta presentación VFR es similar al uso del VOR en una ruta de vuelo. Un piloto debe utilizar los waypoints VFR sólo cuando opera en condiciones VFR.

Cualquier punto de referencia VFR destinado a ser utilizado durante un vuelo se debe cargar en el receptor mientras está en el suelo y antes de la partida. Una vez en el aire, los pilotos deben evitar programar rutas o grupos de waypoint VFR en sus receptores.

Los pilotos deben estar especialmente atentos por otros tráficos mientras opera cerca de puntos de referencia VFR. Es necesario el mismo esfuerzo de ver y evitar otras aeronaves cerca de puntos de referencia VFR, como en el caso de operar cerca de los VOR y NDB. De hecho, el aumento de la precisión en la navegación por el uso del GPS exige una mayor vigilancia, ya que las desviaciones de rumbo entre diferentes pilotos y receptores es menor. Al operar cerca de un waypoint VFR, use cualquier servicio ATC disponible, incluso si está fuera de una clase de espacio aéreo donde se requieren comunicaciones. Independientemente de la clase de espacio aéreo, escuche la frecuencia ATC disponible para obtener información sobre otras aeronaves que operan en los alrededores. También es una buena idea encender la luz de aterrizaje al operar cerca de un punto de referencia VFR para hacer más visible el avión a otros pilotos, sobre todo cuando la visibilidad está reducida.

Procedimientos al perderse

Perderse en un avión es una situación potencialmente peligrosa, especialmente cuando tiene poco combustible. Si un piloto se pierde, hay unos buenos procedimientos de sentido común a seguir. Si no se pueden ver un pueblo o ciudad, lo primero que debe hacer es ascender, estando consciente del tránsito y las condiciones climáticas. Un aumento de la altitud aumenta el alcance de recepción de la radio y navegación, y también aumenta la cobertura radar. Si volaba cerca de un pueblo o ciudad, podría leer el nombre de la ciudad en una torre de agua.

Si la aeronave tiene una radio de navegación, tal como un receptor VOR o ADF, sería posible determinar la posición mediante el trazado del acimut a partir de dos o más instalaciones de navegación. Si tiene instalado un

GPS, o el piloto tiene un GPS portátil de aviación a bordo, lo puede utilizar para determinar la posición y la ubicación del aeropuerto más cercano.

Comunique con cualquier instalación disponible usando frecuencias que se muestran en la carta seccional. Si se hace contacto con un controlador, puede ofrecer vectores radar. Otras instalaciones pueden ofrecer asistencia de buscador de dirección (DF). Para utilizar este procedimiento, el controlador solicita al piloto que mantenga pulsado el botón de transmisión durante unos segundos y luego lo suelte. El controlador puede pedir al piloto que cambie de dirección varias veces y repita el procedimiento de transmisión. Esto le da al controlador de suficiente información para ubicar la posición de la aeronave y luego le da los vectores a un lugar de aterrizaje adecuado. Si la situación se torna peligrosa, transmita la situación en la frecuencia de emergencia de 121,5 MHz y ajuste el transpondedor a 7700. La mayoría de las instalaciones e incluso aviones de pasajeros, controlan la frecuencia de emergencia.

Desvío del vuelo

Probablemente, llega un momento en que un piloto no es capaz de llegar al destino previsto. Esto puede ser el resultado de condiciones climáticas impredecibles, un mal funcionamiento de sistema o mala planificación del vuelo. En cualquier caso, el piloto debe ser capaz de desviarse de manera segura y eficaz a un destino alternativo. Antes de cualquier vuelo de travesía, verifique las cartas por aeropuertos o áreas de aterrizaje adecuadas a lo largo o cerca de la ruta de vuelo. También revise si hay ayudas a la navegación que se pueden utilizar durante un desvío.

El cálculo de la información de tiempo, velocidad, y distancia en vuelo requiere los mismos cálculos usados durante la planificación del vuelo. Sin embargo, debido al limitado espacio en la cabina, y porque la atención se debe dividir entre volar el avión, hacer cálculos, y la observar otras aeronaves, aproveche todos los atajos y cálculos rápidos posibles.

Cuando está en vuelo, rara vez es práctico trazar un rumbo en una carta y marcar los puntos de control y las distancias. Además, debido a que un aeropuerto alternativo no suele estar muy lejos de su rumbo original, el trazado es raramente necesario.

Un rumbo a un alternativo se puede medir con precisión con un transportador o plotter, pero también se puede medir con una precisión razonable usando una regla y la rosa de los vientos representada alrededor de las estaciones VOR. Esta aproximación se puede hacer basándose en un radial de un VOR cercano o una aerovía casi paralela al rumbo hacia su alternativo. Sin embargo, recuerde que el rumbo magnético asociado con un radial VOR o aerovía impresas es de salida desde la estación. Para encontrar el rumbo hacia la estación, puede ser necesario determinar el recíproco de dicho rumbo. Por lo general es más fácil navegar hacia un aeropuerto alternativo que tiene una instalación VOR o NDB en el campo.

Después de seleccionar el alternativo más apropiado, aproxime el rumbo magnético al alternativo con una rosa de los vientos o aerovía en la carta. Si el tiempo lo permite, trate de iniciar el desvío sobre una característica del terreno destacable. Sin embargo, en una emergencia, desvíe rápidamente hacia su alternativa. Intentar completar el trazado, medición y cálculos involucrados antes de desviar al alternativo sólo puede agravar una situación de emergencia.

Una vez establecido el rumbo, anote la hora, y luego use los vientos en altura cercanos a su punto de desviación para calcular un rumbo y GS. Una vez que ha sido calculada una GS, determinar la nueva hora de arribo y el consumo de combustible. Dé prioridad al control de la aeronave, mientras divide la atención entre la navegación y la planificación. Al determinar una altitud a usar mientras se desvía, considere la altura de las nubes, el viento, el terreno, y la recepción de radio.

Resumen del capítulo

En este capítulo se ha discutido los fundamentos de la navegación VFR. Comenzando con una introducción a las cartas que se pueden utilizar para la navegación a los conceptos más avanzados técnicamente de GPS, hay un aspecto de la navegación que sigue siendo el mismo. El piloto es responsable de una planificación apropiada y la ejecución de esa planificación para garantizar un vuelo seguro.

Factores aeromédicos

Introducción

Es importante para un piloto tener en cuenta los estándares físicos y mentales necesarios para el tipo de vuelo realizado. Este capítulo proporciona información sobre la certificación médica y una variedad de factores aeromédicos relacionados con las actividades de vuelo.

Obtención de un certificado médico

La mayoría de los pilotos deben tener un certificado médico válido para ejercer los privilegios de su licencia de aviador. Los pilotos de planeador y de globo libre no están obligados a poseer un certificado médico. Los pilotos deportivos deben poseer un certificado médico o una licencia de conducir estatal válida.

La obtención de un certificado médico requiere un examen por un médico examinador aeronáutico (AME), un médico con formación en medicina aeronáutica designado por el instituto que rige la medicina aeroespacial. Hay tres clases de certificados médicos. La clase de certificado necesaria depende del tipo de vuelo que planea hacer el piloto.

Las normas son más rigurosas para las clases más altas de certificados. Un piloto con un certificado médico de clase superior ha cumplido con los requisitos para las clases inferiores. Puesto que la clase médica requerida sólo se aplica cuando ejerce los privilegios de la licencia de piloto para el que fue requerido, un certificado médico de primera clase sería válida durante 1 año, si ejerce los privilegios de una licencia comercial, y 2 o 3 años según el caso, para el ejercicio de los privilegios de una licencia privada o recreativa. Lo mismo se aplica para un certificado médico de segunda clase. Las normas para la certificación médica están contenidas en las Regulaciones Federales.

Los alumnos que tienen limitaciones físicas, como problemas de visión, pérdida de una extremidad o pérdida auditiva pueden obtener un certificado médico válido para "privilegios sólo de alumno piloto" mientras aprenden a volar. Los pilotos con discapacidad pueden requerir equipo especial instalado en la aeronave, tales como controles manuales para pilotos con paraplejia. Algunas discapacidades requieren una limitación en el certificado del individuo; por ejemplo, problemas de audición requerirían la limitación "no válido para el vuelo que requiere el uso de la radio." Cuando todos los requisitos de conocimientos, experiencia y competencia se han cumplido y el alumno puede demostrar su capacidad para operar la aeronave con un nivel normal de seguridad, se entrega una "declaración de capacidad demostrada" (SODA). Esta autorización o SODA, es válida siempre y cuando el impedimento físico no empeora.

Factores fisiológicos y de salud que afectan al rendimiento del piloto

Un número de factores de salud y efectos fisiológicos pueden estar vinculados con el vuelo. Algunos son menores, mientras que otros son lo suficientemente importantes como para requerir atención especial para garantizar la seguridad de vuelo. En algunos casos, los factores fisiológicos pueden llevar a emergencias en vuelo. Algunos factores médicos importantes que un piloto debe tener en cuenta incluyen la hipoxia, hiperventilación, problemas del oído medio y seno paranasal, desorientación espacial, mareo, envenenamiento con monóxido de carbono (CO), estrés y fatiga, deshidratación e insolación. Otros temas incluyen los efectos del alcohol y las drogas, ansiedad y exceso de nitrógeno en la sangre después de bucear.

Hipoxia

Hipoxia significa "oxígeno reducido" o que "no hay suficiente oxígeno." Aunque cualquier tejido morirá si se le priva de oxígeno por el tiempo suficiente, por lo general la mayor preocupación es llevar el suficiente oxígeno al cerebro, ya que es particularmente vulnerable a la falta de oxígeno. Cualquier reducción en la función mental durante el vuelo puede resultar en errores que amenazan la vida. La hipoxia puede ser causada por varios factores, incluyendo suministro insuficiente de oxígeno, transporte inadecuado del oxígeno, o la incapacidad de los tejidos del cuerpo para utilizar el oxígeno. Las formas de hipoxia se basan en sus causas: hipoxia hipóxica, hipoxia anémica, hipoxia isquémica o por estancamiento, y la hipoxia histotóxica.

Hipoxia hipóxica

La hipoxia hipóxica es el resultado de insuficiente oxígeno disponible para el cuerpo en su conjunto. Una vía respiratoria bloqueada y ahogada son ejemplos evidentes de la forma en que pueden ser privados de oxígeno los pulmones, pero la reducción de la presión parcial de oxígeno a gran altura es un ejemplo apropiado para los pilotos. Aunque el porcentaje de oxígeno en la atmósfera es constante, su presión parcial disminuye proporcionalmente al disminuir la presión atmosférica. A medida que el avión asciende durante el vuelo, el porcentaje de cada gas en la atmósfera sigue siendo el mismo, pero hay un menor número de moléculas disponibles a la presión requerida para que pasen a través de las membranas del sistema respiratorio. Esta disminución en el número de moléculas de oxígeno a presión suficiente puede llevar a la hipoxia hipóxica.

Hipoxia anémica

La hipoxia anémica se produce cuando la sangre no es capaz de absorber y transportar una cantidad suficiente de oxígeno a las células del cuerpo. Anemia significa que "no llega suficiente sangre." Este tipo de hipoxia es resultado de una deficiencia de oxígeno en la sangre, mas que de una falta de oxígeno inhalado, y puede ser causada por una variedad de factores. Puede ser debido a la reducción del volumen de sangre (debido a una hemorragia grave), o puede resultar de ciertas enfermedades de la sangre, tales como la anemia. Más a menudo la hipoxia anémica ocurre porque la hemoglobina, la molécula de la sangre que transporta el oxígeno, es químicamente incapaz de unirse las moléculas de oxígeno. La forma más común de hipoxia anémica es el envenenamiento por CO. Esto se explica en mayor detalle en la página 16-12. La hipoxia anémica también puede ser causada por la pérdida de la sangre debido a la donación de sangre. La sangre puede requerir varias semanas para volver a la normalidad después de una donación. Aunque los efectos de la pérdida de sangre son leves a nivel del suelo, existen riesgos al volar durante este tiempo.

Hipoxia isquémica o por estancamiento

Isquémica significa que "no fluye", y la hipoxia por estancamiento o isquémica, resulta cuando la sangre oxigenada en los pulmones no se mueve, por una razón u otra, hacia los tejidos que la necesitan. Un brazo o una pierna "dormida" porque el flujo de sangre se interrumpe por accidente es una forma de hipoxia isquémica. Este tipo de hipoxia también puede resultar de un golpe, la imposibilidad del corazón para bombear sangre con eficacia, o una arteria contraída. Durante el vuelo, la hipoxia isquémica puede ocurrir con excesiva aceleración de la gravedad (G). Las bajas temperaturas también pueden reducir la circulación y reducir el flujo sanguíneo a las extremidades.

Hipoxia histotóxica

La incapacidad de las células para utilizar eficazmente el oxígeno se define como la hipoxia histotóxica."Histo" se refiere a tejidos o células, y "tóxico" significa venenoso. En este caso, suficiente oxígeno es transportado a las células que lo necesitan, pero no lo pueden usar. Este deterioro de la respiración celular puede ser causado por el alcohol y otras drogas, como narcóticos y venenos. Las investigaciones han demostrado que beber 30 gramos de alcohol puede ser equivalente a aproximadamente un adicional de 2.000 pies de altitud fisiológica.

Síntomas de la hipoxia

El vuelo a gran altitud puede colocar a un piloto en riesgo de sufrir hipoxia. La falta de oxígeno hace que el cerebro y otros órganos vitales se deterioren. Un atributo notable de la aparición de la hipoxia es que los primeros síntomas son sensación de euforia y despreocupación. Con el aumento de la falta de oxígeno, las extremidades se vuelven menos sensibles y el vuelo se vuelve menos coordinado. Los síntomas de la hipoxia varían con el individuo, pero los síntomas comunes incluyen:

- Cianosis (uñas y labios azules)
- Dolor de cabeza
- Disminución del tiempo de reacción
- Deterioro del juicio
- Euforia
- Deterioro visual
- Somnolencia
- Sensación de aturdimiento o mareo
- Hormigueo en los dedos de manos y pies
- Entumecimiento

Al empeorar la hipoxia, el campo de visión comienza a reducirse, y la interpretación de los instrumentos puede llegar a ser difícil. Incluso con todos estos síntomas, los efectos de la hipoxia pueden producir al piloto una falsa sensación de seguridad y creer que todo está normal. El tratamiento de la hipoxia incluye volar a altitudes más bajas y/o el uso de oxígeno suplementario.

Todos los pilotos son susceptibles a los efectos de la falta de oxígeno, independientemente de la resistencia física o la aclimatación. Cuando se vuela a gran altura, es de suma importancia que se use oxígeno para evitar los efectos de la hipoxia. El término "tiempo de conciencia útil" describe el tiempo máximo que tiene el piloto para tomar decisiones racionales que pueden salvar vidas y llevarlas a cabo a una altura determinada sin oxígeno suplementario. A medida que aumenta la altitud por encima de 10.000 pies, los síntomas de hipoxia aumentan en gravedad y el tiempo de conciencia útil disminuye rápidamente. *[Figura 16-1]*

Altitud	Tiempo de conciencia útil
45.000 pies SNM	9 a 15 segundos
40.000 pies SNM	15 a 20 segundos
35.000 pies SNM	30 a 60 segundos
30.000 pies SNM	1 a 2 minutos
28.000 pies SNM	2½ a 3 minutos
25.000 pies SNM	3 a 5 minutos
22.000 pies SNM	5 a 10 minutos
20.000 pies SNM	30 minutos o más

Figura 16-1. *Tiempo de consciencia útil.*

Dado que los síntomas de la hipoxia pueden ser diferentes para cada individuo, la capacidad de reconocer la hipoxia se puede mejorar en gran medida viendo y experimentando los efectos de la misma durante un "vuelo" en cámara de altitud. La Administración Federal de Aviación (FAA) ofrece esta oportunidad a través del entrenamiento de fisiología de aviación, que se lleva a cabo en la FAA CAMI y en muchas instalaciones militares de los Estados Unidos. Para obtener información sobre el curso de un día de entrenamiento fisiológico de la FAA con la cámara de altitud y demostraciones de vértigo, visite el sitio web de la FAA: www.faa.gov/pilotos/formación/airman_education/ aerospace_physiology/index.cfm.

Hiperventilación

Hiperventilación es la excesivamente rápida y profunda respiración que conduce a la pérdida anormal de dióxido de carbono de la sangre. Esta condición ocurre con más frecuencia entre los pilotos que lo generalmente reconocido. Rara vez incapacita por completo, pero causa síntomas molestos que pueden alarmar al piloto desinformado. En tales casos, el aumento de la frecuencia respiratoria y la ansiedad agravan aún más el problema. La hiperventilación puede producir pérdida del conocimiento debido a un mecanismo del sistema respiratorio para recuperar el control de la respiración.

Los pilotos que encuentran una situación estresante inesperada pueden aumentar inconscientemente la frecuencia respiratoria. Si vuelan a mayores altitudes, con o sin oxígeno, un piloto puede tener una tendencia a respirar más rápido de lo normal, lo que a menudo conduce a la hiperventilación.

Dado que muchos de los síntomas de la hiperventilación son similares a los de la hipoxia, es importante diagnosticar correctamente y tratar la condición apropiada. Si utiliza oxígeno suplementario, revise el equipo y el caudal para asegurarse que los síntomas no son relacionados a la hipoxia. Los síntomas comunes de la hiperventilación son:

- Deficiencia visual
- Pérdida del conocimiento
- Sensación de aturdimiento o mareo
- Sensación de hormigueo
- Sensaciones de frío y calor
- Espasmos musculares

El tratamiento de la hiperventilación implica la restauración del nivel de dióxido de carbono adecuado en el cuerpo. Respirar normalmente es tanto la mejor prevención como la mejor cura para la hiperventilación. Además de disminuir el ritmo respiratorio, respirar en una bolsa de papel o hablar en voz alta ayuda a superar la hiperventilación. La recuperación es normalmente rápida una vez que la velocidad de respiración vuelve a ser normal.

Problemas de oído Medio y senos paranasales

Durante los ascensos y descensos, el gas libre presente en diversas cavidades del cuerpo se expande debido a la diferencia entre la presión del aire fuera del cuerpo y la del interior del cuerpo. Si se impide el escape del gas expandido, aumenta la presión dentro de la cavidad y se experimenta dolor. La expansión del gas atrapado trae dolor de oído y senos paranasales, así como reducción temporal de la capacidad de escuchar.

El oído medio es una pequeña cavidad situada en el cráneo. Está separado del canal auditivo externo por el tímpano. Normalmente, las diferencias de presión entre el oído medio y el exterior son igualadas por un tubo que va desde el interior de cada oído a la parte posterior de la garganta en cada lado, llamado trompa de Eustaquio. Estos tubos están generalmente cerrados, pero se abren al masticar, bostezar o al tragar para igualar la presión. Incluso una pequeña diferencia entre la presión externa y la presión del oído medio puede causar molestias. *[Figura 16-2]*

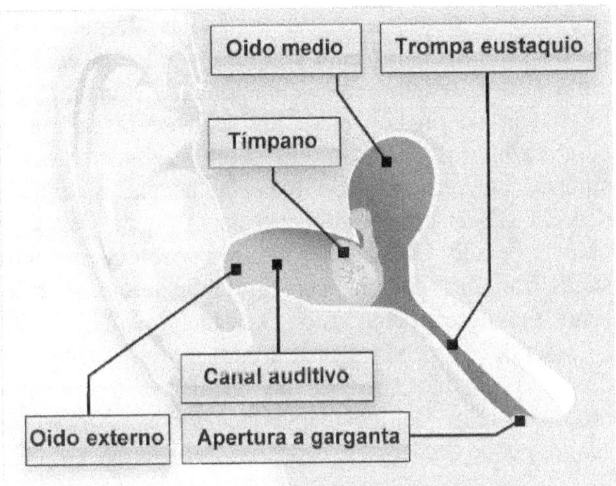

Figura 16-2. *La trompa de Eustaquio permite igualar la presión de aire del oído medio.*

Durante el ascenso, la presión de aire del oído medio puede exceder la presión de aire en el canal auditivo externo, haciendo que el tímpano se infle hacia afuera. Los pilotos notan este cambio de presión cuando experimentan sensaciones alternativas de "llenado" y "vaciado". Durante el descenso, ocurre lo contrario. Mientras que la presión del aire en el canal del oído externo aumenta, la cavidad del oído medio, que está igualada con la presión más baja en altitud, está menor presión que el canal del oído externo. Esto resulta en mayor presión externa, haciendo que el tímpano se infle hacia adentro.

Esta condición puede ser más difícil de aliviar debido al hecho de que el vacío parcial tiende a comprimir las paredes de la trompa de Eustaquio. Para remediar esta condición a menudo dolorosa, que también causa una reducción temporal de la sensibilidad auditiva, presione las fosas nasales, cierre la boca y labios y sople lenta y suavemente en la boca y la nariz.

Este procedimiento fuerza el aire a través de la trompa de Eustaquio hacia el oído medio. Tal vez no sea posible igualar la presión en los oídos si un piloto tiene un resfriado, una infección de oído o dolor de garganta. Un vuelo en esta condición puede ser extremadamente doloroso, así como dañar los tímpanos. Si experimenta una congestión menor, las gotas nasales o aerosoles nasales pueden reducir el riesgo de un bloqueo doloroso del oído. Antes de usar cualquier medicamento, consulte con un médico para garantizar que esto no afectará la capacidad de volar.

De manera similar, la presión de aire en los senos paranasales iguala la presión en la cabina a través de pequeñas aberturas que conectan los senos a los pasajes nasales. Una infección respiratoria superior, como un resfriado o sinusitis, o una condición alérgica nasal puede producir suficiente congestión en una abertura como para reducir la igualación. Al aumentar la diferencia de presión entre los senos y la cabina, la congestión puede obstruir la abertura. Este "bloqueo sinusal" se presenta con más frecuencia durante el descenso. Una tasa de descenso lenta puede reducir el dolor asociado. Un seno bloqueado puede ocurrir en los senos frontales, situados encima de cada ceja, o en los senos maxilares, ubicados en cada mejilla superior. Por lo general, va a producir un dolor insoportable en el área del seno. Un bloqueo de seno maxilar también puede producir dolor de los dientes superiores. Moco con sangre puede descargarse desde las fosas nasales.

El bloqueo sinusal puede ser evitado no volando con una infección respiratoria superior o condición alérgica nasal. Por lo general la protección adecuada no la proporcionan los aerosoles o gotas descongestivos para reducir la congestión en torno a las aberturas de los senos. Los descongestivos orales tienen efectos secundarios que pueden perjudicar el rendimiento del piloto. Si un bloqueo del seno no desaparece poco después del aterrizaje, debe consultar un médico.

Desorientación espacial e ilusiones

La desorientación espacial se refiere específicamente a la falta de orientación con respecto a la posición, actitud, o movimiento del avión en el espacio. El cuerpo utiliza tres sistemas integrados que trabajan juntos para determinar la orientación y el movimiento en el espacio.

- Sistema vestibular: órganos que se encuentran en el oído interno que determina la posición por la forma en que se equilibran.

- Sistema somatosensorial: nervios de la piel, músculos y articulaciones, que, junto con la audición, determinan la posición en base a la gravedad, sensación y sonido.

- Sistema visual: ojos, que detectan la posición sobre la base de lo que ven.

Toda esta información se reúne en el cerebro y, la mayor parte del tiempo, las tres corrientes de información están de acuerdo, dando una idea clara de dónde y cómo se mueve el cuerpo. El volar, a veces puede causar que estos sistemas proporcionen información contradictoria al cerebro, lo que puede conducir a la desorientación. Durante el vuelo en condiciones meteorológicas visuales (VMC), los ojos son la principal fuente de orientación y por lo general prevalecen sobre las falsas sensaciones de otros sistemas sensoriales. Cuando se eliminan estas señales visuales, como en condiciones meteorológicas instrumentales (IMC), las falsas sensaciones pueden producir que un piloto se desoriente rápidamente.

El sistema vestibular en el oído interno permite al piloto detectar movimiento y determinar la orientación en el medio ambiente circundante. En el oído interno izquierdo y el derecho, tres canales semicirculares están colocados en ángulos rectos aproximados el uno al otro.*[Figura 16-3]* Cada canal está lleno de líquido y tiene una sección llena de pelos finos. La aceleración del oído interno en cualquier dirección provoca que los pequeños pelos se desvíen, lo que a su vez estimula los impulsos nerviosos, enviando mensajes al cerebro. El nervio vestibular transmite los impulsos desde el utrículo, el sáculo y canales semicirculares al cerebro para interpretar el movimiento.

El sistema somatosensorial envía señales desde la piel, las articulaciones y los músculos al cerebro que se interpretan en relación con la atracción gravitacional de la Tierra. Estas señales determinan la postura. Cada movimiento actualiza la posición del cuerpo al cerebro de manera constante. Volar "con el asiento" depende en gran medida de estas señales. Usado junto con información visual y vestibular, estas sensaciones pueden ser bastante fiables. Sin embargo, el cuerpo no puede distinguir entre las fuerzas de aceleración debido a la gravedad y las resultantes de maniobras de la aeronave, que puede conducir a ilusiones sensoriales y falsas impresiones de la orientación de una aeronave y el movimiento.

En condiciones normales de vuelo, cuando hay una referencia visual al horizonte y la tierra, el sistema sensorial del oído interno ayuda a identificar los movimientos de cabeceo, balanceo y guiñada de la aeronave. Cuando se pierde el contacto visual con el horizonte, el sistema vestibular deja de ser confiable. Sin referencias visuales fuera de la aeronave, hay muchas situaciones en las que combinaciones de movimientos y

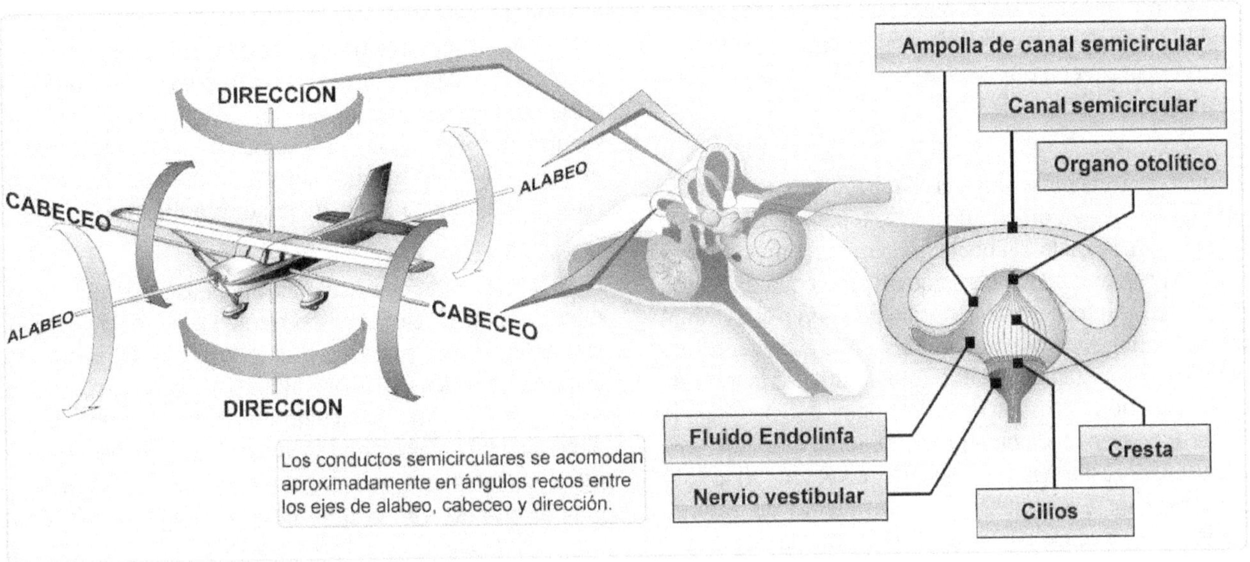

Figura 16-3. *Los canales semicirculares se encuentran en tres planos y sienten los movimientos de alabeo, cabeceo y guiñada.*

fuerzas normales crean ilusiones convincentes que son difíciles de superar.

La prevención es generalmente el mejor remedio para la desorientación espacial. A menos que un piloto tenga muchas horas de entrenamiento en vuelo por instrumentos, se debe evitar el vuelo en visibilidad reducida o de noche cuando el horizonte no es visible. Un piloto puede reducir la susceptibilidad a ilusiones que desorientan a través de entrenamiento y concientización, y aprender a confiar totalmente en los instrumentos de vuelo.

Ilusiones vestibulares
Ladeos o Leans

Una condición llamada ladeo (leans) puede resultar cuando se entra en una actitud de alabeo, a la izquierda, por ejemplo, con demasiada lentitud como para poner en movimiento el fluido en los tubos semicirculares. *[Figura 16-4]* Una corrección abrupta de esta actitud pone el líquido en movimiento, creando la ilusión de una actitud inclinada a derecha. Un piloto desorientado puede cometer el error de alabear la aeronave a la actitud inclinada izquierda original, o si se mantiene el vuelo nivelado, se sentirá obligado a inclinarse en el plano vertical percibido hasta que esa ilusión desaparece.

Ilusión de Coriolis

La ilusión de Coriolis se produce cuando un piloto ha estado girando el tiempo suficiente para que el fluido en el canal auditivo se mueva a la misma velocidad que el canal. Un movimiento de la cabeza en un plano diferente, como mirar algo en una parte diferente de la cabina, puede mover el fluido y crear la ilusión de girar o acelerar sobre un eje totalmente diferente. Esta acción hace que el piloto piense que la aeronave está haciendo de una maniobra que no es. El piloto desorientado puede maniobrar la aeronave en una actitud peligrosa en un intento de corregir la actitud percibida de la aeronave.

Por esta razón, es importante que los pilotos desarrollen una comprobación de instrumentos que implique un

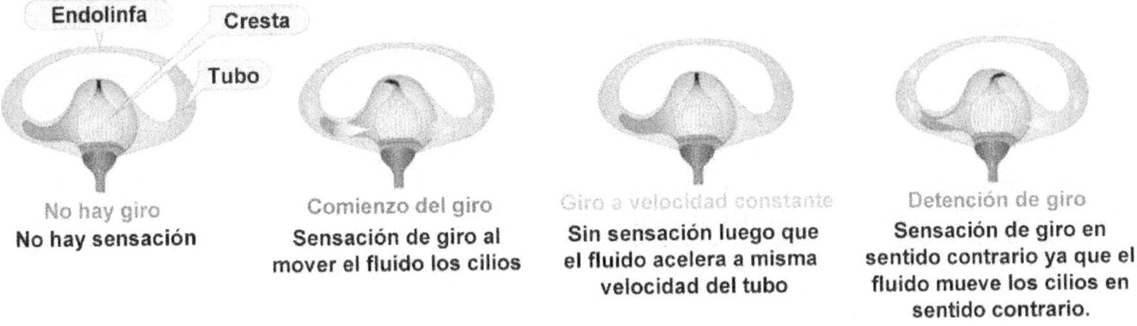

Figura 16-4. *Sensación humana de la aceleración angular.*

mínimo movimiento de la cabeza. Tenga cuidado al recuperar cartas u otros objetos en la cabina; si se cae algo, recupérelo con un mínimo movimiento de cabeza y esté atento a la ilusión de Coriolis.

Barrena mortal

Al igual que en otras ilusiones, un piloto en un viraje prolongado de velocidad constante, tendrá la ilusión de no girar. Durante la recuperación a vuelo nivelado, el piloto experimentará la sensación de girar en la dirección opuesta. El piloto desorientado puede volver el avión al viraje original. Dado que un avión tiende a perder altura en los virajes a menos que el piloto compense la pérdida de sustentación, el piloto puede notar una pérdida de altitud. La ausencia de cualquier sensación de viraje crea la ilusión de estar en un descenso nivelado. El piloto puede tirar de los controles, en un intento de subir o detener el descenso. Esta acción cierra la espiral y aumenta la pérdida de altitud; esta ilusión se conoce como una espiral mortal. *[Figura 16-5]* En algún momento, esto podría conducir a una pérdida de control de la aeronave.

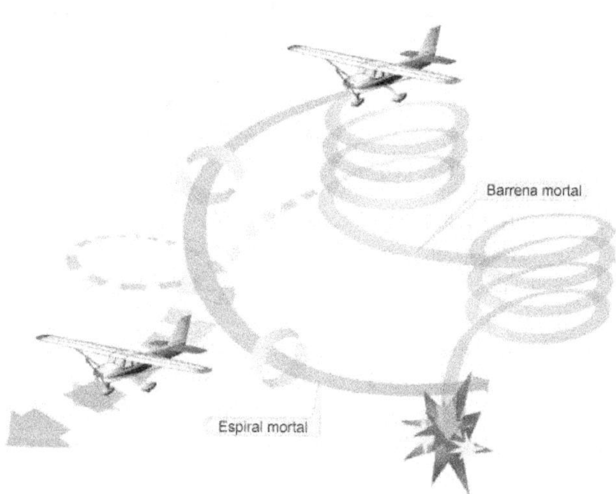

Figura 16-5. *Barrena mortal.*

Ilusión Somatográvica

Una aceleración rápida, tal como se experimenta durante el despegue, estimula los órganos otolíticos de la misma manera que al inclinar la cabeza hacia atrás. Esta acción crea la ilusión somatográvica de estar en una actitud de nariz arriba, sobre todo en situaciones sin buenas referencias visuales. El piloto desorientado puede empujar el avión a una actitud de nariz baja o picado. Una desaceleración rápida por reducción rápida del acelerador puede tener el efecto contrario, con el piloto desorientado tirando de la aeronave con actitud nariz arriba o de pérdida de sustentación.

Ilusión de inversión

Un cambio brusco desde ascenso al vuelo recto y nivelado puede estimular los órganos otolíticos lo suficiente para crear la ilusión de caer hacia atrás, o ilusión de inversión. El piloto desorientado puede empujar el avión repentinamente a una actitud de nariz baja, posiblemente intensificando esta ilusión.

Ilusión de ascenso

Una aceleración vertical abrupta ascendente, como puede ocurrir en una corriente ascendente, puede estimular los órganos otolíticos creando la ilusión de estar en un ascenso. Esto se llama ilusión de ascenso. El piloto desorientado puede empujar el avión a una actitud nariz abajo. Una aceleración vertical abrupta hacia abajo, por lo general en una corriente descendente, tiene el efecto opuesto, con el piloto desorientado tirando de la aeronave a una actitud de nariz arriba.

Ilusiones Visuales

Las ilusiones visuales son especialmente peligrosas porque los pilotos confían en sus ojos para obtener la información correcta. Dos ilusiones que conducen a la desorientación espacial, falso horizonte y efecto autocinético, se refieren sólo al sistema visual.

Falso horizonte

Una formación de nubes en pendiente, un horizonte oscurecido, una aurora boreal, una escena oscura con luces de tierra y estrellas, y ciertos patrones geométricos de luces pueden proporcionar información visual inexacta o de falso horizonte, para alinear el avión correctamente con el horizonte real. El piloto desorientado puede colocar el avión en una actitud peligrosa.

Efecto autocinético

En la oscuridad, una luz fija parece moverse cuando se la queda mirando durante muchos segundos. El piloto desorientado podría perder el control de la aeronave en el intento de alinearse con los falsos movimientos de esta luz, llamado efecto autocinético.

Consideraciones posturales

El sistema postural envía señales desde la piel, las articulaciones y los músculos al cerebro que se interpretan en relación con la atracción gravitacional de la Tierra. Estas señales determinan la postura. Los aportes de cada movimiento actualizan la posición del cuerpo al cerebro de manera constante. Volar "con el asiento" depende en gran medida de estas señales. Utilizado en conjunto con indicaciones visuales y vestibulares, estas sensaciones pueden ser bastante fiables. Sin embargo, debido a las fuerzas que actúan sobre el cuerpo en ciertas situaciones de vuelo, pueden ocurrir muchas sensaciones falsas debido a fuerzas de aceleración que contrarrestan la gravedad. *[Figura 16-6]*

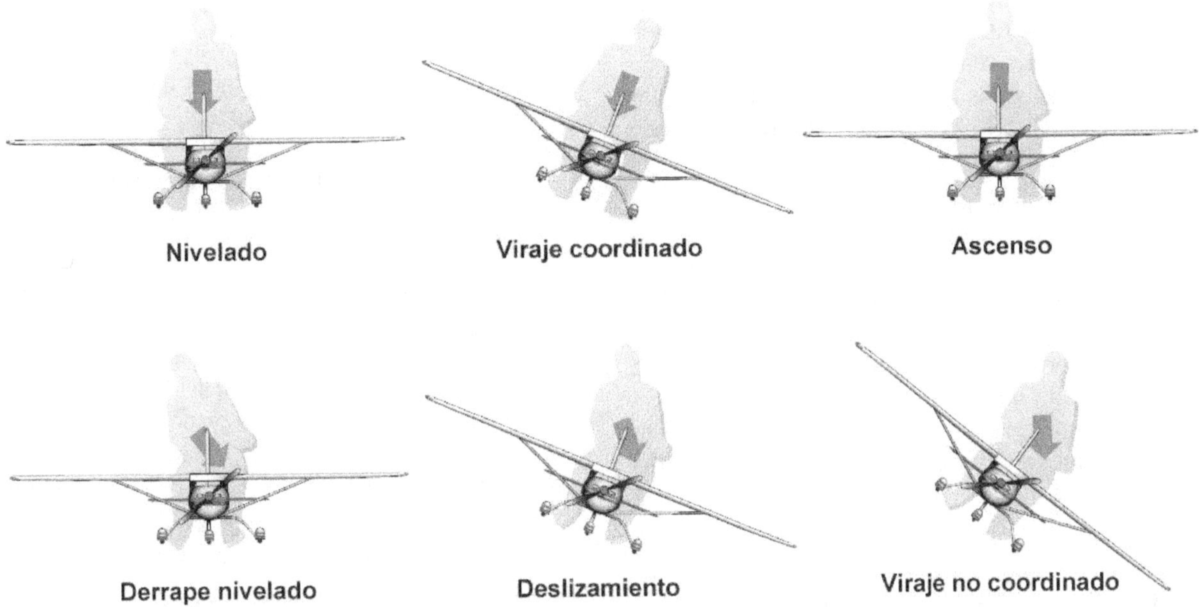

Figura 16-6. *Sensaciones debido a la fuerza centrífuga.*

Estas situaciones incluyen virajes no coordinados, virajes ascendentes, y turbulencia.

Demostración de desorientación espacial

Hay una serie de maniobras aéreas controladas que un piloto puede realizar para experimentar desorientación espacial. Si bien cada maniobra normalmente creará una ilusión específica, cualquier sensación falsa es una demostración efectiva de desorientación. Por lo tanto, incluso si no hay ninguna sensación durante cualquiera de estas maniobras, la ausencia de sensación es todavía una demostración eficaz ya que ilustra la incapacidad para detectar alabeo o rolido. Hay varios objetivos en la demostración de estas diversas maniobras.

1 Enseñan a los pilotos a entender la susceptibilidad del sistema humano a la desorientación espacial.

2 Demuestran que juzgar la actitud de la aeronave basados en las sensaciones corporales es con frecuencia erróneo.

3 Ayudan a disminuir la aparición y el grado de desorientación a través de una mejor comprensión de la relación entre el movimiento de la aeronave, movimientos de la cabeza, y la desorientación resultante.

4 Ayudan a tener una mayor confianza en los instrumentos de vuelo para juzgar la actitud real del avión.

Un piloto no debe intentar ninguna de estas maniobras a baja altura, o en ausencia de un piloto instructor o un piloto de seguridad apropiado.

Ascenso mientras acelera

Con los ojos del piloto cerrados, el instructor mantiene la velocidad de aproximación en actitud recta y nivelada durante varios segundos, y luego acelera mientras mantiene el vuelo recto y nivelado. La ilusión normal durante esta maniobra, sin referencias visuales, es que el avión está ascendiendo.

Ascenso mientras vira

Con los ojos del piloto aún cerrados y el avión en vuelo recto y nivelado, el instructor ejecuta ahora, con una entrada relativamente lenta, un viraje bien coordinado de aproximadamente 1,5 G positivo (aproximadamente 50° de alabeo) por 90°. Mientras está virando, sin referencias visuales exteriores y bajo el efecto de unos G ligeramente positivos, la ilusión habitual producida es la de un ascenso. Al detectar el ascenso, el pilo debe abrir inmediatamente los ojos para ver que un viraje coordinado establecido lentamente, produce la misma sensación que un ascenso.

Picada en viraje

Repitiendo el procedimiento anterior, excepto que los ojos del piloto deben mantenerse cerrados hasta que la recuperación del viraje está aproximadamente a mitad del recorrido, se puede crear la ilusión de picar mientras vira.

Inclinación a derecha o izquierda
Mientras está en actitud de vuelo recto y nivelado, con
los ojos del piloto cerrado, el instructor realiza un
derrape moderado o suave a la izquierda con las alas
niveladas. Esto crea la ilusión de que el cuerpo está
inclinado hacia la derecha.

Inversión del movimiento
Esta ilusión se puede demostrar en cualquiera de los tres
planos de movimiento. Mientras está recto y nivelado,
con los ojos del piloto cerrado, el instructor alabea
suavemente y de forma positiva la aeronave a unos 45°
de alabeo, manteniendo rumbo y actitud de cabeceo. Esto
crea la ilusión de un fuerte sentido de rotación en la
dirección opuesta. Después de notar esta ilusión, el piloto
debe abrir sus ojos y observar que la aeronave está en una
actitud inclinada.

Picado o alabeo más allá del plano vertical
Esta maniobra puede producir desorientación extrema.
Mientras vuela recto y nivelado, el piloto debe sentarse
con normalidad, con los ojos cerrados o la mirada hacia
el piso. El instructor comienza un alabeo positivo,
coordinado hacia 30° o 40° de ángulo de inclinación.
Mientras tanto, el piloto se inclina su cabeza hacia
adelante, mira a derecha o izquierda, luego retorna
inmediatamente su cabeza a posición vertical. El
instructor debe controlar la maniobra para que el rolido
se detenga cuando el piloto vuelve su cabeza arriba.
Generalmente se produce una intensa desorientación por
esta maniobra, y el piloto experimenta la sensación de
caer hacia abajo en la dirección del rolido.

En las descripciones de esta maniobra, el instructor está
haciendo el vuelo, pero que el piloto haga el vuelo
también puede ser una demostración muy eficaz. El
piloto debe cerrar sus ojos e inclinar la cabeza hacia un
lado. El instructor le dice al piloto que maniobra llevar a
cabo. El piloto luego intenta establecer la actitud correcta
o controlar con los ojos cerrados y la cabeza inclinada. Si
bien está claro que el piloto no tiene ni idea de la actitud
real, va a reaccionar según lo que los sentidos le están
diciendo. Después de un corto período de tiempo, el
piloto estará desorientado y el instructor le dirá al piloto
que mire arribar y recupere. El beneficio de este ejercicio
es que el piloto experimenta la desorientación mientras
vuela el avión.

Enfrentando la desorientación espacial
Para evitar las ilusiones y sus consecuencias
potencialmente desastrosas, los pilotos pueden:

1. Entender las causas de estas ilusiones y mantenerse
    en alerta constante por ellas. Aproveche la
    oportunidad de experimentar ilusiones de
    desorientación espacial en un dispositivo, como una
    silla de Barany, un Vertigon, o un Demostrador de
    desorientación espacial de realidad virtual.

2. Siempre obtenga y comprenda los pronósticos
   meteorológicos en el pre vuelo.

3. Antes de volar en condiciones de visibilidad marginal (menos de 3 millas) o donde el horizonte no se
   ve, como el vuelo sobre aguas abiertas durante la
   noche, debe capacitarse y mantener la eficiencia en
   el control de la aeronave por referencia a
   instrumentos.

4. No continúe el vuelo en condiciones meteorológicas adversas o en el atardecer o en la
   oscuridad a menos que sea competente en el uso de
   los instrumentos de vuelo. Si la intención es volar de
   noche, manténgase entrenado para el vuelo
   nocturno. Incluya operaciones locales y de travesía
   en diversos aeródromos.

5. Asegúrese de que cuando se utilizan referencias
   visuales externas, que son puntos fijos confiables en
   la superficie de la Tierra.

6. Evite movimientos de cabeza repentinos, especialmente durante el despegue, giros y aproximación
   para el aterrizaje.

7. Estar físicamente preparado para el vuelo con
   visibilidad reducida. Es decir, tenga el descanso
   adecuado, una dieta adecuada y, si vuela de noche,
   permitir la adaptación nocturna Recuerde que las
   enfermedades, medicamentos, alcohol, fatiga, falta
   de sueño, y la hipoxia leve pueden aumentar la
   predisposición a la desorientación espacial.

8. Lo más importante es ser competentes en el uso de
   los instrumentos de vuelo y confiar en ellos. Confíe
   en los instrumentos e ignore sus percepciones
   sensoriales.

Las sensaciones que conducen a las ilusiones durante
condiciones de vuelo por instrumentos son percepciones
normales que experimentan los pilotos. Estas
sensaciones indeseables no pueden evitarse totalmente,
pero a través del entrenamiento y la concientización, los
pilotos pueden ignorarlas o suprimirlas desarrollando
una dependencia absoluta de los instrumentos de vuelo.
A medida que los pilotos son más eficientes en el vuelo
por instrumentos, se vuelven menos susceptibles a estas
ilusiones y sus efectos.

Ilusiones ópticas
De los sentidos, la visión es el más importante para la
seguridad del vuelo. Sin embargo, varias características
del terreno y condiciones atmosféricas pueden crear
ilusiones ópticas. Estas ilusiones están asociadas
principalmente con el aterrizaje. Dado que los pilotos
deben pasar de depender de los instrumentos a
referencias visuales fuera de la cabina para el aterrizaje al
final de una aproximación por instrumentos, es

imperativo que sean conscientes de los problemas potenciales asociados con estas ilusiones, y tomen las medidas correctivas apropiadas. A continuación se describen las principales ilusiones que conducen a errores de aterrizaje.

Ilusión de ancho de pista

Una pista más estrecha que lo normal puede crear la ilusión que el avión está a una altitud mayor de lo que realmente está, sobre todo cuando las relaciones de longitud a ancho de pista son comparables. *[Figura 16-7]* El piloto que no reconoce esta ilusión volará una aproximación más baja, con el riesgo de golpear objetos a lo largo de la trayectoria de aproximación o aterrizar corto. Una pista más ancha que lo normal puede tener el efecto contrario, con el riesgo de que el piloto nivele el avión más alto y aterrice duro o sobrepase la pista.

Ilusión de pista y terreno con pendiente

Una pista ascendente, un terreno ascendente, o ambos, pueden crear la ilusión de que el avión está más alto de lo que realmente está. *[Figura 16-7]* El piloto que no reconoce esta ilusión realizará una aproximación baja. Las pistas y terrenos descendentes pueden tener el efecto contrario.

Ilusión de terreno sin características

La ausencia de características del terreno circundante, como una aproximación sobre el agua, en áreas oscuras o terrenos cubiertos por nieve, puede crear la ilusión que el avión está a una altitud mayor de lo que realmente está. Esta ilusión a veces conocida como la "aproximación de agujero negro", hace que los pilotos vuelen una aproximación más baja que la deseada.

Refracción del agua

La lluvia en el parabrisas puede crear la ilusión de estar a mayor altura debido a que el horizonte aparece más bajo de lo que está realmente. Esto puede resultar en que el piloto vuele una aproximación más baja.

Neblina

La neblina o bruma atmosférica puede crear la ilusión de estar a una distancia y altura mayor de la pista. Como resultado, el piloto tendrá una tendencia a estar más bajo en la aproximación. Al contrario, el aire extremadamente limpio (condiciones brillantes de un aeropuerto a gran altitud) puede dar al piloto la ilusión de estar más cerca de lo que realmente está, lo que resulta en una aproximación alta, dando lugar a una aproximación frustrada. La difusión de la luz debido a partículas de agua en el parabrisas puede afectar negativamente la percepción de profundidad. Las luces y características del terreno usadas normalmente para medir la altura durante el aterrizaje se vuelven menos eficaces para el piloto.

Niebla.

Volar en la niebla puede crear la ilusión de elevar la nariz. Los pilotos que no reconocen esta ilusión a menudo realizan una aproximación más pronunciada de forma abrupta.

Ilusiones por iluminación de la tierra

Luces a lo largo de un camino recto, como una carretera o las luces de trenes en movimiento, se pueden confundir con la pista y las luces de aproximación. Sistemas de iluminación brillantes de pista y aproximación, sobre todo cuando pocas luces iluminan el terreno circundante, pueden crear la ilusión de menor distancia a la pista. El piloto que no reconoce esta ilusión suele realizar una aproximación más alta.

Cómo prevenir errores de aterrizaje debido a ilusiones ópticas

Para prevenir estas ilusiones y sus consecuencias potencialmente peligrosas, los pilotos pueden:

1. Anticipar la posibilidad de ilusiones visuales durante aproximaciones a aeropuertos desconocidos, particularmente durante la noche o en condiciones meteorológicas adversas. Consulte los diagramas de aeropuertos y el Directorio de Aeropuertos/ Instalaciones (A/FD) para obtener información sobre pendiente de la pista, el terreno, y la iluminación.

2. Verifique frecuentemente el altímetro, especialmente en todas las aproximaciones, de día y de noche.

3. Si es posible, llevar a cabo una inspección visual aérea de los aeropuertos desconocidos antes de aterrizar.

4. Utilice los sistemas Indicador de pendiente de aproximación visual (VASI) o Indicador de trayectoria de aproximación de precisión (PAPI) para referencia visual, o una senda de planeo electrónica, siempre que estén disponibles.

5. Utilice el punto de descenso visual (VDP) que se encuentra en muchas cartas de procedimiento de aproximación por instrumentos de no precisión.

6. Reconozca que las posibilidades de estar involucrado en un accidente de aproximación aumentan cuando alguna emergencia u otras actividades lo distraen de los procedimientos habituales.

7. Mantener un dominio óptimo de los procedimientos de aterrizaje.

Además de las ilusiones sensoriales debido a las informaciones erróneas en el sistema vestibular, un piloto también puede encontrar varias ilusiones visuales durante el vuelo. Las ilusiones están entre los factores

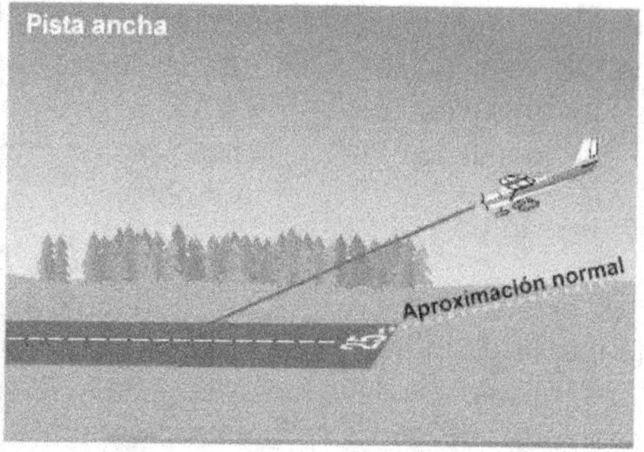

Ilusión de ancho de pista

* Una pista mas angosta que lo usual puede crear la ilusión que la aeronave está más alta que lo que realmente está, llevando a una aproximación más baja.

* Una pista más ancha que lo usual puede crear la ilusión que la aeronave está más baja que lo que realmente está, llevando a una aproximación más alta.

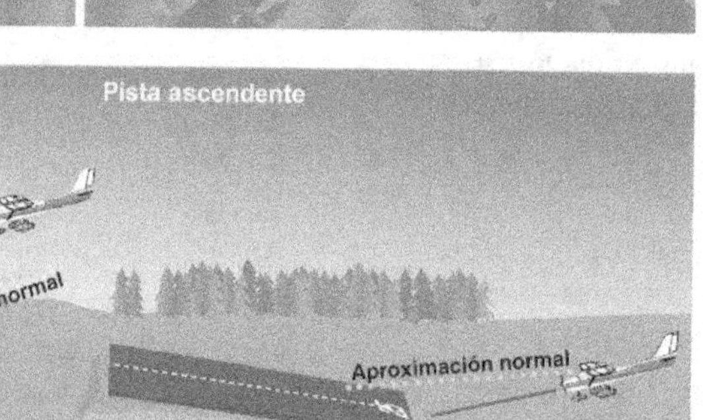

Ilusión de pendiente de pista

* Una pista descendente puede crear la ilusión que la aeronave está más baja que lo que realmente está, llevando a una aproximación más alta.

* Una pista ascendente puede crear la ilusión que la aeronave está más alta que lo que realmente está, llevando a una aproximación más baja.

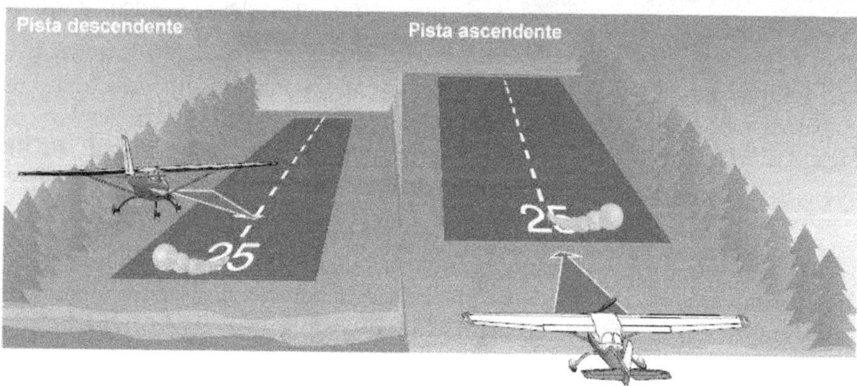

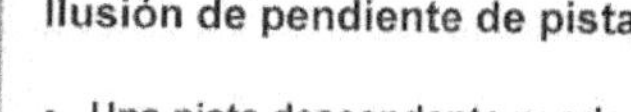

Figura 16-7. *Ilusiones de pista.*

más comunes citados como contribuyentes a los accidentes de aviación fatales.

Formaciones de nubes inclinadas, un horizonte oscurecido, una escena oscura con luces desparramadas en tierra y estrellas, y ciertos patrones geométricos de luz en tierra pueden crear la ilusión de no estar correctamente alineado con el horizonte real. Varias características de la superficie y condiciones atmosfé-ricas encontradas en el aterrizaje pueden crear la ilusión de estar en la trayectoria de aproximación equivocada. Los errores de aterrizaje debido a estas ilusiones se pueden prevenir anticipándolos durante la aproximación, mirando los aeropuertos desconocidos antes de aterrizar, usando una senda de planeo electrónica o sistemas VASI cuando estén disponibles, y manteniendo el entrenamiento en los procedimientos de aterrizaje.

Mareo

La cinetosis o mareo, es causada por el cerebro que recibe mensajes erróneos sobre el estado del cuerpo. Un piloto puede experimentar mareo durante los vuelos iniciales, pero generalmente desaparece en las primeras lecciones. La ansiedad y el estrés, que se pueden experimentar a principios del entrenamiento de vuelo, pueden contribuir al mareo. Los síntomas del mareo incluyen malestar general, náuseas, vértigo, palidez, sudoración y vómitos.

Es importante recordar que experimentar mareo no es un reflejo sobre la habilidad como piloto. Si es propenso al mareo, que el instructor de vuelo lo sepa, hay técnicas que pueden utilizarse para superar este problema. Por ejemplo, evite lecciones en condiciones turbulentas hasta estar más cómodo en la aeronave, o empiece con vuelos cortos y luego aumente a períodos de instrucción más largos. Si siente algún síntoma de mareo durante una lección, abra las entradas de aire fresco, enfocarse en objetos fuera del avión y evitar los movimientos de cabeza innecesarios puede ayudar a aliviar algunas de las molestias. Aunque los medicamentos como Dramamine pueden prevenir el mareo en los pasajeros, no se recomiendan durante el vuelo, ya que pueden provocar somnolencia y otros problemas.

Envenenamiento con monóxido de carbono (CO)

El CO es un gas incoloro e inodoro producido por todos los motores de combustión interna. Se une a la hemoglobina en sangre 200 veces más fácilmente que el oxígeno, el CO impide a la hemoglobina llevar el oxígeno a las células, dando como resultado hipoxia anémica. El cuerpo requiere hasta 48 horas para eliminar el CO. Si es bastante grave, la intoxicación por CO puede causar la muerte. La ventilación de calefacción y la ventilación de deshielo pueden proporcionar al CO una vía de ingreso a la cabina, particularmente si el sistema de escape del motor tiene una fuga o está dañado. Si se detecta un fuerte olor de los gases de escape, asuma que hay presente CO. Sin embargo, el CO puede estar presente en cantidades peligrosas, incluso si no se detecta ningún olor de escape. Están ampliamente disponibles detectores de CO desechables, de bajo costo. En presencia de CO, estos detectores cambian de color para alertar al piloto de la presencia de CO. Algunos efectos de la intoxicación por monóxido de carbono son dolor de cabeza, visión borrosa, mareos, somnolencia, y/o pérdida de fuerza muscular. Cada vez que un piloto huele olor a escape, o en cualquier momento que se experimenten estos síntomas, se deben tomar acciones correctivas inmediatas. Estas incluyen apagar la calefacción, abrir las entradas de aire fresco y ventanas, y usar oxígeno suplementario, si está disponible.

El humo del tabaco también causa intoxicación por CO. Fumar a nivel del mar puede aumentar la concentración de CO en sangre y resultar en efectos fisiológicos similares a volar a 8.000 pies. Además de la hipoxia, el tabaco causa enfermedades y debilidad fisiológica que son médicamente descalificantes para los pilotos.

Estrés

El estrés es la respuesta del cuerpo a las demandas físicas y psicológicas que se le plantean. La reacción del cuerpo al estrés incluye la liberación de hormonas (como la adrenalina) en la sangre y aumentar el metabolismo para proporcionar más energía a los músculos. El azúcar en sangre, el ritmo cardíaco, la respiración, la presión sanguínea y la transpiración aumentan. El término "estresante" se usa para describir un elemento que hace que un individuo experimente estrés. Ejemplos de estresantes incluyen el estrés físico (ruido o vibración), el estrés fisiológico (fatiga), y el estrés psicológico (trabajo difícil o situaciones personales).

El estrés se divide en dos grandes categorías, agudos (a corto plazo) y crónicos (a largo plazo). El estrés agudo implica una inmediata amenaza que se percibe como peligro. Este es el tipo de estrés que desencadena una respuesta de "lucha o huida" de un individuo, si la amenaza es real o imaginaria. Normalmente, una persona sana puede hacer frente al estrés agudo y evitar la sobrecarga de estrés. Sin embargo, el estrés agudo en curso puede convertirse en estrés crónico.

El estrés crónico puede ser definido como un nivel de estrés que presenta una carga intolerable, supera la capacidad de un individuo para hacer frente, y hace que el rendimiento individual caiga bruscamente. Las presiones psicológicas implacables, como la soledad, las preocupaciones financieras y problemas de pareja o de trabajo pueden producir un nivel acumulado de tensión que excede la capacidad de una persona para hacer frente a la situación. Cuando el estrés llega a estos niveles, el rendimiento decae rápidamente. Los pilotos que experimentan este nivel de estrés no son seguros y no deben ejercer sus privilegios de aviador. Los pilotos que sospechan que están sufriendo de estrés crónico deben consultar a un médico.

Fatiga

La fatiga se asocia con frecuencia al error del piloto. Algunos de los efectos de la fatiga son la degradación de la atención y concentración, deterioro de la coordinación, y disminución de la capacidad para comunicarse. Estos factores influyen seriamente en la capacidad para tomar decisiones efectivas. La fatiga física resulta por la pérdida de sueño, ejercicio o trabajo físico. Factores como el estrés y el rendimiento del trabajo cognitivo prolongado resulta en fatiga mental.

Al igual que el estrés, la fatiga se divide en dos grandes categorías: aguda y crónica. La fatiga aguda es a corto plazo y ocurre normalmente en la vida cotidiana. Es el tipo de cansancio que siente la gente después de un período de arduo esfuerzo, entusiasmo, o falta de sueño. Descansar después del esfuerzo y 8 horas de sueño profundo ordinariamente cura esta condición.

Un tipo especial de fatiga aguda es la fatiga de habilidad. Este tipo de fatiga tiene dos efectos principales sobre el rendimiento:

- Alteración del tiempo: aparenta realizar una tarea como de costumbre, pero el tiempo de cada componente está un poco cambiado. Esto hace que el patrón de operación sea menos suave, debido a que el piloto realiza cada componente como si fuera separado, en lugar de ser parte de una actividad integral.

- Alteración de la percepción de campo: concentración de la atención en los movimientos u objetos en el centro de la visión y dejar de lado los de la periferia. Esto se acompaña con pérdida de precisión y suavidad en los movimientos de control.

La fatiga aguda tiene muchas causas, pero las siguientes son las más importantes para el piloto:

- Hipoxia leve (deficiencia de oxígeno)

- Estrés físico

- Estrés psicológico y

- Agotamiento de la energía física que resulta de la tensión psicológica

- Estrés psicológico sostenido

El estrés psicológico sostenido acelera las secreciones glandulares que preparan al cuerpo para reaccionar con rapidez en caso de emergencia. Estas secreciones hacen a los sistemas circulatorio y respiratorio trabajar más duro, y el hígado libera energía para proporcionar el combustible adicional necesario para el trabajo de los músculos y el cerebro. Cuando el suministro de energía de reserva se agota, el cuerpo entra en fatiga generalizada y grave.

La fatiga aguda puede prevenirse mediante una dieta apropiada y descanso y sueño adecuado. Una dieta bien balanceada evita que el cuerpo necesite consumir sus propios tejidos como fuente de energía. El descanso adecuado mantiene almacenada la energía vital del cuerpo.

La fatiga crónica, que se extiende durante un largo período de tiempo, por lo general tiene raíces psicológicas, a pesar de que una enfermedad subyacente es a veces responsable. Altos niveles de estrés continuos producen fatiga crónica. La fatiga crónica no se alivia con una dieta adecuada y descanso y sueño adecuado, y por lo general requiere tratamiento médico. Un individuo

puede experimentar esta condición en forma de debilidad, cansancio, palpitaciones del corazón, dificultad para respirar, dolores de cabeza o irritabilidad. A veces, la fatiga crónica incluso crea problemas estomacales o intestinales y dolores generalizados en todo el cuerpo. Cuando esta condición se hace lo suficientemente grave, se traduce en enfermedades emocionales.

Si sufre de fatiga aguda, permanezca en tierra. Si la fatiga se produce en la cabina, ningún entrenamiento o experiencia puede reducir los efectos perjudiciales. Obtener un descanso adecuado es la única manera de evitar que se produzca fatiga. Evite volar sin dormir toda la noche, después de trabajar muchas horas, o después de un día estresante. Los pilotos que sospechan que sufren de fatiga crónica deben consultar a un médico.

Deshidratación e insolación

Deshidratación es el término dado a la pérdida crítica de agua del cuerpo. Las causas de la deshidratación son cabinas calientes, viento, humedad, y bebidas diuréticas, café, té, alcohol y bebidas con baja cafeína. Algunos signos comunes de deshidratación son dolor de cabeza, fatiga, calambres, somnolencia y mareos.

El primer efecto notable de la deshidratación es la fatiga, que a su vez hace que sea difícil, si no imposible, un alto rendimiento físico y mental. Volar durante largos períodos con altas temperaturas del verano o en grandes altitudes aumenta la susceptibilidad a la deshidratación debido a que estas condiciones tienden a aumentar la velocidad de pérdida de agua del cuerpo.

Para ayudar a prevenir la deshidratación, beba de dos a cuatro litros de agua cada 24 horas. Puesto que cada persona es fisiológicamente diferente, esto es sólo una guía. Si no se reemplaza este líquido, la fatiga progresa a mareos, debilidad, náuseas, hormigueo de manos y pies, calambres abdominales y sed extrema.

La clave para los pilotos es estar continuamente consciente de su condición. La mayoría de las personas están sedientas con un déficit de 1,5 litros, o una pérdida del 2 por ciento del peso total del cuerpo. Este nivel de deshidratación desencadena el "mecanismo de la sed". El problema es que el mecanismo de la sed llega demasiado tarde y se detiene con demasiada facilidad. Una pequeña cantidad de líquido en la boca apaga este mecanismo y se retrasa la sustitución de fluido corporal necesario.

Otros pasos para evitar la deshidratación incluyen:

- Portar un recipiente para medir la ingesta diaria de agua.

- Mantenerse por delante, no depender de la sensación de sed como una alarma. Si el agua del grifo no gusta, añadir un poco de bebida saborizante deportiva para hacerla más aceptable.

- Limitar el consumo diario de cafeína y alcohol (ambos son diuréticos y estimulan una mayor producción de orina).

El golpe de calor o insolación es una condición causada por cualquier incapacidad del cuerpo para controlar su temperatura. La aparición de esta condición puede ser reconocida por los síntomas de la deshidratación, pero también suele ser reconocido sólo por el colapso completo.

Para prevenir estos síntomas, se recomienda llevar un gran suministro de agua y usarse a intervalos frecuentes en cualquier vuelo largo, con sed o sin sed. El cuerpo normalmente absorbe agua a razón de 1,2 a 1,5 litros por hora. Las personas deben beber un litro por hora para condiciones de estrés por calor severo o medio litro por hora de las condiciones de estrés moderado. Si la aeronave tiene una carlinga o ventana de techo, vestir ropa de colores claros, porosa y un sombrero ayudará a proporcionar protección del sol. Mantener la cabina bien ventilada ayuda a disipar el exceso de calor.

Alcohol

El alcohol deteriora la eficiencia del cuerpo humano. *[Figura 16-8]* Estudios han demostrado que el consumo y el deterioro del rendimiento están estrechamente vinculados. Los pilotos deben tomar cientos de decisiones, algunas de ellas rápidamente, durante el curso de un vuelo. La seguridad de cualquier vuelo depende de la capacidad para tomar las decisiones correctas y tomar las medidas apropiadas durante los sucesos de rutina, así como situaciones anormales. La influencia de alcohol reduce drásticamente las posibilidades de completar el vuelo sin incidentes. Incluso en pequeñas cantidades, el alcohol puede alterar el juicio, disminuir el sentido de responsabilidad, afectar la coordinación, reducir el campo visual, disminuir la memoria, reducir el poder de razonamiento y bajar la capacidad de atención. Tan poco como 30 mililitros de alcohol pueden disminuir la velocidad y fuerza de los reflejos musculares, disminuir la eficiencia de los movimientos oculares durante la lectura, y aumentar la frecuencia a la que se cometen errores. Las alteraciones en la visión y la audición se producen en niveles sanguíneos de alcohol debidas a tan sólo una copa.

El alcohol que se consume en la cerveza y las bebidas mixtas es alcohol etílico, un depresor del sistema nervioso central. Desde el punto de vista médico, actúa sobre el cuerpo tanto como un anestésico general. La "dosis" es generalmente mucho menor y se consume más lentamente en el caso del alcohol, pero los efectos básicos sobre el cuerpo humano son similares. El alcohol se absorbe fácil y rápidamente por el tracto digestivo. El torrente sanguíneo absorbe cerca del 80 a 90 por ciento del alcohol en una bebida dentro de 30 minutos cuando se ingiere con el estómago vacío. El cuerpo requiere aproximadamente de 3 horas para deshacerse de todo el alcohol contenido en una copa o una cerveza.

Tipo de bebida	Porción típica (gr)	Contenido de alcohol puro (gr)
Vino de mesa	113,4	13,6
Cerveza suave	340,2	13,6
Licor aperitivo	42,5	10,8
Champagne	113,4	13,6
Vodka	28,3	14,2
Whiskey	35,4	14,2
0.01–0.05 (10–50 mg%)	individuo promedio apariencia normal	
0.03–0.12* (30–120 mg%)	euforia leve, locuacidad, inhibiciones disminuidas, atención disminuida, juicio alterado, incremento en tiempo respuesta	
0.09–0.25 (90–250 mg%)	inestabilidad emocional, pérdida de un juicio crítico, deterioro de la memoria y la comprensión, respuesta sensorial disminuida, incoordinación muscular leve	
0.18–0.30 (180–300 mg%)	confusión, mareo, emociones exageradas (ira, miedo, aflicción), percepción visual disminuida, sensación de dolor disminuida, balance deteriorado, marcha tambaleante, palabras arrastradas, incoordinación muscular moderada	
0.27–0.40 (270–400 mg%)	apatía, conciencia disminuida, estupor, respuesta a la estimulación reducida significativamente, incoordinación muscular severa, inhabilidad para caminar o estar parado, vómitos, incontinencia	
0.35–0.50 (350–500 mg%)	inconciencia, reflejos reducidos o suprimidos, temperatura corporal anormal, coma; posible muerte por paralisis respiratoria (450 mg% o más)	

* Límite legal para operación de vehículos en muchos estados es 0,08 o 0,10% (80-100 mg de alcohol por dL de sangre).

Figura 16-8. *Escala de degradación con el consumo de alcohol.*

Mientras experimente una resaca, un piloto está todavía bajo la influencia del alcohol. Aunque el piloto puede pensar que está funcionando normalmente, el deterioro de la respuesta motora y mental está todavía presente. Considerables cantidades de alcohol pueden permanecer en el cuerpo durante más de 16 horas, así que los pilotos deben tener cuidado de no volar demasiado pronto después de beber.

La altitud multiplica los efectos del alcohol en el cerebro. Cuando se combina con la altitud, el alcohol de dos copas puede tener el mismo efecto que tres o cuatro copas. El alcohol interfiere con la capacidad del cerebro para utilizar el oxígeno, produciendo una forma de hipoxia histotóxica. Los efectos son rápidos porque el alcohol pasa rápidamente al torrente sanguíneo. Además, el cerebro es un órgano altamente vascularizado que siente inmediatamente los cambios en la composición de la sangre. Para un piloto, la menor disponibilidad de oxígeno en altura y la menor capacidad del cerebro para usar el oxígeno presente, se suman a una combinación mortal.

La intoxicación se determina por la cantidad de alcohol en el torrente sanguíneo. Esto por lo general se mide como un porcentaje en peso en la sangre. Las regulaciones requieren que el nivel de alcohol en sangre sea inferior a 0,04 por ciento y que pasen 8 horas entre el consumo de alcohol y el pilotaje de un avión. Un piloto con un nivel de alcohol en sangre de 0,04 por ciento o más después de 8 horas no puede volar hasta que el alcohol en la sangre caiga por debajo de esa cantidad. A pesar de que el alcohol en sangre puede estar muy por debajo de 0,04 por ciento, un piloto no puede volar antes de 8 horas después de beber alcohol. Aunque las normas son muy específicas, es una buena idea ser más conservador que las regulaciones.

Medicamentos

El rendimiento de los pilotos puede ser seriamente degradado tanto por los medicamentos recetados como de venta libre, así como por las condiciones médicas para las cuales se obtengan. Muchos medicamentos, como tranquilizantes, sedantes, fuertes analgésicos y antitusivos tienen efectos primarios que pueden perjudicar el juicio, la memoria, la atención, la coordinación, la visión y la capacidad de hacer cálculos. *[Figura 16-9]* Otros, como los antihistamínicos, medicamentos para la presión arterial, relajantes musculares, y agentes para el control de la diarrea y mareos tienen efectos secundarios que perjudican las mismas funciones críticas. Cualquier medicamento que deprime el sistema nervioso, tal como un sedante, tranquilizante, o antihistamínico, puede hacer a un piloto más susceptible a la hipoxia.

Los analgésicos se agrupan en dos grandes categorías: analgésicos y anestésicos. Los analgésicos son medicamentos que reducen el dolor, mientras que los anestésicos son medicamentos que eliminan el dolor o causan la pérdida de la conciencia.

Los analgésicos de venta libre, como el ácido acetilsalicílico (aspirina), paracetamol y el ibuprofeno tienen pocos efectos secundarios cuando se toman en la dosis correcta. Aunque algunas personas son alérgicas a ciertos analgésicos o pueden sufrir de irritación estomacal, generalmente no se limita volar al tomar estos medicamentos. Sin embargo, el volar está casi siempre impedido durante el uso de analgésicos con receta, como

medicamentos que contienen propoxifeno, oxicodona, meperidina, y codeína ya que estos fármacos son conocidos por causar efectos secundarios tales como confusión mental, mareos, dolores de cabeza, náuseas y problemas de visión.

Los fármacos anestésicos se utilizan comúnmente para procedimientos dentales y quirúrgicos. La mayoría de los anestésicos locales utilizados para trabajos dentales menores y procedimientos ambulatorios desaparecen después de un período relativamente corto de tiempo. El anestésico en sí no limita el volar tanto como el procedimiento real y el dolor posterior.

Los estimulantes son drogas que excitan el sistema nervioso central y producen un aumento del estado de alerta y la actividad. Las anfetaminas, cafeína y nicotina son formas de estimulantes. Los usos más comunes de estos medicamentos incluyen la supresión del apetito, reducción de la fatiga, y mejoramiento del ánimo. Algunos de estos medicamentos pueden causar una reacción estimulante, a pesar de que esta reacción no es su función principal. En algunos casos, los estimulantes pueden producir ansiedad y cambios de humor, los cuales son peligrosos durante el vuelo.

Los depresivos son medicamentos que reducen el funcionamiento del cuerpo en muchas áreas. Estos medicamentos reducen la presión arterial, reducen el procesamiento mental, y reduce las respuestas de reacción y motoras. Hay varios tipos de medicamentos que pueden causar un efecto depresivo sobre el cuerpo, incluyendo tranquilizantes, medicamentos para mareos, algunos tipos de medicamentos para el estómago, descongestivos y antihistamínicos. El depresor más común es el alcohol.

Algunos medicamentos que no se clasifican ni como estimulantes ni como antidepresivos tienen efectos adversos en vuelo. Por ejemplo, algunos antibióticos pueden producir efectos secundarios peligrosos, tales como trastornos del equilibrio, pérdida de la audición, náuseas y vómitos. Mientras que muchos antibióticos son seguros para su uso durante el vuelo, la infección que requiere el antibiótico puede prohibir volar. Además, a menos que esté específicamente prescripto por un médico, no tome más de un medicamento a la vez, y nunca mezcle medicamentos con alcohol, ya que los efectos son a menudo imprevisibles.

Los peligros de las drogas ilegales también están bien documentados. Ciertas drogas ilegales pueden tener efectos alucinógenos que se producen días o semanas después de tomar la droga. Obviamente, estas drogas no tienen lugar en la comunidad de la aviación.

Las regulaciones prohíben a los pilotos realizar tareas de tripulante durante el uso de cualquier medicamento que

Drogas Psicoactivas	Rango de efectos		Desarrollo de tolerancia	Uso prolongado de grandes cantidades	Síntomas de abstinencia luego de uso prolongado
	Desde	Hasta			
Alcohol Cerveza Vino Licor duro	Relajación, inhibiciones disminuidas, intensidad de sensaciones físicas reducidas, trastornos digestivos, pérdida de calor corporal, coordinación muscular reducida.	Pérdida del control corporal, desmayos (también produce daños físicos), suceptible a neumonía, cese de la respiración.	Moderado	Daño hepático, úlcera, diarrea crónica, amnesia, vómitos, daño cerebral, sangrado interno, debilidad.	Convulsiones, temblores, alucinaciones, pérdida de la memoria, espasmos musculares involuntarios, psicosis.
Sedantes hipnóticos *Barbitúricos:* - Nembutal - Fenobarbital - Seconal *Tranquilizantes:* - Valium - Librium - Quaaludes	Relajación, inhibiciones disminuidas, intensidad de sensaciones físicas reducidas, trastornos digestivos, pérdida de calor corporal, coordinación muscular reducida.	Desmayos, pérdida del control corporal, estupor, severa depresión de la respiración, posible muerte (los efectos se aumentan cuando están en combinación con alcohol - efecto sinérgico).	Moderado	Amnesia, confusión, modorra, cambios de personalidad.	
Opiáceos Opio Morfina Heroína Codeína Dilauid Percodan Darvon Metadona	Supresión de dolor, ritmo respiratorio y presión sanguinea reducidos, constipación, disrupción del ciclo menstrual, alucinaciones, sueño.	Piel fría y húmeda, convulsiones, coma, depresión respiratoria, posible muerte.	Alto	Disminución del deseo sexual, letargo, debilidad física general, infecciones, hepatitis.	Ojos llorozos, nariz mocosa, dolor de espalda severo, clambres estomacales, insomnio, nausea, diarrea, sudoración, espasmos musculares.
Estimulantes Dexedrina Metanfetamina Pildoras adelgazar Ritalin Cocaína Cafeina	Incremento de presión sanguinea y pulso, pérdida de apetito, aumento de la atención, bronquios secos y dilatados, inquietud, insomnio.	Reacción paranoica, psicosis temporal, irritabilidad, convulsiones, palpitaciones (generalmente no parala cafeina).	Alto	Psicosis, insomnio, paranoia, daños al sistema nervioso (generalmente no para la cafeina).	Depresión severa, tanto física como mental (no para la cafeina).
Psicotrópicos LSD Mescalina Psilicibina PCP	Percepción distorcionada, alucinaciones, confusión, vómito.	Psicosis, alucinaciones, vómitos, ansiedad, pánico, estupor. Con PCP: comportamiento agresivo, catatonia, convulsiones, coma, alta presión sanguinea.	Alto	Psicosis, alucinaciones continuas, trastornos mentales.	Fenómenos de retroceso ocasionales, depresión.
THC Marihuana Hashish	Sedación, euforia, aumento del apetito, procesos mentales alterados.	Percepción distorcionada, ansiedad, pánico.	Moderado	Desmotivación (pérdida del deseo).	Síntomas de abstinencia no reales excepto para posible depresión.

Figura 16-9. *Efectos adversos de varias drogas.*

afecte el cuerpo de cualquier forma contraria a la seguridad. La regla más segura es no volar como tripulante mientras toma algún medicamento, a menos que esté aprobado. Si hay alguna duda con respecto a los efectos de algún medicamento, consulte con un médico antes de volar.

Síndrome de descompresión inducido por altitud (DCS)

El síndrome de descompresión (DCS) o embolia gaseosa describe una condición caracterizada por una variedad de síntomas que resultan de la exposición a bajas presiones barométricas que producen que los gases inertes (principalmente nitrógeno), normalmente disueltos en los fluidos y tejidos del cuerpo, salgan de la solución física y formen burbujas. El nitrógeno es un gas inerte normalmente almacenado en todo el cuerpo humano (tejidos y fluidos) en solución física. Cuando el cuerpo está expuesto a la disminución de la presión barométrica (como volar en altitud en un avión sin presurizar, o durante una descompresión rápida), el nitrógeno disuelto en el cuerpo sale de la solución. Si el nitrógeno se ve obligado a dejar la solución demasiado rápido, se forman burbujas en diferentes áreas del cuerpo, causando una variedad de signos y síntomas. El síntoma más común es fuerte dolor en las articulaciones. *[Figura 16-10]*

Qué hacer cuando se produce DCS inducido por altitud:

- Póngase la máscara de oxígeno de inmediato y cambie el regulador al 100 por ciento de oxígeno.

- Comience un descenso de emergencia y aterrice tan pronto como sea posible. Incluso si los síntomas desaparecen durante el descenso, aterrice y busque evaluación médica sin dejar de respirar oxígeno.

- Si uno de los síntomas es dolor en las articulaciones, mantenga el área afectada fija, no trate de manejar el dolor moviendo la articulación.

- Al aterrizar busque asistencia médica de aviación, o un especialista en medicina hiperbárica. Tenga en cuenta que un médico no especializado en aviación o medicina hiperbárica puede que no estar familiarizado con este tipo de problema médico.

- El tratamiento médico definitivo puede implicar el uso de una cámara hiperbárica operado por personal especialmente capacitado.

- Signos y síntomas retardados de DCS inducidos por altitud pueden ocurrir después de volver al nivel del suelo, independientemente de su presencia durante el vuelo.

DCS después de bucear

El buceo somete el cuerpo a una mayor presión, lo que permite que más nitrógeno se disuelva en tejidos y fluidos corporales. *[Figura 16-11]* La reducción de la presión atmosférica que acompaña el volar puede producir problemas físicos para los buceadores. Un piloto o pasajero que tiene la intención de volar después de bucear debe permitir al cuerpo tiempo suficiente para deshacerse del exceso de nitrógeno absorbido durante el buceo. Si no, DCS por gas desprendido puede ocurrir durante la exposición a baja altura y crear una emergencia en vuelo grave.

Tipo de DCS	Ubicación de burbuja	Signos y Síntomas (Manifestaciones clínicas)
ARTICULACIONES	Articulaciones mayores del cuerpo (codos, hombros, cadera, muñecas, rodillas, tobillos)	• Dolor profundo localizado, desde leve (una pequeñez) a insoportable - a veces un dolor suave, pero raramente un dolor agudo • Movimiento activo o pasivo de la articulación agravando el dolor • Dolor que ocurre en altitud, durante el descenso, o luego de varias horas
Manifestaciones NEUROLÓGICAS	Cerebro	• Confusión o pérdida de la memoria • Dolor de cabeza • Punto ciego en campo de visión (escotoma), visión en tunel, visión doble, o visión borrosa • Fatiga extrema o cambios de comportamiento inexplicables • Agarrotamiento, mareo, vértigo, nausea, vómitos, e inconsciencia
	Médula espinal	• Sensaciones anormales como ardor, picazón, y hormigueo en parte baja del pecho y espalda • Síntomas que se extienden desde los pies hacia arriba acompañados con debilidad en aumento y parálisis • Dolor abdominal o en el pecho
	Nervios periféricos	• Incontinencia urinaria y rectal • Sensación anormal, tal como entumecimiento, ardor, picazón y hormigueo (parestesia) • Debilidad muscular
BLOQUEO	Pulmones	• Profundo dolor de ardor en pecho (bajo el esternón) • Dolor agravado por la respiración • Falta de aire (disnea) • Tos seca constante
PIEL	Piel	• Picazón en orejas, cara, cuello, brazos, torso superior • Sensación de insectos debajo de la piel • Piel moteada o veteada usualmente en hombros, pecho superior, y abdomen, acompañado con picazón • Hinchazón de la piel, acompañada por pequeñas depresiones como cicatrices

Figura 16-10. *Signos y síntomas del síndrome de descompresión en altitud.*

Figura 16-11. *Para prevenir el dolor en las articulaciones, los buzos no deben volar durante tiempos específicos de tiempo luego de bucear.*

El tiempo de espera recomendado antes de ir a altitudes de vuelo de hasta 8.000 pies es por lo menos 12 horas después de bucear que no requiere ascenso controlado (buceo sin parada de descompresión), y por lo menos 24 horas después de buceo que requiere ascenso controlado (buceo con parada de descompresión) .El tiempo de espera antes de ir a altitudes de vuelo por encima de 8.000 pies debe ser por lo menos 24 horas después de cualquier inmersión de buceo. Estas altitudes recomendadas son altitudes de vuelo reales sobre el nivel medio del mar y no altitudes de cabina presurizada.

Esto toma en consideración el riesgo de descompresión de la aeronave durante el vuelo.

Visión en vuelo

De todos los sentidos, la visión es el más importante para la seguridad del vuelo. La mayoría de las cosas percibidas durante el vuelo son visuales o fuertemente complementadas por la visión. Tan extraordinaria como vital, la visión está sujeta a limitaciones, como las ilusiones y los puntos ciegos. Cuanto más sabe el piloto sobre los ojos y cómo funcionan, más fácil es utilizar la visión efectiva y compensar los problemas potenciales.

El ojo funciona igual que una cámara. Su estructura incluye una abertura, una lente, un mecanismo para enfocar, y una superficie para el registro de imágenes. La luz entra a través de la córnea en el frente del globo ocular, atraviesa la lente, y cae en la retina. La retina contiene células sensibles a la luz que convierten la energía de la luz en impulsos eléctricos que viajan a través de los nervios hasta el cerebro. El cerebro interpreta las señales eléctricas para formar imágenes. Hay dos tipos de células sensibles a la luz en los ojos: los bastones y conos. *[Figura 16-12]*

Los conos son los responsables de la visión del color, desde apreciar una puesta de sol hasta discernir los sutiles matices de una buena pintura. Los conos están presentes en toda la retina, pero se concentran hacia el centro del campo de visión en la parte posterior de la retina. Hay un pequeño hoyo llamado fóvea, donde casi todas las células sensibles a la luz son conos. Este es el

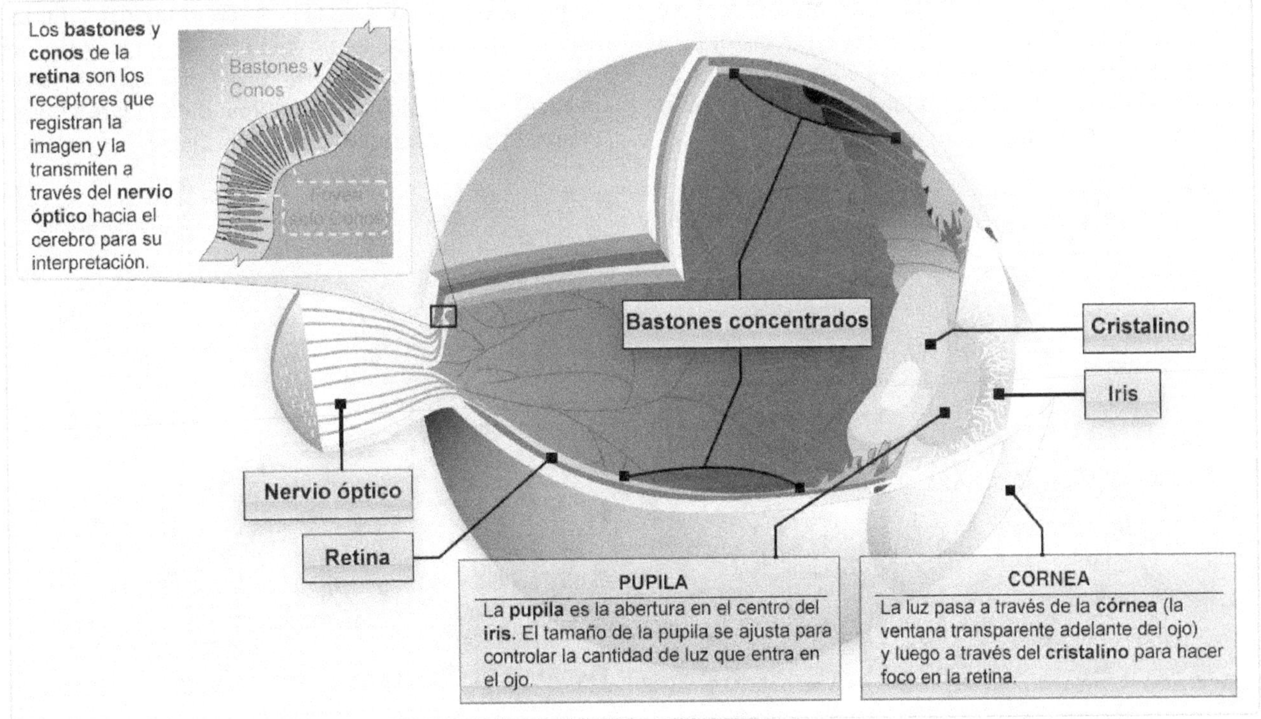

Figura 16-12. *El ojo humano.*

área donde se produce la mayoría de la imagen (el centro del campo visual donde el detalle, sensibilidad de color, y resolución son más altos).

Mientras que los conos y los nervios asociados están muy adaptados para la detección de pequeños detalles y color en niveles altos de luz, los bastones son más capaces de detectar movimiento y proporcionar una visión en la penumbra. Los bastones son incapaces de discernir color, pero son muy sensibles a bajos niveles de luz. El problema con los bastones es que una gran cantidad de luz los sobrepasa, y se toman un largo tiempo para "reiniciarse" y adaptarse a la oscuridad de nuevo. Hay tantos conos en la fóvea que el centro del campo visual casi prácticamente no tiene bastones en absoluto. Así que cuando hay poca luz, el medio del campo visual no es muy sensible, pero más lejos de la fóvea, los bastones son más numerosos y proporcionan la mayor parte de la visión nocturna.

El área donde el nervio óptico entra en el globo ocular no tiene bastones o conos, dejando un punto ciego en el campo de visión. Normalmente, cada ojo compensa el punto ciego del otro. *La Figura 16-13* es un ejemplo dramático de punto ciego del ojo. Cubra el ojo derecho y mantenga esta página con el brazo extendido. Enfoque con el ojo izquierdo en la X de la parte derecha del parabrisas y observe lo que ocurre con el avión mientras trae poco a poco la página más cerca del ojo.

Miopía espacial

La miopía espacial es una condición que generalmente ocurre cuando se vuela por encima de las nubes o en una capa de neblina que no ofrece nada específico para enfocar fuera de la aeronave. Esto hace que los ojos se relajen y busquen una distancia focal cómoda que puede variar de 3 a 9 metros. Para el piloto, esto significa mirar sin ver, lo cual es peligroso. Buscar y enfocar en fuentes de luces distantes, no importa cuán tenue, ayuda a prevenir la aparición de la miopía espacial.

Visión nocturna

Se estima que una vez completamente adaptado a la oscuridad, los bastones son 10.000 veces más sensibles a la luz que los conos, convirtiéndose en los receptores primarios para la visión nocturna. Dado que los conos se concentran cerca de la fóvea, los bastones también son responsables de gran parte de la visión periférica. La concentración de conos en la fóvea puede crear un punto ciego nocturno en el centro del campo de visión. Para ver un objeto claramente en la noche, el piloto debe exponer los bastones a la imagen. Esto puede hacerse mirando a 5° o 10° del centro del objeto a ser visto. Esto puede intentarse en una tenue luz en una habitación oscura. Cuando mira directamente a la luz, se atenúa o desaparece por completo. Cuando mira un poco fuera del centro, se hace más clara y más brillante.

Vea la *Figura 16-14*. Cuando mira directamente a un objeto, la imagen se centra principalmente en la fóvea, donde se ve mejor el detalle. Por la noche, la capacidad de ver un objeto en el centro del campo visual se reduce a medida que los conos pierden gran parte de su sensibilidad y los bastones se vuelven más sensibles. Mirando fuera centro puede ayudar a compensar este punto ciego nocturno. Junto con la pérdida de nitidez (agudeza) y color por la noche, se puede perder la percepción de profundidad y tamaño.

Mientras que los conos se adaptan rápidamente a los cambios en la intensidad de la luz, a los bastones les lleva mucho más tiempo. Caminar desde la luz del sol a una sala de cine oscura es un ejemplo de experiencia del periodo de adaptación a la oscuridad. Los bastones pueden tomar unos 30 minutos para adaptarse por completo a la oscuridad. Una luz brillante, sin embargo,

Figura 16-13. *Punto ciego del ojo.*

puede destruir por completo la adaptación a la noche, dejando la visión nocturna severamente comprometida mientras se repite el proceso de adaptación.

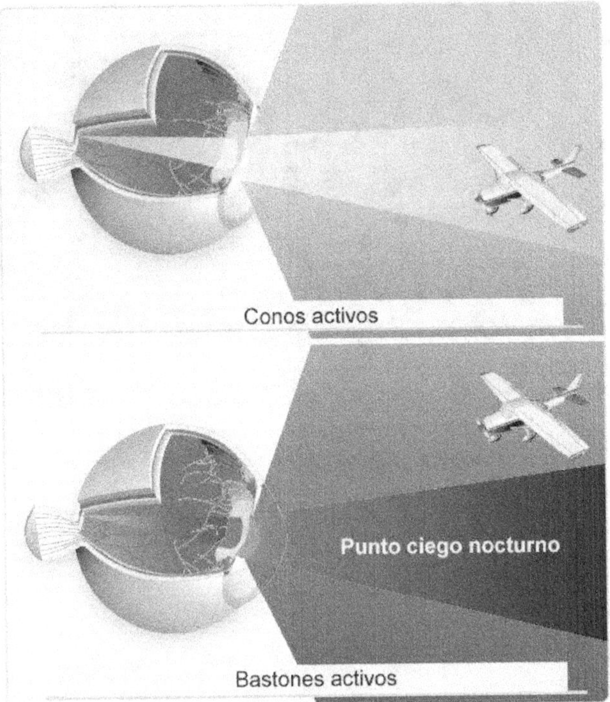

Figura 16-14. *Punto ciego nocturno.*

La hipoxia también afecta la visión. Una visión nítida, (siendo la mejor igual a visión 20-20) requiere mucho oxígeno especialmente en la noche. A medida que aumenta la altitud, el oxígeno disponible disminuye, degradando la visión nocturna. La fatiga agrava el problema, lo que minimiza el bienestar fisiológico. Agregar fatiga a la exposición a grandes alturas, es una receta para el desastre. De hecho, si vuela en la noche a una altitud de 12.000 pies, el piloto puede ver realmente elementos de su visión normal perdidos o fuera de foco. Perder elementos visuales se parece a perder píxeles en una imagen digital, mientras que la visión fuera de foco es borrosa y lavada.

Para el piloto que sufre hipoxia hipóxica, descender a una altitud más baja puede no ser suficiente para restablecer la visión. Por ejemplo, un ascenso de 8.000 a 12.000 pies durante 30 minutos no significa que un descenso a 8.000 pies solucione el problema. La agudeza visual puede que no se recupere por más de una hora. Por lo tanto, es importante recordar, la altitud y la fatiga tienen un profundo efecto en la capacidad de un piloto para ver.

Hay varias cosas que se pueden hacer para mantener los ojos adaptados a la oscuridad. La primera es obvia: evitar luces brillantes antes y durante el vuelo. Durante 30 minutos antes de un vuelo nocturno, evite cualquier fuente de luz intensa, como faros, luces de aterrizaje, luces estroboscópicas, o linternas. Si encuentra una luz brillante, cierre un ojo para mantenerlo sensible a la luz. Esto permite el uso de ese ojo para ver de nuevo cuando la luz se haya ido.

La iluminación roja de la cabina también ayuda a preservar la visión nocturna, pero la luz roja distorsiona severamente algunos colores y hace desaparecer por completo el color rojo. Esto hace difícil la lectura de una carta aeronáutica. Una luz blanca tenue o una linterna cuidadosamente dirigida pueden mejorar la capacidad de lectura por la noche. Mientras vuele por la noche, mantenga el panel de instrumentos y las luces interiores no más brillantes que lo necesario. Esto ayuda a ver las referencias externas con mayor facilidad. Si los ojos se vuelven borrosos, parpadear con más frecuencia a veces ayuda.

La dieta y la salud física en general tienen un impacto en lo bien que un piloto puede ver en la oscuridad. Se ha demostrado que las deficiencias de vitaminas A y C reducen la agudeza nocturna. Otros factores, como la intoxicación con CO, el tabaquismo, el alcohol, ciertas drogas, y la falta de oxígeno también puede disminuir en gran medida la visión nocturna.

Ilusiones visuales nocturnas
Hay muchos tipos diferentes de ilusiones visuales que ocurren comúnmente en la noche. Anticiparlas y estar al tanto de ellas suele ser la mejor manera de evitarlas.

Autocinesis
La autocinesis es causada por mirar fijamente un punto de luz sobre un fondo oscuro por más de unos pocos segundos. Después de unos momentos, la luz parece que se mueve por sí misma. Para evitar esta ilusión, se centra la mirada en objetos a diferentes distancias y evite fijarse en un solo objetivo. Asegúrese de mantener un patrón de escaneo normal.

Horizonte falso
Un horizonte falso puede ocurrir cuando el horizonte natural está oscurecido o no se ve fácilmente. Se puede generar por confundir estrellas brillantes con luces de la ciudad. También puede ocurrir durante el vuelo hacia la costa de un océano o un gran lago. Debido a la relativa oscuridad del agua, las luces a lo largo de la costa se pueden confundir con las estrellas en el cielo. *[Figura 16-15]*

Ilusiones de aterrizaje nocturno
Las ilusiones de aterrizaje se producen en varias formas. Sobre un terreno sin rasgos en la noche, hay una tendencia natural a realizar una aproximación por debajo de lo normal. Los elementos que causan todo tipo de oscurecimiento visual, tales como lluvia, neblina, o un entorno de pista oscuro también pueden causar

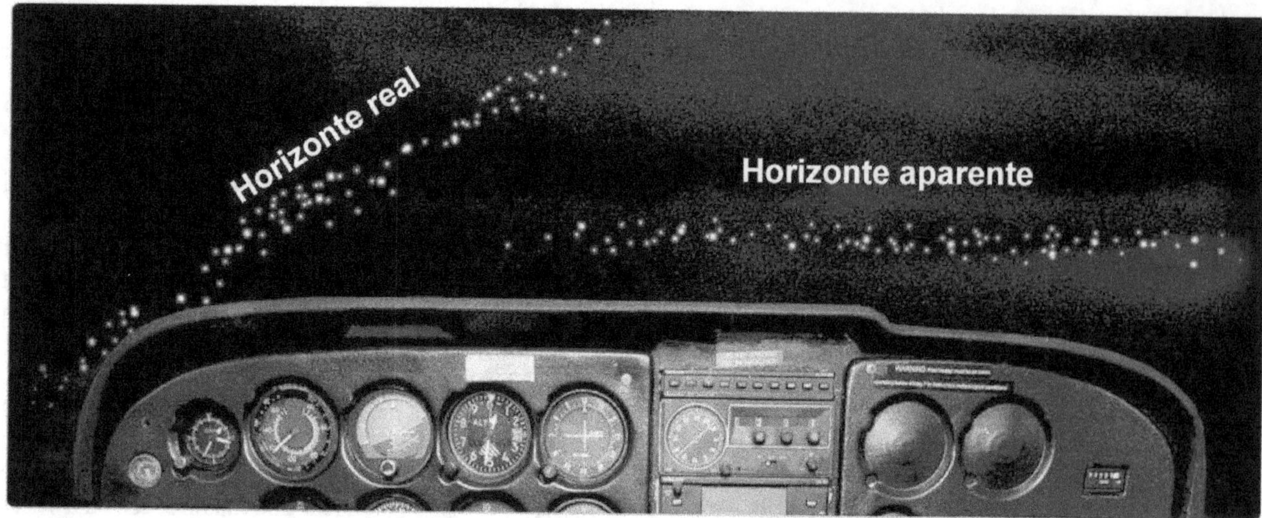

Figura 16-15. *De noche, el horizonte puede ser difícil de discernir debido al terreno oscuro y patrones de luces confusos en la tierra.*

aproximaciones bajas. Luces brillantes, el terreno circundante empinado, y una pista ancha pueden producir la ilusión de estar muy bajo, con tendencia a realizar una aproximación más alta de lo normal. Un conjunto de luces regularmente espaciadas a lo largo de un camino o autopista pueden parecer luces de pista. Los pilotos incluso han confundido las luces de un tren en movimiento con la pista o luces de aproximación. Los sistemas brillantes de iluminación de una pista o de aproximación pueden crear la ilusión de que el avión está más cerca de la pista, sobre todo cuando pocas luces iluminan el terreno circundante.

Los pilotos que vuelan por la noche deben considerar seriamente la administración de oxígeno suplementario en altitudes y horarios no requeridos por las regulaciones, sobre todo de noche, cuando es necesario un juicio crítico y la coordinación mano-ojo (por ejemplo, IFR), o si es fumador o no está perfectamente sano.

Resumen del capítulo

En este capítulo se ofrece una introducción a los factores aeromédicos relacionados con las actividades de vuelo. Información más detallada sobre los temas tratados en este capítulo está disponible en el Manual de Información Aeronáutica (AIM) y en línea en www.faa.gov/pilots/safety/pilotsafetybrochures.

Glosario

A prueba de fuego:

(a) Con respecto a materiales y partes utilizadas para contener fuego en una zona de incendio definida, es la capacidad de resistir el calor tan bien como el acero o mejor que éste, con las dimensiones apropiadas para el fin para el que fueron diseñados cuando hay un incendio severo durante mucho tiempo en esa zona; y

(b) Con respecto a otros materiales y partes, significa que puede resistir el calor asociado con el incendio, al menos igual que el acero, en dimensiones apropiadas para el propósito que son usados.

Accidente: Todo hecho que se produzca al operarse la aeronave y que ocasione muerte o lesiones a alguna persona o daños a la aeronave o motive que ésta los ocasione

Actuación humana: Capacidades y limitaciones humanas que repercuten en la seguridad y eficiencia de las operaciones aeronáuticas. (Ver también "Principios relativos a Factores Humanos")

Acuerdo ADS-C: Plan de notificación que rige las condiciones de notificación de datos ADS-C (o sea, aquellos que exige la dependencia de servicios de tránsito aéreo, así como la frecuencia de dichas notificaciones, que deben acordarse antes de utilizar la ADS-C al suministrar los servicios de tránsito aéreo).

NOTA: Las condiciones de acuerdo se establecen entre el sistema terrestre y la aeronave por medio de un contrato o una serie de contratos.

Adaptación: Autorización asentada por un Instructor de Vuelo en el Libro de Vuelo o Libro de Lanzamientos del interesado que certifica que el titular ha cumplido con las exigencias para ejercer atribuciones que otorga la licencia o certificado de competencia y que no requieren de habilitación.

Aerodino: Es toda aeronave más pesada que el aire cuya sustentación se produce, principalmente, mediante fuerzas aerodinámicas. Se dividen en aquellas de Alas Fijas y aquellas de Alas Rotativas.

Aeródromo (AD): Área definida de tierra o de agua (que incluye todas sus edificaciones, instalaciones y equipos) destinada total o parcialmente a la llegada, salida y movimiento en superficie de aeronaves.

NOTA: Los aeródromos son públicos o privados. Son aeródromos públicos los que están destinados al uso público, los demás son privados. La condición del propietario del inmueble no califica a un aeródromo como público o privado.

Aeródromo controlado: Aeródromo en el que se facilita servicio de control de tránsito aéreo para el tránsito de aeródromo.

Aeródromo de alternativa: Aeródromo al que podría dirigirse una aeronave cuando fuera imposible o no fuera aconsejable dirigirse al aeródromo de aterrizaje previsto o aterrizar en el mismo. Existen los siguientes tipos de aeródromos de alternativa:

(a) Aeródromo de alternativa post-despegue: Aeródromo de alternativa en el que podría aterrizar una aeronave si esto fuera necesario poco después del despegue y no fuera posible utilizar el aeródromo de salida.

(b) Aeródromo de alternativa en ruta: Aeródromo en el que podría aterrizar una aeronave si esta experimentara condiciones anormales o de emergencia en ruta.

(c) Aeródromo de alternativa en ruta para ETOPS: Aeródromo de alternativa adecuado en el que podría aterrizar un avión con dos grupos de motores de turbina si se le apagara el motor o si experimentara otras condiciones no normales o de emergencia en ruta en una operación ETOPS.

(d) Aeródromo de alternativa de destino: Aeródromo de alternativa al que podría dirigirse una aeronave si fuera imposible o no fuera aconsejable aterrizar en el aeródromo de aterrizaje previsto.

NOTA: El aeródromo del que despega un vuelo también puede ser aeródromo de alternativa en ruta o aeródromo alternativa de destino para dicho vuelo.

Aeródromo regular: Es el lugar utilizado por el poseedor de un Certificado de Explotador de Servicios Aéreos en sus operaciones regulares y está listado en sus especificaciones de operación.

Aeronave: Toda máquina que puede sustentarse en la atmósfera por aquellas reacciones del aire que no sean las reacciones del mismo contra la superficie de la tierra.

Aeronave de alas rotativas: Es un aerodino cuya sustentación en el aire se debe, principalmente, a las reacciones aerodinámicas sobre sus alas o palas que giran alrededor de un eje, las cuales forman parte del rotor.

NOTA: Ver helicóptero, giroplano, girodino.

Aeronave de despegue vertical: Aeronave más pesada que el aire capaz de despegar y aterrizar en forma vertical, y vuelo a baja velocidad que depende principalmente de dispositivos de sustentación originados por la potencia de sus motores, o sustentación originada por los mismos durante esos regímenes de vuelo y en superficies aerodinámicas no rotativas para sustentación durante el vuelo horizontal.

Aeronavegabilidad Continuada: Conjunto de procedimientos y acciones que tienden a mantener la condición de aeronavegabilidad de una aeronave en forma continua.

Aeronotificación: Informe de una aeronave en vuelo preparado de conformidad con los requisitos de información de posición y de información operacional y/o meteorológica.

Aerovía (AWY): Área de control o parte de ella dispuesta en forma de corredor.

Aeropuerto: Son aeropuertos aquellos aeródromos públicos que cuentan con servicios o intensidad de movimiento aéreo que justifiquen tal denominación. Aquellos aeródromos públicos o aeropuertos destinados a la operación de aeronaves provenientes del o con destino al extranjero, donde se presten servicios de sanidad, aduana, migraciones y otros, se denominarán aeródromos o aeropuertos internacionales.

NOTA: La reglamentación determinará los requisitos a que deberán ajustarse para que sean considerados como tales.

Aeróstato: Toda aeronave que, principalmente, se sostiene en el aire en virtud de su fuerza de flotabilidad.

AIRAC: Una sigla (reglamentación y control de información aeronáutica) que significa el sistema que tiene por objeto la notificación anticipada, basada en fechas comunes de entrada en vigor, de las circunstancias que requieren cambios importantes en los métodos de operaciones.

Alcances: Facultades o atribuciones otorgadas o reconocidas por la Autoridad Aeronáutica para el desempeño de la función aeronáutica. Facultades o atribuciones otorgadas o reconocidas por la Autoridad Aeronáutica competente a las organizaciones de mantenimiento en función de su capacitación y medios disponibles para realizar determinados tipos y niveles de mantenimiento sobre determinadas marcas y modelos de productos aeronáuticos.

Alcance visual en la pista (RVR): Distancia hasta la cual el piloto de una aeronave que se encuentra sobre el eje de una pista puede ver las señales de superficie de la pista o las luces que la delimitan o que señalan su eje.

Alteración: Es la sustitución de alguna parte o dispositivo de una aeronave mediante el reemplazo por otra de diferente tipo y/o la incorporación de alguna parte o dispositivo; no estando comprendidos éstos en el Diseño Tipo Original de la aeronave tal como está descripto en las especificaciones de la misma (hoja de datos del Certificado Tipo, Lista de Equipamiento aprobado del fabricante).

Alteración mayor: Alteración no listada en las especificaciones de la aeronave, motor o hélice, y:

(a) Que podría afectar apreciablemente al peso, balanceo, resistencia estructural, performance, operación de la planta motriz, características de vuelo, u otras cualidades que afectan la aeronavegabilidad; o

(b) Que no se realiza de acuerdo con prácticas aceptadas o no se puede realizar por medio de operaciones elementales.

Alteración menor: Toda alteración que no sea una alteración mayor.

Altitud: Distancia vertical entre un nivel, punto u objeto considerado como puntual y el nivel medio del mar (MSL).

Altitud crítica: Significa la altitud máxima a la cual, en la atmósfera estándar, es posible mantener a las r.p.m. especificadas, una potencia o presión de admisión determinadas en las especificaciones. A menos que se determine de otro modo la altitud crítica es la altitud máxima a la que es posible mantener, a las r.p.m. máximas continuas, una de las siguientes condiciones:

(a) La potencia máxima continua, en el caso de motores, para los cuales esta potencia nominal, es la misma al nivel del mar y a una altitud nominal; o

(b) La presión de admisión nominal máxima continua, en el caso de motores, para los cuales la potencia máxima continua se rige por la presión de admisión constante

Altitud de decisión (DA) o altura de decisión (DH) Altitud o altura especificada, en la aproximación de precisión, a la cual debe iniciarse una maniobra de aproximación frustrada si no se ha establecido la referencia visual requerida para continuar la aproximación.

NOTA 1: Para la altitud de decisión (DA) se tomó como referencia el nivel medio del mar (MSL) y para la altura de decisión (DH), la elevación del umbral.

NOTA 2: La referencia visual requerida significa aquella Sección de las ayudas visuales o del área de aproximación que debería haber estado a la vista durante tiempo suficiente para que el piloto pudiera hacer una evaluación de la posición y de la rapidez del cambio de posición en relación con la trayectoria de vuelo deseada. En operaciones de Categoría III con altura de decisión, la referencia visual requerida es aquella especificada para el procedimiento y operación particulares.

Altitud de franqueamiento de obstáculos (OCA) o altura de franqueamiento de obstáculos (OCH): La altitud más baja o la altura más baja por encima de la elevación del umbral de la pista pertinente o por encima de la elevación del aeródromo, según corresponda, utilizada para respetar los correspondientes criterios de franqueamiento de obstáculos.

NOTA 1: Para la altitud de franqueamiento de obstáculos se toma como referencia el nivel medio del mar y para la altura de franqueamiento de obstáculos, la elevación del umbral, o en el caso de aproximaciones que no son de precisión, la elevación del aeródromo o la elevación del umbral, si éste estuviera a más de 7 ft por debajo de la elevación del aeródromo. Para la altura de franqueamiento de obstáculos en aproximaciones en circuito se toma como referencia la elevación del aeródromo.

Altitud de presión: Es la altitud que corresponde a una presión dada según la atmósfera tipo.

Altitud de transición: Altitud a la cual, o por debajo de la cual, se controla la posición vertical de una aeronave por referencia a altitudes.

Altitud mínima de descenso (MDA) o altura mínima de descenso (MDH): Altitud o altura especificada en una aproximación que no sea de precisión o en circuito por debajo de la cual no debe efectuarse el descenso sin la referencia visual requerida.

NOTA 1: Para la altitud mínima de descenso (MDA) se toma como referencia el nivel medio del mar y para la altura mínima de descenso (MDH) la

elevación del aeródromo o la elevación del umbral si éste estuviera a más de 2 metros (7 ft) por debajo de la elevación del aeródromo. Para la altura mínima de descenso en aproximaciones en circuitos se toma como referencia la elevación del aeródromo.

NOTA 2: La referencia visual requerida significa aquella Sección de las ayudas visuales o del área de aproximación que debería haber estado a la vista durante tiempo suficiente para que el piloto pudiera hacer una evaluación de la posición y de la rapidez del cambio de posición de la aeronave, en relación con la trayectoria de vuelo deseada. En el caso de aproximación en circuito, la referencia visual requerida es el entorno de la pista.

Altitud mínima de sector: La altitud más baja que puede usarse que permite conservar un margen vertical mínimo de 1000 pies, sobre todos los obstáculos situados en un área comprendida dentro de un sector circular de 46 Km. (25 NM) de radio, centrado en una radioayuda para la navegación.

Altura: Es la distancia vertical entre un nivel, punto u objeto considerado puntual y un punto o nivel en la superficie.

Alumno piloto: El que cursa los estudios para el aprendizaje técnico y teórico del vuelo y los demás conocimientos necesarios para la conducción de la aeronave.

Análisis de datos de vuelo: Proceso para analizar los datos de vuelo registrados a fin de mejorar la seguridad de las operaciones de vuelo.

Aproximación en circuito: Prolongación de un procedimiento de aproximación por instrumentos, que permite maniobrar alrededor del aeródromo, con referencias visuales, antes de aterrizar.

Aproximación final: Parte del procedimiento de aproximación por instrumentos que se inicia en un punto o referencia determinados o, cuando no se haya determinado dicho punto o dicha referencia:

(a) Al final del último viraje reglamentario, viraje de base o viraje de acercamiento de un procedimiento en hipódromo, si se especifica uno; o

(b) En el punto de interceptación de la última trayectoria especificada del procedimiento de aproximación y que finaliza en un punto en las inmediaciones del aeródromo desde el cual puede efectuarse un aterrizaje; o bien se inicia un procedimiento de aproximación frustrada.

Aproximación frustrada: Procedimiento que debe seguirse si después de una aproximación por instrumentos, no se efectúa el aterrizaje y ocurre generalmente:

(a) Cuando la aeronave ha descendido a la altura de decisión y no ha establecido contacto visual; o bien

(b) Cuando indique la dependencia de control de tránsito aéreo, que hay que realizar un ascenso imprevisto, o efectuar un giro, o trasladarse a un fijo.

Aproximación inicial: Parte de un procedimiento de aproximación por instrumentos que consiste en la primera aproximación a la instalación o fijo establecido para el comienzo de la aproximación intermedia, y que comienza en la posición anterior determinada por una ayuda para la navegación o a la estima ubicada en la trayectoria que desarrolla la aeronave rumbo al aeródromo de destino.

Aproximación intermedia: Parte de un procedimiento de aproximación por instrumentos comprendida entre la primera llegada a la primera instalación de navegación o un punto de posición predeterminado, y el comienzo de la aproximación final.

NOTA: La aproximación intermedia puede incluir las operaciones prescriptas en circuitos de espera IFR.

Aproximación por instrumentos: Procedimiento prescrito para la aproximación aplicando las reglas y procedimientos de vuelo por instrumentos que incluyen las trayectorias de aproximación inicial, de aproximación intermedia y de aproximación final.

Aproximación radar: Aproximación ejecutada por una aeronave, bajo la dirección de un controlador radar.

Aproximación sincronizada: Procedimiento de aproximación IFR, por el cual se reducen las mínimas de separación en tiempo entre aeronaves en secuencia de aproximación, basado en el cruce de un punto común especificado en la trayectoria de aproximación final a intervalos preestablecidos por la dependencia ATC.

NOTA: Los procedimientos para las aproximaciones sincronizadas deberán contar con la aprobación de la Autoridad Aeronáutica competente, previo a su aplicación.

Aproximación visual: La aproximación en un vuelo IFR cuando cualquier parte o la totalidad del procedimiento de aproximación por instrumentos no se completa, y se realiza mediante referencia visual respecto al terreno y teniendo el aeródromo a la vista.

Aptitud psicofisiológica: Conjunto de capacidades físicas y psíquicas que debe poseer un individuo para desempeñar con eficiencia y seguridad las atribuciones correspondientes a la/s licencia/s y/o certificados de competencia que solicite o posea.

Área de aproximación: Parte especificada de la superficie del terreno o de una extensión de agua, anterior al umbral que se designa, a los fines de garantizar un grado satisfactorio de seguridad y regularidad en las operaciones de aeronaves durante la fase de aproximación.

Área de aproximación final y de despegue (FATO): Área definida en la que termina la fase final de la maniobra de aproximación hasta el vuelo estacionario o el aterrizaje y a partir de la cual empieza la maniobra de despegue. Cuando la FATO está destinada a los helicópteros de Clase de performance 1, el área definida comprenderá el área de despegue interrumpido disponible.

Área de aterrizaje: Parte del área de movimiento destinada al aterrizaje o despegue de aeronaves.

Área de control (CTA): Espacio aéreo controlado que se extiende hacia arriba desde un límite especificado sobre la superficie terrestre.

Área de control terminal (TMA): Área de control establecida generalmente en la confluencia de rutas ATS en las inmediaciones de uno o más aeródromos principales.

Área de maniobras: Parte del aeródromo que ha de utilizarse para el despegue, el aterrizaje y el rodaje de aeronaves, excluyendo las plataformas.

Área de maniobras visuales (circuito): Área en el cual hay que tener en cuenta el franqueamiento de obstáculos cuando se trata de aeronaves que llevan a cabo una aproximación en circuito.

Área de movimiento: Parte del aeródromo que ha de utilizarse para el despegue, aterrizaje y rodaje de aeronaves, integrada por el área de maniobras y la(s) plataforma(s).

Área de seguridad (de un helipuerto): Área definida de un helipuerto en torno al área de aproximación final y de despegue (FATO), que está despejada de obstáculos, salvo los que sean necesarios para la navegación aérea y destinada a reducir el riesgo de daños de los helicópteros que accidentalmente se desvíen de la FATO.

Área de señales: Área de un aeródromo utilizada para exhibir señales terrestres.

Área de toma de contacto y de elevación inicial (TLOF): Área reforzada que permite la toma de contacto o la elevación inicial de los helicópteros.

Área estéril: Comprende un área hacia la cual el acceso es controlado mediante la inspección de las personas y sus pertenencias de acuerdo con un programa de seguridad.

Ascenso en crucero: Técnica de crucero de un avión, que resulta de un incremento neto de altitud a medida que disminuye la masa del avión.

Asesoramiento anticolisión: Asesoramiento prestado por una dependencia de servicios de tránsito aéreo, con indicación de maniobras específicas para ayudar al piloto a evitar una colisión.

Aterrizaje forzoso seguro: Aterrizaje o amaraje inevitable con una previsión razonable de que no se produzcan lesiones a las personas en la aeronave ni en la superficie.

Atmósfera tipo: (Atmósfera definida en el Documento 7488/2–OACI)

Una atmósfera definida como sigue:

(a) El aire es un gas perfecto seco;

(b) Las constantes físicas son:

    (i) Masa molar media al nivel del mar:
M_0 = 28,964420 x 10^{-3} kg/mol^{-1}

    (ii) Presión atmosférica al nivel del mar:
P_0 = 1013,25 hPa

    (iii) Temperatura al nivel del mar:
t_0 = 15°C
T_0 = 288,15K

    (iv) Densidad atmosférica al nivel del mar:
P_0 = 1,2250 kg/m^3

    (v) Temperatura de fusión del hielo:
T_i = 273,15K

    (vi) Constante universal de los gases perfectos:
R^* = 8,31432 JK^{-1} mol^{-1}

(c) los gradientes térmicos son:

Altitud geopotencial (km)		Gradiente térmico (Kelvin por kilómetro geopotencial patrón)
De	A	
-5.0	11.0	-6.5
11.0	20.0	0.0
20.0	32.0	+1.0
32.0	47.0	+2.8
47.0	51.0	0.0
51.0	71.0	-2.8
71.0	80.0	-2.0

NOTA: El metro geopotencial patrón vale 9,80665 m^2 s^{-2}

Autoridad ATS competente: La autoridad apropiada, designada por el Estado responsable de proporcionar los servicios de tránsito aéreo en el espacio aéreo de que se trate.

Autoridad Aeronáutica competente: Es aquella mencionada en el prólogo Autoridades de Aplicación de esta Parte, incluyendo las Direcciones competentes, así como también toda otra persona a quien dicha autoridad delegue sus funciones para que, actuando en su nombre, fiscalice el cumplimiento de las presentes regulaciones y del Reglamento de Aeronavegabilidad en su ámbito de competencia.

Autorrotación: Condición de vuelo de una aeronave de alas rotativas, en la cual el rotor sustentador es accionado totalmente por acción del aire cuando ésta se encuentra en movimiento.

Aviación General: Todas las operaciones de aviación que no estén comprendidas dentro de aquellas correspondientes a Transporte Aéreo y Trabajo Aéreo según define el Código Aeronáutico.

Avión (Aeroplano): Aerodino propulsado por motor, de ala fija, que se mantiene en vuelo por la reacción dinámica del aire sobre su superficie sustentadora.

Avión anfibio: Avión que puede despegar o aterrizar tanto en tierra, en una plataforma firme como también en el agua.

Avión grande: Todo avión de más de 5.700 Kg (12.500 libras) de peso máximo de despegue certificado.

Calle de rodaje: Vía definida en un aeródromo terrestre, establecida para el rodaje de aeronaves y destinada a proporcionar enlace entre una y otra parte del aeródromo, incluyendo:

(a) Calle de acceso al puesto de estacionamiento de aeronave: La parte de una plataforma designada como calle de rodaje y destinada a proporcionar acceso a los puestos de estacionamiento de aeronaves solamente.

(b) Calle de rodaje en la plataforma: La parte de un sistema de calles de rodaje situada en una plataforma y destinada a proporcionar una vía para el rodaje a través de la plataforma.

(c) Calle de salida rápida: Calle de rodaje que se une a una pista en un ángulo agudo y está proyectada de modo que permita a los aviones que aterrizan virar a velocidades mayores que las que se logran en otras calles de rodaje de salida y logrando así que la pista esté ocupada el mínimo tiempo posible.

Calle de rodaje aéreo: Trayectoria definida sobre la superficie destinada al rodaje aéreo de los helicópteros.

Calle de rodaje en tierra para helicópteros: Calle de rodaje en tierra destinada únicamente a helicópteros.

Capa de transición: Espacio aéreo entre la altitud de transición y el nivel de transición.

Carga externa: Toda carga que se transporta fuera de la aeronave.

Categoría:

(a) Como se usa en lo relacionado con la certificación, habilitación, privilegios y limitaciones del personal aeronáutico, la misma es una clasificación amplia de las aeronaves. Los ejemplos incluyen: aeroplanos, aeronaves con alas rotativas, planeadores, aeróstatos; y

(b) Como se usa en lo relacionado con la certificación de aeronaves, es el agrupamiento de éstas basado en el uso que se pretende darles o en las limitaciones de operación de las mismas. Los ejemplos incluyen: Transporte, Normal, Utilitaria, Acrobática, Limitada, Restringida y Provisoria.

Categoría "A": Con respecto a aeronaves de alas rotativas de Categoría Transporte, comprende aquellas multimotores diseñadas con características de motor y de aislamiento de sistemas especificadas y que se utilice en operaciones de aterrizaje y despegue programadas bajo el concepto de falla de motor crítico, asegurando una superficie designada y una adecuada capacidad de performance que permita continuar vuelo en forma segura en el caso de falla del motor.

Categoría "B": Con respecto a aeronaves de alas rotativas de Categoría Transporte, comprende aeronaves con alas rotativas monomotor o multimotor que no cumple totalmente con los estándares de la Categoría "A". Las aeronaves con alas rotativas no garantizan la capacidad de "stay up" en el caso de una falla de motor o de un aterrizaje no programado.

Categoría de las operaciones de aproximación y aterrizaje de precisión:

(a) Operación de ILS Categoría I (CATI): Aproximación y aterrizaje de precisión por instrumentos con una altura de decisión no inferior a 60 m (200 ft) y con una visibilidad no inferior a 800 m o un alcance visual en la pista no inferior a 550 m.

(b) Operación de ILS Categoría II (CATII): Aproximación y aterrizaje de precisión por instrumentos con una altura de decisión inferior a 60 m (200 ft) pero no inferior a 30 m (100 ft) y un alcance visual en la pista no inferior a 350 m.

(c) Operación de ILS Categoría III (CATIII): Se subdivide en:

(1) Categoría IIIA (CATIIIA): Aproximación y aterrizaje de precisión:

  (i) Hasta un altura de decisión inferior a 30 m (100 ft) o sin limitación de altura de decisión y;

  (ii) Con un alcance visual en la pista (RVR) no inferior a 200 m.

(2) Categoría IIIB (CATIIIB): Aproximación y aterrizaje de precisión:

  (i) Hasta una altura de decisión inferior a 15 m (50 ft) o sin limitación de altura de decisión y;

  (ii) con un alcance visual en la pista (RVR) inferior a 200 m pero no inferior a 50 m.

(3) Categoría IIIC (CATIIIC): Aproximación y aterrizaje de precisión por instrumentos sin altura de decisión ni limitaciones en cuanto al alcance visual en la pista.

Centro de control de área (ACC): Dependencia establecida para facilitar servicio de control de tránsito aéreo a los vuelos controlados en las áreas de control bajo su jurisdicción.

Certificado de Competencia: Documento que acredita la capacidad para desempeñarse en determinadas especialidades o áreas de trabajo que no incluyen a la totalidad de las funciones cubiertas con las licencias y que es otorgado en base a los requisitos establecidos en estas RAAC.

Certificado de Explotador de Servicios Aéreos (CESA): Documento emitido por la Autoridad Aeronáutica que autoriza a su titular a realizar operaciones de transporte aéreo, de acuerdo al permiso comercial otorgado por la Subsecretaría de Transporte Aerocomercial (SSTA).

Certificado de Habilitación Psicofisiológica: Documento que acredita la aptitud psicofisiológica para el desempeño de los privilegios, funciones y atribuciones que le confiere la licencia o certificado de competencia para la que se lo extiende.

Certificado de idoneidad aeronáutica: Es la licencia, el certificado de competencia o el certificado de convalidación, otorgados por la Autoridad Aeronáutica.

Circular de información aeronáutica (AIC): Aviso que contiene información que no requiera la iniciación de un NOTAM, ni la inclusión en la Publicación de Información Aeronáutica (AIP), pero que está relacionada con la seguridad del vuelo, la navegación aérea, o asuntos de carácter técnico, administrativo o legislativo.

Circuito de rodaje de aeródromo: Trayectoria especificada que deben seguir las aeronaves en el área de maniobras, mientras prevalezcan determinadas condiciones de viento.

Circuito de tránsito de aeródromo: Trayectoria especificada que deben seguir las aeronaves al evolucionar en las inmediaciones de un aeródromo.

Clase:

(a) En cuanto a su uso en lo relativo a la certificación, habilitaciones, privilegios y limitaciones del personal aeronáutico, es la clasificación de las aeronaves dentro de una categoría que tiene características similares de operación. Los ejemplos incluyen; monomotor, multimotor, terrestre, hidroavión.

(b) En cuanto a su uso en lo relativo a la certificación de las aeronaves es una clasificación amplia de aquellas que tienen características similares de propulsión, vuelo o aterrizaje.

Clases de espacio aéreo de los servicios de tránsito aéreo: Partes del espacio aéreo de dimensiones definidas, designadas alfabéticamente, dentro de las cuales pueden realizarse tipos de vuelos específicos y para las que se especifican los servicios de tránsito aéreo y las reglas de operación.

Clases de evaluación médica: Son los niveles de exigencias psicofisiológicas basados en la severidad y/o complejidad de los exámenes médicos considerados necesarios para el otorgamiento de los Certificados de Habilitación Psicofisiológicos o los Certificados de Aptitud, que en orden decreciente se consideran como Clase I, II y III.

Código SSR: Número asignado a una determinada señal de respuesta de impulsos múltiples transmitida por un transpondedor.

Coeficiente de seguridad: Factor de cálculo que se emplea para prever la posibilidad de que puedan producirse cargas superiores a las supuestas y para tomar en consideración las incertidumbres de cálculo y fabricación.

Coeficientes aerodinámicos: Coeficientes adimensionales para fuerzas y momentos aerodinámicos.

Cohete: Aeronave propulsada por la expulsión de gases de expansión, generados en el motor, a partir de propelentes contenidos en el mismo y que no depende de la entrada de substancias del exterior. El mismo incluye cualquier parte que se separe durante su operación.

Comandante de aeronave (piloto al mando): Piloto designado por el explotador o por el propietario en el caso de la aviación general, para estar al mando y encargarse de la realización segura de un vuelo.

Combinación aeronave de alas rotativas/carga externa: Es la combinación de una aeronave de alas rotativas y una carga externa, incluyendo los medios de fijación de la misma. Las combinaciones de aeronave de alas rotativas y carga externa se designan como Clase "A", Clase "B", Clase "C" y Clase "D" de la forma siguiente;

(a) La combinación de aeronave de alas rotativas y carga externa Clase "A" significa, una en la cual, la carga externa no puede moverse libremente, no se puede arrojar y no se extiende por debajo del tren de aterrizaje.

(b) La combinación de aeronave de alas rotativas y carga externa Clase "B": es aquella en la cual, la carga externa es arrojable y se levante de la tierra o del agua durante la operación de la aeronave de alas rotativas.

(c) La combinación de aeronave de alas rotativas y carga externa Clase "C": es aquella en la cual, la carga externa es arrojable y permanece en contacto con la tierra o el agua durante la operación de la aeronave de alas rotativas.

(d) La combinación de aeronave de alas rotativas y carga externa Clase "D": es aquella en la cual la carga externa es diferente a las clases A, B, o C y ha sido específicamente aprobada por la Autoridad Aeronáutica para tal operación.

Comunicación aeroterrestre: Comunicación en ambos sentidos entre las aeronaves y las estaciones o posiciones situadas en la superficie de la tierra.

Comunicación de aire a tierra: Comunicación en un solo sentido, de las aeronaves a las estaciones o puntos situados en la superficie de la tierra.

Comunicación de tierra a aire: Comunicación en un solo sentido, de las estaciones o puntos situados en la superficie de la tierra a las aeronaves.

Comunicación entre centros (ICC): Es una comunicación de datos entre dependencia de ATS en apoyo a los servicios de ATS, tales como notificación, coordinación, transferencia de control, planificación de los vuelos, gestión del espacio aéreo y gestión de afluencia del tránsito aéreo

Comunicación ínter piloto aire-aire: Comunicación en ambos sentidos por el canal aire-aire designado para que, en vuelos sobre áreas remotas y oceánicas, las aeronaves que estén fuera del alcance de estaciones terrestres VHF puedan intercambiar información operacional necesaria y para facilitar la resolución de dificultades operacionales.

Comunicaciones del control de operaciones: Comunicaciones necesarias para ejercer la autoridad respecto a la iniciación, continuación, desviación o terminación de un vuelo, en interés de la seguridad de la aeronave y de la regularidad y eficacia de un vuelo.

Comunicaciones por enlace de datos: Forma de comunicación destinada al intercambio de mensajes mediante enlace de datos.

Comunicaciones por enlace de datos controlador-piloto (CPDLC): Comunicación entre el controlador y el piloto por medio de enlace de datos para las comunicaciones ATC.

Condición de aeronavegabilidad: Un producto aeronáutico se encuentra aeronavegable cuando está en conformidad con su Diseño Tipo y está en condiciones de operar de forma segura.

Condiciones de seguridad para la continuación del vuelo y el aterrizaje: La posibilidad de continuar controlando el vuelo y el aterrizaje, posiblemente empleando procedimientos de emergencia, pero sin que se requiera habilidad o fuerzas excepcionales por parte del piloto. Algunas averías de la aeronave pueden estar relacionadas con una condición de falla durante el vuelo o en el momento del aterrizaje.

Condiciones de utilización previstas: Son las condiciones conocidas por la experiencia obtenida o que de un modo razonable puede preverse que se produzca durante la vida en servicio de la aeronave, teniendo en cuenta la utilización para la cual se ha declarado que la misma será destinada. Estas condiciones se refieren al estado meteorológico de la atmósfera, a la configuración del terreno, al funcionamiento de la aeronave, a la eficiencia del personal y a todos los demás factores que afecten a la seguridad de vuelo. Las condiciones de utilización previstas no incluyen:

(a) Las condiciones extremas que pueden evitarse de un modo efectivo por medio de procedimientos de utilización, y

(b) Las condiciones extremas que se presentan con tan poca frecuencia, que exigir el cumplimiento de las normas en tales condiciones equivaldría a un nivel más elevado de aeronavegabilidad que el que la experiencia ha demostrado necesario y factible.

Condiciones meteorológicas de vuelo por instrumentos (IMC): Condiciones meteorológicas expresadas en términos de visibilidad, distancia desde las nubes y techo de nubes, inferiores a los mínimos especificados para las condiciones meteorológicas de vuelo visual.

Condiciones meteorológicas de vuelo visual (VMC): Condiciones meteorológicas expresadas en términos de visibilidad, distancia desde las nubes y techo de nubes iguales o mejores que los mínimos especificados.

Constructor aficionado: Persona o grupo de personas que proyectan y/o construyen un modelo de aeronave, sin objetivos comerciales y con fines recreativos únicamente.

Contacto radar: Situación que existe cuando la traza radar o símbolo de posición radar de determinada aeronave se ve e identifica en una presentación radar.

Control de aproximación: Expresión empleada para indicar sin especificarla, una dependencia de control de tránsito aéreo que suministra servicio de control de aproximación.

NOTA: El servicio de control de aproximación en un determinado lugar puede proporcionarlo la torre de control del aeródromo, las funciones del servicio de control de aproximación con las del servicio de control de aeródromo o del servicio de control de área. El servicio de control de aproximación también puede suministrarlo una dependencia separada, la que entonces se llama oficina de control de aproximación.

Control de conocimientos: Procedimiento por el cual

la Autoridad Aeronáutica competente verifica la idoneidad de un postulante a una licencia, certificado de competencia de piloto o habilitación que podrá ser realizada en forma escrita, oral, ambas o por sistema informático autorizado.

Control de operaciones: La autoridad ejercida respecto a la iniciación, continuación, desviación o terminación de un vuelo en interés de la seguridad de la aeronave y de la regularidad y eficacia del vuelo.

Control de tránsito aéreo: Es un servicio operado por una autoridad competente para promover un flujo de tránsito aéreo seguro, ordenado y expedito.

Control radar: Término empleado para indicar que en la provisión de servicios de control de tránsito aéreo se está utilizando directamente información obtenida mediante radar.

Convalidación de un certificado de idoneidad aeronáutica: Reconocimiento que concede la Autoridad Aeronáutica a los certificados de idoneidad aeronáutica otorgados por la autoridad competente de estados signatarios al Convenio sobre Aviación Civil Internacional (OACI), equiparándolos a los nacionales en la medida que aquellos contengan los requisitos mínimos que se exige para el otorgamiento de éstos últimos .

Convalidación de un Certificado de Aeronavegabilidad: Es la Autorización emitida por la Autoridad Aeronáutica que permite, a una aeronave de matrícula extranjera, realizar operaciones de Transporte Aéreo y/o de Trabajo Aéreo, una vez que se ha demostrado que la aeronave cumple con los requisitos establecidos para obtener un Certificado de Aeronavegabilidad.

Copiloto: Piloto titular de licencia que presta servicios de pilotaje sin estar al mando de la aeronave, a excepción del piloto que vaya a bordo de la aeronave con el único fin de recibir instrucción de vuelo.

Copiloto de Relevo de Crucero: Piloto titular de una licencia con habilitación inscripta de Copiloto de Relevo de Crucero (CRC) limitado para actuar como copiloto asistiendo a otro tripulante de vuelo dentro de las limitaciones establecidas.

Dependencia de control de aproximación: Dependencia establecida para facilitar el servicio de control de tránsito aéreo a los vuelos controlados que lleguen a uno o más aeródromos o salgan de ellos.

Dependencia de control de tránsito aéreo: Expresión genérica que se aplica, según el caso, a un centro de control de área, a una dependencia de control de aproximación, o a una torre de control de aeródromo.

Dependencia de servicios de tránsito aéreo: Expresión genérica que se aplica, según el caso, a una dependencia de control de tránsito aéreo, a un centro de información de vuelo o a una oficina de notificación de los servicios de tránsito aéreo.

Dependencia radar: Componente de una dependencia de los servicios de tránsito aéreo que utiliza equipo radar para suministrar servicios de tránsito aéreo.

Derrota: Proyección sobre la superficie terrestre de la trayectoria de una aeronave, cuya dirección en cualquier punto se expresa generalmente en grados a partir del Norte (geográfico, magnético o de la cuadrícula).

Despachante de aeronave: Titular de licencia aeronáutica, designado por el explotador para ocuparse del control y la supervisión de las operaciones de vuelo, y que respalda, da información o asiste al piloto al mando en la realización segura del vuelo.

Dirigible: Aeróstato propulsado mecánicamente y con capacidad de maniobra para ser controlado.

Dispositivo: Comprende cualquier instrumento, mecanismo, equipamiento, parte, aparato, componente auxiliar o accesorio que es usado o que se tratará de usar en la operación o control de una aeronave, que está instalado o fijado en la aeronave y que no es parte de la estructura, motor o hélice.

Distancia DME: Alcance óptico (alcance oblicuo) a partir del transmisor de la señal DME hasta la antena receptora.

Duración total prevista: En el caso de los vuelos IFR, el tiempo que se estima necesario a partir del momento del despegue para llegar al punto designado, definido con relación a las ayudas para la navegación, desde el cual se tiene la intención de iniciar un procedimiento de aproximación por instrumentos o, si no existen ayudas para la navegación asociadas con el aeródromo de destino, para llegar a la vertical de dicho aeródromo. En el caso de los vuelos VFR, el tiempo que se estima necesario a partir del momento del despegue para llegar a la vertical del aeródromo de destino.

Eco radar: Indicación visual en una presentación radar de una señal reflejada desde un objeto.

Ecos parásitos radar: Señales parásitas en una presentación radar.

Elevación: Distancia vertical entre un punto o nivel en la superficie de la tierra, o unido a ella, y el nivel medio del mar.

Elevación de aeródromo: La elevación del punto más alto del área de aterrizaje.

Empuje de despegue: Con respecto a la certificación

tipo de motores de turbina, es el empuje desarrollado bajo condiciones estáticas a una altitud y temperatura atmosférica específicas, bajo las condiciones máximas de rpm del eje rotor y de temperatura de gases aprobadas para el despegue normal y limitado su uso continuo, al período de tiempo indicado en la especificación aprobada del motor.

Empuje en marcha lenta: Es el empuje del reactor obtenido con la palanca de control de potencia del motor colocada en la posición del tope de mínimo empuje en que se puede colocar.

Empuje máximo continuo nominal: Con respecto a la certificación tipo de motores a reacción, es el empuje aprobado que se desarrolla estáticamente o en vuelo bajo condiciones estándar al nivel del mar, sin la inyección de fluido o sin la quema de combustible en una cámara de combustión separada, dentro de las limitaciones de operación del motor establecidas y aprobado para períodos de uso no restringidos.

Empuje nominal aumentado de despegue: Con respecto a la certificación tipo de motores a reacción, es el empuje aprobado que se desarrolla estáticamente bajo condiciones estándar al nivel del mar, con la inyección del fluido o con la quema de combustible en una cámara de combustión separada, dentro de las limitaciones de operación del motor establecidas y limitado su uso a períodos no mayores de 5 minutos durante la operación de despegue.

Empuje nominal aumentado máximo continuo: Con respecto a la certificación tipo de motores a reacción, es el empuje aprobado que se desarrolla estáticamente o en vuelo bajo condiciones estándar al nivel del mar, con la inyección del fluido o con la quema de combustible en una cámara de combustión separada, dentro de las limitaciones de operación del motor establecidas y aprobado para períodos de uso no restringidos.

Empuje nominal de despegue: Con respecto a la certificación tipo de motores a reacción, es el empuje aprobado que se desarrolla estáticamente bajo condiciones estándar al nivel del mar, sin la inyección del fluido o sin la quema de combustible en una cámara de combustión separada, dentro de las limitaciones de operación del motor establecidas y limitado su uso a períodos no mayores de 5 minutos durante la operación de despegue.

Entrenador sintético de vuelo: Cualquiera de los tres tipos de aparatos que a continuación se describen, aprobados por la Autoridad Aeronáutica, en los cuales se simulan en tierra, las condiciones de vuelo:

(a) Simulador de vuelo: Que proporciona una representación exacta del puesto de mando de un tipo particular de aeronave, hasta el punto de que simula positivamente las funciones de los mandos, de las instalaciones y sistemas mecánicos, eléctricos, electrónicos, etc. de a bordo, el medio ambiente normal de los miembros de la tripulación de vuelo, la performance y las características de ese tipo de aeronave.

(b) Entrenador para procedimientos de vuelo: Que reproduce con toda fidelidad el medio ambiente del puesto de mando y que simula las indicaciones de los instrumentos, las funciones simples de los mandos, de las instalaciones y sistemas mecánicos, eléctricos, electrónicos, etc., de a bordo, la performance y las características de vuelo de las aeronaves de una clase determinada.

(c) Entrenador básico de vuelo por instrumentos: Que está equipado con los instrumentos apropiados y que simula el medio ambiente del puesto de pilotaje de una aeronave en vuelo, en condiciones de vuelo por instrumentos.

Equipo de navegación de área: Equipo de a bordo que ofrece los medios para satisfacer los criterios adecuadamente establecidos para la navegación de área.

Equivalente al nivel del mar: Referido a las condiciones de 15° centígrados y a una presión de 760 milímetros de mercurio.

Espacio aéreo con servicio asesor: Espacio aéreo no controlado comprendido dentro de una región de información de vuelo, donde la autoridad competente prescribe se suministre servicio asesor de tránsito aéreo a los vuelos IFR.

Espacio aéreo controlado: Espacio aéreo de dimensiones definidas dentro del cual se facilita servicio de control de tránsito aéreo, de conformidad con la clasificación del espacio aéreo.

Espacio aéreo RVSM: Espacio aéreo comprendido entre los niveles de vuelo FL 290 y FL 410 inclusive, que ha sido designado para la aplicación de la separación vertical mínima reducida (RVSM) entre aeronaves.

Estación aeronáutica: Estación terrestre del servicio móvil aeronáutico. En ciertos casos, la estación aeronáutica puede estar instalada, por ejemplo, a bordo de un barco o de una plataforma sobre el mar.

Estación de radio de control aeroterrestre: Estación de telecomunicaciones aeronáuticas que, como principal responsabilidad, tiene a su cargo las comunicaciones relativas a la operación y control de aeronaves en determinada área.

Estado de diseño: Es el que tiene jurisdicción sobre la persona responsable del Diseño Tipo.

Estado de fabricación: Es el que tiene jurisdicción sobre la persona responsable del montaje final de la aeronave.

Estado de matrícula: Es en el que está matriculada la aeronave.

Estado del explotador: Estado en el que está ubicada la oficina principal de los negocios del explotador o, de no haber tal oficina, la residencia permanente del explotador.

Estructura de aeronave: Comprende el fuselaje, los largueros, las barquillas, los capós, los carenados, las superficies aerodinámicas (incluyendo rotores, pero excluyendo hélices y planos aerodinámicos rotativos de motores) y trenes de aterrizaje con sus accesorios y comandos.

Evacuación Sanitaria (ES): Es toda operación aérea de la aeronáutica civil general, consistente en el traslado en aeronaves y por vía aérea de accidentados o enfermos que no admite dilación desde el lugar del accidente o lugar donde se encuentre el enfermo hasta el lugar más próximo para su asistencia médica; o de personas que se encuentren en una situación de emergencia nacional (ejemplo: inundaciones, avalanchas, etc.) o de cualquier tipo de catástrofe y que el Estado requiera de su intervención como tal.

Fabricante principal: Es el poseedor del Certificado de Producción.

Factor de carga: Es la relación entre una carga especificada y el peso total de la aeronave. La carga especificada s e expresa en cualquiera de los términos siguientes: fuerzas aerodinámicas, fuerzas de inercia, o reacciones del suelo o del agua.

Factores humanos (Ver actuación humana): Capacidades y limitaciones humanas que tienen impacto en la seguridad y eficiencia de las operaciones aeronáuticas.

Fase de aproximación y aterrizaje - Helicópteros: Parte del vuelo a partir de 300 m. (1000 ft) sobre la elevación de la FATO, si se ha previsto que el vuelo exceda de esa altura, o bien a partir del comienzo del descenso de los demás casos, hasta el aterrizaje, o hasta el punto de aterrizaje interrumpido.

Fase de despegue o ascenso inicial: Parte del vuelo a partir del comienzo del despegue hasta 300 m (1000 ft) sobre la elevación de la FATO, si se ha previsto que el vuelo exceda de esa altura o hasta el fin del ascenso en los demás casos.

Fase en ruta: Parte del vuelo a partir de la fase de despegue y ascenso inicial hasta el comienzo de la fase de aproximación y aterrizaje.

Fijación del paso: significa fijar la pala de la hélice en un ángulo determinado, medido de la manera y con el radio especificado en el Manual de Instrucción de la hélice.

Funciones aeronáuticas: Son cada una de las tareas que se requiere para la conducción, navegación, mantenimiento o comunicación de una aeronave en vuelo, así como los trabajos en tierra que posibilitan su desplazamiento en el aire, con arreglo a lo establecido en estas regulaciones.

Girodino: es un aerodino que posee rotores, los cuales son accionados por motores durante el despegue, el vuelo estacionario y el aterrizaje, y durante el vuelo hacia adelante a lo largo de parte de su rango de velocidades y cuyo medio de propulsión es independiente del sistema rotor.

Giroplano (autogiro): Es un aerodino que posee rotores, los cuales son obligados a girar por la acción del aire cuando el aerodino se desplaza y cuyo medio de propulsión es independiente del sistema rotor.

Globo: Es un aeróstato no propulsado mecánicamente.

Globo libre no tripulado: Aeróstato sin tripulación propulsado por medios no mecánicos en vuelo libre.

Guía vectorial: El suministro a las aeronaves de guía para la navegación en forma de rumbos específicos basados en el uso de un sistema de vigilancia ATS.

Habilitación: Autorización inscripta en el certificado de idoneidad aeronáutica y que forma parte de ella, en la que se especifican condiciones especiales, atribuciones o limitaciones referentes a dicha licencia o certificado de competencia.

Hélice: Dispositivo para propulsar una aeronave, que posee palas en un eje accionado por motor y, que cuando gira, produce un empuje aproximadamente perpendicular a su plano de rotación como consecuencia de su acción sobre el aire. El mismo incluye componentes para control, normalmente suministrados por su fabricante, pero no incluye los rotores principales y auxiliares o planos aerodinámicos giratorios de los motores.

Helicóptero: Aeronave de alas rotativas que para su desplazamiento horizontal, depende principalmente de sus rotores accionados por motores.

Heliplataforma: Helipuerto situado en una estructura mar adentro, ya sea flotante o fija.

Helipuerto: Aeródromo o área definida sobre una estructura artificial destinada a ser utilizada, total o parcialmente, para la llegada, la salida o el movimiento de superficie de helicópteros.

Helipuerto de alternativa: Helipuerto especificado en

el plan de vuelo, al cual puede dirigirse el helicóptero cuando no sea aconsejable aterrizar en el helipuerto de aterrizaje previsto.

NOTA: El helipuerto de alternativa puede ser el helipuerto de salida.

Helipuerto de superficie: Helipuerto emplazado en tierra o en el agua.

Helipuerto elevado: Helipuerto emplazado sobre una estructura terrestre elevada.

Hidroavión: Avión que normalmente sólo es apta para despegar del agua o para posarse en ella.

Hora prevista de aproximación (EAT): Hora a la que la dependencia de control de tránsito aéreo, prevé que una aeronave que llega, después de haber experimentado una demora, abandonará el punto de referencia de espera para completar s u aproximación para aterrizar.

Hora prevista de fuera calzos (EOBT): Hora estimada en la cual la aeronave iniciará el desplazamiento as ociado con la salida.

Hora prevista de llegada: En los vuelos IFR, la hora a la cual se prevé que la aeronave llegará sobre un punto designado, definido con referencia a las ayudas para la navegación, a partir del cual se iniciará un procedimiento de aproximación por instrumentos, o, si el aeródromo no está equipado con ayudas para la navegación, la hora a la cual la aeronave llegará sobre el aeródromo. Para los vuelos VFR, la hora a la cual se prevé que la aeronave llegará sobre el aeródromo.

Identificación de aeronave: Grupo de letras o de cifras, o una combinación de ambas, idéntico al distintivo de llamada de una aeronave para las comunicaciones aeroterrestres, o dicho distintivo expresado en clave, que se utiliza para identificar las aeronaves en las comunicaciones entre centros terrestres de los servicios de tránsito aéreo.

Inactividad: Período de tiempo en que el titular de la licencia, certificado de competencia o habilitación permanece sin efectuar actividad en su respectiva función.

Inflamable: Con respecto a un fluido o gas, significa que es susceptible de inflamarse rápidamente o explotar.

Información de tránsito: Información expedida por una dependencia de servicios de tránsito aéreo para alertar al piloto sobre otro tránsito conocido u observado que pueda estar cerca de la posición o ruta previstas de vuelo y para ayudar al piloto a evitar una colisión.

Información esencial sobre las condiciones del aeródromo: Es la necesaria para la seguridad de la operación de las aeronaves, referente al área de maniobras o a las instalaciones generalmente relacionadas con ella.

Información meteorológica: Informes meteorológicos, análisis, pronósticos y cualesquiera otras declaraciones relativas a condiciones meteorológicas existentes o previstas, que proceden o pueden obtenerse de una autoridad meteorológica o de sus oficinas meteorológicas.

Información SIGMET: Información preparada por una oficina de vigilancia meteorológica relativa a la existencia real o prevista de uno o más de los fenómenos siguientes:

(a) A niveles de crucero subsónico: Área de tormenta activa, Tormenta giratoria tropical, Línea de turbonada fuerte, granizo intenso, turbulencia fuerte, engelamiento fuerte, ondas orográficas marcadas, tempestades extensas de arena/polvo.

(b) A niveles de vuelo transónico y de crucero supersónico: Turbulencia moderada o fuerte, cumulonimbus o granizo.

Informe meteorológico: Declaración de las condiciones meteorológicas observadas en relación con una hora y lugar determinados.

Instrucción reconocida: Programa de instrucción que la Autoridad Aeronáutica competente aprueba o reconoce para que se lleve a cabo, bajo la debida dirección, en un Centro de Instrucción habilitado o reconocido.

Instrumento: Aparato que usa un mecanismo interno para indicar en forma visual o auditiva la actitud, la altitud o la operación de una aeronave o de una parte de la misma. El mismo incluye aparatos electrónicos para el control automático del avión en vuelo (piloto automático).

Licencia: Documento que certifica la idoneidad de su titular para el ejercicio de la función aeronáutica a que se refiere.

Límite de permiso: Punto hasta el cual se concede a una aeronave un permiso de control de tránsito aéreo.

Lista de equipos mínimos (MEL): Lista de equipo que basta para el funcionamiento de una aeronave, a reserva de determinadas condiciones, cuando parte del equipo no funciona y que ha sido preparada por el explotador de conformidad con la MMEL, establecida para el tipo de aeronave, o de acuerdo con criterios más restrictivos.

Lista maestra de equipos mínimos (MMEL): Lista establecida para un determinado tipo de aeronave por el organismo responsable del diseño del tipo de aeronave con aprobación del Estado de diseño, en la que figuran elementos del equipo de uno o más de los cuales podría prescindirse al inicio de un vuelo. La MMEL puede estar asociada a condiciones de operación, limitaciones o procedimientos especiales.

Lugares aptos: Son considerados aquellos lugares que previamente denunciados ante la Autoridad Aeronáutica se utilicen habitual o periódicamente para las operaciones de aterrizaje y despegue, y que tengan todas las características que permitan garantizar, bajo la responsabilidad del piloto, una total seguridad para la operación y terceros.

Mantenimiento: comprende inspección, recorrida general, reparación, preservación y cambio de partes, pero excluye el mantenimiento preventivo,.

Mantenimiento preventivo: Operaciones de preservación simples o menores y el cambio de partes estándar pequeñas que no involucren operaciones de montaje complejas, y según está definido en la DNAR Parte 43.

Manual de operación de la aeronave (Operation Manual): Manual aceptable para la Autoridad Aeronáutica, que contiene procedimientos, listas de verificación, limitaciones, información sobre la performance, detalle de los sistemas de la aeronave y otros textos pertinentes a la operación de la misma.

Manual de Operaciones del Explotador (MOE): Manual que contiene procedimientos, instrucciones y orientación que permiten al personal encargado de las operaciones desempeñar sus obligaciones.

Manual de Vuelo: Manual relacionado con el certificado de aeronavegabilidad que contiene limitaciones dentro de las cuales la aeronave debe considerarse en condiciones de aeronavegabilidad, así como las instrucciones e información que necesitan los miembros de la tripulación de vuelo para la operación segura de la misma.

Médico Aeroevacuador: Es aquel profesional médico, que acredita haber aprobado el "Curso de Capacitación en Evacuación Aeromédica" y que se desempeña en tal función en una empresa que brinda Servicios de Transporte Aéreo Sanitario.

Medios de fijación de la carga externa: Componentes estructurales usados para fijar una carga externa a una aeronave, incluyendo los contenedores de la carga externa, la estructura de refuerzo en los puntos de fijación y cualquier dispositivo de liberación rápida usado para lanzar la carga externa.

Mercancías peligrosas: Todo artículo o sustancia que, cuando se transporta por vía aérea, pueda constituir un riesgo importante para la salud, la seguridad, la propiedad o el medio ambiente.

Miembro de la tripulación de vuelo: Miembro de la tripulación, titular de la correspondiente licencia, a quien se asignan obligaciones esenciales para la operación de una aeronave durante el período de servicio de vuelo.

Mínimos de utilización de aeródromo: Las limitaciones de uso que tenga un aeródromo para:

(a) El despegue, expresada en términos de alcance visual en la pista y/o visibilidad y, de ser necesario condiciones de nubosidad.

(b) El aterrizaje en aproximaciones de precisión y las operaciones de aterrizaje, expresadas en términos de visibilidad y/o alcance visual en la pista y la altitud/altura de decisión (DA/H) correspondientes a la categoría de la operación.

(c) El aterrizaje en operaciones de aproximación y aterrizaje con guía vertical expresadas en términos de visibilidad o de alcance visual en la pista y altitud/altura de decisión (DA/H).

(d) El aterrizaje en aproximaciones que no sean de precisión y las operaciones de aterrizaje, expresadas en términos de visibilidad o alcance visual en la pista, altitud/altura mínima de descenso (MDA/H) y, de ser necesario condiciones de nubosidad.

Mínimos de utilización de helipuerto: Las limitaciones de uso que tenga un helipuerto para:

(a) El despegue, expresadas en términos de alcance visual en pista y/o visibilidad y, de ser necesario, condiciones de nubosidad;

(b) El aterrizaje en aproximaciones de precisión y las operaciones de aterrizaje, expresadas en términos de visibilidad y/o alcance visual en la pista y la altitud/altura de decisión (DA/H) correspondiente a la categoría de la operación; y

(c) El aterrizaje en aproximaciones que no sean de precisión y las operaciones de aterrizaje, expresadas en términos de visibilidad y/o alcance visual en la pista, altitud/altura mínima de descenso (MDA/H) y, de ser necesario, condiciones de nubosidad.

Motoplaneador: Planeador equipado con un motor.

Motor crítico: Es aquel motor cuya falla, afectaría en la forma más adversa a las cualidades de control o de performance de una aeronave.

Motor de aeronave: Es un motor que se usa, o está destinado a usarse, para propulsar una aeronave. El mismo incluye turbo sobrealimentadores, componentes y accesorios necesarios para su funcionamiento, excluyendo hélices.

Motor de altitud: Motor alternativo de aeronave, que posee una potencia de despegue nominal que se puede obtener desde el nivel del mar y que puede mantenerse hasta una altitud establecida mayor.

Navegación a estima: Estimación o determinación de una posición futura a partir de una posición conocida, en base de dirección, tiempo y velocidad.

Navegación aérea visual: Es la que se realiza con referencia visual constante a la superficie terrestre.

Navegación de área (RNAV): Método de navegación que permite la operación de aeronaves en cualquier trayectoria de vuelo deseada, dentro de la cobertura de las ayudas para la navegación referidas a la estación, o dentro de los límites de las posibilidades de las ayudas autónomas , o de una combinación de ambas.

Nieve (en tierra)**:**

(a) Nieve seca: Nieve que, si está suelta, se desprende al soplar, o si se compacta a mano, se disgrega inmediatamente al soltarla. Densidad relativa: hasta 0,35 exclusive;

(b) Nieve mojada: Nieve que, si se compacta a mano, se adhiere y muestra tendencia a formar bolas o se hace realmente una bola de nieve. Densidad relativa: 0,35 a 0,5 exclusive;

(c) Nieve compactada: Nieve que se ha comprimido hasta formar una masa sólida que no admite más compresión y que mantiene su cohesión o se rompe a pedazos si se levanta. Densidad relativa: 0,5 ó más;

(d) Nieve fundente: Nieve saturada de agua que, cuando s e le da un golpe contra el suelo con la suela del zapato, se proyecta en forma de salpicadura. Densidad relativa: de 0,5 a 0,8.

Nivel: Término genérico referente a la posición vertical de una aeronave en vuelo, que significa indistintamente altura, altitud o nivel de vuelo.

Nivel de crucero: Nivel que se mantiene durante una parte considerable del vuelo.

Nivel de transición: Nivel de vuelo más bajo disponible para usarlo, por encima de la altitud de transición.

Nivel de vuelo: Superficie de presión atmosférica constante relacionada con una determinada referencia depresión, 1013,2 hPa, y separada de otras superficies análogas por determinados intervalos de presión.

Noche: Las horas comprendidas entre el fin del crepúsculo civil vespertino y el comienzo del crepúsculo civil matutino, o cualquier otro periodo entre la puesta y la salida del sol que especifique la autoridad correspondiente.

NOTA: El crepúsculo civil termina por la tarde cuando el centro del disco solar se halle a 6° por debajo del horizonte y empieza por la mañana cuando el centro del disco solar se halle a 6° por debajo del horizonte.

NOTAM: Aviso distribuido por medios de telecomunicaciones que contiene información relativa al establecimiento, condición o modificación de cualquier instalación aeronáutica, servicio, procedimiento o peligro, cuyo conocimiento oportuno es esencial para el personal encargado de las operaciones de vuelo.

Número de Mach: Es la relación entre la velocidad real y la velocidad del sonido.

Oficina de control de aproximación: Dependencia establecida para facilitar servicio de control de tránsito aéreo a los vuelos controlados que lleguen a uno o más aeródromos o salgan de ellos.

Oficina de notificación de los servicios de tránsito aéreo: Oficina creada con el objeto de recibir los informes referentes a los servicios de tránsito aéreo y los planes de vuelo que se presentan antes de iniciar un vuelo.

Oficina meteorológica: Oficina designada para suministrar servicio meteorológico para la navegación aérea.

Oficina NOTAM internacional: Oficina designada para el intercambio internacional de NOTAM.

Operaciones Aéreas Sanitarias: Se denominan Operaciones Aéreas Sanitarias a las siguientes actividades:

(1) Servicio de Transporte Aéreo Sanitario.

(2) Evacuación Sanitaria.

(3) Traslado Aéreo de Órganos.

Operación de aproximación y aterrizaje por instrumentos: Las operaciones de aproximación y aterrizaje que utilizan procedimientos de aproximación por instrumentos se clasifican como sigue:

(a) Operación de aproximación y aterrizaje de no precisión: Aproximación y aterrizaje por instrumentos que no utiliza guía electrónica de trayectoria de planeo.

(b) Operación de aproximación y aterrizaje de precisión: Aproximación y aterrizaje por instrumentos que utiliza guía de precisión en azimut y de trayectoria de planeo con mínimos determinados por la categoría de la operación.

Operaciones en Clase de performance 1: Operaciones con una performance tal que, en caso de falla del grupo motor crítico, permite al helicóptero continuar el vuelo en condiciones de seguridad hasta un área de aterrizaje apropiada a menos que la falla ocurra antes de alcanzar el punto de decisión para el despegue (TDP) o después de pasar el punto de decisión para el aterrizaje (LDP), casos en que el helicóptero debe poder aterrizar dentro del área de despegue interrumpido o de aterrizaje.

Operaciones en Clase de performance 2: Operaciones con una performance tal que, en caso de falla del grupo motor crítico, permite al helicóptero continuar el vuelo en condiciones de seguridad hasta un área de aterrizaje apropiada salvo si la falla ocurre al principio de la maniobra de despegue o hacia el final de la maniobra de aterrizaje, casos en que podría ser necesario un aterrizaje forzoso.

Operaciones en Clase de performance 3: Operaciones con una performance tal que, en caso de falla del grupo motor en cualquier momento durante el vuelo, podría ser necesario un aterrizaje forzoso.

Operaciones especiales: Son aquellas operaciones que requieren una autorización específica, tal es el caso de CAT II/III, MNPS, RVSM, ETOPS, RNP, NAV, etc.

Operar una aeronave: Comprende el uso, causar el uso o autorizar el uso, con el propósito de efectuar un vuelo que incluye el pilotaje de la aeronave, con el derecho legal de control o no (como propietario, arrendatario u otro).

Orden de aproximación: Orden en que se permite a dos o más aeronaves efectuar la aproximación para el aterrizaje.

Paracaídas: Aparato que, lanzado desde una aeronave o plataforma aérea, transporta una persona o carga con velocidad de descenso reducida que permite el aterrizaje sin consecuencias dañosas para los mismos.

Parte (de producto)**:** Todo material, componente o accesorio aeronáutico.

Performance de comunicación requerida (RCP): Declaración de los requisitos de performance para comunicaciones operacionales para funciones ATM específicas.

Performance de navegación requerida (RNP): Declaración de la performance de navegación necesaria para operar dentro de un espacio aéreo definido.

NOTA: La performance y los requisitos se definen para un tipo o aplicación de RNP en particular.

Pericia: Es la habilidad para ejecutar y aplicar los procedimientos y técnicas con un grado de competencia apropiado a las atribuciones que la licencia confiere a su titular.

Período (tiempo) **de descanso:** Todo periodo de tiempo en tierra durante el cual el explotador releva a un tripulante de todas sus tareas y obligaciones relacionadas con su función.

Período (tiempo) **de servicio en vuelo:** Es el tiempo total empleado por el tripulante desde una (1) hora antes de la fijada para su presentación en el lugar de iniciación del vuelo, o series de vuelo, hasta media (1/2) hora después de finalizado el o los mismos.

Permiso de control de tránsito aéreo: Autorización para que una aeronave proceda en condiciones especificadas por una dependencia de control de tránsito aéreo.

Permiso en VMC: Autorización para que una aeronave opere cuidando su propia separación en condiciones meteorológicas de vuelo visual.

Peso máximo de despegue (MTOW): Corresponde al peso máximo de despegue especificado en la Hoja de Datos Técnicos del Certificado Tipo de la aeronave de que se trate.

Pilotar: Operar los mandos de una aeronave durante el tiempo de vuelo.

Piloto: Genéricamente, es el titular de un Certificado de Idoneidad Aeronáutica que le permite operar o controlar una aeronave o asistir en su operación, durante el tiempo de vuelo.

Piloto al mando: Piloto designado por el explotador, o por el propietario en caso de la aviación general, para estar al mando y encargarse de la realización segura de un vuelo.

Piloto al mando bajo supervisión: Copiloto que desempeña, bajo la supervisión del piloto al mando las responsabilidades y funciones de un piloto al mando, conforme al método de supervisión aceptable para la Autoridad Aeronáutica competente

Piloto privado: Persona titular de una licencia que le permite pilotar aeronaves en vuelos por los cuales no se recibe remuneración para sí o para terceros.

Piloto profesional: Persona titular de una licencia de piloto comercial, o Piloto Comercial de Primera Clase de Avión o de Piloto de Transporte de Línea Aérea.

Pista: Área rectangular definida en un aeródromo terrestre preparada para el aterrizaje y el despegue de las aeronaves.

Plan de vuelo: Información especificada que, respecto a un vuelo proyectado o a parte de un vuelo de una aeronave, se somete a las dependencias de los servicios de tránsito aéreo (ATS).

Plan de vuelo actualizado: Plan de vuelo que comprende las modificaciones, si las hay, que resultan de incorporar autorizaciones posteriores.

Plan de vuelo presentado: Plan de vuelo, tal como ha sido presentado a la dependencia ATS por el piloto o su representante designado, sin ningún cambio subsiguiente.

Plan de vuelo repetitivo (RPL): Plan de vuelo relativo a cada uno de los vuelos regulares que se realizan frecuentemente con idénticas características básicas, presentados por los explotadores para que las dependencias de los servicios de tránsito aéreo (ATS) los conserven y utilicen repetidamente

Plan operacional de vuelo: Plan del explotador para la realización segura del vuelo, basado en la consideración de la performance de la aeronave, en otras limitaciones de utilización y en las condiciones previstas pertinentes a la ruta que ha de seguirse y a los aeródromos de que se trate.

Planeador: Aerodino que se mantiene en vuelo por la reacción dinámica del aire contra las superficies de sustentación y cuyo vuelo libre no depende de un motor.

Plataforma: Área definida, en un aeródromo terrestre, destinada a dar cabida a las aeronaves para los fines de embarque o desembarque de pasajeros, correo o carga, abastecimiento de combustible, estacionamiento o mantenimiento.

Posición de despegue: Posición que ocupa la aeronave sobre el extremo de la pista, enfrentando la dirección de despegue, inmediatamente antes de iniciar esta maniobra.

Posición de espera: Posición previa a la de despegue, que ocupa la aeronave, cuando no pueda ocupar directamente la posición de despegue.

Potencia al freno: Es la potencia entregada en el eje de la hélice (Transmisión principal o toma de potencia principal) del motor de una aeronave.

Potencia de despegue:

(a) Con respecto a motores alternativos, es la potencia al freno desarrollada bajo condiciones estándar al nivel del mar y bajo las condiciones máximas de r.p.m. del cigüeñal y de presión de admisión del motor aprobadas para el despegue normal, y limitada para un uso continuo durante el período de tiempo indicado en la especificación aprobada del motor y,

(b) Con respecto a motores de turbina, es la potencia al freno desarrollada bajo condiciones estáticas a una altitud y una temperatura atmosférica especificadas, bajo las condiciones de r.p.m. del eje rotor y de temperatura de gases, aprobadas para el despegue normal y limitada para un uso continuo, durante el período de tiempo indicado en la especificación aprobada del motor.

Potencia máxima nominal continua: Respecto a motores alternativos, turbohélices o turboejes, es la potencia al freno aprobada que es desarrollada estáticamente o en vuelo, en atmósfera estándar a nivel del mar dentro de las limitaciones de operación establecidas y aprobada para períodos ilimitados de uso.

Potencia nominal de despegue: Con respecto a la certificación tipo de los motores alternativos, turbohélices o turboejes, es la potencia al freno aprobada desarrollada estáticamente bajo condiciones estándar al nivel del mar, dentro de las limitaciones de. operación del motor establecidas y limitada en su uso a períodos no mayores de 5 minutos para la operación de despegue.

Potencia nominal UMI continua: Con respecto a motores de turbina de aeronaves de alas rotativas, es la potencia al freno aprobada desarrollada bajo condiciones estáticas a altitudes y temperaturas especificadas dentro de las limitaciones de operación establecidas para el motor y limitada en su uso al tiempo requerido para completar el vuelo después de la falla de un motor en una aeronave de alas rotativas multimotor.

Potencia nominal UMI para 30 minutos: Con respecto a motores de turbina de aeronaves de alas rotativas, es la potencia al freno aprobada, desarrollada bajo condiciones estáticas a altitudes y temperaturas especificadas dentro de las limitaciones de operación establecidas para el motor y limitada en su uso a períodos no mayores de 30 minutos después de la falla de un motor en una aeronave de alas rotativas multimotor.

Potencia nominal UMI para 2 1/2 minutos: Con respecto a motores de turbina de aeronaves de alas rotativas, es la potencia al freno desarrollada bajo condiciones estáticas a altitudes y temperaturas especificadas dentro de las limitaciones de operación establecidas para el motor y limitada en su uso a un período no mayor a 2 1/2 minutos después de la falla de un motor en una aeronave de alas rotativas multimotor.

Potencia nominal UMI para 2 minutos: Con respecto a motores de turbina de aeronaves de alas rotativas, es la potencia al freno aprobada desarrollada bajo condiciones estáticas a altitudes y temperaturas especificadas dentro de las limitaciones de operación establecidas para el motor para la operación continua durante un vuelo, después de la falla de un motor en una aeronave de alas rotativas multimotor y limitada a tres períodos de uso no mayores a 2 segundos en un vuelo, y seguida de una inspección obligatoria y de acciones de mantenimiento requeridas.

Potencia nominal UMI para 30 segundos: Con

respecto a motores de turbina de aeronaves de alas rotativas, es la potencia al freno aprobada desarrollada bajo condiciones estáticas a altitudes y temperaturas especificadas dentro de las limitaciones de operación establecidas para el motor para la operación continua durante un vuelo, después de la falla de un motor en una aeronave de alas rotativas multimotor y limitada a tres períodos de uso no mayores a 30 segundos en un vuelo, y seguida de una inspección obligatoria y de acciones de mantenimiento requeridas.

Presentación radar: Presentación electrónica de información derivada del radar que representa la posición y movimiento de las aeronaves.

Presión de admisión: Es la presión absoluta de acuerdo como es medida en el punto apropiado en el sistema de admisión y normalmente expresada en pulgadas de mercurio o milímetros de mercurio.

Principios relativos a factores humanos: Principios que se aplican al diseño, certificación, instrucción, operaciones y mantenimiento aeronáuticos y cuyo objeto consiste en establecer una interfaz segura entre el componente humano y los de otro tipo que integren el sistema mediante la debida consideración de la actuación humana. (Ver también "Actuación Humana").

Procedimiento con circulación visual: Procedimiento que se realiza, a continuación de un procedimiento de aproximación por instrumentos, prosiguiendo con circulación visual para aterrizar en una pista distinta a la que la aeronave ha aproximado inicialmente.

Procedimiento de aproximación de precisión: Procedimiento de aproximación por instrumentos basados en los datos de azimut y de trayectoria de planeo proporcionados por el ILS o el PAR.

Procedimiento de aproximación frustrada: Procedimiento que hay que seguir si no se puede proseguir la aproximación.

Procedimiento de aproximación por instrumentos: Serie de maniobras predeterminadas realizadas por referencia a los instrumentos de a bordo, con protección específica contra los obstáculos desde el punto de referencia de aproximación inicial o, cuando sea el caso, desde el inicio de una ruta definida de llegada hasta un punto a partir del cual sea posible hacer el aterrizaje; y luego si no se realiza éste, hasta una posición en la cual se apliquen los criterios de circuito de espera o de margen de franqueamiento de obstáculos en ruta.

Procedimiento de espera: Maniobra predeterminada que mantiene a la aeronave dentro de un espacio aéreo especificado, mientras espera una autorización posterior.

Procedimiento de hipódromo: Procedimiento previsto para permitir que la aeronave pierda altitud en el tramo de aproximación inicial y/o siga la trayectoria de acercamiento cuando no resulte práctico iniciar procedimientos de inversión.

Procedimiento de inversión: Procedimiento previsto para permitir que la aeronave cambie de dirección 180° en el tramo de aproximación inicial de un procedimiento de aproximación por instrumentos. Esta secuencia de maniobras puede requerir virajes reglamentarios o virajes de base.

Producto: Aeronave, motor de aeronave o hélice. Comprende también los componentes aprobados por medio de una Orden Técnica Estándar (OTE) o de una Aprobación de Fabricación de Partes (AFP).

Programa de seguridad operacional: Conjunto integrado de reglamentos y actividades encaminados a mejorar la seguridad operacional.

Pronarea: Declaración de las condiciones meteorológicas previstas para un período especificado y respecto a un área determinada y la porción del espacio aéreo correspondiente.

Publicación de Información Aeronáutica (AIP): La publicación efectuada por la Autoridad Aeronáutica competente que contiene información aeronáutica de carácter duradero, indispensable para la navegación aérea.

Puesto de estacionamiento de helicópteros: Puesto de estacionamiento de aeronaves que permite el estacionamiento de helicópteros y, en caso de que se prevean operaciones de rodaje aéreo, la toma de contacto y la elevación inicial.

Punto de aproximación frustrada (MAPt): En un procedimiento de aproximación por instrumentos, el punto en el cual, o antes del cual se ha de iniciar la aproximación frustrada prescripta, con el fin de respetar el margen mínimo de franqueamiento de obstáculos.

Punto de cambio: El punto en el cual una aeronave que navega en un tramo de una ruta ATS definido por referencia a los radiofaros omnidireccionales VHF, se espera que transfiera su referencia de navegación primaria, de la instalación por detrás de la aeronave a la instalación inmediata por delante de la aeronave.

Punto de decisión para el aterrizaje (LDP) [helicópteros]: Punto que se utiliza para determinar la performance de aterrizaje y a partir de la cual, al ocurrir una falla del grupo motor en dicho punto, se puede continuar el aterrizaje en condiciones de seguridad o bien iniciar un aterrizaje interrumpido.

Punto de decisión para el despegue (TDP): Punto utilizado para determinar la performance de despegue a partir del cual, si se presenta una falla del grupo motor, puede interrumpirse el despegue o bien continuarlo en condiciones de seguridad.

Punto definido antes del aterrizaje (DPBL) [helicópteros]: Punto dentro de la fase de aproximación y aterrizaje, después del cual no se asegura la capacidad del helicóptero para continuar el vuelo en condiciones de seguridad, con un motor fuera de funcionamiento, pudiendo requerirse un aterrizaje forzoso.

Punto definido después del despegue: Punto dentro de la fase del despegue y de ascenso inicial, antes del cual no se asegura la capacidad del helicóptero para continuar el vuelo en condiciones de seguridad, con un motor fuera de funcionamiento, pudiendo requerirse un aterrizaje forzoso.

Punto de espera: Lugar especificado, que se identifica visualmente o por otros medios, en las inmediaciones del cual mantiene su posición una aeronave, de acuerdo con los permisos del control de tránsito aéreo.

Punto de espera de la pista: Punto designado destinado a proteger una pista, una superficie limitadora de obstáculos o un área crítica o sensible para el sistema ILS, en el que las aeronaves en rodaje y los vehículos se detendrán y se mantendrán a la espera, a menos que la torre de control de aeródromo autorice otra cosa.

NOTA: En la fraseología radiotelefónica la expresión "punto de espera" designa el punto de espera de la pista.

Punto de notificación: Lugar geográfico especificado con referencia al cual una aeronave puede notificar su posición.

Punto de recorrido: Un lugar geográfico especificado, utilizado para definir una ruta de navegación de área o la trayectoria de vuelo de una aeronave que emplea navegación de área.

Punto de toma de contacto: El punto donde corta a la pista la trayectoria de planeo nominal.

Punto significativo: Lugar geográfico especificado utilizado para definir la ruta ATS o la trayectoria de vuelo de una aeronave y para otros fines de navegación y ATS.

Radar: Dispositivo radioeléctrico para la detección que proporciona información acerca de distancia, azimut y/o elevación de los objetos.

Radar de vigilancia: Equipo de radar utilizado para determinar la posición, en distancia y azimut, de las aeronaves.

Radar primario: Sistema de radar que usa señales de radio reflejadas.

Radar secundario: Sistema de radar en el cual la señal radioeléctrica transmitida por la estación radar inicia la transmisión de una señal radioeléctrica de otra estación.

Radar secundario de vigilancia (SSR): Sistema de radar de vigilancia en el que se utilizan transmisores-receptores (interrogadores) y transpondedores.

Reconstrucción: Es la reparación de un producto usado que ha sido completamente desarmado e inspeccionado en la misma manera y con las mismas tolerancias que un producto nuevo, de manera tal que todas las partes empleadas en él deberán estar de acuerdo con los planos de producción, tolerancias y límites de vida establecidos para partes nuevas.

Reflectancia: Es la relación entre el flujo luminoso reflejado por un cuerpo y el flujo luminoso que dicho cuerpo recibe.

Región de información de vuelo (FIR): Espacio aéreo de dimensiones definidas, dentro del cual se facilitan los servicios de información de vuelo y de alerta.

Registro técnico de vuelo (RTV): Documento donde se registran principalmente las novedades técnicas de la aeronave comprobadas por el piloto al mando (Comandante) como así también las medidas correctivas tomadas por la organización técnica del explotador para solucionarlas.

Reparación: Restauración de un producto aeronáutico a su condición de aeronavegabilidad

Reparación mayor: Es toda aquella reparación que:

(a) Si es realizada en forma incorrecta, puede afectar apreciablemente el peso, balanceo, resistencia estructural, performance, operación de la planta de poder, características de vuelo u otras cualidades que afecten la aeronavegabilidad, o

(b) No es realizada de acuerdo a prácticas aceptadas o no se puede realizar por medio de operaciones elementales.

Reparación menor: Es toda reparación que no sea una reparación mayor.

Resistente a la combustión súbita ("Flash Resistant"): Significa no susceptible a quemarse violentamente cuando se prende fuego.

Resistente a la llama ("Flame Resistant"): Significa no susceptible a entrar en combustión hasta el punto de propagar la llama más allá de los límites de seguridad, después de sacar la fuente de ignición.

Resistente al fuego ("Fire Resistant"):

(a) Con respecto a recubrimientos, o miembros estructurales significa la capacidad de resistir el calor as ociado con el fuego, al menos tan bien como las aleaciones de aluminio, en las dimensiones adecuadas para el fin que son usados; y

(b) Con respecto a las cañerías que llevan fluido, partes de los sistemas con fluidos, cableado, conductos de aire, accesorios, y controles de planta de poder, significa la capacidad de realizar las funciones para las que están destinados, bajo el calor y otras condiciones que se pueden producir cuando hay incendio en ese lugar respectivo.

Respuesta SSR: La indicación visual, en forma no simbólica, en una presentación radar, de una señal radar transmitida por un objeto en respuesta de una interrogación.

Reválida: Método adoptado por la Autoridad Aeronáutica para otorgar un certificado de idoneidad aeronáutica nacional, en base a una licencia extranjera, toda vez que se cumplan con los requisitos mínimos establecidos y sujeto al principio de reciprocidad.

Rodaje: Movimiento autopropulsado de una aeronave sobre la superficie de un aeródromo, excluido el despegue y el aterrizaje.

Rodaje aéreo: Movimiento de un helicóptero o VTOL por encima de la superficie de un aeródromo, normalmente con efecto suelo y a una velocidad respecto al suelo normalmente inferior a 20 KT.

Rotor auxiliar: Rotor que sirve para contrarrestar el efecto del torque producido por el rotor principal de una aeronave de alas rotativas o para maniobrarla alrededor de uno o más de sus tres ejes principales.

Rotor principal: Rotor que suministra la sustentación principal a una aeronave de alas rotativas.

Rumbo de la aeronave: La dirección en que apunta el eje longitudinal de una aeronave, expresada generalmente en grados respecto al Norte (geográfico, magnético, de la brújula o de la cuadrícula).

Rumbo radar: Rumbo magnético dado por un controlador a un piloto, basándose en la información obtenida por radar, con el fin de que le sirva de guía para la navegación.

Ruta ATS: Ruta especificada que se ha designado para canalizar la corriente de tránsito según sea necesario para proporcionar servicio de tránsito aéreo.

NOTA: La expresión "rutas ATS" se aplica, según el caso, a aerovías, rutas con servicio asesor, rutas con o sin control, rutas de llegada o salida, etc.

Ruta de desplazamiento aéreo: Ruta definida sobre la superficie destinada al desplazamiento en vuelo de los helicópteros.

Rutas de llegada: Rutas identificadas, siguiendo un procedimiento de aproximación por instrumentos, por las cuales las aeronaves pueden pasar de la fase de vuelo en ruta al punto de referencia de la aproximación inicial.

Ruta de navegación de área: Ruta ATS establecida para el uso de aeronaves que pueden aplicar el sistema de navegación de área.

Secuencia de aproximación: Orden en que se permite a dos o más aeronaves efectuar la aproximación para el aterrizaje.

Segmento de vuelo: Tiempo de vuelo programado entre dos aeródromos sin paradas intermedias.

Separación vertical mínima reducida (RVSM): Separación vertical mínima de 1.000 pies entre aeronaves con aprobación RVSM, aplicable en el espacio aéreo RVSM.

Segundo al mando (SAM) (en ingles SIC): Piloto titular de licencia que presta servicios de pilotaje sin estar al mando de la aeronave, a excepción del piloto que vaya a bordo de la aeronave con el único fin de recibir instrucción de vuelo.

Servicio asesor de tránsito aéreo: Servicio que se suministra para que, dentro de lo posible, se mantenga la debida separación entre las aeronaves que operan según un plan de vuelo IFR, fuera de área de control, pero dentro de espacio aéreo con servicio asesor.

Servicio automático de información terminal (ATIS): Suministro automático de información regular, actualizada, a las aeronaves que llegan y a las que salen, mediante radiodifusiones continuas y repetitivas durante todo el día o durante una parte determinada del mismo.

Servicio de alerta: Servicio suministrado para notificar a los organismos pertinentes respecto a aeronaves que necesitan ayuda de búsqueda y salvamento, y auxiliar a dichos organismos según convenga.

Servicio de control de aeródromo: Servicio de control de tránsito aéreo para el tránsito de aeródromo.

Servicio de control de aproximación: Servicio de control de tránsito aéreo para la llegada y salida de vuelos controlados.

Servicio de control de área: Servicio de control de tránsito aéreo para los vuelos controlados en las áreas de control.

Servicio de control de tránsito aéreo: Servicio suministrado con el fin de prevenir colisiones entre aeronaves y, en el área de maniobras, entre aeronaves y obstáculos, y acelerar y mantener ordenadamente el movimiento del tránsito aéreo

Servicio de dirección en la plataforma: Servicio proporcionado para regular las actividades y el movimiento de las aeronaves y vehículos en la plataforma.

Servicio de información aeronáutica: Servicio establecido dentro del área de cobertura definida encargada de proporcionar la información y los datos aeronáuticos necesarios para la seguridad, regularidad y eficiencia de la navegación aérea.

Servicio de información de vuelo: Servicio cuya finalidad es aconsejar y facilitar información útil para la realización segura y eficaz de los vuelos.

Servicios de protección al vuelo: Expresión genérica que comprende los servicios de tránsito aéreo, comunicaciones, meteorología, búsqueda y salvamento e información aeronáutica, destinados a dar protección y seguridad a la aeronavegación.

Servicio de tránsito aéreo: Expresión genérica que se aplica, según el caso, a los servicios de información de vuelo, alerta, asesoramiento de tránsito aéreo y control de tránsito aéreo (control de área, control de aproximación y control de aeródromo)

Servicio de Transporte Aéreo Sanitario (STAS): Es toda la serie de actos destinados a trasladar en una aeronave habilitada a tales fines, pacientes desde un aeródromo, helipuerto o Lugar Apto Denunciado (LAD) a otro, bajo responsabilidad de un médico.

Servicio móvil aeronáutico: Servicio móvil entre estaciones aeronáuticas y estaciones de aeronave, o entre estaciones de aeronave, en el que también pueden participar las estaciones de embarcación o dispositivo de salvamento; también pueden considerarse incluidas en este servicio las estaciones de radiobaliza de localización de siniestros que operen en las frecuencias de socorro y de urgencia designadas.

Sigfenom: Descripción concisa relativa a los fenómenos meteorológicos observados o previstos que puedan afectar la seguridad de las operaciones en una FIR y que se suministra para el planeamiento previo al vuelo.

Sistema anticolisión de a bordo (ACAS/TCAS): Sistema de aeronave basado en señales de transpondedor del radar secundario de vigilancia (SSR) que funciona independientemente del equipo instalado en tierra para proporcionar aviso al piloto sobre posibles conflictos entre aeronaves dotadas de transpondedores SSR.

Sistema de aumentación basada en satélites (SBAS): Sistema de aumentación de cobertura amplia en que el usuario recibe la información de aumentación directamente de un transmisor basado en un satélite.

Sistema de aumentación basada en tierra (GBAS): Sistema de aumentación de cobertura limitada en que el usuario recibe la información de aumentación directamente de un transmisor basado en tierra.

Sistema de gestión de la seguridad operacional (SMS): Enfoque sistemático para la gestión de la seguridad operacional, que incluye la estructura orgánica, líneas de responsabilidad, políticas y procedimientos necesarios.

Sustancias psicoactivas: El alcohol, los opiáceos, los canabinoides, los sedativos e hipnóticos, la cocaína, otros psicoestimulantes, los alucinógenos y los disolventes volátiles, con exclusión del tabaco y la cafeína.

Techo de nubes: Altura a que, sobre la tierra o el agua, se encuentra la base de la capa inferior de nubes, por debajo de 6.000 metros (20.000 pies), y que cubre más de la mitad del cielo.

Tiempo de servicio: Período durante el cual un miembro de la tripulación está a disposición del explotador en actividades relacionadas con su empleo. En el tiempo de servicio quedan incluidos el tiempo de servicio en vuelo, el tiempo de instrucción en tierra, el tiempo de simulador o estudios realizados por encargo del explotador, el tiempo de traslado y el tiempo de guardia.

Tiempo en servicio: Respecto a los registros de tiempo de mantenimiento, es el tiempo desde el momento que una aeronave deja la superficie de la tierra hasta que la toca en el próximo punto de aterrizaje.

Tiempo de servicio de vuelo: Lapso necesario para preparar, ejecutar y finalizar administrativamente un vuelo según el horario establecido o previsto, desde una hora antes de la iniciación del vuelo o serie de vuelos hasta media hora después de finalizado el o los mismos.

Tiempo de vuelo aerostato de aire caliente: Tiempo total transcurrido desde que el aerostato enciende el/los quemadores, hasta que apaga los mismos para desinflar la envoltura al finalizar el vuelo.

Tiempo de vuelo – avión: Período total transcurrido desde que el avión comienza a moverse por sus propios medios, con el propósito de despegar, hasta que se detiene completamente al finalizar el vuelo.

NOTA: Tiempo de vuelo, tal como aquí se define, es sinónimo de tiempo "entre calzas" de uso general

Tiempo de vuelo de piloto: El tiempo en el cual una persona se desempeña como piloto en vuelo, como parte de la tripulación.

Tiempo de vuelo en travesía: El tiempo de vuelo

adquirido durante un vuelo de travesía.

Tiempo de vuelo - helicóptero: Tiempo total transcurrido desde que las palas de rotor comienzan a girar, hasta que el helicóptero se detiene completamente al finalizar el vuelo y se paran las palas del rotor.

Tiempo de vuelo - planeador: Tiempo total transcurrido en vuelo, ya sea a remolque o no, desde que el planeador comienza a moverse para despegar, hasta que se detiene al finalizar el vuelo.

Tiempo de vuelo por instrumentos: Tiempo durante el cual un piloto opera una aeronave solamente por medio de instrumentos, sin referencias a puntos externos.

Tiempo de vuelo solo: Tiempo de vuelo durante el cual el piloto o alumno piloto es el único tripulante a bordo de la aeronave operando los comandos.

Tiempo en Servicio: Respecto a los registros de tiempo de mantenimiento, es el tiempo desde el momento que una aeronave deja la superficie de la tierra hasta que la toca en el próximo punto de aterrizaje.

Tipo:

(a) De acuerdo a su uso respecto a la certificación, habilitaciones, privilegios y limitaciones de personal aeronáutico, comprende a una marca específica y un modelo básico de aeronave, incluyendo modificaciones a la misma que no cambian su manejo o características de vuelo. Por ejemplo: DC-7, 1049, F-27;

(b) De acuerdo a su uso respecto a la certificación de aeronaves, comprende a aquellas aeronaves similares en diseño. Por ejemplo: DC-7 y DC-7C; 1049G y 1049H; F-27 y F-27F;

(c) De acuerdo a su uso respecto a la certificación de motores de aeronaves, comprende a aquellos motores que son similares en diseño. Por ejemplo JT8D y JT8D-7 son motores del mismo tipo y JT9D-3A y JT9D-7 son motores del mismo tipo.

Tipo de RCP: Un indicador (por ejemplo, RCP 240) que representa los valores asignados a los parámetros RCP para el tiempo de transacción, la continuidad, la disponibilidad y la integridad de las comunicaciones.

Tipo de RNP: Valor de retención expresado como la distancia de desviación en millas náuticas con respecto a su posición prevista, que las aeronaves no excederán el 95% del tiempo de vuelo como mínimo. Ejemplo: RNP 4 representa una precisión de +/- 7,4 kilómetros (4NM) basándose en una retención del 95%.

Torre de control de aeródromo (TWR): Dependencia establecida para facilitar servicio de control de tránsito aéreo al tránsito de aeródromo.

Trabajo aéreo: Es la explotación comercial de aeronaves en cualquiera de sus formas, incluyendo el traslado de personas y/o cosas en función complementaria de aquellas y excluidos de los servicios de transporte aéreo.

NOTA: Ejemplos de trabajo aéreo: Servicios agroaéreos, aerofotográficos, propaganda aérea, inspección y vigilancia de instalaciones, explotación petrolífera, búsqueda y salvamento, etc.

Tránsito aéreo: Todas las aeronaves que se hallan en vuelo, y las que circulan por el área de maniobras de un aeródromo.

Tránsito de aeródromo: Todo el tránsito que tiene lugar en el área de maniobras de un aeródromo, y todas las aeronaves que vuelen en la zona de tránsito de aeródromo y en sus cercanías.

Tránsito esencial: Todo tránsito controlado al que se aplica el suministro de separación por parte del ATC, pero que, en relación con un determinado vuelo controlado, no está separado por las mínimas establecidas.

Tránsito esencial local: Toda aeronave, vehículo o persona que se halle en el área de maniobras o cerca de ella, o el tránsito que opera en la proximidad del aeródromo, que pueda constituir peligro para las aeronaves.

Transmisión a ciegas: Transmisión desde una estación a otra en circunstancias en que no puede establecerse comunicación en ambos sentidos, pero cuando se cree que la estación llamada puede recibir la transmisión.

Transmisor de localización de emergencia (ELT): Término genérico que describe el equipo que difunde señales distintivas en frecuencias designadas y que, según la aplicación puede ser de activación automática al impacto o bien ser activado manualmente. Existen los siguientes tipos de ELT:

(a) **ELT fijo automático [ELT (AF)]:** ELT de activación automática que se instala permanentemente en la aeronave;

(b) **ELT portátil automático [ELT (AP)]:** ELT de activación automática que se instala firmemente en la aeronave, pero que se puede sacar de la misma con facilidad;

(c) **ELT de desprendimiento automático [ELT (AD)]:** ELT que se instala firmemente en la aeronave y que se desprende y activa automáticamente al impacto. También puede desprenderse manualmente;

(d) **ELT de supervivencia [ELT (S)]:** ELT que puede sacarse de la aeronave, que esta estibado de modo que su utilización inmediata en caso de emergencia sea fácil y que puede ser activado manualmente por los sobrevivientes.

Transpondedor: Emisor-receptor que genera una señal de respuesta cuando se le interroga debidamente; la interrogación y la respuesta se efectúan en frecuencias diferentes.

Traslado Aéreo de Órganos (TAO): Es todo traslado en aeronave y por vía aérea, de órganos con fines de trasplante.

Trayectoria de planeo: Perfil de descenso determinado para guía vertical durante una aproximación final.

Traza radar: Expresión genérica que significa indistintamente un eco radar o una respuesta radar desde una aeronave.

Tripulación: Persona o conjunto de personas a quien el explotador asigna obligaciones que ha de cumplir a bordo durante el tiempo de servicio de vuelo.

Tripulante: Persona titular de la correspondiente licencia, a quien se le asignan obligaciones esenciales para la operación de una aeronave durante el período del servicio de vuelo.

Tripulante de cabina de pasajeros (TCP): Miembro de la tripulación que, en interés de la seguridad de los pasajeros, cumple con las obligaciones que le asigne el explotador o el piloto al mando, pero que no actuará como miembro de la tripulación de vuelo.

Tripulante de vuelo: Miembro de la tripulación, titular de la correspondiente licencia, a quien se le asignan obligaciones esenciales para la operación de un avión durante el tiempo de servicio de vuelo.

Umbral (THR): El comienzo de la parte de pista utilizable para el aterrizaje.

Uso Problemático de Ciertas Sustancias: El uso de una o más sustancias psicoactivas por el personal con actividad aeronáutica de manera que:

(a) Constituya un riesgo directo para quien las usa o ponga en peligro la vida, la salud o bienestar de otros; o

(b) Provoque o empeore un problema o desorden de carácter ocupacional, social, mental o físico.

Velocidad Calibrada: Es la velocidad indicada de una aeronave, corregida por posición y error de instrumento. La velocidad calibrada es igual a la velocidad verdadera en la atmósfera estándar a nivel del mar.

Velocidad con flaps extendidos: Es la mayor velocidad permisible con los flaps de ala en una posición extendida prescrita.

Velocidad con tren de aterrizaje extendido: Es la velocidad máxima a la que una aeronave puede volar, en forma segura, con el tren de aterrizaje extendido.

Velocidad Equivalente: Es la velocidad calibrada de una aeronave, corregida por flujo compresible adiabático para la altitud particular. La velocidad equivalente es igual a la velocidad calibrada en atmósfera estándar a nivel del mar.

Velocidad Indicada: Es la velocidad de una aeronave que indica el velocímetro, asociado al sistema pitot-estático, calibrado para reflejar el flujo comprensible adiabáticamente de la atmósfera estándar a nivel del mar, no corregido por errores del sistema.

Velocidad Máxima para las características de estabilidad: Es una velocidad que no puede ser menor que una velocidad que se encuentre en la mitad entre la velocidad límite máxima de operación (V_{MO}/M_{MO}) y la velocidad de descenso en picada demostrada en vuelo (V_{DF}/M_{DF}), excepto que, para altitudes donde el N° de Mach es el factor limitante, M_{FC} no necesita exceder el N° de Mach para el cual se activa la alarma de velocidad efectiva.

Velocidad para la operación del tren de aterrizaje: Es la velocidad máxima a la que se puede extender o retraer con seguridad el tren de aterrizaje.

Velocidad Verdadera: Es la velocidad de una aeronave relativa al aire no perturbado. La velocidad verdadera es igual a la velocidad equivalente multiplicada por $(p0/p)^{1/2}$.

Vigilancia dependiente automática-contrato (ADS-C): Medio que permite al sistema de tierra y a la aeronave establecer, mediante enlace de datos, las condiciones de un acuerdo ADS-C, en el cual se indican las condiciones en que han de iniciarse los informes ADS-C, así como los datos que deben figurar en los mismos.

Vigilancia dependiente automática-radiodifusión (ADS-B): Medio por el cual las aeronaves, los vehículos aeroportuarios y otros objetos pueden transmitir y/o recibir, en forma automática, datos como identificación, posición y datos adicionales, según corresponda, en modo de radiodifusión mediante enlace de datos.

Viraje de base: Viraje ejecutado por la aeronave durante la aproximación inicial, entre el extremo de la derrota de alejamiento y el principio de la derrota intermedia o final de aproximación. Las derrotas no son opuestas entre sí.

NOTA: Los virajes de base pueden hacerse en vuelo horizontal o durante el descenso, según las circunstancias en que se siga cada procedimiento

Viraje de clase 1: Viraje efectuado a la velocidad angular de 3° por segundo.

Viraje de clase 2: Viraje efectuado a la velocidad angular de 1,5° por segundo.

Viraje de procedimiento: Viraje prescripto en un procedimiento de aproximación por instrumentos completo que la aeronave debe cumplir en la última parte de la aproximación intermedia entre el extremo de la trayectoria de alejamiento del aeródromo y el comienzo de la trayectoria de aproximación final. Este viraje podrá ser un viraje de base o un viraje reglamentario.

Viraje reglamentario: Maniobra que consiste en un viraje efectuado a partir de una trayectoria designada, seguido de otro en sentido contrario, de manera que la aeronave corte la trayectoria designada y pueda seguirla en dirección opuesta.

NOTA 1: Los virajes reglamentarios se designan "a la izquierda" o "a la derecha", según el sentido en que se haga el viraje inicial.

NOTA 2: Pueden designarse como virajes reglamentarios los que se hacen ya sea en vuelo horizontal o durante el descenso, según las circunstancias de cada procedimiento de aproximación por instrumentos.

Visibilidad: En sentido aeronáutico se entiende por visibilidad la distancia máxima a la que pueda verse y reconocerse un objeto de color negro de dimensiones convenientes, situado cerca del suelo, al ser observado ante un fondo brillante.

NOTA: La definición se aplica a las observaciones de visibilidad en los informes locales ordinarios y especiales, a las observaciones de la visibilidad reinante y mínima notificadas en los informes METAR y SPECI y a las observaciones de la visibilidad en tierra.

Visibilidad en tierra: Visibilidad en un aeródromo, indicada por un observador competente o por sistemas automáticos.

Visibilidad en vuelo: Visibilidad hacia adelante desde el puesto de pilotaje de una aeronave en vuelo.

Vuelo acrobático: Maniobras realizadas intencionalmente con una aeronave, que implican un cambio brusco de actitud, o una actitud o variación de velocidad anormales

Vuelo cautivo: Vuelo que se realiza en un Aeróstato (Globo) de forma tal que este pueda elevarse sobre el terreno por medio de cable y/o malacate que impide su translación en forma horizontal, con el fin de realizar ascensiones.

Vuelo controlado: Todo vuelo que está supeditado a un permiso del control de tránsito aéreo.

Vuelo IFR: Es el vuelo que se realiza de acuerdo a las Reglas de Vuelo por Instrumentos.

Vuelo local: Vuelo que se inicia y finaliza en el aeródromo y se realiza totalmente dentro de la zona de tránsito del aeródromo o completamente bajo la jurisdicción de la misma dependencia de control del tránsito aéreo encargada de las operaciones en el aeródromo o en sectores designados al efecto.

Vuelo nocturno: (Ver noche).

Vuelo de travesía: Vuelo que se realiza entre dos puntos, uno de partida y otro de aterrizaje, entre los cuales media una distancia de más de 50 kilómetros (27 NM).

Vuelo VFR: Vuelo que se realiza de acuerdo con las Reglas de Vuelo Visual.

Vuelo VFR controlado: Vuelo controlado realizado de acuerdo con las reglas de vuelo visual.

Vuelo VFR especial: Vuelo VFR al que el control de tránsito aéreo ha concedido autorización para que se realice dentro de una zona de control en condiciones meteorológicas inferiores a las VMC.

Zona de control (CTR): Espacio aéreo controlado que se extiende hacia arriba desde la superficie terrestre hasta un límite superior especificado.

Zona de tránsito de aeródromo (ATZ): Espacio aéreo de dimensiones definidas establecidas alrededor de un aeródromo para la protección del tránsito de aeródromo.

Zona peligrosa: Espacio aéreo de dimensiones definidas en el cual pueden desplegarse, en determinados momentos, actividades peligrosas para el vuelo de las aeronaves.

Zona prohibida: Espacio aéreo de dimensiones definidas sobre el territorio o las aguas jurisdiccionales de la República Argentina, dentro del cual está prohibido el vuelo de las aeronaves.

Zona restringida: Espacio aéreo de dimensiones definidas sobre el territorio o las aguas jurisdiccionales de la República Argentina, dentro del cual está restringido el vuelo de las aeronaves de acuerdo con determinadas condiciones especificadas.

ACAS: Sistema Anticolisión de abordo.
ACC: Centro de control de área o control de área.
AD: Según el contexto en que es usado, puede significar: "Directiva de Aeronavegabilidad" o "Aeródromo".
ADR: Ruta con servicio asesor de tránsito aéreo.
ADS: Vigilancia Dependiente Automática.
AFIL: Plan de vuelo presentado en vuelo.
AFIS: Servicio de Información de Vuelo de Aeródromo
AFP: Aprobación de Fabricación de Partes.
AFTN: Red de telecomunicaciones fijas aeronáuticas.
A/G: Aire a tierra.
AGL: Sobre el nivel del terreno.
AIC: Circular de Información Aeronáutica.
AIE: Autoridad de Investigación del Estado.
AIP: Publicación de Información Aeronáutica.
AIRAC: Reglamentación y Control de Información Aeronáutica
AIREP: Aeronotificación (en forma oral) y nombre del formulario donde se anota.
AIS: Servicio de Información Aeronáutica.
ALT: Altitud.
AMDT: de amendment (enmienda en inglés).
APP: Oficina de control de aproximación o control de aproximación.
ARO: Oficina de notificación de los servicios de tránsito aéreo.
ATA: Air Transport Association of America.
ATC: Control de tránsito aéreo.
ATFM: Gestión de afluencia del tránsito aéreo.
ATIS: Servicio automático de información terminal.
ATS: Servicios de Tránsito Aéreo.
ATZ: Zona de tránsito de aeródromo.
AWY: Aerovía.
CAS: Velocidad calibrada.
CAT: Turbulencia en aire claro.
CAT I: Categoría I
CAT II: Categoría II.
CAT III: Categoría III.
CESA: Certificado de Explotador de Servicios Aéreos.
CIATA: Centro de Instrucción de Aeronavegantes y Técnicos Aeronáuticos.
CIPE: Centro de Instrucción, Perfeccionamiento y Experimentación.
CL: Eje.
CPDLC: Comunicaciones por Enlace de Datos Controlador–Piloto.
CPL: Plan de vuelo actualizado (designador de tipo de mensaje).
CRA: Comando de Regiones Aéreas.
CRC: Copiloto de Relevo de Crucero.
CRM: Gestión de los recursos de la tripulación de vuelo.
CTA: Área de control.
CTL: Control.
CTR: Zona de control.
CVR: Grabador de la voz en el puesto de pilotaje.
DA: Según el contexto en que es usado, puede significar: "Directiva de Aeronavegabilidad" o "Altitud de Decisión".
DA/H: Altitud/altura de decisión.
DH: Altura de Decisión.
DHA: Dirección de Habilitaciones Aeronáuticas.
DME: Equipo radiotelemétrico.
DNA: Dirección Nacional de Aeronavegabilidad.
DNAR: Reglamento de Aeronavegabilidad de la República Argentina.
DPBL: Punto definido antes del aterrizaje
DR: Navegación a estima.
DTA: Dirección de Tránsito Aéreo
EAS: Velocidad equivalente.
EASA: Agencia Europea para la Seguridad Aérea.
EAT: Hora prevista de aproximación.
EFIS: Sistema Electrónico de Instrumentos de Vuelo.
EIPA: Escuela de Instrucción y Perfeccionamiento Aeronáutico.
ELT: Transmisor de localización de emergencia.
EMGFA: Estado Mayor General de la Fuerza Aérea
EOBT: Hora prevista fuera de calzos.
ETA: Hora prevista de llegada.
ETD: Hora prevista de salida.
ETOPS: Vuelos a grandes distancias de aviones bimotores.
FAA: Administración Federal de Aviación (EE.UU).
FAF: Punto de referencia (radioayuda) de aproximación final.
FAP: Punto de aproximación final.
FAR: Federal Aviation Regulations
FATO: Área de aproximación final y de despegue.
FDR: Grabador de datos de vuelo.
FIR: Región de información de vuelo.
FIS: Servicio de información de vuelo.
FL: Nivel de vuelo.
FPL: Plan de vuelo presentado (designador de tipo de mensaje).
ft.: pié/(s)
FTT: Tolerancia técnica de vuelo.
G/A: Tierra a aire.
G/A/G: Tierra a aire y aire a tierra.
GBAS: Sistema de aumentación basado en tierra.
GEN: General.
GND: Tierra.
GNSS: Sistema Mundial de Navegación por Satélite.
GP: Trayectoria de planeo.
GPWS: Sistema de advertencia de la proximidad del

terreno.

H24: Servicio permanente.

HF: Alta frecuencia (3.000 a 30.000 Khz).

HJ: Desde la salida hasta la puesta del sol.

hPa: Hectopascales.

HS: Servicio disponible durante las horas de vuelo regulares

HVI: Habilitación Vuelo por Instrumentos

HX: Sin horas determinadas de servicio

IAC: Carta de aproximación y de aterrizaje por instrumentos.

IAF: Punto de referencia (radioayuda) de aproximación inicial.

IAP: Procedimiento de aproximación por instrumentos

IAS: Velocidad indicada.

IBIS: Notificación de choque con aves

ICC: Comunicación entre Centros

IF: Punto de referencia (radioayuda) de aproximación intermedia

IFR: Reglas de vuelo por instrumentos.

ILS: Sistema de aterrizaje por instrumentos.

IMC: Condiciones meteorológicas de vuelo por instrumentos.

INMAE: Instituto Nacional de Medicina Aeronáutica y Espacial.

in: pulgadas

ISA: Atmósfera tipo internacional.

ISRAC: Informe de Situación Riesgosa de Aviación Civil.

JAR: Joint Aviation Regulations.

JIAAC: Junta de Investigaciones de Accidentes de Aviación Civil.

kg: Kilogramo.

kHz: Kiloherzio.

km: Kilómetro.

km/h: Kilómetro por hora.

kt: Nudos.

LDP: Punto de decisión para el aterrizaje [helicópteros].

LF: Baja frecuencia (30 a 300 k Hz).

LLZ: Localizador.

m: Metros.

M: Número de Mach.

MAPt: Punto de aproximación frustrada.

MASPS: Performance mínima de los sistemas de aeronaves.

mb: Milibares.

MDA/H: Altitud/altura mínima de descenso.

MEA: Altitud mínima en ruta.

MEL: Lista de equipamiento mínimo.

METAR: Informe Meteorológico Aeronáutico Ordinario.

MF: Frecuencia media (300 a 3.000 kHz).

MHz: Megahertzio.

MM: Radiobaliza intermedia.

MMEL: Lista maestra de equipamiento mínimo.

MNPS: Especificaciones Mínimas de Performance de Navegación.

MOC: Margen mínimo de franqueamiento de obstáculos (necesario).

MOE: Manual de Operaciones del Explotador.

MOR: Alcance Óptico Meteorológico

MSA: Altitud mínima de sector.

MSL: Nivel Medio del Mar.

MTOW: Peso Máximo de Despegue (También se utiliza PMD).

NDB: Radiofaro no direccional.

NIL: Nada.

NITA: Notificación de Incidentes de Tránsito Aéreo.

NM: Milla Náutica.

NOF: Oficina NOTAM Internacional.

NOTAM: Aviso a los pilotos.

OACI: Organización de Aviación Civil Internacional.

OAS: Superficie de evaluación de obstáculos.

OCA: Altitud de Franqueamiento de Obstáculos.

OCA/H: Altitud/altura de franqueamiento de obstáculos.

OCA/Hfm: OCA/H para la aproximación final y la aproximación frustrada directa.

OCA/Hps: OCA/H para el tramo de aproximación de precisión.

OCH: Altura de Franqueamiento de Obstáculos.

OM: Radiobaliza exterior.

OMA: Organización de Mantenimiento Aeronáutico Aprobada.

O/R: A solicitud.

OTE: Orden Técnica Estándar.

PLN: Plan de vuelo.

PREVAC: Comisión de Prevención de Accidentes de Aviación Civil.

QFE: Presión atmosférica a la elevación del aeródromo (o el umbral de la pista).

QNH: Reglaje de la subes cala del altímetro para obtener elevación estando en tierra.

R: Velocidad angular de viraje.

RAAC: Regulaciones Argentinas de Aviación Civil.

RCP: Performance de Comunicación Requerida

RDH: Altura de referencia (ILS).

RNA: Registro de Novedades de Abordo.

RNAV: Navegación de área.

RNP: Performance de navegación requerida.

RPL: Plan de vuelo repetitivo.

rpm: Revoluciones por minuto.

RSR: Radar de vigilancia en ruta.

RTF: Radiotelefonía.

RTV: Registro Técnico de Vuelo.

RVR: Alcance Visual en la Pista.

RVSM: Separación vertical mínima reducida.

RWY: Pista.
SAM: Segundo al Mando.
SBAS: Sistema de aumentación basada en satélites.
SID: Salida normalizada por instrumentos.
SIGMET: Informe relativo a fenómenos meteorológicos en ruta que pueden afectar la seguridad de las operaciones de las aeronaves.
SOC: Comienzo del ascenso.
SPECI: Informe Meteorológico Aeronáutico Especial Seleccionado.
SSR: Radar Secundario de Vigilancia.
SSTA: Subsecretaría de Transporte Aerocomercial.
STAR: Llegada normalizada por instrumentos.
STOL: Aviones de despegue y aterrizaje cortos.
TA/H: Altitud/altura de viraje.
TAR: Según el contexto en que es usado, puede referirse a: "Taller Aeronáutico de Reparación" o "Radar de vigilancia de área terminal".
TAS: Velocidad verdadera.
TAWS: Sistema de advertencia y de aviso de proximidad del terreno con función frontal.
TCAS: Sistema anticolisión de abordo.
TCP: Tripulante de Cabina de Pasajeros.
TDP: Punto de decisión para despegue.
TDZ: Zona de toma de contacto.
THR: Umbral.
TLOF: Área de toma de contacto y de elevación inicial.
TMA: Área de control terminal.
TP: Punto de viraje.
TWR: Torre de control de aeródromo o control de aeródromo.
UHF: Frecuencia de ultra alta (300 a 3.000 MHz).
UMI: Un Motor Inoperativo.
UTC: Hora universal coordinada.
VDF: Estación radiogoniométrica VHF.
VFR: Reglas de vuelo visual.
VHF: Muy alta frecuencia (30 a 300 MHz).
V_A: velocidad de maniobra de diseño.
V_B: velocidad de diseño para máxima intensidad de ráfaga.
V_C: velocidad de crucero de diseño.
V_D: velocidad de picada de diseño.
V_{DF}/M_{DF}: velocidad de picada demostrada en vuelo.
V_F: velocidad de flaps de diseño.
V_{FC}/M_{FC}: velocidad máxima para características de estabilidad.
V_{EF}: velocidad a la cual se asume que el motor crítico falla durante el despegue.
V_{FE}: velocidad máxima con flaps extendidos.
V_H: velocidad máxima en vuelo nivelado con potencia máxima continua.
V_{LE}: velocidad máxima con tren de aterrizaje extendido.

V_{LO}: velocidad máxima de operación con tren de aterrizaje extendido.
V_{LOF}: velocidad de elevación.
V_{MC}: velocidad mínima de control con el motor crítico inoperativo.
V_{MO}/M_{MO}: velocidad límite máxima de operación.
V_{MU}: velocidad mínima no controlada.
V_{NE}: velocidad de nunca exceder.
V_{NO}: velocidad de crucero máxima estructural.
V_R: velocidad de rotación.
V_S: velocidad de pérdida o velocidad mínima de vuelo nivelado a la cual el avión es controlable.
VMC: Condiciones meteorológicas de vuelo visual.
VOR: Radiofaro omnidireccional VHF.
VTOL: Despegue y aterrizaje verticales.
Vtoss: Velocidad mínima a la cual puede lograrse el ascenso con el grupo motor crítico fuera de funcionamiento (helicópteros), con los demás grupos motores en funcionamiento dentro de los límites operacionales aprobados.
NOTA: La velocidad citada anteriormente puede medirse por instrumentos o bien lograrse mediante un procedimiento indicado en el manual de vuelo.